华章数学译丛
69

Probability and Computing

Randomization and Probabilistic Techniques in Algorithms and Data Analysis, Second Edition

概率与计算

算法与数据分析中的随机化和概率技术

（原书第2版）

[美] 迈克尔·米森马彻（Michael Mitzenmacher） 伊莱·阿法尔（Eli Upfal） 著

冉启康 译

U0394868

机械工业出版社
China Machine Press

图书在版编目（CIP）数据

概率与计算：算法与数据分析中的随机化和概率技术（原书第2版）/（美）迈克尔·米森马彻（Michael Mitzenmacher），（美）伊莱·阿法尔（Eli Upfal）著；冉启康译．—北京：机械工业出版社，2020.1（2022.4重印）
（华章数学译丛）
书名原文：Probability and Computing: Randomization and Probabilistic Techniques in Algorithms and Data Analysis, Second Edition

ISBN 978-7-111-64411-8

I. 概…　II. ①迈…　②伊…　③冉…　III. 算法分析　IV. O224

中国版本图书馆CIP数据核字（2019）第286934号

北京市版权局著作权合同登记　图字：01-2019-0738号。

本书详细地介绍了概率技术以及在概率算法与分析发展中使用过的范例．本书分两部分，第一部分介绍了随机抽样、期望、马尔可夫不等式、切比雪夫不等式、切尔诺夫界、球和箱子模型、概率技术和马尔可夫链等核心内容．第二部分主要研究连续概率、有限独立性的应用、熵、马尔可夫链、蒙特卡罗方法、耦合、鞅和平衡配置等比较高深的课题.

本书适合作为高等院校计算机科学和应用数学专业高年级本科生与低年级研究生的教材，也适合作为数学工作者和科技人员的参考书.

出版发行：机械工业出版社（北京市西城区百万庄大街22号　邮政编码：100037）

责任编辑：朱秀英　　责任校对：殷　虹
印　　刷：固安县铭成印刷有限公司　　版　　次：2022年4月第1版第4次印刷
开　　本：186mm×240mm　1/16　　印　　张：22
书　　号：ISBN 978-7-111-64411-8　　定　　价：99.00元

客服电话：（010）88361066　88379833　68326294　　投稿热线：（010）88379604
华章网站：www.hzbook.com　　读者信箱：hzjsj@hzbook.com

译 者 序

在现实世界中，不确定现象（或者随机现象）是普遍存在的．这类随机现象表面看起来无法把握，其实，在其不确定的背后，往往隐藏着某种确定的概率规律，因此，以概率为基础的随机理论应运而生．由于其广泛的应用价值，随机理论成为20世纪至21世纪发展最为迅速的学科之一．现在它已经成为数学、物理、天文、地理、经济、军事、农业、医疗等众多学科的基本工具．同样，随机理论在计算机科学中也发挥着越来越重要的作用，几乎所有的随机理论在计算机科学中都可见其踪迹，其中，随机变量及其分布、高斯过程、马尔可夫过程、鞅、幂律分布等更是计算科学中的常用工具．

由哈佛大学的Michael Mitzenmacher教授和布朗大学的Eli Upfal教授编写的《Probability and Computing：Randomization and Probabilistic Techniques in Algorithms and Data Analysis》是一本非常有特色的不可多得的好教材，这本书不仅详细介绍了随机化算法和算法的概率分析，而且采用了大量生动的例子来说明这些理论和方法是如何应用在实际生活中的，让读者在获得随机化算法和算法的概率分析知识的同时，也体会到了随机理论的应用魅力．

本书第1版的中文版于2007年由史道济等翻译，机械工业出版社出版，出版后深受国内师生的欢迎，对我国的计算机随机化理论的教学产生了很大的影响．经过十年的修改和锤炼，原书作者在2017年出版了第2版，除了对第1版进行大幅度的修改外，第2版还增加了朴素贝叶斯分类器、霍夫丁界、正态分布、样本复杂度、VC维度、拉德马赫复杂度、幂律及相关分布等章节，内容得到极大的丰富．为了满足国内读者的需求，受机械工业出版社的委托，我将第2版翻译成中文．我在翻译本书的过程中，参考了第1版的中译本，在此对第1版的译者表示感谢，相信这个版本也一定会受到国内各界的欢迎．在本书的翻译过程中，上海财经大学数学学院研究生林嘉恒、姬智会为初稿校对、文字输入做了大量的工作，在此对两位表示感谢．限于时间和水平，译文的不当之处在所难免，敬请读者和相关领域的专家、学者批评指正．

冉启康

2019年4月

第 2 版前言

本书的初版已经过了 10 年，随着大数据分析、机器学习和数据挖掘的重要性越来越突出，概率方法对于计算机科学来说也变得越来越核心．许多相关领域的应用成果，其算法和思路都是建立在对概率与统计的成熟理解基础之上的，要想正确地使用这些工具，对于这些数学概念的透彻理解是必不可少的．而第 2 版新增的主要内容就是着重于这些概念的介绍．

近年来，诸如万维网、社交网络、基因数据等使得我们能够产生、收集和存储大量的样本数据集，这对我们建立模型和分析这些数据的结构提出了新的挑战．熟练掌握一些标准的分布可以给建立和分析模型打下一个好的基础，新增的第 9 章包含了绝大多数常见的统计分布，同时也像之前一样，会强调这些分布在计算机科学中如何应用，比如确定分布的尾界等．然而，诸如万维网和社交网络等现代数据集有着一个奇妙的现象，在其中我们往往见不到正态分布，取而代之的是一种有着非常不同性质的、很少见的、特征明显的重尾分布．例如，在万维网中，一些页面经常会有大量的网页链接它们，其被链接的数量要高过平均水平一个数量级．第 2 版新增的第 16 章将包含对于建模和理解这种现代数据集来说非常重要的那些特殊分布．

机器学习是近年来计算机科学领域的重大成果之一，它提供了许多高效的工具来建模、理解和预测大数据．但是预测的准确性，特别是准确性和样本容量的关系这一点却常常被人忽略．第 2 版中新增的第 14 章将会对这些重要的内容进行详细的介绍．

在新版中，我们也对之前的部分内容进行了充实和更新．例如，我们介绍了重要的洛瓦兹局部引理的算法变化的一些新进展，也新增了一小节用来介绍布谷鸟散列这种享誉盛名且越来越实用的散列法．最后，除了这些新增内容，新版也包括了修正、勘误和许多新习题．

我们对几年来向我们发送了诸多勘误的读者表示由衷的感谢，可惜人数过于众多，我们在此不一一列出了，还望海涵．

第 1 版前言

为什么要研究随机性

计算机科学家为什么要研究和使用随机性呢？这是因为计算机出现了太多不可预见的状况！加入随机性似乎是一个缺点，它使得有效地使用计算机这种已经具有挑战性的工作变得更加复杂.

从 20 世纪开始，科学研究已经将随机性视为建模和分析中的基本组成部分. 例如，在物理学上，牛顿定律使人们相信宇宙的位置是确定的：如果有一个足够大的计算工具和合适的初始条件，人们可以确定若干年后行星的位置. 然而量子理论的发展却提出了不同的观点：宇宙仍旧按照自然法则运转，但是这些自然法则的核心是随机性的. “上帝不会同宇宙玩骰子”，这是爱因斯坦用来反驳现代量子力学的一句名言. 然而，当代亚微粒子物理学的主要理论仍然是建立在随机现象和统计规律基础之上的，并且在从生物学的遗传与进化到自由市场经济的价格波动模型等几乎所有其他科学领域中，随机性都起着非常重要的作用.

计算机科学也不例外，从一些概率定理证明的高深理论到个人计算机以太网卡的实用性设计，随机性和概率方法在现代计算机科学中都扮演了关键角色. 过去 20 年以来，概率论在计算中的应用得到了巨大的发展，越来越高级、越来越复杂的概率技术已经被应用于更加广泛和更富挑战性的计算机科学应用中. 在本书中，我们主要研究随机性应用于计算机科学的基本方法：随机化算法和算法的概率分析.

随机化算法： 随机化算法是执行过程中要求作随机选择的算法. 实际上，随机化程序会使用由随机数发生器产生的数值，从若干执行分支中决定下一步执行哪个分支. 例如，以太网卡协议用随机数决定何时试图访问共享的以太网通信介质. 随机性在打破对称性、防止不同的以太网卡同时重复访问介质方面是非常有用的. 随机化算法的其他常见应用还包括蒙特卡罗模拟和密码学中的初始检验. 在这些以及其他重要应用中，随机化算法比最有名的确定性方法更有效，并且在大多数情况下更简单，更容易编写程序.

当然，这些优点也是需要付出一定代价的，问题的答案在一定的概率下是不正确的，或者只以某个概率保证有效. 虽然设计一个有可能错误的算法似乎有点奇怪，但是如果错误发生的概率很小，那么提高运行速度和减少占用的内存是有价值的.

算法的概率分析： 复杂性理论根据计算的复杂性对问题进行分类，尤其是区分简单问题和有难度的问题. 例如，复杂性理论认为流动推销员问题是一个 NP 难题. 如果城市数量以次指数增长，那么不可能存在可以解决流动推销员问题的任何一个实用的算法. 对于经典的最坏情况复杂性理论，一个令人困惑的现象是，在分类上属于有难度的计算问题，实际上却很容易解决，概率分析对这种现象给出了理论上的解释. 虽然对某些不合理的输入数据，问题难以解决，但对大多数输入（尤其是在日常的应用中），这些问题实际上却容易解决. 更确切地说，如果我们认为输入是随机选择的结果，而随机选择是根据所有可能输入数据集上的某个概率分布作出的，就很有可能得到一个易于解答的问题实例，而这些实例不能求解的概率是相对较小的. 算法的概率分析是研究当输入来自某一适当定义的概率空间时算法如何运行的一种方法. 书中我们将会看到，即使是 NP 难题，也会有对于几乎所有输入都极其有效的算法.

关于本书

本书可以作为计算机科学和应用数学专业高年级本科生或低年级研究生一至两个学期的课程教材. 在众多较好的大学中，随机化和概率技术已经从高年级研究生讨论班的主题变为高年级本科生和低年级研究生的正式课程. 在这方面有大量相当高深的、研究性的著作，但仍然需要一本介绍性的教科书，我们希望本书能起到这方面的作用.

本书的内容是从近几年在布朗大学（CS 155）和哈佛大学（CS 223）讲授计算机科学中的概率方法这类课程发展而来的. 这些课程和本书强调的是概率技术以及具体的范例，而非特定的应用领域. 每章介绍一种方法或者技术，通过一些随机化算法分析或基于随机输入算法的概率分析例子来阐述. 其中许多例子来自网络中的问题，反映了网络领域的主要趋势（和作者的兴趣）.

本书第 1 版共有 14 章，可分成两部分，第一部分（第 1～7 章）是核心内容. 本书只要求读者具备基本的概率论知识，相当于计算机科学专业的离散数学课程包含的内容. 第 1～3 章复习初等概率论，并介绍一些有意义的应用，内容包括随机抽样、期望、马尔可夫不等式、方差和切比雪夫不等式. 如果教学班有充分的概率论背景，那么这几章可以很快地讲过去，但是建议读者不要跳过这些章节，因为这里介绍了随机化算法和算法的概率分析概念，并且还有一些贯穿全书的例子.

第 4～7 章介绍高级课题，包括切尔诺夫界、球和箱子模型、概率方法和马尔可夫链. 同前面几章相比，这几章介绍的内容更具有挑战性. 难度特别大的章节书中标有星号（教师可以根据需要考虑是否跳过这部分内容）. 根据教学进度，前 7 章介绍的核心内容可以作为四分之一学年或半学年的课程.

本书第二部分（第 8 章、第 10～13 章、第 15 章、第 17 章）介绍另外一些高级内容，这些内容既可以作为基本课程的必要补充，也可以作为另一门更高级的课程. 这些章节是各自独立的，教师可以选择最适合学生的内容来讲授. 将连续概率和熵这两章纳入基本课程中可能是比较好的选择. 对连续概率（第 8 章）的介绍主要集中在均匀分布和指数分布，其中还包括一些排队论的例子，对熵（第 10 章）的介绍包括如何度量随机性，以及在随机提取、压缩和编码中，熵是如何自然地产生的.

第 11 章和第 12 章分别介绍了蒙特卡罗方法和耦合，这两章是密切相关的，最好放在一起学习；第 13 章是关于鞅的知识，包含了如何处理相关随机变量的各种重要问题；而第 15 章则从不同的思路继续研究两两独立和消去随机性的进展；最后一章（第 17 章）讨论了均衡配置问题，介绍了作者的一些想法，该章与第 5 章的球和箱子问题密切相关.

本书各个章节的顺序，尤其是第一部分的顺序，是根据它们在算法中的相对重要性安排的，例如，我们先介绍切尔诺夫界，而其他一些基本的概率知识（如马尔可夫链）则放在后面，但是，教师在讲授时可以按照不同顺序进行. 在更强调一般随机过程的课程中，可以在第 1～3 章后直接讲授马尔可夫链（第 7 章），随后讲授球、箱子和随机图（第 5 章，略去哈密顿圈的例子），接下来可以跳过第 6 章关于概率方法的内容，而讲授连续概率和泊松过程（第 8 章）. 本书其余大部分内容都会用到第 4 章中关于切尔诺夫界的知识.

书中的大部分练习都是理论性的，但我们也选取了一些编程练习——包括两个需要编程的探索性作业. 我们发现偶尔的编程练习，对于加强本书的思想和增添课程的多样性很有帮助.

我们将本书的内容严格限制在数学分析的方法和技术之内，除去一些特殊情况，本书的所有定理都给出了完整的证明. 显然，许多相当有用的概率方法并不在这种严格的限制之内. 例如，在蒙特卡罗方法的重要领域中，大多数实际解具有启发性，从而证实了试验估计比严格数学分析更有效. 我们认为，为了很好地应用和理解启发性方法的优缺点，扎实地掌握基础概率理论和本书给出的严格技术是十分必要的，我们希望读者在学完本书之后能够喜欢这种处理方式.

致谢

首先我们要感谢许多曾经研究本书选取的极好题材的概率论专家和计算机科学家. 我们没有把大量原始论文作为参考文献放入书中，只是提供一些优秀的参考书目作为本书各章的背景材料和更进一步的讨论依据.

书中许多内容来自布朗大学 CS 155 课程和哈佛大学 CS 223 课程的学生和老师的建议和反馈，我们特别要感谢 Aris Anagnostopoulos、Eden Hochbaum、Rob Hunter 和 Adam Kirsch，他们阅读了本书的初稿，并提出了修改意见.

我们尤其要感谢 Dick Karp，2003 年秋季，他在伯克利大学授课（CS 174）期间，使用了本教材的初稿，他的早期建议和修改意见对改进教材是非常有价值的. Peter Bartlett 在 2004 年春季于伯克利大学授课（CS 174）期间，也提出了很多有用的建议和修改意见.

感谢在本书编写过程中认真读过部分初稿的同事，他们在内容及表达方面指出许多错误，提出重要的改进意见. 他们是：Artur Czumaj、Alan Frieze、Claire Kenyon、Joe Marks、Salil Vadhan、Eric Vigoda. 另外，感谢为出版社审稿的一些不知道姓名的评审者.

感谢 Rajeev Motwani 和 Prabhakar Raghavan 同意我们引用他们优秀的著作《Randomized Algorithms》中的某些练习.

最后感谢剑桥大学出版社的 Lauren Cowles，她在本书的准备和组织过程中提供了很多编辑方面的帮助和意见.

本书的写作得到了美国国家科学基金会信息技术研究基金（授权号 CCR-0121154）的部分资助.

目　录

第1章　事件与概率

本章介绍随机化算法的思想并复习一些概率论基本概念，在分析简单随机化算法在验证代数恒等式及在图中寻找最小割集的算法性能时将涉及这些概念.

1.1　应用：验证多项式恒等式

计算机有时也会出现错误，比如由于不正确的程序或者计算机硬件故障而引起的问题. 因此，能有一种简单方法双重检查计算结果将是十分有用的. 对于某些问题，我们可以用随机化方法去有效地验证输出结果的正确性.

假定有一个计算单项式乘法的程序，验证下列恒等式，程序可能输出：

$$(x+1)(x-2)(x+3)(x-4)(x+5)(x-6) \overset{?}{\equiv} x^6 - 7x^3 + 25$$

有一个简单的方法可以验证这个恒等式是否成立：将式子左边的所有项相乘，观察得到的多项式是否与式子右边相同. 本例中，当我们将式子左边的所有常数项相乘以后，发现所得结果与式子右边的常数项不一样，所以这个等式是不可能成立的. 更一般地，给定两个多项式 $F(x)$和 $G(x)$，可以通过将它们变换成规范形式 $\left(\sum_{i=0}^{d} c_i x^i\right)$ 来验证它们是否恒等：

$$F(x) \overset{?}{\equiv} G(x)$$

两个多项式等价，当且仅当它们的规范形式中的所有系数都相等. 现我们假定 $F(x)$为乘积形式 $F(x)=\prod_{i=1}^{d}(x-a_i)$，而 $G(x)$为规范形式. 连续地将 $F(x)$的第 i 个单项式与前面 $i-1$ 个单项式的乘积相乘，如此把 $F(x)$变换成规范形式，需要做 $\Theta(d^2)$次系数相乘. 虽然随着系数的不断增多，执行加法和乘法的次数不可避免地增加，但我们仍然假定每一次相乘需要的次数相同.

到现在为止，我们还没有涉及任何特别有意义的内容. 为了检查计算机程序所做的单项式乘法是否正确，我们假定重新进行单项式的乘法，并检查其结果. 检查程序的方法是编写另一个程序，用于解决本质上与我们希望第一个程序所解决的是同样的问题. 这当然是一种双重检查程序的方法：编写做同样事情的另一个程序，并确认结果完全一致. 但是由于在检查一个已知答案和重新计算原来问题之间存在着差别，这种方法至少存在两个问题. 第一，如果在计算单项式乘法的程序中存在错误，那么在检测程序中可能也存在同样的错误.（假定检测程序和原始程序都是由同一个人编写的!）第二，我们更愿意花较少的时间去检验答案是否正确，而不想花时间去重新解决最初的问题，这是合乎情理的.

我们代之以随机化方法来获得一种更快的验证恒等式的方法. 首先非形式地解释这种算法，然后建立形式的数学框架来分析算法.

设 $F(x)$和 $G(x)$的最高阶或 x 的最高次数为 d，随机化算法首先是从$\{1, \cdots, 100d\}$中均匀随机地选取一个整数 r，这里“均匀随机”是指取到每个整数是等可能的，然后计算 $F(r)$和$G(r)$的值．如果 $F(r)\neq G(r)$，则算法判定两个多项式不等价；如果 $F(r)=G(r)$，则算法判定两个多项式等价．

假设在一个计算步骤中，算法可以产生一个从$\{1, \cdots, 100d\}$中均匀随机选取的整数 r，计算 $F(r)$和 $G(r)$的值需要 $O(d)$次，要快于计算 $F(r)$的规范形式．但是，这种随机化算法有可能给出错误的结果．

为什么随机化算法会给出错误的结果呢？

如果 $F(x)\equiv G(x)$，由于对任意的 r，都有 $F(r)=G(r)$，那么算法将给出正确的结论．

如果 $F(x)\not\equiv G(x)$，并且 $F(r)\neq G(r)$，那么算法由于发现 $F(x)$和 $G(x)$不一致的情形，于是给出正确的结论．因此，当算法判定两个多项式不相同时，答案总是正确的．

如果 $F(x)\not\equiv G(x)$，但 $F(r)=G(r)$，那么算法将给出错误的结论．换句话说，当两个多项式不相等时，算法可能会给出它们相等的结论．当 r 是方程 $F(x)-G(x)=0$ 的根时，必然会出现上述错误．如果多项式 $F(x)-G(x)$的最高次数不大于 d，根据代数基本定理，最高次数为 d 的多项式不可能有多于 d 个根．因此，当 $F(x)\not\equiv G(x)$时，在$\{1, \cdots, 100d\}$范围内，不可能有多于 d 个值，使得 $F(r)=G(r)$．因为在$\{1, \cdots, 100d\}$范围内只有 $100d$ 个值，所以算法选取一个值并给出错误答案的机会不会大于 1/100．

1.2　概率论公理

现在我们回到正式的数学背景下来分析随机化算法．任何一个概率问题必然涉及一个概率空间．

定义 1.1　*概率空间的三要素：*

1. *样本空间 Ω，限制在概率空间上的随机过程所有可能结果的集合．*
2. *表示可容许事件的集族 $\mathcal{F}$，其中 $\mathcal{F}$ 中的每个集合都是样本空间 Ω 的子集*[⊖]．
3. *满足定义 1.2 的概率函数 $\Pr:\mathcal{F}\to\mathbf{R}$．*

Ω 中的每一个元素称为简单事件或基本事件．

在验证多项式恒等式的随机化算法中，样本空间是整数集合$\{1, \cdots, 100d\}$，在这个范围内取到每个整数 r 为一个简单事件．

定义 1.2　*概率函数是一个满足下列条件的函数 $\Pr$：$\mathcal{F}\to\mathbf{R}$：*

1. *对任意的事件 E，$0\leqslant\Pr(E)\leqslant 1$．*
2. $\Pr(\Omega)=1$．
3. *对任意两两互不相交事件的有限或可数无穷事件列 $E_1, E_2, E_3, \cdots$，有*

$$\Pr\left(\bigcup_{i\geqslant 1} E_i\right)=\sum_{i\geqslant 1}\Pr(E_i)$$

本书中的大部分内容都将用到离散概率空间．在离散概率空间中，样本空间是有限集或可数无穷集，而可容许事件族 $\mathcal{F}$ 由样本空间 Ω 中的所有子集构成．在离散概率空间中，概率函数由简单事件的概率唯一确定．

⊖ 考虑在一个离散的概率空间中，$\mathcal{F}=2^{\Omega}$．否则，初学者可以跳过这一点．因为事件要求是可测的，$\mathcal{F}$ 必须包括空集，且对取补集是封闭的，可数多个集合的交也是封闭的（一个 σ-代数）．

在验证多项式恒等式的随机化算法中，整数 r 的每次选取都为一个简单事件．因为算法是均匀随机地选取整数 r，所以所有简单事件是等概率的．样本空间有 $100d$ 个简单事件，所有简单事件的概率之和必须为 1，所以每一个简单事件的概率为 $1/100d$．

由于事件是集合，我们用标准的集合论记号来表示事件组合．用 $E_1 \cap E_2$ 表示事件 E_1 和 E_2 同时发生，$E_1 \cup E_2$ 表示事件 E_1 和 E_2 两者至少有一个发生．例如，投掷两粒骰子，E_1 表示第一粒骰子点数为 1 这一事件，E_2 表示第二粒骰子点数为 1 这一事件，则 $E_1 \cap E_2$ 表示两粒骰子点数都为 1 这一事件，而 $E_1 \cup E_2$ 表示至少有一粒骰子点数为 1 这一事件．类似地，$E_1 - E_2$ 表示事件 E_1 发生，而事件 E_2 没有发生．在上面的例子中，$E_1 - E_2$ 表示第一粒骰子点数为 1，而第二粒骰子点数不为 1 这一事件．$\overline{E}$ 表示 $\Omega - E$；例如，如果 E 表示掷骰子得到偶数点这一事件，那么 $\overline{E}$ 表示得到奇数点这一事件．

由定义 1.2 很容易得到如下引理．

引理 1.1　对于任意两个事件 E_1 和 E_2，有

$$\Pr(E_1 \cup E_2) = \Pr(E_1) + \Pr(E_2) - \Pr(E_1 \cap E_2)$$

证明　根据定义，有

$$\Pr(E_1) = \Pr(E_1 - (E_1 \cap E_2)) + \Pr(E_1 \cap E_2)$$
$$\Pr(E_2) = \Pr(E_2 - (E_1 \cap E_2)) + \Pr(E_1 \cap E_2)$$
$$\Pr(E_1 \cup E_2) = \Pr(E_1 - (E_1 \cap E_2)) + \Pr(E_2 - (E_1 \cap E_2)) + \Pr(E_1 \cap E_2)$$

因此引理得证．■

由定义 1.2 得到的下列结论称为并的界．它虽然十分简单，但是极其有用．

引理 1.2　对任意有限或无限可数的事件列 E_1，E_2，…，总有

$$\Pr\left(\bigcup_{i \geqslant 1} E_i\right) \leqslant \sum_{i \geqslant 1} \Pr(E_i)$$

注意引理 1.2 与定义 1.2 中的第三个条件的区别，定义 1.2 中是等式，并且要求事件是两两不相交的．

引理 1.1 可以推广到下列形式，通常称为容斥原理．

引理 1.3　设 E_1，…，E_n 为任意 n 个事件，则有

$$\Pr\left(\bigcup_{i=1}^{n} E_i\right) = \sum_{i=1}^{n} \Pr(E_i) - \sum_{i<j} \Pr(E_i \cap E_j) + \sum_{i<j<k} \Pr(E_i \cap E_j \cap E_k)$$
$$- \cdots + (-1)^{\ell+1} \sum_{i_1 < i_2 < \cdots < i_\ell} \Pr\left(\bigcap_{r=1}^{\ell} E_{i_r}\right) + \cdots$$

容斥原理的证明留作练习 1.7．

前面已经指出，只有当输入的两个多项式 $F(x)$ 和 $G(x)$ 不等价时，随机化算法才有可能会给出不正确的答案；如果选择的随机数是多项式 $F(x) - G(x)$ 的根，随机化算法就会给出不正确的答案．设 E 表示算法不能给出正确答案这一事件，则 E 这个事件对应的集合中的元素是多项式 $F(x) - G(x)$ 的根，由于在整数集合 $\{1, 2, \cdots, 100d\}$ 中，多项式不会有多于 d 个根，因而事件 E 不会有多于 d 个简单事件，所以

$$\Pr(\text{算法失败}) = \Pr(E) \leqslant \frac{d}{100d} = \frac{1}{100}$$

一个算法可能得到错误的答案，这看上去或许是不正常的．把算法的正确性当作一个目

标，并试图与其他目标一起优化，这是有帮助的. 在设计一个算法时，一般希望能极小化计算步骤和占用的内存. 但有时需要进行一下权衡：是需要占用较多内存的较快算法，还是占用较少内存的较慢算法. 前面介绍的随机化算法就给出了在正确性与速度之间的一种权衡. 允许算法可以给出不正确的答案(在系统意义上)，在设计算法时就增加了权衡的余地. 但是请放心，正如我们将要提到的，并不是所有的随机化算法都会给出不正确的答案.

对于前面刚刚讨论过的算法，即使当两个多项式不等价时，算法仍会以 99% 的概率给出正确答案. 能否改进这个概率呢？一种方法是从一个更大的整数范围内选取随机数 r. 如果样本空间 Ω 为整数集合 $\{1, 2, \cdots, 1000d\}$，则错误答案的概率至多为 1/1000. 但在某些时候，我们可用的取值范围受限于运行算法的计算机的精度.

另一种方法是用不同的随机数多次重复地运行算法来检验恒等式. 这里我们利用了算法具有单边错误的性质：只有在输出为两个多项式等价时，算法才有可能出错. 如果某次运行产生一个数 r，使得 $F(r)\neq G(r)$，则多项式不等价. 于是，如果多次重复运行算法，至少有一轮运行中出现 $F(r)\neq G(r)$，我们就可以知道 $F(x)$ 和 $G(x)$ 不等价，而只有当所有运行都相等时，算法的输出才为两个多项式等价.

在重复运行算法时，我们也要多次从范围 $\{1, 2, \cdots, 100d\}$ 中选取随机数；从一个已知分布中重复地抽取随机数一般称为*抽样*. 我们有两种方法从 $\{1, 2, \cdots, 100d\}$ 中重复地抽取随机数：即*有放回抽样*和*无放回抽样*. 有放回抽样指不必记住哪些数已经在以前的检验中用过；不管以前的抽样情况，每次运行算法都从 $\{1, 2, \cdots, 100d\}$ 中均匀随机地选取一个数，所以有可能在某次抽取时抽到一个在以前运行时曾经抽到过的 r. 无放回抽样是指一旦选取了一个数 r，就不容许在以后的运行中再选这个数. 在一次迭代中选取的数是在以前没有被选取的整数范围内均匀随机抽取的.

首先考虑有放回的抽样的情形. 假设重复算法 k 次，并且输入的两个多项式不等价. 那么在 k 次迭代中，从集合 $\{1, 2, \cdots, 100d\}$ 中随机抽取的数是多项式 $F(x)-G(x)$ 的根，而使算法给出错误输出的概率是多少？如果 $k=1$，这个概率至多为 $d/100d=1/100$. 如果 $k=2$，第一次迭代抽到根的概率为 1/100，第二次迭代抽到根的概率也是 1/100，从而两次迭代都抽到根的概率至多为 $(1/100)^2$. 一般地，对任意的 k 次迭代都抽到根的概率至多为 $(1/100)^k$.

为了使用一个式子来表示上述结果，我们介绍*独立*的概念.

定义 1.3 *两个事件 E 和 F 是独立的，当且仅当*

$$\Pr(E\cap F)=\Pr(E)\cdot\Pr(F)$$

更一般地，事件 E_1，E_2，$\cdots$，E_k 是相互独立的，当且仅当对任意的子集 $I\subseteq[1, k]$，都有

$$\Pr\Big(\bigcap_{i\in I}E_i\Big)=\prod_{i\in I}\Pr(E_i)$$

如果采用的是有放回抽样，则在每次迭代过程中，算法都是从集合 $\{1, 2, \cdots, 100d\}$ 中均匀随机地选取一个随机数，于是每次迭代中的选取都与以前迭代中的选取无关. 当多项式不等价时，设 E_i 为算法在第 i 次运行时抽到一个使 $F(r_i)-G(r_i)=0$ 的根 r_i 这一事件，则算法得到错误答案的概率为

$$\Pr(E_1\cap E_2\cap\cdots\cap E_k)$$

因为 $\Pr(E_i)$ 至多为 $d/100d$，且因为事件 E_1，E_2，$\cdots$，E_k 是独立的，所以经 k 次迭代后，

算法给出错误答案的概率为

$$\Pr(E_1 \cap E_2 \cap \cdots \cap E_k) = \prod_{i=1}^{k} \Pr(E_i) \leqslant \prod_{i=1}^{k} \frac{d}{100d} = \left(\frac{1}{100}\right)^k$$

因此，算法出错的概率随着试验次数的增大而以指数级减小.

下面考虑无放回抽样的情况. 此时选取一个给定数的概率是关于以前迭代事件的条件概率.

定义 1.4　在已知事件 F 发生的条件下，事件 E 也发生的条件概率为

$$\Pr(E \mid F) = \frac{\Pr(E \cap F)}{\Pr(F)}$$

仅当 $\Pr(F)>0$ 时，条件概率才有定义.

直观上，我们需要在由事件 F 定义的事件集中去求事件 $E \cap F$ 的概率. 因为 F 限制了样本空间，我们通过除以 $\Pr(F)$ 来归一化概率，使得所有事件的概率和为 1. 当 $\Pr(F)>0$ 时，上述定义可以写成有用的形式

$$\Pr(E \mid F)\Pr(F) = \Pr(E \cap F)$$

注意到，当 $\Pr(F)\neq 0$，且 E 与 F 独立时，有

$$\Pr(E \mid F) = \frac{\Pr(E \cap F)}{\Pr(F)} = \frac{\Pr(E)\Pr(F)}{\Pr(F)} = \Pr(E)$$

这是条件概率的一个重要性质；直观上，如果两个事件独立，则一个事件的发生与否不会影响另一个事件的概率.

再次假定重复 k 次算法，并且输入的两个多项式不等价，那么在所有 k 次从集合 $\{1, 2, \cdots, 100d\}$ 中随机抽样的迭代中得到多项式 $F(x)-G(x)$ 的根，从而导致算法给出错误结果的概率是多少?

与有放回抽样的情形一样，设 E_i 为算法的第 i 次迭代中抽到的随机数 r_i 是多项式 $F(x)-G(x)$ 的根这一事件；则算法输出错误答案的概率仍然为

$$\Pr(E_1 \cap E_2 \cap \cdots \cap E_k)$$

由条件概率的定义可以得到

$$\Pr(E_1 \cap E_2 \cap \cdots \cap E_k) = \Pr(E_k \mid E_1 \cap E_2 \cap \cdots \cap E_{k-1}) \cdot \Pr(E_1 \cap E_2 \cap \cdots \cap E_{k-1})$$

重复下去可得

$$\begin{aligned}&\Pr(E_1 \cap E_2 \cap \cdots \cap E_k)\\ &=\Pr(E_1) \cdot \Pr(E_2 \mid E_1) \cdot \Pr(E_3 \mid E_1 \cap E_2)\cdots\Pr(E_k \mid E_1 \cap E_2 \cap \cdots \cap E_{k-1})\end{aligned}$$

我们能得到 $\Pr(E_j \mid E_1 \cap E_2 \cap \cdots \cap E_{j-1})$ 的界吗? 注意至多有 d 个 r 使得 $F(r)-G(r)=0$ 成立；如果从第 1 次到第 $j-1$ 次($j-1<d$)迭代中找到了其中的 $j-1$ 个根，那么对于不放回抽样，在其余的 $100d-(j-1)$ 次选取中，只有 $d-(j-1)$ 个 r 使得 $F(r)-G(r)=0$ 成立. 于是

$$\Pr(E_j \mid E_1 \cap E_2 \cap \cdots \cap E_{j-1}) \leqslant \frac{d-(j-1)}{100d-(j-1)}$$

因此在 $k\leqslant d$ 次迭代后，算法给出错误答案的概率以

$$\Pr(E_1 \cap E_2 \cap \cdots \cap E_k) \leqslant \prod_{j=1}^{k} \frac{d-(j-1)}{100d-(j-1)} \leqslant \left(\frac{1}{100}\right)^k$$

为界. 因为当 $j>1$ 时，$(d-(j-1))/(100d-(j-1))<d/100d$，所以犯错误的概率比有放回(原书为 without replacement，即“无放回”，原书有误——译者注)抽样时稍微有些改善. 你可能已经注意到如果无放回地进行 $d+1$ 次抽样，且两个多项式不等价，我们保证能抽到一个 r，使得 $F(r)-G(r)\neq 0$. 于是经 $d+1$ 次迭代，可以保证输出正确的答案. 但是在 $d+1$ 点上计算多项式的值，用标准算法需要 $\Theta(d^2)$次运算，并不比确定性算法计算规范形式快.

既然无放回抽样算法出错的概率有更好的界，为什么我们仍然使用有放回抽样呢？从理论方面考虑，在有些情况下，有放回抽样明显地易于分析. 在实际应用上，有放回抽样在编写算法的程序时比较简单，对出错概率的影响也是几乎可以忽略的，因此是一个值得考虑的选择.

1.3　应用：验证矩阵乘法

现在考虑另外一个例子，在这个例子中随机性可以用来验证等式，而且比已知的确定性算法更快. 假设有三个 $n\times n$ 矩阵 $\boldsymbol{A}$、$\boldsymbol{B}$ 和 $\boldsymbol{C}$. 为了方便起见，假定对模为 2 的整数计算. 我们要验证下列式子是否成立：

$$\boldsymbol{AB}=\boldsymbol{C}$$

一种方法是，直接计算 $\boldsymbol{A}$ 与 $\boldsymbol{B}$ 的乘积，然后将所得结果与矩阵 $\boldsymbol{C}$ 比较. 简单的矩阵相乘算法需要 $\Theta(n^3)$次运算. 而一个比较复杂的算法仍然需要大约 $\Theta(n^{2.37})$次运算.

如果我们用随机化算法，它能较快地验证——但可能要付出以较小概率输出错误答案的代价. 此算法与验证多项式恒等式的随机化算法在思想上是类似的. 算法抽取一个随机向量 $\bar{r}=(r_1, r_2, \cdots, r_n)\in\{0, 1\}^n$，然后计算 $\boldsymbol{AB}\bar{r}$，即先计算 $\boldsymbol{B}\bar{r}$，再计算 $\boldsymbol{A}(\boldsymbol{B}\bar{r})$，也计算 $\boldsymbol{C}\bar{r}$. 如果 $\boldsymbol{A}(\boldsymbol{B}\bar{r})\neq\boldsymbol{C}\bar{r}$，则 $\boldsymbol{AB}\neq\boldsymbol{C}$. 否则输出 $\boldsymbol{AB}=\boldsymbol{C}$.

算法要求做三次矩阵-向量的乘法，需要 $\Theta(n^2)$次运算. 下面的定理给出了当它们实际上不相等而算法却输出 $\boldsymbol{AB}=\boldsymbol{C}$ 的概率的界.

定理 1.4　*如果 $\boldsymbol{AB}\neq\boldsymbol{C}$，且 $\bar{r}$ 是均匀随机地从$\{0, 1\}^n$ 中选取的，则*

$$\Pr(\boldsymbol{AB}\bar{r}=\boldsymbol{C}\bar{r})\leqslant\frac{1}{2}$$

证明　在证明之前，我们首先指出向量 $\bar{r}$ 的样本空间为集合$\{0, 1\}^n$，考虑的事件是 $\boldsymbol{AB}\bar{r}=\boldsymbol{C}\bar{r}$. 首先引入下面简单而有用的引理.

引理 1.5　*均匀随机地选取 $\bar{r}=(r_1, r_2, \cdots, r_n)\in\{0, 1\}^n$ 等价于从$\{0, 1\}$中独立随机地选取每一个 r_i.*

证明　如果每一个 r_i 都是独立且均匀随机地选取的，那么 2^n 种可能向量 $\bar{r}$ 中的每一个都以 2^{-n}的概率被抽到. 这就给出了引理的证明. ■

现设 $\boldsymbol{D}=\boldsymbol{AB}-\boldsymbol{C}\neq 0$. 那么 $\boldsymbol{AB}\bar{r}=\boldsymbol{C}\bar{r}$ 等价于 $\boldsymbol{D}\bar{r}=0$. 由于 $\boldsymbol{D}\neq 0$，则它必有某个非零元素；不失一般性，设非零元素为 d_{11}.

因为 $\boldsymbol{D}\bar{r}=0$，必然有

$$\sum_{j=1}^{n} d_{1j}r_j=0$$

或等价地

$$r_1=-\frac{\sum_{j=2}^{n}d_{1j}r_j}{d_{11}} \tag{1.1}$$

现在介绍一种有用的思想．不考虑向量 $\bar{r}$，假定我们是由 r_n 到 r_1 依次从$\{0,\ 1\}$中独立随机地选取 r_k．由引理 1.5 知，按这种方法选取 r_k 与均匀随机地选取向量 $\bar{r}$ 是等价的．现在只考虑恰在选取 r_1 之前的情况，此时式(1.1)右边是确定的，所以能使等式成立的 r_1 至多只有一个．由于 r_1 可以有两种选择，所以等式成立的概率至多为 1/2，于是 $\boldsymbol{AB}\bar{r}=\boldsymbol{C}\bar{r}$ 成立的概率至多也为 1/2．现在除了 r_1 以外，将所有变量都固定，我们将样本空间缩减为只有 r_1 的两个值$\{0,\ 1\}$的集合，而问题也转化为考虑等式(1.1)是否成立这样一个事件．■

这种思想称为**延迟决策原理**．当存在多个随机变量时，如向量 $\bar{r}$ 中的 r_i，则在算法中把它们中的一部分固定在某一点，其余部分看作随机的——或延迟的——直到分析下一个点．严格说来，这种思想依赖于先前确定的值；当某些随机变量取值被确定后，必须将这些值作为条件去进行下面的分析．我们将在本书稍后给出延迟决策原理的其他例子．

为了将我们的论证公式化，首先介绍一个称为全概率公式的简单事实．

定理 1.6[全概率公式]　设 $E_1,\ E_2,\ E_3,\ \cdots,\ E_n$ 是样本空间 Ω 中互不相交的事件，且 $\bigcup_{i=1}^{n}E_i=\Omega$，则有

$$\Pr(B)=\sum_{i=1}^{n}\Pr(B\cap E_i)=\sum_{i=1}^{n}\Pr(B|E_i)\Pr(E_i)$$

证明　由于事件 $E_1,\ E_2,\ E_3,\ \cdots,\ E_n$ 互不相交且覆盖整个样本空间 Ω，从而有

$$\Pr(B)=\sum_{i=1}^{n}\Pr(B\cap E_i)$$

进一步，由条件概率的定义有，

$$\sum_{i=1}^{n}\Pr(B\cap E_i)=\sum_{i=1}^{n}\Pr(B|E_i)\Pr(E_i)$$ ■

现在用全概率公式完成定理 1.4 的证明．对$(x_2,\ x_3,\ \cdots,\ x_n)\in\{0,\ 1\}^{n-1}$的所有取值求和得

$$\begin{aligned}
&\Pr(\boldsymbol{AB}\bar{r}=\boldsymbol{C}\bar{r})\\
&=\sum_{(x_2,\cdots,x_n)\in\{0,1\}^{n-1}}\Pr((\boldsymbol{AB}\bar{r}=\boldsymbol{C}\bar{r})\cap((r_2,\cdots,r_n)=(x_2,\cdots,x_n)))\\
&\leqslant\sum_{(x_2,\cdots,x_n)\in\{0,1\}^{n-1}}\Pr\left(\left(r_1=-\frac{\sum_{j=2}^{n}d_{1j}r_j}{d_{11}}\right)\cap((r_2,\cdots,r_n)=(x_2,\cdots,x_n))\right)\\
&=\sum_{(x_2,\cdots,x_n)\in\{0,1\}^{n-1}}\Pr\left(r_1=-\frac{\sum_{j=2}^{n}d_{1j}r_j}{d_{11}}\right)\Pr((r_2,\cdots,r_n)=(x_2,\cdots,x_n))\\
&\leqslant\sum_{(x_2,\cdots,x_n)\in\{0,1\}^{n-1}}\frac{1}{2}\Pr((r_2,\cdots,r_n)=(x_2,\cdots,x_n))\\
&=\frac{1}{2}
\end{aligned}$$

其中，第 4 行用到了 r_1 与$(r_2, r_3, \cdots, r_n)$的独立性. ■

为了改善定理 1.4 给出的错误概率，我们仍然利用算法具有单边错误的性质，多次运行算法. 如果找到了某个 $\bar{r}$ 使得 $\boldsymbol{AB}\bar{r} \neq \boldsymbol{C}\bar{r}$，则算法将正确地输出 $\boldsymbol{AB} \neq \boldsymbol{C}$. 如果总是发现 $\boldsymbol{AB}\bar{r} = \boldsymbol{C}\bar{r}$，则算法将输出 $\boldsymbol{AB} = \boldsymbol{C}$，但存在一个犯错误的概率. 对每次试验从$\{0, 1\}^n$ 中有放回选取 $\bar{r}$，在 k 次试验后，我们发现出错的概率至多为 2^{-k}，多次重复试验将运行次数增加到 $\Theta(kn^2)$.

假定我们用上述方法进行 100 次验证. 对于充分大的 n，随机检查算法的运行次数仍为 $\Theta(n^2)$，快于矩阵乘法的确定性算法. 100 次验证后输出的结果是一个不正确的结果的概率仅为 2^{-100}，这是一个极小的数. 实际上，在算法执行中计算机更有可能崩溃，而不是返回一个错误的答案.

随着随机试验的重复进行，一个感兴趣的问题是评估对矩阵乘法正确性的信任程度. 在本节的最后，我们介绍贝叶斯公式.

定理 1.7[贝叶斯公式]　设 $E_1, E_2, E_3, \cdots, E_n$ 是样本空间 Ω 中互不相交的事件，且 $\bigcup_{i=1}^{n} E_i = \Omega$，则有

$$\Pr(E_j \mid B) = \frac{\Pr(E_j \cap B)}{\Pr(B)} = \frac{\Pr(B \mid E_j)\Pr(E_j)}{\sum_{i=1}^{n} \Pr(B \mid E_i)\Pr(E_i)}$$

下面举一个贝叶斯公式简单应用的例子. 有 3 枚硬币，其中两枚硬币是均匀的，另一枚硬币不均匀，它在一次投掷中出现正面的概率为 2/3. 现不知道 3 枚硬币中究竟哪枚硬币是不均匀的. 将 3 枚硬币随机排列，然后依次投掷 3 枚硬币，前两枚硬币出现正面，第 3 枚硬币出现反面. 问：第 1 枚硬币是不均匀的概率是多少？

硬币是随机投掷的，所以在观测投掷硬币结果之前，每一枚硬币都有相同的可能性是不均匀的. 用 E_i 表示第 i 次投掷的那枚硬币是不均匀的这一事件，用 B 表示投掷 3 枚硬币的结果分别为正面、正面、反面这一事件.

在投掷硬币之前，对每一个 i，我们有 $\Pr(E_i) = \frac{1}{3}$. 也可以算出事件 E_i 的条件下事件 B 的概率：

$$\Pr(B \mid E_1) = \Pr(B \mid E_2) = \frac{2}{3} \cdot \frac{1}{2} \cdot \frac{1}{2} = \frac{1}{6}$$

及

$$\Pr(B \mid E_3) = \frac{1}{2} \cdot \frac{1}{2} \cdot \frac{1}{3} = \frac{1}{12}$$

由贝叶斯公式，则有

$$\Pr(E_1 \mid B) = \frac{\Pr(B \mid E_1)\Pr(E_1)}{\sum_{i=1}^{3} \Pr(B \mid E_i)\Pr(E_i)} = \frac{2}{5}$$

于是，当知道 3 枚硬币的投掷结果时，第 1 枚硬币不均匀的可能性从 1/3 增大到 2/5.

现在回到随机矩阵乘法检验，我们希望评估由重复检验得到的矩阵相等的信任程度．贝叶斯方法从先验模型出发，并对模型参数赋予初值，然后通过新的观测值来修正模型，从而得到包含新信息的后验模型．

在矩阵乘法中，如果没有关于恒等式过程的信息，那么一个合理的先验假定是等式成立的概率为 1/2．如果运行随机化检验一次，并且输出矩阵等式成立，那么这将如何改变我们对等式成立的信任度呢？

设 E 表示等式成立这一事件，B 表示检验输出等式成立这一事件．我们从 $\Pr(E)=\Pr(\overline{E})=1/2$ 开始，因为检验有 1/2 的单边错误的界，所以有 $\Pr(B|E)=1$ 及 $\Pr(B|\overline{E})\leqslant 1/2$．由贝叶斯公式，得

$$\Pr(E|B)=\frac{\Pr(B|E)\Pr(E)}{\Pr(B|E)\Pr(E)+\Pr(B|\overline{E})\Pr(\overline{E})}\geqslant\frac{1/2}{1/2+1/2\cdot 1/2}=\frac{2}{3}$$

现再次运行随机化检验，而输出的结论仍然是等式成立．在第一次检验之后，我们自然会修改先验模型，使得我们相信 $\Pr(E)\geqslant 2/3$，而 $\Pr(\overline{E})\leqslant 1/3$．现设 B 表示一次新的检验输出等式成立这一事件；因为每次检验都是独立的，如前面的分析，我们有 $\Pr(B|E)=1$ 和 $\Pr(B|\overline{E})\leqslant 1/2$．则由贝叶斯公式得

$$\Pr(E|B)\geqslant\frac{2/3}{2/3+1/3\cdot 1/2}=\frac{4}{5}$$

一般地，如果先验模型（在做检验之前）是 $\Pr(E)\geqslant 2^i/(2^i+1)$，并且如果检验输出等式成立（事件 B），则有

$$\Pr(E|B)\geqslant\frac{\dfrac{2^i}{2^i+1}}{\dfrac{2^i}{2^i+1}+\dfrac{1}{2}\dfrac{1}{2^i+1}}=\frac{2^{i+1}}{2^{i+1}+1}=1-\frac{1}{2^{i+1}+1}$$

于是，如果全部 100 次调用矩阵相等检验都输出等式成立，那么我们对这个等式正确性的信任度至少为 $1-1/(2^{101}+1)$．

1.4　应用：朴素贝叶斯分类器

朴素贝叶斯分类器是一种有监督的学习算法，它通过在简化的（“朴素”）概率模型中使用贝叶斯公式估计条件概率来对对象进行分类．虽然这种方法的独立性假设过于简单化，但在许多实际应用中（如文本的文档主题分类和垃圾邮件过滤）证明了这种方法的有效性．它还提供了一个基于条件概率概念的确定性算法的例子．

假设我们得到了 n 个训练示例的集合：

$$\{(D_1,c(D_1)),(D_2,c(D_2)),\cdots,(D_n,c(D_n))\}$$

其中每个 D_i 表示为特征向量 $x^i=(x_1^i,\cdots,x_m^i)$．这里 D_i 是一个对象，例如文本文档，对象具有一些特性 $(X_1,X_2,\cdots,X_m)$，其中特性 X_j 能从一组可能性 F_j 中获取值．通过 $x^i=(x_1^i,\cdots,x_m^i)$，对于 D_i，我们有 $X_1=x_1^i,\cdots,X_m=x_m^i$．例如，如果 D_i 是一个文本文档，我们有重要关键字的列表 X_j，可以是布尔特征，其中 $x_j^i=1$，如果列出的第 j 个关键字出现在 D_i 中；否则 $x_j^i=0$．在这种情况下，文档的特征向量只对应于它包含的一组关键字．最后，我们有一个对象可能分类的集合 $C=\{c_1,c_2,\cdots,c_t\}$，$c(D_i)$ 是 D_i 的分类．

例如，分类集合 C 可以是标签的集合，例如{“垃圾邮件”、“无垃圾邮件”}. 对于与网页或电子邮件相对应的文档，我们可能希望根据文档包含的关键字对文档进行分类.

分类范式假设训练集是来自未知分布的样本，其中对象的分类是 m 特征的函数. 我们的目标是，给出一个新的文档，返回一个准确的分类. 一般来说，我们可以返回一个向量 $(z_1, z_2, \cdots, z_t)$，其中 z_j 是基于训练集 $c(D_i)=c_j$ 的一个估计. 如果我们只想返回最可能的分类，我们可以返回 z_j 的最高值 c_j.

假设我们开始有一个非常庞大的训练集. 然后，对于每个向量 $y=(y_1, \cdots, y_m)$ 和每个分类 c_j，我们可以用训练集来计算一个特征向量为 y 的物体被分类为 C_j 的条件经验概率：

$$p_{y,j} = \frac{\{|i:x^i = y, c(D_i) = c_j|\}}{\{|i:x^i = y)|\}}$$

假设一个具有特征向量 x^* 的新对象 D^* 与训练集具有相同的分布，那么 $p_{x^*,j}$ 是条件概率

$$\Pr(c(D^*) = c_j | x^* = (x_1^*, \cdots, x_m^*))$$

的经验估计. 实际上，我们可以在一个大的查找表中提前计算这些值，并在计算对象的特征向量 x^* 之后，简单地返回向量 $(z_1, z_2, \cdots, z_t)=(p_{x^*,1}, p_{x^*,2}, \cdots, p_{x^*,t})$.

这种方法的难点在于，我们需要获得大量条件概率集合的精确估计，这些条件概率与 m 特征值的所有可能组合相对应. 即使每个特征只有两个值，我们也需要估计每类 2^m 个条件概率，这通常需要 $\Omega(|C|2^m)$ 个样本.

如果我们假设一个具有 m 特征的独立的“朴素”模型，那么训练过程更快，并且需要的示例更少. 在这种情况下，我们有

$$\Pr(c(D^*) = c_j | x^*) = \frac{\Pr(x^* | c(D^*) = c_j) \cdot \Pr(c(D^*) = c_j)}{\Pr(x^*)} \tag{1.2}$$

$$= \frac{\prod_{k=1}^{m} \Pr(x_k^* = x_i | c(D^*) = c_j) \cdot \Pr(c(D^*) = c_j)}{\Pr(x^*)} \tag{1.3}$$

这里 x_k^* 是对象 D^* 的特征向量 x^* 的第 k 个分量. 注意，分母独立于 c_j，并且可以视为一个标准化常数因子.

对于每个特征的可能值数量是恒定的，我们只需要学习 $O(m|C|)$ 的概率估计. 在下面的内容中，我们使用 $\widehat{\Pr}$ 来表示经验概率，即在我们的示例训练集中事件的相对频率. 这个符号强调，我们是根据训练集确定的这些概率的估计.（在实践中，通常会做一些细微的修改，例如在每个分数的分子上加 1/2，以保证没有经验概率等于 0.）

训练过程很简单：

- 对每一个分类等级 c_j，跟踪被分类为 c_j 的目标的分数，计算

  $$\widehat{\Pr}(c(D^*) = c_j) = \frac{|\{i | c(D_i) = c_j\}|}{|D|}$$

  其中 $|D|$ 是训练集中的对象数.
- 对于每个特征 X_k 和特征值 x_k 跟踪被分类为 c_j 的特征值对象的分数，以计算

  $$\widehat{\Pr}(x_k^* = x_k | c(D^*) = c_j) = \frac{|\{i:x_k^i = x_k, c(D_i) = c_j\}|}{|\{i | c(D_i) = c_j\}|}$$

一旦我们训练分类器，具有特征向量 $x^*=(x_1^*,\dots,x_m^*)$ 的新对象 D^* 的分类是通过计算

$$\left(\prod_{k=1}^{m}\widehat{\Pr}(x_k^*=x_k\mid c(D^*)=c_j)\right)\widehat{\Pr}(c(D^*)=c_j)$$

得出的．对于每一个 c_j，取最大值的分类．

实际上，这些积可能导致向下溢出的值，解决这个问题的一个简单方法是计算上面表达式的对数．通过适当的规范化可以得到整个概率向量的估计值．(或者，也可以通过计算样本数据 $\Pr(x^*=x)$ 的估计值来提供概率估计，而不是规范化)．根据我们的独立性假设 $\Pr(x^*=(x_1^*,\cdots,x_m^*))=\prod_{k=1}^{m}\Pr(x_k^*=x_k)$，可以用相应估计的乘积来估计式(1.2)的分母．

算法 1.1　朴素贝叶斯分类器算法

输入： 可能分类的集合 C，特征与特征值 F_1，…，F_m 的集合，分类项目的一个训练集 $\mathcal{D}$.

训练阶段：

1. 对每一个类别 $c\in C$，特征 $k=1$，…，m，及特征值 $x_k\in F_k$，计算

$$\widehat{\Pr}(x_k^*=x_k\mid c(D^*)=c)=\frac{|\{i:x_k^i=x_k,c(D_i)=c\}|}{|\{i\mid c(D_i)=c\}|}$$

2. 对每一个类别 $c\in C$，计算

$$\widehat{\Pr}(c(D^*)=c)=\frac{|\{i\mid c(D_i)=c\}|}{|D|}$$

分类一个新项目 D^*：

1. 对 $x^*=x=(x_1$，…，$x_m)$，计算最可能的分类

$$c(D^*)=\operatorname*{argmax}_{c_j\in C}\left(\prod_{k=1}^{m}\widehat{\Pr}(x_k^*=x_k\mid c(D^*)=c_j)\right)\widehat{\Pr}(c(D^*)=c_j)$$

2. 计算一个分类分布：

$$\widehat{\Pr}(c(D^*)=c_j)=\frac{\left(\prod_{k=1}^{m}\widehat{\Pr}(x_k^*=x_k\mid c(D^*)=c_j)\right)\widehat{\Pr}(c(D^*)=c_j)}{\widehat{\Pr}(x^*=x)}$$

由于独立性的“朴素”假设，朴素贝叶斯分类器是高效且易于实现的．当分类取决于特征组合时，这种假设可能会导致误导结果．作为一个简单的例子，考虑一组具有两个布尔特征 X 和 Y 的项．如果 $X=Y$，则该项位于 A 类，否则该项位于 B 类．进一步假设，对于 X 和 Y 的每个值，训练集在每个类中的项数相等．所有由分类器计算的条件概率都等于 0.5，因此在本例中，分类器并不比掷硬币更好．在实践中，这种现象是罕见的，朴素贝叶斯分类器往往是非常有效的．

1.5　应用：最小割随机化算法

图的割集是一个边的集合，当去掉这些边时将图分成两个或多个连通部分．给定一个有 n 个顶点的图 $G=(V，E)$，最小割问题就是在图 G 中寻找一个基数最小的割集．许多领

域，包括网络可靠性研究，都有最小割问题．这里的顶点相当于网络中的机器，边相当于机器之间的连接．最小割就是使某对机器之间能互相通信的最少边数．最小割也来自聚类问题．例如，如果顶点代表网页(或者一个超文本系统中的任一文件)，如果对应顶点之间有超文本链接，两个顶点之间就有一条连接它们的边，那么最小割将图分成相互之间链接很少的文档簇，不同簇中的文档是不相关的．

我们将利用已给出的定义和技术来分析最小割问题的简单的随机化算法．算法的主要运算是*边的缩减*．在缩减边(u, v)时，将两个顶点u和v合并成一个顶点，删除所有连接u和v的边，保留图中所有其他的边．新图可能有并行的边，但没有自圈．例如，图1.1所示的每一步中，黑色的粗线即是被缩减的边．

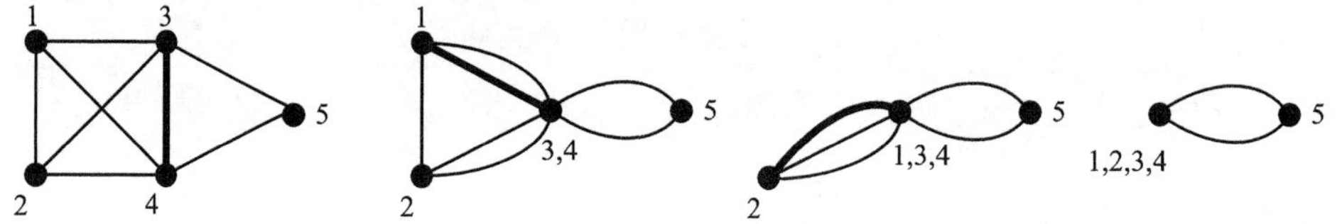

a）最小割的成功运行

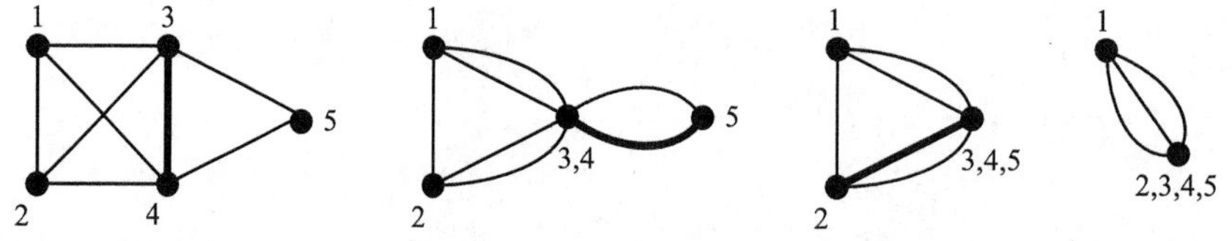

b）最小割的不成功运行

图1.1　在长度为2的最小割集的图中，两种最小割执行的例子

算法包括$n-2$次迭代．在每次迭代中，算法从图的现有边中选出一条边并将它缩减掉．每一步都有多种可能的方法选择边，我们的随机化算法是从剩下的边中均匀随机地选择一条边．

每一次迭代都会使图中的顶点个数减少一个，经过$n-2$次迭代后，图只剩下两个顶点．算法输出连接这两个保留顶点的边的集合．

容易验证，在算法的中间迭代过程中，新图的任一割集也是原始图的割集．而另一方面，原始图的每一个割集并不一定都是中间迭代过程中新图的割集，因为割集中的有些边可能已经在以前的迭代中被缩减了．所以，算法的输出总是原始图的割集，但不一定是最小基数割集(见图1.1)

现在我们建立算法输出正确结果的概率的下界．

定理1.8　*算法至少以$2/(n(n-1))$的概率输出最小割集．*

证明　设k是G的最小割集长度．图可能会有几个最小长度的割集．我们来计算找到某个指定的最小割集C的概率．

因为C是图的割集，除去集合C将顶点集合分成两个集合S和$V-S$，使得不存在连接S中的顶点到$V-S$中顶点的边．假设在整个算法运行中，我们只缩减连接S中的两个顶点或$V-S$中两个顶点的边，而不是C中的边．这样，所有由算法缩减的边是连接S中顶点或$V-S$中顶点的边，经$n-2$次迭代后，算法输出的是由C中边连接的两个顶点的图．所以，我们可以得到结论：如果算法在 $n-2$ 次迭代中根本不选择 C 中的边，那么算法输出的 C 就是最小割集．

上面的讨论直观上解释了为什么要在每次迭代中均匀随机地在剩下的边中选取边．如果割集 C 的长度较小，并且如果算法在每一步都是均匀随机地选择边，那么算法选取 C 中边的概率是很小的——至少当剩下的边数与 C 比较相对较大时．

设 E_i 表示第 i 次迭代时缩减的边不在 C 中这一事件，$F_i=\bigcap_{j=1}^{i}E_j$ 表示在前 i 次迭代中没有缩减 C 中的边的事件．我们需要计算 $\Pr(F_{n-2})$．

我们从计算 $\Pr(E_1)=\Pr(F_1)$ 开始．因为最小割集有 k 条边，所以图中所有顶点的次数必至少为 k 或更大．如果每个顶点至少连接 k 条边，则图中至少有 $nk/2$ 条边．第一条缩减边是从所有边中均匀随机地选取的．因为图中至少有 $nk/2$ 条边，且 C 有 k 条边，所以第一次迭代没有选取 C 中边的概率为

$$\Pr(E_1)=\Pr(F_1)\geqslant 1-\frac{2k}{nk}=1-\frac{2}{n}$$

假设第一次缩减没有消去 C 中的边．换句话说，我们给定了事件 F_1 成立的条件．第一次迭代后，我们得到一个有 $n-1$ 个顶点和最小割集长度为 k 的新图．仍然假定图中每一个顶点的次数必至少为 k，图必至少有 $k(n-1)/2$ 条边．于是

$$\Pr(E_2\mid F_1)\geqslant 1-\frac{k}{k(n-1)/2}=1-\frac{2}{n-1}$$

类似地

$$\Pr(E_i\mid F_{i-1})\geqslant 1-\frac{k}{k(n-i+1)/2}=1-\frac{2}{n-i+1}$$

下面计算 $\Pr(F_{n-2})$，我们有

$$\begin{aligned}\Pr(F_{n-2})&=\Pr(E_{n-2}\cap F_{n-3})=\Pr(E_{n-2}\mid F_{n-3})\cdot\Pr(F_{n-3})\\&=\Pr(E_{n-2}\mid F_{n-3})\cdot\Pr(E_{n-3}\mid F_{n-4})\cdots\Pr(E_2\mid F_1)\cdot\Pr(F_1)\\&\geqslant\prod_{i=1}^{n-2}\left(1-\frac{2}{n-i+1}\right)=\prod_{i=1}^{n-2}\left(\frac{n-i-1}{n-i+1}\right)\\&=\left(\frac{n-2}{n}\right)\left(\frac{n-3}{n-1}\right)\left(\frac{n-4}{n-2}\right)\cdots\left(\frac{4}{6}\right)\left(\frac{3}{5}\right)\left(\frac{2}{4}\right)\left(\frac{1}{3}\right)\\&=\frac{2}{n(n-1)}\end{aligned}$$

■

因为算法具有单边错误的性质，我们可以重复运行算法来减小出错概率．假设运行最小割随机化算法 $n(n-1)\ln n$ 次，并输出在所有次迭代中找到的最小长度割集．输出不是一个最小割集的概率界为

$$\left(1-\frac{2}{n(n-1)}\right)^{n(n-1)\ln n}\leqslant \mathrm{e}^{-2\ln n}=\frac{1}{n^2}$$

在第一个不等式中，我们用到了 $1-x\leqslant \mathrm{e}^{-x}$ 这一事实．

1.6　练习

1.1　投掷均匀的硬币 10 次，计算下列事件的概率：

（a）出现正面的次数和出现反面的次数相同.

（b）出现正面的次数大于出现反面的次数.

（c）第 i 次出现的情况与第 $(11-i)$ 次出现的情况相同，其中 $i=1, \cdots, 5$.

（d）至少连续出现 4 次正面.

1.2　投掷两粒标准的正六面体骰子. 设两粒骰子的投掷结果是相互独立的，计算下列事件的概率：

（a）两粒骰子出现相同的点数.

（b）第一粒骰子出现的点数大于第二粒骰子出现的点数.

（c）两粒骰子点数之和为偶数.

（d）两粒骰子点数乘积是完全平方数.

1.3　我们洗一副标准扑克牌，得到的一种组合在 52! 种可能的组合中是均匀分布的. 计算下列事件的概率：

（a）前两张牌中至少有一张 A.

（b）前 5 张牌中至少有一张 A.

（c）前两张牌是一对同样大小的牌.

（d）前 5 张牌的花色都为方片.

（d）前 5 张牌形成满堂红(3 张是同样大小的牌，另外两张是另一种同样大小的牌).

1.4　我们正在参加一场比赛，只要我们中间有一人赢得了 n 局，比赛立即结束. 假定比赛在两人间公平进行，即每人赢得一局比赛的概率都为 1/2，与其他不同局的结果无关. 那么比赛结束时，失败一方已经赢得 k 局的概率是多少？

1.5　一天吃完午饭后，Alice 向 Bob 提出建议，用下面的方法决定由谁付账. Alice 从她的口袋里拿出 3 粒六面体骰子，但是这些骰子不是标准的，各个面上的点数如下；

- 骰子 A：1，1，6，6，8，8.
- 骰子 B：2，2，4，4，9，9.
- 骰子 C：3，3，5，5，7，7.

每一粒骰子都是均匀的，即每个点数出现的概率相同. Alice 解释游戏规则：她和 Bob 都选一粒骰子，然后投掷，点数低的人输，负责付账. 为了表示自己不占有优势，Alice 让 Bob 先选择骰子.

（a）假定 Bob 选择骰子 A，Alice 选择骰子 B. 写出所有的可能事件以及它们发生的概率，并证明 Alice 赢的概率大于 1/2.

（b）假定 Bob 选择骰子 B，Alice 选择骰子 C. 写出所有的可能事件以及它们发生的概率，并证明 Alice 赢的概率大于 1/2.

（c）因为选择骰子 A 和 B 都对 Alice 有利，所以 Bob 似乎应该选择骰子 C. 假定 Bob 确实选择骰子 C，而 Alice 选择骰子 A. 写出所有的可能事件以及它们发生的概率，并证明 Alice 赢的概率仍然大于 1/2.

1.6　考虑下面的球和箱子游戏. 从一个箱子中有 1 个黑球和 1 个白球开始，然后反复地按以下方式进行：从箱子里均匀随机地取出一球，然后把它与另一个同色球一起放回箱子. 这样重复下去，直到箱子中有 n 个球为止. 证明：白球数可以等可能地为 $1 \sim n-1$ 中的任何数.

1.7　（a）证明引理 1.3，即容斥原理.

（b）当 ℓ 为奇数时，证明：

$$\Pr\left(\bigcup_{i=1}^{n} E_i\right) \leqslant \sum_{i=1}^{n} \Pr(E_i) - \sum_{i<j} \Pr(E_i \cap E_j) + \sum_{i<j<k} \Pr(E_i \cap E_j \cap E_k) - \cdots + (-1)^{\ell+1} \sum_{i_1<i_2<\cdots<i_\ell} \Pr(E_{i_1} \cap \cdots \cap E_{i_\ell})$$

（d）当 ℓ 为偶数时，证明

$$\Pr\left(\bigcup_{i=1}^{n} E_i\right) \geqslant \sum_{i=1}^{n}\Pr(E_i) - \sum_{i<j}\Pr(E_i \cap E_j) + \sum_{i<j<k}\Pr(E_i \cap E_j \cap E_k)$$
$$- \cdots + (-1)^{\ell+1} \sum_{i_1<i_2<\cdots<i_\ell} \Pr(E_{i_1} \cap \cdots \cap E_{i_\ell})$$

1.8 从[1, 1 000 000]范围中随机地抽取一个数. 运用容斥原理计算这个数能被 4, 6 和 9 中一个或多个整除的概率.

1.9 投掷一枚均匀硬币 n 次. 对 $k>0$，计算连续出现$\log_2 n+k$ 次正面的概率的上界.

1.10 有一枚均匀的硬币和一枚两面都是头像(正面)的硬币，以相同概率从这两枚硬币中随机选择一枚并投掷. 已知投掷结果是出现正面，那么投掷的是两面头像硬币的概率是多少?

1.11 我正准备向你发一个要么是 0 要么是 1 的信号，当发送这个信号后，经 n 个中继站你才能收到. 每一个中继站独立地以概率 p 反转信号.

(a) 证明：你收到正确信号的概率为

$$\sum_{k=0}^{\lfloor n/2 \rfloor}\binom{n}{2k}p^{2k}(1-p)^{n-2k}$$

(b) 考虑用另外一种方法来计算这个概率. 如果中继站以概率$(1-q)/2$ 反转信号，我们称这个中继站有偏差 q，所以 q 是$(-1, 1)$之间的一个实数. 证明：信号通过两个偏差分别为 q_1 和 q_2 的中继站发送等价于通过一个偏差为 q_1q_2 的中继站发送.

(c) 证明：当信号通过如前面(a)所述的 n 个中继站传送，你能收到正确信号的概率为

$$\frac{1+(1-2p)^n}{2}$$

1.12 依照游戏节目“让我们做一次交易”的主持人的名字，下面的问题称为 Monty Hall 问题. 有三块幕布，一块幕布的后面有一辆新汽车，其余两块幕布后面是山羊. 游戏是这样进行的：参赛者选择一块他认为后面有汽车的幕布，然后主持人 Monty 拉开其余两块幕布中的一块，看到的是一只山羊. (Monty 可能有不止一只山羊的选择，如果是这样，假定他随机地选择展示哪一只羊.)这时，参赛者可以停在他原来选的幕布那儿，也可以换到另一块未拉开的幕布那儿. 在展现了汽车的位置后，参赛者赢得汽车或是另一只山羊. 参赛者应不应该换幕布，或者换不换没有任何区别吗?

1.13 对某种遗传性疾病，医药公司兜售一种新的检测技术. 假阴性率很小：如果你有这种遗传病，检测结果呈阳性的概率为 0.999；假阳性率也很小：如果你没有这种遗传病，检测结果呈阳性的概率仅为 0.005. 假定人口的 2%患有这种遗传病，如果从中随机地选取一人进行检测，结果呈阳性，那么此人患有这种遗传病的概率为多少?

1.14 我准备参加一场壁球比赛，面临的是一个只看过这个人打球但从未交过手的参赛者. 考虑三种可能的先验模型：我们有相同的能力，因此每人每盘获胜的机会均等；我的能力稍强些，能以 0.6 的概率独立地获胜每盘；他的能力稍强些，能以 0.6 的概率独立地获胜每盘. 在我们进行比赛之前，认为上述三种情况的可能性相同.

我们的比赛在其中一人赢得三盘时停止，我赢了第二盘比赛，对手赢得第一、三和四盘. 在这场比赛之后，在后验模型中，我应相信对手的能力稍比我强的概率是多少?

1.15 投掷 10 粒标准六面体骰子，假定投掷每粒骰子是独立的. 它们的点数之和能被 6 整除的概率是多少?(提示：用延迟决策原理，考虑投掷除一粒之外所有骰子后的情形.)

1.16 考虑下面的投掷三粒标准六面体骰子的游戏，如果游戏者最后能使得三粒骰子的点数相同，则获胜. 游戏者首先同时投掷所有三粒骰子；经第一次投掷后，游戏者可以选择三粒骰子中的任一个、两个或全部并再投掷一次；经第二次投掷，游戏者还可选择三粒骰子中的任一粒再投掷最后一次. 对下面的问题(a)～(d)，假定游戏者运用下述最优化策略：如果所有三粒骰子点数都一样，则游戏者停止投掷并获胜；如果两粒骰子点数一样，则游戏者选择那个点数不一样的骰子再投掷一次；

如果三粒骰子点数全都不同，则重新投掷全部骰子.

(a) 计算第一次投掷时，三粒骰子点数都相同的概率.

(b) 计算第一次投掷时，三粒骰子中恰有两粒骰子点数相同的概率.

(c) 计算在第一次投掷时三粒骰子中恰有两粒点数相同的条件下，游戏者获胜的概率.

(d) 考虑所有可能的投掷情况，计算游戏者获胜的概率.

1.17 在矩阵乘法的算法中，整数模取为 2. 如果整数模取为 k，$k>2$，分析将会发生怎样的变化.

1.18 有一个函数 F：$\{0, 1, \cdots, n-1\} \to \{0, 1, \cdots, m-1\}$，并且知道对于 $0 \leqslant x, y \leqslant n-1$，有 $F((x+y) \bmod n) = (F(x)+F(y)) \bmod m$. 计算 F 值的唯一方法是查找存储有 F 值的表. 可是在我们没有注意时，恶魔篡改了表格中 1/5 的数据.

设计一种简单的随机化算法：给定一个输入 z，输出一个至少以 1/2 概率等于 $F(z)$ 的值. 无论恶魔改了什么样的数值，算法都会对每个 z 值进行运算. 要求算法查找尽可能少的表并使用尽可能少的计算.

假定允许重复你的初始算法三次. 那么此时你应该做什么？用改进算法得到正确答案的概率是多少？

1.19 给出事件的例子，使得 $\Pr(A \mid B) < \Pr(A)$，$\Pr(A \mid B) = \Pr(A)$，以及 $\Pr(A \mid B) > \Pr(A)$.

1.20 如果 $E_1, E_2, \cdots, E_n$ 相互独立，证明 $\overline{E}_1, \overline{E}_2, \cdots, \overline{E}_n$ 也相互独立.

1.21 给出三个随机事件 X、Y、Z 的例子，使得其中任意两个独立，但是三个事件不相互独立.

1.22 (a) 考虑集合$\{1, 2, \cdots, n\}$，按照下面的方法得到该集合的子集 X：对应于集合中的每个元素独立地投掷一次均匀硬币；如果硬币正面朝上，那么这个元素属于集合 X；否则不属于. 证明这样确定的子集 X 等可能地为全部 2^n 个可能子集中的任一个.

(b) 假定从$\{1, 2, \cdots, n\}$的全部 2^n 个子集中独立且均匀随机地选取两个子集 X 和 Y. 确定 $\Pr(X \subseteq Y)$ 和 $\Pr(X \cup Y = \{1, 2, \cdots, n\})$（提示：用本题(a)中的结论）.

1.23 在一个图中可能有几个不同的最小割集. 利用最小割随机化算法的分析，证明至多有 $n(n-1)/2$ 个不同的最小割集.

1.24 推广割集的概念，将图中一个 r 路割集定义为某些边的集合，如果除去这个边的集合，将使图分成 r 个或更多个连通部分. 说明如何将最小割随机化算法用于求最小 r 路割集，并给出经一次迭代即可成功的概率界.

1.25 为了改进最小割随机化算法的成功概率，可以多次运行算法.

(a) 考虑运行算法两次，计算缩减的边数并计算找到最小割的概率界.

(b) 考虑如下变化：从有 n 个顶点的图开始，利用最小割随机化算法，首先将图缩减为 k 个顶点；复制此 k 个顶点的新图，对它独立地运行随机化算法 ℓ 次. 计算缩减的边数，并计算找到最小割的概率界.

(c) 对于(b)中的变化，求最优的(或至少是接近最优的)k 和 ℓ 值，使找到与运行原算法两次有相同缩减边数的最小割的概率达到最大.

1.26 如果游戏双方都知道井字棋游戏最优策略，那么双方最终以打成平手结束井字棋游戏. 所以我们对井字棋游戏作一些随机改动.

(a) 第一种改动：根据一次独立的均匀硬币的投掷来决定 9 个方格中每一格是标上 X 还是 O. 如果只有一位选手得到了一个获胜的井字棋组合(相同字母组成一条或多条线——译者注)，则此选手获胜；否则比赛为平局. 计算 X 获胜的概率.（可以用计算机程序帮助运行.）

(b) 第二种改动：X 和 O 轮流，并且 X 先手. 在轮到 X 游戏者时，从剩余的空格中独立且均匀随机地选取一个空格，并放入 X；轮到 O 时，类似地进行. 第一个得到获胜的井字棋组合的选手赢得比赛；如果没有选手能完成获胜组合，比赛为平局. 计算每位选手获胜的概率.（可以编写一个程序来帮助运行.）

第2章　离散型随机变量与期望

本章我们介绍离散型随机变量与期望的概念，然后给出分析算法的期望性能的基本方法，并应用这些方法计算众所周知的快速排序法的期望运行时间. 在分析两种形式的快速排序法中，我们演示随机化算法分析(由算法的随机选择来定义其概率空间)与确定性算法的概率分析(由输入的某个概率分布来定义其概率空间)之间的区别.

首先定义伯努利随机变量、二项随机变量和几何随机变量，然后研究简单分支过程的期望大小，最后分析一个本书中多次出现的概率范例——赠券收集问题的期望值.

2.1　随机变量与期望

在研究一个随机事件时，我们感兴趣的常常是与随机事件有关的某些值，而不是事件本身. 例如投掷两粒骰子，我们通常对两粒骰子点数之和感兴趣，而不关心每粒骰子的点数是多少. 投掷两粒骰子的样本空间由 36 个等概率事件组成，由数字的有序对{(1，1)，(1，2)，…，(6，5)，(6，6)}给出. 如果我们关心的量是两粒骰子的点数之和，那么会关注 11 个(具有不等概率的)随机事件：11 种可能的点数之和. 任何一个这种从样本空间到实数的函数都称为随机变量.

定义 2.1　在样本空间 Ω 上的一个随机变量 X 是 Ω 上的一个实值函数，即 $X: \Omega \rightarrow \mathbb{R}$. 只取有限个值或者可数无穷个值的随机变量称为离散型随机变量.

由于随机变量是函数，常常用像 X 或 Y 那样的大写字母表示，而实数通常用小写字母表示.

对于一个离散型随机变量 X 和一个实数 a，事件“$X=a$”包含样本空间中随机变量 X 取值为 a 的所有基本事件. 也就是说，“$X=a$”表示集合$\{s\in\Omega \mid X(s)=a\}$，用

$$\Pr(X = a) = \sum_{s\in\Omega: X(s)=a} \Pr(s)$$

表示这个事件的概率. 如果 X 是表示两粒骰子点数之和的随机变量，那么事件 $X=4$ 相应于基本事件{(1，3)，(2，2)，(3，1)}的集合. 因此

$$\Pr(X = 4) = \frac{3}{36} = \frac{1}{12}$$

我们把事件独立性的定义推广到随机变量.

定义 2.2　两个随机变量 X 和 Y 是独立的，当且仅当对所有的 x，y

$$\Pr((X = x) \cap (Y = y)) = \Pr(X = x) \cdot \Pr(Y = y)$$

成立，类似地，随机变量 X_1，X_2，…，X_k 是相互独立的，当且仅当对于任意子集 $I\subseteq[1, k]$和任意值 x_i，$i\in I$，有

$$\Pr\Big(\bigcap_{i\in I} (X_i = x_i)\Big) = \prod_{i\in I} \Pr(X_i = x_i)$$

随机变量的一个基本特征是它的期望，通常也被称作均值．随机变量的期望是它可能取值的加权平均，每个值的权为变量取该值的概率．

定义 2.3　离散型随机变量 X 的期望，用 $E[X]$表示，由

$$\boldsymbol{E}[X]=\sum_i i\Pr(X=i)$$

给出，其中求和是对 X 值域内所有值进行的．如果 $\sum_i |i|\Pr(X=i)$ 收敛，则期望有限；否则，期望无限．

例如，表示两粒骰子点数之和的随机变量 X 的期望为

$$\boldsymbol{E}[X]=\frac{1}{36}\cdot 2+\frac{2}{36}\cdot 3+\frac{3}{36}\cdot 4+\cdots+\frac{1}{36}\cdot 12=7$$

可以尝试用对称性简单地说明为什么 $E[X]=7$.

举一个离散型随机变量的期望无限的例子．考虑随机变量 X，其取值为 2^i 的概率是 $1/2^i$，其中 $i=1$，2，…则 X 的期望是

$$\boldsymbol{E}[X]=\sum_{i=1}^{\infty}\frac{1}{2^i}2^i=\sum_{i=1}^{\infty}1=\infty$$

这里使用了一个不太正式的记号 $\boldsymbol{E}[X]=\infty$来表示 $\boldsymbol{E}[X]$无限．

2.1.1　期望的线性性

期望的一个重要性质是期望的线性性，这可以极大地简化期望的计算．根据这个性质，多个随机变量之和的期望等于各个随机变量的期望之和．对于正规的表述，我们有如下定理．

定理 2.1[期望的线性性]　对于任意一组有限个具有有限期望的离散型随机变量 X_1，X_2，…，X_n，

$$\boldsymbol{E}\Big[\sum_{i=1}^{n}X_i\Big]=\sum_{i=1}^{n}\boldsymbol{E}[X_i]$$

证明　只对两个随机变量 X、Y 的情形证明这个定理，由归纳法可知一般情况下也成立．下面的求和理解为在相应随机变量的值域上进行：

$$\begin{aligned}\boldsymbol{E}[X+Y]&=\sum_i\sum_j(i+j)\Pr((X=i)\cap(Y=j))\\&=\sum_i\sum_j i\Pr((X=i)\cap(Y=j))+\sum_i\sum_j j\Pr((X=i)\cap(Y=j))\\&=\sum_i i\sum_j\Pr((X=i)\cap(Y=j))+\sum_j j\sum_i\Pr((X=i)\cap(Y=j))\\&=\sum_i i\Pr(X=i)+\sum_j j\Pr(Y=j)\\&=\boldsymbol{E}[X]+\boldsymbol{E}[Y]\end{aligned}$$

由定义 1.2 得到第一个等式，由全概率公式(定理 1.6)得到倒数第二个等式．■

我们现在应用这个性质来计算两粒标准骰子点数之和的期望．记 $X=X_1+X_2$，其中 X_i 表示骰子 i 的点数，其中 $i=1$，2，则

$$E[X_i]=\frac{1}{6}\sum_{j=1}^{6}j=\frac{7}{2}$$

由期望的线性性，我们有

$$E[X]=E[X_1]+E[X_2]=7$$

值得强调的是，期望的线性性对任意随机变量集都成立，即使它们不是独立的. 例如，仍然考虑前面的例题，记 $Y=X_1+X_1^2$，即使 X_1 和 X_1^2 显然相关，我们仍然有

$$E[Y]=E[X_1+X_1^2]=E[X_1]+E[X_1^2]$$

考虑 X_1 的 6 种可能的点数，作为练习，读者可以验证上述等式.

在某些情况下，期望的线性性对于可数无穷个随机变量之和仍然成立，特别是只要 $\sum_{i=1}^{\infty}E[|X_i|]$ 收敛，便可证明

$$E\left[\sum_{i=1}^{\infty}X_i\right]=\sum_{i=1}^{\infty}E[X_i]$$

关于可数无穷和期望的线性性，在练习 2.29 中将有进一步的深入讨论.

本章中的几个例子说明期望的线性性可以显著简化期望的计算. 下面的简单引理是一个与期望的线性性有关的结果.

引理 2.2　对于任意的常数 c 和离散型随机变量 X，

$$E[cX]=cE[X]$$

证明　对于 $c=0$，引理显然成立. 当 $c\neq 0$ 时，

$$\begin{aligned}E[cX]&=\sum_j j\Pr(cX=j)=c\sum_j(j/c)\Pr(X=j/c)\\&=c\sum_k k\Pr(X=k)=xE[X]\end{aligned}$$ ■

2.1.2　詹森不等式

假设我们随机地从[1，99]范围内选取一个正方形的边长 X，那么面积的期望值是多少？可以将此记为 $E[X^2]$，认为它等于$E[X]^2$ 是有诱惑力的，但是通过简单的计算就可以看出这是错误的. 实际上，$E[X]^2=2500$，而 $E[X^2]=9950/3>2500$.

更一般地，我们可以证明 $E[X^2]\geqslant(E[X])^2$. 考虑 $Y=(X-E[X])^2$，随机变量 Y 是非负的，因此它的期望也必定是非负的，所以有

$$\begin{aligned}0\leqslant E[Y]&=E[(X-E[X])^2]=E[X^2-2XE[X]+(E[X])^2]\\&=E[X^2]-2E[XE[X]]+(E[X])^2\\&=E[X^2]-(E[X])^2\end{aligned}$$

由期望的线性性，得到倒数第二行等式，而根据引理 2.2 化简 $E[XE[X]]=E[X]E[X]$得到最后一行.

实际上，不等式 $E[X^2]\geqslant(E[X])^2$ 是被称为詹森不等式的更一般定理的一个例子. 詹森不等式指出，对于任意的凸函数 f，有 $E[f(X)]\geqslant f(E[X])$.

定义 2.4　函数 f：$\mathbf{R}\to\mathbf{R}$ 称为凸的，如果对于任意的 x_1，x_2 及 $0\leqslant\lambda\leqslant 1$，有

$$f(\lambda x_1+(1-\lambda)x_2)\leqslant\lambda f(x_1)+(1-\lambda)f(x_2)$$

直观上，一个凸函数 f 具有这样的性质，如果用直线连接凸函数图上的任意两点，这条直线或落在图上或在图的上方．下面的事实是定义 2.4 另一个有用的表述形式，但我们不给出证明．

引理 2.3　如果 f 是二次可微函数，那么 f 是凸的，当且仅当 $f''(x)\geqslant 0$.

定理 2.4[詹森不等式]　如果 f 是一个凸函数，那么

$$\mathbf{E}[f(X)] \geqslant f(\mathbf{E}[X])$$

证明　我们在假定 f 有一个泰勒展开式的情况下来证明这个定理，令 $\mu=\mathbf{E}[X]$．依据泰勒定理，存在一个值 c，使得

$$\begin{aligned} f(x) &= f(\mu)+f'(\mu)(x-\mu)+\frac{f''(c)\,(x-\mu)^2}{2} \\ &\geqslant f(\mu)+f'(\mu)(x-\mu) \end{aligned}$$

由凸性有 $f''(c)\geqslant 0$．两边同时取期望，并且根据期望的线性性和引理 2.2，得到如下结果：

$$\begin{aligned} \mathbf{E}[f(X)] &\geqslant \mathbf{E}[f(\mu)+f'(\mu)(X-\mu)] = \mathbf{E}[f(\mu)]+f'(\mu)(\mathbf{E}[X]-\mu) \\ &= f(\mu) = f(\mathbf{E}[X]) \end{aligned}$$

■

练习 2.10 给出了詹森不等式的另一种证明，它对只取有限多个值的任意随机变量 X 成立．

2.2　伯努利随机变量和二项随机变量

假定我们做一项成功概率是 p，失败概率是 $1-p$ 的试验．

令 Y 是一个这样的随机变量，满足

$$Y=\begin{cases}1 & \text{如果试验成功}\\ 0 & \text{其他}\end{cases}$$

变量 Y 称为伯努利或示性随机变量．注意，对伯努利随机变量，

$$\mathbf{E}[Y]=p\cdot 1+(1-p)\cdot 0=p=\Pr(Y=1)$$

例如，投掷一枚均匀的硬币，并认为出现“正面”表示成功，那么对应的示性随机变量的期望值是 1/2.

现在考虑 n 次独立地抛掷硬币试验序列，在这一系列试验中出现正面的次数是什么分布？更一般地，考虑 n 次独立试验序列，每次试验成功的概率都为 p，如果用 X 表示这 n 次独立试验中成功的次数，那么称 X 服从二项分布．

定义 2.5　一个参数为 n 和 p 的二项随机变量 X，记为 $B(n,\ p)$，由下面的概率分布定义，其中 $j=0,\ 1,\ 2,\ \cdots,\ n$：

$$\Pr(X=j)=\binom{n}{j}p^j(1-p)^{n-j}$$

也就是说，在每次试验成功概率为 p 的 n 次独立试验中，恰有 j 次成功和 $n-j$ 次失败时，二项随机变量 X 等于 j．

作为练习，读者需要证明定义 2.5 能保证 $\sum_{j=0}^{n}\Pr(X=j)=1$．根据定义 1.2，对于二项随机变量，有一个有效的概率函数，这点是必要的．

在许多情况下，尤其是在抽样中，常常会出现二项随机变量．下面举一个实际的例子：假如打算收集有关通过路由器被后处理的数据包数据．我们可能想知道来自某个源或

者某种数据类型的数据包的大致比例．我们没有足够的内存来存储所有的数据包，所以只能选择数据包的一个随机子集(或样本)做后期分析．如果每一个数据包以概率 p 被存储起来，而且每天有 n 个数据包通过路由器，那么每天被抽到的数据包个数是参数为 n 和 p 的二项随机变量．如果想知道对于这样的一个样本需要多大的内存，一个很自然的出发点就是确定随机变量 X 的期望．

这种方式的抽样也出现在其他情形中．例如，在程序运行时，通过对程序计数器的抽样，可以确定程序的哪部分耗时最长．这种知识可用于动态程序优化技术，如二进制重写，在程序执行时修改这个程序的可执行二进制形式．由于在程序运行时，重写可执行代码的代价高昂，因此抽样可以帮助优化器确定何时值得去做．

二项随机变量 X 的期望是什么？我们可以由定义直接计算：

$$\begin{aligned}\mathbf{E}[X] &= \sum_{j=0}^{n} j\binom{n}{j}p^{j}(1-p)^{n-j} = \sum_{j=0}^{n} j\frac{n!}{j!(n-j)!}p^{j}(1-p)^{n-j}\\ &= \sum_{j=1}^{n}\frac{n!}{(j-1)!(n-j)!}p^{j}(1-p)^{n-j}\\ &= np\sum_{j=1}^{n}\frac{(n-1)!}{(j-1)!((n-1)-(j-1))!}p^{j-1}(1-p)^{(n-1)-(j-1)}\\ &= np\sum_{k=0}^{n-1}\frac{(n-1)!}{k!((n-1)-k)!}p^{k}(1-p)^{(n-1)-k}\\ &= np\sum_{k=0}^{n-1}\binom{n-1}{k}p^{k}(1-p)^{(n-1)-k} = np\end{aligned}$$

其中最后的等式利用了二项式恒等式

$$(x+y)^{n} = \sum_{k=0}^{n}\binom{n}{k}x^{k}y^{n-k}$$

期望的线性性可以明显简化证明．如果 X 是参数为 n 和 p 的二项随机变量，那么 X 表示 n 次试验中成功的次数，其中每次试验成功的概率为 p．定义 n 个示性随机变量 X_1，X_2，…，X_n 的集合，其中当第 i 次试验成功时 $X_i=1$，否则为 0．显然，$\mathbf{E}[X_i]=p$，并且 $X=\sum_{i=1}^{n}X_i$，故由期望的线性性得

$$\mathbf{E}[X] = \mathbf{E}\left[\sum_{i=1}^{n}X_i\right] = \sum_{i=1}^{n}\mathbf{E}[X_i] = np$$

期望的线性性使得用更简单的随机变量(例如示性随机变量)之和表示一个随机变量的方法极为有用．

2.3　条件期望

如同定义条件概率一样，定义一个随机变量的条件期望也是非常有用的．下面的定义是相当自然的．

定义 2.6

$$\mathbf{E}[Y \mid Z=z] = \sum_{y} y\Pr(Y=y \mid Z=z)$$

其中求和是对 Y 值域的所有 y 进行的.

这个定义表明，和期望的定义一样，随机变量的条件期望也是其可能取值的加权和，不同之处在于现在每个值的权是变量取这个值的条件概率. 类似地，我们可以定义随机变量 Y 的定义在事件 $\mathcal{E}$ 上的条件期望.

$$\mathbf{E}[Y\mid\mathcal{E}]=\sum_{y}y\Pr(Y=y\mid\mathcal{E})$$

例如，假定我们独立地投掷两粒标准的六面体骰子. 令 X_1 表示第一粒骰子出现的点数，X_2 表示第二粒骰子出现的点数，X 表示两粒骰子的点数之和，则

$$\mathbf{E}[X\mid X_1=2]=\sum_{x}x\Pr(X=x\mid X_1=2)=\sum_{x=3}^{8}x\cdot\frac{1}{6}=\frac{11}{2}$$

再举另一个例子，计算 $\mathbf{E}[X_1\mid X=5]$：

$$\begin{aligned}\mathbf{E}[X_1\mid X=5]&=\sum_{x=1}^{4}x\Pr(X_1=x\mid X=5)\\&=\sum_{x=1}^{4}x\frac{\Pr(X_1=x\cap X=5)}{\Pr(X=5)}=\sum_{x=1}^{4}x\frac{1/36}{4/36}=\frac{5}{2}\end{aligned}$$

由定义 2.6，自然得到下面的等式.

引理 2.5　对于任意的随机变量 X 和 Y，有

$$\mathbf{E}[X]=\sum_{y}\Pr(Y=y)\mathbf{E}[X\mid Y=y]$$

其中求和是对于 Y 值域中的所有使条件期望存在的 y 进行的.

证明

$$\begin{aligned}\sum_{y}\Pr(Y=y)\mathbf{E}[X\mid Y=y]&=\sum_{y}\Pr(Y=y)\sum_{x}x\Pr(X=x\mid Y=y)\\&=\sum_{x}\sum_{y}x\Pr(X=x\mid Y=y)\Pr(Y=y)\\&=\sum_{x}\sum_{y}x\Pr(X=x\cap Y=y)\\&=\sum_{x}x\Pr(X=x)=\mathbf{E}[X]\end{aligned}$$

■

期望的线性性也可以推广到条件期望. 引理 2.6 给出了明确的表述，其证明留作练习 2.11.

引理 2.6　对于任意一组具有有限期望的有限个离散型随机变量 X_1，X_2，…，X_n，以及任意的随机变量 Y，

$$\mathbf{E}\Big[\sum_{i=1}^{n}X_i\mid Y=y\Big]=\sum_{i=1}^{n}\mathbf{E}[X_i\mid Y=y]$$

常常把条件期望作为如下的随机变量，这一点似乎不好理解.

定义 2.7　表达式 $\mathbf{E}[Y\mid Z]$ 是一个当 $Z=z$ 时取值为 $\mathbf{E}[Y\mid Z=z]$ 的随机变量 $f(Z)$.

需要强调的是：$\mathbf{E}[Y\mid Z]$ 不是一个实数值，实际上它是随机变量 Z 的一个函数. 因此 $\mathbf{E}[Y\mid Z]$ 本身是一个从样本空间到实数的函数，可以把它当作一个随机变量.

在前面投掷两粒骰子的例子中，

$$\mathbf{E}[X\mid X_1]=\sum_{x}x\Pr(X=x\mid X_1)=\sum_{x=X_1+1}^{X_1+6}x\cdot\frac{1}{6}=X_1+\frac{7}{2}$$

我们看到 $\mathbf{E}[X|X_1]$是一个取值依赖于 X_1 的随机变量.

如果 $\mathbf{E}[Y|Z]$是一个随机变量，那么考虑它的期望 $\mathbf{E}[\mathbf{E}[Y|Z]]$是有意义的. 在上面的例子中，我们得到 $\mathbf{E}[X|X_1]=X_1+7/2$. 因此

$$\mathbf{E}[\mathbf{E}[X|X_1]] = \mathbf{E}\left[X_1 + \frac{7}{2}\right] = \frac{7}{2} + \frac{7}{2} = 7 = \mathbf{E}[X]$$

更一般地，我们有下面的定理.

定理 2.7

$$\mathbf{E}[Y] = \mathbf{E}[\mathbf{E}[Y|Z]]$$

证明 由定义 2.7，我们有 $\mathbf{E}[Y|Z]=f(Z)$，其中当 $Z=z$ 时，$f(Z)$为$\mathbf{E}[Y|Z]$的值. 于是

$$\mathbf{E}[\mathbf{E}[Y|Z]] = \sum_z \mathbf{E}[Y|Z=z]\Pr(Z=z)$$

由引理 2.5，右边等于 $\mathbf{E}[Y]$. ■

现在我们给出条件期望一个有意义的应用. 考虑一个含有调用过程 $\mathcal{S}$ 的程序. 假定每次调用过程 $\mathcal{S}$ 都会递归地复制产生过程 $\mathcal{S}$ 新的副本，其中新副本个数是一个参数为 n 和 p 的二项分布随机变量. 还假定这些随机变量对于每一次调用 $\mathcal{S}$ 都是独立的. 由此程序产生的过程 $\mathcal{S}$ 的副本的期望个数是多少?

为了分析这个递归复制过程，我们引入“代”的概念. 初始过程 $\mathcal{S}$ 为第 0 代. 其他情况下，如果一个过程 $\mathcal{S}$ 是由另一个 $i-1$ 代过程 $\mathcal{S}$ 复制的，就称为第 i 代. 令 Y_i 表示第 i 代 $\mathcal{S}$ 过程的个数. 因为我们知道 $Y_0=1$，第 1 代过程的个数服从二项分布，所以

$$\mathbf{E}[Y_1] = np$$

类似地，假定我们知道第 $i-1$ 代的个数为 y_{i-1}，那么 $Y_{i-1}=y_{i-1}$. 令 Z_k 表示第 $i-1$ 代在第 k 个过程中复制的副本个数，其中 $1\leqslant k\leqslant y_{i-1}$，每个 Z_k 都是参数为 n 和 p 的二项随机变量. 那么

$$\begin{aligned}
\mathbf{E}[Y_i|Y_{i-1}=y_{i-1}] &= \mathbf{E}\left[\sum_{k=1}^{y_{i-1}} Z_k \,\middle|\, Y_{i-1}=y_{i-1}\right] = \sum_{j\geqslant 0} j\Pr\left(\sum_{k=1}^{y_{i-1}} Z_k = j \,\middle|\, Y_{i-1}=y_{i-1}\right) \\
&= \sum_{j\geqslant 0} j\Pr\left(\sum_{k=1}^{y_{i-1}} Z_k = j\right) = \mathbf{E}\left[\sum_{k=1}^{y_{i-1}} Z_k\right] \\
&= \sum_{k=1}^{y_{i-1}} \mathbf{E}[Z_k] = y_{i-1}np
\end{aligned}$$

第三行中，我们用到了所有的 Z_k 都是独立的二项随机变量，特别是每个 Z_k 值与 Y_{i-1}无关，使得可以消去条件. 在第五行，我们利用了期望的线性性.

根据定理 2.7，可以归纳地计算第 i 代的期望大小，我们有

$$\mathbf{E}[Y_i] = \mathbf{E}[\mathbf{E}[Y_i|Y_{i-1}]] = \mathbf{E}[Y_{i-1}np] = np\mathbf{E}[Y_{i-1}]$$

由对 i 的归纳，并利用 $Y_0=1$ 的事实，我们得到

$$\mathbf{E}[Y_i] = (np)^i$$

由这个程序产生的过程 $\mathcal{S}$ 副本的期望总数为

$$\mathbf{E}\left[\sum_{i\geqslant 0} Y_i\right] = \sum_{i\geqslant 0}\mathbf{E}[Y_i] = \sum_{i\geqslant 0}(np)^i$$

如果 $np>1$，则期望无限；如果 $np<1$，则期望等于 $1/(1-np)$. 因此，该程序产生的过程的期望个数有限，当且仅当每一个过程复制的过程期望个数都小于 1.

这里分析的过程是分支过程的一个简单例子，它是概率论中被广泛研究的一个概率范例.

2.4 几何分布

假设我们投掷一枚硬币，直到出现正面才停止，那么投掷的次数是什么分布？这是一个几何分布的例子，它来自下面场景：我们进行一系列独立试验，直到第一次成功，每次试验成功的概率为 p.

定义 2.8 一个参数为 p 的几何随机变量 X 由以下的概率分布给出，其中 $n=1$，2，…：

$$\Pr(X=n)=(1-p)^{n-1}p$$

也就是说，几何随机变量 X 等于 n，必定是经历 $n-1$ 次失败后接着一次成功.

作为练习，证明几何随机变量 X 满足

$$\sum_{n\geqslant 1}\Pr(X=n)=1$$

由定义 1.2，几何随机变量有一个有效的概率函数，这也是必需的.

在 2.2 节对一个路由器的数据包抽样的例子中，如果数据包以概率 p 被抽到，那么在最近一次抽到包后，直到包括下一次抽到包之间通过的包数，由参数为 p 的几何随机变量给出.

几何随机变量被称为是无记忆的，因为从现在开始的 n 次试验，取得第一次成功的概率与以前经历过的失败次数无关. 非正式地说，我们可以不考虑过去的失败，因为它们不能改变未来的直到第一次成功的试验次数的分布. 正式地说，我们有以下的命题.

引理 2.8 对一个参数为 p 的几何随机变量 X，当 $n>0$ 时，有

$$\Pr(X=n+k\,|\,X>k)=\Pr(X=n)$$

证明

$$\begin{aligned}\Pr(X=n+k\,|\,X>k)&=\frac{\Pr((X=n+k)\cap(X>k))}{\Pr(X>k)}\\&=\frac{\Pr(X=n+k)}{\Pr(X>k)}=\frac{(1-p)^{n+k-1}p}{\sum\limits_{i=k}^{\infty}(1-p)^{i}p}\\&=\frac{(1-p)^{n+k-1}p}{(1-p)^{k}}=(1-p)^{n-1}p=\Pr(X=n)\end{aligned}$$

第四个等式用到当 $0<x<1$ 时，$\sum\limits_{i=k}^{\infty}x^{i}=x^{k}/(1-x)$ 的事实. ■

现在计算几何随机变量的期望. 当一个随机变量在自然数集合 $\boldsymbol{N}=\{0,1,2,3,\cdots\}$ 取值时，可利用另一个公式来计算其期望.

引理 2.9 设 X 为一离散型随机变量，只取非负整数值，则

$$\boldsymbol{E}[X]=\sum_{i=1}^{\infty}\Pr(X\geqslant i)$$

证明

$$\sum_{i=1}^{\infty}\Pr(X\geqslant i)=\sum_{i=1}^{\infty}\sum_{j=i}^{\infty}\Pr(X=j)=\sum_{j=1}^{\infty}\sum_{i=1}^{j}\Pr(X=j)$$
$$=\sum_{j=1}^{\infty}j\Pr(X=j)=\boldsymbol{E}[X]$$

由于求和项都是非负的，因此交换无限项求和(可能)是合理的. ■

对于参数为 p 的几何随机变量 X

$$\Pr(X\geqslant i)=\sum_{n=i}^{\infty}(1-p)^{n-1}p=(1-p)^{i-1}$$

所以

$$\boldsymbol{E}[X]=\sum_{i=1}^{\infty}\Pr(X\geqslant i)=\sum_{i=1}^{\infty}(1-p)^{i-1}=\frac{1}{1-(1-p)}=\frac{1}{p}$$

因此对于一枚 $p=1/2$ 的均匀硬币，看到第一次正面平均需要投掷两次.

还有另外一种方法求参数为 p 的几何随机变量 X 的期望——利用条件期望和几何随机变量的无记忆性. 回忆一下，X 对应于投掷硬币直到第一次出现正面的次数，已知每次出现正面的概率为 p. 令 $Y=0$ 表示第一次投掷硬币出现反面，$Y=1$ 表示第一次投掷硬币出现正面. 由引理 2.5 中的等式得

$$\boldsymbol{E}[X]=\Pr(Y=0)\boldsymbol{E}[X\mid Y=0]+\Pr(Y=1)\boldsymbol{E}[X\mid Y=1]$$
$$=(1-p)\boldsymbol{E}[X\mid Y=0]+p\boldsymbol{E}[X\mid Y=1]$$

如果 $Y=1$，那么 $X=1$，所以 $\boldsymbol{E}[X\mid Y=1]=1$. 如果 $Y=0$，那么 $X>1$. 在这种情况下，令剩下的(第一次投掷后到第一次出现正面)投掷次数为 Z. 那么由期望的线性性得

$$\boldsymbol{E}[X]=(1-p)\boldsymbol{E}[Z+1]+p\cdot 1=(1-p)\boldsymbol{E}[Z]+1$$

由几何随机变量的无记忆性，Z 也是参数为 p 的几何随机变量. 由于 X 和 Z 具有相同的分布，因此 $\boldsymbol{E}[Z]=\boldsymbol{E}[X]$. 所以我们有

$$\boldsymbol{E}[X]=(1-p)\boldsymbol{E}[Z]+1=(1-p)\boldsymbol{E}[X]+1$$

由此 $\boldsymbol{E}[X]=1/p$.

这种利用条件期望计算期望的方法是非常有用的，特别是连同几何随机变量的无记忆性.

例：赠券收集问题

赠券收集问题产生于下面的场景. 假设有 n 种不同的赠券，每盒麦片内附有其中的一张赠券. 当收集到每种赠券中的一张时，便可以得到奖品. 假定每盒麦片中的赠券是从 n 种可能中独立且随机地选取的，还假定在收集赠券时不与其他人合作. 在拥有每种赠券至少一张之前，需要购买多少盒麦片？这个简单问题产生于许多不同场景，在本书的其他几个地方还会再次出现.

令 X 表示收集到每种赠券至少一张所需要购买的麦片盒数，我们需要求 $\boldsymbol{E}[X]$. 如果 X_i 表示恰有 $i-1$ 种不同赠券时所购买的盒数，那么显然 $X=\sum_{i=1}^{n}X_i$.

把随机变量 X 分成 n 个随机变量 $X_i(i=1,\ \cdots,\ n)$ 之和的优点是，每个 X_i 都为几何随

机变量. 当已经得到恰好 $i-1$ 种赠券时，再得到一种新赠券的概率是

$$p_i = 1 - \frac{i-1}{n}$$

因此，X_i 是参数为 p_i 的几何随机变量，且

$$\boldsymbol{E}[X_i] = \frac{1}{p_i} = \frac{n}{n-i+1}$$

由期望的线性性，我们有

$$\boldsymbol{E}[X] = \boldsymbol{E}\Big[\sum_{i=1}^{n} X_i\Big] = \sum_{i=1}^{n}\boldsymbol{E}[X_i] = \sum_{i=1}^{n}\frac{n}{n-i+1} = n\sum_{i=1}^{n}\frac{1}{i}$$

和式 $\sum_{i=1}^{n} 1/i$ 称为调和数 $H(n)$，下面证明 $H(n)=\ln(n)+\Theta(1)$. 这样，对于赠券收集问题，为了收集齐所有 n 种赠券，需要随机赠券的期望张数为 $n\ln n+\Theta(n)$.

引理 2.10　调和数 $H(n)=\sum_{i=1}^{n} 1/i$ 满足 $H(n)=\ln n+\Theta(1)$.

证明　由于 $1/x$ 是单调递减的，我们可以记

$$\ln n = \int_{x=1}^{n}\frac{1}{x}\mathrm{d}x \leqslant \sum_{k=1}^{n}\frac{1}{k}$$

及

$$\sum_{k=2}^{n}\frac{1}{k} \leqslant \int_{x=1}^{n}\frac{1}{x}\mathrm{d}x = \ln n$$

由图 2.1 易知，曲线 $f(x)=1/x$ 下方的面积对应于积分，阴影部分的面积对应于求和 $\sum_{k=1}^{n} 1/k$ 及 $\sum_{k=2}^{n} 1/k$.

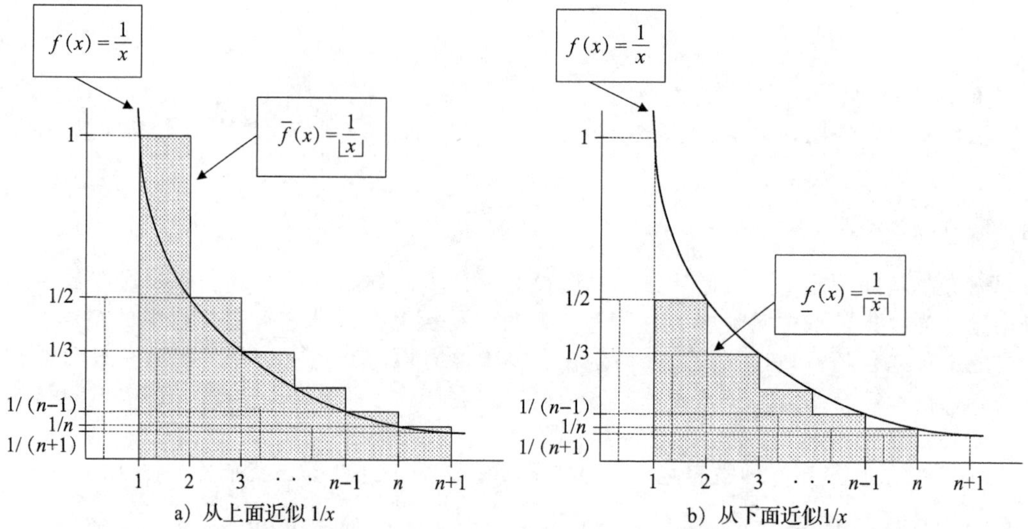

图 2.1　$f(x)=1/x$ 下方面积的近似表示

因此，$\ln n \leqslant H(n) \leqslant \ln n+1$，证毕. ■

作为赠券收集问题的一个简单应用，假设数据包从源主机经固定的路由器路径不断地传送到目标主机. 目标主机想知道数据包流经过了哪些路由器传送，便于以后查找是哪个路由器处理时破坏了数据包. 如果数据包头部有足够空间，每一个路由器可以在头部添加它的标识码，给出传输路径. 遗憾的是，数据包头部不可能有那么多可用的空间.

假如每个包的头部恰好有存放一个路由器标识码的空间，并且这个空间用于存放从这条路径上所有路由器中随机地选取的一个路由器的标识码. 实际上这是容易做到的，我们将在练习 2.18 中考虑这个问题. 这样，从目标主机来看，确定路径中的所有路由器问题与赠券收集问题是类似的. 如果路径中有 n 个路由器，那么在目标主机知道路径中的所有路由器之前必须到达的数据流中的数据包的期望数是 $nH(n)=n\ln n+\Theta(n)$.

2.5 应用：快速排序的期望运行时间

快速排序是一种简单且实际上非常有效的排序算法. 输入是 n 个数 x_1，x_2，…，x_n 的列表. 为简便起见，我们假定数是互不相同的. 快速排序函数首先在此列表中选择一个基准元素，假定基准元素为 x. 运行算法就是每个其他元素与 x 的比较，将元素列表分成两个子表：小于 x 的元素和大于 x 的元素. 注意，如果比较是按自然次序从左到右进行的，那么每个子表中元素的排列次序与原始表的一样. 快速排序法就是对这些子表的递归排序. 如算法 2.1 所示.

算法 2.1　快速排序

输入： 全序总体中 n 个不同元素的列表 $S=\{x_1, x_2, \cdots, x_n\}$.

输出： 排序后的 S 的元素.

1. 如果 S 只有一个或零个元素，返回 S；否则继续.
2. 选择 S 中一个元素作为基准元素，称为 s.
3. 为了将其他元素分成两个子列表，S 中的每个其他元素与 x 作比较：
   (a) S_1 是 S 中所有比 x 小的元素.
   (b) S_2 是 S 中所有比 x 大的元素.
4. 对 S_1 和 S_2 进行快速排序.
5. 返回列表 S_1，x，S_2.

最坏情况下，快速排序需要进行 $\Omega(n^2)$ 次比较运算. 例如，假定输入形如 $x_1=n$，$x_2=n-1$，…，$x_{n-1}=2$，$x_n=1$. 还假定采用以列表的第一个元素作为基准的规则. 那么第一个基准应该选为 n，因此快速排序执行 $n-1$ 次比较，产生一个大小为 0 的空表(不需要再进行其他工作)及另一个大小为 $n-1$ 的子表，次序为 $n-1$，$n-2$，…，2，1. 下一个选取的基准为 $n-1$，快速排序执行 $n-2$ 次比较，得到一个次序为 $n-2$，$n-3$，…，2，1，大小为 $n-2$ 的子表. 继续做下去，快速算法需要进行

$$(n-1)+(n-2)+\cdots+2+1=\frac{n(n-1)}{2}\text{ 次比较}$$

这并不是导致 $\Omega(n^2)$ 次比较的唯一的最坏情况. 如果基准元素每次都是从最小几个元素或

者最大几个元素中选取，那么会出现类似的最坏情况.

对给定的输入，我们显然选择了最坏的基准．基准的合理选择只要求为数不多的几次比较．例如，如果我们选择的基准将列表分为大小至多是$\lceil n/2 \rceil$的两个子表，那么比较次数$C(n)$将遵循下面的循环关系：

$$C(n) \leqslant 2C(\lceil n/2 \rceil) + \Theta(n)$$

这个方程的解是$C(n)=O(n \log n)$，这是比较排序法的最好的可能结果．事实上，把输入表分为两个大小至少为cn(c为一常数)的子表的任意基准元素序列都需要运行$O(n \log n)$次.

这个讨论提供了应该如何选取基准的某些直观知识．在算法的每一步迭代中，都有一个好的基准元素集合，它们将输入表分成两个大小几乎相等的子表，而这只需两个子表的大小相互是一个常数因子即可．也有不好的基准元素集合，它不能把原表有效地分成两个子表．如果能足够经常地选择好的基准，快速排序将很快结束．那么如何保证算法总能经常有效地选择好的基准元素呢？我们有以下两种方法解决这个问题.

第一，把算法改成随机选取基准，这样快速排序成为一种随机化算法，随机化就不大可能让我们重复选择不好的基准．可以证明简单的随机化快速排序法执行比较的期望次数为$2n \ln n+O(n)$，这要比比较排序法的$\Omega(n \log n)$(至多常数因子)好．其中，期望是关于基准的随机选取.

第二种可能性是保持原有的确定性算法，用列表的第一个元素作为基准，但是考虑输入的概率模型．n个不同元素集合的一种排列只是这些元素的$n!$种次序中的一个．我们没有寻找最糟的可能输入，而是假定输入项是以随机次序给定的，对于某些应用，这个假定是合理的．换句话说，在运行确定性快速排序算法之前，这可以通过将输入表按照随机选择的排列进行排序来实现．这样，我们得到了基于输入模型概率分析的确定性算法．用这种方法比较的期望数也是$2n \ln n+O(n)$，但是此处的期望是关于输入的随机选取.

随机化算法分析和确定性算法的概率分析一般都用相同的技术．事实上，在这种应用中，随机化快速排序法分析与随机输入下的确定性快速排序法的概率分析本质上是一样的.

我们首先分析随机快速排序法，它是快速排序的随机化算法形式.

定理 2.11　假设在随机快速排序法中，每一次都是从所有可能中独立且随机地选取基准的，那么对于任意的输入，随机快速排序法所做比较的期望次数为$2n \ln n+O(n)$.

证明　设y_1，y_2，…，y_n与输入值x_1，x_2，…，x_n有相同的值，但是按照升序排列．对$i<j$，记X_{ij}为一随机变量，如果在算法执行过程的任何时候y_i和y_j进行了比较，则X_{ij}取值为1；否则取0．那么比较的总次数满足

$$X = \sum_{i=1}^{n-1}\sum_{j=i+1}^{n} X_{ij}$$

且根据期望的线性性得

$$\boldsymbol{E}[X] = \boldsymbol{E}\left[\sum_{i=1}^{n-1}\sum_{j=i+1}^{n} X_{ij}\right] = \sum_{i=1}^{n-1}\sum_{j=i+1}^{n} \boldsymbol{E}[X_{ij}]$$

由于X_{ij}是只取0和1的示性随机变量，$E[X_{ij}]$等于X_{ij}为1的概率．因此，我们只需计算两个元素y_i和y_j相比较的概率．现在，y_i和y_j进行比较，当且仅当y_i或y_j是从集合$Y^{ij}=\{y_i, y_{i+1}, \cdots, y_{j-1}, y_j\}$中由随机快速排序法选取的第一个基准．这是因为如果$y_i$(或$y_j$)是从这个集合选取的第一个基准，$y_i$和$y_j$必仍在同一个子列表中，因此它们将会

进行比较．类似地，如果二者都不是从这个集合中选取的第一个基准，那么 y_i 和 y_j 将被分在不同的子列表中，所以不会进行比较．

因为我们的基准都是从每个子列表中独立且随机地选取的，也就是第一次从 Y^{ij} 中选取的一个基准等可能地是这个集合中的任一元素．因此 y_i 或 y_j 是从 Y^{ij} 中选取的第一个基准的概率(即 X_{ij} 取 1 的概率)是 $2/(j-i+l)$．利用替换 $k=j-i+1$，得

$$\begin{aligned}\mathbf{E}[X] &= \sum_{i=1}^{n-1}\sum_{j=i+1}^{n}\frac{2}{j-i+1}=\sum_{i=1}^{n-1}\sum_{k=2}^{n-i+1}\frac{2}{k}=\sum_{k=2}^{n}\sum_{i=1}^{n+1-k}\frac{2}{k} \\ &= \sum_{k=2}^{n}(n+1-k)\frac{2}{k}=\left((n+1)\sum_{k=2}^{n}\frac{2}{k}\right)-2(n-1)=(2n+2)\sum_{k=1}^{n}\frac{1}{k}-4n\end{aligned}$$

注意，我们交换了双重和号的次序，得到了期望的简洁形式．

回顾和式 $H(n)=\sum_{k=1}^{n}1/k$ 满足 $H(n)=\ln n+\Theta(1)$，因此，$\mathbf{E}[X]=2n\ln(n)+\Theta(n)$．

■

下面，我们讨论随机输入下的快速排序法的确定性形式．假定每一次递归构造的子列表中元素的次序与原始列表相同．

定理 2.12　*假设在快速排序法中，每次选取子列表中第一个元素作为基准．如果输入是在其所有可能排列中均匀随机选取的，那么确定性快速排序法所做比较的期望次数为* $2n\ln n+O(n)$．

证明　证明与随机快速排序法本质上是一样的．仍然是 y_i 和 y_j 比较，当且仅当 y_i 或 y_j 是由快速排序法从集合中选取的第一个基准．因为每个子列表中元素次序与原列表相同，所以从集合 Y^{ij} 中选取的第一个基准恰好是输入列表中来自 Y^{ij} 的第一个元素，因为输入值的所有可能排列是等可能的，Y^{ij} 中每个元素作为第一个基准也是等可能的．因此，同随机快速排序法分析中所做的一样，再次利用期望的线性性，得到 $\mathbf{E}[X]$的同样表达式．■

2.6　练习

2.1　投掷一粒均匀的 k 面骰子，在骰子的面上分别标有数字 $1\sim k$，如果 X 是出现的点数，$\mathbf{E}[X]$等于多少？

2.2　猴子在一个只有 26 个小写字母的键盘上打字，每个字母都是从字母表中独立均匀随机选取的．如果猴子打了 1 000 000 个字母．问：出现序列“proof”的期望次数是多少？

2.3　分别给出随机变量 X 和函数 f 的例子，使之满足 $\mathbf{E}[f(X)]<f(\mathbf{E}[X])$，$\mathbf{E}[f(X)]=f(\mathbf{E}[X])$ 和 $\mathbf{E}[f(X)]>f(\mathbf{E}[X])$．

2.4　对于任意的整数 $k\geqslant 1$，证明 $\mathbf{E}[X^k]\geqslant\mathbf{E}[X]^k$．

2.5　若 X 为一个 $B\left(n,\frac{1}{2}\right)$随机变量，$n\geqslant 1$，证明：$X$ 取偶数的概率是 1/2．

2.6　假设我们独立地投掷两粒标准的六面体骰子，设 X_1 是第一粒骰子的点数，X_2 是第二粒骰子的点数，X 是两粒骰子点数之和．

(a) $\mathbf{E}[X\mid X_1$ 为偶数]等于多少？

(b) $\mathbf{E}[X\mid X_1=X_2]$等于多少？

(c) $\mathbf{E}[X_1\mid X=9]$等于多少？

(d) 对 $k\in[2,12]$，$\mathbf{E}[X_1-X_2\mid X=k]$等于多少？

2.7　设 X 和 Y 为独立的几何随机变量，其中 X 的参数为 p，Y 的参数为 q.

(a) $X=Y$ 的概率是多少?

(b) $\boldsymbol{E}[\max(X, Y)]$等于多少?

(c) $\Pr(\min(X, Y)=k)$是多少?

(d) $\boldsymbol{E}[X \mid X \leqslant Y]$是多少?

可以发现记住几何随机变量的无记忆性对此有帮助.

2.8　(a) Alice 和 Bob 决定生小孩，直到他们拥有第一个女儿或者有 $k \geqslant 1$ 个孩子为止. 假定婴儿为男孩或者女孩是独立的，概率都为 1/2，并且没有多胞胎情况. 那么他们的女孩的期望个数是多少? 他们的男孩的期望个数是多少?

(b) 假定 Alice 和 Bob 只是简单地决定继续不断地生孩子，直到他们拥有第一个女儿. 如果这是可能的，那么他们的男孩的期望个数是多少?

2.9　(a) 将一粒均匀的 k 面骰子投掷两次，骰子的面上标有数字 $1 \sim k$，得到两个值 X_1 和 X_2，$E[\max(X_1, X_2)]$等于多少? $\boldsymbol{E}[\min(X_1, X_2)]$等于多少?

(b) 利用(a)中的计算，证明：

$$\boldsymbol{E}[\max(X_1, X_2)] + \boldsymbol{E}[\min(X_1, X_2)] = \boldsymbol{E}[X_1] + E[X_2] \tag{2.1}$$

(c) 利用期望的线性性而不是直接计算，解释等式(2.1)为什么一定成立.

2.10　(a) 用归纳法证明：如果 $f: \boldsymbol{R} \to \boldsymbol{R}$ 是凸函数，那么对于任意的 $x_1, x_2, \cdots, x_n$ 和 $\lambda_1, \lambda_2, \cdots, \lambda_n$，$\sum_{i=1}^{n} \lambda_i = 1$，有

$$f\left(\sum_{i=1}^{n} \lambda_i x_i\right) \leqslant \sum_{i=1}^{n} \lambda_i f(x_i) \tag{2.2}$$

(b) 利用不等式(2.2)证明：如果 $f: \boldsymbol{R} \to \boldsymbol{R}$ 是凸的，那么对于任意只取有限多个值的随机变量 X，有

$$\boldsymbol{E}[f(X)] \geqslant f(\boldsymbol{E}[X])$$

2.11　证明引理 2.6.

2.12　从一副 n 张纸牌中，有放回地且随机地取牌，直到看到了这副纸牌的所有 n 张为止，我们必须抽取纸牌的期望次数是多少? 如果抽取了 $2n$ 张纸牌，那么根本没有被抽到过的纸牌的期望张数是多少? 恰被抽到一次的呢?

2.13　(a) 考虑下列稍作变化的赠券收集问题. 每包麦片内装有 $2n$ 种不同赠券中的一张. 赠券可以配成 n 对，赠券 1 和赠券 2 是一对，赠券 3 和赠券 4 是一对，等等. 一旦收集齐每对中的一张，便可得到奖品. 假定每包中的赠券是从 $2n$ 种可能中独立均匀随机选取的. 在得到奖品之前，必须购买的期望包数是多少?

(b) 将问题(a)的结果推广到下面情况：假设有 kn 种不同赠券，分为 n 个分离的 k 张赠券集合，从而需要每个集合中的一张赠券.

2.14　几何分布作为我们投掷一枚硬币直到出现正面的投掷次数的分布. 现在考虑投掷一枚硬币直到第 k 次出现正面的投掷次数 X 的分布，其中每次投掷硬币出现正面是独立的，概率为 p. 证明：对于 $n \geqslant k$，这个分布由

$$\Pr(X = n) = \binom{n-1}{k-1} p^k (1-p)^{n-k}$$

给出(它称为负二项分布).

2.15　对一枚每次投掷出现正面是独立的且概率为 p 的硬币，直到第 k 次出现正面的投掷期望次数是多少?

2.16　假设我们投掷一枚硬币 n 次，得到一个投掷序列 $X_1, X_2, \cdots, X_n$，一个投掷串是有相同结果的相继投掷子列，例如，如果 X_3、X_4 和 X_5 都是正面，那么存在一个从第三次投掷开始的长度为 3 的

串(如果 X_6 也是正面，那么存在一个从第三次投掷开始的长度为 4 的串).

(a) 如果 n 是 2 的幂，证明：长度为$\log_2 n+1$ 的串的期望数是 $1-O(1)$(此处应为大写，原书有误——译者注).

(b) 证明：对于足够大的 n，不存在长度至少为$\lfloor\log_2 n-2\log_2\log_2 n\rfloor$的串的概率小于 $1/n$.（提示：将投掷序列分为$\lfloor\log_2 n-2\log_2\log_2 n\rfloor$次相继投掷的不相交区组，利用某个区组是一个串的事件与任何其他区组是一个串的事件的独立性.）

2.17 回忆在 2.3 节中描述的递归复制过程. 假设每次调用过程 $\mathcal{S}$ 都会递归地复制过程 $\mathcal{S}$ 的新副本，其中新副本的个数以概率 p 为 2，以概率 $1-p$ 为 0. 如果 Y_i 表示第 i 代的副本 $\mathcal{S}$ 个数，确定 $\mathbf{E}[Y_i]$. 对什么样的 p 值，副本总数的期望有限?

2.18 下面的方法通常称为*贮存抽样法*. 假设有一个数据项序列，每次只能传递一个项目. 我们希望保持一个单项目的样本，这个项目均匀地分布在我们每一步所看到的全部数据项中，而且希望在预先不知道项目总数或者保存我们所看到的全部数据项的情况下完成.

考虑下面的算法，任何时候内存中只保存一个项目. 当第一个项目出现时，它保存在内存中；当第 k 个项目出现时，它以概率 $1/k$ 替换内存中的项目. 解释为什么这种算法可以解决这个问题.

2.19 假定我们修改练习 2.18 中的*贮存抽样法*，使得当第 k 个项目出现时，它以概率 1/2 替换内存中的项目. 描述内存中项目的分布.

2.20 数$[1, n]$的一个排列可以用函数 π：$[1, n]\to[1, n]$来表示，其中 $\pi(i)$是 i 在该排列中的次序. 排列 π：$[1, n]\to[1, n]$的不动点是使 $\pi(x)=x$ 成立的值. 求从所有排列中随机选取的一个排列的不动点个数的期望.

2.21 设 $a_1, a_2, \cdots, a_n$ 是$\{1, 2, \cdots, n\}$的一个随机排列，等可能地为 $n!$ 种可能排列中的任意一个. 当对列表 $a_1, a_2, \cdots, a_n$ 排序时，元素 a_i 从它当前位置到达排序位置必须移动 $|a_i-i|$ 的距离. 求元素必须移动的期望总距离

$$\mathbf{E}\left[\sum_{i=1}^{n}|a_i-i|\right]$$

2.22 设 $a_1, a_2, \cdots, a_n$ 为 n 个不同数的列表. 如果 $i<j$ 但 $a_i>a_j$，我们称 a_i 和 a_j 是倒置的. *冒泡排序*算法交换列表中两个相邻倒置数的次序，直到没有倒置数为止，从而使列表排序. 假设冒泡排序算法的输入是一个随机排列，等可能地为 n 个不同数的 $n!$ 种排列中任意一个. 确定用冒泡排序算法需要纠正的倒置数的期望次数.

2.23 *线性插入排序法*可以对一个数组适当地排序. 比较第一和第二个数，如果它们次序颠倒了，将它们交换，使得符合排列次序. 然后将第三个数放在合适的排序位置，首先跟第二个数比较，如果不是在合适的次序上，则与第二个数交换，并跟第一个数比较. 反复进行下去，对于第 k 个数，经过不断地向前交换，直到前 k 个数是依次排列为止. 当输入是 n 个不同数的随机排列时，确定线性插入排序法需要进行交换的期望次数.

2.24 反复掷一粒均匀的骰子，直到出现第一对相继的两个 6 点，投掷次数的期望是多少?
（提示：答案不是 36.）

2.25 对 n 个人进行血液化验. 每个人可以单独化验，但是费用过高. 合并化验可以减少化验费用. 把 k 个人的血样合起来同时分析，如果化验呈阴性，对这 k 个人的组，这一次化验就好了. 如果化验呈阳性，则这 k 个人需要再进行单独化验，因此这 k 个人需要进行 $k+1$ 次化验.

假定我们产生了 n/k 个不同的组，每组 k 个人(k 能被 n 整除)，并用合并法进行化验. 假设对于独立化验，每个人呈阳性的概率为 p.

(a) 对 k 个人的合并样本，化验呈阳性的概率是多少?

(b) 需要化验的期望次数是多少?

(c) 描述如何求最优的 k 值.

(d) 给出一个不等式，说明对什么样的 p 值，合并化验比每个人单独化验好.

2.26 按下面的方法可以将一个置换 π：$[1, n]\to[1, n]$表示为环的集合. 设每个数 i，$i=1, \cdots, n$ 对应一个顶点，如果置换将数 i 映射到数 $\pi(i)$，那么从顶点 i 到顶点 $\pi(i)$ 画一条有向弧，由此导出一张图，它是不相交环的集合. 注意某些环可以是自圈. 在 n 个数的随机排列中，环的期望个数是多少？

2.27 考虑在整数 $x\geqslant 1$ 上的分布：$\Pr(X=x)=(6/\pi^2)x^{-2}$. 由于 $\sum_{k=1}^{\infty}k^{-2}=\pi^2/6$，所以这是有效分布. 它的期望是多少？

2.28 考虑一种简化的轮盘赌游戏. 设在红色或者黑色处下了 x 美元的赌注，轮子转动后，如果小球停在了下注的颜色处，那么可得到原来的赌注，再加上另外的 x 美元，如果球不是停在下注的颜色处，就输掉所下的赌注. 每种颜色以 1/2 的概率独立地出现.（这是一种简化了的情况. 因为实际轮盘上有一个或者两个既不是红色也不是黑色的位置，因此猜中正确颜色的概率实际上小于 1/2.）下面是一个比较流行的赌博策略. 第一次旋转赌注 1 美元. 如果输了，在下一次旋转中下 2 美元赌注. 一般地，如果在前 $k-1$ 次旋转中都输了，那么在第 k 次旋转中下 2^{k-1} 美元赌注. 按照这种策略最终能够赢 1 美元. 现在设 X 是一随机变量，度量在赢得游戏前所输掉的最大值(即在赢得赌博的那次旋转前输掉的总钱数). 证明 $\boldsymbol{E}[X]$是无限的. 这种策略的实际意义蕴含什么？

2.29 如果 X_0，X_1，…是随机变量序列，使得级数

$$\sum_{j=0}^{\infty}\boldsymbol{E}[|X_j|]$$

收敛，证明期望的线性性成立：

$$\boldsymbol{E}\Big[\sum_{j=0}^{\infty}X_j\Big]=\sum_{j=0}^{\infty}\boldsymbol{E}[X_j]$$

2.30 在练习 2.28 的轮盘赌游戏中，我们发现最终将以概率 1 赢得 1 美元. 记 X_j 为第 j 轮赌博中赢得的钱数.（如果已经赢得了前一轮赌博，这可以是 0.）确定 $\boldsymbol{E}[X_j]$，并根据期望的线性性证明赢得钱数的期望是 0. 此时期望的线性性还成立吗？（与练习 2.29 作比较.）

2.31 对练习 2.28 的轮盘赌问题变形如下. 反复投掷一枚均匀硬币. 你需要付 j 美元去进行游戏. 如果直到第 k 次投掷时才第一次出现正面，则赢得 $2^k/k$ 美元. 你期望赢多少钱？为了玩这样的游戏，你愿意付多少钱？

2.32 你需要聘用一名新的助理，有 n 个人来面试. 你希望为这个职位录用最好的人选. 当你面试完一个应聘者后，给他们打分，最高分是最出色的，并且不存在分数相同的情况. 你一个接一个地面试应聘者，由于你公司的招聘惯例，当面试了第 k 个应聘者后，你要么在下一个面试之前，将工作给这位应聘者；要么失去录用此应聘者的机会. 假定应聘者是依随机次序进行面试的，是从所有 $n!$ 种可能次序中随机地选取的.

考虑下面的策略. 首先，面试 m 个应聘者，并将他们全部淘汰. 这些应聘者给你留下了他们的实力有多强的印象. 在第 m 个应聘者后，你录用第一个面试的应聘者，如果他比以前已经面试过的 m 个应聘者都出色.

(a) 设 E 为我们录用了最好的助理这一事件，E_i 为第 i 个应聘者是最出色的且被录用的事件. 确定 $\Pr(E_i)$，并证明：

$$\Pr(E)=\frac{m}{n}\sum_{j=m+1}^{n}\frac{1}{j-1}$$

(b) 确定 $\sum_{j=m+1}^{n}\frac{1}{j-1}$ 的界，从而得到

$$\frac{m}{n}(\ln n-\ln m)\leqslant\Pr(E)\leqslant\frac{m}{n}(\ln(n-1)-\ln(m-1))$$

(c) 证明：当 $m=n/\mathrm{e}$ 时，$m(\ln n-\ln m)/n$ 达到最大值，并说明为什么对这个 m 值有 $\Pr(E)\geqslant 1/\mathrm{e}$.

第3章 矩与离差

本章及下一章讨论随机变量的尾部分布的界，即讨论随机变量取值远离其期望的概率的计算方法．在算法分析中，这些界是估计算法失败的概率并以大概率确定它们运行时间界的主要工具．本章我们研究马尔可夫不等式和切比雪夫不等式，并演示它们在随机化中位数算法分析中的应用．下一章讨论切比雪夫界及其应用．

3.1 马尔可夫不等式

下面定理中给出的马尔可夫不等式通常不足以产生有用的结果，但在求比较复杂的界时却是一种基本工具．

定理 3.1[马尔可夫不等式] 设 X 是只取非负值的随机变量，那么对所有 $a>0$，有

$$\Pr(X \geqslant a) \leqslant \frac{\boldsymbol{E}[X]}{a}$$

证明 对 $a>0$，令

$$I = \begin{cases} 1 & \text{如果 } X \geqslant a \\ 0 & \text{其他} \end{cases}$$

因为 $X\geqslant 0$，有

$$I \leqslant \frac{X}{a} \tag{3.1}$$

这是由于 I 是一个 0-1 随机变量，$\boldsymbol{E}[I]=\Pr(I=1)=\Pr(X\geqslant a)$．

对式(3.1)求期望得到

$$\Pr(X \geqslant a) = \boldsymbol{E}[I] \leqslant \boldsymbol{E}\left[\frac{X}{a}\right] = \frac{\boldsymbol{E}[X]}{a}$$ ■

例如，假定我们用马尔可夫不等式求一枚均匀硬币投掷 n 次得到 $3n/4$ 次正面概率的界．令

$$X_i = \begin{cases} 1 & \text{第 } i \text{ 次投硬出正面} \\ 0 & \text{其他} \end{cases}$$

且令 $X=\sum_{i=1}^{n} X_i$ 表示 n 次硬币投掷中出现正面的次数．$\boldsymbol{E}[X_i]=\Pr(X_i=1)=1/2$，所以 $\boldsymbol{E}[X]=\sum_{i=1}^{n}\boldsymbol{E}[X_i]=n/2$．由马尔可夫不等式，我们得到

$$\Pr(X \geqslant 3n/4) \leqslant \frac{\boldsymbol{E}[X]}{3n/4} = \frac{n/2}{3n/4} = \frac{2}{3}$$

3.2 随机变量的方差和矩

当知道了随机变量的期望及变量本身是非负时，马尔可夫不等式给出了最好的可能的尾

部界(见练习 3.16). 如果有关于随机变量分布的更多信息可以利用，其尾部界还可以改进.

关于随机变量的附如信息经常用它的矩来表达. 期望也称作随机变量的一阶矩. 更一般地，我们定义随机变量的矩如下.

定义 3.1　一个随机变量 X 的 k 阶矩为 $\mathbf{E}[X^k]$.

当二阶矩 $\mathbf{E}[X^2]$也可利用时，能得到显著加强的尾部界. 已知一阶矩和二阶矩，就可以计算随机变量的方差和标准差. 直观上，方差和标准差提供了随机变量离它的期望可能有多远的一种度量.

定义 3.2　一个随机变量 X 的方差定义为

$$\mathbf{Var}[X] = \mathbf{E}[(X-\mathbf{E}[X])^2] = \mathbf{E}[X^2]-(\mathbf{E}[X])^2$$

随机变量 X 的标准差为

$$\sigma[X] = \sqrt{\mathbf{Var}[X]}$$

由期望的线性性容易看出，定义中方差的两种形式是等价的. 记住 $\mathbf{E}[X]$是一个常数，我们有

$$\begin{aligned}\mathbf{E}[(X-\mathbf{E}[X])^2] &= \mathbf{E}[X^2-2X\mathbf{E}[X]+\mathbf{E}[X]^2] = \mathbf{E}[X^2]-2\mathbf{E}[X\mathbf{E}[X]]+\mathbf{E}[X]^2\\ &= \mathbf{E}[X^2]-2\mathbf{E}[X]\mathbf{E}[X]+\mathbf{E}[X]^2 = \mathbf{E}[X^2]-(\mathbf{E}[X])^2\end{aligned}$$

如果随机变量 X 是常数(即它总取相同的值)，那么它的方差和标准差都为 0. 更一般地，如果随机变量 X 以概率 $1/k$ 取值 $k\mathbf{E}[X]$，以概率 $1-1/k$ 取值 0，那么它的方差为$(k-1)(\mathbf{E}[X])^2$，它的标准差为$\sqrt{k-1}\mathbf{E}[X]$. 这些情形有助于证实直觉，即当随机变量的取值接近它的期望时，方差(及标准差)比较小，而当取值远离其期望时，方差(及标准差)比较大.

我们早就知道两个随机变量和的期望等于它们各自期望的和. 自然要问，同样的结论对于方差是否成立. 我们发现两个随机变量和的方差还有一个称为协方差的额外项.

定义 3.3　两个随机变量 X 和 Y 的协方差为

$$\mathbf{Cov}(X,Y) = \mathbf{E}[(X-\mathbf{E}[X])(Y-\mathbf{E}[Y])]$$

定理 3.2　对任意两个随机变量 X 和 Y，有

$$\mathbf{Var}[X+Y] = \mathbf{Var}[X]+\mathbf{Var}[Y]+2\mathbf{Cov}(X,Y)$$

证明

$$\begin{aligned}\mathbf{Var}[X+Y] &= \mathbf{E}[(X+Y-\mathbf{E}[X+Y])^2] = \mathbf{E}[(X+Y-\mathbf{E}[X]-\mathbf{E}[Y])^2]\\ &= \mathbf{E}[(X-\mathbf{E}[X])^2+(Y-\mathbf{E}[Y])^2+2(X-\mathbf{E}[X])(Y-\mathbf{E}[Y])\\ &= \mathbf{E}[(X-E[X])^2]+\mathbf{E}[(Y-\mathbf{E}[Y])^2]+2\mathbf{E}[(X-\mathbf{E}[X])(Y-\mathbf{E}[Y])]\\ &= \mathbf{Var}[X]+\mathbf{Var}[Y]+2\mathbf{Cov}(X,Y)\end{aligned}$$

■

练习 3.14 表明这个定理可以推广到任意有限个随机变量和.

当随机变量独立时，两个(或任意有限个)随机变量和的方差等于它们各自方差的和. 等价地，如果 X 和 Y 是独立的随机变量，那么它们的协方差为 0. 为了证明这个结果，我们首先需要关于独立随机变量乘积的期望的结果.

定理 3.3　如果 X 和 Y 是两个独立的随机变量，那么

$$\mathbf{E}[X\cdot Y] = \mathbf{E}[X]\cdot\mathbf{E}[Y]$$

证明　在下面的和式中，令 i 取遍 X 值域内所有的值，j 取遍 Y 值域内所有的值：

$$\mathbf{E}[X\cdot Y] = \sum_i\sum_j(i\cdot j)\cdot\Pr((X=i)\cap(Y=j))$$

$$= \sum_i \sum_j (i \cdot j) \cdot \Pr(X=i) \cdot \Pr(Y=j)$$

$$= \left(\sum_i i \cdot \Pr(X=i)\right)\left(\sum_j j \cdot \Pr(Y=j)\right) = \mathbf{E}[X] \cdot \mathbf{E}[Y]$$

其中第二行用到了 X 与 Y 的独立性. ■

与期望的线性性不同，不管随机变量是否独立，期望的线性性对它们之和都是成立的，而如果随机变量是相关的，两个(或多个)随机变量乘积的期望等于它们期望的乘积却未必成立. 为说明这一点，设 Y 和 Z 都对应于均匀硬币的投掷，如果出现正面，Y 和 Z 取值为 0；如果出现反面，取值为 1. 这样 $\mathbf{E}[Y]=\mathbf{E}[Z]=1/2$. 如果两次投掷是独立的，那么 $Y \cdot Z$ 以概率 1/4 取值为 1，其他为 0. 所以实际上有 $\mathbf{E}[Y \cdot Z]=\mathbf{E}(Y)\mathbf{E}(Z)$. 假定代之以下面的方式，投掷硬币是相关的：将硬币捆在一起，所以 Y 和 Z 或者同时出现正面，或同时出现反面. 单独考虑每个硬币仍是一枚均匀硬币. 但现在 $Y \cdot Z$ 以概率 1/2 取 1，所以 $\mathbf{E}[Y \cdot Z] \neq \mathbf{E}[Y]\mathbf{E}[Z]$.

推论 3.4 如果 X 和 Y 是独立的随机变量，那么

$$\mathbf{Cov}(X,Y) = 0$$

且

$$\mathbf{Var}[X+Y] = \mathbf{Var}[X] + \mathbf{Var}[Y]$$

证明

$$\mathbf{Cov}(X,Y) = \mathbf{E}[(X-\mathbf{E}[X])(Y-\mathbf{E}[Y])] = \mathbf{E}[X-\mathbf{E}[X]] \cdot \mathbf{E}[Y-\mathbf{E}[Y]] = 0$$

第二个等式用到了这样的事实，因为 X 和 Y 是独立的，所以 $X-\mathbf{E}[X]$ 和 $Y-\mathbf{E}[Y]$ 也独立，因此可用定理 3.3. 最后一个等式用到这样的事实，对任意随机变量 Z 有

$$\mathbf{E}[(Z-\mathbf{E}[Z])] = \mathbf{E}[Z] - \mathbf{E}[\mathbf{E}[Z]] = 0$$

因为 $\mathbf{Cov}(X, Y)=0$，我们有 $\mathbf{Var}[X+Y]=\mathbf{Var}[X]+\mathbf{Var}[Y]$. ■

由归纳法，我们可以推广推论 3.4 的结果去证明任意有限个独立随机变量和的方差等于它们方差的和.

定理 3.5 设 X_1，X_2，…，X_n 是相互独立的随机变量，那么

$$\mathbf{Var}\left[\sum_{i=1}^{n} X_i\right] = \sum_{i=1}^{n} \mathbf{Var}[X_i]$$

例：二项随机变量的方差

参数为 n 和 p 的二项随机变量 X 的方差可以通过计算 $\mathbf{E}[X^2]$ 直接确定：

$$\mathbf{E}[X^2] = \sum_{j=0}^{n} \binom{n}{j} p^j (1-p)^{n-j} j^2 = \sum_{j=0}^{n} \frac{n!}{(n-j)!j!} p^j (1-p)^{n-j} ((j^2-j)+j)$$

$$= \sum_{j=0}^{n} \frac{n!(j^2-j)}{(n-j)!j!} p^j (1-p)^{n-j} + \sum_{j=0}^{n} \frac{n!j}{(n-j)!j!} p^j (1-p)^{n-j}$$

$$= n(n-1)p^2 \sum_{j=2}^{n} \frac{(n-2)!}{(n-j)!(j-2)!} p^{j-2} (1-p)^{n-j}$$

$$+ np \sum_{j=1}^{n} \frac{(n-1)!}{(n-j)!(j-1)!} p^{j-1} (1-p)^{n-j}$$

$$= n(n-1)p^2 + np$$

这里我们应用二项式定理化简了和式. 于是

$$\mathbf{Var}[X]=\boldsymbol{E}[X^2]-(\boldsymbol{E}[X])^2=n(n-1)p^2+np-n^2p^2=np-np^2=np(1-p)$$

另一种推导要求利用独立性. 回忆 2.2 节中一个二项随机变量 X 可表示成 n 个独立的伯努利试验的和，每次试验的成功概率为 p. 这样的伯努利试验 Y 有方差

$$\boldsymbol{E}[(Y-\boldsymbol{E}[Y])^2]=p(1-p)^2+(1-p)(-p)^2=p-p^2=p(1-p)$$

由定理 3.5，X 的方差为 $np(1-p)$.

3.3 切比雪夫不等式

利用随机变量的期望和方差，可以推导出称为切比雪夫不等式的显著加强的尾部界.

定理 3.6[切比雪夫不等式] 对任意的 $a>0$，有

$$\Pr(|X-\boldsymbol{E}[X]|\geqslant a)\leqslant\frac{\mathbf{Var}[X]}{a^2}$$

证明 首先注意到

$$\Pr(|X-\boldsymbol{E}[X]|\geqslant a)=\Pr((X-\boldsymbol{E}[X])^2\geqslant a^2)$$

因为 $(X-\boldsymbol{E}[X])^2$ 是非负随机变量，由马尔可夫不等式知

$$\Pr((X-\boldsymbol{E}[X])^2\geqslant a^2)\leqslant\frac{\boldsymbol{E}[(X-\boldsymbol{E}[X])^2]}{a^2}=\frac{\mathbf{Var}[X]}{a^2}$$ ■

下面的切比雪夫不等式的有用变形，给出了用随机变量的标准差或期望的一个常数因子来表示随机变量与它的期望的离差的界.

推论 3.7 对任意 $t>1$，有

$$\Pr(|X-\boldsymbol{E}[X]|\geqslant t\cdot\sigma[X])\leqslant\frac{1}{t^2}$$

$$\Pr(|X-\boldsymbol{E}[X]|\geqslant t\cdot\boldsymbol{E}[X])\leqslant\frac{\mathbf{Var}[X]}{t^2(\boldsymbol{E}[X])^2}$$

我们再次考虑投掷硬币的例子，这次应用切比雪夫不等式给出在一系列 n 次投掷均匀硬币时，得到多于 $3n/4$ 次正面概率的界. 回忆如果第 i 次投掷出现正面，$X_i=1$，否则为 0，且 $X=\sum_{i=1}^{n}X_i$ 表示 n 次硬币投掷中出现正面的总次数. 为利用切比雪夫不等式，我们需要计算 X 的方差. 首先注意到因为 X_i 是一个 0-1 随机变量，

$$\boldsymbol{E}[(X_i)^2]=\boldsymbol{E}[X_i]=\frac{1}{2}$$

所以

$$\mathbf{Var}[X_i]=\boldsymbol{E}[(X_i)^2]-(\boldsymbol{E}[X_i])^2=\frac{1}{2}-\frac{1}{4}=\frac{1}{4}$$

现在因为 $X=\sum_{i=1}^{n}X_i$，且 X_i 是独立的，我们可以利用定理 3.5 去计算

$$\mathbf{Var}[X]=\mathbf{Var}\left[\sum_{i=1}^{n}X_i\right]=\sum_{i=1}^{n}\mathbf{Var}[X_i]=\frac{n}{4}$$

再由切比雪夫不等式得

$$\Pr(X \geqslant 3n/4) \leqslant \Pr(|X - \boldsymbol{E}[X]| \geqslant n/4) \leqslant \frac{\mathbf{Var}[X]}{(n/4)^2} = \frac{n/4}{(n/4)^2} = \frac{4}{n}$$

事实上，我们可以做得更好一些．切比雪夫不等式给出的 $4/n$，实际上是 X 小于 $n/4$ 或大于 $3n/4$ 的概率界，因此，由对称性可知 X 大于 $3n/4$ 的概率实际上为 $2/n$．对较大的 n，切比雪夫不等式给出了比马尔可夫不等式显著更好的界．

例：赠券收集问题

我们将马尔可夫不等式与切比雪夫不等式应用于赠券收集问题．回忆收集 n 张赠券的时间 X 的期望为 nH_n，其中 $H_n = \sum_{i=1}^{n} 1/n = \ln n + O(1)$．因此由马尔可夫不等式得

$$\Pr(X \geqslant 2nH_n) \leqslant \frac{1}{2}$$

为了利用切比雪夫不等式，我们需要求出 X 的方差．再次回忆 2.4.1 节中 $X = \sum_{i=1}^{n} X_i$，其中 X_i 是参数为 $(n-i+1)/n$ 的几何随机变量．在这种情形下，因为收集到第 X_i 张赠券的时间不依赖于收集前 $i-1$ 张赠券花了多长时间，所以 X_i 是相互独立的．故

$$\mathbf{Var}[X] = \mathbf{Var}\left[\sum_{i=1}^{n} X_i\right] = \sum_{i=1}^{n} \mathbf{Var}[X_i]$$

所以我们需要求出几何随机变量的方差．

令 Y 是参数为 p 的几何随机变量．我们已在 2.4 节中看到，$\boldsymbol{E}[X]=1/p$．为了计算 $\boldsymbol{E}[Y^2]$，下面的诀窍是有用的．我们知道，对 $0<x<1$，有

$$\frac{1}{1-x} = \sum_{i=0}^{\infty} x^i$$

两边求导数，得

$$\frac{1}{(1-x)^2} = \sum_{i=0}^{\infty} i x^{i-1} = \sum_{i=0}^{\infty} (i+1) x^i$$

$$\frac{2}{(1-x)^3} = \sum_{i=0}^{\infty} i(i-1) x^{i-2} = \sum_{i=0}^{\infty} (i+1)(i+2) x^i$$

可以推出

$$\sum_{i=1}^{\infty} i^2 x^i = \sum_{i=0}^{\infty} i^2 x^i = \sum_{i=0}^{\infty} (i+1)(i+2) x^i - 3\sum_{i=0}^{\infty} (i+1) x^i + \sum_{i=0}^{\infty} x^i$$

$$= \frac{2}{(1-x)^3} - 3\frac{1}{(1-x)^2} + \frac{1}{(1-x)} = \frac{x^2+x}{(1-x)^3}$$

由此可得

$$\boldsymbol{E}[Y^2] = \sum_{i=1}^{\infty} p(1-p)^{i-1} i^2 = \frac{p}{1-p}\sum_{i=1}^{\infty} (1-p)^i i^2$$

$$= \frac{p}{1-p}\,\frac{(1-p)^2+(1-p)}{p^3} = \frac{2-p}{p^2}$$

最后，我们得到

$$\mathbf{Var}[Y]=\boldsymbol{E}[Y^2]-\boldsymbol{E}[Y]^2=\frac{2-p}{p^2}-\frac{1}{p^2}=\frac{1-p}{p^2}$$

我们已经证明了下面有用的引理.

引理 3.8　*参数为 p 的几何随机变量的方差是$(1-p)/p^2$.*

对一个几何随机变量Y，$\boldsymbol{E}[Y^2]$也可由条件期望导出. 我们利用r对应于直到出现第一次正面所需的投掷次数，其中每一次投掷出现正面的概率为 p. 若第一次出现反面，令$X=0$；若第一次出现正面，令$X=1$. 由引理 2.5 知

$$\begin{aligned}\boldsymbol{E}[Y^2]&=\Pr(X=0)\boldsymbol{E}[Y^2\mid X=0]+\Pr(X=1)\boldsymbol{E}[Y^2\mid X=1]\\&=(1-p)\boldsymbol{E}[Y^2\mid X=0]+p\boldsymbol{E}[Y^2\mid X=1]\end{aligned}$$

如果$X=1$，那么$Y=1$，从而$\boldsymbol{E}[Y^2\mid X=1]=1$. 如果$X=0$，那么$Y>1$. 此时，记第一次投掷后直到第一次出现正面所需的其余投掷次数为Z. 那么由期望的线性性得到

$$\begin{aligned}\boldsymbol{E}[Y^2]&=(1-p)\boldsymbol{E}[(Z+1)^2]+p\cdot 1\\&=(1-p)\boldsymbol{E}[Z^2]+2(1-p)\boldsymbol{E}[Z]+1\end{aligned}\tag{3.2}$$

由几何随机变量的无记忆性，Z 仍是参数为 p 的几何随机变量. 因此 $\boldsymbol{E}[Z]=1/p$ 且 $\boldsymbol{E}[Z^2]=\boldsymbol{E}[Y^2]$. 将这些值代入式(3.2)，我们有

$$\boldsymbol{E}[Y^2]=(1-p)\boldsymbol{E}[Y^2]+\frac{2(1-p)}{p}+1=(1-p)\boldsymbol{E}[Y^2]+\frac{2-p}{p}$$

由此可得$\boldsymbol{E}[Y^2]=(2-p)/p^2$，与其他方法计算得到的结果相符.

现在我们回到赠券收集问题中方差的讨论. 利用几何随机变量的上界$\mathbf{Var}[Y]\leqslant 1/p^2$代替引理 3.8 中的精确结果，可以简化讨论. 于是

$$\mathbf{Var}[X]=\sum_{i=1}^{n}\mathbf{Var}[X_i]\leqslant\sum_{i=1}^{n}\left(\frac{n}{n-i+1}\right)^2=n^2\sum_{i=1}^{n}\left(\frac{1}{i}\right)^2\leqslant\frac{\pi^2n^2}{6}$$

这里我们应用了恒等式

$$\sum_{i=l}^{\infty}\left(\frac{1}{i}\right)^2=\frac{\pi^2}{6}$$

现在，由切比雪夫不等式得

$$\Pr(|X-nH_n|\geqslant nH_n)\leqslant\frac{n^2\pi^2/6}{(nH_n)^2}=\frac{\pi^2}{6\,(H_n)^2}=O\left(\frac{1}{\ln^2 n}\right)$$

此时，切比雪夫不等式再次给出比马尔可夫不等式更好的界. 但只要用相当简单的并的界，就可以看出这仍是一个限弱的界.

考虑经$n\ln n+cn$步后还没有得到第i张赠券的概率. 这个概率为

$$\left(1-\frac{1}{n}\right)^{n(\ln n+c)}<\mathrm{e}^{-(\ln n+c)}=\frac{1}{\mathrm{e}^c n}$$

由并的界，某张赠券在$n\ln n+cn$步后，还没有被收集到的概率仅为e^{-c}. 特别地，经$2n\ln n$步后，仍没有收集齐所有赠券的概率至多为$1/n$，这是一个比切比雪夫不等式能达到的结果有明显改进的界.

3.4　中位数和平均值

设X是随机变量. X的中位数定义为满足下列条件的值m：

$$\Pr(X \leqslant m) \geqslant 1/2 \text{ 和 } \Pr(X \geqslant m) \geqslant 1/2$$

例如，当离散随机变量有奇数个等可能的取值时，将它们的值按升(降)序排列 x_1，x_2，…，x_{2k+1}，则中位数就是中间值 x_{k+1}. 当离散随机变量有偶数个等可能的取值时，将它们的值按升(降)序排列 x_1，x_2，…，x_{2k}，则在范围(x_k, x_{k+1})上的任何值都是中位数.

期望 $\mathbf{E}[X]$和中位数通常是不一样的. 对于一个存在唯一中位数的分布，如果它关于均值或中位数对称，则中位数等于平均值. 对于某些分布，中位数可能比平均值更常使用，并且在某些情况下，它是自然使用的量.

以下定理给出了均值和中位数的替代特征：

定理 3.9 对于具有有限期望 $\mathbf{E}[X]$和有限中位数 m 的任意随机变量 X

1. 期望 $\mathbf{E}[X]$是使下列表达式最小的 c 的值

$$\mathbf{E}[(X-c)^2]$$

2. 中位数 m 是使下列表达式最小的 c 的值

$$\mathbf{E}[|X-c|]$$

证明 第一个结果可由期望的线性性证明：

$$\mathbf{E}[(X-c)^2] = \mathbf{E}[X^2] - 2c\mathbf{E}[X] + c^2$$

考虑上式关于 c 的导数，当 $c=\mathbf{E}[X]$时上式最小.

对于第二个结果，我们想要证明：对于任何不是中位数的值 c 和任何中位数 m，我们有 $\mathbf{E}[|X-c|]>\mathbf{E}[|X-m|]$，或者等价于证明 $\mathbf{E}[|X-c|-|X-m|]>0$. 在这种情况下，使 $\mathbf{E}[|X-c|]$最小的 c 的值就是中位数. (事实上，我们可以得到推论，对于任何两个中位数 m 和 m'，有 $\mathbf{E}[|X-m|]=\mathbf{E}[|X-m'|]$.)

让我们假设 $c>m$，这表示中位数为 m，c 不是中位数，所以 $\Pr(X\geqslant c)<1/2$. 类似的证明适用于任何 c 的值，如使得 $\Pr(X\leqslant c)\leqslant 1/2$ 成立.

对于 $x\geqslant c$，$|x-c|-|x-m|=m-c$. 对于 $m<x<c$，$|x-c|-|x-m|=c+m-2x>m-c$. 最后，对于 $x\leqslant m$，$|x-c|-|x-m|=c-m$. 综合这三种情况，我们有

$$\begin{aligned}&\mathbf{E}[|X-c|-|X-m|]\\&=\Pr(X\geqslant c)(m-c)+\sum_{x:m<x<c}\Pr(X=x)(c+m-2x)+\Pr(X\leqslant m)(c-m)\end{aligned}$$

我们现在考虑两个案例. 如果 $\Pr(m<X<c)=0$，那么

$$\begin{aligned}\mathbf{E}[|X-c|-|X-m|] &= \Pr(X\geqslant c)(m-c)+\Pr(X\leqslant m)(c-m)\\&>\frac{1}{2}(m-c)+\frac{1}{2}(c-m)=0\end{aligned}$$

其中，不等号是由于 $\Pr(X\geqslant c)<1/2$(注意，如果 c 是另一个中位数，那么 $\Pr(X\geqslant c)=1/2$，我们将得到 $\mathbf{E}[|X-c|-|X-m|]=0$，前面已经提到过.)

如果 $\Pr(m<X<c)\neq 0$，则

$$\begin{aligned}&\mathbf{E}[|X-c|-|X-m|]\\&=\Pr(X\geqslant c)(m-c)+\sum_{x:m<x<c}\Pr(X=x)(c+m-2x)+\Pr(X\leqslant m)(c-m)\\&>\Pr(X>m)(m-c)+\Pr(X\leqslant m)(c-m)>\frac{1}{2}(m-c)+\frac{1}{2}(c-m)=0\end{aligned}$$

对于在 $m<x<c$ 范围内且有非零概率的某个 x 的值，这里的不等号来自 $c+m-2x>$

$m-c$.（如果 c 和 m 都是中位数，则这种情况不成立，因为该情况下不能得到 $\Pr(X\geqslant m)=1/2$ 和 $\Pr(X\geqslant c)=1/2$.）■

有趣的是，对于性质良好的随机变量，中位数和均值不会相互偏离很多.

定理 3.10　如果 X 是随机变量，且具有有限标准差 σ，期望 μ 和中位数 m，则

$$|\mu-m|\leqslant\sigma$$

证明　证明过程如下

$$\begin{aligned}|\mu-m|&=|\mathbf{E}[X]-m|=|\mathbf{E}[X-m]|\leqslant\mathbf{E}[|X-m|]\leqslant\mathbf{E}[|X-\mu|]\\&\leqslant\sqrt{\mathbf{E}[(X-\mu)^2]}=\sigma\end{aligned}$$

这里的第一个不等式根据詹森不等式，第二个不等式是根据中位数为最小化 $\mathbf{E}[|X-c|]$ 的结果，第三个不等式仍然是根据詹森不等式.■

在练习 3.19 中，我们会提出另一种证明该结论的方法.

3.5 应用：计算中位数的随机化算法

考虑取自全序总体的 n 个元素集合 S，S 的中位数为 S 中一个元素 m，使得在 S 中至少有 $\lfloor n/2\rfloor$ 个元素小于等于 m，且 S 中至少有 $\lfloor n/2\rfloor+1$ 个元素大于等于 m. 如果 S 中元素是互异的，那么 m 是依 S 的排列次序的第（$\lceil n/2\rceil$）个元素. 注意一个集合的中位数和 3.4 节中定义的一个随机变量的中位数类似但又有所不同.

中位数容易用排序法经 $O(n\log n)$ 确定地求得，还有一种相对复杂的确定性算法，经 $O(n)$ 时间计算中位数. 这里，我们分析一种随机化线性时间算法，它比确定性算法明显简单，而且在线性运行时间中得到一个较小的常数因子. 为简化表示，我们假定 n 为奇数，且输入集合 S 中的元素是相异的. 这种算法和分析容易修改为包括多重集合 S（见练习 3.24）和偶数个元素集合的情况.

3.5.1 算法

算法的主要思想涉及在 1.2 节讨论过的抽样，目的是找到两个元素，它们依 S 的排序是彼此接近的，而且中位数位于它们之间. 特别地，我们寻找两个元素 d，$u\in S$ 使得：

1. $d\leqslant m\leqslant u$（中位数 m 在 d 和 u 之间）；
2. 对 $C=\{s\in S: d\leqslant s\leqslant u\}$，$|C|=o(n/\log n)$（在 d 和 u 之间的元素总数是少的）.

为寻找两个这样的元素，抽样给我们提供了一种简单有效的方法.

我们要求一旦验明了这样两个元素，中位数便可以按以下步骤经线性时间容易地找到. 算法数出（在线性时间）S 中小于 d 的元素个数 ℓ_d，然后对集合 C 排序（次线性时间，或 $o(n)$ 时间）. 注意到，因为 $|C|=o(n/\log n)$，利用任一个对 m 个元素要求 $O(m\log m)$ 时间的标准排序算法，集合 C 可经 $o(n)$ 时间排好序. 依 C 的排序，第（$\lfloor n/2\rfloor-\ell_d+1$）个元素即为 m，因为 S 中恰有 $\lfloor n/2\rfloor$ 个元素小于那个值（$\lfloor n/2-\ell_d\rfloor$ 个元素在 C 中，ℓ_d 个元素在 $S-C$ 中）.

为了找到元素 d 和 u，我们从 S 中有放回抽样得到一个含 $\lceil n^{3/4}\rceil$ 个元素的多重集合 R. 有放回抽样意味着 R 中每个元素都是从集合 S 中均匀随机选取的，与以前的选取无关. 因此，S 中同一元素可能在多重集合 R 中出现多于一次. 无放回抽样可能会给出勉强较好的界，但执行和分析它都相当困难. 值得注意的是，我们假定以不变的时间从 S 中抽出一个

元素.

因为 R 是 S 的一个随机样本，我们希望 S 的中位数元素接近于 R 的中位数元素. 因此选择 d 和 u 必须是 R 中围绕 R 的中位数的元素.

我们要求算法的所有步骤都以大的概率工作，即对某个常数 $c>0$，至少以 $1-O(1/n^c)$ 的概率工作. 为了以大的概率保证集合 C 包含中位数 m，我们固定 d 和 u 分别为 R 的排序的第 $\lfloor n^{3/4}/2-\sqrt{n}\rfloor$ 个和第 $\lceil n^{3/4}/2+\sqrt{n}\rceil$ 个元素. 有了这种选择，集合 C 就包含了 S 的中位数附近 $2\sqrt{n}$ 个样本点之间的所有 S 的元素. 分析将阐明 R 的大小的选择以及 d 和 u 的选择都是为了保证(a)集合 C 足够大，使它以大概率包含 m，(b)集合 C 充分小，使它能以大的概率用次线性时间排序.

算法 3.1 给出了过程的正式描述. 以后，为方便起见，我们把 $\sqrt{n}$ 和 $n^{3/4}$ 都当作整数.

算法 3.1　随机化中位数算法

输入： 一个全序总体上 n 个元素的集合 S.

输出： S 的中位数元素，用 m 表示.

1. 独立地、均匀随机地、有放回地从 S 中取出 $\lceil n^{3/4}\rceil$ 个元素组成一个(多重)集合 R.
2. 对集合 R 排序.
3. 设 d 为排序集合 R 中第 $\left(\left\lfloor \frac{1}{2}n^{3/4}-\sqrt{n}\right\rfloor\right)$ 个最小元素.
4. 设 u 为排序集合 R 中第 $\left(\left\lceil \frac{1}{2}n^{3/4}+\sqrt{n}\right\rceil\right)$ 个最小元素.
5. 将集合 S 中每个元素与 d 和 u 比较，计算集合 $C=\{x\in S: d\leqslant x\leqslant u\}$ 及数 $\ell_d=|\{x\in S: x<d\}|$ 和 $\ell_\mu=|\{x\in S: x>u\}|$.
6. 如果 $\ell_d>n/2$ 或 $\ell_u>n/2$，则输出 FAIL.
7. 如果 $|C|\leqslant 4n^{3/4}$，则对集合 C 排序；否则，输出 FAIL.
8. 输出排序集合 C 中的第 $(\lfloor n/2\rfloor-\ell_d+1)$ 个元素.

3.5.2　算法分析

基于前面的讨论，我们首先证明——不管整个过程中的随机选取——算法(a)总是按线性时间结束，而(b)要么输出正确结果要么输出 FAIL.

定理 3.11　随机化中位数算法以线性时间结束，而且如果它输出的不是 FAIL，则它输出的是输入集合 S 的正确中位数元素.

证明　因为仅当中位数不在集合 C 中时，算法将给出不正确的结果，所以正确性成立. 但 $\ell_d>n/2$ 或 $\ell_\mu>n/2$，从而由算法的第 6 步保证此时算法输出 FAIL. 类似地，只要 C 充分小，总的工作量关于 S 的大小是线性的，所以算法第 7 步保证了算法不会花费比线性时间更多的时间；如果排序消耗太长时间，则算法输出 FAIL，且不再排序. ■

对定理 3.11 遗留问题的分析，其中有兴趣的是算法输出 FAIL 的概率的界. 我们通过识别三个“坏”事给出这个概率的界，如果这三个坏事件都不发生，算法就不会失败. 在以下一系列的引理中，我们给出每个坏事件的概率的界，并证明这些概率的和仅为$O(n^{-1/4})$.

考虑下面三个事件：

$$\mathcal{E}_1: Y_1 = |\{r \in R \mid r \leqslant m\}| < \frac{1}{2}n^{3/4} - \sqrt{n}$$

$$\mathcal{E}_2: Y_2 = |\{r \in R \mid r \geqslant m\}| < \frac{1}{2}n^{3/4} - \sqrt{n}$$

$$\mathcal{E}_3: |C| > 4n^{3/4}$$

引理 3.12　随机化中位数算法失败，当且仅当$\mathcal{E}_1$、$\mathcal{E}_2$或$\mathcal{E}_3$中至少有一个发生.

证明　在算法的第 7 步失败等价于事件$\mathcal{E}_3$. 在算法的第 6 步失败，当且仅当$\ell_d > n/2$或$\ell_u > n/2$. 但对$\ell_d > n/2$，R中第$\left(\frac{1}{2}n^{3/4} - \sqrt{n}\right)$个最小元素必大于$m$，这等价于事件$\mathcal{E}_1$. 类似地，$\ell_u > n/2$等价于事件$\mathcal{E}_2$. ■

引理 3.13

$$\Pr(\mathcal{E}_1) \leqslant \frac{1}{4}n^{-1/4}$$

证明　定义一个随机变量X_i

$$X_i = \begin{cases} 1 & \text{如果第 } i \text{ 次抽样小于等于中位} \\ 0 & \text{其他} \end{cases}$$

因为抽样有放回，所以X_i独立. 又因为S中有$(n-1)/2+1$个元素小于等于中位数，所以从S中随机选取一个元素小于等于中位数的概率可以写为

$$\Pr(X_i = 1) = \frac{(n-1)/2+1}{n} = \frac{1}{2} + \frac{1}{2n}$$

事件$\mathcal{E}_1$等价于

$$Y_1 = \sum_{i=1}^{n^{3/4}} X_i < \frac{1}{2}n^{3/4} - \sqrt{n}$$

因为Y_1是伯努利试验的和，它是参数为$n^{3/4}$和$1/2+1/2n$的二项随机变量. 因此，利用 3.2.1 节的结果得到

$$\mathbf{var}[Y_1] = n^{3/4}\left(\frac{1}{2} + \frac{1}{2n}\right)\left(\frac{1}{2} - \frac{1}{2n}\right) = \frac{1}{4}n^{3/4} - \frac{1}{4n^{5/4}} < \frac{1}{4}n^{3/4}$$

然后由切比雪夫不等式可得

$$\Pr(\mathcal{E}_1) = \Pr\left(Y_1 < \frac{1}{2}n^{3/4} - \sqrt{n}\right) \leqslant \Pr(|Y_1 - \boldsymbol{E}[Y_1]| > \sqrt{n}) \leqslant \frac{\mathbf{Var}[Y_1]}{n}$$

$$< \frac{\frac{1}{4}n^{3/4}}{n} = \frac{1}{4}n^{-1/4}$$

类似地，可得到事件$\mathcal{E}_2$的概率有同样的界. 现在我们给出第三个坏事件$\mathcal{E}_3$的概率的界.

引理 3.14

$$\Pr(\mathcal{E}_3) \leqslant \frac{1}{2}n^{-1/4}$$

证明　如果$\mathcal{E}_3$发生，$|C| > 4n^{3/4}$，那么下列两事件至少一个发生：

$\mathcal{E}_{3,1}$：C 中至少$2n^{3/4}$个元素大于中位数；

$\mathcal{E}_{3,2}$：C 中至少$2n^{3/4}$个元素小于中位数.

我们给出第一个事件发生的概率的界；由对称性知第二个事件有相同的界. 如果 C 中至少有$2n^{3/4}$个元素大于中位数，那么依 S 的排序，u 的次序至少为$\frac{1}{2}n+2n^{3/4}$，这样集合 R 中至少有$\frac{1}{2}n^{3/4}-\sqrt{n}$次抽样是在 S 的$\frac{1}{2}n-2n^{3/4}$个最大元素中进行的.

令 X 为在 S 的$\frac{1}{2}n-2n^{3/4}$个最大元素中的抽样次数. 令 $X=\sum_{i=1}^{n^{3/4}}X_i$，其中

$$X_i=\begin{cases}1 & \text{如果第 } i \text{ 次抽样是在 } S \text{ 的 } \frac{1}{2}n-2n^{3/4} \text{ 最大元素中} \\ 0 & \text{其他}\end{cases}$$

X 仍为二项随机变量，我们得到

$$\mathbf{E}[X]=\frac{1}{2}n^{3/4}-2\sqrt{n}$$

并且

$$\mathbf{Var}[X]=n^{3/4}\left(\frac{1}{2}-2n^{-1/4}\right)\left(\frac{1}{2}+2n^{-1/4}\right)=\frac{1}{4}n^{3/4}-4n^{1/4}<\frac{1}{4}n^{3/4}$$

由切比雪夫不等式得

$$\Pr(\mathcal{E}_{3,1})=\Pr\left(X\geqslant\frac{1}{2}n^{3/4}-\sqrt{n}\right) \tag{3.3}$$

$$\leqslant\Pr(|X-\mathbf{E}[X]|\geqslant\sqrt{n})\leqslant\frac{\mathbf{Var}[X]}{n}<\frac{\frac{1}{4}n^{3/4}}{n}=\frac{1}{4}n^{-1/4} \tag{3.4}$$

类似地，有

$$\Pr(\mathcal{E}_{3,2})\leqslant\frac{1}{4}n^{-1/4}$$

并且

$$\Pr(\mathcal{E}_3)\leqslant\Pr(\mathcal{E}_{3,1})+\Pr(\mathcal{E}_{3,2})\leqslant\frac{1}{2}n^{-1/4}$$ ■

结合刚刚得到的界，我们可以推断出算法输出 FAIL 的概率上界为

$$\Pr(\mathcal{E}_1)+\Pr(\mathcal{E}_2)+\Pr(\mathcal{E}_3)\leqslant n^{-1/4}$$

由此得到下面的定理.

定理 3.15 随机化中位数算法失败的概率的界为 $n^{-1/4}$.

重复算法 3.1 直到成功找到中位数，我们可以得到一个永远不会失败的迭代算法，但它有一个随机运行时间. 在算法逐次运行中所得的样本是独立的，所以每次运行的成功跟其他运行是无关的，因此直到达到成功的运行次数是一个几何随机变量. 作为练习，希望证明算法的这种变化(一直运行到找到一个解)仍然有线性期望运行时间.

失败或返回不正确结果的随机化算法称为蒙特卡罗(Monte Carlo)算法. 一个蒙特卡罗算法的运行时间通常不依赖于随机选取的方法. 例如，在定理 3.11 中我们已经证明了：不管它的随机选择，随机化中位数算法总是在线性时间结束.

总是返回正确结果的随机化算法称为 Las Vegas 算法. 我们已经看到中位数的蒙特卡罗随机化算法可以通过重复运行直到成功为止而转化为 Las Vegas 算法. 把它转化为 Las Vegas 算法意味着运行时间是可变的，尽管期望运行时间仍是线性的.

3.6 练习

3.1 设 X 是从$[1, n]$上均匀随机选取的一个数，求 $\mathbf{Var}[X]$.

3.2 设 X 为从$[-k, k]$上均匀随机选取的一个数，求 $\mathbf{Var}[X]$.

3.3 假定我们投掷一粒标准的均匀骰子 100 次. 令 X 是这 100 次投掷出现的点数之和. 利用切比雪夫不等式给出 $\Pr(|X-350|\geqslant 50)$的界.

3.4 证明：对任意的实数 c 及任意的离散随机变量 X，$\mathbf{Var}[cX]=c^2\mathbf{Var}[X]$.

3.5 对任意两个随机变量 X 和 Y，由期望的线性性，有

$$\boldsymbol{E}[X-Y]=\boldsymbol{E}[X]-\boldsymbol{E}[Y]$$

证明：当 X 和 Y 独立时，$\mathbf{Var}[X-Y]=\mathbf{Var}[X]+\mathbf{Var}[Y]$.

3.6 对于每次投掷都是以概率 p 独立地出现正面的硬币，直到第 k 次出现正面的投掷次数的方差是什么？

3.7 股票市场的一个简单模型指出，每天一支价格为 q 的股票会以概率 p 按一个 $r>1$ 的因子增加到 qr，以概率$(1-p)$跌落到 q/r. 假定我们开始有一支价格为 1 的股票，求 d 天后这支股票价格的期望和方差的公式.

3.8 假设我们有一个算法，以一串 n 个二进制数字作为输入，还告知如果输入的二进制数字是独立且均匀随机选取的，期望运行时间为 $O(n^2)$. 对大小为 n 的输入，关于这个算法的最坏情况运行时间，马尔可夫不等式能告诉我们什么？

3.9 (a) 令 X 为伯努利随机变量的和，$X=\sum_{i=1}^{n}X_i$. X_i 不必独立，证明：

$$\boldsymbol{E}[X^2]=\sum_{i=1}^{n}\Pr(X_i=1)\boldsymbol{E}[X\mid X_i=1] \tag{3.5}$$

提示：首先证明

$$\boldsymbol{E}[X^2]=\sum_{i=1}^{n}\boldsymbol{E}[X_iX]$$

然后利用条件期望.

(b) 用式(3.5)给出参数为 n 和 p 的二项随机变量的方差的另一种推导.

3.10 对几何随机变量 X，求出 $\boldsymbol{E}[X^3]$和 $\boldsymbol{E}[X^4]$. (提示：利用引理 2.5.)

3.11 回忆练习 2.22 中的冒泡排序算法，求用冒泡排序算法需要纠正的倒置次数的方差.

3.12 找一个具有有限期望和无限方差的随机变量的例子. 给出清晰的论证，证明你的选择具有这些性质.

3.13 找一个具有有限 j 阶矩$(1\leqslant j\leqslant k)$，但 $k+1$ 阶矩无限的随机变量的例子. 给出清晰的论证，证明你的选择具有这些性质.

3.14 证明：对任意有限个随机变量集合 $X_1, X_2, \cdots, X_n$，有

$$\mathbf{Var}\left[\sum_{i=1}^{n}X_i\right]=\sum_{i=1}^{n}\mathbf{Var}[X_i]+2\sum_{i=1}^{n}\sum_{j>i}\mathbf{Cov}(X_i,X_j)$$

3.15 设随机变量 X 表示随机变量的和 $X=\sum_{i=1}^{n}X_i$. 证明：如果对每一对 i 和 j，$1\leqslant i<j\leqslant n$，有 $\boldsymbol{E}[X_iX_j]=\boldsymbol{E}[X_i]\boldsymbol{E}[X_j]$，那么 $\mathbf{Var}[X]=\sum_{i=1}^{n}\mathbf{Var}[X_i]$.

3.16 本题说明马尔可夫不等式已经紧到有可能达到等式. 给定正整数 k，描述一个只取非负值的随机变

量 X，满足

$$\Pr(X \geqslant k\mathbf{E}[X]) = \frac{1}{k}$$

3.17　你可以举一个说明切比雪夫不等式是紧的例子吗(类似于练习 3.16 中的马尔可夫不等式)？如果不能，说明为什么.

3.18　证明：对标准差为 $\sigma[X]$ 的随机变量 X 及任意正实数 t，有

(a) $\Pr(X-\mathbf{E}[X]\geqslant t\sigma[X])\leqslant\frac{1}{1+t^2}$

(b) $\Pr(|X-\mathbf{E}[X]|\geqslant t\sigma[X])\leqslant\frac{2}{1+t^2}$

3.19　利用练习 3.18，证明对一个均值为有限值 μ，标准差为 σ，中位数为 m 的随机变量 X，有 $|\mu-m|\leqslant\sigma$ 成立.

3.20　设 Y 为取非负整值的随机变量，且有正的期望. 证明：

$$\frac{\mathbf{E}[Y]^2}{\mathbf{E}[Y^2]} \leqslant \Pr[Y \neq 0] \leqslant \mathbf{E}[Y]$$

3.21　(a) 切比雪夫不等式用随机变量的方差界定它与期望的偏离. 也可以用更高阶矩. 假设有一个随机变量 X 及偶数 k，使 $\mathbf{E}[(X-\mathbf{E}[X])^k]$ 有限. 证明：

$$\Pr(|X - \mathbf{E}[X]| > t\sqrt[k]{\mathbf{E}[(X - \mathbf{E}[X])^k]}) \leqslant \frac{1}{t^k}$$

(b) 为什么当 k 为奇数时，导出类似的不等式是困难的？

3.22　置换 π：$[1, n]\to[1, n]$ 的不动点是使 $\pi(x)=x$ 的值. 求从所有置换中均匀随机选取一个置换的不动点个数的方差. (提示：当 $\pi(i)=i$ 时，令 X_i 为 1，所以 $\sum_{i=1}^{n}X_i$ 即为不变点个数. 不能利用线性性去求 $\mathbf{Var}\left[\sum_{i=1}^{n}X_i\right]$，但可以直接计算.)

3.23　假设我们投掷一枚均匀硬币 n 次，得到 n 个随机二进制数字. 按某个次序考虑所有 $m=\binom{n}{2}$ 个二进制数字对. 令 Y_i 为第 i 对二进制数字的异或(即 $\oplus$——译者注)，并令 $Y=\sum_{i=1}^{m}Y_i$ 为 Y_i 等于 1 的个数.

(a) 证明每个 Y_i 以概率 1/2 为 0，以概率 1/2 为 1.

(b) 证明 Y_i 不是独立的.

(c) 证明 Y_i 满足性质 $\mathbf{E}[Y_iY_j]=\mathbf{E}[Y_i]\mathbf{E}[Y_j]$.

(d) 利用练习 3.15 求 $\mathbf{Var}[Y]$.

(e) 利用切比雪夫不等式，证明关于 $\Pr(|Y-\mathbf{E}[Y]|\geqslant n)$ 的界.

3.24　将求中位数算法推广到输入 S 为多重集合的情况. 并给出所得到的算法运行时间及误差概率的界.

3.25　将求中位数算法推广到求 n 个项目集合中第 k 个最大项目，其中 k 是任意给定值. 证明所得到的算法是正确的，并给出其运行时间的界.

3.26　弱大数定律表明，若 X_1，X_2，$X_3\cdots$ 为独立同分布的随机变量，其均值为 μ，标准差为 σ，那么对任意常数 $\varepsilon>0$，我们有

$$\lim_{n\to\infty}\Pr\left(\left|\frac{X_1 + X_2 + \cdots + X_n}{n} - \mu\right| > \varepsilon\right) = 0$$

利用切比雪夫不等式证明这个弱大数定律.

第4章　切尔诺夫界与霍夫丁界

本章介绍通常被称为切尔诺夫(Chernoff)界与霍夫丁(Hoeffding)界的有很大偏离的界. 这两种界非常有用，它们给出了尾部分布的指数递减的界. 这些界是利用随机变量的矩母函数的马尔可夫不等式得到的. 在本章中，我们首先定义并讨论矩母函数的性质. 然后推导出二项分布和其他有关分布的切尔诺夫界，并给出了一个集合均衡问题作为例子. 霍夫丁界应用于有界随机变量的和. 为了说明切尔诺夫界的强大，我们将它们应用于超立方及蝶状网络的随机化数据包传送方案的分析中.

4.1　矩母函数

在提出切尔诺夫界之前，我们先讨论矩母函数 $\boldsymbol{E}[\mathrm{e}^{tX}]$的特殊作用.

定义 4.1　一个随机变量 X 的矩母函数定义为

$$M_X(t) = \boldsymbol{E}[\mathrm{e}^{tX}]$$

我们的主要兴趣是这个函数在零的邻域内的存在性和各种性质.

由函数 $M_X(t)$可以给出 X 的所有阶矩.

定理 4.1　设 X 是一个矩母函数为 $M_X(t)$的随机变量，在期望和微分运算交换顺序是合理的假设下，对于所有 $n>1$，我们有

$$\boldsymbol{E}[X^n] = M_X^{(n)}(0)$$

其中 $M_X^{(n)}(0)$是 $M_X(t)$的 n 阶导数在 $t=0$ 处的取值.

证明　假设可以交换期望和微分运算的顺序，那么有

$$M_X^{(n)}(t) = \boldsymbol{E}[X^n \mathrm{e}^{tX}]$$

计算 $t=0$ 时的值，由上面的表达式得

$$M_X^{(n)}(0) = \boldsymbol{E}[X^n]$$ ■

只要矩母函数在零的邻域内存在，则期望和微分运算可以交换次序的假设就成立，本书考虑的所有分布都是这种情况.

作为一个特殊的例子，考虑定义 2.8 中参数为 p 的几何随机变量 X；那么，对 $t<-\ln(1-p)$

$$\begin{aligned}M_X(t) &= \boldsymbol{E}[\mathrm{e}^{tX}] = \sum_{k=1}^{\infty}(1-p)^{k-1}p\mathrm{e}^{tk} = \frac{p}{1-p}\sum_{k=1}^{\infty}(1-p)^k\mathrm{e}^{tk} \\ &= \frac{p}{1-p}((1-(1-p)\mathrm{e}^t)^{-1}-1)\end{aligned}$$

则有

$$\begin{aligned}M_X^{(1)}(t) &= p(1-(1-p)\mathrm{e}^t)^{-2}\mathrm{e}^t \\ M_X^{(2)}(t) &= 2p(1-p)(1-(1-p)\mathrm{e}^t)^{-3}\mathrm{e}^{2t} + p(1-(1-p)\mathrm{e}^t)^{-2}\mathrm{e}^t\end{aligned}$$

计算这些导数在 $t=0$ 时的值，并由定理 4.1 得到 $\mathbf{E}[X]=1/p$ 和 $\mathbf{E}[X^2]=(2-p)/p^2$，这与之前在 2.4 节和 3.3.1 节的计算结果一致.

另一个有用的性质是随机变量的矩母函数(或者等价地，变量的所有阶矩)唯一地定义它的分布. 但是，下面定理的证明已经超出了本书的范围.

定理 4.2　令 X 和 Y 是两个随机变量. 如果存在 $\delta>0$，使得

$$M_X(t) = M_Y(t)$$

对所有 $t\in(-\delta,\ \delta)$ 成立，则 X、Y 有相同的分布.

定理 4.2 的一个应用是确定独立随机变量和的分布.

定理 4.3　如果 X 和 Y 是两个独立的随机变量，那么

$$M_{X+Y}(t) = M_X(t)M_Y(t)$$

证明

$$M_{X+Y}(t) = \mathbf{E}[\mathrm{e}^{t(X+Y)}] = \mathbf{E}[\mathrm{e}^{tX}\mathrm{e}^{tY}] = \mathbf{E}[\mathrm{e}^{tX}]\mathbf{E}[\mathrm{e}^{tY}] = M_X(t)M_Y(t)$$

这里我们用到了 X 和 Y 是独立的，因此 e^{tX} 和 e^{tY} 是独立的，从而得出 $\mathbf{E}[\mathrm{e}^{tX}\mathrm{e}^{tY}]=\mathbf{E}[\mathrm{e}^{tX}]\mathbf{E}[\mathrm{e}^{tY}]$. ■

因此，如果知道了 $M_X(t)$ 和 $M_Y(t)$，并且如果将函数 $M_X(t)M_Y(t)$ 看成是一个已知分布的矩母函数，那么由定理 4.2，这个函数对应的分布必然是 $X+Y$ 的分布. 我们将在随后的章节以及练习中看到一些例子.

4.2　切尔诺夫界的导出和应用

对于某恰当选择的 t 值，将马尔可夫不等式用于 e^{tX} 即得到随机变量 X 的切尔诺夫界. 我们可以从马尔可夫不等式导出下面有用的不等式：对任意的 $t>0$

$$\Pr(X \geqslant a) = \Pr(\mathrm{e}^{tX} \geqslant \mathrm{e}^{ta}) \leqslant \frac{\mathbf{E}[\mathrm{e}^{tX}]}{\mathrm{e}^{ta}}$$

特别地

$$\Pr(X \geqslant a) \leqslant \min_{t>0} > \frac{\mathbf{E}[\mathrm{e}^{tX}]}{\mathrm{e}^{ta}}$$

类似地，对于任意 $t<0$，有

$$\Pr(X \leqslant a) = \Pr(\mathrm{e}^{tX} \geqslant \mathrm{e}^{ta}) \leqslant \frac{\mathbf{E}[\mathrm{e}^{tX}]}{\mathrm{e}^{ta}}$$

因此

$$\Pr(X \leqslant a) \leqslant \min_{t<0} < \frac{\mathbf{E}[\mathrm{e}^{tX}]}{\mathrm{e}^{ta}}$$

具体分布的界可以通过选取适当的 t 值而得到. 使 $\mathbf{E}[\mathrm{e}^{tX}]/\mathrm{e}^{ta}$ 达到最小的 t 值给出了最好的可能界，人们常选取能给出方便形式的 t 值. 由这种方法导出的界一般通称为切尔诺夫界. 当我们提到一个随机变量的切尔诺夫界时，实际上就是用这种方式导出的很多界中的一个.

4.2.1　泊松试验和的切尔诺夫界

现在我们讨论切尔诺夫界最常用的形式：对于独立的 0-1 随机变量(也称作泊松试验)

的和的尾分布.（泊松试验不同于将在 5.3 节中介绍的泊松随机变量）. 在泊松试验中，随机变量的分布不必相同. 伯努利试验是泊松试验的一种特殊情形，在伯努利试验中独立的 0-1 随机变量有相同的分布；换言之，所有在 1 处有相同的概率的试验都是泊松试验. 回忆一下，二项分布给出了在 n 次独立的伯努利试验中成功的次数. 我们的切尔诺夫界对于二项分布是成立的，对更一般情况的泊松试验之和也成立.

设 X_1，X_2，…，X_n 是独立的泊松试验序列，满足 $\Pr(X_i=1)=p_i$，设 $X=\sum_{i=1}^{n}X_i$ 并记

$$\mu=\boldsymbol{E}[X]=\boldsymbol{E}\Big[\sum_{i=1}^{n}X_i\Big]=\sum_{i=1}^{n}\boldsymbol{E}[X_i]=\sum_{i=1}^{n}p_i$$

对于给定的 $\delta>0$，我们感兴趣的是 $\Pr(X\geqslant(1+\delta)\mu)$ 及 $\Pr(X\leqslant(1-\delta)\mu)$ 的界——即 X 与它的期望 μ 偏离 $\delta\mu$ 或者更多的概率. 为讨论切尔诺夫界，需要计算 X 的矩母函数. 我们从每个 X_i 的矩母函数开始：

$$M_{X_i}(t)=\boldsymbol{E}[\mathrm{e}^{tX_i}]=p_i\mathrm{e}^t+(1-p_i)=1+p_i(\mathrm{e}^t-1)\leqslant \mathrm{e}^{p_i(\mathrm{e}^t-1)}$$

其中，在最后一个不等式中，我们用到了这样的事实：对任何 y，有 $1+y\leqslant \mathrm{e}^y$. 由定理 4.3，取 n 个矩母函数的乘积，得到

$$M_X(t)=\prod_{i=1}^{n}M_{X_i}(t)\leqslant\prod_{i=1}^{n}\mathrm{e}^{p_i(\mathrm{e}^t-1)}=\exp\Big\{\sum_{i=1}^{n}p_i(\mathrm{e}^t-1)\Big\}=\mathrm{e}^{(\mathrm{e}^t-1)\mu}$$

既然我们已经确定了矩母函数的界，接下来准备给出泊松试验之和的切尔诺夫界的具体形式. 首先考虑均值上方的偏差.

定理 4.4 设 X_1，X_2，…，X_n 是独立的泊松试验，满足 $\Pr(X_i=1)=p_i$，设 $X=\sum_{i=1}^{n}X_i$，$\mu=\boldsymbol{E}[X]$. 那么下面的切尔诺夫界成立：

1. 对任意 $\delta>0$

$$\Pr(X\geqslant(1+\delta)\mu)\leqslant\left(\frac{\mathrm{e}^{\delta}}{(1+\delta)^{(1+\delta)}}\right)^{\mu}\tag{4.1}$$

2. 对 $0<\delta\leqslant 1$

$$\Pr(X\geqslant(1+\delta)\mu)\leqslant \mathrm{e}^{-\mu\delta^2/3}\tag{4.2}$$

3. 对 $R\geqslant 6\mu$

$$\Pr(X\geqslant R)\leqslant 2^{-R}\tag{4.3}$$

定理的第一个界是最强的，由这个界可以导出其余两个界，然而后面两个界在许多场合具有容易叙述、便于运算的优点.

证明 由马尔可夫不等式，对任意 $t>0$，我们有

$$\Pr(X\geqslant(1+\delta)\mu)=\Pr(\mathrm{e}^{tX}\geqslant \mathrm{e}^{t(1+\delta)\mu})\leqslant\frac{\boldsymbol{E}[\mathrm{e}^{tX}]}{\mathrm{e}^{t(1+\delta)\mu}}\leqslant\frac{\mathrm{e}^{(\mathrm{e}^t-1)\mu}}{\mathrm{e}^{t(1+\delta)\mu}}$$

对任意 $\delta>0$，为了得到式(4.1)，我们取 $t=\ln(1+\delta)>0$，从而

$$\Pr(X\geqslant(1+\delta)\mu)\leqslant\left(\frac{\mathrm{e}^{\delta}}{(1+\delta)^{(1+\delta)}}\right)^{\mu}$$

为了得到式(4.2)，我们需要证明对 $0<\delta\leqslant 1$ 有

$$\frac{e^{\delta}}{(1+\delta)^{(1+\delta)}} \leqslant e^{-\delta^2/3}$$

两边取对数，得到等价的条件

$$f(\delta) = \delta - (1+\delta)\ln(1+\delta) + \frac{\delta^2}{3} \leqslant 0$$

计算 $f(\delta)$的导数，我们有

$$f'(\delta) = 1 - \frac{1+\delta}{1+\delta} - \ln(1+\delta) + \frac{2}{3}\delta = -\ln(1+\delta) + \frac{2}{3}\delta$$

$$f''(\delta) = -\frac{1}{1+\delta} + \frac{2}{3}$$

我们可以发现对 $0\leqslant\delta<1/2$ 有 $f''(\delta)<0$；并且对 $\delta>1/2$ 有 $f''(\delta)>0$. 因此 $f'(\delta)$在$[0,1]$上先减小然后再增加. 因为 $f'(0)=0$ 并且 $f'(1)<0$，我们可以得到在$[0,1]$上 $f'(\delta)\leqslant 0$. 同理因为 $f(0)=0$，故在同样的区间上有 $f(\delta)\leqslant 0$，从而式(4.2)得证.

为了证明式(4.3)，设 $R=(1+\delta)\mu$. 那么当 $R\geqslant 6\mu$ 时，$\delta=R/\mu-1\geqslant 5$. 因此，利用式(4.1)，得

$$\Pr(X \geqslant (1+\delta)\mu) \leqslant \left(\frac{e^{\delta}}{(1+\delta)^{(1+\delta)}}\right)^{\mu} \leqslant \left(\frac{e}{(1+\delta)}\right)^{(1+\delta)\mu} \leqslant \left(\frac{e}{6}\right)^{R} \leqslant 2^{-R}$$ ■

对均值下方的偏差的界，有类似的结果.

定理 4.5　设 X_1，X_2，…，X_n 是独立的泊松试验，满足 $\Pr(X_i=1)=p_i$，设 $X=\sum_{i=1}^{n} X_i$，$\mu=\boldsymbol{E}[X]$. 那么对 $0<\delta<1$ 有

$$\Pr(X \leqslant (1-\delta)\mu) \leqslant \left(\frac{e^{-\delta}}{(1-\delta)^{(1-\delta)}}\right)^{\mu} \tag{4.4}$$

$$\Pr(X \leqslant (1-\delta)\mu) \leqslant e^{-\mu\delta^2/2} \tag{4.5}$$

同样，式(4.4)的界比式(4.5)的要强，但是后者通常更易于使用，并且满足更多的应用需求.

证明　利用马尔可夫不等式，对任意的 $t<0$，我们有

$$\Pr(X \leqslant (1-\delta)\mu) = \Pr(e^{tX} \geqslant e^{t(1-\delta)\mu}) \leqslant \frac{\boldsymbol{E}[e^{tX}]}{e^{t(1-\delta)\mu}} \leqslant \frac{e^{(e^t-1)\mu}}{e^{t(1-\delta)\mu}}$$

对 $0<\delta<1$，令 $t=\ln(1-\delta)<0$，从而得到式(4.4)：

$$\Pr(X \leqslant (1-\delta)\mu) \leqslant \left(\frac{e^{-\delta}}{(1-\delta)^{(1-\delta)}}\right)^{\mu}$$

为了证明式(4.5)，我们必须证明，对 $0<\delta<1$

$$\frac{e^{-\delta}}{(1-\delta)^{(1-\delta)}} \leqslant e^{-\delta^2/2}$$

两边同时取对数，我们可以得到对 $0<\delta<1$ 等式条件为

$$f(\delta) = -\delta - (1-\delta)\ln(1-\delta) + \frac{\delta^2}{2} \leqslant 0$$

对 $f(\delta)$求导满足

$$f'(\delta) = \ln(1-\delta) + \delta$$

$$f''(\delta)=-\frac{1}{1-\delta}+1$$

因为在(0，1)范围内 $f''(\delta)>0$ 且 $f'(0)=0$，故在[0，1)区间上 $f'(\delta)\leqslant 0$. 因此，在该区间上 $f(\delta)$非增. 因为 $f(0)=0$，所以当 $0<\delta<1$ 时 $f(\delta)\leqslant 0$. 证毕. ■

从式(4.2)和式(4.4)立即得到的切尔诺夫界的下列形式经常被用到.

推论 4.6　设 X_1，X_2，…，X_n 是独立的泊松试验，满足 $\Pr(X_i=1)=p_i$，设 $X=\sum_{i=1}^{n}X_i$，$\mu=E[X]$. 那么对 $0<\delta<1$，有

$$\Pr(|X-\mu|\geqslant\delta\mu)\leqslant 2e^{-\mu\delta^2/3} \tag{4.6}$$

实际上，我们常常没有 $\mathbf{E}[X]$的精确值. 但我们可以在定理 4.4 中用 $\mu\geqslant\mathbf{E}[X]$在定理 4.5 中用 $\mu\leqslant\mathbf{E}[X]$来代替(参看练习 4.7).

4.2.2　例：投掷硬币

设 X 是 n 次独立地投掷一枚均匀硬币的序列中出现正面的次数. 由式(4.6)的切尔诺夫界，我们有

$$\Pr\left(\left|X-\frac{n}{2}\right|\geqslant\frac{1}{2}\sqrt{6n\ln n}\right)\leqslant 2\exp\left\{-\frac{1}{3}\frac{n}{2}\frac{6\ln n}{n}\right\}=\frac{2}{n}$$

这说明出现正面的次数非常密集地集中在均值 $n/2$ 周围，在大多数时间中，与均值的偏离是 $O(\sqrt{n\ln n})$阶的.

为了比较这个界与切比雪夫界的作用，考虑在 n 次独立地投掷一枚均匀硬币的序列中，出现不多于 $n/4$ 次正面或不少于 $3n/4$ 次正面的概率. 我们在上一章利用切比雪夫不等式证明了

$$\Pr\left(\left|x-\frac{n}{2}\right|\geqslant\frac{n}{4}\right)\leqslant\frac{4}{n}$$

只需计算一个显著大事件的概率，就可看出这个界不如切尔诺夫界. 在这种情况下，由切尔诺夫界，我们得到

$$\Pr\left(\left|X-\frac{n}{2}\right|\geqslant\frac{n}{4}\right)\leqslant 2\exp\{-\frac{1}{3}\frac{n}{2}\frac{1}{4}\}\leqslant 2e^{-n/24}$$

即切尔诺夫方法给出的界比由切比雪夫不等式得到的界的指数阶小.

4.2.3　应用：估计参数

假如我们对计算人群中出现某种特殊基因突变的概率感兴趣. 给定一个 DNA 样本，实验室检测可以确定是否发生了突变. 但是，检测是昂贵的，我们想要从少数几个样品中得到相对可靠的估计.

设 p 是我们试图估计的未知值，假定有 n 个样品，这些样本中有 $X=\tilde{p}n$ 个突变. 给定足够多的样品，我们希望样本值$\tilde{p}$接近于真实值 p. 下面我们用置信区间的概念来直观地表达这种接近的含义.

定义 4.2　参数 p 的 $1-\gamma$ 置信区间是使

$$\Pr(p\in[\tilde{p}-\delta,\tilde{p}+\delta])\geqslant 1-\gamma$$

成立的区间$[\tilde{p}-\delta, \tilde{p}+\delta]$.

注意，我们不是预测参数的某个值，而是给出一个可能包含参数的区间. 如果 p 可取任意实值，则试图由一有限样本去估算出它的精确值可能是没有意义的，但如果估计出它的值落在一个较小的范围内却是有意义的.

我们自然希望区间长度 2δ 及错误概率 γ 都尽可能小. 我们将推导出这两个参数与样本数 n 之间的关系. 特别地，已知在 n 个样品中(从所有人群中均匀随机选取的)发现恰在 $X=\tilde{p}n$ 个样品中有突变，需要求 δ 及 γ 的值，使得

$$\Pr(p \in [\tilde{p}-\delta, \tilde{p}+\delta]) = \Pr(np \in [n(\tilde{p}-\delta), n(\tilde{p}+\delta)]) \geqslant 1-\gamma$$

现在 $X=n\tilde{p}$是参数为 n 及 p 的二项分布，从而 $\boldsymbol{E}[X]=np$. 如果 $p \notin [\tilde{p}-\delta, \tilde{p}+\delta]$，那么我们有下列两个事件之一：

1) 如果 $p<\tilde{p}-\delta$，那么 $X=n\tilde{p}>n(p+\delta)=\boldsymbol{E}[X](1+\delta/p)$；

2) 如果 $p>\tilde{p}+\delta$，那么 $n\tilde{p}<n(p-\delta)=\boldsymbol{E}[X](1-\delta/p)$.

可以在式(4.2)和式(4.5)中应用切尔诺夫界去计算

$$\begin{aligned} \Pr(p \notin [\tilde{p}-\delta, \tilde{p}+\delta]) &= \Pr\left(X < np\left(1-\frac{\delta}{p}\right)\right) + \Pr\left(X > np\left(1+\frac{\delta}{p}\right)\right) &(4.7)\\ &< \mathrm{e}^{-np(\delta/p)^2/2} + \mathrm{e}^{-np(\delta/p)^2/3} &(4.8)\\ &= \mathrm{e}^{-n\delta^2/2p} + \mathrm{e}^{-n\delta^2/3p} &(4.9)\end{aligned}$$

式(4.9)给出的界是没有用处的，因为 p 值未知. 由 $p\leqslant 1$ 可得一个简单的解

$$\Pr(p \notin [\tilde{p}-\delta, \tilde{p}+\delta]) < \mathrm{e}^{-n\delta^2/2} + \mathrm{e}^{-n\delta^2/3}$$

令 $\gamma=\mathrm{e}^{-n\delta^2/2}+\mathrm{e}^{-n\delta^2/3}$，我们便得到了 δ、n 与错误概率 γ 之间的一个关系.

还可由其他切尔诺夫界(如练习 4.13 及练习 4.16 那样)得到更好的界. 在第 10 章讨论蒙特卡罗方法时，我们再回到参数估计问题上来.

4.3 某些特殊情况下更好的界

在对称随机变量的一些特殊情况下，利用比较简单的证明方法可以得到更强的界.

首先考虑每个变量以等概率取值为 1 或 −1 时，独立随机变量之和.

定理 4.7 设 X_1，X_2，…，X_n 是相互独立的随机变量，满足

$$\Pr(X_i=1)=\Pr(X_i=-1)=\frac{1}{2}$$

记 $X=\sum_{i=1}^{n} X_i$. 则对任意 $a>0$，有

$$\Pr(X \geqslant a) \leqslant \mathrm{e}^{-a^2/2n}$$

证明 对任意 $t>0$

$$\boldsymbol{E}[\mathrm{e}^{tX_i}] = \frac{1}{2}\mathrm{e}^{t} + \frac{1}{2}\mathrm{e}^{-t}$$

为估计 $\boldsymbol{E}[\mathrm{e}^{tX_i}]$，使用 e^t 的泰勒级数展开式，则有

$$\mathrm{e}^t = 1 + t + \frac{t^2}{2!} + \cdots + \frac{t^i}{i!} + \cdots$$

且

$$e^{-t}=1-t+\frac{t^2}{2!}+\cdots+(-1)^i\frac{t^i}{i!}+\cdots$$

所以

$$\boldsymbol{E}[e^{tX_i}]=\frac{1}{2}e^t+\frac{1}{2}e^{-t}=\sum_{i\geqslant 0}\frac{t^{2i}}{(2i)!}\leqslant\sum_{i\geqslant 0}\frac{(t^2/2)^i}{i!}=e^{t^2/2}$$

运用这个估计得到

$$\boldsymbol{E}[e^{tX}]=\prod_{i=1}^{n}\boldsymbol{E}[e^{tX_i}]\leqslant e^{t^2n/2}$$

并且

$$\Pr(X\geqslant a)=\Pr(e^{tX}\geqslant e^{ta})\leqslant\frac{\boldsymbol{E}[e^{tX}]}{e^{ta}}\leqslant e^{t^2n/2-ta}$$

令 $t=a/n$，我们得到

$$\Pr(X\geqslant a)\leqslant e^{-a^2/2n}$$ ■

由对称性，又有

$$\Pr(X\leqslant -a)\leqslant e^{-a^2/2n}$$

综合上述两个结果得到下面的推论.

推论 4.8　设 X_1，X_2，…，X_n 是相互独立的随机变量，满足

$$\Pr(X_i=1)=\Pr(X_i=-1)=\frac{1}{2}$$

令 $X=\sum_{i=1}^{n}X_i$. 那么，对任意 $a>0$，有

$$\Pr(|X|\geqslant a)\leqslant 2e^{-a^2/2n}$$

运用变换 $Y_i=(X_i+1)/2$，我们可以证明下列推论.

推论 4.9　设 X_1，X_2，…，X_n 是相互独立的随机变量，满足

$$\Pr(Y_i=1)=\Pr(Y_i=0)=\frac{1}{2}$$

令 $Y=\sum_{i=1}^{n}Y_i$ 且 $\mu=\boldsymbol{E}[Y]=n/2$. 那么

1. 对任意 $a>0$，有

$$\Pr(Y\geqslant\mu+a)\leqslant e^{-2a^2/n}$$

2. 对任意 $\delta>0$，有

$$\Pr(Y\geqslant(1+\delta)\mu)\leqslant e^{-\delta^2\mu}\tag{4.10}$$

证明　利用定理 4.7 的记号，我们有

$$Y=\sum_{i=1}^{n}Y_i=\frac{1}{2}\left(\sum_{i=1}^{n}X_i\right)+\frac{n}{2}=\frac{1}{2}X+\mu$$

应用定理 4.7 可得

$$\Pr(Y\geqslant\mu+a)=\Pr(X\geqslant 2a)\leqslant e^{-4a^2/2n}$$

这就证明了推论的第 1 部分. 为了证明第 2 部分，令 $a=\delta\mu=\delta n/2$，再次应用

定理 4.7，我们有

$$\Pr(Y \geqslant (1+\delta)\mu) = \Pr(X \geqslant 2\delta\mu) \leqslant e^{-2\delta^2\mu^2/n} = e^{-\delta^2\mu}$$ ■

注意在式(4.10)的界的指数部分中的常数是 1，而在式(4.2)的界的常数是 1/3.

类似地，我们有以下结论.

推论 4.10　设 Y_1，Y_2，…，Y_n 是相互独立的随机变量，满足

$$\Pr(Y_i = 1) = \Pr(Y_i = 0) = \frac{1}{2}$$

令 $Y = \sum_{i=1}^{n} Y_i$ 且 $\mu = \boldsymbol{E}[Y] = n/2$. 那么

1. 对任意的 $0<a<\mu$，有

$$\Pr(Y \leqslant \mu - a) \leqslant e^{-2a^2/n}$$

2. 对任意的 $0<\delta<1$，有

$$\Pr(Y \leqslant (1-\delta)\mu) \leqslant e^{-\delta^2\mu} \tag{4.11}$$

4.4　应用：集合的均衡

给定一个 $n\times m$ 矩阵 $\mathbf{A}$，其元素在{0，1}中取值，设

$$\begin{bmatrix} a_{11} & a_{12} & \cdots & a_{1m} \\ a_{21} & a_{22} & \cdots & a_{2m} \\ \vdots & \vdots & \ddots & \vdots \\ a_{n1} & a_{n2} & \cdots & a_{nm} \end{bmatrix} \begin{bmatrix} b_1 \\ b_2 \\ \vdots \\ b_m \end{bmatrix} = \begin{bmatrix} c_1 \\ c_2 \\ \vdots \\ c_n \end{bmatrix}$$

现要寻找一个元素在{−1，1}中取值的向量 $\bar{b}$，它极小化

$$\| \mathbf{A}\bar{b} \|_\infty = \max_{i=1,\cdots,n} |c_i|$$

这个问题产生于统计试验设计中，矩阵 $\mathbf{A}$ 的每一列表示一个试验对象，每一行表示一个特征. 向量 $\bar{b}$ 将试验对象分成两个分离的组，使得每个特征在两组之间尽可能大致上均衡. 其中的一组作为在另一组上所进行的试验的控制组.

计算向量 $\bar{b}$ 的随机化算法非常简单. 我们以 $\Pr(b_i=1)=\Pr(b_i=-1)=1/2$ 随机地选取 $\bar{b}$ 的元素，不同元素的选取是独立的. 令人惊讶的是，虽然这个算法忽略了矩阵 $\mathbf{A}$ 的元素，但下面的定理说明 $\|\mathbf{A}\bar{b}\|_\infty$ 可能只是 $O(\sqrt{m \ln n})$. 这个界是相当紧的. 特别地，练习 4.15 要求证明当 $m=n$ 时，存在一个矩阵 $\mathbf{A}$ 使得对任意选择的 $\bar{b}$，$\|\mathbf{A}\bar{b}\|_\infty$ 都是 $\Omega(\sqrt{n})$.

定理 4.11　对随机向量 $\bar{b}$，它的元素是从集合{−1，1}中独立，且等概率地选取的，那么

$$\Pr(\| \mathbf{A}\bar{b} \|_\infty \geqslant \sqrt{4m \ln n}) \leqslant \frac{2}{n}$$

证明　考虑第 i 行 $\bar{a}_i = a_{i,1}$，…，$a_{i,m}$，设 k 是此行中 1 的个数. 如果 $k \leqslant \sqrt{4m \ln n}$，那么显然有 $|\bar{a}_i \cdot \bar{b}| = |c_i| \leqslant \sqrt{4m \ln n}$. 另一方面，如果 $k > \sqrt{4m \ln n}$，我们注意到下列和式

$$Z_i = \sum_{j=1}^{m} a_{i,j} b_j$$

中 k 个非零项是独立的随机变量，每项以概率 1/2 取 +1 或 −1.

现在利用推论 4.8 的切尔诺夫界及 $m\geqslant k$ 的事实，得

$$\Pr(|Z_i|>\sqrt{4m\ln n})\leqslant 2\mathrm{e}^{-4m\ln n/2k}\leqslant\frac{2}{n^2}$$

由一致界知，这个界对任一行不成立的概率至多为 $2/n$. ■

4.5 霍夫丁界

霍夫丁界推广了一般有限的随机变量列的切尔诺夫界的技巧.

定理 4.12[霍夫丁界] 设 X_1，…，X_n 为相互独立的随机变量，满足：对一切 $1\leqslant i\leqslant n$，$\boldsymbol{E}[X_i]=\mu$，$\Pr(a\leqslant X_i\leqslant b)=1$ 成立，则有

$$\Pr\left(\left|\frac{1}{n}\sum_{i=1}^{n}X_i-\mu\right|\geqslant\varepsilon\right)\leqslant 2\mathrm{e}^{-2n\varepsilon^2/(b-a)^2}$$

证明 证明依赖于下列矩母函数的界，我们先证明它.

引理 4.13[霍夫丁引理] 设 X 为满足 $\Pr(X\in[a,b])=1$，$\boldsymbol{E}[X]=0$ 的随机变量，则对一切 $\lambda>0$，有

$$\boldsymbol{E}[\mathrm{e}^{\lambda X}]\leqslant\mathrm{e}^{\lambda^2(b-a)^2/8}$$

证明 开始证明之前，我们注意到因为 $\boldsymbol{E}[X]=0$，如果 $a=0$ 则 $b=0$，那么这个结论无意义，因此我们可以假设 $a<0$ 且 $b>0$.

因为 $f(x)=\mathrm{e}^{\lambda x}$ 是一个凸函数，则对任何 $\alpha\in(0,1)$，有

$$f(\alpha a+(1-\alpha)b)\leqslant\alpha\mathrm{e}^{\lambda a}+(1-\alpha)\mathrm{e}^{\lambda b}$$

对 $x\in[a,b]$，令 $\alpha=\dfrac{b-x}{b-a}$；则 $x=\alpha a+(1-\alpha)b$，那么我们有

$$\mathrm{e}^{\lambda x}<\frac{b-x}{b-a}\mathrm{e}^{\lambda a}+\frac{x-a}{b-a}\mathrm{e}^{\lambda b}$$

考虑 $\mathrm{e}^{\lambda X}$ 并求期望，使用 $\boldsymbol{E}[X]=0$ 的条件，我们得到

$$\begin{aligned}\boldsymbol{E}[\mathrm{e}^{\lambda X}]&\leqslant\boldsymbol{E}\left[\frac{b-X}{b-a}\mathrm{e}^{\lambda a}\right]+\boldsymbol{E}\left[\frac{X-a}{b-a}\mathrm{e}^{\lambda b}\right]=\frac{b}{b-a}\mathrm{e}^{\lambda a}-\frac{\boldsymbol{E}[X]}{b-a}\mathrm{e}^{\lambda a}-\frac{a}{b-a}\mathrm{e}^{\lambda b}+\frac{\boldsymbol{E}[X]}{b-a}\mathrm{e}^{\lambda b}\\&=\frac{b}{b-a}\mathrm{e}^{\lambda a}-\frac{a}{b-a}\mathrm{e}^{\lambda b}\end{aligned}$$

我们现在需要对最后的表达式进行一些变换，设 $\phi(t)=-\theta t+\ln(1-\theta+\theta\mathrm{e}^t)$，其中 $\theta=\dfrac{-a}{b-a}>0$. 则有

$$\begin{aligned}\mathrm{e}^{\phi(\lambda(b-a))}&=\mathrm{e}^{-\theta\lambda(b-a)}(1-\theta+\theta\mathrm{e}^{\lambda(b-a)})=\mathrm{e}^{\lambda a}(1-\theta+\theta\mathrm{e}^{\lambda(b-a)})\\&=\mathrm{e}^{\lambda a}\left(\frac{b}{b-a}-\frac{a}{b-a}\mathrm{e}^{\lambda(b-a)}\right)=\frac{b}{b-a}\mathrm{e}^{\lambda a}-\frac{a}{b-a}\mathrm{e}^{\lambda b}\end{aligned}$$

它等于我们导出的 $\boldsymbol{E}[\mathrm{e}^{\lambda X}]$的上界. 不难证明对一切 t 有：$\phi(0)=\phi'(0)=0$，且 $\phi''(t)\leqslant 1/4$. 由泰勒定理，对于任意的 $t>0$，存在 $t'\in[0,t]$，使得

$$\phi(t)=\phi(0)+t\phi'(0)+\frac{1}{2}t^2\phi''(t')\leqslant\frac{1}{8}t^2$$

因此，对于 $t=\lambda(b-a)$，我们有

$$\phi(\lambda(b-a)) \leqslant \frac{\lambda^2 (b-a)^2}{8}$$

从而

$$\boldsymbol{E}[\mathrm{e}^{\lambda X}] \leqslant \mathrm{e}^{\phi(\lambda(b-a))} \leqslant \mathrm{e}^{\lambda^2(b-a)^2/8}$$ ■

现在我们回到定理 4.12 的证明：令 $Z_i = X_i - \boldsymbol{E}[X_i]$ 和 $Z = \frac{1}{n}\sum_{i=1}^{n} Z_i$.

对于任意的 $\lambda > 0$，由马尔可夫不等式，得

$$\begin{aligned}\Pr(Z \geqslant \varepsilon) = \Pr(\mathrm{e}^{\lambda Z} \geqslant \mathrm{e}^{\lambda\varepsilon}) &\leqslant \mathrm{e}^{-\lambda\varepsilon}\boldsymbol{E}[\mathrm{e}^{\lambda Z}] \leqslant \mathrm{e}^{-\lambda\varepsilon}\prod_{i=1}^{n}\boldsymbol{E}[\mathrm{e}^{\lambda Z_i/n}] \\ &\leqslant \mathrm{e}^{-\lambda\varepsilon}\prod_{i=1}^{n}\mathrm{e}^{\lambda^2(b-a)^2/n^2}] \leqslant \mathrm{e}^{-\lambda\varepsilon+\lambda^2(b-a)^2/8n}\end{aligned}$$

在倒数第二个不等式中，我们用到了霍夫丁引理，其中 Z_i/n 介于 $(a-\mu)/n$ 到 $(b-\mu)/n$ 之间. 取 $\lambda = \frac{4n\varepsilon}{(b-a)^2}$ 得

$$\Pr\left(\frac{1}{n}\sum_{i=1}^{n} X_i - \mu \geqslant \varepsilon\right) = \Pr(Z \geqslant \varepsilon) \leqslant \mathrm{e}^{-2n\varepsilon^2/(b-a)^2}$$

对 $\Pr(Z \leqslant -\varepsilon)$ 使用同样的方法，并取 $\lambda = -\frac{4n\varepsilon}{(b-a)^2}$，得

$$\Pr\left(\frac{1}{n}\sum_{i=1}^{n} X_i - \mu \leqslant -\varepsilon\right) = \Pr(Z \leqslant -\varepsilon) \leqslant \mathrm{e}^{-2n\varepsilon^2/(b-a)^2}$$

对上面两式使用一个一致界则完成了定理的证明. ■

对于下列更一般形式的界的证明留作练习(练习 4.20).

定理 4.14 设 X_1，…，X_n 是相互独立的随机变量，满足：$\boldsymbol{E}[X_i] = \mu_i$，$\Pr(a_i \leqslant X_i \leqslant b_i) = 1$，其中，$a_i$ 和 b_i 是常数. 那么

$$\Pr\left[\left|\sum_{i=1}^{n} X_i - \sum_{i=1}^{n}\mu_i\right| \geqslant \varepsilon\right] \leqslant 2\mathrm{e}^{-2\varepsilon^2/\sum_{i=1}^{n}(b_i-a_i)^2}$$

注意到，定理 4.12 给出了 n 个随机变量的平均偏差的界，然而定理 4.14 却给出了随机变量和的偏差的界.

例子：

1) 考虑 n 个独立的随机变量 X_1，…，X_n，满足 X_i 是同分布的，且等可能地取值为 $\{0, \cdots, \ell\}$. 那么，对所有的 i，有 $\mu = \boldsymbol{E}[X_i] = \ell/2$，且

$$\Pr\left(\left|\frac{1}{n}\sum_{i=1}^{n} X_i - \frac{\ell}{2}\right| \geqslant \varepsilon\right) \leqslant 2\mathrm{e}^{-2n\varepsilon^2/\ell^2}$$

特别地

$$\Pr\left(\left|\frac{1}{n}\sum_{i=1}^{n} X_i - \mu\right| \geqslant \delta\mu\right) \leqslant 2\mathrm{e}^{-n\delta^2/2}$$

2) 考虑 n 个独立的随机变量 Y_1，…，Y_n，满足 Y_i 等可能地在 $\{0, i\}$ 上取值；令 $Y = \sum_{i=1}^{n} Y_i$. 那么，有 $\boldsymbol{E}[Y_i] = i/2$, $\mu = \boldsymbol{E}[Y] = \sum_{i=1}^{n} i/2 = n(n+1)/4$ ，应用定理 4.14 和 $c_i = i$，

我们有

$$\Pr\left(\left|Y-\frac{n(n+1)}{4}\right|\geqslant \varepsilon\right)\leqslant 2\mathrm{e}^{-2\varepsilon^2/\sum_{i=1}^{n}c_i^2}=2\mathrm{e}^{-2\varepsilon^2/(n(n+1)(2n+1)/6)}$$

$$=2\mathrm{e}^{-12\varepsilon^2/(n(n+1)(2n+1))}$$

从而得到结论

$$\Pr(|Y-\mu|\geqslant \delta\mu)\leqslant 2\mathrm{e}^{-12\delta^2n^2(n+1)^2/(16n(n+1)(2n+1))}\leqslant 2\mathrm{e}^{-3n\delta^2/8}$$

*4.6　应用：稀疏网络中的数据包路由选择

并行计算中的一个基本问题是如何在整个稀疏通信网络中有效地通信．我们用一个 N 个结点的有向图作为通信网络的模型，每个结点是一个选路开关．一条有向边模拟一个通信通道，它连接两个相邻的选路开关．考虑一个同步计算模型，其中：(a)在每一时间步，一条边运送一个数据包；(b)每一步，一个数据包可以在不多于一条边上移动．我们假定开关有缓冲器，或者能对等待每个开关输出边传送的存储数据包进行排队．

给定一个网络拓扑，一个路由选择算法为每对结点指定一条网络中连接这对结点的路由或边的序列．算法还指定开关队列中有序数据包的排队策略．例如，按照数据包到达次序排序的先到先出策略(FIFO)；按照数据包在网络中必须通过的边数的递减次序排列的最远者先出(FTG)策略．

对一给定的网络拓扑，衡量路由选择算法性能的标准是传送任意排列的路由选择问题所要求的最大时间——以并行步数为度量，其中每个结点恰好传送一个数据包，且每个结点恰好是一个数据包的地址．

当然，如果网络是所有结点都相互连接的完全图，则只需一个并行步就可以选定一个排列．但从实际考虑，一个大规模的并行机网络必定是稀疏的．每个结点只能直接连接少数几个邻点，大部分数据包必须经过中间结点才能到达它们的最终目的地．因为一条边可能在多于一个数据包的路径上，又因为每条边在每步只能通过一个数据包，因而稀疏网络上并行的数据包路由选择可能导致拥挤和阻塞．为并行计算机设计一个有效的通信方案的实际问题引出了一个有意义的组合与算法问题：设计一个连接任意多个处理器的稀疏网络族，并且要求以少量平行步传送任一排列的路由选择算法．

这里我们讨论一个简单却是一流的随机化路由选择技术，然后利用切尔诺夫界分析它在超立方网络及蝶形网络上的性能．我们首先分析在有 N 个处理器及 $O(N\log N)$ 条边的超立方网络上选择排列路由的情况，然后对有 N 个结点和只有 $O(N)$ 条边的蝶形网络给出一个更详细的讨论．

4.6.1　超立方体网络上排列的路由选择

设 $\mathcal{N}=\{0\leqslant i\leqslant N-1\}$ 是并行机中的处理器集合，对某个整数 n 满足 $N=2^n$．设 $\bar{x}=(x_1,\cdots,x_n)$ 是数 $0\leqslant x\leqslant N-1$ 的二进制表示．

定义 4.3　n 维超立方体(或 n 维立方体)是一个有 $N=2^n$ 个结点的网络，结点 x 有到结点 y 的有向连接，当且仅当 $\bar{x}$ 与 $\bar{y}$ 恰有在一个二进制位上的差别．

如图 4.1 所示，注意 n 维立方体中有向边的总数为 nN，这是因为每个结点邻接着 n 条

输出边和 n 条输入边，而且网络的直径也是 n，即存在连接网络中任意两个结点的长度直到 n 的有向路径，也存在用任一较短路径不能连接的结点对.

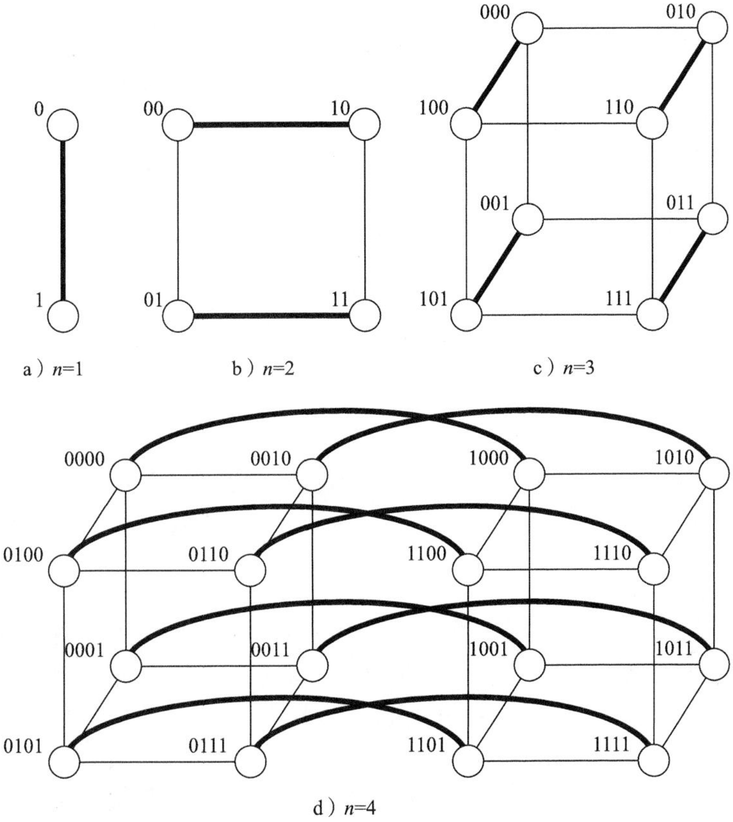

图 4.1　1、2、3 及 4 维超立方体

超立方体拓扑允许一个简单的位固定的路由选择机制，如算法 4.1 所示. 在确定下一次应通过哪条边时，算法只要简单地依次考虑每个位，如果有必要便通过这条边.

算法 4.1　n 维立方体位固定路由选择算法

1. 令 $\bar{a}$ 和 $\bar{b}$ 分别是数据包的出发地和目的地.
2. 对 $i=1$ 到 n，

(a) 如果 $a_i \neq b_i$，那么通过边 $(b_1, \cdots, b_{i-1}, a_i, \cdots, a_n) \rightarrow (b_1, \cdots, b_{i-1}, b_i, a_{i+1}, \cdots, a_n)$.

虽然这个算法看起来相当自然，但是只利用位固定路由可能导致高度拥挤和不良的性能，如练习 4.22 所示. 存在某些位固定路由表现不佳的排列. 我们将要证明，如果从某个源发送出去的每一个数据包到达均匀随机选择的目的地，这些路由的表现较好. 由此形成下面的方法：首先将每个数据包传送到均匀随机选择的中间点，然后从这个中间点路由到目的地.

先将数据包传送到一个随机的中间点，似乎有点奇怪．从某种意义上说，这类似于2.5节中对快速排序法的分析．我们发现对一个已按逆序排列的列表，快速排序法需要$\Omega(n^2)$次比较，而对随机选择的排列，比较的期望次数只是$\Omega(n \log n)$．对于快速排序法，将数据随机化能导致较少的运行时间．这里也如此，随机化数据包经过的路径——通过一个随机中间点传送——避免了不好的初始排列，从而导致较好的期望性能．

对所有数据包并行执行两阶段路由选择算法(算法4.2)．对每个数据包的随机选择是独立地进行的．我们的分析对任何遵守以下自然的要求的排队策略都成立：如果在时间步开始时队列不空，某个数据包在该时间步内沿着与此队列有关联的边传送．我们证明这个路由选择策略渐近地达到最优并行时间．

算法 4.2　两阶段路由选择算法

阶段 I：用位固定路由选择，将数据包传送到网络中随机选取的一个结点．
阶段 II：用位固定路由选择，将数据包从它的随机位置传送到目的地．

定理 4.15　给出一个任意排列的路由选择问题，算法4.2的两阶段路由选择方案对所有数据包以$1-O(N^{-1})$的概率，用$O(n)=O(\log N)$并行步传送到它们在n维立方体上的目的地．

证明　我们首先分析阶段I的运行时间．为简化分析，假定在所有数据包结束阶段I的执行之前，没有数据包开始执行阶段II．后面将证明可以去掉这一假设．

我们强调用到一个始终是不言自明的事实：如果一个数据包传送到网络中随机选择的结点$\bar{x}$，我们可以认为$\bar{x}=(x_1, x_2, \cdots, x_n)$是通过令每个$x_i$独立地分别以1/2概率取0和1而得的随机变量．

对一给定的数据包M，令$T_1(M)$表示M完成阶段I的步数，对一个给定边e，令$X_1(e)$表示在阶段I中经由边e传送的数据包的总数．

在执行阶段I的每一步中，数据包M或者正经过一条边，或者在M经由的一条边上排队，等待其他数据包经过．这个简单的观察使M的路由选择次数与通过M路径上的边来传送的数据包总数有了如下联系．

引理 4.16　设$e_1, e_2, \cdots, e_m$是数据包M在阶段I经过的$m \leqslant n$条边，那么

$$T_1(M) \leqslant \sum_{i=1}^{m} X_1(e_i)$$

我们把遵循位固定算法的$m \leqslant n$条边组成的路径$P=(e_1, e_2, \cdots, e_m)$称作一个可能的数据包路径．用$v_0, v_1, \cdots, v_m$表示相应的结点，满足$e_i=(v_{i-1}, v_i)$．按$T_1(M)$的定义，对任意可能的数据包路径$P$，设

$$T_1(P) \leqslant \sum_{i=1}^{m} X_1(e_i)$$

由引理4.16，在阶段I多于T步的概率不会超过对某个可能的数据包路径P发生$T_1(P) \geqslant T$的概率．注意，因为存在2^n个可能的起点和2^n个可能的目的点，至多存在$2^n \cdot 2^n = 2^{2n}$个可能的数据包路径．

为了证明这个定理，我们要求以大的概率来界定 $T_1(P)$. 因为 $T_1(P)=\sum_{i=1}^{n}X_1(e_i)$，自然想到用切尔诺夫界. 这里的困难在于 $X_1(e_i)$不是独立的随机变量，这是因为经过一条边的数据包很可能还要经过其中一条相邻边. 为了防止这一困难的发生，我们先用切尔诺夫界证明，以大的概率不会有多于 $6n$ 个不同的数据包通过 P 的任一边. 然后在这个事件的条件下，仍利用切尔诺夫界，导出通过路径 P 的边传送这些数据包总数的大概率界. ㊀

现在固定某个有 m 条边的可能的数据包路径 P. 为得到经过 P 的一条边上的数据包个数的大概率界，如果一个数据包到达v_{i-1}且有通过边 e_i 到达v_i 的可能，我们称它在路径 P 的结点v_{i-1}处是**活动的**. 也就是，如果v_{i-1}与v_i 在第 j 位上不同，那么——为了一个数据包在v_{i-1}处是活动的——当它到达v_{i-1}时，它的第 j 位不能被位固定算法固定. 如果一个数据包在路径 P 的某个顶点处是活动的，我们也称它是活动的. 下面我们界定活动数据包的总数.

对 $k=1$，…，N，令 H_k 是 0-1 随机变量，如果在结点 k 出发的数据包是活动的，则 $H_k=1$；否则，$H_k=0$. 注意 $H_k(k=1, 2, \cdots, N)$是独立的，因为(a)每个 H_k 仅依赖于在结点 k 出发的数据包的中间目的地的选择；(b)对所有数据包，这些选择是独立的，设 $H=\sum_{k=1}^{N}H_k$ 表示活动数据包的总个数.

我们首先讨论 $\mathbf{E}[H]$的界. 考虑所有在v_{i-1}处活动的数据包，假定$v_{i-1}=(b_1, \cdots, b_{j-1}, a_j, a_{j+1}, \cdots, a_n)$并且$v_i=(b_1, \cdots, b_{j-1}, b_j, a_{j+1}, \cdots, a_n)$，那么只有在地址$(*, \cdots, *, a_j, \cdots, a_n)$之一出发的数据包在第 j 位固定之前，可能到达v_{i-1}，其中 $*$ 表示 0 或 1. 类似地，每个这样的数据包实际上只是当其随机目的地是地址$(b_1, \cdots, b_{j-1}, *, \cdots, *)$中之一时到达$v_{i-1}$. 所以，在$v_{i-1}$处存在不多于 2^{j-1} 个可能的活动数据包，每个这样的数据包在v_{i-1}处实际上是活动的概率为 $2^{-(j-1)}$. 因此，在每个顶点处，活动数据包的期望个数为 1，因为我们只考虑 m 个顶点$v_0, v_1, \cdots, v_{m-1}$，由期望的线性性，得

$$\mathbf{E}[H]\leqslant m\cdot 1\leqslant n$$

因为 H 为独立的 0-1 随机变量之和，因此可以由切尔诺夫界(式(4.3)的界)证明：

$$\Pr(H\geqslant 6n\geqslant 6\mathbf{E}[H])\leqslant 2^{-6n}$$

关于 H 的大概率界可以帮助我们得到 $T_1(P)$的界如下. 利用

$$\begin{aligned}\Pr(A)&=\Pr(A\mid B)\Pr(B)+\Pr(A\mid\overline{B})\Pr(\overline{B})\\&\leqslant\Pr(B)+\Pr(A\mid\overline{B})\end{aligned}$$

对一个给定的可能的数据包路径 P，我们有

$$\begin{aligned}\Pr(T_1(P)\geqslant 30n)&\leqslant\Pr(H\geqslant 6n)+\Pr(T_1(P)\geqslant 30n\mid H<6n)\\&\leqslant 2^{-6n}+\Pr(T_1(P)\geqslant 30n\mid H<6n)\end{aligned}$$

因此，如果证明了

$$\Pr(T_1(P)\geqslant 30n\mid H<6n)\leqslant 2^{-3n-1}$$

㊀ 这种方法过度估计了完成一个阶段的时间. 事实上，有一种确定性方法可以证明，在这样的设置下，数据包在路径上的延迟受到经过这条路径边的不同数据包的个数的限制，因此不是要限制在路径上传送的这些数据包的总数. 但依本书之意，我们愿意介绍概率证明.

那么便有

$$\Pr(T_1(P) \geq 30n) \leq 2^{-3n}$$

这足以证明我们的结论.

所以，我们需要得出条件概率 $\Pr(T_1(P) \geq 30n \mid H \leq 6n)$ 的界. 换言之，在可能使用 P 的边的活动数据包不多于 $6n$ 的条件下，需要通过 P 的边传送这些数据包总数的界.

首先我们观察到，如果一个数据包离开路径，在路由选择算法的这个阶段，它不可能返回那条路径. 实际上，假定活动数据包在 v_i，且移动到 $\omega \neq v_{i+1}$. 在 v_{i+1} 与 ω 中不相同的最小指标位在这个阶段的后期不可能固定，所以数据包的路由与路径 P 在这个阶段不可能再次相交.

现在假定在路径 P 上有一个在结点 v_i 处的活动数据包，这个数据包通过 e_i 的概率是多少？我们把数据包作为以其目的地的二进制表示的固定位，用每次独立随机地投掷一枚硬币给出其二进制表示. 在这种表示中，边 e_i 的结点只有一个位(譬如说，在第 j 位上)的差别. 所以，数据包通过边 e_i 的概率至多为 1/2，这是因为为了通过这条边，对第 j 位必须选择适当值. (事实上，概率可能小于 1/2；在选择第 j 位值之前，数据包可能经过其他的边).

为了得到我们的界，将算法中的每一点看作一个试验，其中在路径 P 上一个结点 v_i 处的活动数据包可能通过边 e_i. 如果数据包离开了路径，试验成功；如果数据包仍留在路径上，试验失败. 因为在一次成功的试验中，数据包离开了路径，如果存在至多 $6n$ 个活动数据包，那么至多可以有 $6n$ 次成功. 每次试验独立地、至少以 1/2 的概率成功. 试验次数本身是一个在关于 $T_1(P)$ 的界中用到的随机变量.

我们认为活动数据包通过 P 上的边多于 $30n$ 次的概率小于投掷一枚均匀硬币 $36n$ 次出现正面少于 $6n$ 次的概率. 为验证这一点，把每次试验当作投掷一枚硬币，出现正面相当于成功. 每次试验，硬币以适当的概率偏向于出现正面，但这个概率总是至少为 1/2，且对每次试验，硬币是独立的. 每次失败(反面)对应于活动数据包通过一条边，一旦有 $6n$ 次成功，我们便知道不会有更多的数据包离开可能通过的路径边. 用一枚均匀硬币代替一枚可能偏向于成功的硬币只能减少活动数据包通过 P 的边数多于 $30n$ 次的概率，由归纳法(关于有偏硬币个数)容易证明这一点.

设 Z 是在 $36n$ 次均匀硬币投掷中出现正面的次数，现在利用式(4.5)的切尔诺夫界来证明：

$$\Pr(T_1(P) \geq 30n \mid H \leq 6n) \leq \Pr(Z \leq 6n) \leq \mathrm{e}^{-18n(2/3)^2/2} = \mathrm{e}^{-4n} \leq 2^{-3n-1}$$

由此

$$\Pr(T_1(P) \geq 30n) \leq \Pr(H \geq 6n) + \Pr(T_1(P) \geq 30n \mid H \leq 6n) \leq 2^{-3n}$$

这正是我们所希望证明的. 因为在超立方体中至多存在 2^{2n} 个可能的数据包路径，所以存在任意满足 $T_1(P) \geq 30n$ 的可能的数据包路径的概率的界为

$$2^{2n}2^{-3n} = 2^{-n} = O(N^{-1})$$

这就完成了阶段Ⅰ的分析. 现在假定所有数据包完成了它们在阶段Ⅰ的传送，考虑阶段Ⅱ的执行. 此时，阶段Ⅱ可以看作倒回去再执行阶段Ⅰ：代替在一个已知起点开始到随机目的点的数据包，阶段Ⅱ的数据包是在随机起点开始到达已知目的点. 所以，在阶段Ⅱ以概率 $1-O(N^{-1})$ 没有数据包会多于 $30n$ 步.

事实上，我们可以去掉只在阶段Ⅰ完成后数据包才进入阶段Ⅱ的假定. 由前面的讨论

可以得出这样的结论：在阶段Ⅰ和阶段Ⅱ期间，通过任一数据包路径上边的数据包总数以 $1-O(N^{-1})$ 的概率不超过 $60n$. 因为一个数据包只有当另一数据包正在通过那条边时才被耽搁，由此可得：经 $60n$ 步后，每个数据包完成阶段Ⅰ和阶段Ⅱ的概率为 $1-O(N^{-1})$，而不管两个阶段是如何相互影响的，这就完成了定理 4.15 的证明. ■

注意，路由选择算法的运行时间优化直到一个常数因子，这是因为超立方体的直径是 n. 但是因为 $2nN$ 条有向边只用于传送 N 个数据包，因而网络没有被完全利用. 在任意已知时间，至多有边的 $1/2n$ 是实际使用的. 这个问题在下节讨论.

4.6.2 蝶形网络上排列的路由选择

这一节我们将使超立方体网络上排列的路由选择结果适合于蝶形网络上的路由选择，从而给出网络利用上的一个显著的改进. 特别地，本节的目的是以 $O(\log N)$ 并行时间步，对一个有 N 个结点及 $O(N)$ 条边的网络选择一个排列. 回忆超立方体网络有 N 个结点，但有 $\Omega(N\log N)$ 条边. 尽管在实质上与超立方体网络类似，对蝶形网络的论证还是存在某种另外的复杂性.

我们研究如下定义的缠绕蝶形网络.

定义 4.4 缠绕蝶形网络有 $N=n2^n$ 个结点. 这些结点排列成 n 列 2^n 行. 一个结点的地址是数对 (x, r)，其中 $1\leqslant x\leqslant 2^n$ 是结点的行数，$0\leqslant r\leqslant n-1$ 是结点的列数. 结点 (x, r) 连接到结点 (y, s)，当且仅当 $s=r+1$ 且下面两个条件之一成立：

1. $x=y$（“直接”边）；
2. 在二进制表示中，x 和 y 恰好只在第 s 位上不同（“翻转”边）.

参看图 4.2. 为看出缠绕蝶形网络和超立方体网络之间的关系，将缠绕蝶形网络每一行内的 n 个结点折叠成一个“超结点”，我们得到一个 n 维立方网络. 利用这个对应，容易验证存在唯一的长为 n 的有向路径将结点 (x, r) 与任一列中任意其他结点 (ω, r) 连接. 这条路径由位固定得到：首先固定 $r+1$ 到 n 的位，然后固定 1 到 r 的位. 参见算法 4.3，蝶形网络的随机化排列的路由选择算法由三个阶段组成，如算法 4.4 所示.

算法 4.3 缠绕蝶形网络的位固定路由选择算法

1. 设 (x, r) 和 (y, r) 分别表示数据包的起点和目的点.
2. 对 $i=0$ 到 $n-1$，计算
   (a) $j=((i+r) \bmod n)+1$；
   (b) 如果 $a_j=b_j$，则经过直接边到模 n 的 j 列；否则，经过翻转边到模 n 的 j 列.

算法 4.4 三阶段路由选择算法

对一个由结点 (x, r) 发送到结点 (y, s) 的数据包：

阶段 I：选择一个随机的 $\omega\in[1, \cdots, 2^n]$. 利用位固定路由选择算法，从结点 (x, r) 将数据包发送到结点 (ω, r).

阶段 II：利用直接边 (ω, s) 将数据包发送到结点.

阶段 III：利用位固定路由选择算法，将数据包从结点 (ω, s) 发送到结点 (y, s).

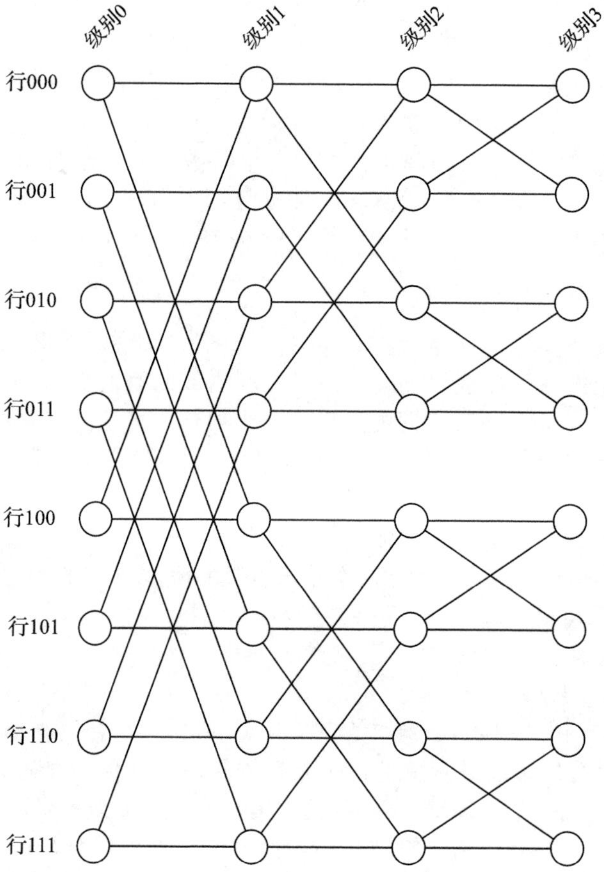

图 4.2 蝶形网络．在缠绕蝶形网络里，级别 3 和级别 0 折叠为 1 个级别

与超立方体网络的分析不同，这里的分析不可能简单地得出可能通过路径边的活动数据包个数的界．给定一个数据包的路径，当在蝶形网络上选择一个随机排列时，与这条路径有共享边的其他数据包的期望个数为 $\Omega(n^2)$，而不是 n 维立方体中的 $O(n)$．为得到 $O(n)$ 路由选择次数，我们需要更精确的分析技巧，即考虑数据包通过边的次序．

为此，我们需要考虑当有几个数据包等待使用边时队列使用的优先策略．这里会用到各种优先策略；我们假定有下面的规则．

1）数据包通过一条边的优先权是 $(i-1)n+t$，其中 i 是数据包的当前阶段，t 是数据包在此阶段已经通过的边数．

2）如果在任一步，有多于一个的数据包要通过一条边，则有最小优先权的数据包先传送．

定理 4.17 在有 $N=n2^n$ 个结点的缠绕蝶形网络上，给定任意排列的路由选择问题，算法 4.4 的三阶段路由选择方案以 $1-O(N^{-1})$ 的概率，用 $O(n)=O(\log N)$ 并行步，将所有数据包传送到它们的目的地．

证明 边队列中的优先规则保证处于某阶段的数据包不可能延迟较早阶段的数据包．

由此，在我们即将进行的分析中，可以分别考虑完成每个阶段的时间，然后将这些时间相加为完成三阶段路由选择方案的总时间的界.

我们从第二阶段开始考虑. 首先讨论以大的概率每一行在第二阶段至多通过 $4n$ 个数据包. 为此，设 X_w 表示在三阶段路由选择算法中选择中间行是 w 的数据包的个数，那么总是独立的 0-1 随机变量之和，每个数据包是一个 0-1 随机变量，且 $\boldsymbol{E}[X_w]=n$，因此可以直接利用式(4.1)的切尔诺夫界得到

$$\Pr(X_w \geqslant 4n) \leqslant \left(\frac{\mathrm{e}^3}{4^4}\right)^n \leqslant 3^{-2n}$$

存在 2^n 个可能行 w，由并的界，任一行有多于 $4n$ 个数据包的概率只有 $2^n \cdot 3^{-2n} = O(N^{-1})$.

现在我们证明，如果每一行至多有 $4n$ 个第二阶段的数据包，那么完成第二阶段至多需要 $5n$ 步. 结合前面的结论，这就意味着以概率 $1-O(N^{-1})$，第二阶段至多需要 $5n$ 步. 为此，注意在第二阶段，路由选择具有一个特殊的结构：每个数据包沿着它的行从一条边移向另一条边. 由于优先规则，每个数据包只能在它到达时，队列中已经有数据包等待的情况下才被延迟. 所以设置一个数据包 p 延迟的数据包个数的上界，我们就可以得到当 p 到达每个队列时，已在这个队列中的数据包的总数的界. 但在阶段Ⅱ，一个到达的数据包发现队列中其他数据包的个数不会随时间而增加，因为在每一步，队列都要发送一个数据包，而至多接收一个数据包. (一个值得考虑的特殊情况是，在阶段Ⅱ的某点，当队列成为空队列时的情况，这个队列在以后的某步可以收到其他数据包，但在这点以后到达的数据包在队列中找到的数据包个数永远为零.)因为在开始行至多总共有 $4n$ 个数据包，所以当 p 从一个队列移动到另一个队列时，它至多找到 $4n$ 个数据包会延迟它. 因为每个数据包在第二阶段至多移动 n 次，所以这一阶段的总时间至多为 $5n$ 步.

现在考虑其他阶段. 由于对称性，第一阶段与第三阶段仍是相同的，所以只考虑第一阶段，我们的分析将用到延迟序列. ■

定义 4.5　执行阶段Ⅰ的延迟序列是一个 n 条边 e_1，e_2，…，e_n 的序列，满足或者 $e_i = e_{i+1}$，或者 e_{i+1} 是由终点出发的边 e_i. 序列 e_1，e_2，…，e_n 具有进一步的性质，即 e_i 是在 e_{i+1} 和 e_{i+1} 的两条输入边中，以直到 i 的优先权输送数据包的最后边(之一).

延迟序列与完成阶段Ⅰ的时间之间的关系由下面的引理给出.

引理 4.18　对阶段Ⅰ的一个已知执行及延迟序列 e_1，e_2，…，e_n，设 t_i 是以优先权 i 通过边 e_i 发送的数据包个数，T_i 是边 e_i 优先权 i 发送所有数据包所需要的时间，因此 T_n 是阶段Ⅰ期间所有要经过 e_n 的数据包已经通过的最早时间. 那么

1. $T_n \leqslant \sum_{i=1}^{n} t_i$.

2. 如果阶段Ⅰ的执行需要 T 步，那么对这个执行，存在一个延迟序列满足 $\sum_{i=1}^{n} t_i > T$.

证明　由延迟序列的设计，在时刻 T_i，e_{i+1} 的队列已经持有优先权为 $i+1$ 的需要随后传送的所有数据包，而且在此时，已经完成了优先权直到 i 的所有数据包的传送，所以

$$T_{i+1} \leqslant T_i + t_{i+1}$$

因为 $T_1 = t_1$，我们有

$$T_n \leqslant T_{n-1} + t_n \leqslant T_{n-2} + t_{n-1} + t_n \leqslant \sum_{i=1}^{n} t_i$$

这就证明了引理的第一部分.

对第二部分，假定阶段Ⅰ需要 T 步，且设 e 是在时间 T 传送一个数据包的某条边. 我们可以如下构造一个满足 $e_n = e$ 的延迟序列，即选择 e_{n-1} 为从 e 及其两条最后输送的优先权为 $n-1$ 的数据包的输入边中的一条边，类似地选择 e_{n-2}，一直到 e_1. 由引理的第一部分，$\sum_{i=1}^{n} t_i \geqslant T$. ■

回到定理 4.17 的证明，现在我们证明一个 $T \geqslant 40n$ 的延迟序列的概率只有 $O(N^{-1})$. 对任意一个边的序列 e_1，e_2，…，e_n，满足 $e_i = e_{i+1}$ 或 e_{i+1} 是由 e_i 的终点出发的边，我们称这样一个序列为一个*可能的延迟序列*. 对一个给定的执行及一个可能的延迟序列，记 t_i 是通过 e_i 传送的优先权为 i 的数据包个数. 令 $T = \sum_{i=1}^{n} t_i$. 我们首先界定 $\mathbf{E}[T]$. 考虑边 $e_i = v \to v'$. 优先权为 i 的数据包通过这条边，仅当它们的源点与 v 的距离为 $i-1$. 恰好存在 2^{i-1} 个用一条长为 $i-1$ 的有向路径连接到 v 的结点. 因为在阶段Ⅰ，数据包传送到随机的目的点，每一个这样的结点发送一个经由边 e_i 的数据包的概率为 2^{-i}，从而给出

$$\mathbf{E}[t_i] = 2^{i-1}2^{-i} = \frac{1}{2} \quad 和 \quad \mathbf{E}[T] = \frac{n}{2}$$

现在利用延迟序列的动机清楚了，每个可能的延迟序列定义了一个随机变量 T，其中 $\mathbf{E}[T] = n/2$，所有延迟序列的最大的 T 是这一阶段运行时间的界. 所以我们需要关于 T 的界，它以足够大的概率对所有可能的延迟序列都成立. 用类似于定理 4.15 的证明中用过的理由，可以得到关于 T 的一个大概率的界. 我们首先界定传送的边被计入 T 的不同数据包的个数.

对 $j=1$，…，N，如果由结点 j 发送的数据包的任意一次传送计入 T 中，则 $H_j = 1$；否则，$H_j = 0$. 显然 $H = \sum_{j=1}^{H} H_j \leqslant T$ 且 $E[H] \leqslant E[T] = n/2$，其中 H_j 是独立随机变量. 所以由式(4.3)切尔诺夫界可得

$$\Pr(H \geqslant 5n) \leqslant 2^{-5n}$$

在事件 $H \leqslant 5n$ 的条件下，我们按与定理 4.15 的证明中同样的方法继续证明的界. 给定一个数据包 u，至少有一次传送计入我们考虑还有多少次 u 的传送是计入 T 的. 特别是如果 u 计入 t_i，则考虑它计入 t_{i+1} 的概率. 我们要区别如下两种情况.

1) 如果 $e_{i+1} = e_i$，那么 u 不计入 t_{i+1}，因为它的优先权为 $i+1$ 传送是在下一列. 类似地，它也不能计入任意 t_j 中，$j > i$.

2) 如果 $e_{i+1} \neq e_i$，那么继续通过 e_{i+1}(且计入 t_{i+1})的概率至多为 1/2. 如果它不继续通过 e_{i+1}，那么在这个阶段的任何进一步的传送中，它不能与延迟序列相交.

如定理 4.15 的证明那样，$T \geqslant 40n$ 的概率小于投掷一枚均匀硬币 40^n 次出现正面少于 $5n$ 次的概率. (记住在这种情况下，H 中每个数据包的第一次传送必定计入 T 中.)设 Z 是 $40n$ 次均匀硬币投掷中出现正面的次数，现在用式(4.5)的切尔诺夫界证明

$$\Pr(T \geqslant 40n \mid H \leqslant 5n) \leqslant \Pr(Z \leqslant 5n) \leqslant \mathrm{e}^{-20n(3/4)^2/2} \leqslant 2^{-5n}$$

我们得到

$$\Pr(T \geqslant 40n) \leqslant \Pr(T \geqslant 40n \mid H \leqslant 5n) + \Pr(H \geqslant 5n) \leqslant 2^{-5n+1}$$

存在不多于 $2N3^{n-1} \leqslant n\,2^n 3^n$ 个可能的延迟序列，因为一个序列可能始于网络的 $2N$ 条边的任一条，由定义 4.5，如果 e_i 是序列中的第 i 条边，那么 e_{i+1} 仅存在三种可能的假定. 所以，在阶段Ⅰ的执行中，存在一个 $T \geqslant 40n$ 的延迟序列的概率(利用联合的界)的上界为

$$n2^n 3^n 2^{-5n+1} \leqslant O(N^{-1})$$

因为阶段Ⅲ完全类似于阶段Ⅰ，且因为阶段Ⅱ以概率 $1-O(N^{-1})$ 也在 $O(n)$ 步内完成，我们得到三阶段路由选择算法以 $1-O(N^{-1})$ 的概率在 $O(n)$ 步内完成.

4.7　练习

4.1　Alice 和 Bob 经常下棋. Alice 棋艺更高，因此她赢得任何一次给定比赛的概率是 0.6，且输赢与其他所有的比赛独立. 他们决定进行一场由 n 次比赛组成的联赛，用切尔诺夫界给出 Alice 输掉这场联赛的概率的界.

4.2　我们有一粒标准的六面体骰子. 令 X 表示投掷 n 次骰子中出现 6 的次数. 令 p 是事件 $X \geqslant n/4$ 的概率. 对利用马尔可夫不等式、切比雪夫不等式以及切尔诺夫界可能得到的 p 的最好上界进行比较.

4.3　(a) 求二项随机变量 $B(n, p)$ 的矩母函数.

(b) 令 X 是一个 $B(n, p)$ 随机变量，Y 是一个 $B(m, p)$ 随机变量，其中 X 和 Y 是独立的. 利用(a)来确定 $X+Y$ 的矩母函数.

(c) 从函数 $X+Y$ 的矩母函数形式可以总结出什么？

4.4　通过一个直接计算确定抛掷一枚均匀硬币 100 次得到 55 次或者更多次正面的概率，并且把这个概率与切尔诺夫界进行比较. 对于抛掷 1000 次得到 550 次或者更多次正面做同样的分析.

4.5　我们计划进行一次民意测验以了解某团体内希望弹劾他们总统的人的百分比. 假设每一个人回答是或者不是，如果实际希望弹劾总统的人的比例是 p，我们想得到 p 的一个估计 X，使得对给定的 ε 和 δ，$0<\varepsilon$，$\delta<1$，有

$$\Pr(|X-p| \leqslant \varepsilon p) > 1-\delta$$

我们询问了从这个团体中独立地且均匀随机地选出的 N 个人，并得出了其中希望弹劾总统的比例. 为了使我们的结果是 p 的一个恰当的估计，N 应取多大？利用切尔诺夫界，并用 p、ε 及 δ 来表示 N. 如果 $\varepsilon=0.1$，$\delta=0.05$，并且如果知道 p 在 0.2 到 0.8 之间，用你的界计算 N 值.

4.6　(a) 在一次用纸票对两位候选人的选举中，每张选票会以概率 $p=0.02$ 被独立地登记错. 利用切尔诺夫界给出在一次有 1 000 000 张纸票的选举中，有多于 4% 的选票登记错了的概率上界.

(b) 如果登记错了的选票总作为另一位候选人的选票. 假定候选人 A 收到了 510 000 张选票，候选人 B 收到了 490 000 张选票. 利用切尔诺夫界给出候选人 B 由于登记错了的选票而赢得这次选举的概率的界. 特别地，设 X 是候选人 A 的登记错了的选票的张数，Y 是候选人 B 登记错了的选票的张数，对适当选择的 k 和 ℓ，给出 $\Pr((X>k) \cup (Y<\ell))$ 的界.

4.7　我们在本章始终不言而喻地默认切尔诺夫界的下列推广，证明这是正确的.

设 $X=\sum_{i=1}^{n} X_i$，其中 X_i 是独立的 0-1 随机变量，$\mu=\mathbf{E}[X]$. 选择任意满足 $\mu_L \leqslant \mu \leqslant \mu_H$ 的 μ_L 和 μ_H，那么，对任意 $\delta>0$，有

$$\Pr(X \geqslant (1+\delta)\mu_H) \leqslant \left(\frac{e^{\delta}}{(1+\delta)^{(1+\delta)}}\right)^{\mu_H}$$

类似地，对任意 $0<\delta<1$，有

$$\Pr(X \leqslant (1-\delta)\mu_L) \leqslant \left(\frac{e^{-\delta}}{(1-\delta)^{(1-\delta)}}\right)^{\mu_L}$$

4.8 我们说明如何构造$[1, n]$上的随机排列π，给定一个独立地且均匀随机地输出来自$[1, k]$中的数的黑盒子，其中$k \geqslant n$，计算一个函数：$f[1, n] \rightarrow [1, k]$对$i \neq j$，$f(i) \neq f(j)$，这样就产生了一个排列，按$f(i)$值的次序，简单地输出数$[1, n]$. 为构造这样一个函数$f$，对$j=1, \cdots, n$如下进行：重复地从黑盒子得到数，并令$f(j)$是第一个满足$i<j$时$f(j) \neq f(i)$的数，以此来选取$f(j)$.

证明这个方法给出了一个从所有排列中均匀随机选择的一个排列. 求$k=n$和$k=2n$时需要调用黑盒子的期望次数. 对$k=2n$的情况，证明每次调用黑盒子将$f(j)$值指派给某个j的概率至少为1/2. 基于此，利用切尔诺夫界给出调用黑盒子的次数至少为$4n$次的概率的界.

4.9 假定可以得到随机变量X的独立样本$X_1, X_2, \cdots$，还假定希望用这些样本估计$\mathbf{E}[X]$. 利用t个样本，用$\left(\sum_{i=1}^{t} X_i\right)/t$作为$\mathbf{E}[X]$的估计值. 我们希望至少以$1-\delta$的概率使估计值在来自真值的$\varepsilon\mathbf{E}[X]$的范围内. 如果$X$不是0-1随机变量，便不能利用切尔诺夫界直接界定我们的估计值有多好，而且也不知道它的矩母函数. 我们给出另一种只要求X的方差有界的方法，令$r=\sqrt{\mathbf{Var}[X]}/\mathbf{E}[X]$.

(a) 利用切比雪夫不等式，证明$O(r^2/\varepsilon^2\delta)$个样本足以解决问题.

(b) 假定只需要一个较弱的估计，即至少以3/4的概率使估计在$\mathbf{E}[X]$的$\varepsilon\mathbf{E}[X]$内. 证明对这个较弱的估计，$O(r^2/\varepsilon^2)$个样本就足够了.

(c) 证明：通过取$O(\log(1/\delta))$个弱估计的中位数，可以至少以$1-\delta$的概率得到一个在$\mathbf{E}[X]$的$\varepsilon\mathbf{E}[X]$内的估计值. 并推导出只需要$O((r^2\log(1/\delta))/\varepsilon^2)$个样本.

4.10 娱乐场正在测试一种新型的简单的吃角子老虎机. 每次游戏，投币人放入1美元，吃角子老虎机或以4/25的概率返给投币人3美元，或以1/200的概率返回100美元，或者以余下的概率什么也不返回. 假定每次游戏与其他次游戏独立. 这个娱乐场在测试中惊讶地发现，在前一百万次游戏中机器损失了10 000美元. 导出这个事件概率的切尔诺夫界. 在导出这一界时，可以用计算器或程序来帮助选择合适的值.

4.11 考虑从集合$\{0, 1, 2\}$中随机地选择的n个独立整数的集合$X_1, X_2, \cdots, X_n$. 记$X=\sum_{i=1}^{n} X_i$，并且$0<\delta<1$，推导出$\Pr(X \geqslant (1+\delta)n)$及$\Pr(X \leqslant (1-\delta)n)$的切尔诺夫界.

4.12 考虑n个均值为2的独立的几何分布随机变量集合$X_1, X_2, \cdots, X_n$. 令$X=\sum_{i=1}^{n} X_i$，且$\delta>0$.

(a) 将切尔诺夫界用于$(1+\delta)(2n)$次投掷均匀硬币序列，推导出$\Pr(X \geqslant (1+\delta)(2n))$的界.

(b) 利用几何随机变量的矩母函数，直接推出$\Pr(X \geqslant (1+\delta)(2n))$的切尔诺夫界.

(c) 哪一个界更好？

4.13 设$X_1, X_2, \cdots, X_n$是独立的泊松试验，满足$\Pr(X_i=1)=p$. 令$X=\sum_{i=1}^{n} X_i$，则有$\mathbf{E}[X]=pn$. 令

$$F(x, p) = x\ln(x/p) + (1-x)\ln((1-x)/(1-p))$$

(a) 对$1 \geqslant x > p$，证明

$$\Pr(X \geqslant xn) \leqslant e^{-nF(x,p)}$$

(b) 当$0<x, p<1$时，证明$F(x, p)-2(x-p)^2 \geqslant 0$（提示：对$F(x, p)-2(x-p)^2$关于x求二阶导数）.

(c) 利用(a)和(b)，证明

$$\Pr(X \geqslant (p+\varepsilon)n) \leqslant e^{-2n\varepsilon^2}$$

(d) 利用对称性证明

$$\Pr(X \leqslant (p-\varepsilon)n) \leqslant e^{-2n\varepsilon^2}$$

并推断出

$$\Pr(|X-pn| \geqslant \varepsilon n) \leqslant 2e^{-2n\varepsilon^2}$$

4.14 修改定理 4.4 的证明，给出泊松试验加权和的下列界. 设 X_1，X_2，…，X_n 是独立的泊松试验，$\Pr(X_i)=p_i$，并且 a_1，a_2，…，a_n 是[0，1]中的实数. 令 $X=\sum_{i=1}^{n} a_i X_i, \mu=\mathbf{E}[X]$. 那么下面的切尔诺夫界对任意 $\delta>0$ 成立.

$$\Pr(X \geqslant (1+\delta)\mu) \leqslant \left(\frac{e^{\delta}}{(1+\delta)(1+\delta)}\right)^{\mu}$$

证明：对任意 $0<\delta<1$，$X\leqslant(1-\delta)\mu$ 的概率有类似的界.

4.15 设 X_1，X_2，…，X_n 是独立的随机变量，满足

$$\Pr(X_i=1-p_i)=p_i \quad 和 \quad \Pr(X_i=-p_i)=1-p_i$$

令 $X=\sum_{i=1}^{n} X_i$，证明

$$\Pr(|X| \geqslant a) \leqslant 2e^{-2a^2/n}$$

提示：可能需要不等式

$$p_i e^{\lambda(1-p_i)}+(1-p_i)e^{-\lambda p_i} \leqslant e^{\lambda^2/8}$$

直接证明这个不等式是困难的.

4.16 设 X_1，X_2，…，X_n 是独立的泊松试验，$\Pr(X_i=1)=p_i$. 令 $X=\sum_{i=1}^{n} a_i X_i, \mu=\mathbf{E}[X]$. 利用练习 4.15 的结果证明：如果对于所有 $1\leqslant i\leqslant n$，都有 $|a_i|\leqslant 1$，那么对任意 $0<\delta<1$，有

$$\Pr(|X-\mu| \geqslant \delta\mu) \leqslant 2e^{-2\delta^2\mu^2/n}$$

4.17 假定有 n 项任务分配给 m 台处理器. 为简单起见，假定 m 整除 n. 一项任务以概率 p 一步完成，以概率 $1-p$ 需 $k>1$ 步完成. 如果我们为每台处理器随机地指派恰好 n/m 项任务，利用切尔诺夫界确定所有任务全部完成所需时间的上界和下界(以大的概率成立).

4.18 在许多无线电通信系统中，每台接收机某个特殊频率收听. 在时间 t 发出的位信号 $b(t)$ 分别是 1 或 −1，不幸的是，来自附近的其他通信噪声可能影响接收机信号. 这种噪声的简单模型如下：有 n 台其他发报机. 第 i 台的强度为 $p_i\leqslant 1$. 在任一时刻第 i 台发报机也要发送表示为 1 或 −1 的位信号 $b_i(t)$，接收机得到的信号 $s(t)$ 为

$$s(t)=b(t)+\sum_{i=1}^{n} p_i b_i(t)$$

如果 $S(t)$ 接近于 1 而不是 −1，接收机假定这个在 t 时刻发出的位信号是 1；否则，接收机假定它为 −1.

假定所有位信号 $b_i(t)$ 都可当作独立的随机变量. 给出切尔诺夫界以估计接收机在确定 $b(t)$ 时的出错概率.

4.19 一个函数 f 称为凸的，如果对任意 x_1，x_2，及 $0\leqslant\lambda\leqslant 1$，有

$$f(\lambda x_1+(1-\lambda)x_2) \leqslant \lambda f(x_1)+(1-\lambda)f(x_2)$$

(a) 设 Z 是在区间[0，1]中一个(有限)值集合上取值的随机变量，$p=\mathbf{E}[Z]$. 由 $\Pr(X=1)=p$ 和 $\Pr(X=0)=1-p$ 定义一个伯努利随机变量. 证明对任意的凸函数 f，$\mathbf{E}[f(Z)]\leqslant\mathbf{E}[f(X)]$.

(b) 利用对任意 $t\geqslant 0$，$f(x)=e^{tx}$ 是凸函数的事实，利用独立泊松试验的切尔诺夫界给出 n 个独立的分布为(a)中 Z 分布的随机变量和的切尔诺夫界.

4.20 证明定理 4.14.

4.21 我们证明，随机化快速排序算法以大的概率用 $O(n\log n)$ 次将一个 n 个数的集合排序. 考虑随机化

快速排序法的以下见解．算法中决定基准元素的每一点称为一个结点．假定在某个特殊结点排序的集合大小为 s．一个结点称为好的，如果基准元素将集合分成两部分，每一部分的大小不超过 $2s/3$；否则，称结点是坏的．可以认为这些结点形成一棵树，其中根结点拥有整个待排序的集合，子结点拥有第一个基准步后形成的两个集合，等等．

(a) 证明在这棵树上任一从根到叶的路径中，好结点的个数不会大于 $c\log_2 n$，其中 c 是某个正的常数．

(b) 证明：以大的概率(大于 $1-1/n^2$)，这棵树上一条给定的从根到叶的路径中，结点个数不大于 $c'\log_2 n$，其中 c' 是另一常数．

(c) 证明：以大的概率(大于 $1-1/n$)，从根到叶的最长的路径中，结点个数不大于 $c'\log_2 n$．(提示：在这棵树上有多少个结点?)

(d) 利用你的答案证明至少以 $1-1/n$ 的概率，快速排序法的运行时间是 $O(n\log n)$．

4.22　考虑在 n 维立方体上选择一个排列的位固定路由选择算法．假定 n 是偶数．将每个源结点 s 写作每个长为 $n/2$ 的两个二进制数字串 a_s 和 b_s 的串联．令 s 的数据包终点是 b_s 和 a_s 的串联．证明排列这个位固定路由选择算法需 $\Omega(\sqrt{N})$ 步．

4.23　为在 n 维立方体中选择一个排列，考虑位固定路由选择算法的以下修改．假定每个数据包选择一个随机次序(与其他数据包的选择无关)且以那个次序固定位，而不是按从 1 到 n 的次序固定位．证明存在一个排列，使得这个算法以大的概率只需要 $2^{\Omega(n)}$ 步．

4.24　假定我们用 n 维立方体网络的随机化路由选择算法(算法 4.2)传送总数直到 $p2^n$ 个数据包，其中每个结点是不多于 p 个数据包的源点，且每个结点是不多于 p 个数据包的终点．

(a) 以大的概率给出这个算法运行时间的界．

(b) 以大的概率给出在路由选择算法执行的任一步的任一结点处，数据包最大个数的界．

4.25　证明在 $N=n2^n$ 个结点的缠绕蝶形网络上选择一个随机排列时，经过一个给定数据包路径上的任一边的数据包的期望个数为 $\Omega(n^2)$．

4.26　在这个练习中，我们为以下的数据包路由选择问题设计一种随机化算法．给定一个网络，它是无向连通图 G，其中的结点表示处理器，结点之间的边表示导线．还给出了 N 个要传送的数据包的集合．我们为每个数据包给出一个源结点、一个终结点以及这个数据包从源点到它的终点会经过的精确路由(图中的路径)．(可以假定路径中没有圈．)在每一时间步，至多有一个数据包能通过一条边．任一时间步内，数据包在任一结点处可以等待，还假定在每一结点处不限制队列长．

数据包集合的程序表为每个数据包安排沿着它们各自的路由移动的时间，也就是在每个时间步中指定了哪一个数据包移动，哪一个数据包等待．我们的目的是制作一张数据包程序表，希望极小化传送所有数据包到达它们的终点所需要的总时间和最大的队列长．

(a) 扩张 d 是任一数据包经过的最大距离，拥塞 c 是在整个传送期间，一条边必须经过的数据包的最大个数．证明任一程序表要求的时间至少为 $\Omega(c+d)$．

(b) 考虑下面的无约束程序表，其中在单个时间步期间，可能有多个数据包经过一条边．为每个数据包指定一个 $[1,\lceil \alpha c/\log(Nd)\rceil]$ 上独立地、均匀随机选取的整数延迟，其中 α 是常数．一个被指派了延迟 x 的数据包在它的源结点等待 x 时间步；然后按照它的特殊路由不停顿地移动到其最终的目的点．给出在某个特殊的时间步 t 有多于 $O(\log(Nd))$ 个数据包通过任一边 e 的概率的上界．

(c) 仍用(b)中的无约束程序表，证明对充分大的 α，在任一时间步有多于 $O(\log(Nd))$ 个数据通过任一边的概率至多为 $1/(Nd)$．

(d) 利用无约束程序表导出一个简单的随机化算法，即以大的概率，利用长为 $O(\log(Nd))$ 的队列且服从每一时间步至多有一个数据包经过一条边的约束，制作一个长度为 $O(c+d\log(Nd))$ 的程序表．

第5章 球、箱子和随机图

这一章，我们关注最基本的随机过程之一：m 个球随机地投入 n 个箱子，投入一个箱子里的每个球是独立且均匀随机地选取的．我们用前面提出的方法来分析这一过程，并提出了一种新的以泊松近似为基础的方法，我们给出了这个模型的一些应用，包括赠券收集问题的更深入分析以及 Bloom 过滤器数据结构的分析．在介绍与随机图密切相关的模型后，我们证明在一个有充分多条边的随机图上寻找哈密顿圈的有效算法．尽管在一般情况下寻找哈密顿圈是 NP 难题，但对一个随机选取的图，我们的结果表明，以很大的概率在多项式时间内，这个问题是可解的．

5.1 例：生日悖论

参加一次讲座，注意到教室里有 30 人，是坐在教室里的某两人有相同的生日更可能呢？还是教室里没有两人会有相同的生日更可能呢？

假定每个人的生日是一年 365 天中随机的一天，每人都是独立地且均匀随机地选取的，在这个假定下，可以建立这个问题的模型．假定显然是简化的，例如，假定每个人的生日在一年内的任一天是等可能的，我们回避了闰年，也忽略了双胞胎的可能！但作为一个模型，这样的假定有容易理解和分析的优点．

计算这个概率的一个方法是直接对两个人不是同一生日的结构进行计数．考虑每个人有各不相同的生日的结构比考虑某两个人不是同一生日的结构更容易，需要从 365 天中选取 30 天；有 $\binom{365}{30}$ 种情况，可以用 30！种可能次序中的任何一种将这 30 天指派给这些人．所以在 365^{30} 种可能出现的生日中，存在 $\binom{365}{30}30!$ 种结构，使没有两人具有相同的生日．因此概率是

$$\frac{\binom{365}{30}30!}{365^{30}} \tag{5.1}$$

也可以用每次考虑一个人的方法来计算这个概率．教室中的第一个人有一个生日，第二个人有不同生日的概率是$(1-1/365)$．在已知前两人有不同生日的情况下，教室里第三个人与前面两位有不同生日的概率为$(1-2/365)$．继续下去，在假定前 $k-1$ 人有不同生日的条件下，教室里面的第 k 人与前面 $k-1$ 人有不同生日的概率为$((1-(k-1)/365)$．所以 30 个人全都有不同生日的概率是这些项的乘积，或

$$\left(1-\frac{1}{365}\right)\cdot\left(1-\frac{2}{365}\right)\cdot\left(1-\frac{3}{365}\right)\cdots\left(1-\frac{29}{365}\right)$$

可以验证，它和式(5.1)是完全一样的．

计算表明(到四个小数位)这个乘积是 0.2937，所以当 30 人在教室中时，有多于 70% 的机会两个人有相同的生日. 类似的计算说明，教室里只需有 23 人，有两人有相同生日就比没有两人有相同生日的可能性大.

更一般地，如果有 m 个人，有 n 个可能的生日，那么所有 m 人有不同生日的概率为

$$\left(1-\frac{1}{n}\right)\cdot\left(1-\frac{2}{n}\right)\cdot\left(1-\frac{3}{n}\right)\cdots\left(1-\frac{m-1}{n}\right)=\prod_{j=1}^{m-1}\left(1-\frac{j}{n}\right)$$

当 k 与 n 相比较小时，有 $1-k/n\approx e^{-k/n}$，如果 m 相对于 n 较小，可以得到

$$\prod_{j=1}^{m-1}\left(1-\frac{j}{n}\right)\approx\prod_{j=1}^{m-1}e^{-j/n}=\exp\left\{-\sum_{j=1}^{m-1}\frac{j}{n}\right\}=e^{-m(m-1)/2n}\approx e^{-m^2/2n}$$

因此，能使所有 m 人有不同生日的概率为 1/2 的 m 值，近似地由等式

$$\frac{m^2}{2n}=\ln 2$$

给出，或者 $m=\sqrt{2n\ln 2}$. 对 $n=365$ 的情况，这个近似到两位小数的近似值为 $m=22.49$，与精确计算有相当好的一致性.

不用刚导出的近似式，而是考虑练习 5.3 中的方法，可以给出更紧的、更正式的界. 以下简单的说明虽然只给出了宽松的界，但它有很好的直观性. 我们每次考虑一个人，令 E_k 表示第 k 人生日与前面 $k-1$ 人中的每一个人的生日都不相同的事件. 那么前 k 人不会有不同生日的概率为

$$\Pr(\overline{E}_1\cup\overline{E}_2\cup\cdots\cup\overline{E}_k)\leqslant\sum_{i=1}^{k}\Pr(\overline{E}_i)\leqslant\sum_{i=1}^{k}\frac{i-1}{n}=\frac{k(k-1)}{2n}$$

如果 $k\leqslant\sqrt{n}$，这个概率小于 1/2，所以对 $\lfloor\sqrt{n}\rfloor$ 个人，所有生日都不相同的概率至少为 1/2.

现在假定前 $\lceil\sqrt{n}\rceil$ 人都有不同的生日，以后的每个人与前 $\lceil\sqrt{n}\rceil$ 人之一有相同生日的概率至少为 $\sqrt{n}/n=1/\sqrt{n}$. 因此后 $\lceil\sqrt{n}\rceil$ 人与前 $\lceil\sqrt{n}\rceil$ 人有不同生日的概率至多为

$$\left(1-\frac{1}{\sqrt{n}}\right)^{\lceil\sqrt{n}\rceil}<\frac{1}{e}<\frac{1}{2}$$

因此，只要有 $2\lceil\sqrt{n}\rceil$ 人，所有生日全不相同的概率便至多为 1/e.

5.2　球放进箱子

5.2.1　球和箱子模型

生日悖论是一个常用球和箱子来模拟的更一般数学框架的一个例子. 我们有 m 个球，要放入 n 个箱子中，每个球的位置是从 n 种可能中独立地且均匀随机地选取的. 箱子中球的分布看起来像是什么？在生日悖论中出现的问题为是否存在有两个球的箱子.

关于这个随机过程，我们可以提出一些有意义的问题. 例如，多少个箱子是空的？在最满的箱子中有多少个球？其中的许多问题在算法的设计与分析中得到了应用.

我们对生日悖论的分析表明，如果将 m 个球随机地放入 n 个箱子，那么对某个 $m=\Omega(\sqrt{n})$，至少有一个箱子中可能会有多于一个的球. 另一个有意义的问题是关心一个箱子里球的最大个数，或最大负荷. 考虑 $m=n$，即球的个数等于箱子数，且平均负荷为 1 的情

况．当然，最大的可能负荷为 n，但所有 n 个球落到同一箱子的可能性是非常小的．我们寻找随着 n 增大，以趋于 1 的概率成立的一个上界．通过直接计算并利用并的界可以证明：对充分大的 n，至多以 $1/n$ 的概率，最大负荷不大于 $3\ln n/\ln\ln n$．这是一个非常宽松的界，虽然实际上最大负荷以接近于 1 的概率(如以后我们所证明的那样)为 $\Omega(\ln n/\ln\ln n)$，这里我们选用常数因子 3 是为了简化证明，如果比较计较，该因子还可减小．

引理 5.1　将 n 个球独立地且均匀随机地放入 n 个箱子里，对充分大的 n，最大负荷大于 $3\ln n/\ln\ln n$ 的概率至多为 $1/n$．

证明　箱子 1 至少得到 M 个球的概率至多为

$$\binom{n}{M}\left(\frac{1}{n}\right)^M$$

由并的界知：存在 M 个球的 $\binom{n}{M}$ 个不同集合，对任一 M 个球的集合，全都落入箱子 1 的概率为 $(1/n)^M$．现在，我们利用不等式

$$\binom{n}{M}\left(\frac{1}{n}\right)^M \leqslant \frac{1}{M!} \leqslant \left(\frac{\mathrm{e}}{M}\right)^M$$

其中第二个不等式是下面的关于阶乘的更一般界的一个推论：因为

$$\frac{k^k}{k!} < \sum_{i=0}^{\infty}\frac{k^i}{i!} = \mathrm{e}^k$$

我们有

$$k! > \left(\frac{k}{\mathrm{e}}\right)^k$$

再次由并的界，对 $M \geqslant 3\ln n/\ln\ln n$，可得对充分大的 n，任一箱子至少得到 M 个球的概率有上界

$$n\left(\frac{\mathrm{e}}{M}\right)^M \leqslant n\left(\frac{\mathrm{e}\ln\ln n}{3\ln n}\right)^{3\ln n/\ln\ln n} \leqslant n\left(\frac{\ln\ln n}{\ln n}\right)^{3\ln n/\ln\ln n} = \mathrm{e}^{\ln n}\left(\mathrm{e}^{\ln\ln\ln n-\ln\ln n}\right)^{3\ln n/\ln\ln n}$$

$$= \mathrm{e}^{-2\ln n+3(\ln n)(\ln\ln\ln n)/\ln\ln n} \leqslant \frac{1}{n}$$

■

5.2.2　应用：桶排序

桶排序是排序算法的一个例子．在对输入的一定假定下，它突破了标准的比较排序法的下界 $\Omega(n\log n)$．例如，假定有一个 $n=2^m$ 个元素的集合需要排序，每个元素是从$[0, 2^k)$$(k\geqslant m)$范围内独立地且均匀随机地选取的一个整数．利用桶排序，我们可以在期望时间 $O(n)$内排好这些数，这里的期望是关于随机输入的选取来计算的，因为桶排序是一种完全确定的算法．

桶排序分两个阶段：第一阶段，将元素放入 n 个桶中，第 j 桶存放所有前 m 个二进制数字对应于数 j 的元素．例如，如果 $n=2^{10}$，那么第 3 桶应含有所有前 10 个二进制数字为 0000000011 的元素．当 $j<\ell$ 时，在这个排序中所有第 j 桶元素应在第 ℓ 桶元素之前．假定每个元素经 $O(1)$时间就可以放入适当的桶内，这一阶段只要求 $O(n)$时间．因为假定待排序的元素是均匀选取的，所以放入某个特定桶中的元素个数服从二项分布 $B(n, 1/n)$．可以用链表实现桶排序．

第二阶段，利用任一标准的二次时间算法(例如冒泡排序法或插入排序法)对每个桶排序. 依次连接每个桶的排序表，就给出了元素的排序. 剩下的问题是证明在第二阶段所用的期望时间只是 $O(n)$.

这个结果依赖于有关输入分布的假定. 在均匀分布下，桶排序自然属于球和箱子模型：元素是球，桶是箱子，每个球均匀随机地落入一个箱子.

设 X_j 是落入第 j 桶的元素个数，那么对第 j 桶排序的时间至多为 $c(X_j)^2$，其中 c 是某个常数. 用在第二阶段排序的期望时间至多为

$$\mathbf{E}\left[\sum_{j=1}^{n} c(X_j)^2\right] = c\sum_{j=1}^{n}\mathbf{E}[X_j^2] = cn\mathbf{E}[X_1^2]$$

其中第一个等式成立是由于期望的线性性，第二个等式是由于对称性，因为对所有桶，$\mathbf{E}[X_j^2]$是相同的.

因为 X_1 是一个二项随机变量 $B(n, 1/n)$，由 3.2.1 节的结果得到

$$\mathbf{E}[X_1^2] = \frac{n(n-1)}{n^2} + 1 = 2 - \frac{1}{n} < 2$$

因此用在第二阶段的总的期望时间至多为 $2cn$，所以桶排序法需要以期望的线性时间运行.

5.3 泊松分布

现在我们考虑有 m 个球 n 个箱子的球和箱子模型中，一个给定箱子是空的概率以及空箱子的期望个数. 为了第 1 个箱子是空的，必定是所有 m 个球都没有落入. 因为每个球以 $1/n$ 的概率落入第 1 个箱子，所以第 1 个箱子一直是空的概率为

$$\left(1-\frac{1}{n}\right)^m \approx \mathrm{e}^{-m/n}$$

当然，由对称性，这个概率对所有箱子是一样的. 如果 X_i 是一个随机变量，当第 i 个箱子是空时，它是 1；否则，它是 0，那么 $\mathbf{E}[X_i]=(1-1/n)^m$. 设 X 是表示空箱子个数的随机变量，那么由期望的线性性，有

$$\mathbf{E}[X] = \mathbf{E}\left[\sum_{i=1}^{n} X_i\right] = \sum_{i=1}^{n}\mathbf{E}[X_i] = n\left(1-\frac{1}{n}\right)^m \approx n\mathrm{e}^{-m/n}$$

所以，空箱子的期望比例近似为 $\mathrm{e}^{-m/n}$. 即使对中等大小的 m 和 n，这个近似值也是非常好的，我们将在本章内经常用到它.

可以推广前面的证明来求有 r 个球的箱子的期望比例，其中 r 是任意常数. 一个给定箱子有 r 个球的概率为

$$\binom{m}{r}\left(\frac{1}{n}\right)^r\left(1-\frac{1}{n}\right)^{m-r} = \frac{1}{r!}\frac{m(m-1)\cdots(m-r+1)}{n^r}\left(1-\frac{1}{n}\right)^{m-r}$$

当 m 和 n 相对于 r 比较大时，右边的第二个因子近似为 $(m/n)^r$，第三个因子近似为 $\mathrm{e}^{-m/n}$. 因此一个给定的箱子有 r 个球的概率 p_r 近似为

$$p_r \approx \frac{\mathrm{e}^{-m/n}(m/n)^r}{r!} \tag{5.2}$$

并且恰有 r 个球的箱子的期望个数近似为 np_r. 我们将在 5.3.1 节中用公式表示这个关系.

前面的计算自然让我们考虑下面的分布.

定义 5.1　一个参数为 μ 的离散泊松随机变量 X 是取值为 $j=0$，1，2，…，且概率分布满足下列条件：

$$\Pr(X=j)=\frac{\mathrm{e}^{-\mu}\mu^{j}}{j!}$$

(注意泊松随机变量与在 4.2.1 节讨论的泊松试验不是同一概念.

我们验证概率之和为 1，从而说明定义给出了一个恰当的分布.

$$\sum_{j=0}^{\infty}\Pr(X=j)=\sum_{j=0}^{\infty}\frac{\mathrm{e}^{-\mu}\mu^{j}}{j!}=\mathrm{e}^{-\mu}\sum_{j=0}^{\infty}\frac{\mu^{j}}{j!}=1$$

其中用到了泰勒展开式 $\mathrm{e}^{x}=\sum_{j=0}^{\infty}(x^{j}/j!)$.

下面证明这个随机变量的期望为 μ

$$\boldsymbol{E}[X]=\sum_{j=0}^{\infty}j\Pr(X=j)=\sum_{j=1}^{\infty}j\frac{\mathrm{e}^{-\mu}\mu^{j}}{j!}=\mu\sum_{j=1}^{\infty}\frac{\mathrm{e}^{-\mu}\mu^{j-1}}{(j-1)!}=\mu\sum_{j=0}^{\infty}\frac{\mathrm{e}^{-\mu}\mu^{j}}{j!}=\mu$$

在将 m 个球放入 n 个箱子的问题中，一个箱子内球的个数的分布近似地是 $\mu=m/n$ 的泊松分布，如人们可以预料的那样，$\mu=m/n$ 恰是每个箱子中球的平均个数.

泊松分布的一个重要性质由下面的引理给出.

引理 5.2　有限个独立泊松随机变量的和仍是泊松随机变量.

证明　考虑两个均值为 μ_1 和 μ_2 的独立泊松随机变量 X 和 Y(更多随机变量的情形只需用归纳法简单处理)，现在

$$\begin{aligned}\Pr(X+Y=j)&=\sum_{k=0}^{j}\Pr((X=k)\cap(Y=j-k))=\sum_{k=0}^{j}\frac{\mathrm{e}^{-\mu_1}\mu_1^{k}}{k!}\frac{\mathrm{e}^{-\mu_2}\mu_2^{(j-k)}}{(j-k)!}\\&=\frac{\mathrm{e}^{-(\mu_1+\mu_2)}}{j!}\sum_{k=0}^{j}\frac{j!}{k!(j-k)!}\mu_1^{k}\mu_2^{(j-k)}=\frac{\mathrm{e}^{-(\mu_1+\mu_2)}}{j!}\sum_{k=0}^{j}\binom{j}{k}\mu_1^{k}\mu_2^{(j-k)}\\&=\frac{\mathrm{e}^{-(\mu_1+\mu_2)}(\mu_1+\mu_2)^{j}}{j!}\end{aligned}$$

在最后一个等式中用二项式定理简化了和式. ■

我们也可用矩母函数来证明引理 5.2.

引理 5.3　参数为 μ 的泊松随机变量的矩母函数是

$$M_x(t)=\mathrm{e}^{\mu(\mathrm{e}^{t}-1)}$$

证明　对任意的 t，有

$$\boldsymbol{E}[\mathrm{e}^{tX}]=\sum_{k=0}^{\infty}\frac{\mathrm{e}^{-\mu}\mu^{k}}{k!}\mathrm{e}^{tk}=\mathrm{e}^{\mu(\mathrm{e}^{t}-1)}\sum_{k=0}^{\infty}\frac{\mathrm{e}^{-\mu\mathrm{e}^{t}}(\mu\mathrm{e}^{t})^{k}}{k!}=\mathrm{e}^{\mu(\mathrm{e}^{t}-1)}$$ ■

已知两个均值为 μ_1 和 μ_2 的独立泊松随机变量 X 和 Y，我们用定理 4.3 证明

$$M_{X+Y}(t)=M_X(t)\cdot M_Y(t)=\mathrm{e}^{(\mu_1+\mu_2)(\mathrm{e}^{t}-1)}$$

这是均值为 $\mu_1+\mu_2$ 的泊松随机变量的矩母函数. 由定理 4.2 知：矩母函数唯一确定分布，因此和 $X+Y$ 是均值为 $\mu_1+\mu_2$ 的泊松随机变量.

我们也能用泊松分布的矩母函数去证明：$E[X^2]=\lambda(\lambda+1)$ 及 $\mathbf{Var}[X]=\lambda$(见练习 5.5).

下面我们给出泊松随机变量的切尔诺夫界，在本章稍后将要用到它.

定理 5.4　设 X 是参数为 μ 的泊松随机变量.

1. 如果 $x>\mu$，有

$$\Pr(X \geqslant x) \leqslant \frac{\mathrm{e}^{-\mu}(\mathrm{e}\mu)^{x}}{x^{x}}$$

2. 如果 $x<\mu$，有

$$\Pr(X \leqslant x) - \frac{\mathrm{e}^{-\mu}(\mathrm{e}\mu)^{x}}{x^{x}}$$

3. 对 $\delta>0$，有

$$\Pr(X \geqslant (1+\delta)\mu) \leqslant \left(\frac{\mathrm{e}^{\delta}}{(1+\delta)^{(1+\delta)}}\right)^{\mu}$$

4. 对 $0<\delta<1$，有

$$\Pr(X \leqslant (1-\delta)\mu) \leqslant \left(\frac{\mathrm{e}^{\delta}}{(1-\delta)^{(1-\delta)}}\right)^{\mu}$$

证明　对任意的 $t>0$，$x>\mu$，有

$$\Pr(X \geqslant x) = \Pr(\mathrm{e}^{tX} \geqslant \mathrm{e}^{tx}) \leqslant \frac{\boldsymbol{E}[\mathrm{e}^{tX}]}{\mathrm{e}^{tx}}$$

代入泊松分布矩母函数的表达式，我们有

$$\Pr(X \geqslant x) \leqslant \mathrm{e}^{\mu(\mathrm{e}^{t}-1)-xt}$$

选取 $t=\ln(x/\mu)>0$，得到

$$\Pr(X \geqslant x) \leqslant \mathrm{e}^{x-\mu-x\ln(x/\mu)} = \frac{\mathrm{e}^{-\mu}(\mathrm{e}\mu)^{x}}{x^{x}}$$

对任意的 $t<0$，$x<\mu$，有

$$\Pr(X \leqslant x) = \Pr(\mathrm{e}^{tX} \geqslant \mathrm{e}^{tx}) \leqslant \frac{\boldsymbol{E}[\mathrm{e}^{tX}]}{\mathrm{e}^{tx}}$$

因此

$$\Pr(X \leqslant x) \leqslant \mathrm{e}^{\mu(\mathrm{e}^{t}-1)-xt}$$

选取 $t=\ln(x/\mu)<0$，得到

$$\Pr(X \leqslant x) \leqslant \mathrm{e}^{x-\mu-x\ln(x/\mu)} = \frac{\mathrm{e}^{-\mu}(e\mu)^{x}}{x^{x}}$$

第 3 部分和第 4 部分的界的变换形式可以直接从第 1 部分与第 2 部分得到.　■

二项分布的极限

我们已经证明，将 m 个球随机地放入 n 个箱子中，一个箱子有 r 个球的概率 p_r，近似地为均值是 m/n 的泊松分布. 一般地，当 n 比较大而 p 比较小时，泊松分布是参数为 n 和 p 的二项分布的极限分布. 更确切地，我们有下面的极限结果.

定理 5.5　设 X_n 是参数为 n 和 p 的二项随机变量，其中 p 是 n 的函数，且 $\lim\limits_{n\to\infty} np=\lambda$ 是一个与 n 无关的常数. 那么，对任意固定的 k，有

$$\lim_{n\to\infty}\Pr(X_n = k) = \frac{\mathrm{e}^{-\lambda}\lambda^{k}}{k!}$$

将这个定理直接用于球和箱子模型. 考虑有 m 个球和 n 个箱子的情况，其中 m 是 n 的函

数，并且 $\lim\limits_{m\to\infty} m/n=\lambda$. 设 X_m 是某个指定箱子内球的个数，那么 X_m 是参数为 m 和 $1/n$ 的二项随机变量. 应用定理 5.5 表明

$$\lim_{m\to\infty}\Pr(X_m = r) = \frac{e^{-m/n}\,(m/n)^r}{r!}$$

这与式(5.2)的近似是一致的.

在证明定理 5.5 之前，先介绍它的某些应用. 这种类型的分布是常常出现的，且通常用泊松分布作为模型. 例如，考虑一本书(包括本书)内拼写或语法错误的个数. 一个这种错误的模型是每个单词以某个非常小的概率 p 出现一个错误，所以错误个数是一个有很大 n 和很小 p 的二项随机变量，因而可以作为泊松随机变量来处理. 另一个例子，考虑一块巧克力馅小甜饼中巧克力碎片的个数，一个可能的模型是将小甜饼分成大量互相分开的小块，每一小片巧克力以某个概率 p 落入小块甜饼中. 用这个模型，在一块甜饼中的巧克力片数大致服从泊松分布. 我们将在第 8 章看到在连续情况下泊松分布的类似应用.

定理 5.5 的证明　可以记

$$\Pr(X_n = k) = \binom{n}{k} p^k (1-p)^{n-k}$$

下面，对 $|x|\leqslant 1$，利用

$$e^x(1-x^2) \leqslant 1+x \leqslant e^x \tag{5.3}$$

这由 e^x 的泰勒级数展开可得(留作练习 5.7)，所以

$$\Pr(X_n = k) \leqslant \frac{n^k}{k!}p^k\frac{(1-p)^n}{(1-p)^k} \leqslant \frac{(np)^k}{k!}\frac{e^{-pn}}{1-pk} = \frac{e^{-pn}(np)^k}{k!}\frac{1}{1-pk}$$

由式(5.3)的前一部分及 $k\geqslant 0$ 时，$(1-p)^k\geqslant 1-pk$ 的事实，可知第二行成立. 并且

$$\begin{aligned}\Pr(X_n = k) &\geqslant \frac{(n-k+1)^k}{k!}p^k(1-p)^n \geqslant \frac{((n-k+1)p)^k}{k!}e^{-pn}(1-p^2)^n \\ &\geqslant \frac{e^{-pn}((n-k+1)p)^k}{k!}(1-p^2 n)\end{aligned}$$

在第二个不等式中，我们用到了式(5.3)，其中 $x=-p$.

综上所述，我们有

$$\frac{e^{-pn}(np)^k}{k!}\frac{1}{1-pk} \geqslant \Pr(X_n = k) \geqslant \frac{e^{-pn}((n-k+1)p)^k}{k!}(1-p^2 n)$$

在 n 趋于无穷的极限中，由于 pn 的极限值是常数 λ，所以 p 趋于零. 因此 $1/(1-pk)$ 趋于 1，$1-p^2 n$ 趋于 1，且 $(n-k+1)p$ 与 np 之间的差趋于 0. 因此

$$\lim_{n\to\infty}\frac{e^{-pn}(np)^k}{k!}\frac{1}{1-pk} = \frac{e^{-\lambda}\lambda^k}{k!}$$

并且

$$\lim_{n\to\infty}\frac{e^{-pn}((n-k+1)p)^k}{k!}(1-p^2 n) = \frac{e^{-\lambda}\lambda^k}{k!}$$

因为 $\lim\limits_{n\to\infty}\Pr(X_n=k)$ 在这两个值之间，故定理成立. ■

5.4　泊松近似

分析球和箱子问题的主要困难在于处理这个系统中自然产生的相关性. 例如，如果将

m 个球放入 n 个箱子里，且发现箱子 1 是空的，那么箱子 2 是空的就有较小的可能，因为我们知道现在 m 个球必须分布在 $n-1$ 个箱子中．更具体地：如果知道前 $n-1$ 个箱子中球的个数，那么最后一个箱子中球的个数是完全确定的．各个箱子的负荷不独立，而分析独立的随机变量一般要容易得多，因为我们可以运用切尔诺夫界．因此防止出规相关性排序的一般方法是有用的．

我们已经证明，将 m 个球独立地且均匀随机地放入 n 个箱子后，在某个给定箱子里球的个数的分布近似地为均值是 m/n 的泊松分布．我们也愿意说，在假定每个箱子的负荷是独立的均值为 m/n 的泊松随机变量时，所有箱子里球的个数的联合分布有一个很好的近似．这就允许将箱子的负荷作为独立的随机变量．这里证明当我们关心充分稀有的事件时可以这样做．特别地，我们将在推论 5.9 中证明，当将 m 个球放入 n 个箱子时，对所有的箱子用泊松近似作为一个事件的概率，并与 $\mathrm{e}\sqrt{m}$ 相乘给出了事件概率的一个上界．对稀有事件，这个额外的因子 $\mathrm{e}\sqrt{m}$ 并不重要．为了得到这个结果，现在我们介绍某些专门的方法．

假定将 m 个球独立地且均匀随机地放入 n 个箱子中，$X_i^{(m)}$ 是第 i 个箱子内球的个数，$1\leqslant i\leqslant n$．$Y_1^{(m)}$，…，$Y_n^{(m)}$ 是均值为 m/n 的独立泊松随机变量．我们导出这两个随机变量集合之间一种有用的关系．在进行了更详细的分析后，常常能得到特定问题更紧的界，但这种方法相当一般，且易于应用．

随机地放入 m 个球与为每个箱子指定一个按均值为 m/n 泊松分布的球数，二者之间存在不同，在第一种情况下，我们知道一共有 m 个球，但在第二种情况下，我们只知道 m 是在所有箱子中球的期望个数．但假定在用泊松分布时以 m 个球结束．此时的分布实际上与将 m 个球随机地放入 n 个箱子内是相同的．

定理 5.6　*无论 m 取什么值，在条件 $\sum_i Y_i^{(m)}=k$ 下 $(Y_1^{(m)},\cdots,Y_n^{(m)})$ 的分布与 $(X_1^{(k)},\cdots,X_n^{(k)})$ 的分布相同．*

证明　将 k 个球放入 n 个箱子，对任意满足 $\sum_i k_i=k$ 的 k_1，…，k_n，$(X_1^{(k)},\cdots,X_n^{(k)})=(k_1,\cdots,k_n)$ 的概率为

$$\frac{\binom{k}{k_1;k_2;\cdots;k_n}}{n^k}=\frac{k!}{(k_1!)(k_2!)\cdots(k_n!)n^k}$$

现在，对满足 $\sum_i k_i=k$ 的 k_1，…，k_n，在满足对 $(Y_1^{(m)},\cdots,Y_n^{(m)})$ 有 $\sum_i Y_i^{(m)}=k$ 的条件下考虑

$$(Y_1^{(m)},\cdots,Y_n^{(m)})=(k_1,\cdots,k_n)$$

的概率

$$\begin{aligned}&\Pr\Big((Y_1^{(m)},\cdots,Y_n^{(m)})=(k_1,\cdots,k_n)\mid\sum_{i=1}^n Y_i^{(m)}=k\Big)\\&=\frac{\Pr((Y_1^{(m)}=k_1)\cap(Y_1^{(m)}=k_2)\cap\cdots\cap(Y_n^{(m)}=k_n))}{\Pr\Big(\sum_{i=1}^n Y_i^{(m)}=k\Big)}\end{aligned}$$

$Y_i^{(m)}=k_i$ 的概率是 $e^{-m/n}(m/n)^{k_i}/k_i!$，这是因为 $Y_i^{(m)}$ 是均值为 m/n 的独立泊松随机变量. 由引理 5.2，$Y_i^{(m)}$ 的和本身也是泊松随机变量，其均值为 m. 因此

$$\frac{\Pr((Y_1^{(m)}=k_1)\cap(Y_1^{(m)}=k_2)\cap\cdots\cap(Y_n^{(m)}=k_n))}{\Pr\left(\sum_{i=1}^{n}Y_i^{(m)}=k\right)}$$

$$=\frac{\prod_{i=1}^{n}e^{-m/n}(m/n)^{k_i}/k_i!}{e^{-m}m^k/k!}=\frac{k!}{(k_1!)(k_2!)\cdots(k_n!)n^k}$$

这样便证明了定理. ■

由于两个分布之间的这个关系，我们可以证明关于箱子负荷任一函数的更强结论.

定理 5.7　设 $f(x_1, \cdots, x_n)$是一非负函数. 那么

$$\boldsymbol{E}[f(X_1^{(m)},\cdots,X_n^{(m)})]\leqslant e\sqrt{m}\boldsymbol{E}[f(Y_1^{(m)},\cdots,Y_n^{(m)})] \tag{5.4}$$

证明　我们有

$$\begin{aligned}\boldsymbol{E}[f(Y_1^{(m)},\cdots,Y_n^{(m)})]&=\sum_{k=0}^{\infty}\boldsymbol{E}\left[f(Y_1^{(m)},\cdots,Y_n^{(m)})\mid\sum_{i=1}^{n}Y_i^{(m)}=k\right]\Pr\left(\sum_{i=1}^{n}Y_i^{(m)}=k\right)\\&\geqslant\boldsymbol{E}[f(Y_1^{(m)},\cdots,Y_n^{(m)})\mid\sum_{i=1}^{n}Y_i^{(m)}=m]\Pr\left(\sum_{i=1}^{n}Y_i^{(m)}=m\right)\\&=\boldsymbol{E}[f(X_1^{(m)},\cdots,X_n^{(m)})]\Pr(\sum Y_i^{(m)}=m)\end{aligned}$$

其中最后一个等号成立是如定理 5.6 所证明的，在给定 $\sum_{i=1}^{n}Y_i^{(m)}=m$ 时，$Y_i^{(m)}$ 的联合分布恰好是 $X_i^{(m)}$ 的联合分布，因为 $\sum_{i=1}^{n}Y_i^{(m)}$ 是均值为 m 的泊松分布，现在我们有

$$\boldsymbol{E}[f(Y_1^{(m)},\cdots,Y_n^{(m)})]\geqslant\boldsymbol{E}[f(X_1^{(m)},\cdots,X_n^{(m)})]\frac{m^m e^{-m}}{m!}$$

我们利用如引理 5.8 所证明的下列关于 $m!$ 的宽松的界：

$$m!<e\sqrt{m}\left(\frac{m}{e}\right)^m$$

这样就有

$$\boldsymbol{E}[f(Y_1^{(m)},\cdots,Y_n^{(m)})]\geqslant\boldsymbol{E}[f(X_1^{(m)},\cdots,X_n^{(m)})]\frac{1}{e\sqrt{m}}$$

于是定理得证. ■

下面证明所用阶乘的上界，它与引理 5.1 的证明中所用到的宽松下界有非常密切的配合.

引理 5.8

$$n!\leqslant e\sqrt{n}\left(\frac{n}{e}\right)^n \tag{5.5}$$

证明　我们利用下列事实

$$\ln(n!)=\sum_{i=1}^{n}\ln i$$

首先注意到，对 $i \geqslant 2$

$$\int_{i-1}^{i} \ln x \mathrm{d}x \geqslant \frac{\ln(i-1)+\ln i}{2}$$

这是由于 $\ln x$ 的二阶导数为 $-1/x^2$，它总是负的，因此它是凹函数. 所以

$$\int_{1}^{n} \ln x \mathrm{d}x \geqslant \sum_{i=1}^{n} \ln i - \frac{\ln n}{2}$$

或等价地

$$n \ln n - n + 1 \geqslant \ln(n!) - \frac{\ln n}{2}$$

现在两边取指数，即得所要的结论. ■

定理 5.7 对箱子中球的个数的任意非负函数都成立. 特别地，如果函数是示性函数(即如果某个事件出现，函数取为 1；否则，取为 0)，那么定理就给出了事件概率的界. 我们称箱子中球的个数是均值为 m/n 的独立泊松随机变量的场合为*泊松情况*，而称 m 个球独立地且均匀随机地放入 n 个箱子的场合为*精确情况*.

推论 5.9 *在泊松情况下发生的概率为 p 的任一事件，在精确情况下发生的概率至多为 $p\mathrm{e}\sqrt{m}$.*

证明 设 f 是事件的示性函数. 此时，$\boldsymbol{E}[f]$恰好是事件发生的概率，故由定理 5.7 立即可知结论成立. ■

这是一个相当强的结论，它表明在泊松情况下以小概率发生的事在精确情况下也以小概率发生，这里的事件是球放入箱子. 因为在算法分析中，我们常常希望说明某个事件以小概率发生，这个结果表明可以用一个对泊松近似的分析来得到精确情况的界. 由于每个箱子中球的个数是独立随机变量，因此泊松近似容易分析. ⊖

在许多自然情况下，我们实际上可以做得稍微好一点. 下面定理的证明留作练习 5.14 和练习 5.15.

定理 5.10 *设 $f(x_1, \cdots, x_n)$是一非负函数，使得 $\boldsymbol{E}[f(X_1^{(m)}, \cdots, X_n^{(m)})]$关于 m 单调递增或者单调递减. 那么*

$$\boldsymbol{E}[f(X_1^{(m)},\cdots,X_n^{(m)})] \leqslant 2\boldsymbol{E}[f(Y_1^{(m)},\cdots,Y_n^{(m)})] \tag{5.6}$$

直接可以得到下面的推论.

推论 5.11 *设 ε 是这样一个事件，它的概率是球个数的单调递增或者单调递减函数. 如果在泊松情况下，ε 有概率 p，那么在精确情况下，ε 的概率至多为 $2p$.*

为了说明这个推论的用处，再次考虑情况 $m=n$ 的最大负荷问题. 通过并的界已经证明了以大的概率最大负荷至多为 $3 \ln n/\ln \ln n$. 用泊松近似，我们证明关于最大负荷有几乎完全一样的下界.

引理 5.12 *当 n 个球独立地且均匀随机地放入 n 个箱子时，对充分大的 n，最大负荷至少以 $1-1/n$ 的概率至少为 $\ln n/\ln \ln n$.*

证明 在泊松情况下，箱子 1 至少有负荷 $M=\ln n/\ln \ln n$ 的概率至少为 $1/\mathrm{e}M!$，这是

⊖ 存在其他方法处理球和箱子模型中的相关性. 我们在第 13 章给出适用于这里的更一般的处理相关件的方法(利用鞅). 还存在用于球和箱子问题的负相关理论，它也能将相关性处理得很好.

恰有负荷 M 的概率. 在泊松情况下，所有箱子是独立的，所以，没有箱子负荷至少为 M 的概率至多为

$$\left(1-\frac{1}{eM!}\right)^n \leqslant e^{-n/(eM!)}$$

现在需要选择 M，使得 $e^{-n/(eM!)} \leqslant n^{-2}$，对此(由定理 5.7)我们有精确情况下最大负荷不是至少为 M 的概率至多是 $e\sqrt{n}/n^2 < 1/n$. 这就证明了引理. 因为最大负荷显然是关于球个数的单调递增函数，我们还可以利用稍微更好的定理 5.10，但本质上不影响证明.

所以只需证明 $M! \leqslant n/2e \ln n$，或等价地，$\ln M! \leqslant \ln n - \ln\ln n - \ln(2e)$. 由式(5.5)的界，当 n(因此 $M = \ln n/\ln\ln n$)适当大时，

$$M! \leqslant e\sqrt{M}\left(\frac{M}{e}\right)^M \leqslant M\left(\frac{M}{e}\right)^M$$

从而得到

$$\ln M! \leqslant M\ln M - M + \ln M = \frac{\ln n}{\ln\ln n}(\ln\ln n - \ln\ln\ln n) - \frac{\ln n}{\ln\ln n} + (\ln\ln n - \ln\ln\ln n)$$
$$\leqslant \ln n - \frac{\ln n}{\ln\ln n} \leqslant \ln n - \ln\ln n - \ln(2e)$$

在最后两个不等式中，我们用到了 $\ln\ln n = o(\ln n/\ln\ln n)$. ■

*例：赠券收集问题再讨论

在 2.4.1 节介绍的赠券收集问题可以看作一个球和箱子问题. 回忆一下，在这个问题中有 n 种不同类型的赠券，每盒麦片有一张从这 n 种类型中独立地且均匀随机地选取的赠券，你需要购买麦片，直到收集齐每种赠券的一张. 如果把赠券当作箱子，麦片盒当作球，问题成为：如果球是独立地且均匀随机地放入箱子中的，直到所有箱子里都至少有一个球，那么需要多少个球? 我们在 2.4.1 节已经证明，需要的期望麦片盒数为 $nH(n) \approx n\ln n$；在 3.3.1 节，我们证明了如果有 $n\ln n + cn$ 盒麦片，那么所有赠券还没有都收集齐的概率至多为 e^{-c}. 可以用这些结果直接去解释球和箱子问题. 在每个箱子中至少有一个球之前所需要投入球的期望数为 $nH(n)$，当投放了 $n\ln n + cn$ 个球时，所有箱子里还不能都至少有一个球的概率为 e^{-c}.

我们在第 4 章中已经看到，切尔诺夫界给出了独立的 0-1 随机变量之和聚集的结果. 这里利用泊松分布的切尔诺夫界得到赠券收集问题的更强的结论.

推论 5.13 设 X 是得到 n 种赠券的每一种之前观测到的赠券数，那么，对任意常数 c，

$$\lim_{n\to\infty}\Pr[X > n\ln n + cn] = 1 - e^{-e^{-c}}$$

这个定理说明，对大的 n，所要求的赠券数非常接近于 $n\ln n$. 例如，超过 98%的时间要求的赠券数在 $n\ln n - 4n$ 与 $n\ln n + 4n$ 之间. 这是一个苛刻的阈值的例子，其中随机变量紧密地集中在其均值的周围.

证明 将这个问题作为球和箱子问题来考虑. 我们从考虑泊松近似开始，然后说明泊松近似给出极限意义上的正确答案. 对于泊松近似，假定每个箱子中球的个数是均值为 $\ln n + c$ 的泊松随机变量，所以球的总数的期望是 $m = n\ln n + cn$. 那么某个指定箱子是空

的概率为

$$e^{-(\ln n+c)}=\frac{e^{-c}}{n}$$

因为在泊松近似中，所有箱子是独立的，所以没有箱子是空的概率为

$$\left(1-\frac{e^{-c}}{n}\right)^n\approx e^{-e^{-c}}$$

当 n 变得很大时，在极限意义下，最后一个近似是合适的，所以在这里用它.

为证明泊松近似是精确的，我们着手以下步骤. 考虑这样的试验，每个箱子内有泊松个数个球，均值为 $\ln n+c$. 设 ε 表示没有箱子是空的事件，X 是放入的球数. 我们已经知道

$$\lim_{n\to\infty}\Pr(\varepsilon)=e^{-e^{-c}}$$

将 $\Pr(\varepsilon)$作如下分解：

$$\begin{aligned}\Pr(\varepsilon)&=\Pr(\varepsilon\cap(|X-m|\leqslant\sqrt{2m\ln m}))+\Pr(\varepsilon\cap(X-m|>\sqrt{2m\ln m}))\\&=\Pr(\varepsilon\,||X-m|\leqslant\sqrt{2m\ln m})\cdot\Pr(|X-m|\leqslant\sqrt{2m\ln m})\\&\quad+\Pr(\varepsilon\,||X-m|>\sqrt{2m\ln m})\cdot\Pr(|X-m|>\sqrt{2m\ln m})\end{aligned}\tag{5.7}$$

只要确认两个事实，则这个表达式表明是有用的. 首先证明 $\Pr(|X-m|>\sqrt{2m\ln m})$是 $o(1)$，即泊松情况下，放入的球数明显地偏离其均值 m 的概率是 $o(1)$. 这就保证式(5.7)右边和式中的第二项是 $o(1)$. 其次，证明

$$|\Pr(\varepsilon\,||X-m|\leqslant\sqrt{2m\ln m})-\Pr(\varepsilon\,|X=m)|=o(1)$$

即在恰有 m 个球的实验与只是几乎有 m 个球的实验之间的差别，使得每个箱子有球的概率之差可以渐近地忽略. 由于这两个事实，式(5.7)成为

$$\begin{aligned}\Pr(\varepsilon)&=\Pr(\varepsilon\,||X-m|\leqslant\sqrt{2m\ln m})\cdot\Pr(|X-m|\leqslant\sqrt{2m\ln m})\\&\quad+\Pr(\varepsilon\,||X-m|>\sqrt{2m\ln m})\cdot\Pr(|X-m|>\sqrt{2m\ln m})\\&=\Pr(\varepsilon\,||X-m|-\sqrt{2m\ln m})\cdot(1-o(1))+o(1)\\&=\Pr(\varepsilon\,|X=m)(1-o(1))+o(1)\end{aligned}$$

因此

$$\lim_{n\to\infty}\Pr(\varepsilon)=\lim_{n\to\infty}\Pr(\varepsilon\,|X=m)$$

但由定理 5.6，右边的量等于随机放入 m 个球时每个箱子里至少有一个球的概率，这是因为在泊松近似中，总数为 m 个球的条件等价于将 m 个球随机地放入 n 个箱子中. 所以只要证明了这两个事实，定理就成立.

为了证明 $\Pr(|X-m|>\sqrt{2m\ln m})$是 $o(1)$，考虑 X 是均值为 m 的泊松随机变量，这是因为它是独立泊松随机变量之和. 我们利用泊松分布的切尔诺夫界(定理 5.4)来界定这个概率，将这个界记为

$$\Pr(X\geqslant x)\leqslant e^{x-m-x\ln(x/m)}$$

对 $x=m+\sqrt{2m\ln m}$，利用当 $z\geqslant 0$ 时，$\ln(1+z)\geqslant z-z^2/2$ 来证明

$$\begin{aligned}\Pr(X>m+\sqrt{2m\ln m})&\leqslant e^{\sqrt{2m\ln m}-(m+\sqrt{2m\ln m})\ln(1+\sqrt{2\ln m/m})}\\&\leqslant e^{\sqrt{2m\ln m}-(m+\sqrt{2m\ln m})(\sqrt{2\ln m/m}-\ln m/m)}=e^{-\ln m+\sqrt{2m\ln m}(\ln m/m)}=o(1)\end{aligned}$$

如果 $x<m$，也有类似的证明．所以 $\Pr(|X-m|>\sqrt{2m\ln m})=o(1)$．

现在证明第二个事实，即

$$\Pr(\varepsilon \mid |X-m| \leqslant \sqrt{2m\ln m})-\Pr(\varepsilon \mid X=m) \mid =o(1)$$

注意 $\Pr(\varepsilon \mid X=k)$ 关于 k 是递增的，因为这个概率相应于 k 个球独立地且均匀随机地放入时所有箱子不空的概率．放入的球越多，所有箱子越可能不空．由此

$$\Pr(\varepsilon \mid X=m-\sqrt{2m\ln m}) \leqslant \Pr(\varepsilon \mid |X-m| \leqslant \sqrt{2m\ln m}) \leqslant \Pr(\varepsilon \mid X=m+\sqrt{2m\ln m})$$

因此我们得到界

$$\begin{aligned}&|\Pr(\varepsilon \mid |X-m| \leqslant \sqrt{2m\ln m})-\Pr(\varepsilon \mid X=m)| \\ &\qquad \leqslant \Pr(\varepsilon \mid X=m+\sqrt{2m\ln m})-\Pr(\varepsilon \mid X=m-\sqrt{2m\ln m})\end{aligned}$$

即证明了右边为 $o(1)$．在放入 $m-\sqrt{2m\ln m}$ 个球与放入 $m+\sqrt{2m\ln m}$ 个球时，所有箱子都至少有一个球的概率之间是不同的．这个差别等价于下面实验的概率：我们放入 $m-\sqrt{2m\ln m}$ 个球时，仍至少有一个空箱子，但再放入另外 $2\sqrt{2m\ln m}$ 个球后，所有箱子都非空了．为了使这个事件发生，在放入 $m-\sqrt{2m\ln m}$ 个球以后，必须至少有一个空箱子；在后面的 $2\sqrt{2m\ln m}$ 个球中，由并的界，有一个球放入这个箱子的概率至多为 $(2\sqrt{2m\ln m})/n=o(1)$ 球．因此这个差别也是 $o(1)$． ■

5.5 应用：散列法

5.5.1 链散列

球和箱子模型对散列法建模也是有用的．例如，考虑口令检验程序的应用，它通过保存一个不能接受的口令字典来阻止人们使用那些常用的、容易破译的口令．当用户试图建立一个口令时，程序将会核查请求的口令是否为不能接受集合的部分．口令检验程序的一个可能的途径是依字母顺序存储不能接受的口令，并对字典进行二元搜索，以检查推荐的口令是否是不能接受的．对 m 个单词，二元搜索要求 $\Theta(\log m)$ 时间．

另一种可能是将单词放入接收器中，然后搜索被单词占用的接收器．在一个接收器里，单词用一个链表来表示．用**散列函数**完成单词在接收器中的放置，从全域 U 到值域 $[0, n-1]$ 的散列函数 f 可以看成将全域中的项目放入 n 个接收器里的一种方法．这里全域 U 由可能的口令串组成．接收器集合称为**散列表**．因为放入同一接收器里的项目是用一个链表连接在一起的，所以这种散列方法称为**链散列**．

利用散列表将字典问题转换成球和箱子问题．如果不能接受的口令字典由 m 个单词组成，散列函数的值域为 $[0, n-1]$，那么可以用与 m 个球随机地放置于 n 个箱子同样的分布作为接收器中单词分布的模型．还要作一个更强的假定：用散列函数将单词以随机形式映射到接收器中，使得每个单词的位置是独立同分布的．在设计体现随机性的散列函数背后有大量的理论，我们不在此探究这些理论．散列函数是随机函数的假定简化了问题的模型，换言之，假定：(a)对每个 $x\in U$，$f(x)=j$ 的概率为 $1/n$，(对 $0\leqslant j\leqslant n-1$)；(b)对每个 x，$f(x)$ 的值是相互独立的．注意，这并不意味着 $f(x)$ 的每次求值给出不同的随机答案．$f(x)$ 的值始终是固定的，它只是以同样的可能性取值域中的任一值．

考虑有 n 个接收器和 m 个单词时的搜索时间. 为了搜索一个项目，我们首先将它散列以找到它所在的接收器，然后通过链表顺序地寻找. 如果搜索一个不在字典中的单词，那么在这个同散列到的接收器中，词的期望个数为 m/n. 如果搜索的词在字典中，那么在这个词的接收器中，其他词的期望个数为$(m-1)/n$，所以接收器中词的期望个数为 $1+(m-1)/n$. 如果为散列表选取 $n=m$ 个接收器，那么我们在一个接收器中必须搜索的词的期望个数是一个常数. 如果散列需要常数时间，那么搜索的总期望时间是常数.

但是搜索一个词的最大时间与接收器中词的最大个数成比例. 我们已经证明 $n=m$ 时，这个最大负荷以接近于 1 的概率为 $\Theta(\ln n/\ln \ln n)$. 因此以大的概率，这就是在这样一个散列表中的最大搜索时间. 虽然这比标准二元搜索所要求的时间少，但比平均时间慢了许多，这可能成为许多应用的障碍.

链散列的另一个缺点是浪费空间. 如果对 n 个项目用 n 个接收器，某些接收器将会是空的，潜在地导致浪费空间. 浪费的空间可以抵消使每个接收器平均单词个数大于 1 的搜索时间.

5.5.2　散列：二进制数字串

如果想节省空间而不是节省时间，可以通过另外一种方法运用散列. 仍考虑保存不合适的口令的字典问题. 假定口令限制为 8 个 ASCII 字符，它要求 64 个二进制数字(8 字节)来表示. 假设用散列函数将每个单词映射为一个 32 个二进制数字的串. 这个串将作为单词的简短指纹，就像指纹是识别人的简洁方法一样，指纹串是识别单词的简洁方法. 我们将指纹保存在一个排序表中. 为了检查提议的口令是否为不能接受的，我们计算它的指纹，并在此排序表上寻找它，譬如用二元搜索⊖，如果指纹在排序表上，则判定该口令为不能接受的.

这种情况下，我们的口令检验程序可能没有给出正确答案！下面的情况是可能发生的. 对输入了一个可接受口令的用户，因为他的指纹与不可接受口令的指纹匹配，只能被拒绝. 因此存在某种散列产生取伪的机会：将并不是真实的匹配错误地宣称是匹配. 问题在于——与人类具有的指纹不一样——我们的指纹并不唯一地识别关联的词. 这只是此类算法可能犯的一种错误类型，不允许在不能接受口令的字典中的口令. 在口令应用中，允许取伪意味着我们的算法过于保守，这也许是可以接受的. 但设置容易被破译的口令也许是不能接受的.

将问题放在更一般的范围中，我们将它描述为一个近似的集合元素资格问题. 假定有一个来向大的全域 U 的 m 个元素的集合 $S=\{s_1, s_2, \cdots, s_m\}$，我们愿意将元素用这样一种方法表示，使得能很快回答"x 是 S 的元素吗?"形式的问题，也愿意使用占用尽可能小的空间的表示 S. 为了节省空间，我们愿意允许取伪的偶然错误. 这里不允许的口令对应于集合 S.

用于生成指纹的散列函数的值域应多大？特别地，如果使用二进制数字，为了生成一个指纹需要多少个二进制数字？显然，我们希望选取的二进制数字个数对取伪匹配能够给

⊖ 此时指纹均匀分布在所有 32 个二进制数字的串上. 对这个分布的随机数集合，存在较快的搜索算法，如在待排序的元素来自均匀分布时，桶排序法比标准的比较排序法更快，但此处我们不关心这一点.

出一个可接受的概率．一个可接受的口令与 S 中任一特定的不可容许口令具有不同指纹的概率是 $(1-1/2^b)$．由此，如果集合 S 的大小为 m，且如果用 b 个二进制数字表示指纹，那么对一个可接受的口令，取伪的概率是 $1-(1-1/2^b)^m \geqslant 1-\mathrm{e}^{-m/2^b}$．如果希望这个取伪的概率小于常数 c，即要求

$$\mathrm{e}^{-m/2^b} \geqslant 1-c$$

上式蕴涵

$$b \geqslant \log_2 \frac{m}{\ln(1/(1-c))}$$

即我们需要 $b=\Omega(\log_2 m)$ 个二进制数字．另一方面，如果用 $b=2\log_2 m$ 个二进制数字，那么取伪的概率下降到

$$1-\left(1-\frac{1}{m^2}\right)^m < \frac{1}{m}$$

在我们的例子中，如果字典有 $2^{16}=65\ 536$ 个词，在用 32 个二进制数字时，散列给出取伪的概率恰好小于 1/65 536.

5.5.3 Bloom 过滤器

我们可以推广 5.5.1 节及 5.5.2 节的散列思想，以取得所需空间与取伪之间更有意义的权衡．称得到的近似集合成员问题的数据结构为一个 Bloom 过滤器．

Bloom 过滤器由一个 n 个二进制数字的数组组成，从 $A[0]$ 到 $A[n-1]$，开始时全都设置为 0．一个 Bloom 过滤器利用 k 个值域为 $\{0, \cdots, n-1\}$ 的独立的随机散列函数 h_1，h_2，…，h_k，为便于分析，我们作通常的假定：这些散列函数将全域中的每个元素都映射为值域 $\{0, \cdots, n-1\}$ 上的均匀随机数．假定用一个 Bloom 过滤器来表示一个来自大全域 U 的 m 个元素的集合 $S=\{s_1, s_2, \cdots, s_m\}$．对每个元素 $s\in S$，二进制数字 $A[h_i(s)]$ 设置为 1，其中 $1\leqslant i\leqslant k$，一个二进制数字的位置可以多次设置为 1，但只有第一次改变有作用．为了检查一个元素 x 是否在 S 中，我们检查所有数组位置 $A[h_i(x)]$ 是否设置为 1，其中 $1\leqslant i\leqslant k$．如果不是，那么 x 显然不是 S 的成员，因为如果 x 在 S 中，那么由构造法，所有位置 $A[h_i(x)]$ $(1\leqslant i\leqslant k)$ 都应设置为 1．如果所有 $A[h_i(x)]$ 都设置为 1，我们就假定 x 在 S 中，虽然这可能是错误的．如果 x 不在 S 中，但所有位置 $A[h_i(x)]$ 都被 S 的元素设置为 1，就会出错．因此 Bloom 过滤器可能产生取伪．图 5.1展示了一个例子．

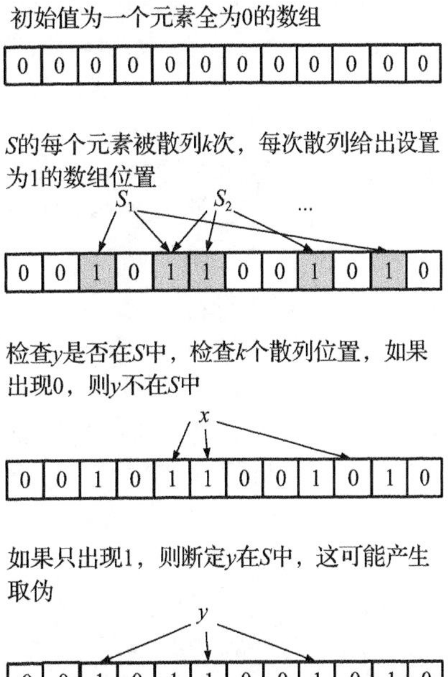
初始值为一个元素全为0的数组
0 0 0 0 0 0 0 0 0 0 0 0
S的每个元素被散列k次，每次散列给出设置为1的数组位置
S1
S2
0 0 1 0 1 1 0 0 1 0 1 0
检查y是否在S中，检查k个散列位置，如果出现0，则y不在S中
x
0 0 1 0 1 1 0 0 1 0 1 0
如果只出现1，则断定y在S中，这可能产生取伪
y
0 0 1 0 1 1 0 0 1 0 1 0
图 5.1　如何构造 Bloom 过滤器函数的例子

一个不在集合中的元素的取伪概率在散列函数是随机的假定下可以直接计算．在 S 中所有元素都散列为 Bloom 过滤器后，某一个二进制数字

仍然是 0 的概率为

$$\left(1-\frac{1}{n}\right)^{km} \approx \mathrm{e}^{-km/n}$$

记 $p=\mathrm{e}^{-km/n}$. 为简化分析，我们暂且假定将 S 的所有元素都散列为 Bloom 过滤器后，二进制数字仍然为 0 的比例是 p.

那么取伪概率为

$$\left(1-\left(1-\frac{1}{n}\right)^{km}\right)^{k} \approx (1-\mathrm{e}^{-km/n})^{k} = (1-p)^{k}$$

记 $f=(1-\mathrm{e}^{-km/n})^{k}=(1-p)^{k}$. 从现在起，为方便起见，我们用渐近近似的 p 和 f(分别)表示在 Bloom 过滤器中二进制数字是 0 的概率和取伪的概率.

假定已知 m 和 n，希望优化散列函数的个数 k，从而极小化取伪的概率 f 存在两种对抗的力量：利用较多的散列函数可以给我们较多的机会，对一个不是 S 成员的元素找到二进制数字 0；但利用较少的散列函数能增加数组中二进制数字 0 的比例. 最优的散列函数个数是作为 k 的函数，这用求导数的方法容易得到. 记 $g=k\ln(1-\mathrm{e}^{-km/n})$，从而 $f=\mathrm{e}^{g}$，而极小化取伪的概率 f 等价于关于 k 极小化 g. 我们得到

$$\frac{\mathrm{d}g}{\mathrm{d}k} = \ln(1-\mathrm{e}^{-km/n}) + \frac{km}{n}\frac{\mathrm{e}^{-km/n}}{1-\mathrm{e}^{-km/n}}$$

容易验证，当 $k=(\ln 2)\cdot(n/m)$时，导数为零，且这是全局最小点. 此时取伪的概率 f 为$(1/2)^{k}\approx(0.6185)^{n/m}$. 取伪概率的指数为 n/m，即每个项目所用的二进制数字的个数. 当然，实际上 k 必须是整数，所以 k 的最好可能选择会导致一个稍高的取伪比例.

Bloom 过滤器类似于一个散列表，但其中没有存储集合中的项目，而是简单地用一个二进制数字来记录一个项目是否散列到那个位置. 如果 $k=1$，则恰有一个散列函数，而 Bloom 过滤器等价于基于散列的指纹系统，其中指纹表存储在一个 0-1 二进制数字数组中，所以可把 Bloom 过滤器看成基于散列的指纹这一思想的推广. 正如我们已经看到的，在用指纹时，为了得到取伪的小的不变概率，每个项目要求 $\Omega(\log m)$个指纹二进制数字. 在许多实际应用中，每个项目要求 $\Omega(\log m)$个二进制数字可能太多了. 在保持 n/m，即每个项目要求的存储二进制数字个数为常数时，Bloom 过滤器允许不变的取伪概率. 对许多应用，小空间的要求使可接受的错误具有不变的概率. 例如，在口令应用中，我可能愿意接受 1%或 2%的取伪比例.

即使对小的常数 c，比如 $c=8$，有 $n=cm$，Bloom 过滤器也是高效的. 在这种情况下，当 $k=5$ 或 $k=6$ 时，取伪只比 0.02 多一点. 与将每个元素散列到 $\Theta(\log m)$个二进制数字的方法相比，Bloom 过滤器明显地要求较少的二进制数字而仍能达到非常好的取伪概率.

构造另一种最优化方法也是有意义的. 考虑取伪的概率 f 作为 p 的函数. 我们得到

$$f = (1-p)^{k} = (1-p)^{(-\ln p)(n/m)} = (\mathrm{e}^{-\ln(p)\ln(1-p)})^{n/m} \tag{5.8}$$

由这个表达式的对称性，容易验证 $p=1/2$ 极小化取伪概率 f. 因此当 Bloom 过滤器的每个二进制数字以 1/2 概率为 0 时，达到最优结果. 一个优化的 Bloom 过滤器看起来有点像一个随机的二进制数字串.

最后，再次考虑我们的假定，即 S 的所有元素都散列为 Bloom 过滤器后，仍然为 0 的二进制数字的比例是 p. 将数组中的每一个二进制数字当作一个箱子，散列一个项目好像

投入一个球，所以 S 中所有元素都散列后，仍然为 0 的元素的比例等价于将个球投到 n 个箱子后空箱子的比例. 令 X 表示 mk 个球时空箱子的个数，这种箱子的期望比例为

$$p' = \left(1 - \frac{1}{n}\right)^{km}$$

不同箱子为空的事件并不独立，但可以由推论 5.9 以及式(4.6)的切尔诺夫界得到

$$\Pr(|X - np'| \geqslant \varepsilon n) \leqslant 2e\sqrt{n}e^{-n\varepsilon^2/3p'}$$

事实上，也可用推论 5.11，因为 0 元素的个数——对应于空箱子的个数——关于放入的球数是单调递减的. 这个界告诉我们空箱子的比例接近于 p'(当 n 适当大时)，而 p' 非常接近于 p. 所以对于实际性能的预测，在 Bloom 过滤器中 0 元素的比例为 p 的假定已经是相当精确了.

5.5.4 放弃对称性

作为散列的最后应用，我们考虑散列如何给出放弃对称性的简单方法. 假定有 n 个用户希望共用一种资源，比如超级计算机的时间，他们必须依次使用资源，每次一人. 当然，每个用户都希望尽可能安排得早一点. 我们如何能很快地、公平地确定一个用户的排列？

如果每个用户都有一个识别名或识别码，散列就能提供一种可能解. 将每个用户的标识符散列为 2^b 个二进制数字，然后利用所得数字的排序顺序给出一种排列，也就是散列后的标识符给出最小的数的那个用户先用，等等. 用这种方法，我们不希望两个用户被散列为相同的值，因为那样的话必须再次决定如何对这些用户排序.

如果 b 充分大，那么以大的概率，用户将得到全不相同的散列值. 利用 5.1 节关于生日悖论的分析，可以分析两个散列值冲突的概率；散列值对应于生日. 这里我们用一致界来做一个类似分析. 有 $\binom{n}{2}$ 对用户，一对特殊用户有相同散列值的概率是 $1/2^b$. 因此任意一对用户有相同散列值的概率最多为

$$1 - \left(1 - \frac{1}{2^b}\right)^{n-1} \leqslant \frac{n-1}{2^b}$$

选取 $b = 3\log_2 n$ 可以至少以 $1 - 1/n$ 的概率保证成功.

这个解是极具适应性的，它对分布式计算的许多场合都有用. 例如，新用户可以方便地在任何时刻加入这个时间表中，只要他们不散列为与时间表中其他用户相同的数字.

一个相关的问题是领导者选举. 不是试图对所有用户进行排序，而是假定简单地希望从中公正地选举一个领导者. 同样，如果有一个合适的随机散列函数，那么可以简单地取散列值最小的用户. 对这个方案的分析留作练习 5.26.

5.6 随机图

5.6.1 随机图模型

有许多定义在图上的 NP 计算难题：哈密顿圈，独立集合，顶点覆盖，等等. 一个值得提出的问题是，这些问题是对所有图中的大多数输入是困难的，还是只对相对小的一部

分是困难的. 随机图模型对这些问题的研究提供了一种概率环境.

随机图的大部分工作集中在两个紧密相关的模型 $G_{n,p}$ 和 $G_{n,N}$ 中. 在 $G_{n,p}$ 中，考虑 n 个不同顶点 ν_1，ν_2，…，ν_n 上的所有无向图. 一个图具有已知的 m 条边集合的概率为

$$p^m(1-p)^{\binom{n}{2}-m}$$

在 $G_{n,p}$ 中生成一个随机图的一种方法是按某个次序考虑 $\binom{n}{2}$ 条可能边中的每一条，然后以概率 p 独立地往图上添加每条边，所以图中边的期望数为 $\binom{n}{2}p$，且每个顶点有期望次数 $(n-1)p$.

在 $G_{n,N}$ 模型中，我们考虑恰有 N 条边的 n 个顶点上的所有无向图. 有 $\binom{\binom{n}{2}}{N}$ 个可能的图，每个图以相等的概率选取. 生成一个均匀地来自 $G_{n,N}$ 中的图的一种方法是从没有边的图开始. 均匀随机地选取 $\binom{n}{2}$ 条可能边中的一条，并将它添加为图中的边. 现在独立地且均匀随机地选取剩余的 $\binom{n}{2}-1$ 条可能边中的一条，并将它添加到图中. 类似地，继续在剩下的未被选取的边中独立地且均匀随机地取一条边，直到有 N 条边为止.

$G_{n,p}$ 模型和 $G_{n,N}$ 模型是有关系的；当 $p=N/\binom{n}{2}$ 时，$G_{n,p}$ 中一个随机图的边数集中在 N 附近，且在自 $G_{n,p}$ 中的一个图有 N 条边的条件下，那个图关于所有来自 $G_{n,N}$ 的图是均匀的. 这个关系类似于将 m 个球放入 n 个箱子中与使每个箱子内球的个数是均值为 m/n 的泊松分布之间的关系.

这里，举个例子有一个方法可以规范 $G_{n,p}$ 模型和 $G_{n,N}$ 模型之间的关系. 图形属性是指无论顶点如何标记，它都可以保存图形，因此它适用于图形的所有可能的同构. 我们说图形属性是单调递增的，如果属性保持 $G=(V, E)$，它也适用于任何图 $G'-(V, E')$ 和 $E\subseteq E'$；单调递减图属性是相似定义的. 例如，图形连接的属性是单调递增图形属性，图形包含任何特定 k 值的至少 k 个顶点的连通分量的属性. 但是，图形是树的属性不是单调图形属性，尽管图形不包含循环的属性是单调递减图形属性. 我们有以下引理：

推论 5.14　对一个单调递增的图形属性，令 $P(n, N)$ 是属性在 $G_{n,N}$ 模型中的图成立的概率，令 $P(n, p)$ 是属性在 $G_{n,p}$ 模型中的图成立的概率. 对常数 $1>\varepsilon>0$，有 $p^+=(1+\varepsilon)N\Big/\binom{n}{2}$，$p^-=(1-\varepsilon)N\Big/\binom{n}{2}$，那么

$$P(n,p^-)-\mathrm{e}^{-O(N)}\leqslant P(n,N)\leqslant P(n,p^+)+\mathrm{e}^{-O(N)}$$

证明　令 X 表示从 G_{n,p^-} 中选取的一个图的边的数量这一随机变量. 在 $X=k$ 条件下，一个随机图来自 G_{n,p^-} 等价于来自 $G_{n,k}$，因为所选择的 k 条边是等可能地为含有 k 条边的任一子集. 因此

$$P(n,p^-)=\sum_{k=0}^{\binom{n}{2}}P(n,k)\Pr(X=k)$$

特别地

$$P(n,p^-) = \sum_{k\leqslant N} P(n,k)\Pr(X=k) + \sum_{k>N} P(n,k)\Pr(X=k)$$

同样，对单调递增的图有 $P(n, k) \leqslant P(n, N)$，$(k\leqslant N)$. 因此

$$P(n,p^-) \leqslant \Pr(X\leqslant N)P(n,N) + \Pr(X>N) \leqslant P(n,N) + \Pr(X>N)$$

然而，$\Pr(X>N)$能用标准的切尔诺夫界来确定边界，X 是$\binom{n}{2}$个独立的伯努利随机变量的和，因此由定理 4.4 有

$$\Pr(X>N) = \Pr\left(X > \frac{1}{1-\varepsilon}\boldsymbol{E}[X]\right) \leqslant \Pr(X > (1+\varepsilon)\boldsymbol{E}[X] \leqslant \mathrm{e}^{-(1-\varepsilon)\varepsilon^2 N/3}$$

这里我们用到了当 $0<\varepsilon<1$ 时，$\frac{1}{1-\varepsilon}>1+\varepsilon$.

类似地

$$P(n,p^+) = \sum_{k<N} P(n,k)\Pr(X=k) + \sum_{k\geqslant N} P(n,k)\Pr(X=k)$$

所以

$$P(n,p^+) \geqslant \Pr(X\geqslant N)P(n,N) \geqslant P(n,N) - \Pr(X<N)$$

由定理 4.5

$$\begin{aligned}\Pr(X>N) &= \Pr\left(X < \frac{1}{1+\varepsilon}\boldsymbol{E}[X]\right)\\ &\leqslant \Pr\left(X < \left(1+\frac{\varepsilon}{2}\right)\boldsymbol{E}[X]\right) \leqslant \mathrm{e}^{-(1+\varepsilon)\varepsilon^2 N/8}\end{aligned}$$

这里我们用到了当 $0<\varepsilon<1$ 时，$\frac{1}{1+\varepsilon}<1-\varepsilon/2$. ■

相似的结果同样对单调递减的情形成立. 另一个将图模型之间的关系公式化的方式见练习 5.18.

确实，在随机图与球和箱子模型之间存在许多类似之处. 在模型中，将边放到图比如 $G_{n,N}$ 中. 就好像将球放入箱子里，但是因为每条边有两个端点，每条边就好像将两个球同时放入两个不同的箱子里. 由边定义的配对添加了一个丰富的结构，这是在球和箱子模型中不存在的. 我们也常常利用两个模型之间的关系来简化随机图模型的分析. 例如，在赠券收集问题中，我们发现，当放入了 $n\ln n+cn$ 个球时，随着 n 增大到无穷，存在非空箱子的概率收敛于 $\mathrm{e}^{-\mathrm{e}^{-c}}$. 类似地，对随机图，我们有以下定理，其证明留作练习 5.20.

定理 5.15 令 $N=\frac{1}{2}(n\ln n+cn)$. 那么随 n 增加到无穷，在 $G_{n,N}$ 中不存在孤立点(次数为 0 的顶点)的概率收敛于 $\mathrm{e}^{-\mathrm{e}^{-c}}$.

5.6.2 应用：随机图中的哈密顿圈

在图中，一条哈密顿路是通过每个顶点且恰好一次的路，一个哈密顿圈是通过每个顶点恰好一次的圈. 通过分析在随机图中寻找哈密顿圈的简单而有效的算法，我们说明随机

图与球和箱子问题之间的有意义的联系．算法是随机化的，且它的概率分析涉及输入分布及算法的随机选择．在图上找一个哈密顿圈是NP难题．但对这种算法的分析说明，对适当随机选择的图，找哈密顿圈并不困难，虽然一般情况下求解可能是困难的．

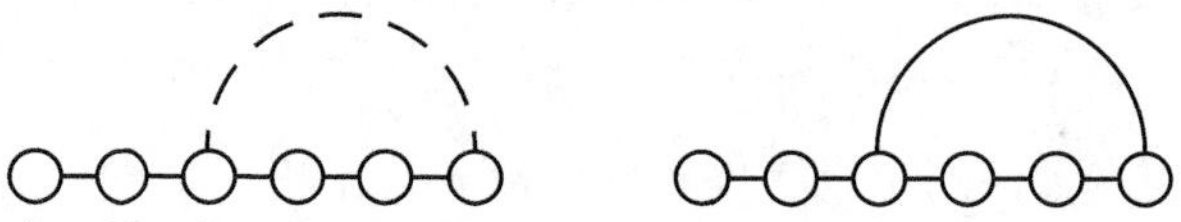

图5.2　旋转边为(v_6，v_3)的路v_1，v_2，v_3，v_4，v_5，v_6的旋转产生一个新的路v_1，v_2，v_3，v_6，v_5，v_4

我们的算法将利用一种称为*旋转*的简单运算．设G是一无向图．假定

$$P = v_1, v_2, \cdots, v_k$$

是G中的一个简单路，(v_k，v_i)是G的一条边，那么

$$P' = v_1, v_2, \cdots, v_i, v_k, v_{k-1}, \cdots, v_{i+2}, v_{i+1}$$

也是简单路，称为旋转边为(v_k，v_i)的P的旋转；如图5.2所示．

我们首先考虑一个简单、自然的算法以提供分析的需要．假定将输入表示为图中每个顶点的邻接边的列表，每个列表的边按独立且均匀排列的随机次序给出．最初，算法选取任一顶点作为路的开始，是路的初始*始点*，始点始终是路的一个端点，从这点开始算法或者确定性地从这个始点“长”出一条路；或者旋转路——只要在始点的列表中还剩余邻接边．见算法5.1.

分析这个算法的困难在于只要算法查验了边列表中的某些边，剩余边的分布便是在算法已经看到的那些边的条件下的分布．考虑一个修正的算法以克服这个困难，虽然效率较低，但避免了这个条件问题，所以容易分析所考虑的随机图．见算法5.2．每个顶点v保持两个列表：用过边(v)列表由算法过程中v为始点时用到的v的邻接边组成，这个列表的初始值为空表；未用过边(v)列表由其他未被使用过的v的邻接边组成．

算法5.1　哈密顿圈算法

输入： 有n个顶点的图$G=(V, E)$.

输出： 哈密顿圈，或失败．

1. 从一个随机顶点出发作为路的始点．
2. 重复以下步骤，直到旋转边封闭成一个哈密顿圈，或者路的始点的未用过边列表为空：
   (a) 设当前路为$P=v_1$，v_2，…，v_k，其中v_k是始点，并设(v_k，u)是始点列表中第一条边．
   (b) 从始点的列表及u的列表中消去(v_k，u).
   (c) 如果$u \neq v_i$($1 \leqslant i \leqslant k$)，在路的终点添加$u=v_{k+1}$，并使它成为始点．
   (d) 否则，如果$u=v_i$，用(v_k，v_i)旋转当前路，且令v_{i+1}为始点．(如果$k=n$这一步封闭为哈密顿路，且选择边为(v_n，v_1).)
3. 如果找到圈，返回哈密顿圈；如果没有找到圈，失败．

算法 5.2　修正的哈密顿圈算法

输入： 有 n 个顶点及关联边列表的 $G=(V, E)$.

输出： 哈密顿圈，或失败.

1. 从一个随机顶点出发作为路的始点.
2. 重复以下步骤，直到旋转边封闭成一个哈密顿圈，或者路的始点的未用过边的列表为空：
   (a) 设当前路为 $P=v_1, v_2, \cdots, v_k$，其中 v_k 是始点.
   (b) 分别以概率 $1/n$、$|$用过边$(v_k)|/n$、$1-1/n-|$用过边$(v_k)|/n$ 执行 ⅰ、ⅱ 或 ⅲ：
      ⅰ. 将路反向，使 v_1 成为始点.
      ⅱ. 从用过边(v_k)中均匀随机地选一条边；如果边是(v_k, v_i)，用(v_k, v_i)旋转当前路，并令 v_{i+1} 为始点.（如果边是(v_k, v_{k-1})，则不作改变.）
      ⅲ. 从未用过边(v_k)中选第一条边，称它为(v_k, u). 如果 $u\neq v_i(1\leqslant i\leqslant k)$，在路的终点添加 $u=v_{k+1}$，并使它成为始点. 否则，如果 $u=v_i$，用(v_k, v_i)旋转当前路，且令 v_{i+1} 为始点.（如果 $k=n$ 这一步封闭为哈密顿路，且选择边为(v_n, v_1).
   (c) 适当地更新用过边及未用过边列表.
3. 如果找到了圈，返回哈密顿摑；如果没有找到圈，失败.

我们在初始未用过边列表的特殊模型假定下，开始分析算法. 然后，将这个模型与随机图的 $G_{n,p}$ 模型联系起来. 假定与顶点 v 连接的 $n-1$ 条可能边中的每一条初始时都以某个概率 q 独立地在顶点 n 的未用过边列表上，还假定这些边是依随机次序的. 思考这个问题的一种方法是，在算法开始之前，通过以概率 q 插入每条可能边(v, u)的方法为每个顶点 v 创建一个未用过边列表. 将相应的图 G 当作包括了所有被插入某个未用过边列表中的边的图. 注意，这意味着一条边(v, u)开始时可以 v 在的未用过边列表中，而不是在 u 的未用过边列表中. 还要注意，当边(v, u)被算法第一次使用时，如果 v 是始点，那么它只从 v 的未用过边列表中消去；如果边在 u 的未用过边列表上，则它保留在此列表上.

以适当的概率从用过边列表或未用过边列表中选择旋转边，然后每一步以某个小概率将路反向，从而修正旋转过程，使得列表的下一个始点是从图的所有顶点中均匀随机地选取的. 只要具备这个性质，就可以直接应用赠券收集问题的分析方法来分析算法的进展.

修正算法似乎有些浪费；将路反向或以一条用过边来旋转不可能增加路的长度. 另外，我们也没有在每一步利用 G 的所有可能边. 由于下面的引理，容易分析修正算法的优点.

引理 5.16　假定在用上述模型选取的图上运行修正的哈密顿圈算法，设 V_t 是 t 步后的起始顶点，那么对任一顶点 u，只要 t 步时在起始顶点至少存在一条未用过边可供使用，便有

$$\Pr(V_{t+1}=u \mid V_t=u_t, V_{t-1}=u_{t-1}, \cdots, V_0=u_0)=1/n$$

即不考虑过程的历史，每一步的起始顶点都可认为是从所有顶点中均匀随机选取的.

证明　考虑路为 $P=v_1$，v_2，…，v_k 时的可能情况.

使 v_1 成为始点的唯一方法是将路反向，故以概率 $1/n$ 有 $V_t=v_1$.

如果 $u=v_{i+1}$ 是位于路上的顶点，且 (v_k, v_i) 是用过的边 (v_k)，那么 $V_{t+1}=u$ 的概率为

$$\frac{|\text{用过边}(v_k)|}{n}\frac{1}{|\text{用过边}(v_k)|}=\frac{1}{n}$$

如果 u 没有包含在前两种情况之一中，那么利用以下的事实：当从未用过边 (v_k) 中选取一条边时，邻接的顶点在所有 $n-|\text{用过边}(v_k)|-1$ 个剩余顶点上是均匀的. 由延迟决策原理，这是成立的. 我们的初始设置要求 v_k 的未用过边列表的构造应该以概率 q 包括每条可能边，且随机化列表的次序. 这等价于选取 X 个 v_k 的邻点，其中 X 是一个 $B(n-1, q)$ 随机变量，X 个顶点是均匀随机无放回选取的. 因为 v_k 的列表的确定与其他顶点的列表无关，所以算法的历史并不能告诉我们任何有关未用过边 (v_k) 列表中剩余边的情况，并且延迟决策原理适用. 因此在没有看到的 v_k 的未用过边列表中的任一边，都是等可能地连接到 $n-|\text{用过边}(v_k)|-1$ 个剩余可能邻接顶点中的任一点.

如果 $u=v_{i+1}$ 是路上的顶点，但 (v_k, v_i) 不在用过边 (v_k) 中，那么 $V_{t+1}=u$ 的概率就是从未用过边 (v_k) 中选取边 (v_k, v_i) 以作为下一旋转边的概率，为

$$\left(1-\frac{1}{n}-\frac{|\text{用过边}(v_k)|}{n}\right)\left(\frac{1}{n-|\text{用过边}(v_k)|-1}\right)=\frac{1}{n} \tag{5.9}$$

最后，如果 u 不在路上，那么 $V_{t+1}=u$ 的概率就是从未用过边 (v_k) 中选取边 (v_{k+1}, u) 的概率，但这与式(5.9)给出的概率相同. ■

对算法 5.2，求哈密顿路问题似乎与赠券收集问题极为相似：当还剩余 k 个顶点要被添加时，寻找一个新的顶点添加到路的概率为 k/n. 只要所有顶点都在路上，在每次旋转时封闭成为一个圈的概率便是 $1/n$. 因此，如果未用过边的列表不会耗尽，那么可以期望经大约 $O(n\ln n)$ 次旋转形成哈密顿路，用大约另外 $O(n\ln n)$ 次旋转封闭路，并形成哈密顿圈. 更具体地，我们可以证明以下定理.

定理 5.17　*假定修正的哈密顿圈算法的初始输入有未用过边列表，其中每条边 (v, u) $(v\neq u)$ 以 $q\geqslant 20\ln n/n$ 的概率独立地放置在 r 的列表中，那么算法能以 $1-O(n^{-1})$ 的概率经 $O(n\ln n)$ 次重复圈(第 2 步)的迭代，成功地找到哈密顿圈.*

注意，我们并没有假定输入的随机图有哈密顿圈. 定理的一个推论是用这种方法选取的随机图以大的概率有哈密顿圈.

定理 5.17 的证明　考虑下列两个事件：

ε_1：算法运行了 $3n\ln n$ 步，没有未用过边列表成为空表，但不能构成哈密顿圈.

ε_2：在前 $3n\ln n$ 圈的迭代期间，至少有一个未用过边列表成为空表.

对于算法失败，事件 ε_1 或 ε_2 必须发生. 我们首先界定 ε_1 的概率. 引理 5.16 表明，只要在算法 5.2 第 2 步的前 $3n\ln n$ 次迭代中没有出现空的未用过边列表，则在每次迭代中，路的下个始点关于图的 n 个顶点是均匀的. 为了界定 ε_1，考虑每次迭代中始点是均匀随机地选取时，为找到哈密顿圈需要多于 $3n\ln n$ 次迭代的概率.

找到哈密顿路，算法需要多于 $2n\ln n$ 次迭代的概率，恰好是 n 种类型的赠券收集问题要求多于赠券的概率. 在 $2n\ln n$ 张随机赠券中，找不到任一特定类型赠券的概率为

$$\left(1-\frac{1}{n}\right)^{2n\ln n}\leqslant \mathrm{e}^{-2\ln n}=\frac{1}{n^2}$$

由并的界，找不到任一类型赠券的概率至多为 $1/n$.

为了使哈密顿路成为圈，路必须是封闭的，每一步都有 $1/n$ 的概率使其成为圈. 因此在接着的 $n\ln n$ 次迭代中，路不能成为圈的概率是

$$\left(1-\frac{1}{n}\right)^{n\ln n}\leqslant e^{-\ln n}=\frac{1}{n}$$

这就证明了

$$\Pr(\varepsilon_1)\leqslant\frac{2}{n}$$

下面界定 $\Pr(\varepsilon_2)$，即讨论在前 $3n\ln n$ 次迭代中，两个未用过边列表成为空表的概率的界. 考虑如下两个子事件.

ε_{2a}：在前 $3n\ln n$ 次圈的迭代中，至少有 $9\ln n$ 条边从至少一个顶点的未用过边列表中消去.

ε_{2b}：至少有一个顶点在它的未用过边列表中少于 $10\ln n$ 条边.

为使 ε_2 发生，ε_{2a}或ε_{2b}必须发生. 因此

$$\Pr(\varepsilon_2)\leqslant\Pr(\varepsilon_{2a})+\Pr(\varepsilon_{2b})$$

首先考虑 $\Pr(\varepsilon_{2a})$的界. 在圈的每一次迭代中，恰好用一条边. 由引理 5.16 的证明可知，在每一次迭代中，一个给定顶点 v 是路的始点的概率为 $1/n$，且每一步是独立的. 因此在前步，v 是始点的次数 X 为二项随机变量 $B(3n\ln n, 1/n)$，这控制了取自 v 的未用过边列表中的边数.

对二项随机变量 $B(3n\ln n, 1/n)$，利用式(4.1)的切尔诺夫界，取 $\delta=2$，$\mu=3\ln n$，我们有

$$\Pr(X\geqslant 9\ln n)\leqslant\left(\frac{e^2}{27}\right)^{3\ln n}\leqslant\frac{1}{n^2}$$

对所有顶点取并的界，可得 $\Pr(\varepsilon_{2a})\leqslant 1/n$.

其次，考虑 $\Pr(\varepsilon_{2b})$的界. 对充分大的 n，在一个顶点的未用过边的初始列表中，边的期望数 Y 至少为$(n-1)q\geqslant(20(n-1)\ln n)/n\geqslant 19\ln n$. 仍利用切尔诺夫界(式(4.5))，任一顶点在它的初始列表上有 $10\ln n$ 条边或更少边的概率至多为

$$\Pr(Y\leqslant 10\ln n)\leqslant e^{-(19\ln n)(9/19)^2/2}\leqslant\frac{1}{n^2}$$

由并的界，任一顶点有非常少量邻接边的概率至多为 $1/n$. 所以

$$\Pr(\varepsilon_{2b})\leqslant\frac{1}{n}$$

因此

$$\Pr(\varepsilon_2)\leqslant\frac{2}{n}$$

总之，在 $3n\ln n$ 次迭代中，算法不能找到哈密顿圈的概率的界为

$$\Pr(\varepsilon_1)+\Pr(\varepsilon_2)\leqslant\frac{4}{n}$$ ■

我们并没有努力去优化证明中的常数. 但明显存在一种折中，即用更多边换取更低的失败概率.

剩下的事情是说明如何将我们的算法用于$G_{n,p}$中的图. 可以证明，只要p已知，就可以将图的边分成满足定理5.17要求的边的列表.

推论5.18　通过适当地初始化表用过边列表中的边，算法5.2可以以概率$1-O(1/n)$从$G_{n,p}$随机选取的图上找到哈密顿圈，其中$p\geqslant(40\ln n)/n$.

证明　我们将来自的输入图$G_{n,p}$的边作如下划分. 设$q\in[0,1]$满足$p=2q-q^2$. 考虑输入图中的任一边(u,v). 我们精确地执行以下三个可能性之一：以概率$q(1-q)/(2q-q^2)$将这条边放在u的(而不是v的)未用过边列表中；以概率$q(1-q)/(2q-q^2)$将边初始放在v的(而不是u的)未用过边列表中；以剩余的$q^2/(2q-q^2)$概率将边放在这两个未用过边列表中.

现在，对任一可能边(u,v)，它被初始放在v的未用过边列表中的概率为

$$p\left(\frac{q(1-q)}{2q-q^2}+\frac{q^2}{2q-q^2}\right)=q$$

而且，边(u,v)开始放在u和v的未用过边列表中的概率为$pq^2/(2q-q^2)=q^2$，所以这两种放置是独立事件. 因为每条边(u,v)是独立地处理的，假如结果q至少为$20\ln n/n$，这种划分就满足定理5.17的要求. 当$p\geqslant(40\ln n)/n$时，我们有$q\geqslant p/2\geqslant(20\ln n)/n$，结论成立. ■

在练习5.27中，我们考虑即使p不是事先已知时，如何利用算法5.2使得没有对p的了解就必须初始化边的列表.

5.7　练习

5.1　对什么样的n值，$(1+1/n)^n$在e的1%范围内？在e的0.000 1%范围内呢？类似地，对什么样的n值，$(1-1/n)^n$在1/e的1%范围内？在1/e的0.000 1%范围内呢？

5.2　假定社会安全号是均匀随机且有重复地配给的，即每个社会安全号由9个随机产生的数字组成，而且不检查同一号码会不会配给两次. 有时，将社会安全号的后四位数字作为口令. 在一个房间里，需要多少个人会使得存在两个人有相同的后四位数字比不存在更可能？多少个号码能够使存在一对重号比不存在更可能？如果社会安全号由13个数字组成，将如何回答这两个问题？试着给出精确的数值答案.

5.3　假定将球随机地放入n个箱子. 对某个常数c_1，证明如果有$c_1\sqrt{n}$个球，那么没有两个球落入同一箱子的概率至多为1/e. 类似地，对某个常数c_2(以及充分大的n)，证明如果有$c_2\sqrt{n}$个球，那么没有两个球落入同一箱子的概率至少为1/2. 使这些常数尽可能接近于最优. 提示：可以利用以下事实：

$$\mathrm{e}^{-x}\geqslant 1-x$$

及

$$\mathrm{e}^{-x-x^2}\leqslant 1-x,\quad x\leqslant\frac{1}{2}$$

5.4　在一个可容纳100人的演讲厅里，考虑其中是否有三人是同一个生日. 利用与以前分析中相同的假定，解释如何精确地计算这个概率.

5.5　使用泊松分布的矩母函数来计算二阶矩和分布的方差.

5.6　设X是均值为μ的泊松随机变量，用以表示本书中某页上的错误个数. 每个错误独立地以概率p是语法错误，以概率$1-p$为拼写错误. 如果Y和Z(分别)表示这本书某页上的语法和拼写错误个数的随机变量，证明Y和Z分别是均值为μp和$\mu(1-p)$的泊松随机变量，并证明Y和Z是独立的.

5.7　利用泰勒展开式

$$\ln(1+x)=x-\frac{x^2}{2}+\frac{x^3}{3}-\frac{x^4}{4}+\cdots$$

证明对任意 x，$|x|\leqslant 1$，有

$$e^x(1-x^2)\leqslant 1+x\leqslant e^x$$

5.8 假定 n 个球独立且均匀随机地放入 n 个箱子中.

(a) 在已知恰有一个球落入前三个箱子的条件下，求箱子 1 有一个球的条件概率.

(b) 在箱子 2 没有得到球的条件下，求箱子 1 中球的条件期望个数.

(c) 写出箱子 1 得到的球多于箱子 2 的概率表达式.

5.9 在 5.2.2 节的桶排序法分析中，假定 n 个元素是从$[0, 2^k)$中独立且均匀随机地选取的. 现在代之以假定：n 个元素是从$[0, 2^k)$中独立选取的，服从具有如下性质的分布：对某个固定常数 $a>0$，以至多 $a/2^k$ 的概率选取任一数 $x\in[0, 2^k)$. 证明在这些条件下，桶排序法仍然需要线性期望时间.

5.10 考虑 n 个球随机投入 n 个箱子时，每个箱子恰好有一个球的概率.

(a) 利用泊松近似，给出这个概率的上界.

(b) 确定这个事件的精确概率.

(c) 证明这两个概率相差一个乘法因子，它等于参数为 n 的泊松随机变量取值 n 的概率，解释为什么这可由定理 5.6 得出.

5.11 考虑 m 个球投入 n 个箱子，为方便起见，对箱子从 0 到 $n-1$ 编号. 如果箱子 i，$i+1$，…，$i+k-1$ 都是空的，我们称在箱子 i 处存在一个 k 间断.

(a) 确定 k 间断的期望个数.

(b) 证明间断个数的切尔诺夫界.（提示：如果在箱子 i 处存在一个 k 间断，令 $X_i=1$，那么在 X_i 与 X_{i+1} 间存在相关性，为避免这种相关性，可以考虑 X_i 和 X_{i+k}.）

5.12 下面的问题作为一个简单的分布系统模型，其中代理人为资源而竞争，但有争议时放弃. 球表示代理人，箱子表示资源.

系统通过各轮投球逐渐演进. 每一轮，球都是独立且均匀随机地投入 n 个箱子. 独自落在一个箱子中的球得到供给，不再考虑. 在下一轮，再次投入剩下的球. 从第一轮有 n 个球开始，直到每个球得到供给结束.

(a) 如果在某轮开始时有 b 个球，那么在下一轮开始时，球的期望个数是多少?

(b) 假定每一轮中得到供给的球数恰好是得到供给球的期望个数. 证明经 $O(\log\log n)$轮后，所有球都将得到供给.（提示：如果 x_j，是经 j 轮后剩下的球的期望个数，证明并利用 $x_{j+1}\leqslant x_j^2/n$.）

5.13 假定我们改变球和箱子的过程如下：为方便起见，将箱子从 0 到 $n-1$ 编号. 有$\log_2 n$ 个选手，每个选手从$[0, n-1]$中均匀随机地选取一个初始位置 ℓ，然后在编号为 $\ell \bmod n$，$\ell+1 \bmod n$，…，$\ell+\frac{n}{\log_2 n}-1 \bmod n$ 的每个箱子中放入一球. 证明这种情况下，当 $n\to\infty$时，最大负荷以趋近于 1 的概率仅为 $O(\log\log n/\log\log\log n)$.

5.14 我们证明如果 Z 是均值为 μ 的泊松随机变量，其中 $\mu\geqslant 1$ 是整数，那么 $\Pr(Z\geqslant\mu)\geqslant 1/2$.

(a) 证明：对 $0\leqslant h\leqslant\mu-1$，$\Pr(Z=\mu+h)\geqslant\Pr(Z=\mu-h-1)$.

(b) 利用(a)，证明 $\Pr(Z\geqslant\mu)\geqslant 1/2$.

(c) 证明：$\Pr(Z\leqslant\mu)\leqslant 1/2$ 对 μ 从 1 到 10 都成立.（事实上这对 $\mu\geqslant 1$ 的整数都成立，但更难证明.）

5.15 (a)在定理 5.7 中，我们证明了对任一非负函数 f，

$$\boldsymbol{E}[f(Y_1^{(m)},\cdots,Y_n^{(m)})]\geqslant\boldsymbol{E}[f(X_1^{(m)},\cdots,X_n^{(m)})]\Pr\left(\sum Y_i^{(m)}=m\right)$$

证明：仍在 f 是非负条件下，如果$\boldsymbol{E}[f(X_1^{(m)}, \cdots, X_n^{(m)})]$是关于 m 单调递增的，那么

$$\mathbf{E}[f(Y_1^{(m)},\cdots,Y_n^{(m)})]\geqslant \mathbf{E}[f(X_1^{(m)},\cdots,X_n^{(m)})]\Pr\left(\sum Y_i^{(m)}\geqslant m\right)$$

当$\mathbf{E}[f(X_1^{(m)},\cdots,X_n^{(m)})]$关于 m 单调递减时，给出一个类似的结论.

(b) 利用(a)及练习 5.14，证明定理 5.10 在 $E[f(X_1^{(m)},\cdots,X_n^{(m)})]$是单调递增时的情形.

5.16 我们考虑在球和箱子模型中，不用定理 5.7 给出切尔诺夫界的另一种方法. 考虑将 n 个球随机放入 n 个箱子中. 如果第 i 个箱子为空，则 $X_i=1$；否则为 0. 令 $X=\sum_{i=1}^{n}X_i$，并设 Y_i，($i=1$，…，n)为独立的伯努利随机变量，且以概率 $p=(1-1/n)^n$ 取 1. 令 $Y=\sum_{i=1}^{n}Y_i$.

证明：

(a) 对任意 $k\geqslant 1$，$\mathbf{E}[X_1X_2\cdots X_k]\leqslant\mathbf{E}[Y_1Y_2\cdots Y_k]$.

(b) 证明：对所有 $t\geqslant 0$ 有 $\mathbf{E}[\mathrm{e}^{tX}]\leqslant\mathbf{E}[\mathrm{e}^{tY}]$(提示：利用 e^x 的展开式，并比较 $\mathbf{E}[X^k]$与 $\mathbf{E}[Y^k]$).

(c) 导出 $\Pr(X\geqslant(1+\delta)\mathbf{E}[X])$的切尔诺夫界.

5.17 设 G 是用 $G_{n,p}$ 模型生成的随机图.

(a) 一个图的 k 个顶点的团是 k 个顶点的子集，使得这些顶点之间的所有$\binom{k}{2}$条边全在图中. p 作为 n 的函数，它取何值时，G 中 5 个顶点的顶点集的期望个数等于 1?

(b) 一个$K_{3,3}$图是每条边上有 3 个顶点的完全二分图. 换言之，它是有 6 个顶点和 9 条边的图；6 个顶点分成两组，每组 3 个，9 条边连接各组间的 9 对顶点. 作为 n 的函数，p 取何值时，G 的子图$K_{3,3}$的期望个数等于 1?

(c) 作为 n 的函数，p 取何值时，图中的哈密顿圈的期望个数等于 1?

5.18 定理 5.7 证明了在球和箱子问题中(其中每个箱子中球的个数是独立的泊松随机变量)，任何以小概率出现的事件在标准的球和箱子模型中，也以小概率出现. 对随机图证明类似的结论：在 $G_{n,p}$模型中以小概率发生的事件，在 $G_{n,N}$模型中，当 $N=\binom{n}{2}p$ 时，也以小概率发生.

5.19 一个 n 个顶点的无向图是*不连通的*，如果存在 $k<n$ 个顶点集合，使得这个集合与图的其余顶点之间没有边. 否则，便称为*连通的*. 证明存在常数 c，使得如果 $N\geqslant cn\log n$，那么，从 $G_{n,N}$中随机选取的图是连通的概率为 $1-o(1)$.

5.20 证明定理 5.15.

5.21 (a) 设 $f(n)$是一个具有 n 个顶点的空无向图成为连通图时必须添加的随机边的期望个数.（连通性已在练习 5.19 中定义.）也就是，假定从一个 n 个顶点和零条边的图开始，然后反复地从所有不在当前图的边中均匀随机地选取一条并添加之，直到图成为连通的. 如果 X_n 表示添加的边数，那么 $f(n)=\mathbf{E}[X_n]$.

对已知的 n 值，编写一个估计 $f(n)$的程序. 程序应当按照所添加的边追踪图的连通部分，直到图成为连通的. 或许希望利用分离集数据结构，即一个在标准的大学算法教材中包含的课题，可以试验 $n=100$，200，300，400，500，600，700，800，900 及 1000. 每个试验重复 100 次，对每个 n 值，计算所需边的平均数. 基于这样的试验，推荐一个认为是 $f(n)$的好的估计函数 $h(n)$.

(b) 修改关于问题(a)的程序，使得也能跟踪孤立点. 设 $g(n)$是在不存在更多孤立点前添加的期望边数. 在 $f(n)$和 $g(n)$之间有一个什么样的关系？

5.22 在*开放寻址*的散列法中，散列表是作为一个数组执行的，且没有链表或链. 数组中的每个条目或者包含一个散列项，或者是空的. 对每个线索 k，散列函数定义了一个表位置的*探索序列* $h(k,0)$，$h(k,1)$，…为插入线索 k，我们首先按线索的探索序列所定义的次序检查表位置序列，直到发现空位置，然后在那个位置插入项目．在散列表中搜索项时，我们按线索的探索序列定义的次序检查表位置序列，直到发现那个项目或者在序列中发现一个空位置．如果发现空位置，这意味着项目不在表中．

一个有 $2n$ 个条目的开放散列表用于存放 n 个项目．假定表位置 $h(k, j)$均匀地散布在 $2n$ 个可能的表位置上，且所有 $h(k, j)$是独立的．

(a) 在这些条件下，证明一个要求多于 k 次探索的插入概率至多为 2^{-k}．

(b) 对 $i=1, 2, \cdots, n$，证明要求多于 $2\log n$ 次探索的第 i 次插入概率至多为 $1/n^2$．

设随机变量 X_i 表示第 i 次插入所要求的探索次数，在(b)中已证明了 $\Pr(X_i>2\log n)\leqslant 1/n^2$．

设随机变量 $X=\max_{1\leqslant i\leqslant n}$，$X_i$ 表示 n 次插入中任一次所要求的最大探索次数．

(c) 证明 $\Pr(X>2\log n)\leqslant 1/n$．

(d) 证明最长探索序列的期望长度为 $\mathbf{E}[X]=O(\log n)$．

5.23 Bloom 过滤器可用于估计集合的差别．假定你有一个集合 X，我有一个集合 Y．二者都有 n 个元素．例如，集合可能表示我们特别喜欢的 100 首歌曲．利用相同的二进制数字个数 m 以及相同的 k 个散列函数，我们两人建立集合的 Bloom 过滤器．确定二制数字的期望个数，其中我们的 Bloom 过滤器的差别是一个 m、n、k 及 $|X\cap Y|$ 的函数．说明为什么将它用作寻找在音乐方面有相同口味的人比直接比较歌曲列表更容易．

5.24 假定希望将 Bloom 过滤器推广为允许在基础集合中删除及插入项目．可以将 Bloom 过滤器修改成为计数器数组，以代替二进制数字数组．每次将一个项目插入 Bloom 过滤器，由项目的散列给出的计数器增加 1．删去一个项目，可以简单地减少计数器．为了保持小的空间，计数器应是固定长度的，如 4 个二进制数字的．

说明使用固定长度的计数器时误差是如何产生的．假定一个设置为任何时候集合中至多有 n 个元素，m 个计数器，k 个散列函数，且计数器是 b 个二进制数字的，说明如何界定在 t 个插入或删除过程中出现一个错误的概率．

5.25 假定你为有 $m=2^b$ 个二进制数字的词的字典构造了一个 Bloom 过滤器．构造应用的某个合作者希望利用你的 Bloom 过滤器，但只能用 $m=2^{b-1}$ 个二进制数字的．说明你的同事如何利用你的 Bloom 过滤器，使得能利用原来的词典以避免重新构造一个新的 Bloom 过滤器．

5.26 对于 5.5.4 节提到的领导者选举问题，我们有 n 个用户，每个用户都有一个识别码．散列函数将识别码作为输入，输出一个 b 位散列值，假定这些值是独立且均匀分布的．每个用户散列他的识别码，领导者是有最小散列值的用户．给出以概率 p 保证能成功选取唯一领导者所必需的二进制数字个数 b 的上界和下界．使你的界尽可能地紧．

5.27 考虑算法 5.2，即寻找哈密顿圈的修正算法．我们已经证明，通过将边适当地初始放置在边列表中，算法能以大的概率从随机选取的 $G_{n,p}$ 图中找到一个哈密顿圈，其中 p 已知且充分大．证明：也能类似地应用此算法以大的概率从 $G_{n,N}$ 中随机选取的图中寻找哈密顿圈，其中 $N=c_1 n\ln n$，c_1 是适当大的常数．再证明：即使在 p 不是事先已知的情况下，只要 p 至少为 $c_2\ln n/n$，修正算法仍可使用，其中 c_2 是适当大的常数．

5.8 探索性作业

随机过程的研究中有一部分是首先在高层次上理解发生了什么，然后将这个理解用于提出正式的数学证明．在这个作业中，将给出一个基本随机过程的几种变形．为此需要在编写代码来模拟过程的基础上进行试验(代码应该非常短，最多几页)．试验之后，应该利用模拟结果指导来做出猜测，并证明关于过程的论述．可以应用学过的知识(包括球和箱子模型的概率界及分析)来做这件事情．

考虑有 $N=2^n-1$ 个结点的完全二叉树，这里 n 是树的深度．开始时，所有结点是未标号的．随着时间的流逝，通过我们将要描述的过程，结点成为已标号的．

所有过程都有相同的基本形式．我们将结点看成在范围$[1, N]$内有唯一标识的数字．每个时间单位，我向你发送结点的标识码．当你收到发送的结点时，便标出它，而且执行以下的标号规则，它在我发送下一个结点以前有效．

- 如果一个结点及其兄弟结点是已标号的，那么它的父结点是已标号的．
- 如果一个结点及其父结点是已标号的，那么其他兄弟结点是已标号的．

在发送下一结点以前，尽可能多地递归使用标号规则．例如，图 5.3 中已标号结点已经填入．标有 X 的结点的到来，在自上而下地用标号规则标记树时，只许你对剩余结点标号记住，总是尽可能多地应用标号规则．

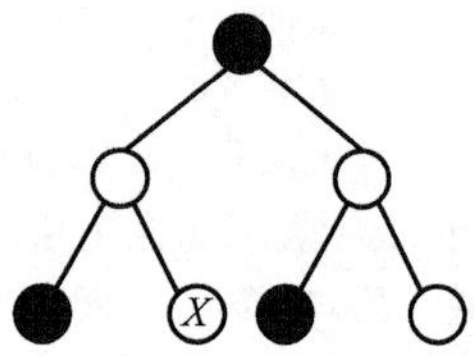

图 5.3　X 的到达引起所有其他结点成为已标号的

现在考虑我以不同的方法向你发送结点．

方法 1：每个时间单位，我发送一个从所有 N 个结点中独立地且均匀随机地选取的结点的标识码．注意，我可能向你发送一个已经标号的结点，事实上，我可能发送一个我已经发送过的无用结点．

方法 2：每个时间单位，我发送一个从我还没有发送过的结点中均匀随机地选取的结点的标识码．仍有可能到达一个已经标号的结点，但每个结点至多发送一次．

方法 3：每个时间单位，我发送一个从你还没有标号的结点中均匀随机地选取的结点的标识码．

我们希望对每种方法确定在所有结点标号以前需要多少时间步．首先编写一个程序模拟发送过程及标号规则．对$[10, 20]$中的每个 n 值，运行每种方法 10 次，以清楚易读的形式给出来自你的实验数据，并适当地解释你的数据．一个提示：你可能发现让你的程序打印出在树成为完全标号的之前发送的最后一个结点是有用的．

1）对第一种方法，证明发送结点的期望数是 $\Omega(N\log N)$．这与你的模拟能很好地相配吗？

2）对第二种方法，你可能发现在树被标号以前，几乎必须发送所有的 N 个结点．证明以一个不变的概率，至少需要发送 $N-2\sqrt{N}$个结点．

3）第三种方法的表现可能有点不正常，用证明来解释它．

在回答了这些问题以后，你可能希望考虑有关这些方法的可以证明的其他事实．

第6章 概率方法

概率方法是一种证明对象存在的方式．其基本原理是比较简单的：为了证明具有某种性质的对象的存在，我们给出一个对象的样本空间，其中一个随机选择的对象具有所要求性质的概率是正的．如果选取一个具有所要求性质对象的概率是正的，那么样本空间必定含有这种对象，所以这样的对象是存在的．比如，在一次摸彩活动中，如果存在赢得100万美元奖金的正概率，那么必须至少有一张彩票会赢得这个奖金．

尽管概率方法的基本原理是简单的，但它在一些特殊问题中的应用常牵涉复杂的组合论证．在这一章里，我们学习几种基于概率方法的构造性证明技术．首先从简单的计数及平均量开始，然后介绍两个较高级的工具——洛瓦兹(Lovász)局部引理和二阶矩方法．

在算法方面，一般来讲我们不仅关心存在性的证明，也对对象的显式结构感兴趣，在许多情况下，用概率方法得到的存在性的证明可以转换为有效的随机化构造算法，在有些情况下，这些证明又可以转换为有效的确定性构造算法；因为这样一个过程把一个概率方法转换成了一个确定性方法，所以称为*消除随机化方法*．我们给出了概率方法的随机化构造算法以及确定性构造算法的例子．

6.1 基本计数论证

为了证明具有某种性质的对象的存在性，我们构造一个对象的适当概率空间 $\mathcal{S}$，然后证明从中选取一个具有所要求性质对象的概率严格地大于0．

第一个例子，我们考虑用两种颜色给一个图的边着色的问题，要求不能出现一个所有边颜色都相同的大的团．设 K_n 是有 n 个顶点(有所有 $\binom{n}{2}$ 条边)的完备图，K_n 中 k 个顶点的团是一个完备的子图 K_k．

定理 6.1 *如果 $\binom{n}{k}2^{-\binom{k}{2}+1}<1$，那么有可能用两种颜色给 K_n 的边着色，使得不会有单色 K_k 子图．*

证明 定义一个用两种颜色对 K_n 的边的所有可能着色组成的样本空间．存在 $2^{\binom{n}{2}}$ 种可能的着色法，所以如果均匀随机地选取其中之一，那么在我们的概率空间中选取每种着色法的概率就是 $2^{-\binom{n}{2}}$．理解这个概率空间的一种很好的方法是：如果我们独立地为图中的每条边着色，每一条边以1/2的概率取两种颜色中的一种，那么便得到了从这一样本空间中均匀选取的一种随机着色．也就是我们独立地投掷一枚均匀硬币来确定每条边的颜色．

对 K_n 中所有 $\binom{n}{k}$ 个不同的顶点团，固定任意一个次序，令 A_i 是团 $i=1, \cdots, \binom{n}{k}$ 为

单色这一事件，一旦团的第一条边着色了，那么所有其余$\binom{k}{2}-1$条边必须有相同的颜色. 这样

$$\Pr(A_i)=2^{-\binom{k}{2}+1}$$

利用并的界可得

$$\Pr\left(\bigcup_{i=1}^{\binom{n}{k}} A_i\right)\leqslant\sum_{i=1}^{\binom{n}{k}}\Pr(A_i)=\binom{n}{k}2^{-\binom{k}{2}+1}<1$$

其中最后一个不等式由定理的假设得出. 因此有

$$\Pr\left(\bigcup_{i=1}^{\binom{n}{k}} \overline{A_i}\right)\leqslant 1-\Pr\left(\bigcup_{i=1}^{\binom{n}{k}} A_i\right)>0$$

由于从我们的样本空间选取一种没有单色k顶点团的着色法的概率严格地大于0，因此必定存在一种没有单色k顶点团的着色. ■

作为一个例子，考虑K_{1000}的边是否可以用这种方法着两种颜色，使得没有单色的K_{20}. 如果我们注意到对$n\leqslant 2^{k/2}$且$k\geqslant 3$时，

$$\binom{n}{k}2^{-\binom{k}{2}+1}\leqslant\frac{n^k}{k!}2^{-(k(k-1)/2)+1}\leqslant\frac{2^{k/2+1}}{k!}<1$$

则计算是简单的. 本例中显然有$n=1000\leqslant 2^{10}=2^{k/2}$，由定理6.1可知，存在一种对$K_{1000}$边的2着色法，使得没有单色的$K_{20}$.

能利用这个证明设计一个有效算法来构造这样一种着色吗？考虑给出随机化构造算法的一般方法. 首先要求可以从样本空间有效地抽取一种着色. 在这种情况下，因为我们可以对每条边以随机选取的颜色独立着色，所以抽样是容易的，但一般来说这不是一个有效的抽样算法.

如果有一个有效的抽样算法，下一个问题是：在得到能满足我们要求的样品之前，必需产生多少个样品？如果得到一个具有所要求性质的样品的概率是p，且在每次试验中抽样是独立的，那么在找到具有所要求性质的样品之前需要的样品个数是一个期望为$1/p$的几何随机变量. 因此，为了有一个能在多项式期望时间内找到合适样本的算法，我们要求$1/p$是关于问题大小的多项式.

如果$p=1-o(1)$，那么抽样一次给出不正确的概率为$o(1)$的蒙特卡罗构造算法. 在希望找到一种在1000个顶点的图上没有单色K_{20}的着色法的例子中，我们知道一种随机着色有一个单色的概率至多为

$$\frac{2^{20/2+1}}{20!}<8.5\cdot 10^{-16}$$

因此我们有一种以小概率失败的蒙特卡罗算法.

如果希望一种Las Vegas算法，即总是给出正确构造的算法，那么我们需要第三种成分. 为证实抽样对象满足要求，我们要求一个多项式时间方法，然后可以验证样本，直到找到那样的样品. 对这种构造法的期望时间的上界，可以将期望的样品个数$1/p$，即产生

每个样品的时间的上界与检验每个样品的时间⊖的上界一起相乘. 对着色问题，当 k 是常数时，存在一个多项式时间的验证算法：简单地检查所有 $\binom{n}{k}$ 团，并保证它们不是单色的. 然而，当 k 随着 n 增加时，这种方法似乎不能推广以得到多项式时间算法.

6.2 期望论证

正如我们已经看到的，为了证实具有某种性质的对象的存在，可以设计一个概率空间，在这个概率空间中随机选取的元素，以正的概率是一个具有指定性质的对象. 为证明这样的对象存在，一个类似的且有时更容易的方法是用平均量. 支持这种方法的直觉是，在离散概率空间中，一个随机变量必须以正概率至少取一个不大于其期望的值，也至少有一个取值不小于期望的值. 比如，如果一张彩票的期望值至少是 3 美元，那么必须至少有一张彩票的价值不大于 3 美元，且至少也有一张彩票的价值不小于 3 美元.

更正式地，我们有下面的引理.

引理 6.2 *假定有一个概率空间 $\mathcal{S}$ 以及定义在 $\mathcal{S}$ 上的随机变量 X，满足 $\mathbf{E}[X]=\mu$，那么 $\Pr(X\geqslant\mu)>0$ 且 $\Pr(X\leqslant\mu)>0$.*

证明 我们有

$$\mu=\mathbf{E}[X]=\sum_{x}x\Pr(X=x)$$

其中求和范围遍及 X 值域中的所有值，如果 $\Pr(X\geqslant\mu)=0$，那么

$$\mu=\sum_{x}x\Pr(X=x)=\sum_{x<\mu}x\Pr(X=x)<\sum_{x<\mu}\mu\Pr(X=x)=\mu$$

得到矛盾. 类似地，如果 $\Pr(X\leqslant\mu)=0$，那么

$$\mu=\sum_{x}x\Pr(X=x)=\sum_{x>\mu}x\Pr(X=x)<\sum_{x>\mu}\mu\Pr(X=x)=\mu$$

仍得出矛盾. ■

这样，在 $\mathcal{S}$ 的样本空间中，必至少存在一种情况，使 X 的值至少为 μ，同时必至少存在一种情况，使 X 值不大于 μ.

6.2.1 应用：求最大割

我们考虑在一个无向图中求最大割的问题. 一个割是将顶点划分成两个不相交的集合，割的值是从划分的一侧到另一侧的所有边的权. 这里我们考虑图中所有边有相同权 1 的情况. 求最大割问题是 NP 难题. 利用概率方法，我们证明最大割的值必须至少是图中边数的 1/2.

定理 6.3 *给定一个有 m 条边的无向图 G，存在一个将 V 分成两个互不相交集合 A 和 B 的划分，使得至少有 $m/2$ 条联接 A 中顶点与 B 中顶点的边，即存在一个值至少为 $m/2$ 的割.*

证明 用随机、独立指派每个顶点到两个集合之一的方法构造集合 A 和 B. 设 e_1，e_2，…，e_m 是图 G 的边的任意列举，对 $i=1$，…，m，定义 X_i 满足

⊖ 有时产生或检验一个样本的时间本身可能是一个随机变量. 此时，可以用瓦尔德方程(将在第 13 章讨论).

$$X_i = \begin{cases} 1 & \text{如果边 } e_i \text{ 连接 } A \text{ 和 } B \\ 0 & \text{其他} \end{cases}$$

边 e_i 联接 A 中顶点与 B 中顶点的概率是 1/2，所以

$$\mathbf{E}[X_i] = \frac{1}{2}$$

设 $C(A, B)$是表示对应于集合 A 和 B 的割值的随机变量，那么

$$\mathbf{E}[C(A,B)] = \mathbf{E}\left[\sum_{i=1}^{m} X_i\right] = \sum_{i=1}^{m} \mathbf{E}[X_i] = m \cdot \frac{1}{2} = \frac{m}{2}$$

因为随机变量 $C(A, B)$的期望是 $m/2$，存在一个划分 A 和 B，使得至少有 $m/2$ 条联接集合 A 和集合 B 的边. ■

可以将这个证明转换成寻找一个值至少为 $m/2$ 的割的有效算法. 我们首先说明如何得到一个 Las Vegas 算法. 在后面的 6.3 节，说明构造一个确定性的多项式时间算法.

如证明中所描述的那样，随机选取一个划分是容易的. 期望论证并没有给出随机划分的值至少为 $m/2$ 的割的概率下界. 为导出这样一个下界，设

$$p = \Pr\left(C(A,B) \geqslant \frac{m}{2}\right)$$

注意到 $C(A, B) \leqslant m$，那么

$$\begin{aligned} \frac{m}{2} = \mathbf{E}[C(A,B)] &= \sum_{i<m/2} i\Pr(C(A,B) = i) + \sum_{i \geqslant m/2} i\Pr(C(A,B) = i) \\ &\leqslant (1-p)\left(\frac{m}{2} - 1\right) = pm \end{aligned}$$

这蕴涵

$$p \geqslant \frac{1}{m/2+1}$$

所以，在找到值至少为 $m/2$ 的割之前的抽样期望数正是 $m/2+1$. 检验由样本确定的割值是否至少为 $m/2$，可以通过简单地数出横跨割的边数，用多项式时间完成. 所以我们有一个求割的 Las Vegas 算法.

6.2.2　应用：最大可满足性

我们将类似的方法用于最大可满足性(MAXSAT)问题. 在逻辑公式中，一个文字或者是布尔变量或者是布尔变量的否定. 我们用 $\overline{x}$ 表示变量 x 的否定. 可满足性(SAT)问题或 SAT 公式是子句集合合取(AND)的逻辑表示，其中每个子句是文字的析取(OR). 例如，下面的表达式就是 SAT 的一个实例：

$$(x_1 \vee \overline{x_2} \vee \overline{x_3}) \wedge (\overline{x_1} \vee \overline{x_3}) \wedge (x_1 \vee x_2 \vee x_4) \wedge (x_4 \vee \overline{x_3}) \wedge (x_4 \vee \overline{x_1})$$

一个 SAT 公式实例的解是变量赋值为 True 或 False，使得所有的子句都是满足的. 即在每个子句中，至少存在一个真文字. 例如，x_1 赋值为 True，x_2 为 False，x_3 为 False，x_4 为 True 满足前面的 SAT 公式. 一般地，确定一个 SAT 公式是否有解是 NP 难题.

给定一个 SAT 公式，一个有关的目标是满足尽可能多的子句. 以后，假定没有子句包含一个变量及它的余，因为此时子句总是满足的.

定理 6.4　给定 m 个子句的集合，设 k_i 是第 i 个子句中的文字个数，$i=1, 2, \cdots,$

m，令 $k=\min_{i=1}^{m} k_i$，那么存在一个至少满足

$$\sum_{i=1}^{m}(1-2^{-k_i}) \geqslant m(1-2^{-k})$$

个子句的真赋值.

证明 对变量独立、均匀随机地赋值. 有 k_i 个文字的第 i 个子句是满足的概率至少为 $(1-2^{-k_i})$ 所以满足的子句的期望数至少为

$$\sum_{i=1}^{m}(1-2^{-k_i}) \geqslant m(1-2^{-k})$$

所以必有一个至少满足那么多子句的赋值. ■

前面的证明也容易转换为一个有效的随机化算法，当所有 $k_i=k$ 时的情况留作练习 6.1.

6.3 利用条件期望消除随机化

概率方法可以了解如何构造确定性算法. 作为一个例子，我们用条件期望的方法来消除 6.2.1 节求最大割算法的随机性.

回忆我们将图的 n 个顶点 V 划分成集合 A 和 B 的方法，是将每个顶点独立且均匀随机地放入两个集合之一. 这给出了期望值 $\boldsymbol{E}[C(A, B)] \geqslant m/2$ 的割. 现在设想确定地放置顶点，每次放一个，依任意次序，v_1，v_2，…，v_n. 设 x_i 是 v_i 放入的集合(所以 x_i 或者是 A，或者是 B)，假定已经放置了前 k 个顶点，如果其余顶点是独立且均匀地放入两个集合之一时，考虑割的期望值. 将这个量记为 $\boldsymbol{E}[C(A, B) \mid x_1, x_2, \cdots, x_k]$，这是已知前 k 个顶点的位置 x_1，x_2，…，x_k 时割值的条件期望. 我们用归纳法证明如何放置下一个顶点，使得

$$\boldsymbol{E}[C(A,B) \mid x_1,x_2,\cdots,x_k] \leqslant \boldsymbol{E}[C(A,B) \mid x_1,x_2,\cdots,x_{k+1}]$$

由此可知

$$\boldsymbol{E}[C(A,B)] \leqslant \boldsymbol{E}[C(A,B) \mid x_1,x_2,\cdots,x_n]$$

右边是由我们的放置算法确定的割值，这是因为如果 x_1，x_2，…，x_n 全都确定，便有一个图的割. 因此我们的算法返回一个其值至少为 $\boldsymbol{E}[C(A, B)] \geqslant m/2$ 的割.

归纳的基本情况是

$$\boldsymbol{E}[C(A,B) \mid x_1] \leqslant \boldsymbol{E}[C(A,B)]$$

因为我们将第一个顶点放在哪个集合中并不重要，所以由对称性，这是成立的.

现在证明归纳步，即

$$\boldsymbol{E}[C(A,B) \mid x_1,x_2,\cdots,x_k] \leqslant \boldsymbol{E}[C(A,B) \mid x_1,x_2,\cdots,x_{k+1}] \tag{6.1}$$

考虑随机放置 v_{k+1}，使得以概率 1/2 放入 A 或 B，设 Y_{k+1} 是表示它放入集合的随机变量，那么

$$\boldsymbol{E}[C(A,B) \mid x_1,x_2,\cdots,x_k] = \frac{1}{2}\boldsymbol{E}[C(A,B) \mid x_1,x_2,\cdots,x_k,Y_{k+1}=A] + \frac{1}{2}\boldsymbol{E}[C(A,B) \mid x_1,x_2,\cdots,x_k,Y_{k+1}=B]$$

由此

$$\max(\boldsymbol{E}[C(A,B)\mid x_1,x_2,\cdots,x_k,Y_{k+1}=A],\boldsymbol{E}[C(A,B)\mid x_1,x_2,\cdots,x_k,Y_{k+1}=B])$$
$$\geqslant \boldsymbol{E}[C(A,B)\mid x_1,x_2,\cdots,x_k]$$

所以，我们必须做的是计算两个量 $\boldsymbol{E}[C(A, B)\mid x_1, x_2, \cdots, x_k, Y_{k+1}=A]$与 $\boldsymbol{E}[C(A, B)\mid x_1, x_2, \cdots, x_k, Y_{k+1}=B]$，然后将 v_{k+1}放入能产生较大期望的集合中．只要这样做，我们就有一个满足

$$\boldsymbol{E}[C(A,B)\mid x_1,x_2,\cdots,x_k]\leqslant \boldsymbol{E}[C(A,B)\mid x_1,x_2,\cdots,x_{k+1}]$$

的放置.

为计算 $\boldsymbol{E}[C(A, B)\mid x_1, x_2, \cdots, x_k, Y_{k+1}=A]$，注意已知前 $k+1$ 个顶点的放置的条件，所以可以计算对割值有贡献的顶点中边的个数．对所有其余的边，以后将对割有贡献的概率为 1/2，这是因为这是其两个端点在割的不同侧的概率．由期望的线性性，$\boldsymbol{E}[C(A, B)\mid x_1, x_2, \cdots, x_k, Y_{k+1}=A]$是横跨割的边数(其两个端点都在前 $k+1$ 个顶点中)加上其余边的一半，这在线性时间内容易计算．对 $\boldsymbol{E}[C(A, B)\mid x_1, x_2, \cdots, x_k, Y_{k+1}=B]$同样为真.

事实上，从这个证明中我们看到，两个量中的较大者正是由 v_{k+1}在 A 中或是 B 中有更多邻点所确定的．不以 v_{k+1}作为一个端点的所有边对两个期望有同样大小的贡献，所以我们的消除随机化算法有以下简单形式：依某种次序取顶点，将第一个顶点任意地放入 A 中，放置每个相继顶点使横跨割的边数最大化．等价地，将每个顶点放入有较少邻点的那侧，有结时任意放置．这是一个简单的贪婪算法，我们的分析说明，它总能保证割至少有 $m/2$ 条边.

6.4　抽样和修改

至此，我们直接用概率方法构造了具有所要求性质的随机结构．在某些情况下，不是直接地而是将问题分成两个阶段会更容易工作．在第一阶段，构造一个并不具有所要求性质的随机结构，然后在第二阶段，修改这个随机结构，使其具有所要求的性质．我们给出这种抽样和修改方法的两个例子.

6.4.1　应用：独立集合

图 G 中的独立集合是相互之间没有边的顶点集合．寻找一个图中的最大独立集合是一个 NP 难题．下面的定理说明概率方法可以给出一个图的最大独立集合的大小的界.

定理 6.5　设 $G=(V, E)$是有 n 个顶点和 $m\geqslant n/2$ 条边的图，那么有一个至少有 $n^2/4m$ 个顶点的独立集合.

证明　设 $d=2m/n\geqslant 1$ 是 G 中顶点的平均次．考虑下列随机算法.

1) 以 $1-1/d$ 的概率独立地删除 G 中的每个顶点(连同它的关联边一起删除).

2) 对每条剩余边，消去它及它的一个相邻顶点.

因为所有边都已消去，剩余顶点形成了一个独立集合．这是抽样和修改方法的一个例子．首先对顶点抽样，然后修改剩余的图.

设 X 是算法第一步后生存的顶点个数．因为图有 n 个顶点且每个顶点以 $1/d$ 的概率生存，因此

$$\mathbf{E}[X]=\frac{n}{d}$$

设 Y 是算法第一步后生存的边数. 图中有 $nd/2$ 条边，一条边生存当且仅当它的两个相邻点生存. 这样

$$\mathbf{E}[Y]=\frac{nd}{2}\left(\frac{1}{d}\right)^2=\frac{n}{2d}$$

算法的第二步消去了所有剩余边及至多 Y 个顶点. 当算法结束时，输出一个大小至少为 $X-Y$ 的独立集合，且

$$\mathbf{E}[X-Y]=\frac{n}{d}-\frac{n}{2d}=\frac{n}{2d}$$

由算法产生的独立集合的期望大小为 $n/2d$，所以，图有一个至少有 $n/2d=n^2/4m$ 个顶点的独立集合. ■

6.4.2 应用：有较大围长的图

作为另一个例子，我们考虑图的围长，即它的最小圈的长度. 直观上，我们期望稠密的图有较小的围长，但可以证明存在有相对较大围长的稠密图.

定理 6.6 对任意整数 $k\geqslant 3$，存在一个有 n 个结点且至少有 $\frac{1}{4}n^{1+1/k}$ 条边及围长至少为 k 的图.

证明 首先对一个随机图 $G\in G_{n,p}$ 抽样，$p=n^{\frac{1}{k}-1}$. 设 X 是图的边数，那么

$$\mathbf{E}[X]=p\binom{n}{2}=\frac{1}{2}\left(1-\frac{1}{n}\right)n^{1/k+1}$$

设 Y 是长至多为 $k-1$ 的图中圈的个数. 任一长为 $i(3\leqslant i\leqslant k-1)$ 的指定的可能圈以概率 p^i 出现，而且存在 $\binom{n}{i}\frac{(i-1)!}{2}$ 个长度为 i 的可能圈；为此，首先考虑选取 i 个顶点，然后考虑可能的次序，最后记住相反的次序产生相同的圈. 因此

$$\mathbf{E}[Y]=\sum_{i=3}^{k-1}\binom{n}{i}\frac{(i-1)!}{2}p^i\leqslant\sum_{i=3}^{k-1}n^ip^i=\sum_{i=3}^{k-1}n^{i/k}<kn^{(k-1)/k}$$

通过从每个长度直到 $k-1$ 的圈中消去一条边来修改原来随机选取的图 G，所以修改后的图的围长至少为 k. 当 n 足够大时，所得图中的期望边数为

$$\mathbf{E}[X-Y]\geqslant\frac{1}{2}\left(1-\frac{1}{n}\right)n^{1/k+1}-kn^{(k-1)/k}\geqslant\frac{1}{4}n^{1/k+1}$$

因此存在至少有 $\frac{1}{4}n^{1+1/k}$ 条边且围长至少为 k 的一个图. ■

6.5 二阶矩方法

二阶矩方法是另一种用于概率方法的有用方法. 标准的方法是利用以下容易由切比雪夫不等式导出的不等式.

定理 6.7 如果 X 是非负整值随机变量，那么

$$\Pr(X=0)\leqslant\frac{\mathbf{Var}[X]}{(\boldsymbol{E}[X])^2} \tag{6.2}$$

证明

$$\Pr(X=0)\leqslant\Pr(|X-\boldsymbol{E}[X]|\geqslant\boldsymbol{E}[X])\leqslant\frac{\mathbf{Var}[X]}{(\boldsymbol{E}[X])^2}$$ ■

应用：随机图的阈性质

二阶矩方法可以用于证明某些随机图的阈性质，即在 $G_{n,p}$ 模型中，常常有这样的情况，存在一个阈函数 f 使得：(a)当 p 恰好小于 $f(n)$ 时，几乎没有图能具有所要求的性质；而(b)当 p 恰好大于 $f(n)$ 时，几乎每个图都具有所要求的性质. 这里我们给出一个相对简单的例子.

定理 6.8 在图 $G_{n,p}$ 中，假定 $p=f(n)$，其中 $f(n)=o(n^{-2/3})$，那么对任意 $\varepsilon>0$ 及充分大的 n，一个选自 $G_{n,p}$ 的随机图具有 4 个或更多顶点的图的概率小于 ε. 类似地，如果 $f(n)=\omega(n^{-2/3})$，那么对充分大的 n，一个选自 $G_{n,p}$ 的随机图不具有 4 个或更多顶点的图的概率小于 ε.

证明 首先考虑 $p=f(n)$ 和 $f(n)=o(n^{-2/3})$ 的情况. 设 C_1，…，$C_{\binom{n}{4}}$ 是图 G 中所有 4 个顶点子集的列举. 设

$$X_i=\begin{cases}1 & \text{如果 } C_i \text{ 是 4 团}\\ 0 & \text{其他}\end{cases}$$

又设

$$X=\sum_{i=1}^{\binom{n}{4}}X_i$$

所以

$$\boldsymbol{E}[X]=\binom{n}{4}p^6$$

在这种情况下 $\boldsymbol{E}[X]=o(1)$，这表示对于充分大的 n，$\boldsymbol{E}[X]<\varepsilon$. 因为 X 是非负整值的随机变量，因此 $\Pr(X\geqslant1)\leqslant\boldsymbol{E}[X]<\varepsilon$. 所以一个选自 $G_{n,p}$ 的随机图有 4 个或更多顶点的图的概率小于 ε.

现在考虑 $p=f(n)$ 和 $f(n)=\omega(n^{-2/3})$ 的情况. 此时随 n 增大，$\boldsymbol{E}[X]\to\infty$ 这本身不足以给出结论：以大的概率，一个选自 $G_{n,p}$ 的图有至少是 4 个顶点的团. 但可以利用定理 6.7 证明，这种情况下 $\Pr(X=0)=o(1)$. 为此必须证明 $\mathbf{Var}[X]=o((\boldsymbol{E}[X])^2)$. 这里我们直接计算方差，另一方法在练习 6.12 中给出.

首先有以下有用的公式. ■

引理 6.9 设 Y_i，$i=1$，…，m，是 0-1 随机变量，$Y=\sum_{i=1}^{m}Y_i$，那么

$$\mathbf{Var}[Y]\leqslant\boldsymbol{E}[Y]+\sum_{1\leqslant i,j\leqslant m;i\neq j}\mathbf{Cov}(Y_i,Y_j)$$

证明 对于任意的随机变量序列 Y_1，…Y_m，

$$\mathbf{Var}\left[\sum_{i=1}^{m} Y_i\right] \leqslant \sum_{i=1}^{m} \mathbf{Var}[Y_i] + \sum_{1\leqslant i,j\leqslant m; i\neq j} \mathbf{Cov}(Y_i, Y_j)$$

这是定理 3.2 推广到 m 个变量的情况.

当 Y_i 是 0-1 随机变量时，$\boldsymbol{E}[Y_i^2]=\boldsymbol{E}[Y_i]$，所以

$$\mathbf{Var}[Y_i] = \boldsymbol{E}[Y_i^2] - (\boldsymbol{E}[Y_i])^2 \leqslant \boldsymbol{E}[Y_i]$$

引理得证. ■

我们希望计算

$$\mathbf{Var}[X] = \mathbf{Var}\left[\sum_{i=1}^{\binom{n}{4}} X_i\right]$$

应用引理 6.9 可知，需要考虑随机变量 X_i 的协方差. 如果 $|C_i \cap C_j|=0$，那么相应的团是不相交的，因此 X_i 与 X_j 是独立的. 所以此时 $\boldsymbol{E}[X_iX_j]-\boldsymbol{E}[X_i]\boldsymbol{E}[X_j]=0$. 如果 $|C_i \cap C_j|=1$，同样为真.

如果 $|C_i \cap C_j|=2$，那么相应的团共享一条边. 对处在同一个图中的两个团，图中必须出现 11 条相应边. 因此，这种情况下有 $\boldsymbol{E}[X_iX_j]-\boldsymbol{E}[X_i]\boldsymbol{E}[X_j]\leqslant\boldsymbol{E}[X_iX_j]\leqslant p^{11}$. 共有 $\binom{n}{6}$ 种方法选取 6 个顶点，有 $\binom{6}{2;\ 2;\ 2}$ 种方法将它们分到 C_i 和 C_j 中(因为为 $C_i \cap C_j$ 选取两个顶点，单独为 C_i 取两个，单独为 C_j 取两个).

如果 $|C_i \cap C_j|=3$，那么相应的团共享 3 条边. 对处于同一个图中的两个团，图中必须出现 9 条相应边. 因此，这种情况下有 $\boldsymbol{E}[X_iX_j]-\boldsymbol{E}[X_i]\boldsymbol{E}[X_j]\leqslant\boldsymbol{E}[X_iX_j]\leqslant p^{9}$，共有 $\binom{n}{5}$ 种方法选取 5 个顶点；有 $\binom{5}{3;\ 1;\ 1}$ 种方法将它们分到 C_i 和 C_j 中.

最后再次回忆 $\boldsymbol{E}[X]=\binom{n}{4}p^6$，$p=f(n)=\omega(n^{-2/3})$，因此

$$\mathbf{Var}[X] \leqslant \binom{n}{4}p^6 + \binom{n}{6}\binom{6}{2;2;2}p^{11} + \binom{n}{5}\binom{5}{3;1;1}p^9 = o(n^8p^{12}) = o((\boldsymbol{E}[X])^2)$$

这是因为

$$(\boldsymbol{E}[X])^2 = \left(\binom{n}{4}p^6\right)^2 = \Theta(n^8p^{12})$$

现在由定理 6.7 证明了 $\Pr(X=0)=o(1)$，这样就证明了定理的第二部分. ■

6.6 条件期望不等式

对于伯努利随机变量的和，我们可以导出另一种常常易于应用的二阶矩方法.

定理 6.10 设 $X=\sum_{i=1}^{n} X_i$，其中每个 X_i 是 0-1 随机变量，那么

$$\Pr(X>0) \geqslant \sum_{i=1}^{n} \frac{\Pr(X_i=1)}{\boldsymbol{E}[X \mid X_i=1]} \tag{6.3}$$

注意，式(6.3)成立并不需要 X_i 独立.

证明 如果 $X>0$，记 $Y=1/X$；否则，$Y=0$，那么

$$\Pr(X>0)=\boldsymbol{E}[XY]$$

但

$$\begin{aligned}\boldsymbol{E}[XY]&=\boldsymbol{E}\left[\sum_{i=1}^{n}X_iY\right]=\sum_{i=1}^{n}\boldsymbol{E}[X_iY]\\&=\sum_{i=1}^{n}(\boldsymbol{E}[X_iY\mid X_i=1]\Pr(X_i=1)+\boldsymbol{E}[X_iY\mid X_i=0]\Pr(X_i=0))\\&=\sum_{i=1}^{n}\boldsymbol{E}[Y\mid X_i=1]\Pr(X_i=1)=\sum_{i=1}^{n}\boldsymbol{E}[1/X\mid X_i=1]\Pr(X_i=1)\\&\geqslant\sum_{i=1}^{n}\frac{\Pr(X_i=1)}{\boldsymbol{E}[X\mid X_i=1]}\end{aligned}$$

关键一步是从第 3 行到第 4 行，其中通过利用 $\boldsymbol{E}[X_iY\mid X_i=0]=0$ 的事实，以更有利的方法运用了条件期望. 最后一行利用了对凸函数 $f(x)=1/x$ 的詹森不等式. ■

可以用定理 6.10 给出定理 6.8 的另一个证明. 特别地，如果 $p=f(n)=\omega(n^{-2/3})$，则用定理 6.10 证明对任意实常数 $\varepsilon>0$ 及充分大的 n，取自 $G_{n,p}$ 的一个随机图没有 4 个或更多顶点的图的概率小于 ε.

如定理 6.8 证明的那样，令 $X=\sum_{i=1}^{\binom{n}{4}}X_i$，其中如果 4 个顶点的子集 C_i 是一个 4 团，则 $X_i=1$，否则为 0. 对某个特殊的 X_j，我们有 $\Pr(X_j=1)=p^6$. 利用期望的线性性，计算

$$\boldsymbol{E}[X\mid X_j=1]=\boldsymbol{E}\left[\sum_{i=1}^{\binom{n}{4}}X_i\mid X_j=1\right]=\sum_{i=1}^{\binom{n}{4}}\boldsymbol{E}[X_i\mid X_j=1]$$

在 $X_j=1$ 的条件下，对 0-1 随机变量，我们现在利用下式计算 $\boldsymbol{E}[X_i\mid X_j=1]$，

$$\boldsymbol{E}[X_i\mid X_j=1]=\Pr(X_i=1\mid X_j=1)$$

存在 $\binom{n-4}{4}$ 个与 C_j 不相交的顶点集合 C_i，每个相应的 X_i 以概率 p^6 为 1. 类似地，对 $4\binom{n-4}{3}$ 个与 C_j 有一个公共点的集合 C_i，以概率 p^6 有 $X_i=1$.

在其余情况，对与有两个公共顶点的 $6\binom{n-4}{2}$ 个集合 C_i，有 $\Pr(X_i=1\mid X_j=1)=p^5$，对与 C_j 有三个公共顶点的 $4\binom{n-4}{1}$ 个集合 C_i，有 $\Pr(X_i=1\mid X_j=1)=p^3$. 总之，我们有

$$\begin{aligned}\boldsymbol{E}[X\mid X_j=1]&=\sum_{i=1}^{\binom{n}{4}}\boldsymbol{E}[X_i\mid X_j=1]\\&=1+\binom{n-4}{4}p^6+4\binom{n-4}{3}p^6+6\binom{n-4}{2}p^5+4\binom{n-4}{1}p^3\end{aligned}$$

由定理 6.10 得

$$\Pr(X>0)\geqslant\frac{\binom{n}{4}p^6}{1+\binom{n-4}{4}p^6+4\binom{n-4}{3}p^6+6\binom{n-4}{2}p^5+4\binom{n-4}{1}p^3}$$

当 $p=f(n)=\omega(n^{-2/3})$时，随 n 增大，上式趋于 1.

6.7 洛瓦兹局部引理

在应用概率方法时，最漂亮且最有用的工具之一是洛瓦兹局部引理. 设 E_1，…，E_n 是某个概率空间中的坏事件集合，我们希望证明在样本空间中，存在一个不包含在任意坏事件中的元素.

如果事件相互独立，证明是容易的. 回忆事件 E_1，…，E_n 相互独立，当且仅当对任意的子集 $I\subseteq[1, n]$，

$$\Pr\Big(\bigcap_{i\in I}E_i\Big)=\prod_{i\in I}\Pr(E_i)$$

而且，如果 E_1，…，E_n 相互独立，那么 $\overline{E}_1$，…，$\overline{E}_n$ 也相互独立.（这已留作练习 1.20.）如果对所有的 i，$\Pr(E_i)<1$，那么

$$\Pr\Big(\bigcap_{i=1}^{n}\overline{E}_i\Big)=\prod_{i=1}^{n}\Pr(\overline{E}_i)>0$$

因此存在样本空间的一个元素，它不包含在任意坏事件中.

在许多问题中，要求相互独立太苛刻了，洛瓦兹局部引理将前面的证明推广到 n 个事件不是相互独立而是有限相关的情况. 特别地，由相互独立的定义，如果 $\Pr\Big(E_{n+1}\mid\bigcap_{j\in I}E_j\Big)=\Pr(E_{n+1})$对任意子集 $I\subseteq[1, n]$，我们称事件 E_{n+1}与事件 E_1，E_2，…，E_n 相互独立.

事件间的相关性可以用一个相关图来表示.

定义 6.1 事件 E_1，…，E_n 的集合的相关图是图 $G=(V, E)$，满足 $V=\{1, \cdots, n\}$ 且对 $i=1$，…，n，事件 E_i 与事件$\{E_j\mid(i, j)\notin E\}$相互独立. 相关图的度是图中所有顶点的最大度.

我们首先讨论一个特殊情况，即对称形式的洛瓦兹局部引理，这是比较直观且对大多数算法应用也已足够了.

定理 6.11[洛瓦兹局部引理] 设 E_1，…，E_n 是一个事件集合，假定以下条件成立：

1. 对于所有 i，$\Pr(E_i)\leqslant p$.
2. 由 E_1，…，E_n 给出的相关图的次不超过 d.
3. $4dp\leqslant 1$.

那么

$$\Pr\Big(\bigcap_{i=1}^{n}\overline{E}_i\Big)>0$$

证明 记 $S\subset\{1, \cdots, n\}$，我们对 $s=0$，…，$n-1$，用归纳法证明，如果 $|S|\leqslant s$，那么对于所有的 $k\notin S$ 有

$$\Pr\Big(E_k\mid\bigcap_{j\in S}\overline{E}_j\Big)\leqslant 2p$$

为了当 S 非空时这个表达式有意义，我们需要 $\Pr\left(\bigcap_{j\in S}\overline{E}_j\right)>0$.

由假定 $\Pr(E_k)\leqslant p$ 可知，基础情况 $s=0$ 成立. 为执行归纳步骤，我们首先证明 $\Pr\left(\bigcap_{j\in S}\overline{E}_j\right)>0$. 由于 $\Pr(\overline{E}_j)\geqslant 1-p>0$，所以当 $s=1$ 时，这是成立的. 对 $s>1$，不失一般性，设 $S=\{1, \cdots, s\}$，那么

$$\Pr\left(\bigcap_{i=1}^{s}\overline{E}_i\right)=\prod_{i=1}^{s}\Pr\left(\overline{E}_i \mid \bigcap_{j=1}^{i-1}\overline{E}_j\right)=\prod_{i=1}^{s}\left(1-\Pr\left(E_i \mid \bigcap_{j=1}^{i-1}\overline{E}_j\right)\right)\geqslant\prod_{i=1}^{s}(1-2p)>0$$

在得到最后一行时，我们用到了归纳假设.

对于归纳法的其余部分，令 $S_1=\{j\in S \mid (k, j)\in E\}$，$S_2=S-S_1$. 如果 $S_2=S$，那么 E_k 与 $\overline{E}_i(i\in S)$是相互独立的，且

$$\Pr\left(E_k \mid \bigcap_{j\in S}\overline{E}_j\right)\leqslant\Pr(E_k)\leqslant p$$

继续考虑 $|S_2|<s$ 的情况，引进下面的记号是有用的. 设 F_S 是由

$$F_S=\bigcap_{j\in S}\overline{E}_j$$

定义的，类似地定义 F_{S_1} 和 F_{S_2}，注意到 $F_S=F_{S_1}\cap F_{S_2}$.

由条件概率的定义可知

$$\Pr(E_k \mid F_S)=\frac{\Pr(E_k\cap F_S)}{\Pr(F_S)} \tag{6.4}$$

将条件概率的定义应用于式(6.4)的分子，得到

$$\Pr(E_k\cap F_S)=\Pr(E_k\cap F_{S_1}\cap F_{S_2})=\Pr(E_k\cap F_{S_1} \mid F_{S_2})\Pr(F_{S_2})$$

分母可以写成

$$\Pr(F_S)=\Pr(F_{S_1}\cap F_{S_2})=\Pr(F_{S_1} \mid F_{S_2})\Pr(F_{S_2})$$

消去公因子，我们已经证明公因子不为零. 得到

$$\Pr(E_k \mid F_S)=\frac{\Pr(E_k\cap F_{S_1} \mid F_{S_2})}{\Pr(F_{S_1} \mid F_{S_2})} \tag{6.5}$$

注意即使在 $S_2=\varnothing$ 时，式(6.5)也成立.

因为事件交的概率不超过其中任一事件的概率，且 E_k 与 S_2 中的事件独立，所以可以给出式(6.5)中分子的界为

$$\Pr(E_k\cap F_{S_1} \mid F_{S_2})\leqslant\Pr(E_k \mid F_{S_2})=\Pr(E_k)\leqslant p$$

因为 $|S_2|<|S|=s$，将归纳假设用于

$$\Pr(E_i\cap F_{S_2})=\Pr\left(E_i \mid \bigcap_{j\in S_2}\overline{E}_j\right)$$

再利用 $|S_1|\leqslant d$ 的事实，我们给出式(6.5)的分母的下界如下：

$$\begin{aligned}\Pr(F_{S_1} \mid F_{S_2}) &= \Pr\left(\bigcap_{i\in S_1}\overline{E}_i \mid \bigcap_{j\in S_2}\overline{E}_j\right)\geqslant 1-\sum_{i\in S_1}\Pr\left(E_i \mid \bigcap_{j\in S_2}\overline{E}_j\right)\\ &\geqslant 1-\sum_{i\in S_1}2p\geqslant 1-2pd\geqslant\frac{1}{2}\end{aligned}$$

利用分子的上界及分母的下界，我们证明了归纳：

$$\Pr(E_k \mid F_S) = \frac{\Pr(E_k \cap F_{S_1} \mid F_{S_2})}{\Pr(F_{S_1} \mid F_{S_2})} \leqslant \frac{p}{1/2} = 2p$$

由于

$$\Pr\left(\bigcap_{i=1}^{n} \overline{E}_i\right) = \prod_{i=1}^{n} \Pr\left(\overline{E}_i \mid \bigcap_{j=1}^{i-1} \overline{E}_j\right) = \prod_{i=1}^{n}\left(1 - \Pr\left(E_i \mid \bigcap_{j=1}^{i-1} \overline{E}_j\right)\right) \geqslant \prod_{i=1}^{n}(1-2p) > 0$$

定理成立. ■

6.7.1 应用：边不相交的路径

假设 n 对用户需要利用一个给定网络上的边不相交的路径通信，每对 $i=1, \cdots, n$ 可以从 m 条路径集合 F_i 中选择一条路径. 我们利用洛瓦兹局部引理证明，如果可能的路径不具有太多的共同边，那么存在一种选取联结 n 对用户的 n 条边不相交路径的方法.

定理 6.12 *如果 F_i 中任一路径与 F_j 中不多于 k 条的路径具有共同边，其中 $i \neq j$ 且 $8nk/m \leqslant 1$，那么存在一种选取联结 n 个对子 n 条边不相交路径的方法.*

证明 考虑由从 m 条路径集合中独立、均匀随机选取一条路径的每一个对子所定义的概率空间. 定义 $E_{i,j}$ 表示对子 i 和 j 选取的路径至少具有一条共同边的事件. 因为 F_i 中的一条路径与 F_j 中不多于 k 条的路径具有共同边，所以

$$p = \Pr(E_{i,j}) \leqslant \frac{k}{m}$$

设 d 是相关图的次. 因为当 $i' \notin \{i, j\}$，$j' \notin \{i, j\}$时，事件 $E_{i,j}$ 与所有事件 $E_{i',j'}$ 独立，我们有 $d < 2n$. 因为

$$4dp < \frac{8nk}{m} \leqslant 1$$

洛瓦兹局部引理的所有条件都满足，证明了

$$\Pr\left(\bigcap_{i \neq j} \overline{E}_{i,j}\right) > 0$$

因此，存在路径的选择使得 n 条路径是边不相交的. ■

6.7.2 应用：可满足性

作为第二个例子，我们回到可满足性问题. 对于 k-可满足性(k-SAT)问题，公式限制为每个子句恰有 k 个文字. 仍然假定没有子句包含一个文字及其否定，因为这些子句是平凡的. 我们证明任意一个 k-SAT 公式(其中没有变量出现在太多的子句中)有一个满足的赋值.

定理 6.13 *如果在 k-SAT 公式中没有变量出现在多于 $T=2^k/4k$ 个子句中，那么公式有一个满足的赋值.*

证明 考虑由给定的对变量的一个随机赋值所定义的概率空间. 对 $i=1, \cdots, m$，设 E_i 表示由于随机赋值第 i 个子句不满足事件. 因为每个子句有 k 个文字，

$$\Pr(E_i) = 2^{-k}$$

事件 E_i 与所有与子句 i 不具有共同变量的子句有关的事件相互独立. 因为子句 i 中 k 个变量中每一个都可能出现在不多于 $T=2^k/4k$ 个子句中，相关图的次的界为 $d \leqslant$

$kT \leqslant 2^{k-2}$.

在这种情况下，

$$4dp < 4 \cdot 2^{k-2} 2^{-k} \leqslant 1$$

所以，我们可以利用洛瓦兹局部引理得到结论

$$\Pr\left(\bigcap_{i=1}^{m} \overline{E}_i\right) > 0$$

因此存在公式的一个满足的赋值. ■

*6.8 利用洛瓦兹局部引理的显式构造

洛瓦兹局部引理证明了在一个适当定义的样本空间中，随机元素有满足我们要求的非零概率. 但是，这个概率对基于简单抽样的算法可能太小了. 在找到一个满足我们要求的元素之前所需的抽样对象的个数可能是关于问题大小的指数级的.

在一些有意义的应用中，洛瓦兹局部引理的现有结果可用于导出有效的构造算法. 虽然在具体应用中细节有所不同，但所有已知算法都是基于一般的两阶段方案. 在第一阶段，问题的变量子集赋予随机值，剩下的变量推迟到第二阶段. 在第一阶段赋值的随机变量的子集是这样选取的：

1）利用局部引理，可以证明在第一阶段固定的随机部分解可推广为问题的全部解，而无须修改第一阶段固定的任意变量.

2）由推迟到第二阶段的变量定义的事件间的相关图 H 以大的概率只有少量的连通分支.

当相关图由连通分支组成时，得到一个分支变量的解与其他分支无关. 所以两阶段算法的第一阶段将原问题分成较小的子问题，然后每个较小的子问题可以在第二阶段用穷举搜索法独立地解决.

应用：可满足性算法

我们通过寻找 k-SAT 公式的满足赋值的算法来演示这种技术. 显式构造结果显著地弱于上节所证明的现有结果. 特别是只在 k 是常数的情况，我们得到了多项式间算法. 这个结果仍然是有意义的，这是因为 $k \geqslant 3$ 时，k-可满足性问题是 NP 完全的. 为记号方便起见，这里我们只处理是偶数常数的情况($k \geqslant 12$)；k 为奇数常数的情况是类似的.

考虑一个 k-SAT 公式 $\mathcal{F}$，k 是偶数常数，使得对在证明中确定的某个常数 $\alpha > 0$，每个变量出现在不多于 $T = 2^{\alpha k}$ 个子句中. 设 x_1，x_2，…，x_ℓ 是 ℓ 个变量，C_1，…，C_m 是 $\mathcal{F}$ 的 m 个子句.

按照 6.8 节中提出的步骤，求关于 $\mathcal{F}$ 的满足赋值的算法有两个阶段. 在第一阶段，固定某些变量，剩余变量延迟到第二阶段. 在执行第一阶段时，如果下面两个条件成立，我们称子句是 C_i 危险的.

1）子句 C_i 中的 $k/2$ 个文字被固定.

2）C_i 还不是满足的.

可以如下描述阶段Ⅰ. 依次考虑变量 x_1，x_2，…，x_ℓ，如果 x_i 不在危险的子句中，则

独立且均匀随机地将其赋予一个$\{0, 1\}$中的值.

一个子句是*存活子句*，如果对阶段 I 中固定的变量不是满足的. 注意存活子句有不多于在第一阶段固定的 $k/2$ 个变量. 一个*延迟变量*是第一阶段没有赋值的变量. 在阶段 n，我们用穷举搜索方法给延迟变量赋值，并完成对公式的满足赋值.

在下面的两个引理中，我们给出了

1）在阶段 I 计算的部分解可以推广为 $\mathcal{F}$ 的完全满足的赋值.

2）以大的概率，用关于 m 的多项式时间完成阶段 II 的穷举搜索.

引理 6.14 *存在一个延迟变量的赋值，使得所有存活子句是满足的.*

证明 设 $H=(V, E)$ 是 m 个结点的图，其中 $V=\{1, \cdots, m\}$，设 $(i, j)\in E$ 当且仅当 $C_i\cap C_j\neq\emptyset$. 也就是说，H 是原问题的相关图. 设 $H'=(V', E')$ 是一个图，其中 $V'\subseteq V$，$E'\subseteq E$，使得(a)$i\in V'$当且仅当 C_i 是存活子句；(b)$(i, j)\in E'$当且仅当 C_i 和 C_j 共享一个延迟变量. 在下面的讨论中，我们不区分结点 i 与子句 i.

考虑对每个延迟变量独立地赋以$\{0, 1\}$中的随机值所定义的概率空间. 在阶段 I 对非延迟变量的赋值与对延迟变量的随机赋值一起，定义了对所有 ℓ 个变量的一个赋值. 对$i=1, \cdots, m$，设 E_i 是存活子句 C_i 不满足这个赋值的事件. 将事件 E_i 与 V'中的结点 i 相关联，那么图 H'是这个事件集合的相关图.

一个生存子句至少有 $k/2$ 个延迟变量，所以

$$p = \Pr(E_i) \leqslant 2^{-k/2}$$

一个变量出现在不多于 T 个子句中，所以，相关图的次不超过

$$d = kT \leqslant k2^{\alpha k}$$

对任意 $k\geqslant 12$，存在一个充分小的常数 $\alpha>0$，使得

$$4dp = 4k2^{\alpha k}2^{-k/2} \leqslant 1$$

故由洛瓦兹局部引理，存在对延迟变量的赋值——与阶段 I 对变量的赋值一起——满足公式. ∎

对阶段 I 中变量子集的赋值将问题划分成与 m 个独立子公式一样多，使得每个延迟变量只出现在一个子公式中. 子公式由 H'的连通分支给出. 如果可以证明 H'的每个连通分支的大小为 $O(\log m)$，那么每个子公式将有不多于 $O(k\log m)$个延迟变量. 对在每个子公式中所有变量的所有可能赋值的穷举搜索就可以以多项式时间进行. 因此，我们关注下面的引理.

引理 6.15 *以概率 $1-o(1)$，H'中的所有连通分支的大小为 $O(\log m)$.*

证明 考虑 H 中 r 个顶点的连通分支 R. 如果 R 是一个 H'中的连通分支，那么它的所有 r 个结点是生存子句. 一个生存子句或者是危险子句，或者与危险子句至少共享一个延迟变量(即它有一个 H'中的邻点是危险子句). 一个已给子句是危险的概率至多为 $2^{-k/2}$，这是因为在阶段 I 恰好有 $k/2$ 个变量给定了随机值，而这些值都不满足子句. 一个给定子句生存的概率是这个子句或者它的直接邻点中至少有一个是危险的概率，这不超过

$$(d+1)2^{-k/2}$$

其中仍是 $d=kT>1$.

如果单个子句的生存是独立事件，那么我们将处于极好的状态. 但是，从这里的叙述中，这样的事件明显不是独立的. 我们识别 R 中的顶点子集，使得由这个子集的顶点表示

的子句的生存是独立事件．H 中连通分支 R 的 4-树 S 定义如下：

1）S 是有根树．

2）S 中任两个结点在 H 中的距离至少为 4．

3）只在 H 中距离恰好为 4 的两个结点之间，在 S 中有一条边．

4）R 中的任意结点或者在 S 中，或者与 S 中的一个结点距离为 3，或者更小．

考虑 4-树中的结点是有用的，这是因为一个 4-树中的结点 u 生存的事件与 4-树中其他结点 v 生存的事件实际上是独立的．任何可以使子句 u 生存的子句与任何可以使子句 v 生存的子句的距离至少为 2．距离为 2 的子句不共享变量，因此，它们是危险的事件是独立的．我们可以利用这种独立性得出结论，对任意的 4-树 S，在 4-树中结点生存的概率至多是

$$((d+1)2^{-k/2})^{|S|}$$

连通分支 R 的最大 4-树 S 是有最大可能顶点个数的 4-树．因为相关图的次不超过 d，存在不多于

$$d+d(d-1)+d(d-1)(d-1)\leqslant d^3-1$$

个与任一已知顶点距离为 3 或更小的结点．所以我们断定 R 的最大 4-树必至少有 r/d^3 个顶点．否则，当考虑最大 4-树 S 的顶点及所有与这些顶点距离为 3 或更小的邻点时，我们得到少于 r 个顶点．因此，必存在一个与 S 中所有顶点距离至少为 4 的顶点．如果这个顶点与 S 中某个顶点距离恰好为 4，那么可以将它加到 S 中，即 S 不是最大的，产生矛盾．如果它与 S 中所有顶点的距离大于 4，考虑任意使它接近 S 的路径，这样的路径最后必经过与 S 中所有顶点距离至少为 4 且与 S 中某个顶点距离为 4 的一个顶点，仍与 S 的最大性矛盾．

为证明对某个常数 c，以概率 $1-o(1)$ 在 H' 中不存在大小为 $r\geqslant c\log_2 m$ 的连通分支 R．我们证明不存在以概率 $1-o(1)$ 生存的大小为 r/d^3 的 H 中的 4-树．因为一个生存的连通分支 R 有一个太小为 r/d^3 的最大 4-树，缺少这样一个 4-树意味着缺少这样一个分支．

我们需要数出 H 中大小为 $s=r/d^3$ 的 4-树的个数．可以用 m 种方法选取 4-树的根．一个根为 v 的树由欧拉旅行唯一确定，即始点和终点在 v，通过树的每条边两次，每个方向一次．因为 S 的边表示 H 中长度为 4 的路径，在 4-树的每个顶点，欧拉路能以 d^4 种不同方法继续，所以 H 中大小为 $s=r/d^3$ 的 4-树的个数不超过

$$m(d^4)^{2s}=md^{8r/d^3}$$

在 H' 中每个这种 4-树的结点生存的概率至多为

$$((d+1)2^{-k/2})^s=((d+1)2^{-k/2})^{r/d^3}$$

因此 H' 有一个大小为 r 的连通分支的概率不超过

$$md^{8r/d^3}((d+1)2^{-k/2})^{r/d^3}\leqslant m2^{(rk/d^3)(8\alpha+2\alpha-1/2)}=o(1)$$

其中 $r\geqslant c\log_2 m$，c 是适当大的常数，$\alpha>0$ 是充分小的常数．■

这样，我们有以下定理．

定理 6.16　考虑有 m 个子句的 k-SAT 公式，其中 $k\geqslant 12$ 为偶数常数，且每个变量出现在直到 $2^{\alpha k}$ 个子句中，$\alpha>0$ 是充分小的常数．那么存在一个算法，以关于 m 的多项式期望时间找到公式的满足赋值．

证明 如我们已经描述的那样，如果第一阶段将问题分成只涉及 $O(k \log m)$ 个变量的子公式，那么可以用穷举法求解每个子公式，以关于 m 的多项式时间求得一个解. 第一阶段将问题适当地划分的概率为 $1-o(1)$，所以在得到一个好的划分以前，需要平均地运行阶段 I 一个不变的常数时间，定理成立. ■

6.9 洛瓦兹局部引理：一般情况

为完整起见，我们给出洛瓦兹局部引理的一般情况的叙述和证明.

定理 6.17 设 E_1，…，E_n 是任意概率空间中的一个事件集，$G=(V, E)$ 是这些事件的相关图，假设存在 x_1，x_2，…，$x_n \in [0, 1]$，使得对所有的 $1 \leqslant i \leqslant n$，有

$$\Pr(E_i) \leqslant x_i \prod_{(i,j) \in E} (1 - x_j)$$

那么

$$\Pr\left(\bigcap_{i=1}^{n} \overline{E}_i\right) \geqslant \prod_{i=1}^{n} (1 - x_i)$$

证明 设 $S \subseteq \{1, \cdots, n\}$. 我们用关于 $s=0$，…，n 的归纳法证明，如果 $|S| \leqslant s$，那么对所有的 k，有

$$\Pr\left(E_k \mid \bigcap_{j \in S} \overline{E}_j\right) \leqslant x_k$$

如局部引理的对称情况那样，必须当心条件概率应是有定义的. 利用与对称情况相同的方法，这是成立的，所以只需集中考虑归纳法的其余部分.

由假设

$$\Pr(E_k) \leqslant x_k \prod_{(k,j) \in E} (1 - x_j) \leqslant x_k$$

$s=0$ 的基本情况是成立的.

对归纳步骤，设 $S_1 = \{j \in S \mid (k, j) \in E\}$，$S_2 = S - S_1$，如果 $S_2 = S$，那么 E_k 与 $\overline{E}_i (i \in S)$ 是相互独立的，且

$$\Pr\left(E_k \mid \bigcap_{j \in S} \overline{E}_j\right) \leqslant \Pr(E_k) \leqslant x_k$$

继续考虑 $|S_2| < s$ 的情况，仍利用记号

$$F_S = \bigcap_{j \in S} \overline{E}_j$$

并类似地定义 F_{S_1} 和 F_{S_2}，注意到 $F_S = F_{S_1} \cap F_{S_2}$.

由条件概率的定义可知

$$\Pr(E_k \mid F_S) = \frac{\Pr(E_k \cap F_S)}{\Pr(F_S)} \tag{6.6}$$

再次由条件概率的定义，式(6.6)的分子可写成

$$\Pr(E_k \cap F_S) = \Pr(E_k \cap F_{S_1} \mid F_{S_2}) \Pr(F_{S_2})$$

分母可写成

$$\Pr(F_S) = \Pr(F_{S_1} \mid F_{S_2}) \Pr(F_{S_2})$$

消去公因子得

$$\Pr(E_k \mid F_S) = \frac{\Pr(E_k \cap F_{S_1} \mid F_{S_2})}{\Pr(F_{S_1} \mid F_{S_2})} \tag{6.7}$$

因为事件交的概率不超过每个事件的概率，还因为 E_k 与 S_2 中的事件独立，我们可以界定式(6.7)的分子.

$$\Pr(E_k \cap F_{S_1} \mid F_{S_2}) = \Pr(E_k \mid F_{S_2}) = \Pr(E_k) \leqslant x_k \prod_{(k,j)\in E}(1-x_j)$$

为了界定式(6.7)的分母，记 $S_1=\{j_1, \cdots, j_r\}$，由归纳假设，我们有

$$\begin{aligned}\Pr(F_{S_1} \mid F_{S_2}) &= \Pr\left(\bigcap_{j\in S_1}\overline{E}_j \mid \bigcap_{j\in S_2}\overline{E}_j\right) = \prod_{i=1}^{r}\left(1-\Pr\left(E_{j_i} \mid \left(\bigcap_{t=1}^{i-1}\overline{E}_{j_t}\right)\cap\left(\bigcap_{j\in S_2}\overline{E}_j\right)\right)\right)\\ &\geqslant \prod_{i=1}^{r}(1-x_{j_i}) \geqslant \prod_{(k,j)\in E}(1-x_j)\end{aligned}$$

利用分子的上界及分母的下界，可以证明归纳假设：

$$\Pr\left(E_k \mid \bigcap_{j\in S}\overline{E}_j\right) = \Pr(E_k \mid F_S) = \frac{\Pr(E_k \cap F_{S_1} \mid F_{S_2})}{\Pr(F_{S_1} \mid F_{S_2})} \leqslant \frac{x_k \prod_{(k,j)\in E}(1-x_j)}{\prod_{(k,j)\in E}(1-x_j)} = x_k$$

现在由

$$\begin{aligned}\Pr(\overline{E}_1,\cdots,\overline{E}_n) &= \prod_{i=1}^{n}\Pr(\overline{E}_i \mid \overline{E}_1,\cdots,\overline{E}_{i-1}) = \prod_{i=1}^{n}(1-\Pr(E_i \mid \overline{E}_1,\cdots,\overline{E}_{i-1}))\\ &= \prod_{i=1}^{n}(1-x_i) > 0\end{aligned}$$

可知定理成立. ■

*6.10 洛瓦兹算法局部引理

最近，人们在扩展洛瓦兹局部引理方面取得了一些进展. 在这里我们简要总结一下要点，然后通过再一次研究 k-SAT 问题来提供这些想法在实践中的一个例子.

我们之前已经证明，如果 k-SAT 公式中变量没有出现在超过 $2^k/(4k)$ 个子句中，那么公式有一个好的结果，而且我们已经证明了如果每个变量出现在不超过 $2^{\alpha k}$ 个子句中(α 是一个常数)，问题的解可以在预期的多项式时间中找到. 在这里，我们提供的改进的结果也是在预期的多项式时间中.

定理 6.18 *假设 k-SAT 公式中的每个子句有一个或多个变量，除此之外公式最多有 $2^{k-3}-1$ 个其他子句. 那么该公式至少存在一个解并且可以在预期时间内找到，该预期时间是子句数 m 的多项式.*

在开始证明之前，我们非正式地说一下我们的算法. 和以前一样，令 x_1，x_2，…，x_ℓ 为 ℓ 个变量，C_1，…，C_m 是公式中的 m 个子句. 我们首先选择随机真值分配(均匀随机). 然后我们找一个不符合分配的子句 C_i；如果没有这样的子句，我们就得到解. 如果有这样的子句存在，我们专门查看子句中的变量，并随机选择一个这些变量的新的真值分配. 这样做可能“修复”子句 C_i 使得它服从分配，但也可能不会；更糟糕的是，它可能最终导致一个子句 C_j 中出现与一个 C_i 相同的变量并且 C_j 不服从分配. 我们递归修复这些相邻的子

句，那么，当递归完成时，我们得到的 C_i 服从分配，而我们没有通过使任何子句变得不服从分配来破坏任何子句. 因此我们通过改进至少一个先前不服从分配的子句为服从分配子句来改善原来的条件. 然后我们继续改进下一个不服从分配的子句，最多需要做 m 次.

我们需要解决的潜在问题是如何知道我们所描述的递归停止时结果是有效的，这也表明该算法是有效的. 可能要无限地重复进行下去，也可能是指数形式数量的次数. 我们证明了这种情况下不会出现其他类型的参数. 具体来说，我们假设这样的情况是可能的，那么可以压缩独立的随机 n-字符串，无偏地翻转到少于 n 位. 那应该不可能，它的确不可能. 虽然压缩是我们在第10章中详细介绍的主题，但是我们在定理的证明中会出现我们需要的压缩结果. 我们所需要的是一个 r 个随机位的字符串，其中每个随机位是独立且均匀地选择的，不能压缩，因此所选择的所有 r 随机位的结果平均长度不超过 $r-2$.

要确保这一点必须如此，尽可能做出尽量完美的假设设定，那样我们不用担心压缩序列的“终止”，但可以使用每个长度小于 r 的字符串来表示每一个我们要压缩的 2^r 个可能的字符串. 也就是说，我们不用担心一个压缩字符串可能是“0”而另一个压缩字符串可能是“00”，在这种情况下，可能很难区分“00”是否意味着表示单个压缩字符串，或由“0”表示的字符串的两个副本.（基本上，压缩的字符串可以自由终止，这一规定只会在论证中造成麻烦.）但是，每个位数 $s<r$ 的字符串只能代表一个可能的长度为 r 的字符串. 因此我们有一个长度为0的字符串（空的字符串），两个长度为1的字符串，依此类推. 只有 2^r-1 个长度小于 r 的字符串，即使我们只计算那些计算压缩平均长度的字符串，这只会让计算麻烦，平均长度至少是

$$\sum_{i=1}^{r-1} \frac{1}{2^{r-i}} \cdot i \geqslant r-2$$

同样的压缩情况对 2^r 个等可能的字符串的集合也成立，它们不必是限于 r 个随机位的字符串.

在上述实例下，我们的证明过程如下.

定理6.18的证明 我们使用的算法有明确定义，即下面的 k-可满足性算法.

k-可满足性算法（使用算法LLL）

输入： 为 n 个变量的 k-SAT 公式中使用的子句 C_1，…，C_m 的集合.

输出： 这些变量的真值赋值.

主程序：

1. 从随机分配开始.
2. 当有些 C_i 不符合：
   (a) 选择不符合的 C_i 的最小值 i.
   (b) 在特定阶段使用 $\lceil \log_2 m \rceil$ 位的二进制中输入 i.
   (c) 在子句 C_i 上使用局部校正.

局部校正(C)：

1. 为子句 C 中的每个变量重新采样新值.
2. 当某个 C_j（可能包括 C 本身）与 C 共享一个变量，则是不符合的
   (a) 选择与 C 共享一个变量的不符合的最小值为 j 的 C_j.

(b) 在特定阶段的二进制 $k-3$ 位上输入“0”，其次是 j.

(c) 在子句 C_j 上使用局部校正.

3. 在特定阶段中输入“1”

我们注意到当用该算法进行分析时，它产生了一个历史记录.

重要的是要意识到，虽然一个子句通过递归过程可多次再次在适合和不适合中变换，但当我们返回到主程序并完成调用局部校正时，我们可以得到局部校正从主从句中调用的满意的子句 C_i，并进一步规定：由于递归，以前适合的将会一直保持适合状态. 我们希望展示的是递归过程必须停止.

我们的分析利用了算法使用随机字符串的事实. 接下来提供两种不同的方法来描述我们的算法是如何运行的.

我们可以认为我们的算法是由它所使用的随机位串来描述的. 初始为每个变量分配随机真值需要 n 位. 之后，每次调用局部校正时，都需要 k 位重新采样子句的值. 让我们将每一次局部校正调用称为一轮. 描述算法对 j 轮的作用的一种方法是使用算法使用的 $n+jk$ 位的随机字符串.

还有另一种方法描述我们的算法是如何工作的. 我们跟踪算法的“历史”，如算法所示. 历史记录包含一个由主程序调用的局部校正的子句列表. 历史记录还包括对局部校正的递归调用的列表，只是方式有点不太明显. 首先，我们注意到该算法使用一个标志位 0 和一个标志位 1 来标记递归调用的开始和结束，因此该算法以一种自然的方式跟踪递归调用的堆栈. 第二，与自然方法即使用$\lceil \log_2 m \rceil$位代表指数条款的递归调用不同，该算法只使用 $k-3$ 位. 我们现在解释为什么只需 $k-3$ 位. 因为最多有 2^{k-3} 个可能子句与当前子句(包括当前子句本身)共享一个变量可以为下一个所调用，该子句可以表示为 $k-3$ 位.（想象一个有序列表的 2^{k-3} 个子句与每个子句共享一个变量，则我们只需要索引到那个列表中.）最后，我们的历史还将包括当前 n 位的真值赋值. 注意，当前的真值赋值可以看作是在历史记录的单独可更新存储区域中，每次真值赋值被更新，这部分历史也被更新.

现在我们展示当算法运行至 j 轮时，我们可以从我们描述的历史中恢复算法所使用的 $n+jk$ 位的随机字符串. 从当前的真值赋值开始，使用标记局部校正调用的标志分解历史记录. 我们可以使用历史记录来确定递归调用的顺序，以及调用局部校正的子句. 然后，回溯历史，我们就可以知道每一步哪个子句被重新采样. 对于必须重新采样的子句，它之前必须是不适合的. 但是只有一组变量使得子句不适合，因此我们知道在子句被重新采样之前，这些变量的真值是多少. 因此，我们可以更新当前的真值赋值，使其表示在重新采样之前的真值赋值，并在整个过程中向后进行. 重复这个操作，我们可以确定原始的真值赋值，因为在每一步中，我们可以确定在每次重采样中哪些变量值被改变了，它们的值是什么，从而恢复整个 $n+jk$ 位的随机字符串.

我们的历史最多需要 $n+m\lceil \log_2 m \rceil+j(k-1)$位，而这里我们所采用的算法中每次重采样最多使用 $k-1$ 位，包括两位可能是必要的作为重采样递归开始和结束的标志. 对于足够大的 j，我们的历史以收益率压缩形式的随机字符串运行算法，因为只有 $k-1$ 位用来表示每个历史上重采样，而不是 k 位.

在假设没有赋予真值的情况下，这种算法将永远运行. 然后经过足够多的回合 J，将

最多有 $n+m\lceil\log_2 m\rceil+J(k-1)$ 位. 而运行算法的随机字符串将是 $n+Jk$ 位. 通过压缩随机字符串的结果，我们必须要使得

$$n+m\lceil\log_2 m\rceil+J(k-1)\geqslant n+Jk-2$$

成立，因此求得

$$J\leqslant m\lceil\log_2 m\rceil+2$$

而这与算法可以永远运行相矛盾，因此必须要赋予真值.

同理，轮数 $J\geqslant m\lceil\log_2 m\rceil+2+i$ 的概率至多是 2^{-i}. 因此，我们假设持续到这一轮的概率大于 2^{-i}. 再次考虑 $J=m\lceil\log_2 m\rceil+2+i$ 轮后的算法，因此它将最多为 $n+m\lceil\log_2 m\rceil+J(k-1)$位. 该算法还可以通过导致当前状态的 $n+Jk$ 个随机位来描述. 由于存在这个长度的至少 2^{n+Jk} 个随机数位，并且通过假设至少持续这么多轮的概率大于 2^{-i}，存在至少 2^{n+Jk-i}个随机位与之相关联. 通过压缩随机字符串的结果，它需要平均多于 $n+Jk-i-2$ 位来表示与到达此轮相关的至少 2^{n+Jk-i}随机位串. 但是，这些历史已经被认为是这些随机位串的表示，因为我们可以从历史中重建算法的随机位串. 历史使用的位数仅为

$$n+m\lceil\log_2 m\rceil+J(k-1)=n+Jk-i-2$$

这是矛盾的.

由于持续时间超过 $m\lceil\log_2 m\rceil+2+i$ 的概率最多为 2^{-i}，期望的轮数上界为

$$m\lceil\log_2 m\rceil+2+\sum_{i=1}^{\infty}i2^{-i}$$

因此，算法使用的期望轮数最多为 $m\lceil\log_2 m\rceil+4$.

在每个重新采样轮中完成的工作可以很容易地以 m 为多项式，因此找到一个分配的总期望时间也可以是 m 的多项式. ■

虽然很令人惊讶，但上述证明可以略微改善. 更精细的编码表明，所需的预期轮数可以减少到 $O(m)$，而不是 $O(m\log m)$. 这在练习 6.21 中有所涉及.

我们在定理 6.18 的证明中使用的可满足性问题的算法可以进一步推广得到一个洛瓦兹局部引理的算法版本. 让我们假设有 n 个事件 E_1，E_2，…，E_n 的集合，它们依赖于 ℓ 个相互独立的变量 y_1，…，y_ℓ 的集合. 事件的依赖图在两个事件之间有一个优势，如果它们都依赖于至少一个共享变量 y_i. 我们的想法是，如果每个步骤都存在不满足条件的事件，我们仅仅重新采样该事件所依赖的随机变量. 与使用算法洛瓦兹局部引理的 k-可满足性算法一样，必须仔细排序此重采样过程以确保进度. 如果依赖关系不是太大，则正确的重采样算法以一个解结束.

对称版本更容易描述.

定理 6.19 设 E_1，E_2，…，E_n 为任意概率空间中的一组事件，由相互独立的随机变量 y_1，…，y_ℓ 确定，并且令 $G=(V,E)$是这些事件的依赖图. 假设值 d 和 p 满足下列条件：

1. 每个事件 E_i 与依赖图中的至多 d 个其他事件相邻，等价地，只有 d 个其他事件也依赖于 E_i 所依赖的一个或多个 y_j.
2. $\Pr(E_i)\leqslant p$.
3. $ep(d+1)\leqslant 1$.

那么，存在 y_i 的赋值使得事件 $\bigcap_{i=1}^{n} \overline{E}_i$ 成立，并且重新采样算法具有以下属性：算法在找到这样的赋值时重新采样事件 E_i 的预期次数最多为 $1/d$. 因此，算法的期望重新采样总步数最多为 n/d.

但是，我们对非对称版本也有相应的定理.

定理 6.20 令 $E_1, E_2, \cdots, E_n$ 为任意概率空间中的一组事件，由相互独立的随机变量 $y_1, \cdots, y_\ell$ 确定，并且令 $G=(V, E)$ 是这些事件的依赖图. 假设存在 $x_1, x_2, \cdots, x_n \in [0, 1]$，使得对所有 $1 \leqslant i \leqslant n$，有

$$\Pr(E_i) \leqslant x_i \prod_{(i,j)\in E} (1-x_j)$$

那么，存在 y_i 的赋值使得事件 $\bigcap_{i=1}^{n} \overline{E}_i$ 成立，并且重新采样算法具有以下属性：算法在找到这样的赋值时重新采样事件 E_i 的预期次数最多为 $x_i/(1-x_i)$. 算法的期望重新采样总步数最多为 $\sum_{i=1}^{n} x_i/(1-x_i)$.

这些定理的证明超出了本书的范围. 它们类似于建立在上面给出的重新采样基础上的可满足性算法，证明的出发点是界定发生在算法过程中的重新采样的期望数.

6.11 练习

6.1 考虑一个有 m 个子句的 SAT 实例，其中每个子句恰有 k 个文字.

(a) 给出寻找至少有 $m(1-2^{-k})$ 个子句满足赋值的 Las Vegas 算法，并分析它的期望运行时间.

(b) 利用条件期望方法，给出随机化算法的消除随机性.

6.2 (a) 对每个整数 n，证明存在用两种颜色对完全图的边的一种着色法，使得 K_4 的单色副本总数至多为 $\binom{n}{4}2^{-5}$ 个.

(b) 给出一个寻找 K_4 的至多有 $\binom{n}{4}2^{-5}$ 个单色副本的着色法的随机化算法，以关于 n 的多项式的期望时间运行.

(c) 说明如何利用条件期望的方法构造一种用多项式时间的确定性着色法.

6.3 给定有 n 个顶点的无向图 $G(V, E)$，考虑以下生成独立集的方法. 已知顶点的一个排列 σ，定义顶点的一个子集 $S(\sigma)$ 如下：对每个顶点 i，$i \in S(\sigma)$ 当且仅当没有 i 的邻点 j 依排列 σ 的次序在 i 的前面.

(a) 证明每个 $S(\sigma)$ 是 G 中的独立集.

(b) 提出一个自然的随机化算法来产生 σ，对此可以证明 $S(\sigma)$ 的期望基为

$$\sum_{i=1}^{n} \frac{1}{d_i+1}$$

其中 d_i 表示顶点 i 的次.

(c) 证明 G 有一个大小至少为 $\sum_{i=1}^{n} 1/(d_i+1)$ 的独立集.

6.4 考虑下面的两人游戏. 开始时将 k 个代金券放置在整数直线$[0, n]$的数 0 处. 每一轮，由称为挑选者的一人选择代金券的两个不相交的非空集合 A 和 B(集合 A 及 B 不必包括所有其余的代金券，只

需要是不相交的即可). 另一人称为移动者，将一个集合中的所有代金券从台板上取走. 另一集合中的代金券全都从它们当前的位置沿着整数直线向上移动一个间隔. 如果有任意代金券到达 n，挑选者获胜. 如果挑选者以一张没有到达 n 的代金券结束游戏，移动者获胜.

(a) 当 $k \geqslant 2^n$ 时，给出一个挑选者的获胜策略.

(b) 利用概率方法证明，当 $k < 2^n$ 时，必存在一个移动者的获胜策略.

(c) 解释如何利用条件期望的方法消去 $k < 2^n$ 时移动者获胜策略的随机性.

6.5 我们已经用概率方法证明了，如果图 G 有 n 个结点和 m 条边，那么存在将 n 个结点分成集合 A 和 B 的划分，使得至少有 $m/2$ 条边横跨划分. 稍微改善这个结果：证明存在一种划分，使得至少有 $mn/2n-1$ 条边横跨划分.

6.6 我们可以将求最大割问题推广到求最大 k-割. 一个 k-割是将顶点分成 k 个不相交集合的划分，割值是从 k 个集合中的某个到另一个的所有横跨边的权. 在 6.2.1 节，我们考虑了所有边有相同权 1 的 2-割，用概率方法证明了任意有 m 条边的图 G 有一值至少为 $m/2$ 的割. 推广这种方法证明任意有 m 条边的图 G 有一个值至少为 $(k-1)m/k$ 的 k-割. 说明如何利用消去随机性方法(由 6.3 节的论证)给出寻找这样一个割的确定性算法.

6.7 超图 H 是一个集合对 (V, E)，其中 V 是顶点集合，E 是超边集合. E 中的每一条超边是 V 的子集. 特别地，r-一致超图是每条边大小都为 r 的超图. 例如，2-一致超图就是一个标准图. 超图 H 中的控制集是一个顶点集合 $S \subset V$，对每条边 $e \in E$，满足 $e \cap S \neq \emptyset$，即 S 抵达超图中的每条边.

设 $H=(V, E)$ 是有 n 个顶点和 m 条边的 r-一致超图. 证明对每个实数 $0 \leqslant p \leqslant 1$，存在大小至多为 $np+(1-p)^r m$ 的控制集. 并证明存在一个大小至多为 $(m+n\ln r)/r$ 的控制集.

6.8 对每个整数 n，证明存在用两种颜色为 K_x 边着色的方法，使得当

$$x = n - \binom{n}{k} 2^{1-\binom{k}{2}}$$

时，不存在大小为 k 的单色图(提示：先用两种颜色为 K_n 边着色，然后再修补).

6.9 竞赛图是一个 n 个顶点的图，在每对顶点之间恰有一条有向边. 如果顶点代表选手，那么每条边可以作为两个选手之间的比赛结果：边指向获胜者. 排名是 n 个选手从好到坏(不容许出现结)的次序. 给定一个竞赛图的结果，人们可能希望确定选手的排名. 排名称为与 y 到 x 的有向边不一致的，如果按此排名，y 在 x 的前面(因为在竞赛图中，x 战胜了 y).

(a) 证明对每个竞赛图，存在至多与 50%的边不一致的排名.

(b) 证明对充分大的 n 存在一个竞赛图，使得每个排名与这个竞赛图中至少 49%的边不一致.

6.10 $\{1, 2, \cdots, n\}$ 的一个子集族 $\mathcal{F}$ 称为反链，如果不存在 $\mathcal{F}$ 中的一对集合 A 和 B 满足 $A \subset B$.

(a) 给出一个 $\mathcal{F}$ 的例子，其中 $|\mathcal{F}| = \binom{n}{\lfloor n/2 \rfloor}$.

(b) 设 f_k 是 $\mathcal{F}$ 中大小为 k 的集合个数，证明

$$\sum_{k=0}^{n} \frac{f_k}{\binom{n}{k}} \leqslant 1$$

(提示：选取一个从数字 1 到 n 的随机排列，令 $X_k=1$，如果在你的排列中，前 k 个数产生 $\mathcal{F}$ 中的集合. 如果 $X = \sum_{k=0}^{n} X_k$，关于 X，你能够说些什么吗?)

(c) 证明对任意反链 $\mathcal{F}$：$|\mathcal{F}| \leqslant \binom{n}{\lfloor n/2 \rfloor}$.

练习 6.11 考虑 $G_{n,p}$ 中一个有 n 个顶点，且每一对顶点是否有边联接是独立的，有边联接的概率为 p 的图. 我们给出一个图中存在三角形的证明的开端.

设 t_1，…，$t_{\binom{n}{3}}$ 是图中所有三个顶点的三元组的全体，如果 t_i 的三条边全在图中，此时 t_i 构成图中一个三角形，则令 $X_i=1$，否则，令 $X_i=0$. 设 $X=\sum_{i=1}^{\binom{n}{3}} X_i$.

(a) 计算 $\mathbf{E}[X]$.

(b) 利用(a)证明：如果 $pn\to 0$，那么 $\Pr(X>0)\to 0$.

(c) 求证：$\mathbf{Var}[X_i]\leqslant p^3$.

(d) 证明：对 $O(n^4)$ 对 $i\neq j$，有 $\mathbf{Cov}(X_i, X_j)=p^5-p^6$，否则，有 $\mathbf{Cov}(X_i, X_j)=0$.

(e) 求证：$\mathbf{Var}[X]=O(n^3p^3+n^4(p^5-p^6))$.

(f) 证明：如果 p 满足 $pn\to\infty$，那么 $\Pr(X=0)\to 0$.

6.12 在 6.5.1 节为了演示二阶矩方法，我们给出了随机图中 4-团个数的方差的界. 说明如何利用练习 3.9 中的等式直接计算方差：对伯努利随机变量之和 $X=\sum_{i=1}^{n} X_i$，有

$$\mathbf{E}[X^2]=\sum_{i=1}^{n}\Pr(X_i=1)\mathbf{E}[X\mid X_i=1]$$

6.13 考虑 $G_{n,p}$ 中的图是否有大小为常数 k 的团的问题. 对这个性质，建立一个合适的阈函数，推广用于大小为 4 的团的方法，或用二阶矩方法，或用条件期望不等式，证明你的阈函数对大小为 5 的团是正确的.

6.14 考虑 $G_{n,p}$ 中的图，$p=c\ln n/n$. 利用二阶矩方法或条件期望不等式证明，如果 $c<1$，那么对任意常数 $\varepsilon>0$ 及充分大的 n，图至少以 $1-\varepsilon$ 的概率有孤立顶点.

6.15 考虑 $G_{n,p}$ 中的图，$p=1/n$. 设 X 是图中三角形的个数，其中三角形是有三条边的团. 证明

$$\Pr(X\geqslant 1)\leqslant 1/6$$

并且

$$\lim_{n\to\infty}\Pr(X\geqslant 1)\geqslant 1/7$$

(提示：利用条件期望不等式.)

6.16 考虑 4.4 节的集合平衡问题. 我们断言，对 $\bar{b}$ 的任意选取，存在 $n\times n$ 矩阵 $\mathbf{A}$，使得对任意选取的 $\bar{b}$，$\|\mathbf{A}\bar{b}\|_\infty$ 为 $\Omega(\sqrt{n})$. 为方便起见，假定 n 是偶数.

(a) 我们已在式(5.5)证明了

$$n!\leqslant \mathrm{e}\sqrt{n}\left(\frac{n}{\mathrm{e}}\right)^n$$

利用类似的思想，对某个正常数 a，证明

$$n!\geqslant a\sqrt{n}\left(\frac{n}{\mathrm{e}}\right)^n$$

(b) 设 b_1，b_2，…，$b_{m/2}$ 全都等于 1，$b_{m/2+1}$，$b_{m/2+2}$，…，b_m 全都等于 -1. 设 Y_1，Y_2，…，Y_m 每个都是从 $\{0, 1\}$ 中独立地且均匀随机地选取的. 证明存在一个正常数 c，使得对充分大的 m，有

$$\Pr\left(\left|\sum_{i=1}^{m} b_iY_i\right|>c\sqrt{m}\right)>\frac{1}{2}$$

(提示：考虑等于 1 的 Y_i 个数的条件.)

(c) 设 b_1，b_2，…，b_m 每个可以等于 1 或 -1，Y_1，Y_2，…，Y_m 每个是从 $\{0, 1\}$ 中独立地且均匀随机地选取的. 证明存在一个正常数 c，使得对充分大的 m，有

$$\Pr\left(\left|\sum_{i=1}^{m} b_iY_i\right|>c\sqrt{m}\right)>\frac{1}{2}$$

(d) 证明存在一个矩阵 $\boldsymbol{A}$，使得对任意选取的 $\bar{b}$，$\|\boldsymbol{A}\bar{b}\|_\infty$ 为 $\Omega(\sqrt{n})$.

6.17 利用洛瓦兹局部引理证明：如果

$$4\binom{k}{2}\binom{n}{k-2}2^{1-\binom{k}{2}} \leqslant 1$$

那么有可能用两种颜色对 K_n 的边着色，使得没有单色 K_k 子图.

6.18 利用一般形式的洛瓦兹局部引理证明，可以用较弱的条件 $ep(d+1)\leqslant 1$ 代替条件 $4dp\leqslant 1$ 来改善定理 6.11 的对称形式.

6.19 设 $G=(V, E)$是无向图，假定每个 $v\in V$ 与一个 $8r$ 种颜色的集合 $S(v)$相关联，其中 $r\geqslant 1$. 另外还假定对每个 $v\in V$ 及 $c\in S(v)$，存在 v 的至多 r 个邻点 u，使得 c 在 $S(u)$中；证明存在 G 的适当着色，对每个顶点 v 指派一种来自它的类 $S(v)$中的颜色，使得对任意边$(u, v)\in E$，指派给 u 和 v 的颜色是不同的. 可以令 $A_{u,v,c}$是 u 和 v 都用颜色 c 来着色的事件，然后考虑这样的事件族.

6.20 一个 k-一致超图是一个有序对 $G=(V, E)$，但边与 k 个(不同)顶点的集合相关，而不仅仅是 2 个(因此，2-一致超图正好是我们通常所说的图). 如果所有顶点的次都是 k，则称超图是 k-正则的；也就是说，它们在 k 超图边里.

证明对于足够大的 k，一个 k-一致，k-正则超图的顶点可以是 2 色的，以致没有边是单色的. 你能达到的最小 k 值是多少？

6.21 在我们使用算法洛瓦兹局部引理的 k-可满足性算法的描述中，我们在历史记录中使用了$\lceil \log_2 m \rceil$位去表示在主程序中调用的每个子句. 替代地，我们可以简单地在历史记录中记录哪些子句最初不满足一个 m 位数组. 解释你需要在算法中进行的任何其他修改，以便正确记录你可以“反向”获取初始分配的历史记录，并解释如何修改定理 6.18 的证明，以便预期只需要 $O(m)$个回合.

6.22 针对以下场景实现算法洛瓦兹局部引理. 考虑一个 9-SAT 公式，其中每个变量出现在 8 个子句中. 以下列方式设置包含 112 500 个变量和 100 000 个子句的公式：设置 112 500 个变量(900 000 个变量)中的每个变量的 8 个副本，置换它们，并使用排序将变量分配给 100 000 个子句. (如果任何子句共享一个可能发生的变量，请尝试通过将一个副本与另一个子句交换来进行局部纠正.)然后为每个变量分配一个随机“符号”——概率为 1/2，使用 $\bar{x}$ 代替 x. 这给出了满足定理 6.18 的条件的公式. 你对算法洛瓦兹局部引理的实现不需要跟踪历史记录. 但是，你应该在终止之前跟踪本地校正过程需要多少次. 使用源自上述过程的 100 种不同公式重复此实验，并报告所需局部校正次数的分布. 请注意，你可能需要注意使局部校正步骤有效，以使你的程序有效运行.

第7章　马尔可夫链及随机游动

马尔可夫链为用随机过程建模提供了一个简单但有效的工具. 本章我们从关于马尔可夫链的基本定义开始，然后说明马尔可夫链如何用于分析 2-SAT 及 3-SAT 问题的简单随机算法，接着研究马尔可夫链的长期性能，阐明状态的分类及收敛于平稳分布的条件，我们用这些技术分析简单的赌博方案及离散形式的马尔可夫队列. 本章也对图上的随机游动的极限性态有特殊的兴趣，我们给出了图的覆盖时间的界，并利用这个界对连通性问题提供了一种简单的随机化算法. 本章最后用马尔可夫链技术解决了一个称为 Parrondo 悖论的有趣的概率问题.

7.1　马尔可夫链：定义及表示

随机过程 $\boldsymbol{X}=\{X(t): t\in T\}$是随机变量的集合，指标 t 通常表示时间. 即过程 $\boldsymbol{X}$ 是随时间而变化的随机变量 X_t(原书为 X，有误——译者注)的集合.

我们称 $X(t)$是过程在时刻 t 的状态. 以后，用 X_t 代替 $X(t)$. 如果对所有 t，X_t 从一个可数无穷集中取值，那么称 $\boldsymbol{X}$ 是一个离散(状态)空间过程. 如果 X_t 是从一个有限集合中取值，那么称 X 过程是有界的. 如果 X_t 是可数无穷集合，称 $\boldsymbol{X}$ 是一个离散时间过程.

本章我们主要考虑特殊类型的离散时间、离散空间随机过程 X_0，X_1，X_2，…，其中 X_t 的值仅依赖于 X_{t-1}的值，不依赖于导致系统取那个值的状态序列.

定义 7.1　称一个离散时间的随机过程 X_0，X_1，X_2，…是一个马尔可夫链[⊖]，如果

$$\Pr(X_t = a_t \mid X_{t-1} = a_{t-1}, X_{t-2} = a_{t-2}, \cdots, X_0 = a_0) = \Pr(X_t = a_t \mid X_{t-1} = a_{t-1}) = P_{a_{t-1}, a_t}$$

这个定义表示状态 X_t 仅依赖于前一状态 X_{t-1}，过程如何到达状态 X_{t-1}与 X_t 无关. 称这种特性为马尔可夫性或无记忆性. 当我们说一个链是马尔可夫的，就是指这个意思. 注意马尔可夫性并不蕴涵 X_t 与随机变量 X_0，X_1，X_2，…X_{t-2}独立，它只蕴涵 X_t 与过去的任意相关性都集中表现在 X_{t-1}的取值中.

不失一般性，我们可以假定马尔可夫链的离散状态空间为{0，1，2，…，n}(或{0，1，2，…}，如果可数无穷). 转移概率

$$P_{i,j} = \Pr(X_t = j \mid X_{t-1} = i)$$

是过程从 i 经一步移动到 j 的概率. 马尔可夫性蕴涵马尔可夫链由一步转移矩阵：

⊖　严格说来，这是时间齐次的马尔可夫链，这将是我们在本书中研究的唯一类型.

$$\boldsymbol{P}=\begin{bmatrix} P_{0,0} & P_{0,1} & \cdots & P_{0,j} & \cdots \\ P_{1,0} & P_{1,1} & \cdots & P_{1,j} & \cdots \\ \vdots & \vdots & \ddots & \vdots & \ddots \\ P_{i,0} & P_{i,1} & \cdots & P_{i,j} & \cdots \\ \vdots & \vdots & \ddots & \vdots & \ddots \end{bmatrix}$$

唯一确定．也就是位于第 i 行第 j 列的元素是转移概率 $P_{i,j}$．因此对所有 i，$\sum_{j \geqslant 0} P_{i,j}=1$．

马尔可夫链转移矩阵的这种表示对计算过程的未来状态的分布是方便的．设 $p_i(t)$ 表示过程在 t 时刻处于状态 i 的概率．令 $\overline{p}(t)=(p_0(t), p_1(t), p_2(t), \cdots)$ 是在 t 时刻给出链的状态分布的向量．对在 $t-1$ 时刻的所有可能状态求和，我们有

$$p_i(t)=\sum_{j \geqslant 0} p_j(t-1) P_{j,i}$$

或[⊖]

$$\overline{p}(t)=\overline{p}(t-1)\boldsymbol{P}$$

我们将概率分布表示成一个行向量，做乘法 $\overline{p}\boldsymbol{P}$ 而不是 $\boldsymbol{P}\,\overline{p}$，这就与从分布 $\overline{p}(t-1)$ 出发并应用运算对象 $\boldsymbol{P}$ 到达分布 $\overline{p}(t)$ 的解释一致了．

对任意 $m \geqslant 0$，我们将 m 步转移概率

$$P_{i,j}^{m}=\Pr(X_{t+m}=j \mid X_t=i)$$

定义为链从状态 i 经恰好 m 步到达状态 j 的概率．

在从 i 出发经 1 次转移的条件下，我们有

$$P_{i,j}^{m}=\sum_{k \geqslant 0} P_{i,k} P_{k,j}^{m-1} \tag{7.1}$$

设 $\boldsymbol{P}^{(m)}$ 是一个矩阵，其元素为 m 步转移概率，使得第 i 行第 j 列元素为 $P_{i,j}^{m}$，那么，由式(7.1)可得

$$\boldsymbol{P}^{(m)}=\boldsymbol{P} \cdot \boldsymbol{P}^{(m-1)}$$

经关于 m 的归纳，

$$\boldsymbol{P}^{(m)}=\boldsymbol{P}^{m}$$

所以，对任意 $t \geqslant 0$ 和 $m \geqslant 1$，有

$$\overline{p}(t+m)=\overline{p}(t)\boldsymbol{P}^{m}$$

马尔可夫链的另一种有用的表示是用一个有向的加权图 $D=(V, E, w)$．图的顶点集合是链的状态集．存在一条有向边 $(i, j) \in E$，当且仅当 $P_{i,j}>0$，此时边 (i, j) 的权 $w(i, j)$ 由 $w(i, j)=P_{i,j}$ 给出．自圈(一条边开始和结束在同一顶点)是允许的．对每个 i，我们仍要求 $\sum_{j:(i,j) \in E} w(i, j)=1$．一个由过程逗留过的状态序列表示为图上的一条有向路径．过程沿着这条路径的概率是路径边的权的乘积．

图 7.1 给出了一个马尔可夫链的例子以及两种表示之间的对应．我们考虑如何用每种表示法计算恰好经三步从状态 0 到状态 3 的概率．在图上，考虑所有恰好经三步从状态 0 到状态 3 的路径．这样的路径只有 4 条：0-1-0-3，0-1-3-3，0-3-1-3 及 0-3-3-3．过程经过每

⊖　向量运算以自然的方式推广到可数个元素的情况．

一条这样路径的概率分别为 3/32、1/96、1/16 及 3/64. 将这些概率相加，求出总概率为 41/192. 另外，可以简单地计算

$$\boldsymbol{P}^3 = \begin{bmatrix} 3/16 & 7/48 & 29/64 & 41/192 \\ 5/48 & 5/24 & 79/144 & 5/36 \\ 0 & 0 & 1 & 0 \\ 1/16 & 13/96 & 107/192 & 47/192 \end{bmatrix}$$

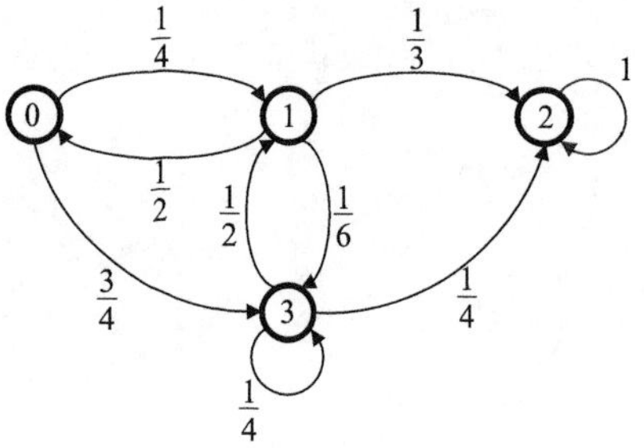

$$\boldsymbol{P} = \begin{bmatrix} 0 & 1/4 & 0 & 3/4 \\ 1/2 & 0 & 1/3 & 1/6 \\ 0 & 0 & 1 & 0 \\ 0 & 1/2 & 1/4 & 1/4 \end{bmatrix}$$

图 7.1　一个马尔可夫链(左侧)和相应的转移矩阵(右侧)

元素 $P^3_{0,3} = 41/192$ 给出了正确答案. 如果希望知道从 4 个状态中均匀随机地选取一个状态开始，经 3 步后在状态 3 结束的概率，也会用到这个矩阵，只要计算

$$(1/4,1/4,1/4,1/4)\boldsymbol{P}^3 = (17/192,47/384,737/1152,43/288)$$

即可得到，其中，最后一个元素 43/288 是要求的答案.

算法 7.1　2-SAT 算法

1. 以一个任意的真值赋值开始.
2. 重复到 $2mn^2$ 次，如果所有子句满足，结束：
   (a) 选取任一不满足的子句.
   (b) 在子句中均匀随机地选取一个文字/改变它的变量值.
3. 如果找到了一个有效的真值赋值，返回它.
4. 否则，返回公式是不可满足的.

7.1.1　应用：2-可满足性的随机化算法

回忆一下，在 6.2.2 节中，一般可满足性(SAT)问题的输入是由子句集合的合取(AND)给出的布尔公式，其中每个子句是文字的析取(OR)，而文字是一个布尔变量或一个布尔变量的否定. 解 SAT 公式的一个实例是变量赋值为 True(T)及 False(F)，使得所有子句是满足的. 一般 SAT 问题是 NP 难题. 这里我们分析 2-SAT 的简单随机化算法，将问题限制为以多项式时间可解的情形.

对可满足性 k-SAT 问题，可满足性公式受到每个子句恰有 k 个文字的限制. 因此，对 2-SAT 问题的一个输入，每个子句恰有两个文字. 以下表达式是 2-SAT 的一个实例：

$$(x_1 \vee \overline{x_2}) \wedge (\overline{x_1} \vee \overline{x_3}) \wedge (x_1 \vee x_2) \wedge (x_4 \vee \overline{x_3}) \wedge (x_4 \vee \overline{x_1}) \tag{7.2}$$

寻找 2-SAT 公式解的一种自然的途径是从一个赋值开始，寻找不满足的子句，并改变赋值，使子句成为满足的. 如果子句中有两个文字，那么存在对赋值的两种可能的改变，使得子句满足. 我们的 2-SAT 算法(算法 7.1)随机地确定尝试这些改变中的哪一个. 在算法中 n 表示公式中变量的个数，m 是确定算法以一个正确答案结束的概率的整参数.

在式(7.2)给出的实例中，如果以所有变量设置为 False 开始，那么子句$(x_1 \vee x_2)$是不满足的，所以算法可能选取这个子句，然后选取 x_1 设置为 True，此时子句$(x_4 \vee \overline{x}_1)$不满足，算法可能改变那个子句中的变量值，等等.

如果算法以真值赋值结束，显然返回一个正确答案. 在算法不能找到真值赋值的情况时需要小心，后面我们将会回到这个问题. 现在假定公式是满足的，算法实际运行直到找到一个满足的真值赋值为止.

我们的主要兴趣在于算法执行当型循环的迭代次数，称算法每次改变一个真值赋值为一步. 因为 2-SAT 公式有 $O(n^2)$个不同的子句，每步执行 $O(n^2)$时间. 较快的完成是可能的，但我们不在此考虑. 设 S 表示 n 个变量的满足的赋值，A_i 表示经第 i 步算法后的变量赋值，X_i 表示当前赋值 A_i 中，与满足的赋值 S 有相同值的变量个数. 当 $X_i=n$ 时，算法以满足的赋值结束. 事实上，如果算法找到了另外的 $X_i=n$ 满足赋值，算法可能在 X_i 到达 n 之前结束. 但对我们的分析，最糟糕的情况是算法只在当 $X_i=n$ 时停止. 从 $X_i<n$ 开始，我们考虑 X_i 是如何随时间而进展的，特别地，在 X_i 达到 n 之前，这还需要多久.

首先如果 $X_i=0$，那么对下一步变量值的任何变化，我们都有 $X_{i+1}=1$，因此

$$\Pr(X_{i+1}=1 \mid X_i=0)=1$$

现在假定 $1\leqslant X_i\leqslant n-1$. 每一步选取一个不满足的子句. 因为 S 满足子句，这表示 A_i 与 S 在这个子句中至少有一个变量值不一致. 因为子句有不多于两个的变量，所以增加匹配个数的概率至少为 1/2，如果处于这个子句中的两个变量值 A_i 和 S 都不一致的情况，匹配个数增加的概率为 1. 因此减少匹配个数的概率至多为 1/2. 故对 $1\leqslant j\leqslant n-1$，有

$$\Pr(X_{i+1}=j+1 \mid X_i=j)\geqslant 1/2$$
$$\Pr(X_{i+1}=j-1 \mid X_i=j)\leqslant 1/2$$

随机过程 X_0，X_1，X_2，…不一定是马尔可夫链，因为 X_i 增加的概率可能依赖于算法在那一步选取的不满足子句中 A_i 与 S 是一个变量还是两个变量不一致. 同样这也可能依赖于过去已经考虑过的子句. 但是考虑下列马尔可夫链 Y_0，Y_1，Y_2，…：

$$Y_0=X_0$$
$$\Pr(Y_{i+1}=1 \mid Y_i=0)=1$$
$$\Pr(Y_{i+1}=j+1 \mid Y_i=j)=1/2$$
$$\Pr(Y_{i+1}=j-1 \mid Y_i=j)=1/2$$

马尔可夫链 Y_0，Y_1，Y_2，…是随机过程 X_0，X_1，X_2，…的悲观形式，因为 X_i 在下一步至少以 1/2 的概率增加，Y_i 恰好以 1/2 的概率增加. 因此，显然从任一点开始的到达 n 的期望时间对马尔可夫链 Y 要多于对随机过程 X，以后我们要用到这个事实. (第 12 章将介绍比这种思路更强的情形.)

这种马尔可夫链是无向图 G 上随机游动的模型. (我们将在 7.4 节进一步详细说明随机游动.)G 的顶点是整数 0，…，n，且对 $1\leqslant i\leqslant n-1$，结点 i 与结点 $i-1$ 和结点 $i+1$ 连

接．设 h_j 是从 j 开始的到达 n 的期望步数．对 2-SAT 算法，h_j 是从在位置 j 与 S 匹配的真值赋值开始，到完全匹配 S 的期望步数的上界．

显然，$h_n=0$ 且 $h_0=h_1+1$，这是因为从 h_0 开始，总是一步移动到 h_1．我们可用期望的线性性来寻找其他 h_j 值的表达式．设 Z_j 表示从状态 j 到达 n 的步数的随机变量．现在考虑从状态 j 出发，其中 $1\leqslant j\leqslant n-1$．以 1/2 的概率，下一状态为 $j-1$，此时 $Z_j=1+Z_{j-1}$．以 1/2 的概率，下一步是 $j+1$，此时 $Z_j=1+Z_{j+1}$，因此

$$\mathbf{E}[Z_j]=\mathbf{E}\left[\frac{1}{2}(1+Z_{j-1})+\frac{1}{2}(1+Z_{j+1})\right]$$

但 $\mathbf{E}[Z_j]=h_j$，故由期望的线性性，我们得到

$$h_j=\frac{h_{j-1}+1}{2}+\frac{h_{j+1}+1}{2}=\frac{h_{j-1}}{2}+\frac{h_{j+1}}{2}+1$$

所以，我们有以下方程组：

$$\begin{aligned}h_n&=0\\h_j&=\frac{h_{j-1}}{2}+\frac{h_{j+1}}{2}+1,\quad 1\leqslant j\leqslant n-1\\h_0&=h_1+1\end{aligned}$$

可以用归纳法证明，对 $0\leqslant j\leqslant n-1$，有

$$h_j=h_{j+1}+2j+1$$

当 $j=0$ 时，上式成立，因为 $h_1=h_0-1$．对 j 的其他值，利用等式

$$h_j=\frac{h_{j-1}}{2}+\frac{h_{j+1}}{2}+1$$

得到

$$h_{j+1}=2h_j-h_{j-1}-2=2h_j-(h_j+2(j-1)+1)-2=h_j-2j-1$$

第二行用到了归纳假设．我们可以断言

$$h_0=h_1+1=h_2+1+3=\cdots=\sum_{i=0}^{n-1}(2i+1)=n^2$$

解关于 h_j 的方程组的另一种方法是猜测并验证解 $h_j=n^2-j^2$．方程组有 $n+1$ 个线性无关的方程，$n+1$ 个未知量，因此对每个 n 值，存在唯一解，所以，如果这个解满足前述等式，它必是正确的，我们有 $h_n=0$．对 $1\leqslant j\leqslant n-1$，检查

$$h_j=\frac{n^2-(j-1)^2}{2}+\frac{n^2-(j+1)^2}{2}+1=n^2-j^2$$

且

$$h_0=(n^2-1)+1=n^2$$

这样，我们已经证明了下面的事实．

引理 7.1　假定 n 个变量的 2-SAT 公式有满足的赋值，且 2-SAT 算法允许运行直到找到一个满足的赋值．那么，直到算法找到一个赋值所需的期望步数至多为 n^2．

现在我们回到不满足公式的处理，经固定步数，算法被迫停止．

定理 7.2　如果公式是不可满足的，2-SAT 算法总能返回一个正确的答案．如果公式是可满足的，那么算法至少以 $1-2^{-m}$ 的概率返回一个满足的赋值；否则，它不正确地返回公式是不可满足的．

证明　如果不存在满足的赋值，显然算法正确地返回公式是不可满足的．假定公式是可满足的，将算法的执行分成以每 $2n^2$ 步为一段．已知在前 $i-1$ 段没有找到满足的赋值，算法在第 i 段没有找到一个满足的赋值的条件概率是多少？由引理 7.1，不考虑开始位置，找到一个满足赋值的期望时间不超过 n^2．设 Z 是从第 i 段开始直到算法找到满足赋值的步数．由马尔可夫不等式，有

$$\Pr(Z > 2n^2) \leqslant \frac{n^2}{2n^2} = \frac{1}{2}$$

所以，经 m 段，算法不能找到满足赋值的概率的上界为$(1/2)^m$．■

7.1.2　应用：3-可满足性的随机化算法

现在我们将用于给出 2-SAT 算法的技术推广，以得到 3-SAT 的随机化算法．这个问题是 NP 完全的，所以如果一种随机化算法在关于 n 的多项式期望时间中解决了问题，这是相当令人惊异的．[⊖]我们提出一个用关于 n 的指数级的期望时间解决3-SAT 的随机化 3-SAT 算法，但比尝试对变量的所有可能真值赋值的平凡方法有效得多．

算法 7.2　3-SAT 算法

1. 以一个任意的真值赋值开始．
2. 重复直到 m 次，如果所有子句满足，结束：
   (a) 选取任一不满足的子句．
   (b) 均匀随机地选取一个文字，改变当前真值赋值中变量的值．
3. 如果找到了一个有效的真值赋值，返回它．
4. 否则，返回公式是不可满另的．

首先考虑当用于 3-SAT 问题时随机化 2-SAT 算法变形的执行．基本方法与上一节中相同，见算法 7.2．在这个算法中，m 是控制算法成功概率的参数．我们关注得到满足赋值(假定存在)期望时间的界，因为一旦找到这样的界，定理 7.2 的证明便可以推广．

如 2-SAT 算法分析的那样，假定公式是可满足的，S 是一满足的赋值．设 i 步过程后，赋值为 A_i，并设 X_i 是当前赋值 A_i 与 S 匹配的变量个数．与 2-SAT 算法同样的理由，对 $1 \leqslant j \leqslant n-1$，有

$$\Pr(X_{i+1} = j+1 \mid X_i = j) \geqslant 1/3$$
$$\Pr(X_{i+1} = j-1 \mid X_i = j) \leqslant 2/3$$

由于在每一步我们选取一个不满足子句，所以 A_i 与 S 在这个子句中必至少有一个变量不匹配．至少以 1/3 的概率增加当前真值赋值与 S 之间的配合个数．通过分析马尔可夫链 Y_0，Y_1，…(其中 $Y_0 = X_0$)，及等式

$$\Pr(Y_{i+1} = 1 \mid Y_i = 0) = 1$$
$$\Pr(Y_{i+1} = j+1 \mid Y_i = j) = 1/3$$

⊖ 技术上，这不解决 P＝NP 问题，因为我们利用随机化算法而不是确定性算法解决 NP 难题．但是，这对解决所有 NP 完全的问题具有相似的影响深远的意义．

$$\Pr(Y_{i+1}=j-1\mid Y_i=j)=2/3$$

我们仍然可以得到直至 $X_i=n$ 所需的期望步数的上界.

在这种情况下，链更可能向下而不是向上移动. 如果用 h_j 表示 j 开始到达 n 的期望步数，那么下面等式对 h_j 是成立的：

$$h_n=0;$$

$$h_j=\frac{2h_{j-1}}{3}+\frac{h_{j+1}}{3}+1,\quad 1\leqslant j\leqslant n-1$$

$$h_0=h_1+1$$

这些方程仍有唯一解，由下式给出：

$$h_j=2^{n+2}-2^{j+2}-3(n-j)$$

另外，也可用归纳法证明关系式

$$h_j=h_{j+1}+2^{j+2}-3$$

而得到解. 验证这个解确实满足前述方程，我们将它留作练习.

刚刚描述的算法平均地经 $\Theta(2^n)$ 步找到一个满足的赋值. 这个结果并不非常令人高兴，因为只有 2^n 个真值赋值要尝试. 但我们可以显著地改进这个方法，有两个关键的意见：

1）如果均匀随机地选取一个初始真值赋值，那么与 S 匹配的变量个数是期望为 $n/2$ 的二项分布. 以一个指数级小但不可忽略的概率，从初始赋值开始的过程有显著地多于 $n/2$ 个变量与 S 匹配.

2）一旦算法开始，它似乎更愿意向 0 移动，而不是向 n 移动. 过程运行得越长，便更可能往 0 移动. 所以，我们以多个随机选取的初始赋值重新开始过程，每次运行过程少量步数，这比以相同的初始赋值运行过程许多步要来得好.

基于这些思想，我们考虑修正的算法 7.3. 修正算法从一个随机赋值开始，最多经 $3n$ 步达到满足的赋值. 如果它不能在 $3n$ 步内找到一个满足的赋值，便以一个新的随机选取的赋值重新开始搜索. 现在我们确定在找到满足的赋值以前，过程需要多少次重新开始.

算法 7.3　修正的 3-SAT 算法

1. 重复到 m 次，如果所有子句满足，结束：
   (a) 从一个均匀随机选取的真值赋值开始.
   (b) 重复以下步骤直到 $3n$ 次，如果找到一个满足的赋值，结束：
      ⅰ：选取任一不满足的子句；
      ⅱ：均匀随机地选取一个文字，且改变当前真值赋值中的变量值.
2. 如果找到一个有效的真值赋值，返回它.
3. 否则，返回公式是不可满足的.

设 q 表示以均匀随机选取的真值赋值开始，在 $3n$ 步内修正的过程达到 S（或某个其他满足的赋值）的概率. 设 q_j 是从一个恰好有 j 个变量与 S 不一致的真值赋值开始修正算法达到 S（或某个其他满足的赋值）的概率的下界. 考虑在整数直线上移动的一个质点，以 1/3 的概率向上移动 1，以 2/3 的概率向下移动 1. 注意

$$\binom{j+2k}{k}\left(\frac{2}{3}\right)^{k}\left(\frac{1}{3}\right)^{j+k}$$

是在一个 $j+2k$ 个移动的序列中恰有 k 个向下移动 $k+j$ 个向上移动的概率. 所以这是算法以恰有 j 个变量与 S 不一致的赋值开始，在 $j+2k\leqslant 3n$ 步中找到一个满足赋值的概率的下界，即

$$q_j \geqslant \max_{k=0,\cdots,j}\binom{j+2k}{k}\left(\frac{2}{3}\right)^{k}\left(\frac{1}{3}\right)^{j+k}$$

特别地，考虑 $k=j$ 的情况，此时，我们有

$$q_j \geqslant \binom{3j}{j}\left(\frac{2}{3}\right)^{j}\left(\frac{1}{3}\right)^{2j}$$

为了近似 $\binom{3j}{j}$，利用斯特林公式，这类似于已经证明的式(5.5)的关于阶乘的界. 斯特林公式是紧的，这个界是有用的. 我们有时需要下面的宽松形式.

引理 7.3[斯特林公式]　对 $m>0$，有

$$m! = \sqrt{2\pi m}\left(\frac{m}{\mathrm{e}}\right)^{m}(1\pm o(1))$$

特别地，当 $m>0$ 时，有

$$\sqrt{2\pi m}\left(\frac{m}{\mathrm{e}}\right)^{m} \leqslant m! \leqslant 2\sqrt{2\pi m}\left(\frac{m}{\mathrm{e}}\right)^{m}$$

因此，当 $j>0$ 时，有

$$\begin{aligned}\binom{3j}{j} &= \frac{(3j)!}{j!(2j)!} \geqslant \frac{\sqrt{2\pi(3j)}}{4\sqrt{2\pi j}\sqrt{2\pi(2j)}}\left(\frac{3j}{\mathrm{e}}\right)^{3j}\left(\frac{\mathrm{e}}{2j}\right)^{2j}\left(\frac{\mathrm{e}}{j}\right)^{j}\\ &= \frac{\sqrt{3}}{8\sqrt{\pi j}}\left(\frac{27}{4}\right)^{j} = \frac{c}{\sqrt{j}}\left(\frac{27}{4}\right)^{j}\end{aligned}$$

其中常数 $c=\sqrt{3}/8\sqrt{\pi}$. 所以当 $j>0$ 时，有

$$q_j \geqslant \binom{3j}{j}\left(\frac{2}{3}\right)^{j}\left(\frac{1}{3}\right)^{2j} \geqslant \frac{c}{\sqrt{j}}\left(\frac{27}{4}\right)^{j}\left(\frac{2}{3}\right)^{j}\left(\frac{1}{3}\right)^{2j} \geqslant \frac{c}{\sqrt{j}}\frac{1}{2^j}$$

并且，$q_0=1$.

建立了 q_j 的下界后，现在可以导出 q 的下界，即从随机赋值开始，经 $3n$ 步过程搜索到一个满足赋值的概率的下界：

$$\begin{aligned}q &\geqslant \sum_{j=0}^{n}\Pr(\text{随机赋值与 } S \text{ 有 } j \text{ 个不匹配})\cdot q_j\\ &\geqslant \frac{1}{2^n}+\sum_{j=1}^{n}\binom{n}{j}\left(\frac{1}{2}\right)^{n}\frac{c}{\sqrt{j}}\frac{1}{2^j}\\ &\geqslant \frac{c}{\sqrt{n}}\left(\frac{1}{2}\right)^{n}\sum_{j=0}^{n}\binom{n}{j}\left(\frac{1}{2}\right)^{j}(1)^{n-j}\\ &\geqslant \frac{c}{\sqrt{n}}\left(\frac{1}{2}\right)^{n}\left(\frac{3}{2}\right)^{n} \geqslant \frac{c}{\sqrt{n}}\left(\frac{3}{4}\right)^{n}\end{aligned} \tag{7.3}$$

其中在式(7.3)中用到了 $\sum_{j=0}^{n}\binom{n}{j}\left(\frac{1}{2}\right)^{j}(1)^{n-j}=\left(1+\frac{1}{2}\right)^{n}$.

假定满足的赋值存在，在找到一个满足赋值以前，过程尝试过的随机赋值的次数是参数为 q 的几何随机变量. 尝试过的赋值的期望次数是 $1/q$，且对每个赋值，算法至多利用 $3n$ 步. 所以，找到一个解的期望步数界定为 $O(n^{3/2}(4/3)^{n})$. 如 2-SAT 的情况(定理 7.2)一样，修正的 3-SAT 算法(算法 7.3)产生 3-SAT 问题的蒙特卡罗算法. 如果找到满足解的期望步数有上界 a，且如果设 m 为 $2ab$，那么当公式是可满足的时，没有找到赋值的概率有上界 2^{-b}.

7.2 状态分类

分析马尔可夫链长期性态的第一步是对它的状态进行分类. 在有限马尔可夫链情况，这相当于分析表示马尔可夫链的有向图的连通结构.

定义 7.2 状态 j 是由状态 i 可达的，如果对某个整数 $n \geqslant 0$，$P_{i,j}^{n}>0$. 如果两个状态 i 和 j 是相互可达的，我们说它们是相通的，且记为 $i \leftrightarrow j$.

在链的图表示中，$i \leftrightarrow j$，当且仅当存在连结 i 到 j 及 j 到 i 的有向路径.

相通关系定义了一个等价关系，即相通关系是

1) 自反的——对任意状态 i，$i \leftrightarrow i$；

2) 对称的——如果 $i \leftrightarrow j$，那么 $j \leftrightarrow i$；

3) 传递的——如果 $i \leftrightarrow j$ 且 $j \leftrightarrow k$，那么 $i \leftrightarrow k$.

对此的证明留作练习 7.4. 所以，相通关系将状态分成不相交的等价类，我们称之为相通类. 从一个类移向另一个类是可能的，但此时不可能返回第一个类.

定义 7.3 马尔可夫链是不可约的，如果所有状态属于一个相通类.

换言之，马尔可夫链是不可约的，如果对每一对状态都存在由第一状态可以到达第二状态的非零概率. 这样，我们有下面的引理.

引理 7.4 一个有限马尔可夫链是不可约的，当且仅当它的图表示是一个强连通图.

下面我们区别瞬时与常返状态之间的不同. 设 $r_{i,j}^{t}$ 表示从状态 i 出发，在时刻 t 第一次转移到状态 j 的概率，即

$$r_{i,j}^{t}=\Pr(X_{t}=j,\quad 对于\ 1 \leqslant s \leqslant t-1, X_{s} \neq j \mid X_{0}=i)$$

定义 7.4 如果 $\sum_{t \geqslant 1} r_{i,i}^{t}=1$，则状态是常返的；如果 $\sum_{t \geqslant 1} r_{i,i}^{t}<1$，则状态是瞬时的(也称非常返——译者注). 如果链中每个状态是常返的，则马尔可夫链是常返的.

如果状态 i 是常返的，那么只要链访问过那个状态，它将(以概率 1)最终返回那个状态. 因此链将反复地、无限经常地访问状态 i. 另一方面，如果状态 i 是瞬时的，那么从 i 出发，链将以某个固定的概率 $p=\sum_{t \geqslant 1} r_{i,i}^{t}$ 返回 i. 此时，从 i 出发，链访问 i 的次数由几何随机变量给出. 如果相通类中一个状态是瞬时的(分别为常返的)，那么这个类中的所有状态是瞬时的(分别为常返的). 对此的证明留作练习 7.5.

我们用 $h_{i,i}=\sum_{t \geqslant 1} t \cdot r_{i,i}^{t}$ 表示从状态 i 出发返回状态 i 的期望时间. 类似地，对任一对

状态 i，j，用 $h_{i,j}=\sum_{t\geqslant 1} t\cdot r_{i,j}^{t}$ 表示从状态 i 首达状态 j 的期望时间. 如果链是常返的，即无限经常地访问状态 i，那么 $h_{i,i}$ 应是有限的. 这不是导出下面定义的情况.

定义 7.5 如果 $h_{i,i}<\infty$，常返状态 i 是正常返的；否则，是零常返的.

为了给出马尔可夫链有零常返状态的的例子，考虑一个状态为正整数的链. 从状态 i 出发，到达状态 $i+1$ 的概率是 $i/(i+1)$；以概率 $1/(i+1)$，链返回状态 1. 从状态 1 出发，在前 t 步中没有返回状态 1 的概率因此是

$$\prod_{j=1}^{t}\frac{j}{j+1}=\frac{1}{t+1}$$

所以从状态 1 不返回状态 1 的概率为 0，且状态 1 是常返的，因此

$$r_{1,1}^{t}=\frac{1}{t(t+1)}$$

然而，它从状态 1 首次返回状态 1 的期望步数为

$$h_{1,1}=\sum_{t=1}^{\infty}t\cdot r_{1,1}^{t}=\sum_{t=1}^{\infty}\frac{1}{t+1}$$

它是无界的.

在前面的例子中，马尔可夫链有无穷多个状态，这是零常返状态存在的必要条件. 下面重要引理的证明留作练习 7.16.

引理 7.5 在一个有限的马尔可夫链中：

1. 至少有一个状态是常返的；
2. 所有常返状态是正常返的.

最后，为了以后对马尔可夫链的极限分布进行研究，我们需要给出状态是非周期的定义. 作为非周期的例子，考虑状态是正整数的一个随机游动. 在状态 i，链以 1/2 的概率移动到 $i+1$ 且以 1/2 的概率移动到 $i-1$. 如果链从状态 0 出发，那么它只能经偶数次移动才可能处于一个偶数状态，只能经奇数次移动才可能处于一个奇数状态. 这是一个周期性的例子.

定义 7.6 在离散时间马尔可夫链中的状态是周期的，如果存在一个整数 $\Delta>1$，使得 $\Pr(X_{t+s}=j\mid X_t=j)=0$，除非 s 被 Δ 整除. 一个离散时间马尔可夫链是周期的，如果链的任一状态是周期的. 一个状态或链不是周期的，称为非周期的.

在我们的例子中，马尔可夫链的每个状态是周期的，这是因为对每个状态 j，有 $\Pr(X_{t+s}=j\mid X_t=j)=0$，除非 s 可以被 2 整除.

我们以关于有限马尔可夫链的性态的一个重要推论结束这一节.

定义 7.7 一个非周期的正常返状态是遍历状态. 马尔可夫链是遍历的，如果它的所有状态是遍历的.

推论 7.6 任一有限的、不可约的、非周期的马尔可夫链是遍历的.

证明 由引理 7.5，有限链至少有一个常返状态，并且如果链是不可约的，那么它的所有状态是常返的. 由引理 7.5，在有限链中，所有常返状态是正常返的，因此链的所有状态是正常返的且是非周期的，所以链是遍历的. ■

例：赌徒的破产

当马尔可夫链有多于一个常返状态的类时，通常对过程将要进入并被某个给定的相通类吸收的概率感兴趣.

例如，考虑两个选手之间一系列独立、公平的赌博. 每一轮选手以 1/2 的概率赢一元或以 1/2 的概率输一元. 系统在时刻 t 的状态是选手 1 赢的钱数. 如果选手 1 输钱，这个数是负的. 初始状态是 0.

假定存在两个数 ℓ_1 和 ℓ_2，和使得选手 i 不会输掉多于 ℓ_i 元，且当达到了两个状态 $-\ell_1$ 或 ℓ_2 之一时，游戏结束，这样的假定是合理的. 此时赌徒之一破产，即他输掉了所有的钱. 为与马尔可夫链的形式一致，我们假定对两个结束状态的每一个只存在一个转移离开，且假定它返回相同状态. 这给出有两个吸收的常返状态的马尔可夫链.

选手 1 在输掉 ℓ_1 元之前赢 ℓ_2 元的概率是多少？如果 $\ell_2=\ell_1$，则由对称性，这个概率必为 1/2. 对一般情况，利用状态的分类，我们提供一种简单的证明.

显然 $-\ell_1$ 和 ℓ_2 是常返状态，所有余下的状态是瞬时的，这是因为存在由这些状态的每一个移向状态 $-\ell_1$ 或状态 ℓ_2 的非零概率.

设 P_i^t 是经 t 步链处于状态 i 的概率. 对 $-\ell_1<i<\ell_2$ 来说，状态 i 是瞬时的，所以 $\lim\limits_{t\to\infty}P_i^t=0$.

设 q 是游戏以选手 1 赢得 ℓ_2 元而结束，使得链被吸收到状态 ℓ_2 的概率，那么 $1-q$ 是链吸收到状态 $-\ell_1$ 的概率. 由定义有

$$\lim_{t\to\infty}P_{\ell_2}^t = q$$

因为每轮赌博是公平的，选手 1 在每一步的期望得益为 0. 设 W^t 是 t 步后选手 1 的得益，则由归纳法，对任意 t，$\boldsymbol{E}[W^t]=0$. 所以

$$\boldsymbol{E}[W^t] = \sum_{i=-\ell_1}^{\ell_2} iP_i^t = 0$$

且

$$\lim_{t\to\infty}\boldsymbol{E}[W^t] = \ell_2 q - \ell_1(1-q) = 0$$

这样

$$q = \frac{\ell_1}{\ell_1+\ell_2}$$

即赢(或输)的概率与选手愿意输(或赢)的钱数成比例.

产生同样答案的另一种方法是令 q_j 表示选手 1 在已赢得 ℓ_2 元时，当 $-\ell_1\leqslant j\leqslant\ell_2$ 在输掉 ℓ_1 元之前赢得 j 元的概率. 显然 $q_{-\ell_1}=0$，$q_{\ell_2}=1$. 对 $-\ell_1<i<\ell_2$，考虑第一次游戏的结果来计算：

$$q_j = \frac{q_{j-1}}{2} + \frac{q_{j+1}}{2}$$

我们有 $\ell_2+\ell_1-2$ 个线性无关的方程和 $\ell_2+\ell_1-2$ 个未知数，所以这个方程组存在唯一解. 容易验证 $q_j=(\ell_1+j)/(\ell_1+\ell_2)$ 满足所给的方程.

在练习 7.20 中，我们考虑如现实生活中的一般情况那样，如果一位选手处于不利地位；从而更有可能输而不是赢得任何一次游戏会发生什么样的情况.

7.3 平稳分布

回忆如果 $\boldsymbol{P}$ 是马尔可夫链的一步转移矩阵，$\overline{p}(t)$是链在时刻 t 状态的概率分布，那么

$$\overline{p}(t+1)=\overline{p}(t)\boldsymbol{P}$$

特别有兴趣的是经一次转移后状态概率分布不改变的情况.

定义 7.8 马尔可夫链的平稳分布 $\overline{\pi}$(也称平衡分布)是满足

$$\overline{\pi}=\overline{\pi}\boldsymbol{P}$$

的概率分布.

如果一个链到达了平稳分布，那么它在所有未来时间都保持这个分布. 这样，一个平稳分布表示链的性态中一种不变的状态或平衡. 平稳分布在分析马尔可夫链中起着关键作用. 马尔可夫链的基本定理刻画了收敛于平稳分布的链的特征.

我们首先讨论有限链的情况，然后将结果推广到离散空间链. 不失一般性，假定马尔可夫链的有限状态集为{0，1，…，n}.

定理 7.7 任意有限、不可约且遍历的马尔可夫链有下列性质：

1. 链有唯一的平稳分布 $\overline{\pi}=(\pi_0, \pi_1, \cdots, \pi_n)$；
2. 对所有 j 和 i，极限$\lim\limits_{t\to\infty}P_{j,i}^t$存在且与 j 无关；
3. $\pi_i=\lim\limits_{t\to\infty}P_{j,i}^t=1/h_{i,i}$

在这个定理的条件下，平稳分布 $\overline{\pi}$ 有两种解释. 首先 π_i 是马尔可夫链在无穷远的未来将处于状态 i 的概率，而且这个概率与初始状态无关. 换言之，如果运行链以足够长时间，链的初始状态几乎被忘记，且处于状态 i 的概率收敛于 π_i. 其次，$h_{i,i}=\sum\limits_{t=1}^{\infty}t\cdot r_{i,i}^t$，即从状态 i 出发的链又返回状态 i 的期望步数的倒数. 这是因为：如果从状态 i 返回状态 i 的平均时间是 $h_{i,i}$，那么我们期望处于状态 i 的时间为 $1/h_{i,i}$. 所以依极限，必有 $\pi_i=1/h_{i,i}$.

定理 7.7 的证明 利用下面不加证明的陈述来证明定理. ■

引理 7.8 对任意不可约、遍历的马尔可夫链及任意状态 i，极限$\lim\limits_{t\to\infty}P_{i,i}^t$存在，且

$$\lim_{t\to\infty}P_{i,i}^t=\frac{1}{h_{i,i}}$$

这个引理是更新理论中一个基本结果的推论. 我们给出引理 7.8 的非正式的证明：两次访问 i 之间的期望时间为 $h_{i,i}$，所以状态 i 被访问的时间为 $1/h_{i,i}$. 因此$\lim\limits_{t\to\infty}P_{i,i}^t$(表示当链从状态 i 出发，在遥远的将来选择一个状态为状态 i 的概率)必为 $1/h_{i,i}$.

利用$\lim\limits_{t\to\infty}P_{i,i}^t$存在的事实，现在证明对任意的 j 和 i，有

$$\lim_{t\to\infty}P_{j,i}^t=\lim_{t\to\infty}P_{i,i}^t=\frac{1}{h_{i,i}}$$

即这些极限存在，且与起始状态 j 无关.

回忆 $r_{j,i}^t$是从 j 出发，链在 t 时刻首达 i 的概率. 因为链是不可约的，所以有 $\sum\limits_{t=1}^{\infty}r_{j,i}^t=1$，且对于任意 $\varepsilon>0$，存在(一个有限)$t_1=t_1(\varepsilon)$，使得 $\sum\limits_{t=1}^{t_1}r_{j,i}^t\geqslant1-\varepsilon$.

对 $j\neq i$，有

$$P_{j,i}^{t}=\sum_{k=1}^{t}r_{j,i}^{k}P_{i,i}^{t-k}$$

对 $t\geqslant t_1$，有

$$\sum_{k=1}^{t_1}r_{j,i}^{k}P_{i,i}^{t-k}\leqslant\sum_{k=1}^{t}r_{j,i}^{k}P_{i,i}^{t-k}=P_{j,i}^{t}$$

利用$\lim\limits_{t\to\infty}P_{i,i}^{t}$存在且 t_1 有限的事实，有

$$\lim_{t\to\infty}P_{j,i}^{t}\geqslant\lim_{t\to\infty}\sum_{k=1}^{t_1}r_{j,i}^{k}P_{i,i}^{t-k}=\sum_{k=1}^{t_1}r_{j,i}^{k}\lim_{t\to\infty}P_{i,i}^{t}=\lim_{t\to\infty}P_{i,i}^{t}\sum_{k=1}^{t_1}r_{j,i}^{k}\geqslant(1-\varepsilon)\lim_{t\to\infty}P_{i,i}^{t}$$

类似地，

$$P_{j,i}^{t}=\sum_{k=1}^{t}r_{j,i}^{k}P_{i,i}^{t-k}\leqslant\sum_{k=1}^{t_1}r_{j,i}^{k}P_{i,i}^{t-k}+\varepsilon$$

由此可以推断

$$\lim_{t\to\infty}P_{j,i}^{t}\leqslant\lim_{t\to\infty}\left(\sum_{k=1}^{t_1}r_{j,i}^{k}P_{i,i}^{t-k}+\varepsilon\right)=\sum_{k=1}^{t_1}r_{j,i}^{k}\lim_{t\to\infty}P_{i,i}^{t-k}+\varepsilon\leqslant\lim_{t\to\infty}P_{i,i}^{t}+\varepsilon$$

令 ε 趋于 0，我们已经证明，对任意一对 i 和 j，有

$$\lim_{t\to\infty}P_{j,i}^{t}=\lim_{t\to\infty}P_{i,i}^{t}=\frac{1}{h_{i,i}}$$

现在令

$$\pi_i=\lim_{t\to\infty}P_{j,i}^{t}=\frac{1}{h_{i,i}}$$

我们证明 $\bar{\pi}=(\pi_0,\pi_1,\cdots,\pi_n)$形成一个平稳分布.

对每个 $t\geqslant0$，有 $P_{i,i}^{t}\geqslant0$，因此 $\pi_i\geqslant0$. 对任意 $t\geqslant0$，$\sum\limits_{i=0}^{n}P_{j,i}^{t}=1$，所以

$$\lim_{t\to\infty}\sum_{i=0}^{n}P_{j,i}^{t}=\sum_{i=0}^{n}\lim_{t\to\infty}P_{j,i}^{t}=\sum_{i=0}^{n}\pi_i=1$$

且 $\bar{\pi}$ 是一个严格意义上的分布. 现在

$$P_{j,i}^{t+1}=\sum_{k=0}^{n}P_{j,k}^{t}P_{k,i}$$

令 $t\to\infty$，有

$$\pi_i=\sum_{k=0}^{n}\pi_kP_{k,j}$$

这证得 $\bar{\pi}$ 是平稳分布.

假定存在另一平稳分布$\bar{\phi}$，那么由同样的理由，我们有

$$\phi_i=\sum_{k=0}^{n}\phi_kP_{k,i}^{t}$$

$t\to\infty$时有极限

$$\phi_i=\sum_{k=0}^{n}\phi_k\pi_i=\pi_i\sum_{k=0}^{n}\phi_k$$

因为 $\sum_{k=0}^{n}\phi_k=1$，由此对所有 i，$\phi_i=\pi_i$，或 $\overline{\phi}=\overline{\pi}$. ■

对于定理 7.7 做些评论是值得的. 首先，对平稳分布的存在，不必要求马尔可夫链是非周期的. 事实上，任何有限的马尔可夫链都有一个平稳分布，但在周期性状态 i 的情况下，平稳概率 π_i 不是处于 i 的极限概率，而正是访问状态 i 的长期频率. 其次，任意有限链至少有一个分支是常返态的. 只要链到达常返分支，它就不可能离开那个分支. 所以，相应于那个分支的子链是不可约且常返的，并且极限定理用于链的任一非周期常返分支.

计算有限马尔可夫链平稳分布的一种方法是解线性方程组

$$\overline{\pi}\boldsymbol{P}=\overline{\pi}$$

如果已知一个特定的链，这是特别有用的. 例如，已知转移矩阵

$$\boldsymbol{P}=\begin{bmatrix}0 & 1/4 & 0 & 3/4\\ 1/2 & 0 & 1/3 & 1/6\\ 1/4 & 1/4 & 1/2 & 0\\ 0 & 1/2 & 1/4 & 1/4\end{bmatrix}$$

由 $\overline{\pi}\boldsymbol{P}=\overline{\pi}$ 可知，有 5 个方程，4 个未知量 π_0、π_1、π_2 和 π_3，方程有唯一解 $\sum_{i=0}^{3}\pi_i=1$.

另一种有用的技术是研究马尔可夫链的割集. 对链的任一状态 i，有

$$\sum_{j=0}^{n}\pi_j P_{j,i}=\pi_i=\pi_i\sum_{j=0}^{n}P_{i,j}$$

或

$$\sum_{j\neq i}\pi_j P_{j,i}=\sum_{j\neq i}\pi_i P_{i,j}$$

即在平稳分布中，链离开一个状态的概率等于进入这个状态的概率，这可推广到如下的状态集合.

定理 7.9　设 S 是一个有限、不可约且非周期的马尔可夫链的状态集合，在平稳分布中，链离开集合 S 的概率等于进入 S 的概率.

换言之，如果 C 是链的图表示中的一个割集，那么在平稳分布下，依一个方向通过割集的概率等于依另一方向通过割集的概率.

图 7.2 给出了基本的但是有用的马尔可夫链，它作为割集的一个例子. 链只有两个状态. 从状态 0，以概率 p 移动到状态 1，且以概率 $1-p$ 停留在状态 0. 类似地，从状态 1，以概率 q 移动到状态 0，且以概率 $1-q$ 保持在状态 1. 这个马尔可夫链常用于表示突发行为. 例如，当位信号在传送中有错误时，则常常错一大批，因为错误常是由某段时间的外部现象引起的. 在这种背景下，经 t 步后处于状态 0 表示第 t 个位信号成功发送，而状态 1 表示这一个位信号传送有误. 成功发送与错误发送位信号的长度都服从几何分布. 当 p 和 q 都较小时，状态变化不常发生，此即突发行为的模型.

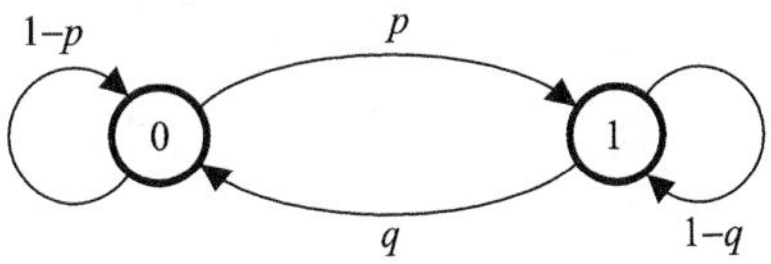

图 7.2　一个简单的描述突发行为的马尔可夫链

转移矩阵是

$$\mathbf{P}=\begin{bmatrix}1-p & p\\ q & 1-q\end{bmatrix}$$

解 $\bar{\pi}\mathbf{P}=\bar{\pi}$ 相当于解下列有三个方程的方程组：

$$\pi_0(1-p)+\pi_1 q=\pi_0$$
$$\pi_0 p+\pi_1(1-q)=\pi_1$$
$$\pi_0+\pi_1=1$$

第二个方程是多余的，解为 $\pi_0=q/(p+q)$，$\pi_1=p/(p+q)$. 例如，当自然参数 $p=0.005$，$q=0.1$ 时，在平稳分布中，有多于 95%的位信号是被无错误地接收的.

利用割集公式，我们得到在平稳分布中离开状态 0 的概率必等于进入状态 0 的概率，或

$$\pi_0 p=\pi_1 q$$

现在利用 $\pi_0+\pi_1=1$，仍然得到 $\pi_0=q/(p+q)$，$\pi_1=p/(p+q)$.

最后，对于马尔可夫链，由下面的定理容易计算平稳分布.

定理 7.10 考虑一个有限、不可约且遍历的马尔可夫链，转移矩阵为 $\mathbf{P}$. 如果存在非负实数 $\bar{\pi}=(\pi_0, \pi_1, \cdots, \pi_n)$使得 $\sum_{i=0}^{n}\pi_i=1$，且如果对任一对状态 i，j，有

$$\pi_i P_{i,j}=\pi_j P_{j,i}$$

那么 $\bar{\pi}$ 是相应于 $\mathbf{P}$ 的平稳分布.

证明 考虑 $\bar{\pi}\mathbf{P}$ 的第 j 个元素. 由定理的假设，我们发现它等于

$$\sum_{i=0}^{n}\pi_i P_{i,j}=\sum_{i=0}^{n}\pi_j P_{j,i}=\pi_j$$

所以 $\bar{\pi}$ 满足 $\bar{\pi}=\bar{\pi}\mathbf{P}$. 因为 $\sum_{i=0}^{n}\pi_i=1$，由定理 7.7 可知 $\bar{\pi}$ 必是马尔可夫链唯一的平稳分布. ■

链满足条件

$$\pi_i P_{i,j}=\pi_j P_{j,i}$$

的链称为时间可逆的，练习 7.13 可以帮助说明为什么. 可以验证图 7.2 是时间可逆的.

现在我们转向有可数无穷状态空间的马尔可夫链的收敛性. 利用与定理 7.7 的证明中基本相同的方法可以证明下面的结果.

定理 7.11 任一不可约非周期的马尔可夫链属于下列两种类型之一：

1. 链是遍历的——对任一对状态 i，j，极限 $\lim_{t\to\infty}P_{j,i}^t$ 存在，且与 j 无关，链有唯一的平稳分 $\pi_i=\lim_{t\to\infty}P_{j,i}^t>0$；

2. 没有状态是正常返的——对所有 i，j，有 $\lim_{t\to\infty}P_{j,i}^t=0$，且链没有平稳分布.

割集与时间可逆性还可用于求可数无穷状态空间的马尔可夫链的平稳分布.

例：简单的队列

队列是一条顾客等待服务的直线. 考虑一个有界队列模型，其中时间被分成等长的步. 在每一时间步，恰有下列之一发生：

- 如果队列中有少于 n 位顾客，以概率 λ，有一位新顾客加入队列.
- 如果队列非空，以概率 μ，队列中的首位顾客接受服务并离开队列.
- 以剩余的概率，队列不变.

如果 X_t 是 t 时刻队列中的顾客数，那么在前述规则下，X_t 产生一个有限状态的马尔可夫链，它的转移矩阵有下列非零元素：

$$P_{i,i+1}=\lambda \quad 如果\ i<n;$$
$$P_{i,i-1}=\mu \quad 如果\ i>0;$$
$$P_{i,i}=\begin{cases}1-\lambda & 如果\ i=0,\\ 1-\lambda-\mu & 如果\ 1\leqslant i\leqslant n-1,\\ 1-\mu & 如果\ i=n\end{cases}$$

马尔可夫链是不可约、有限且非周期的，所以有唯一的平稳分布 $\bar{\pi}$，我们利用 $\bar{\pi}=\bar{\pi}\boldsymbol{P}$ 得到

$$\begin{aligned}\pi_0&=(1-\lambda)\pi_0+\mu\pi_1\\ \pi_i&=\lambda\pi_{i-1}+(1-\lambda-\mu)\pi_i+\mu\pi_{i+1},\quad 1\leqslant i\leqslant n-1,\\ \pi_n&=\lambda\pi_{n-1}+(1-\mu)\pi_n\end{aligned}$$

容易验证

$$\pi_i=\pi_0\left(\frac{\lambda}{\mu}\right)^i$$

是上述方程组的解. 加上要求 $\sum_{i=0}^{n}\pi_i=1$，有

$$\sum_{i=0}^{n}\pi_i=\sum_{i=0}^{n}\pi_0\left(\frac{\lambda}{\mu}\right)^i=1$$

或

$$\pi_0=\frac{1}{\sum_{i=0}^{n}(\lambda/\mu)^i}$$

对所有 $0\leqslant i\leqslant n$，有

$$\pi_i=\frac{(\lambda/\mu)^i}{\sum_{i=0}^{n}(\lambda/\mu)^i} \tag{7.4}$$

在这种情况下，计算平稳概率的另一种方法是利用割集. 对任意 i，转移 $i\to i+1$ 及 $i+1\to i$ 组成表示马尔可夫链的图的一个割集. 所以，在平稳分布中，从状态 i 移动到状态 $i+1$ 的概率必等于从状态 $i+1$ 移动到状态 i 的概率，或

$$\lambda\pi_i=\mu\pi_{i+1}$$

现在由简单的归纳可得

$$\pi_i=\pi_0\left(\frac{\lambda}{\mu}\right)^i$$

在队列中顾客数没有上限 n 的情况下，马尔可夫链不再是有限的，而有一个可数无穷的状态空间. 应用定理 7.11，马尔可夫链有平稳分布，当且仅当下面的线性方程组对所有

$\pi_i>0$ 有解：

$$\begin{aligned}\pi_0 &= (1-\lambda)\pi_0 + \mu\pi_1 \\ \pi_i &= \lambda\pi_{i-1} + (1-\lambda-\mu)\pi_i + \mu\pi_{i+1}, \quad i \geqslant 1\end{aligned} \tag{7.5}$$

容易验证

$$\pi_i = \frac{(\lambda/\mu)^i}{\sum_{i=0}^{\infty}(\lambda/\mu)^i} = \left(\frac{\lambda}{\mu}\right)^i\left(1-\frac{\lambda}{\mu}\right)$$

是方程组(7.5)的解．这自然地推广式(7.4)给出的方程组中顾客数有上界 n 的情况的解．所有 π_i 大于 0，当且仅当 $\lambda<\mu$，这相应于顾客到达的速度慢于他们接受服务的速度．如果 $\lambda>\mu$，那么顾客到达的速度快于他们离开的速度．因此，不存在平稳分布，队列长度将成为任意长．这时候，马尔可夫链中的每个状态是瞬时的．$\lambda=\mu$ 的情况更微秒，仍然不存在平稳分布，队列将成为任意长，但现在状态是零常返．(见有关的练习 7.17.)

7.4　无向图上的随机游动

无向图上的随机游动是一种常用于分析算法的特殊类型的马尔可夫链．设 $G=(V, E)$ 是有限且无向的连通图．

定义 7.9　*G 上的随机游动是由一个质点在 G 的顶点间移动的序列定义的马尔可夫链．在这个过程中，质点在已知时间步的位置是系统的状态．如果质点在顶点 i，且如果 i 有 $d(i)$ 条出发边，那么质点沿着边 (i, j) 移动到邻点 j 的概率为 $1/d(i)$.*

在分析随机化 2-SAT 算法时，我们已经见过这种游动的一个例子．

对无向图上的随机游动问题，有一个关于非周期性的如下的简单准则．

引理 7.12　*无向图 G 上的随机游动是非周期的，当且仅当 G 不是二部图．*

证明　图是二部的，当且仅当它没有奇数条边的圈．在无向图中，总存在一条从一个顶点到它自身的长为 2 的路．如果图是二部图，那么随机游动是周期的，周期 $d=2$．如果图不是二部的，那么它有奇圈，经过那个圈，我们有从任一顶点到它自身的奇数长度的路．由此马尔可夫链是非周期的．■

在这一节的其余部分，我们假定 G 不是二部图．在有限、无向、连通的非二部图 G 上的随机游动满足定理 7.7 的条件，因此随机游动收敛于平稳分布．我们证明这个分布只依赖于图的次序列．

定理 7.13　*G 上的随机游动收敛于平稳分布 $\bar{\pi}$，其中*

$$\pi_v = \frac{d(v)}{2|E|}$$

证明　因为 $\sum_{v\in V} d(v)=2|E|$，由此

$$\sum_{v\in V}\pi_v = \sum_{v\in V}\frac{d(v)}{2|E|} = 1$$

即 $\bar{\pi}$ 是 $v\in V$ 上严格意义的分布．

令 $\boldsymbol{P}$ 是马尔可夫链的转移概率矩阵，$N(v)$表示 v 的邻点．关系式 $\bar{\pi}=\bar{\pi}\boldsymbol{P}$ 等价于

$$\pi_v = \sum_{u\in N(v)}\frac{d(u)}{2|E|}\frac{1}{d(u)} = \frac{d(v)}{2|E|}$$

定理成立. ■

回忆 $h_{u,v}$ 表示从 u 到达 v 的期望步数，$h_{u,v}$ 也通常被称为从 u 到达 v 的击中时间，或者仅仅是意义明确的击中时间. 与击中时间相关的另一个值是 u 和 v 之间的通勤时间，由 $h_{u,v}+h_{v,u}$ 给出. 与击中时间不同，通勤时间是对称的；它表示从 u 到 v 再到 u 的时间，这与从 v 到 u 再返回到 v 的时间相同. 最后，对于在图表上随机游动，我们也对所谓的覆盖时间的数量感兴趣.

定义 7.10 图 $G=(V, E)$ 的覆盖时间是对所有的顶点 $v \in V$，从 v 出发的随机游动访问图中所有结点的期望时间的最大值.

下面考虑一个有限、无向、连通图 $G=(V, E)$ 上的随机游动的通勤时间和覆盖时间的一些基本界.

引理 7.14 如果 $(u, v) \in E$，那么通勤时间 $h_{u,v}+h_{v,u}$ 最多是 $2|E|$.

证明 设 D 是一个有向边的集合，使得对每一条边 $(u, v) \in E$，D 中必有两条有向边 $u \rightarrow v$，$v \rightarrow u$. 我们可以将 G 上的随机游动看作状态空间为 D 的一个马尔可夫链，其中，马尔可夫链在时间 t 的状态是随机游动在第 t 次转移得到的有向边. 这个马尔可夫链有 $2|E|$ 个状态，且容易验证它是一致平稳分布的(这留作练习 7.29). 因为状态 $u \rightarrow v$ 的平稳概率是 $1/2|E|$，一旦初始随机游动穿过有向边 $u \rightarrow v$，则穿过该有向边的期望时间为 $2|E|$. 因为随机游动是无记忆的，一旦它到达了顶点 v，我们可以忘记它是通过 $u \rightarrow v$ 到达的 v，因此，始于 v 点，到达 u 点，穿过 $u \rightarrow v$，再回到 v 点的期望时间的上界为 $2|E|$. 因为这只是从 v 到 u 再回到 v 的可能路径之一. 我们已经证明了 $h_{v,u}+h_{u,v} \leqslant 2|E|$. ■

引理 7.15 $G=(V, E)$ 的覆盖时间的上界为 $2|E|(|V|-1)$.

证明 取 G 中的一棵生成树 T；即取连接 G 的所有顶点的任一无环图的边的集合. 从任一顶点 v 开始，存在一个旅行在此生成树上的一个环(欧拉)(即只沿一个方向旅行一次的一条边)，例如，这种旅行可以通过对顶点集的深度优先搜寻找出. 在这个旅行中，通过的顶点的最大期望时间(其中，最大是与开始的顶点有关的)是覆盖时间的一个上界. 设 v_0，v_1，$\cdots v_{2|V|-2}$ 是旅行从 $v_0=v$ 开始的顶点序列. 那么，在序列次序中，通过所有顶点的期望时间为

$$\sum_{i=0}^{2|V|-3} h_{v_i, v_{i+1}} = \sum_{(x,y) \in T} (h_{x,y} + h_{y,x}) \leqslant 2|E|(|V|-1)$$

换言之，在此树中，每对毗连顶点的通勤时间的上界为 $2|E|$，共有 $|V|-1$ 对毗连顶点. ■

下列结果被称为 Matthews 定理，它给出了一个图的覆盖时间与击中时间的关系. 回忆一下，我们是用 $H(n)$ 表示调和数 $\sum_{i=1}^{n} 1/i$，它近似等于 $\ln n$.

引理 7.16 有 n 个顶点的图 $G=(V, E)$ 的覆盖时间 C_G 的上界为：

$$C_G \leqslant H(n-1) \max_{u,v \in V: u \neq v} h_{u,v}$$

证明 为方便，记 $B=\max_{u,v \in V; u \neq v} h_{u,v}$，考虑一个始于顶点 u 的随机游动. 从全排列中选择顶点的一个排序，设 Z_1，Z_2，$\cdots$，Z_n 是选定的排序. 设 T_j 是前 j 个顶点全在其中的首个时刻，即 T_j 时为止，$\{Z_1, Z_2, \cdots, Z_j\}$ 全被访问了. 又设 T_j 时为止，$\{Z_1$，Z_2，$\cdots$，

$Z_j\}$全被访问了的最后一个顶点是 A_j．类似于优惠券收集问题的方法，考虑相继两个时间的间隔 $T_j - T_{j-1}$．如果链的历史由 X_1，X_2，…给出，那么对 $j \geqslant 2$ 的部分，考虑

$$Y_j = \boldsymbol{E}[T_j - T_{j-1} \mid Z_1, \cdots, Z_j; X_1, \cdots, X_{T_{j-1}}]$$

覆盖始于 u 的此图的期望时间为

$$\sum_{j=2}^{n} Y_j + \boldsymbol{E}[T_1]$$

如果 Z_1 选为 u，这个发生的概率为 $1/n$，则 T_1 为 0．否则 $\boldsymbol{E}[T_1 \mid Z_1] = h_{u,Z_1} \leqslant B$．因此，$\boldsymbol{E}[T_1] \leqslant (1-1/n)B$．

对 Y_j，有两种情况需考虑：如果 Z_j 不是 T_j 时为止$\{Z_1$，Z_2，…，$Z_j\}$全被访问了的最后一个顶点，那么 Y_j 是 0，因为此时有 $T_j = T_{j-1}$．如果 Z_j 恰好是最后一个顶点，那么，不论这个链的其余部分是什么，总有 $Y_j \leqslant B$，因为 Y_j 是击中时间 h_{Z_k,Z_j}（因为 Z_k 是离开$\{Z_1$，Z_2，…，$Z_{j-1}\}$后最后访问的）．如果 Z_j 按照独立于随机游动的一个随机序列选取的，则 Z_j 是$\{Z_1$，Z_2，…，$Z_j\}$的最后顶点的概率为 $1/j$．从而有

$$\sum_{j=2}^{n} Y_j + \boldsymbol{E}[T_1] \leqslant \sum_{j=2}^{n} \frac{1}{j}B + \left(1 - \frac{1}{n}\right)B = \left(1 + \sum_{j=2}^{n} \frac{1}{j}\right)B - \frac{1}{n}B = H(n-1)B$$

由于上式对每一个开始顶点 u 都成立，引理得证．■

使用同样的方法，可以得到一个类似的下界．一个自然的下界是

$$C_G \geqslant H(n-1) \min_{u,v \in V';u \neq v} h_{u,v}$$

但是在有些图中，其最小击中时间可能是非常小的，这就使得这个界用处不大．在一些情况下，通过考虑一个顶点的子集 $V' \subset V$，可以使得下界更强．此时，结论修改为

$$C_G \geqslant H(|V'|-1) \min_{u,v \in V';u \neq v} h_{u,v}$$

虽然调和级数的一项更小，但这个公式中对应的最小击中时间要大得多．

应用：*s-t* 连通性算法

假设有一个无向图 $G=(V, E)$及 G 中的两个顶点 s 和 t．令 $n=|V|$，$m=|E|$．我们希望确定是否存在一条连接 s 和 t 的路．利用标准的广度优先搜索或深度优先搜索，在线性时间内容易做到这一点，但这些算法要求空间是 $\Omega(n)$的．

这里，我们提出一种随机化算法(算法 7.4)，只要求 $O(\log n)$位内存，即使小于所要求的位数，也能写出 s 与 t 之间的路．算法是简单的：执行 G 上的随机游动足够多步，使得从 s 到 t 的路似乎已经找到．我们将覆盖时间的结果(引理 7.16)用于界定随机游动必须运行的步数．为方便起见，假定图 G 没有二部连通分支，使得定理 7.13 的结果用于 G 的任一连通分支(用一些附加的技术性的工作可以将这个结果用于二部图)．

算法 7.4　*s-t* 连通性算法

1. 从 s 开始随机游动．
2. 如果游动在 $2n^3$ 步之内到达 t，返回存在一条路；否则，返回不存在路．

定理 7.17　*s-t* 连通性算法(算法 7.4)以 1/2 的概率返回正确答案，当存在从 s 到 t 的

路时，它只会犯返回不存在这样的路的错误.

证明　如果不存在路，那么算法返回正确答案. 如果存在路，如果算法在 $2n^3$ 步游动内没有找到路，则算法出错. 从 s 到达 t(如果存在一条路)的期望时间由它们的共享分支的覆盖时间给出上界，由引理 7.15，至多为 $2nm<n^3$. 由马尔可夫不等式，游动需多于 $2n^3$ 步从 s 到达 t 的概率至多为 1/2. ■

算法必须保留它当前位置的踪迹，取 $O(\log n)$ 位，随机游动中取的步数也只取 $O(\log n)$ 位(因为只计数到 $2n^3$). 只要存在某种从每个顶点选取一个随机邻点的方法，这便是要求的所有内存.

7.5 Parrondo 悖论

Parrondo 悖论提供了马尔可夫链分析的有意义的例子，也演示了在涉及概率时的微妙性. 这个悖论与“两个错误不能产生一个正确”的古老谚语矛盾，证明了两个输的游戏可以组合产生一个赢的游戏. 因为 Parrondo 悖论可以用各种不同的方法分析，我们将仔细检查一些研究问题的方法.

首先考虑游戏 A，我们反复投掷一枚有偏的硬币(称它为硬币 a)，以 $p_a<1/2$ 的概率出现正面，以 $1-p_a$ 的概率出现反面. 如果硬币出现正面，你赢得一元；如果出现反面，则输掉一元. 显然对你来说这是一种输的游戏. 例如，如果 $p_a=0.49$，每次游戏，你的期望损失是两分.

在游戏 B 中，我们仍是反复投掷硬币，但投掷的硬币依赖于你在迄今为止的游戏中的表现如何. 设 w 是你到目前为止赢的次数，ℓ 是你输的次数. 每一轮赌一元，所以 $w-\ell$ 表示你的输赢；如果是负的，你就是输钱. 游戏 B 使用两个有偏的硬币：硬币 b 和硬币 c. 如果赢的钱数是 3 的倍数，那么你投掷硬币 b，它以概率 p_b 出现正面，以概率 $1-p_b$ 出现反面. 否则，你投掷硬币 c，它以概率 p_c 出现正面，以概率 $1-p_c$ 出现反面. 如果硬币出现正面，你还是赢一元，如果出现反面，则输一元.

这个游戏比较复杂，所以我们考虑一个特殊的例子. 假定硬币 b 以概率 $p_b=0.09$ 出现正面，以概率 0.91 出现反面，而硬币 c 以概率 $p_c=0.74$ 出现正面，以概率 0.26 出现反面. 初一看，似乎游戏 B 对你有利. 如果有 1/3 时间你赢的是 3 的倍数，因此用硬币 b，其余 2/3 的时间用硬币 c，那么你赢的概率 w 是

$$w=\frac{1}{3}\frac{9}{100}+\frac{2}{3}\frac{74}{100}=\frac{157}{300}>\frac{1}{2}$$

按照这种路线推理的问题是硬币 b 不一定使用 1/3 时间！为直观地理解这一点，考虑第一次开始游戏时，当你获利是 0 时会发生什么. 你用硬币 b，更可能输. 此后，你用硬币 c，更可能赢. 在赢得一元或输掉两元之前，你可能花费大量时间来回于输一元与打破平局之间，所以你使用硬币 b 可能多于 1/3 的时间.

事实上，游戏 B 的特殊例子对你来说是一场输的游戏. 证明这一点的一种方法是假定在你获利为 0 时开始玩游戏 B，一直持续到你或者输掉三元或者赢得三元为止. 如果在这种情况下，你输比赢更有可能，由对称性，每当你的获利是 3 的倍数时，你总是更可能输 3 元而不是赢 3 元. 所以平均来讲，你显然在这种游戏中是输钱.

确定你是否输比赢更有可能的一种方法是分析吸收状态. 考虑由整数$\{-3, \cdots, 3\}$组

成的状态空间上的马尔可夫链，其中状态表示你的获利. 我们希望知道，当你从 0 开始，在到达 3 之前你是否更可能到达－3. 可以建立一个方程组来确定这个问题. 设z_i表示你的当前获利是 i 元时，在你赢得 3 元以前输掉了 3 元而结束的概率. 计算所有的概率z_{-3}、z_{-2}、z_{-1}、z_0、z_1、z_2 和z_3，虽然我们实际上只对z_0 有兴趣. 如果$z_0>1/2$，那么从 0 开始，我们更可能输 3 元而不是赢 3 元. 这里$z_{-3}=1$，$z_3=0$，这些是边界条件. 我们还有以下等式：

$$z_{-2}=(1-p_c)z_{-3}+p_c z_{-1}$$
$$z_{-1}=(1-p_c)z_{-2}+p_c z_0$$
$$z_0=(1-p_b)z_{-1}+p_b z_1$$
$$z_1=(1-p_c)z_0+p_c z_2$$
$$z_2=(1-p_c)z_1+p_c z_3$$

这是有 5 个未知量和 5 个方程的方程组，因此容易求解. z_0 的一般解为

$$z_0=\frac{(1-p_b)(1-p_c)^2}{(1-p_b)(1-p_c)^2+p_b p_c^2}$$

对这里的特殊例子，解为$z_0=15\,379/27\,700\approx 0.555$，说明长时间地玩这种游戏，输比赢有更大可能.

代替直接解这些方程，还存在一种简单的方法来确定首先到达－3 还是 3 的相对概率. 考虑任一从 0 出发，在到达－3 以前到达 3 而结束的移动序列. 例如，一个可能的序列是

$$s=0,1,2,1,2,1,0,-1,-2,-1,0,1,2,1,2,3$$

我们用从序列中最后一个 0 开始的每个数取相反数的方法，对这样的序列与从 0 出发，在到达 3 之前于－3 结束的序列之间建立一个一对一的自身映射. 在这个例子中，s 映射成 $f(s)$，其中

$$f(s)=0,1,2,1,2,1,0,-1,-2,-1,0,-1,-2,-1,-2,-3$$

容易验证这是相关序列的一对一映射.

下面的引理提供了 s 与 $f(s)$之间的一个有用的关系.

引理 7.18　对任一从 0 出发，在到达－3 之前于 3 结束的移动序列，我们有

$$\frac{\Pr(s\text{ 出现})}{\Pr(f(s)\text{ 出现})}=\frac{p_b p_c^2}{(1-p_b)(1-p_c)^2}$$

证明　对任一满足引理性质的已知序列 s，令 t_1 为从 0 到 1 的转移次数；t_2 是从 0 到－1 的转移次数；t_3 是从－2 到－1、－1 到 0、1 到 2 及 2 到 3 的转移次数之和；t_4 是从 2 到 1、1 到 0、－1 到－2 及－2 到－3 的转移次数之和，那么序列 s 出现的概率是 $p_b^{t_1}(1-p_b)^{t_2}p_c^{t_3}(1-p_c)^{t_4}$.

现在考虑将 s 变换为 $f(s)$时会发生什么. 我们将一个从 0 到 1 的转移变为从 0 到－1 的转移. 由此，s 中上升 1 的转移总数比下降 1 的转移总数多 2，这是因为序列在 3 结束. 那么在 $f(s)$中下降 1 的转移总数比上升 1 的转移总数多 2. 因此序列 $f(s)$出现的概率为 $p_b^{t_1-1}(1-p_b)^{t_2+1}p_c^{t_3-2}(1-p_c)^{t_4+2}$，引理成立. ■

令 S 是所有从 0 出发且在到达－3 之前于 3 结束的移动序列集合，立即可得

$$\frac{\Pr(\text{在}-3\text{ 以前到达 }3)}{\Pr(\text{在 }3\text{ 以前到达}-3)}=\frac{\sum\limits_{s\in S}\Pr(s\text{ 出现})}{\sum\limits_{s\in S}\Pr(f(s)\text{ 出现})}=\frac{p_b p_c^2}{(1-p_b)(1-p_c)^2}$$

如果这个比小于 1，那么输比赢更有可能. 在我们的特殊例子中，这个比是 12 321/15 379<1.

最后，分析问题的另一种方法是利用平稳分布. 考虑状态{0，1，2}上的马尔可夫链，这里状态表示我们的获利被 3 除时的余数(即状态记录了 $w-\ell\bmod 3$ 的踪迹). 设 π_i 是这个链的平稳分布. 在平稳分布中，我们赚一元钱的概率，即如果玩足够长时间赢一元钱的极限概率为

$$p_b\pi_0+p_c\pi_1+p_c\pi_2=p_b\pi_0+p_c(1-\pi_0)=p_c-(p_c-p_b)\pi_0$$

我们同样想知道，这是否大于或小于 1/2.

容易将平稳分布的等式写成

$$\pi_0+\pi_1+\pi_2=1$$
$$p_b\pi_0+(1-p_c)\pi_2=\pi_1$$
$$p_c\pi_1+(1-p_b)\pi_0=\pi_2$$
$$p_c\pi_2+(1-p_c)\pi_1=\pi_0$$

实际上，因为有 4 个等式而只有 3 个未知量，这些等式中的一个实际上是多余的. 容易解此方程组而得

$$\pi_0=\frac{1-p_c+p_c^2}{3-2p_c-p_b+2p_bp_c+p_c^2}$$
$$\pi_1=\frac{p_bp_c-p_c+1}{3-2p_c-p_b+2p_bp_c+p_c^2}$$
$$\pi_2=\frac{p_bp_c-p_b+1}{3-2p_c-p_b+2p_bp_c+p_c^2}$$

回忆如果平稳分布中赢的概率小于 1/2，或等价地，如果 $p_c-(p_c-p_b)\pi_0<1/2$，就会输. 在我们的特殊例子中 $\pi_0=673/1759\approx0.3826\cdots$，且

$$p_c-(p_c-p_b)\pi_0=\frac{86\,421}{175\,900}<\frac{1}{2}$$

我们再次发现游戏 B 在长期运行中是一个输的游戏.

现在我们已经完全分析了游戏 A 和游戏 B. 下面考虑如果将这两个游戏结合起来会发生什么. 在游戏 C 中，反复执行下面的赌博. 我们开始投掷一枚均匀的硬币，称它为 d. 如果是正面，进行游戏 A：投掷硬币 a，如果硬币是正面，你赢. 如果 d 是反面，那么进行游戏 B：如果你当前获利是 3 的倍数，投掷硬币 b，否则投掷硬币 c，且如果硬币是正面，你赢. 对你来说，这似乎必定是一场输的游戏. 毕竟游戏 A 和游戏 B 都是输的游戏，这种游戏只是投掷一枚硬币来决定玩两种游戏中的哪一个.

事实上，除了概率稍有不同以外，游戏 C 精确地类似于 B. 如果你的获利是 3 的倍数，那么你赢的概率是 $p_b^*=\frac{1}{2}p_a+\frac{1}{2}p_b$. 否则，你赢的概率是 $p_c^*=\frac{1}{2}p_a+\frac{1}{2}p_c$. 用 p_b^*、p_c^* 代替 p_b、p_c，我们可以重复前面用于对游戏 B 的分析.

例如，如果比例

$$\frac{p_b^*(p_c^*)^2}{(1-p_b^*)(1-p_c^*)^2}<1$$

那么对你这是一场输的游戏；如果比大于 1，则是一场赢的游戏．在我们的特殊例子中，比为 438 741/420 959>1，所以游戏 C 显然是一场赢的游戏．

这似乎有些奇怪，所以利用考虑平稳分布的其他方法重新检查．如果 $p_c^*-(p_c^*-p_b^*)\pi_0<1/2$，这是一场输的游戏，而如果 $p_c^*-(p_c^*-p_b^*)\pi_0>1/2$，则是一场赢的游戏，其中 π_0 现在是相应于游戏 C 的链的平稳分布．在我们的特殊例子中，$\pi_0=30\,529/88\,597$，且

$$p_c^*-(p_c^*-p_b^*)\pi_0=\frac{4\,456\,523}{8\,859\,700}>\frac{1}{2}$$

所以游戏 C 仍是赢的游戏．

如何将两个输的游戏随机地结合产生一个赢的游戏？关键是因为游戏 B 有一个非常特殊的构造，所以才是一场输的游戏．如果你的赢利被 3 整除，在下一轮就可能会输，但如果你设法克服了那个初始障碍，便可能赢得下面几次游戏．凭借障碍使游戏 B 成为输的游戏．用组合游戏的方法削弱障碍，因为现在当你的赢利被 3 整除时，有时你玩游戏 A，这是接近于公平的游戏，虽然游戏 A 偏向于对你不利，但偏得很小，所以它比初始障碍更容易克服，组合游戏不再有使它成为一场输的游戏所要求的特殊构造．

你可能担心这似乎违反了期望的线性律．如果从一场游戏 A、B 及 C 的赢利(分别)为 X_A、X_B 及 X_C，那么似乎有

$$\boldsymbol{E}[X_C]=\boldsymbol{E}\left[\frac{1}{2}X_A+\frac{1}{2}X_B\right]=\frac{1}{2}\boldsymbol{E}[X_A]+\frac{1}{2}\boldsymbol{E}[X_B]$$

所以，如果 $\boldsymbol{E}[X_A]$和 $\boldsymbol{E}[X_B]$是负的，那么 $\boldsymbol{E}[X_C]$也应是负的．问题是这个等式没有意义，这是因为不涉及当前的赢利，我们不能谈论关于游戏 B 和 C 的期望赢利．对游戏 B 和 C，用状态{0，1，2}上的马尔可夫链来描述．设 s 表示当前状态，我们有

$$\boldsymbol{E}[X_C\mid s]=\boldsymbol{E}\left[\frac{1}{2}(X_A+X_B)\mid s\right]=\frac{1}{2}\boldsymbol{E}[X_A\mid s]+\frac{1}{2}\boldsymbol{E}[X_B\mid s]$$

对任一已知步，期望的线性性成立，但必须有当前状态的条件．通过对游戏的组合，我们改变了链在每个状态度过多久，从而可以将两个输的游戏变成一个赢的游戏．

7.6　练习

7.1　考虑一个状态空间{0，1，2，3}及转移矩阵

$$\boldsymbol{P}=\begin{bmatrix}0 & 3/10 & 1/10 & 3/5\\ 1/10 & 1/10 & 7/10 & 1/10\\ 1/10 & 7/10 & 1/10 & 1/10\\ 9/10 & 1/10 & 0 & 0\end{bmatrix}$$

的马尔可夫链，所以 $P_{0,3}=3/5$ 是从状态 0 移动到状态 3 的概率．

(a) 求此马尔可夫链的平稳分布．

(b) 如果链从状态 0 出发，求经 32 步后处于状态 3 的概率．

(c) 如果链是从 4 个状态中均匀随机选取的一个状态开始，求经 128 步后处于状态 3 的概率．

(d) 假定链从状态 0 开始，使 $\max_s |P_{0,s}^t - \pi_s| \leqslant 0.01$ 成立的最小 t 值是什么？这里 $\bar{\pi}$ 是平稳分布．使 $\max_s |P_{0,s}^t - \pi_s| \leqslant 0.001$ 成立的最小 t 值是什么？

7.2　考虑有下列转移矩阵

$$\boldsymbol{P} = \begin{bmatrix} p & 1-p \\ 1-p & p \end{bmatrix}$$

的两状态马尔可夫链，求 $P_{0,0}^t$ 的一个简单表达式．

7.3　考虑有两个状态 0 和 1 的一个过程 X_0，X_1，X_2，…过程由两个矩阵 $\boldsymbol{P}$ 和 $\boldsymbol{Q}$ 控制．如果 k 是偶数，值 $P_{i,j}$ 给出在 X_k 到 X_{k+1} 的一步上从状态 i 到状态 j 的概率．类似地，如果 k 是奇数，那么 $Q_{i,j}$ 给出由 X_k 到 X_{k+1} 的一步上从状态 i 到状态 j 的概率．解释为什么这个过程不满足(时间齐次)马尔可夫链的定义 7.1，然后给出一个有较大状态空间的过程，它等价于这个过程，且满足定义 7.1.

7.4　证明相通关系定义一个等价关系．

7.5　证明：如果在相通类中一个状态是瞬时的(分别为常返的)，那么这个类中的所有状态是瞬时的(分别是常返的)．

7.6　在研究 2-SAT 算法时，我们考虑了一个在 0 处有一个完全反射边界的一维随机游动，即每当到达位置 0 时，游动便以概率 1 在下一步移向位置 1．现在考虑在 0 处有一个部分反射边界的随机游动．每当到达位置 0 时，游动便以 1/2 的概率移向位置 1，以 1/2 的概率停留在 0 处．随机游动处处都以 1/2 的概率向上或向下移动 1．从位置 i 出发，利用部分反射边界的随机游动，求到达 n 的期望移动次数．

7.7　假定 2-SAT 算法 7.1 以一个均匀随机选取的赋值开始，这如何影响直到找到一个满足赋值的期望时间？

7.8　将 3-SAT 的随机化算法推广到 k-SAT，作为 k 的函数，算法的期望时间是什么？

7.9　在分析 3-SAT 随机化算法时，我们作了悲观的假设，即在每一步选取的子句中，当前赋值 A_i 与真值赋值 S 只有一个变量的不同．假定代之以每步是独立的，两个赋值在子句中有一个变量不一致的概率为 p，至少有两个变量不一致的概率为 $1-p$．p 的最大值是什么？对此可以证明在算法 7.2 结束之前，期望步数是 p 的多项式吗？对这个 p 值给出证明，并在这种情况下，给出期望步数的一个上界．

7.10　图的着色是对其每个顶点的颜色的一种赋值．一个图是 k-可着色的，如果存在用 k 种颜色对图的着色，使得没有两个相邻顶点有相同的颜色．设 G 是 3-可着色图．

(a) 证明存在用两种颜色的图的着色法，使得没有三角形是单色的．(图 G 的三角形是 G 的有三个顶点的子图，这些顶点全都相互毗邻．)

(b) 考虑下列用两种颜色对 G 的顶点着色的算法，使得没有三角形是单色的算法以对 G 的任意 2-着色法开始，当 G 中有任意单色的三角形时，算法选取一个这样的三角形，并改变那个三角形中随机选取的一个顶点的颜色．导出在算法找到具有所要求性质的 2-着色法之前，这种着色的期望步数的一个上界．

7.11　一个元素为 $P_{i,j}$ 的 $n \times n$ 矩阵 $\boldsymbol{P}$ 称为随机的，如果所有元素都是非负的，且每行元素之和是 1．称它为二重随机的，如果每列元素之和也是 1．证明对任一用二重随机矩阵表示的马尔可夫链，均匀分布是平稳分布．

7.12　设 X_n 是一粒均匀骰子 n 次独立投掷的和．证明，对任意 $k \geqslant 2$，有

$$\lim_{n\to\infty} \Pr(X_n \text{ 被 } k \text{ 整除}) = \frac{1}{k}$$

7.13　考虑一个在 n 个状态上有平稳分布 $\bar{\pi}$ 及转移概率 $P_{i,j}$ 的有限马尔可夫链．设想在时刻 0 开始的一个链，运行 m 步后得到状态序列 X_0，X_1，…，X_m，考虑相反次序的状态 X_m，X_{m-1}，…，X_0．

(a) 证明：已知 X_{k+1}，状态 X_k 与 X_{k+2}，X_{k+3}，…，X_m 无关．所以反向序列是马尔可夫的．

（b）证明：对反向序列，转移概率$Q_{i,j}$由下式给出：

$$Q_{i,j}=\frac{\pi_j P_{j,i}}{\pi_i}$$

（c）证明：如果原马尔可夫链是时间可逆的，使得$\pi_i P_{i,j}=\pi_j P_{j,i}$，那么$Q_{i,j}=P_{i,j}$．即不管从向前次序还是从向后次序考虑，状态服从相同的转移概率．

7.14　证明：对应于在无向、由一个分支组成的非二部图上的随机游动的马尔可夫链是时间可逆的．

7.15　设$P_{i,i}^t$是一个马尔可夫链从状态i出发，经t步后返回状态i的概率．证明

$$\sum_{t=1}^{\infty} P_{i,i}^t$$

无界，当且仅当状态i是常返的．

7.16　证明引理7.5.

7.17　考虑下面的马尔可夫链，它类似于在0处有完全反射边界的1维随机游动．无论何时到达位置0，游动以概率1在下一步移动到位置1．否则，游动以概率p从i移动到$i+1$，以概率$1-p$从i移动到$i-1$．证明：

（a）若$p<1/2$，每个状态是正常返的．

（b）若$p=1/2$，每个状态是零常返的．

（c）若$p>1/2$，每个状态是瞬时的．

7.18　（a）考虑在2维整数格上的随机游动，其中每点有4个邻点(上，下，左，右)．每个状态是瞬时零常返的，还是正常返的？给出一个理由．

（b）对3维整数格，回答(a)中的问题．

7.19　考虑赌徒破产问题，其中一个选手一直玩到输了ℓ_1元或赢了ℓ_2元为止．证明所玩游戏的期望次数是$\ell_1\ell_2$．

7.20　我们已经考虑过游戏是公平情况下的赌徒破产问题．现在考虑游戏是不公平的情况：每次游戏输1元的概率是2/3，每次游戏赢1元的概率是1/3．假设开始时有i元，当到达n元或全部输光时结束．记W_t是t轮游戏后赢得的钱数．

（a）证明$\mathbf{E}[2^{W_{t+1}}]=\mathbf{E}[2^{W_t}]$；

（b）利用(a)确定当从位置i开始时，以0元结束的概率以及以n元结束的概率？

（c）将前面的证明推广到输的概率是$p>1/2$的情况(提示：对某常数c，试考虑$\mathbf{E}[c^{W_t}]$)．

7.21　考虑状态$\{0,1,\cdots,n\}$上的马尔可夫链，其中对$i<n$，有$P_{i,i+1}=1/2$，$P_{i,0}=1/2$，并且$P_{n,n}=1/2$，$P_{n,0}=1/2$．这个过程可以看作在顶点为$\{0,1,\cdots,n\}$的有向图上的随机游动，其中每个顶点有两条有向边：一条返回0，一条移向下一个更大数的顶点(在顶点n处有一个自圈)．求这个链的平稳分布(这个例子说明有向图上的随机游动与无向图上的随机游动有很大的不同.)

7.22　一只猫和一只老鼠在连通的、无向的、非二部图G上独立地随机游动．他们在同一时间不同结点出发，在每一时间步，每个作一次转移．如果它们在某个时间步处于相同结点，猫吃掉老鼠．设n和m分别表示G的顶点数和边数．证明在猫吃掉老鼠以前，期望时间的上界为$O(m^2n)$．(提示：考虑一个马尔可夫链，其状态为有序对(a,b)，其中a是猫的位置，b是老鼠的位置.)

7.23　在网络上散播信息的一种方法是用传闻散播范例．假定在网络上当前有n台主机．最初，从一台主机一条信息开始，每一轮有信息的每台主机从其余台主机中独立地且均匀随机地选取另一台主机进行联系，并向那台主机发送信息．我们想知道以0.9999的概率，在所有主机都收到信息之前需要多少轮．

（a）解释如何将这个问题看成马尔可夫链．

（b）在已知$k-1$轮后有i台主机收到了信息的条件下，确定计算在k轮后有j台主机收到信息的概率的方法．(提示：有各种方法来进行，一种方法是设$P(i,j,c)$是在某轮中，在i台主机

的前 c 台已经做出了它们的选择之后 j 台主机收到信息的概率，然后对 P 求一个递归式.）

(c) 作为一个计算练习，写一段程序来确定 $n=128$ 时，以 0.9999 的概率从一台主机开始的一条信息送到其余所有主机所需要的轮数.

7.24 n 个顶点的棒棒糖图是一个有 $n/2$ 个顶点的图与有 $n/2$ 个顶点的路相连接的图，如图 7.3 所示. 结点 u 是有图与路的一部分，令 v 表示路的另一端点.

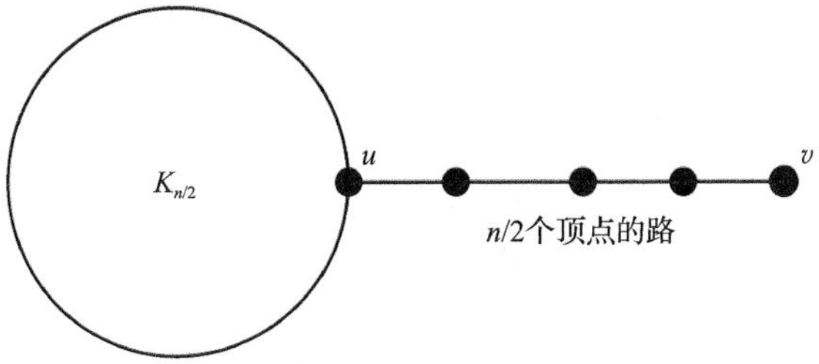

图 7.3　棒棒糖图

(a) 证明从 v 出发的随机游动的期望覆盖时间是 $\Theta(n^2)$.

(b) 证明从 u 出发的随机游动的期望覆盖时间为 $\Theta(n^3)$.

7.25 以下是简单的儿童棋类游戏的变形. 选手从位置 0 开始，在一次选手的轮换中，她投掷一粒标准的六面体骰子. 如果她的旧位置是正整数 x，她掷出的是 y，那么她的新位置$(x+y)$是有两种情况除外：

- 如果 $x+y$ 可被 6 整除且小于 36，她的新位置是：$x+y-6$.
- 如果 $x+y$ 大于 36，选手仍停留在 x.

当一个选手抵达目的位置 36 时，游戏结束.

(a) 设 X_i 是表示从位置 $i(0\leqslant i\leqslant 35)$到达 36 所需要的投掷次数的随机变量，给出刻画 $\boldsymbol{E}[X_i]$的方程组.

(b) 利用可以解线性方程组的程序，对 $0\leqslant i\leqslant 35$，求 $\boldsymbol{E}[X_i]$.

7.26 设在一个圆上标出了 n 个等距点，不失一般性，我们认为点是按顺时针方向从 0 到 $n-1$ 标记的. 初始，一只狼从 0 处开始，在其余 $n-1$ 个点的每处有一只羊. 狼在圆上随机游动，每一步狼以 1/2 的概率移动到一个邻点，以 1/2 的概率移动到另一个邻点. 在第一次到达一个点时，如果在那里有一只羊，狼就吃掉它. 哪只羊最可能是被最后吃掉的?

7.27 假定给出 n 个记录R_1，R_2，…，R_n，记录是以某种次序保存着的. 以这种次序的第 j 个记录的存取代价是j. 这样，如果有 4 个记录，依次为R_2，R_4，R_3，R_1，那么读取R_4 的代价为 2，读取R_1 的代价为 4.

进一步假定，在每一步，记录R_j 读取的概率为 p_j，且每一步与其他步独立. 如果预先知道 p_j 的值，将依 p_j 的递减次序来保存R_j. 但如果事先不知道 p_j，我们可能利用启发式的"向前移动"：每一步将要读取的记录放在列表的前头. 假定移动记录可以不需代价，且其他记录保留相同次序. 例如，如果在读取R_3 之前的次序是R_2，R_4，R_3，R_1，那么下一步的次序将是R_3，R_2，R_4，R_1.

在这种设置下，记录的次序可以看作一个马尔可夫链的状态，给出这个链的平稳分布. 令 X_k 是读取第 k 个请求的记录的费用，确定$\lim\limits_{k\to\infty}\boldsymbol{E}[X_k]$的表达式. 该表达式在已知 p_j 时，应在关于 n 的多项式时间内容易计算.

7.28 考虑下面的离散时间队列的变形. 时间被分成固定长度的步，每一时间步开始时，一位顾客以概率 λ 到达. 在每一时间步结束时，如果队列非空，那么在队列前面的顾客以概率 μ 完成服务.

(a) 说明在每一时间步开始时队列中的顾客数如何形成一个马尔可夫链，并确定相应的转移概率.

(b) 说明在什么条件下，可以期望存在一个平稳分布元.

(c) 如果平稳分布存在，那么 π_0 的值应是什么，在时间步开始时，队列中没有顾客的概率是什么？(提示：考虑在长时间的运行中，顾客进入队列的速度和顾客离开队列的速度必须相等.)

(d) 确定稳定分布，并说明它如何对应于(b)中的条件？

(e) 现在考虑变化的情况，我们改变新的到达及服务的次序，即在每个时间步开始时，如果队列非空，那么一位顾客以概率 μ 接受服务；在每一时间步结束时，一位顾客以概率 λ 到达．如何改变对(a)～(d)的回答？

7.29 证明来自引理 7.14 的马尔可夫链的状态 $2|E|$ 图的有向边具有均匀的平稳分布.

7.30 我们考虑在 $N=2^n$ 个结点的超立方体上标准随机游动的覆盖时间．(如果需要，请参阅定义 4.3 以回忆超立方体的定义.)让(u, v)成为超立方体中的边.

- 证明从 u 到 v 的边(u, v)的遍历之间的期望时间是 Nn.
- 我们用另一种方式来考虑从 u 到 v 的时间．在从 u 到 v 之后，游动必须首先回到 u．当它返回到 u 时，游动可能接下来移动到 v，或者它可能移动到 u 的另一个邻点，在这种情况下它必须再次返回到 u，然后移动到 v 以便从 u 转换到 v．利用对称性和上述表述证明下列循环

$$N_n = \sum_{i=1}^{\infty} \frac{1}{n} \left(\frac{n-1}{n}\right)^{i-1} (i(h_{u,v} + 1)) = n(h_{u,v} + 1)$$

- 从上得出 $h_{u,v} = N - 1$.
- 用使用相邻顶点和 Matthews 定理的击中时间的结果，证明覆盖时间为 $O(N \log^2 N)$.
- 作为一个更具挑战性的问题，读者可以尝试证明超立方体上随机游动的任意两个顶点之间的最大击中时间是 $O(N)$，并且覆盖时间相应地为 $O(N \log N)$.

第 8 章　连续分布与泊松过程

本章介绍连续随机变量的一般概念，焦点是两个连续分布的例子：均匀分布与指数分布．然后研究泊松过程，它是一个与均匀分布及指数分布都有关的连续时间的计数过程．最后，以泊松过程在排队论中的基本应用结束本章．

8.1　连续随机变量

8.1.1　$\mathbb{R}$ 中的概率分布

图 8.1 中连续轮盘赌的转轮的圆周为 1，我们转动轮盘，当它停止时，得到从标有箭头的“0”开始的钟表式距离(以无限精度计算)．

这个试验的样本空间 Ω 由[0，1)中所有实数组成．假定当圆盘停止时，盘的圆周上的任意一点都等可能地朝向箭头．一个已知结果 x 的概率 p 是多少？

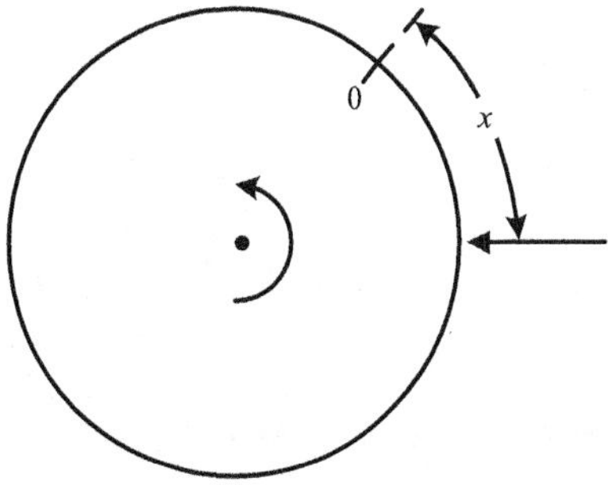

图 8.1　一个连续轮盘

为回答这个问题，我们回忆第 1 章定义的概率函数是任意满足以下三个要求的函数：

1) $\Pr(\Omega)=1$.

2)对任一事件

$$0 \leqslant \Pr(E) \leqslant 1$$

3)对任意(有限或可数)不相交事件集合 $\mathcal{B}$ 有

$$\Pr\Big(\bigcup_{E\in\mathcal{B}} E\Big) = \sum_{E\in\mathcal{B}}\Pr(E)$$

记 $S(k)$是[0，1)中 k 个不同点的集合，p 是[0，1)内任一给定点为轮盘赌试验结果的概率．因为任一事件的概率都不会超过 1，所以

$$\Pr(x \in S(k)) = kp \leqslant 1$$

我们可以在[0，1)内选取任意 k 个不同点，所以对任意整数 k 都必须有 $kp\leqslant 1$，这蕴涵 $p=0$．这样，在无穷样本空间中，我们观测到了存在概率为 0 的可能事件．取这个事件的补，在无穷样本空间中，我们观测到了可能存在概率为 1 的事件，但并不对应于所有可能的试验结果，在某种意义下，即可能存在概率为 1 的事件不是必然事件．

如果我们试验的每个可能结果的概率都是 0，那么该如何定义有非零概率的较大事件的概率？对 $\mathbb{R}$ 上的概率分布，概率是赋予区间的，而不是赋予个别值．[⊖]

一个随机变量 X 的概率分布由它的分布函数 $F(x)$给出，对任意 $x\in\mathbb{R}$，定义

$$F(x) = \Pr(X \leqslant x)$$

⊖ 可数无穷概率空间的严格论述依赖于测度论，已超出本书范围．这里，我们只是注意概率函数需要事件集合的可测性．一般情况下，样本空间中的所有子集族不一定可测，但区间的博雷尔集合总是可测的．

我们说随机变量 X 是连续的，如果它的分布函数 $F(x)$是 x 的连续函数. 我们将假定本章中的随机变量是连续的. 此时对任意特殊的 x 值，必有 $\Pr(X=x)=0$. 而这进一步意味着 $\Pr(X\leqslant x)=\Pr(X<x)$，这是一个本章中随意使用的事实.

如果存在函数 $f(x)$，使得对一切 $-\infty<a<\infty$，总有

$$F(a)=\int_{-\infty}^{a} f(t)\mathrm{d}t$$

则称 $f(x)$是 $F(x)$的密度函数，且

$$f(x)=F'(x)$$

其中导数是合理定义的.

因为

$$\Pr(x<X\leqslant x+\mathrm{d}x)=F(x+\mathrm{d}x)-F(x)\approx f(x)\mathrm{d}x$$

所以可以不严格地将 $f(x)\mathrm{d}x$ 作为无穷小区间$(x, x+\mathrm{d}x]$的“概率”. 以后与此类似地考虑，在离散空间，事件 E 的概率是包含在 E 中简单事件的概率之和. 对 $\mathbb{R}$ 中的事件，平行的概念是概率密度函数在 E 中基本事件上的积分.

例如，区间$[a, b)$的概率由积分

$$\Pr(a\leqslant x<b)=\int_{a}^{b} f(x)\mathrm{d}x$$

给出，密度函数为 $f(x)$，随机变量 X 的期望及高阶矩由积分

$$\boldsymbol{E}[X^i]=\int_{-\infty}^{\infty} x^i f(x)\mathrm{d}x$$

定义. 更一般地，对任意的函数 g，如果下面的积分

$$\boldsymbol{E}[g(X)]=\int_{-\infty}^{\infty} g(x)f(x)\mathrm{d}x$$

存在，则 X 的方差为

$$\mathbf{Var}[X]=\boldsymbol{E}[(X-\boldsymbol{E}[X])^2]=\int_{-\infty}^{\infty}(x-\boldsymbol{E}[X])^2 f(x)\mathrm{d}x=\boldsymbol{E}[X^2]-(\boldsymbol{E}[X])^2$$

下面的引理给出了引理 2.9 在连续随机变量时的类似结果.

引理 8.1 设 X 是只取非负值的连续随机变量，那么

$$\boldsymbol{E}[X]=\int_{0}^{\infty}\Pr(X\geqslant x)\mathrm{d}x$$

证明 设 $f(x)$是 X 的密度函数，那么

$$\int_{0}^{\infty}\Pr(X\geqslant x)\mathrm{d}x=\int_{x=0}^{\infty}\int_{y=x}^{\infty} f(y)\mathrm{d}y\mathrm{d}x=\int_{y=0}^{\infty}\int_{x=0}^{y} f(y)\mathrm{d}x\mathrm{d}y$$

$$=\int_{y=0}^{\infty} yf(y)\mathrm{d}y=\boldsymbol{E}[X]$$

因为被积表达式是非负的，所以可以交换积分的次序. ■

8.1.2 联合分布与条件概率

一个实值随机变量的分布函数的概念容易推广到多个随机变量的情况.

定义 8.1 X 和 Y 的联合分布函数是

$$F(x,y)=\Pr(X\leqslant x,Y\leqslant y)$$

变量 X 和 Y 有联合密度函数，如果对所有 x，y，有

$$F(x,y)=\int_{-\infty}^{y}\int_{-\infty}^{x}f(u,v)\,\mathrm{d}u\mathrm{d}v$$

当导数存在时，我们仍然有

$$f(x,y)=\frac{\partial^2}{\partial x\partial y}F(x,y)$$

这些定义显然可以推广到多于两个变量的联合分布函数.

已知 X 和 Y 的联合分布函数 $F(x,y)$，可以考虑边缘分布函数

$$F_X(x)=\Pr(X\leqslant x),\quad F_Y(y)=\Pr(Y\leqslant y)$$

及相应的边缘密度函数 $f_X(x)$和 $f_Y(y)$.

定义 8.2　随机变量 X 和 Y 是独立的，如果对所有 x 和 y，有

$$\Pr((X\leqslant x)\cap(Y\leqslant y))=\Pr(X\leqslant x)\Pr(Y\leqslant y)$$

由这个定义知，两个随机变量是独立的，当且仅当它们的联合分布函数是它们的边缘分布函数的乘积：

$$F(x,y)=F_X(x)F_Y(y)$$

关于 x 和 y 求导数可知，如果 X 和 Y 独立，那么

$$f(x,y)=f_X(x)f_Y(y)$$

这个条件也是充分的.

作为例子，设 a、b 是正的常数，考虑在 x，$y\geqslant 0$ 上，由

$$F(x,y)=1-\mathrm{e}^{-ax}-\mathrm{e}^{-by}+\mathrm{e}^{-(ax+by)}$$

给出的两个随机变量 X 和 Y 的联合分布函数. 可以求得

$$F_X(x)=F(x,\infty)=1-\mathrm{e}^{-ax}$$

类似地，$F_Y(y)=1-\mathrm{e}^{-by}$. 另外，可以计算

$$f(x,y)=ab\,\mathrm{e}^{-(ax+by)}$$

由此可知

$$F_X(z)=\int_{x=0}^{z}\int_{y=0}^{\infty}ab\,\mathrm{e}^{-(ax+by)}\,\mathrm{d}y\mathrm{d}x=\int_{x=0}^{z}-a\mathrm{e}^{-ax}=1-\mathrm{e}^{-az}$$

我们得到

$$F(x,y)=1-\mathrm{e}^{-ax}-\mathrm{e}^{-by}+\mathrm{e}^{-(ax+by)}=(1-\mathrm{e}^{-ax})(1-\mathrm{e}^{-by})=F_X(x)F_Y(y)$$

所以 X，Y 独立. 也可以用密度函数验证它们的独立性

$$f_X(x)=a\mathrm{e}^{-ax},\quad f_Y(y)=b\mathrm{e}^{-by},\quad f(x,y)=f_X(x)f_Y(y)$$

连续随机变量的条件概率提出了一个重要而敏感的问题. 当 $\Pr(F)\neq 0$ 时，有

$$\Pr(E\mid F)=\frac{\Pr(E\cap F)}{\Pr(F)}$$

自然的定义，是合适的. 例如，当 $\Pr(Y\leqslant 6)$不为零时，有

$$\Pr(X\leqslant 3\mid Y\leqslant 6)=\frac{\Pr(X\leqslant 3)\cap(Y\leqslant 6)}{\Pr(Y\leqslant 6)}$$

在离散情况下，如果 $\Pr(F)=0$，很简单，$\Pr(E\mid F)$是没有定义的. 但在连续情况下，在以概率 0 发生的事件的条件下，条件概率有明确的表示式. 例如，对前面讨论过的联合分布函数 $F(x,y)=1-\mathrm{e}^{-ax}-\mathrm{e}^{-by}+\mathrm{e}^{-(ax+by)}$

$$\Pr(X \leqslant 3 \mid Y = 4)$$

似乎是合理的，但由于 $\Pr(Y=4)$是概率为 0 的事件，定义不适用.

如果应用定义，应有

$$\Pr(X \leqslant 3 \mid Y = 4) = \frac{\Pr(X \leqslant 3) \cap (Y = 4)}{\Pr(Y = 4)}$$

分子和分母都为零，启发我们考虑它们都趋于零时的极限. 自然的选择是原

$$\Pr(X \leqslant 3 \mid Y = 4) = \lim_{\delta \to 0} \Pr(X \leqslant 3 \mid 4 \leqslant Y \leqslant 4 + \delta)$$

这个选择导出如下的定义：

$$\Pr(X \leqslant x \mid Y = y) = \int_{u=-\infty}^{x} \frac{f(u,y)}{f_Y(y)} \mathrm{d}u$$

为了非正式的知道为什么这是个合理的选择，我们考虑

$$\begin{aligned}
\lim_{\delta \to 0} \Pr(X \leqslant x \mid y \leqslant Y \leqslant y + \delta) &= \lim_{\delta \to 0} \frac{\Pr(X \leqslant x) \cap (y \leqslant Y \leqslant y + \delta)}{\Pr(y \leqslant Y \leqslant y + \delta)} \\
&= \lim_{\delta \to 0} \frac{F(x, y+\delta) - F(x,y)}{F_Y(y+\delta) - F_Y(y)} \\
&= \lim_{\delta \to 0} \int_{u=-\infty}^{x} \frac{\partial F(u, y+\delta)/\partial x - \partial F(u,y)/\partial x}{F_Y(y+\delta) - F_Y(y)} \mathrm{d}u \\
&= \int_{u=-\infty}^{x} \lim_{\delta \to 0} \frac{(\partial F(u, y+\delta)/\partial x - \partial F(u,y)/\partial x)/\delta}{(F_Y(y+\delta) - F_Y(y))/\delta} \mathrm{d}u \\
&= \int_{u=-\infty}^{x} \frac{f(u,y)}{F_Y(y)} \mathrm{d}u
\end{aligned}$$

这里，我们假定了可以交换积分与极限的次序，且 $f_Y(y) \neq 0$. 值

$$f_{X|Y}(x,y) = \frac{f(x,y)}{f_Y(y)}$$

也称为条件密度函数. 类似地，有

$$f_{Y|X}(x,y) = \frac{f(x,y)}{f_X(x)}$$

我们的定义有一个自然的解释，即为了计算 $\Pr(X \leqslant x \mid Y = y)$，在适当的范围内对相应的条件密度函数求积分. 可以检查，通过适当的积分，这个定义给出了 $\Pr(X \leqslant x \mid Y \leqslant y)$的标准定义. 类似地，可以利用条件密度函数计算条件期望

$$E[X \mid Y = y] = \int_{x=-\infty}^{\infty} x f_{X|Y}(x,y) \mathrm{d}x$$

例如，当 $F(x, y) = 1 - \mathrm{e}^{-ax} - \mathrm{e}^{-by} + \mathrm{e}^{-(ax+by)}$时，

$$\Pr(X \leqslant 3 \mid Y = 4) = \int_{u=0}^{3} \frac{ab\mathrm{e}^{-ax+4b}}{b\mathrm{e}^{-4b}} \mathrm{d}u = 1 - \mathrm{e}^{-3a}$$

这也是一个可以利用独立性直接得到的结果.

8.2 均匀分布

当一个随机变量 X 假定在区间$[a, b]$上取值，使得所有等长的小区间有相等的概率，我们称 X 是在区间$[a, b]$上的均匀分布，或称它在区间$[a, b]$上是均匀的. 用 $U[a, b]$来

表示这样的随机变量．我们也可以讨论在区间$[a, b)$、$(a, b]$或(a, b)上的均匀分布．事实上，因为当$b>a$时取任一特殊值的概率为 0，这些分布本质上是相同的．

这样一个 X 的概率分布函数为

$$F(x)=\begin{cases}0 & \text{如果 } x\leqslant a\\ \dfrac{x-a}{b-a} & \text{如果 } a\leqslant x\leqslant b\\ 1 & \text{如果 } x\geqslant b\end{cases}$$

它的密度函数是

$$f(x)=\begin{cases}0 & \text{如果 } x< a\\ \dfrac{1}{b-a} & \text{如果 } a\leqslant x\leqslant b\\ 0 & \text{如果 } x> b\end{cases}$$

它们如图 8.2 所示．

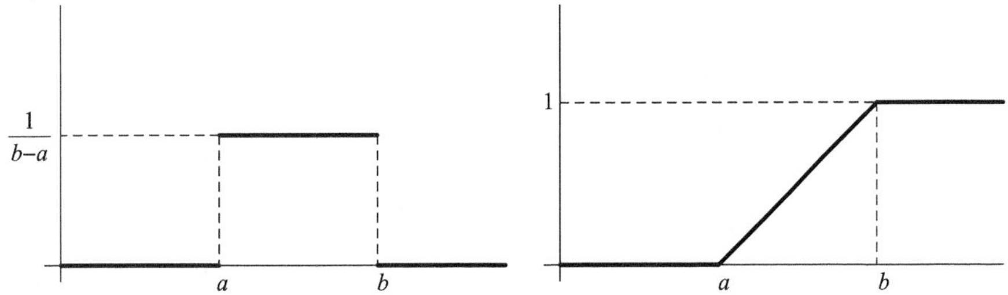

a) $f(x)=\dfrac{1}{b-a}$，$a\leqslant x\leqslant b$　　b) $F(x)=\dfrac{x-a}{b-a}$，$a\leqslant x\leqslant b$

图 8.2　均匀分布

X 的期望是

$$\mathbf{E}[X]=\int_a^b \frac{x}{b-a}\mathrm{d}x=\frac{b^2-a^2}{2(b-a)}=\frac{b+a}{2}$$

二阶矩为

$$\mathbf{E}[X^2]=\int_a^b \frac{x^2}{b-a}\mathrm{d}x=\frac{b^3-a^3}{3(b-a)}=\frac{b^2+ab+a^2}{3}$$

方差如下计算：

$$\mathbf{Var}[X]=\mathbf{E}[X^2]-(\mathbf{E}[X])^2=\frac{b^2+ab+a^2}{3}-\frac{(b+a)^2}{4}=\frac{(b-a)^2}{12}$$

在连续的轮盘赌例子中，试验的结果 X 为$[0, 1)$上的均匀分布，所以 X 的期望为 1/2，方差为 1/12.

均匀分布的其他性质

假设有一个从譬如$[0, 1]$上的均匀分布中选取的随机变量 X，而且还知道 X 小于等于 1/2．由这个信息，X 的条件分布在一个较小区间$[0, 1/2]$上仍是均匀的.

引理 8.2　设 X 是$[a, b]$上的均匀随机变量，那么，对 $c\leqslant d$，有

$$\Pr(X \leqslant c \mid X \leqslant d) = \frac{c-a}{d-a}$$

也就是说，在 $X \leqslant d$ 的条件下，X 在 $[a, d]$ 上是均匀的.

证明

$$\Pr(X \leqslant c \mid X \leqslant d) = \frac{\Pr(X \leqslant c) \cap (X \leqslant d)}{\Pr(X \leqslant d)} = \frac{\Pr(X \leqslant c)}{\Pr(X \leqslant d)} = \frac{c-a}{d-a}$$

由此可知，在 X 小于等于 d 的条件下，X 精确地有在 $[a, d]$ 上均匀随机变量的分布函数. ■

当然，如果考虑 $\Pr(X \leqslant c \mid X \geqslant d)$，也有类似的结论成立；在 $X \geqslant d$ 的条件下，所得的分布是 $[d, b]$ 上的均匀分布.

均匀分布的另一个事实来自这样的直觉：如果 n 个点均匀地分布在一个区间上，我们期望它们有大致相等的间距. 将这一思想整理成如下的引理.

引理 8.3　设 $X_1, X_2, \cdots, X_n$ 是 $[0, 1]$ 上独立的均匀随机变量，$Y_1, Y_2, \cdots, Y_n$ 与 $X_1, X_2, \cdots, X_n$ 有相同的值，且以增序排列，那么 $\mathbf{E}[Y_k] = k/(n+1)$.

证明　我们首先用显式计算证明关于 Y_1 的结果. 由定义，$Y_1 = \min(X_1, X_2, \cdots, X_n)$. 现在

$$\begin{aligned}\Pr(Y_1 \geqslant y) &= \Pr(\min(X_1, X_2, \cdots\cdots, X_n) \geqslant y) \\ &= \Pr((X_1 \geqslant y) \cap (X_2 \geqslant y) \cap \cdots \cap (X_n \geqslant y)) \\ &= \prod_{i=1}^{n} \Pr(X_i \geqslant y) = (1-y)^n\end{aligned}$$

由引理 8.1 可知

$$\mathbf{E}[Y_1] = \int_{y=0}^{1} (1-y)^n \mathrm{d}y = \frac{1}{n+1}$$

另外，也可利用 $F(y) = 1-(1-y)^n$ 得到 Y_1 的密度函数为 $f(y) = n(1-y)^{n-1}$，并由分部积分得

$$\mathbf{E}[Y_1] = \int_{y=0}^{1} ny(1-y)^{n-1} \mathrm{d}y = -y(1-y)^n \Big|_{y=0}^{y=1} + \int_{y=0}^{1} (1-y)^n \mathrm{d}y = \frac{1}{n+1}$$

经某种计算，这个分析可以推广到求 $\mathbf{E}[Y_k]$，我们留作练习 8.5. 但是，一个简单的方法是利用对称性. 考虑圆周长为 1 的圆，并独立地且均匀随机地在圆上放 $n+1$ 个点 P_0，$P_1, \cdots, P_n$，这等价于 8.1.1 节用连续轮盘赌的一次旋转来选择每个点. 将 P_0 点标为 0，令 X_i 是从 P_0 到 P_i 的按顺时针方向的钟表式距离，那么 X_i 是来自 $[0, 1]$ 的独立、均匀的随机变量，值 Y_k 恰好是从 P_0 开始沿顺时针方向到第 k 点所经过的钟表式距离，见图 8.3.

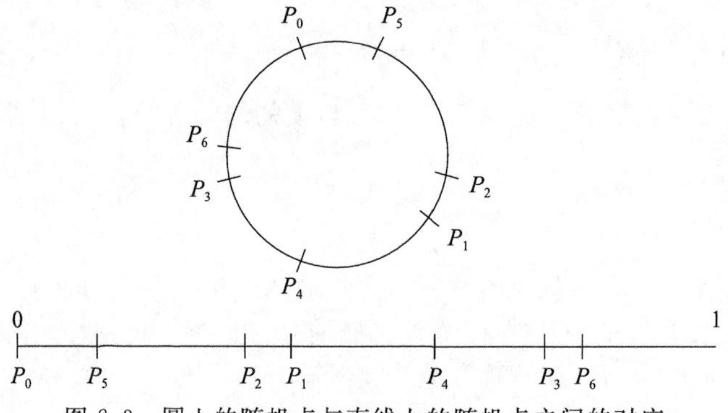

图 8.3　圆上的随机点与直线上的随机点之间的对应

Y_k 与 Y_{k+1}之间的距离是两个相应邻点之间的弧长．但由对称性，所有相邻点之间的弧长必有相同的期望长度．因为 n 个点产生了 $n+1$ 条弧，而且它们的总长度为 1，所以每个弧的期望长度为 $1/(n+1)$．由期望的线性性，$\mathbf{E}[Y_k]$是 k 段弧的期望长度之和，因此 $\mathbf{E}[Y_k]=k/(n+1)$． ■

这个证明利用了从[0，1]中独立且均匀随机地选取 n 个点与在周长为 1 的圆上独立且均匀随机地选取 $n+1$ 个点之间的一一对应．当这种关系可以利用时，常能极大地简化冗长的证明．本章中我们还将给出更多的类似的关系．

8.3　指数分布

另一个重要的连续分布是指数分布．

定义 8.3　一个参数为 θ 的指数分布由下面的概率分布函教给出：

$$F(x)=\begin{cases}1-\mathrm{e}^{-\theta x} & x\geqslant 0\\ 0 & \text{其他}\end{cases}$$

指数分布的密度函数是

$$f(x)=\theta\mathrm{e}^{-\theta x}\quad x\geqslant 0$$

见图 8.4．

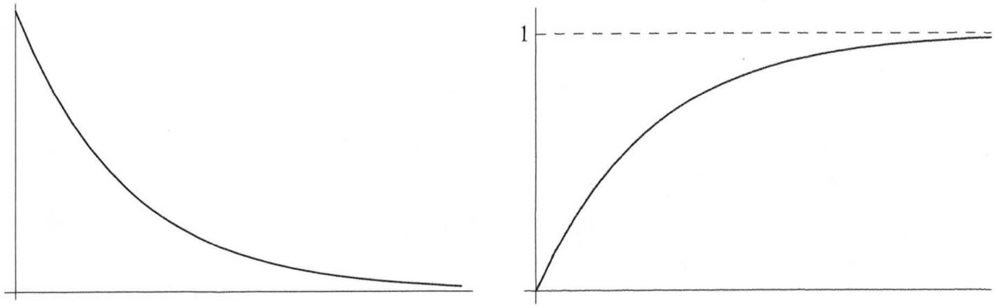

a) $f(x)=\theta e^{-\theta x}$，$x\geqslant 0$　　b) $F(x)=1-e^{-\theta x}$，$x\geqslant 0$

图 8.4　指数分布

它的一、二阶矩是

$$\mathbf{E}[X]=\int_0^\infty t\theta\mathrm{e}^{-\theta t}\mathrm{d}t=\frac{1}{\theta}$$

$$\mathbf{E}[X^2]=\int_0^\infty t^2\theta\mathrm{e}^{-\theta t}\mathrm{d}t=\frac{2}{\theta^2}$$

因此

$$\mathbf{Var}[X]=\mathbf{E}[X^2]-(\mathbf{E}[X])^2=\frac{1}{\theta^2}$$

8.3.1　指数分布的其他性质

类似于离散的几何分布，指数分布的最重要性质也许是它的无记忆性．

引理 8.4　对参数为 θ 的指数随机变量，有

$$\Pr(X>s+t\mid X>t)=\Pr(X>s)$$

证明

$$\Pr(X>s+t\mid X>t)=\frac{\Pr(X>s+t)}{\Pr(X>t)}=\frac{1-\Pr(X\leqslant s+t)}{1-\Pr(X\leqslant t)}$$
$$=\frac{e^{-\theta(s+t)}}{e^{-\theta t}}=e^{-\theta s}=\Pr(X>s)$$ ■

指数分布是唯一的无记忆性的连续分布．几何分布是唯一的无记忆性的离散分布，因此可以将指数分布看作离散几何分布的连续形式．几何分布是在一系列独立相同的伯努利试验中直到首次成功的次数模型，而指数分布是在一个无记忆的连续时间随机过程中直到首事件出现的时间模型．

几个指数随机变量的最小值也具有某些有意义的性质．

引理 8.5　如果 X_1，X_2，…，X_n 总是独立的指数分布随机变量，参教分别为 θ_1，θ_2，…，θ_n，那么 $\min(X_1, X_2, \cdots, X_n)$是参数为 $\sum_{i=1}^{n}\theta_i$ 的指数分布，且

$$\Pr(\min(X_1,X_2,\cdots,X_n)=X_i)=\frac{\theta_i}{\sum_{i=1}^{n}\theta_i}$$

证明　只需证明两个指数随机变量的情况即可，由归纳得一般情况．设 X_1 和 X_2 是参数为 θ_1 和 θ_2 的独立指数随机变量，那么

$$\Pr(\min(X_1,X_2)>x)=\Pr((X_1>x)\cap(X_2>x))$$
$$=\Pr(X_1>x)\Pr(X_2>x)$$
$$=e^{-\theta_1 x}e^{-\theta_2 x}=e^{-(\theta_1+\theta_2)x}$$

因此，最小值是参数 $\theta_1+\theta_2$ 的指数分布．

进一步，设 $f(x_1, x_2)$是(X_1, X_2)的联合分布密度函数．因为变量是独立的，我们有 $f(x_1, x_2)=\theta_1 e^{-\theta_1 x_1}\theta_2 e^{-\theta_2 x_2}$，因此

$$\Pr(X_1<X_2)=\int_{x_2=0}^{\infty}\int_{x_1=0}^{x_2}f(x_1,x_2)\mathrm{d}x_1\mathrm{d}x_2=\int_{x_2=0}^{\infty}\theta_2 e^{-\theta_2 x_2}\left(\int_{x_1=0}^{x_2}\theta_1 e^{-\theta_1 x_1}\mathrm{d}x_1\right)\mathrm{d}x_2$$
$$=\int_{x_2=0}^{\infty}\theta_2 e^{-\theta_2 x_2}(1-e^{-\theta_1 x_2})\mathrm{d}x_2=\int_{x_2=0}^{\infty}(\theta_2 e^{-\theta_2 x_2}-\theta_2 e^{-(\theta_1+\theta_2)x_2})\mathrm{d}x_2$$
$$=1-\frac{\theta_2}{\theta_1+\theta_2}=\frac{\theta_1}{\theta_1+\theta_2}$$ ■

例如，假设一条航线的售票柜台有 n 个服务代理人，其中第 i 个代理人为每个顾客服务所需的时间是参数为 θ_i 的指数分布，你在时刻 T_0 站在队伍的最前面，所有 n 个代理人都忙着，你等到一个代理人的平均时间是多少？

因为服务时间是指数分布的，在时刻 T_0 前，每个代理人已经帮助另一顾客多长时间并不重要，对每个顾客的剩余时间仍然服从指数分布，这是指数分布无记忆性的特征．由引理 8.5，直到首个代理人空闲的时间是参数为 $\sum_{i=1}^{n}\theta_i$ 的指数分布，所以期望等待时间是 $1/\sum_{i=1}^{n}\theta_i$．实际上，你甚至可以确定每个代理人成为首个有空闲的概率，第 j 个代理人首先

有空闲的概率为 $\theta_j / \sum_{i=1}^{n} \theta_i$.

*8.3.2　例：有反馈的球和箱子

作为指数分布的一个应用，我们考虑标准的球和箱子模型的一种有意义的变形．在这个问题中，只有两个箱子，球一个接一个地来到．最初，两个箱子里都至少有一个球．假定当箱子 1 有 x 个球，箱子 2 有 y 个球时，箱子 1 得到下一个球的概率是 $x/(x+y)$，而箱子 2 得到下一个球的概率是 $y/(x+y)$．这个系统具有反馈：一个箱子里的球越多，以后就有可能得到更多的球．一个等价的问题是练习 1.6 给出的．你可能希望检查(用归纳法)如果两个箱子开始时都只有一个球且总共有 n 个球，那么箱子 1 中的球的个数是$[1, n-1]$上的均匀分布．

假定以下列方式加强反馈．如果箱子 1 有 x 个球，箱子 2 有 y 个球，那么箱子 1 得到下一个球的概率为 $x^p/(x^p+y^p)$，箱子 2 得到下一个球的概率为 $y^p/(x^p+y^p)$，$p>1$．例如，当 $p=2$ 时，如果箱子 1 有三个球，箱子 2 有四个球，那么下一个球进入箱子 1 的概率只有 $9/25<3/7$．设置 $p>1$ 加强了有较多球的那个箱子的优势．

这个模型被提议用于描述垄断造成的经济形势．例如，假定有两个操作系统：Windows 和 Linux．为了保持兼容性，用户倾向于购买与别的用户相同操作系统的机器．这种效应关于每个操作系统的用户数量可以是非线性的，用参数 p 对此建模．

现在给出一个值得注意的结果：只要 $p>1$，必存在某个点，此时一个箱子得到掷出的所有余下的球．在经济学中，这是一个非常强的垄断形式，其他竞争者无条件地停止得到新的顾客．

定理 8.6　*在任意初始条件下，如果 $p>1$，那么以概率 1 存在一个数 c，使得两个箱子中有一个不会得到多于 c 个球．*

注意定理的措辞．我们并没有说存在某个固定的 c(也许依赖于初始条件)，使得一个箱子不会有多于 c 个球．(如果有这个意思，就会说存在一个数 c，使得一个箱子以概率 1 不会有多于 c 个球．)而是说是以概率 1 在某点(我们并不知道前面的时间)一个箱子停止得到球．

证明　为方便起见，假定两个箱子开始时都有一个球，这并不影响结果．

先考虑一个密切相关的过程．设两个箱子开始时在时刻 0 都有一个球．球到达每个箱子，如果箱子 1 在时刻 t 得到了第 z 个球，那么它在时刻 $t+T_z$得到下一个球，其中T_z是参数为z^p 的指数分布的随机变量．类似地，如果箱子 2 在时刻 t 得到了第 z 个球，那么它在时刻 $t+U_z$得到下一个球，其中U_z也是参数为z^p 的指数分布的随机变量．所有 T_z和U_z的值都是独立的，在这个方案中，每个箱子可独立地考虑，一个箱子发生的事情并不影响另一个箱子．

虽然这个过程似乎与原问题没有关系，但我们认为这是精确的模仿．考虑一个球到达的那个时刻，箱子 1 有 x 个球，箱子 2 有 y 个球．由指数分布的无记忆性，最近到达的球落入哪个箱子并不重要，下一个球落入箱子 1 的时间服从均值为 x^{-p}的指数分布，下一个球落入箱子 2 的时间服从均值为 y^{-p}的指数分布，而且由引理 8.5，下一个球落入箱子 1 的概率为 $x^p/(x^p+y^p)$，落入箱子 2 的概率为 $y^p/(x^p+y^p)$．所以，这个方案精确地模仿了原问题中所发生的事情，见图 8.5.

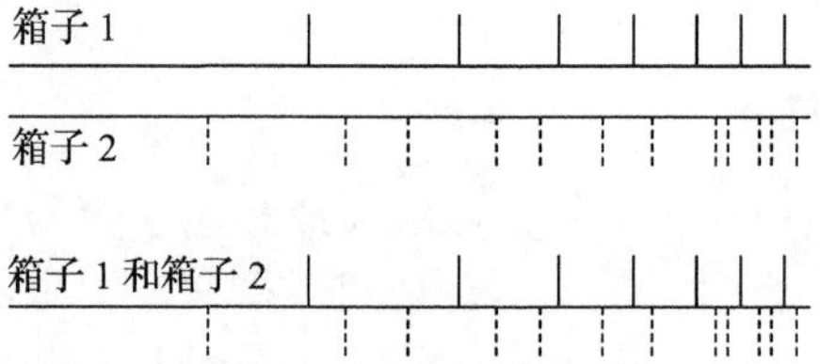

图 8.5　在这个方案中，球到达之间的时间间隔是指数分布的，每个箱子可以分别考虑，只要简单地将两个箱子的时间轴合在一起，就可得到原过程的结果

我们用 $F_1=\sum_{j=1}^{\infty}T_j$ 定义箱子 1 的饱和时间 F_1，类似地，$F_2=\sum_{j=1}^{\infty}U_j$ 是箱子 2 的饱和时间. 饱和时间表示一个箱子收到球的总数为无界的第一时间. 饱和时间并不显然是有明确定义的随机变量：如果和不收敛，因而它的值为无穷时，将会怎样呢？这里利用 $p>1$ 的事实，我们有

$$\boldsymbol{E}[F_1]=\boldsymbol{E}\left[\sum_{j=1}^{\infty}T_j\right]=\sum_{j=1}^{\infty}\boldsymbol{E}[T_j]=\sum_{j=1}^{\infty}\frac{1}{j^p}$$

这里利用了可数无穷随机变量和的期望的线性性，如果 $\sum_{j=1}^{\infty}\boldsymbol{E}[|T_j|]$ 收敛，那么期望的线性性是成立的.（第 2 章讨论了可数无穷和期望线性性的应用，特别见练习 2.29.）只需证明当 $p>1$ 时，$\sum_{j=1}^{\infty}1/j^p$ 收敛于一个有限数即可. 经适当的积分可知，和的有界性成立：

$$\sum_{j=1}^{\infty}\frac{1}{j^p}\leqslant 1+\int_{u=1}^{\infty}\frac{1}{u^p}\mathrm{d}u=1+\frac{1}{p-1}$$

实际上，所有整数阶矩都收敛于一个有限数. 由此，F_1 和 F_2 都以概率 1 有限，故有定义.

进一步，F_1 和 F_2 以概率 1 是不同的. 为证明这一点，假定除了 T_1，随机变量 T_z 和 U_z 的所有值都已知，那么对 F_1 等于 F_2 的情况，必然有

$$T_1=\sum_{j=1}^{\infty}U_j-\sum_{j=2}^{\infty}T_j$$

但 T_1 取任一特定值的概率为 0，就像轮盘赌的转轮取某个特定值的概率为 0 一样. 因此以概率 1 有 $F_1\neq F_2$

假设 $F_1<F_2$，那么对某个 n，必有

$$\sum_{j=1}^{\infty}U_j<F_1<\sum_{j=1}^{n+1}U_j$$

这蕴涵对任意充分大的数 m，有

$$\sum_{j=1}^{n}U_j<\sum_{i=1}^{m}T_i<\sum_{j=1}^{n+1}U_j$$

即在箱子 2 得到它的 $(n+1)$ 个球之前，箱子 1 已得到了 m 个球. 因为我们的新过程精确地对应于球与箱子原过程，即精确地对应于原过程所发生的一切. 但这意味着一旦箱子 2 有 n 个球后就不能再得到任何别的球了，它们全到箱子 1 中去了. 如果 $F_2<F_1$，证明是类似

的. 因此以概率 1 存在某个 n，使得一个箱子不能有多于 n 个球. ■

当 p 接近于 1 或两个箱子里开始时有大量的且几乎相等个数的球时，在一个箱子足以得到这样一个垄断的控制之前，可能需要一个很长的时间. 另一方面，当 p 比 1 大得多(譬如 $p=2$)且每个箱子开始时都只有一个球时，垄断很快发生. 在练习 8.25 中会要求你模拟这个过程.

8.4 泊松过程

泊松过程是一个与均匀分布和指数分布都有关的重要的计数过程. 考虑一个随机事件序列，如一个队列中顾客的到达或从放射性物质中 a 粒子的发射. 设 $N(t)$表示在时间间隔 $[0, t]$内的事件数，过程$\{N(t), t\geqslant 0\}$是一个随机计数过程.

定义 8.4 参数(或速度)为 λ 的泊松过程是使以下陈述成立的随机计数过程$\{N(t), t\geqslant 0\}$：

1. $N(0)=0$.

2. 过程有独立平稳增量，即对任意的 t，$s>0$，$N(t+s)-N(s)$的分布与 $N(t)$的分布相同，且对任意两个不相交的区间$[t_1, t_2]$和$[t_3, t_4]$，$N(t_2)-N(t_1)$的分布与 $N(t_4)-N(t_3)$的分布独立.

3. $\lim\limits_{t\to 0}\Pr(N(t)=1)/t=\lambda$，即在短的时间间隔 t 内的单个事件的概率趋于 λt.

4. $\lim\limits_{t\to 0}\Pr(N(t)\geqslant 2)/t=0$，即在短的时间间隔 t 内，多于一个事件的概率趋于 0.

令人惊讶的是，这个广泛而相对自然的条件定义了唯一的过程. 特别是在一个给定的时间间隔内的事件个数服从 5.3 节定义的泊松分布.

定理 8.7 设$\{N(t)\mid t\geqslant 0\}$是参数为 λ 的泊松过程，对任意的 t，$s\geqslant 0$ 及对任意的整数 $n\geqslant 0$，

$$P_n(t) = \Pr(N(t+s)-N(s)=n) = \mathrm{e}^{-\lambda t}\frac{(\lambda t)^n}{n!}$$

证明 我们首先看到由定义 8.4 的第 2 个性质，$P_n(t)$是合理定义的，$N(t+s)-N(s)$的分布只依赖于 t 而与 s 无关.

为计算 $P_0(t)$，我们注意到区间$[0, t]$和$(t, t+h]$中事件个数是独立的随机变量，所以

$$P_0(t+h) = P_0(t)P_0(h)$$

现在记

$$\begin{aligned}\frac{P_0(t+h)-P_0(t)}{h} &= P_0(t)\frac{P_0(h)-1}{h}\\ &= P_0(t)\frac{1-\Pr(N(h)=1)-\Pr(N(h)\geqslant 2)-1}{h}\\ &= P_0(t)\frac{-\Pr(N(h)=1)-\Pr(N(h)\geqslant 2)}{h}\end{aligned}$$

取 $h\to 0$ 时的极限，由定义 8.4 的性质 2～4，我们得到

$$P_0'(t)=\lim_{h\to 0}\frac{P_0(t+h)-P_0(t)}{h}=\lim_{h\to 0}P_0(t)\frac{-\Pr(N(h)=1)-\Pr(N(h)\geqslant 2)}{h}$$

$$= -\lambda P_0(t)$$

为解

$$P_0'(t) = -\lambda P_0(t)$$

我们将它改写为

$$\frac{P_0'(t)}{P_0(t)} = -\lambda$$

关于 t 积分得

$$\ln P_0(t) = -\lambda t + C$$

或

$$P_0(t) = \mathrm{e}^{-\lambda t + C}$$

因为 $P_0(0)=1$，我们得到

$$P_0(t) = \mathrm{e}^{-\lambda t} \tag{8.1}$$

对 $n \geqslant 1$，记

$$\begin{aligned} P_0(t+h) &= \sum_{k=0}^{n} P_{n-k}(t) P_k(h) \\ &= P_n(t)P_0(h) + P_{n-1}(t)P_1(h) + \sum_{k=2}^{n} P_{n-k}(t)\Pr(N(h)=k) \end{aligned}$$

计算 $P_n(t)$的一阶导数得

$$\begin{aligned} P_n'(t) &= \lim_{h\to 0} \frac{P_n(t+h) - P_n(t)}{h} \\ &= \lim_{h\to 0} \frac{1}{h}\Big(P_n(t)(P_0(h)-1) + P_{n-1}(t)P_1(h) + \sum_{k=2}^{n} P_{n-k}(t)\Pr(N(h)=k)\Big) \\ &= -\lambda P_n(t) + \lambda P_{n-1}(t) \end{aligned}$$

其中用到了事实

$$\lim_{h\to 0} \frac{P_1(h)}{h} = \lambda$$

(由性质 2 及 3)及

$$0 \leqslant \lim_{h\to 0} \frac{1}{h} \sum_{k=2}^{n} P_{n-k}(t)\Pr(N(h)=k) \leqslant \lim_{h\to 0} \frac{\Pr(N(h) \geqslant 2)}{h} = 0$$

(由性质 4)，所以

$$\lim_{h\to 0} \frac{1}{h} \sum_{k=2}^{n} P_{n-k}(t)\Pr(N(h)=k) = 0$$

为解

$$P_n'(t) = -\lambda P_n(t) + \lambda P_{n-1}(t)$$

记

$$\mathrm{e}^{\lambda t}(P_n'(t) + \lambda P_n(t)) = \mathrm{e}^{\lambda t}\lambda P_{n-1}(t)$$

这给出

$$\frac{\mathrm{d}}{\mathrm{d}t}(\mathrm{e}^{\lambda t} P_n(t)) = \lambda \mathrm{e}^{\lambda t} P_{n-1}(t) \tag{8.2}$$

然后由式(8.1)得到

$$\frac{\mathrm{d}}{\mathrm{d}t}(\mathrm{e}^{\lambda t}P_1(t)) = \lambda \mathrm{e}^{\lambda t}P_0(t) = \lambda$$

这蕴涵

$$P_1(t) = (\lambda t + c)\mathrm{e}^{-\lambda t}$$

因为 $P_1(0)=0$，我们得到

$$P_1(t) = \lambda t\,\mathrm{e}^{-\lambda t} \tag{8.3}$$

继续对 n 用归纳法证明，对所有 $n\geqslant 0$，

$$P_n(t) = \mathrm{e}^{-\lambda t}\frac{(\lambda t)^n}{n!}$$

由式(8.2)及归纳假设，我们有

$$\frac{\mathrm{d}}{\mathrm{d}t}(\mathrm{e}^{\lambda t}P_n(t)) = \lambda \mathrm{e}^{\lambda t}P_{n-1}(t) = \frac{\lambda^n t^{n-1}}{(n-1)!}$$

的积分，并由 $P_n(0)=0$ 的事实便给出了结果. ■

参数 λ 也称为泊松过程的速度，因为(如我们已经证明的)在任一长度为 t 的时间段内的事件个数是一个期望为 λt 的泊松随机变量.

反过来也成立，即我们可以等价地定义泊松过程作为一个有泊松到达的过程，如下面的定理所述.

定理 8.8　设$\{N(t)\mid t\geqslant 0\}$是一随机过程，使得：

1. $N(0)=0$；
2. 过程有独立增量(即在不相交时间间隔内的事件个数是独立事件)；
3. 在任一长度为 t 的区间内，事件个数服从均值为 λt 的泊松分布.

那么$\{N(t)\mid t\geqslant 0\}$是速度为 λ 的泊松过程.

证明　过程显然满足定义 8.4 的条件 1 和 2. 为证明条件 3，我们有

$$\lim_{t\to 0}\frac{\Pr(N(t)=1)}{t} = \lim_{t\to 0}\frac{\mathrm{e}^{-\lambda t}\lambda t}{t} = \lambda$$

条件 4 由下式可知成立：

$$\lim_{t\to 0}\frac{\Pr(N(t)\geqslant 2)}{t} = \sum_{k\geqslant 2}\frac{\mathrm{e}^{-\lambda t}(\lambda t)^k}{k!\,t} = 0$$ ■

8.4.1　到达间隔分布

设 X_1 是泊松过程首个事件的时间，X_n 是第 $n-1$ 个事件与第 n 个事件之间的时间间隔. 一般称 X_n 为到达间隔时间，因为它们表示事件到达之间的时间. 这里，我们证明所有 X_n 有相同的分布，且这个分布是指数分布.

我们从导出 X_1 的分布开始.

定理 8.9　X_1 是参数为 λ 的指数分布.

证明

$$\Pr(X_1 > t) = \Pr(N(t)=0) = \mathrm{e}^{-\lambda t}$$

所以

$$F(X_1) = 1 - \Pr(X_1 > t) = 1 - \mathrm{e}^{-\lambda t}$$ ■

利用泊松过程有独立平稳增量的事实，我们可以证明下面更强的结果.

定理 8.10 随机变量 $X_i(i=1, 2, \cdots)$是独立同分布的参数为 λ 的指数随机变量.

证明 X_i 的分布由

$$\Pr(X_i > t_i \mid (X_0 = t_0) \cap (X_1 > t_1) \cap \cdots \cap (X_{i-1} = t_{i-1}))$$
$$= \Pr\left(N\left(\sum_{k=0}^{i} t_k\right) - N\left(\sum_{k=0}^{i-1} t_k\right) = 0\right) = \mathrm{e}^{-\lambda t_i}$$

给出，所以 X_i 的分布是参数为 λ 的指数分布，它与其他到达间隔值无关. ■

定理 8.10 表明，如果有一泊松到达过程，那么到达间隔时间是同分布的指数随机变量. 事实上，容易验证反之亦真(这留作练习 8.17).

定理 8.11 设$\{N(t) \mid t \geqslant 0\}$是一随机过程，使得：

1. $N(0)=0$；
2. 到达间隔时间是独立同分布的参数为 λ 的指数随机变量.

那么$\{N(t) \mid t \geqslant 0\}$是速度为 λ 的泊松过程.

8.4.2 组合与分解泊松过程

泊松过程与指数分布的到达间隔时间之间的对应在证明泊松过程的性质时是相当有用的. 一个直接的事实是泊松过程以一种自然的方法结合. 我们说两个泊松过程$N_1(t)$和$N_2(t)$是独立的，当且仅当对任意的 x 和 y，$N_1(x)$和$N_1(y)$是独立的. 设$N_1(t)+N_2(t)$表示对应于两个过程$N_1(t)$和$N_2(t)$的事件个数的计数过程，我们证明，如果$N_1(t)$和$N_2(t)$是独立的泊松过程，那么它们结合形成一个泊松过程$N_1(t)+N_2(t)$.

定理 8.12 设$N_1(t)$和$N_2(t)$分别是参数为λ_1 和λ_2 的独立泊松过程，那么$N_1(t)+N_2(t)$是参数为$\lambda_1+\lambda_2$ 的泊松过程，且过程$N_1(t)+N_2(t)$的每个事件以概率$\lambda_1/(\lambda_1+\lambda_2)$来自过程$N_1(t)$.

证明 显然$N_1(0)+N_2(0)=0$，且因为两个过程是独立的，每个都有独立增量，所以两个过程的和也有独立增量. 到达数$N_1(t)+N_2(t)$是两个独立的泊松随机变量之和，它(如我们在引理 5.2 所见到的)服从参数为$\lambda_1+\lambda_2$ 的泊松分布. 所以由定理 8.8，$N_1(t)+N_2(t)$是速度为$\lambda_1+\lambda_2$ 的泊松过程.

由定理 8.9，$N_1(t)+N_2(t)$的到达间隔时间是参数为$\lambda_1+\lambda_2$ 的指数分布，由引理 8.5 $N_1(t)+N_2(t)$中的事件来自过程$N_1(t)$的概率为$\lambda_1/(\lambda_1+\lambda_2)$. ■

用归纳法，定理可推广到多于两个过程的情况.

注意像结合一样，泊松过程还可以分解. 如果把一个速度为 λ 的泊松过程作如下分解，即对每个事件或以概率 p 标为类型 1，或以概率 $1-p$ 标为类型 2，那么看起来应得到两个速度为 λp 和 $\lambda(1-p)$的泊松过程. 事实上，有时候我们可以有一个更强的结果：两个过程是独立的.

定理 8.13 假定有一个速度为 λ 的泊松过程，每个事件独立地以概率 p 标为类型 1 或以概率 $1-p$ 标为类型 2. 那么类型 1 事件形成一个速度为 λp 的泊松过程$N_1(t)$，类型 2 事件形成速度为 $\lambda(1-p)$的泊松过程$N_2(t)$，且两个泊松过程是独立的.

证明 首先证明类型 1 事件实际上形成一个泊松过程. 显然$N_1(t)=0$，而且因为过程$N(t)$有独立增量，所以$N_1(t)$过程也有独立增量. 其次证明$N_1(t)$有泊松分布：

$$\begin{aligned}
\Pr(N_1(t)=k) &= \sum_{j=k}^{\infty}\Pr(N_1(t)=k\mid N(t)=j)\Pr(N(t)=j) \\
&= \sum_{j=k}^{\infty}\binom{j}{k}p^k(1-p)^{j-k}\frac{\mathrm{e}^{-\lambda t}(\lambda t)^j}{j!} \\
&= \frac{\mathrm{e}^{-\lambda pt}(\lambda pt)^k}{k!}\sum_{j=k}^{\infty}\frac{\mathrm{e}^{-\lambda t(1-p)}(\lambda t(1-p))^{j-k}}{(j-k)!} = \frac{\mathrm{e}^{-\lambda pt}(\lambda pt)^k}{k!}
\end{aligned}$$

所以，由定理 8.8，$N_1(t)$是速度为 λp 的泊松过程.

为了证明独立性，我们需要证明对任意的 t 和 u，$N_1(t)$和$N_2(u)$是独立的. 事实上，只需证明对任意 t，$N_1(t)$和$N_2(t)$是独立的；然后利用泊松过程具有独立平稳增量的事实，可以证明对任意的 t 和 u，$N_1(t)$和$N_2(u)$是独立的(见练习 8.18). 我们有

$$\begin{aligned}
\Pr((N_1(t)=m)\cap(N_2(t)=n)) &= \Pr((N(t)=m+n)\cap(N_2(t)=n)) \\
&= \frac{\mathrm{e}^{-\lambda t}(\lambda t)^{m+n}}{(m+n)!}\binom{m+n}{n}p^m(1-p)^n \\
&= \frac{\mathrm{e}^{-\lambda t}(\lambda t)^{m+n}}{m!n!}p^m(1-p)^n \\
&= \frac{\mathrm{e}^{-\lambda tp}(\lambda tp)^m}{m!}\frac{\mathrm{e}^{-\lambda t(1-p)}(\lambda t(1-p))^n}{n!} \\
&= \Pr(N_1(t)=m)\Pr(N_2(t)=n)
\end{aligned}$$

■

8.4.3 条件到达时间分布

我们已经利用泊松过程有独立增量的事实证明了到达间隔时间的分布是指数分布. 这个假定的另一应用如下：在一个时间内恰有一个事件出现的条件下，事件出现的实际时间是这个区间上的均匀分布. 为此考虑一个已知 $N(t)=1$ 的泊松过程，并考虑落在时间区间 $(0,t]$中的单个事件的时间 X_1：

$$\begin{aligned}
\Pr(X_1<s\mid N(t)=1) &= \frac{\Pr((X_1<s)\cap(N(t)=1))}{\Pr(N(t)=1)} \\
&= \frac{\Pr((N(s)=1)\cap(N(t)-N(s)=0))}{\Pr(N(t)=1)} \\
&= \frac{(\lambda s\mathrm{e}^{-\lambda s})\mathrm{e}^{-\lambda(t-s)}}{\lambda t\mathrm{e}^{-\lambda t}} = \frac{s}{t}
\end{aligned}$$

这里我们用到了 $N(s)$和 $N(t)-N(s)$的独立性.

将此推广到 $N(t)=n$ 的情况，我们利用顺序统计量的概念. 设 X_1，X_2，…，X_n 是一个随机变量的 n 次独立观测，X_1，X_2，…，X_n 的顺序统计量由按(增)序排列的 n 个观测组成. 例如，如果 X_1，X_2，X_3，X_4 是由在[0，1]上均匀地选取一个数而产生的独立随机变量，取整到二位小数. 我们可能有 $X_1=0.47$，$X_2=0.33$，$X_3=0.93$，$X_4=0.26$. 相应的顺序统计量是 $Y_{(1)}=0.26$，$Y_{(2)}=0.33$，$Y_{(3)}=0.47$，$Y_{(4)}=0.93$，其中 $Y_{(i)}$称为第 i 个最小顺序统计量.

定理 8.14　给定 $N(t)=n$，那么 n 个到达时间与$[0,t]$上均匀分布的 n 个独立随机变量的顺序统计量有相同的分布.

证明　首先计算取自$[0, t]$上的均匀分布的 n 个独立观测 X_1，X_2，…，X_n 的顺序统计量的分布．记 $Y_{(1)}$，…，$Y_{(n)}$ 表示顺序统计量．

我们希望有一个关于

$$\Pr(Y_{(1)} \leqslant s_1, Y_{(2)} \leqslant s_2, \cdots, Y_{(n)} \leqslant s_n)$$

的表达式．

设 $\mathcal{E}$ 是事件

$$Y_{(1)} \leqslant s_1, Y_{(2)} \leqslant s_2, \cdots, Y_{(n)} \leqslant s_n$$

对从 1 到 n 的数的任意排列 i_1，i_2，…，i_n，记 $\mathcal{E}_{i_1,i_2,\cdots,i_n}$ 是事件

$$X_{i_1} \leqslant s_1, X_{i_1} \leqslant X_{i_2} \leqslant s_2, \cdots, X_{i_{n-1}} \leqslant X_{i_n} \leqslant s_n$$

除非对某个 j，有 $X_{i_j} = X_{i_{j+1}}$，事件 $\mathcal{E}_{i_1,i_2,\cdots,i_n}$ 是不相交的．因为两个均匀随机变量相等的概率为 0，所以这种事件的总概率也是 0，可以忽略．由对称性，所有事件 $\mathcal{E}_{i_1,i_2,\cdots,i_n}$ 有相同的概率．又

$$\mathcal{E} = \bigcup \mathcal{E}_{i_1,i_2,\cdots,i_n}$$

其中并是关于所有排列的．由此

$$\begin{aligned}
&\Pr(Y_{(1)} \leqslant s_1, Y_{(2)} \leqslant s_2, \cdots, Y_{(n)} \leqslant s_n)\\
&\leqslant \sum \Pr(X_{i_1} \leqslant s_1, X_{i_1} \leqslant X_{i_2} \leqslant s_2, \cdots, X_{i_{n-1}} \leqslant X_{i_n} \leqslant s_n)\\
&= n!\Pr(X_1 \leqslant s_1, X_1 \leqslant X_2 \leqslant s_2, \cdots, X_{n-1} \leqslant X_n \leqslant s_n)
\end{aligned}$$

其中第 2 行中的和是关于所有 $n!$ 个排列的．如果现在用u_i 表示 X_i 的取值，那么

$$\Pr(X_1 \leqslant s_1, X_1 \leqslant X_2 \leqslant s_2, \cdots, X_{n-1} \leqslant X_n \leqslant s_n) = \int_{u_1=0}^{s_1}\int_{u_2=u_1}^{s_2}\cdots\int_{u_n=u_{n-1}}^{s_n}\left(\frac{1}{t}\right)^n \mathrm{d}u_n\cdots\mathrm{d}u_1$$

其中我们利用了在$[0, t]$上均匀随机变量的密度函数为 $f(t)=1/t$ 的事实．这给出

$$\Pr(Y_{(1)} \leqslant s_1, Y_{(2)} \leqslant s_2, \cdots, Y_{(n)} \leqslant s_n) = \frac{n!}{t^n}\int_{u_1=0}^{s_1}\int_{u_2=u_1}^{s_2}\cdots\int_{u_n=u_{n-1}}^{s_n}\mathrm{d}u_n\cdots\mathrm{d}u_1$$

现在我们考虑在条件 $N(t)=n$ 下泊松过程的到达时间分布．设 S_1，…，S_{n+1}是前 $n+1$ 个到达时间，还设$T_1=S_1$，$T_i=S_i-S_{i-1}$是到达间隔的区间长度．由定理 8.10 可知(a)在没有条件 $N(t)=n$ 时，随机变量T_1，…，T_n 的分布是独立的；(b)对每个 i，T_i 是参数为 λ 的指数分布．回忆指数分布的密度函数为 $\lambda\mathrm{e}^{-\lambda t}$．我们有

$$\begin{aligned}
&\Pr(S_1 \leqslant s_1, S_2 \leqslant s_2, \cdots, S_n \leqslant s_n, N(t) = n)\\
&= \Pr\left(T_1 \leqslant s_1, T_2 \leqslant s_2 - T_1, \cdots, T_n \leqslant s_n - \sum_{i=1}^{n-1} T_i, T_{n+1} > t - \sum_{i=1}^{n} T_i\right)\\
&= \int_{t_1=0}^{s_1}\int_{t_2=0}^{s_2-t_1}\cdots\int_{t_n=0}^{s_n-\sum_{i=1}^{n-1}t_i}\int_{t_{n+1}=t-\sum_{i=1}^{n}t_i}^{\infty}\lambda^{n+1}\mathrm{e}^{-\lambda\left(\sum_{i=1}^{n+1}t_i\right)}\mathrm{d}t_{n+1}\cdots\mathrm{d}t_1
\end{aligned}$$

关于 t_{n+1}积分而得

$$\int_{t_{n+1}=t-\sum_{i=1}^{n}t_i}^{\infty}\lambda^{n+1}\mathrm{e}^{-\lambda\left(\sum_{i=1}^{n+1}t_i\right)}\mathrm{d}t_{n+1} = -\lambda^n\left[\mathrm{e}^{-\lambda\left(\sum_{i=1}^{n+1}t_i\right)}\right]_{t_{n+1}=t-\sum_{i=1}^{n}t_i}^{\infty} = \lambda^n\mathrm{e}^{-\lambda t}$$

因此

$$\Pr(S_1 \leqslant s_1, S_2 \leqslant s_2, \cdots, S_n \leqslant s_n, N(t) = n) = \lambda^n\mathrm{e}^{-\lambda t}\int_{t_1=0}^{s_1}\int_{t_2=0}^{s_2-t_1}\cdots\int_{t_n=0}^{s_n-\sum_{i=1}^{n-1}t_i}\mathrm{d}t_n\cdots\mathrm{d}t_1$$

$$= \lambda^n e^{-\lambda t} \int_{u_1=0}^{s_1} \int_{u_2=u_1}^{s_2} \cdots \int_{u_n=u_{n-1}}^{s_n} du_n \cdots du_1$$

其中最后一个等式由变换 $u_i = \sum_{j=1}^{i} t_i$ 可得.

因为

$$\Pr(N(t) = n) = e^{-\lambda t} \frac{(\lambda t)^n}{n!}$$

及在长度为 t 的区间中事件个数有参数为 λt 的泊松分布，条件概率计算给出

$$\Pr(S_1 \leqslant s_1, S_2 \leqslant s_2, \cdots, S_n \leqslant s_n \mid N(t) = n)$$

$$= P\frac{r(S_1 \leqslant s_1, S_2 \leqslant s_2, \cdots, S_n \leqslant s_n, N(t) = n)}{\Pr(N(t) = n)}$$

$$= \frac{n!}{t^n} \int_{u_1=0}^{s_1} \int_{u_2=u_1}^{s_2} \cdots \int_{u_n=u_{n-1}}^{s_n} du_n \cdots du_1$$ ■

这正是顺序统计量的分布函数. 定理得证.

8.5　连续时间马尔可夫过程

第 7 章我们研究了离散时间和离散空间的马尔可夫链. 连同连续随机变量的引入，现在我们可以研究马尔可夫链的连续时间类似情况，其中过程在转移到下一状态之前，在某个状态中停留了一个随机的时间间隔. 为区别离散过程和连续过程，当处理连续时间时，我们称为马尔可夫过程.

定义 8.5　一个连续时间随机过程 $\{X_t \mid t \geqslant 0\}$ 是马尔可夫的(或称为马尔可夫过程)，如果对所有的 $t \geqslant 0$：

$$\Pr(X(s+t) = x \mid X(u), 0 \leqslant u \leqslant t) = \Pr(X(s+t) = x \mid X(t))$$

而且这个概率与时间 t 无关㊀.

这个定义说明，在直到时刻 t 的历史条件下，系统在时刻 $X(s+t)$ 的状态的分布只依赖于状态 $X(t)$，而与使过程处于状态 $X(t)$ 的特定历史无关.

将我们的讨论限制在离散空间、连续时间的马尔可夫过程，存在另一个表述这种过程的等价方法，它更便于分析. 回忆离散时间马尔可夫链由转移矩阵 $\boldsymbol{P} = (P_{i,j})$ 确定，其中 $P_{i,j}$ 是从状态 i 一步转移到状态 j 的概率. 一个连续时间马尔可夫过程可以用如下方法表示为两个随机过程的组合.

1)一个转移矩阵 $\boldsymbol{P} = (p_{i,j})$，其中 $p_{i,j}$ 是已知当前状态是 i 时，下一个状态为 j 的概率. (这里我们用小写字母表示转移概率，为了将它们与相应的离散时间过程的转移概率相区别.)矩阵 $\boldsymbol{P}$ 是称之为相应的马尔可夫过程的嵌入或骨架马尔可夫链的转移矩阵.

2)一个参数向量 $(\theta_1, \theta_2, \cdots)$，即在移动到下一步之前，过程在状态 i 的停留时间的分布是参数为 θ_i 的指数分布. 为了满足马尔可夫过程所要求的无记忆性，停留在某个给定状态的时间分布必定是指数分布.

连续时间马尔可夫过程的正式论述比它们在离散时间场合涉及更多内容，其完全讨论

㊀ 与处理离散时间马尔可夫链一样，这是一个时间齐次马尔可夫过程，我们在本书中只研究这种类型.

已超出本书范围．我们将讨论限制在计算离散空间、连续时间过程且平稳分布存在情况的平稳分布(也称均衡分布)问题．如离散时间情况一样，平稳分布 $\bar{\pi}$ 中的值 π_i 给出在无穷远的未来马尔可夫过程处于状态 i 的极限概率，而不管初始状态如何．即如果设 $P_{j,i}(t)$表示在时刻 t 从状态 i 开始而在时刻 0 处于状态 j 的概率，那么

$$\lim_{t\to\infty} P_{j,i}(t) = \pi_i$$

类似地，π_i 给出过程处于状态 i 的时间的长期的比例．而且，如果初始状态 j 是从平稳分布中选取的，那么在时刻 n 处于状态 i 的概率对所有 t 都是 π_i．

为了确定平稳分布，考虑导数 $P'_{j,i}(t)$：

$$\begin{aligned} P'_{j,i}(t) &= \lim_{h\to 0}\frac{P_{j,i}(t+h)-P_{j,i}(t)}{h} = \lim_{h\to 0}\frac{\sum_k P_{j,k}(t)P_{k,i}(h)-P_{j,i}(t)}{h} \\ &= \lim_{h\to 0}\Big(\sum_{k\neq i}\frac{P_{k,i}(h)}{h}P_{j,k}(t)-\frac{1-P_{i,j}(h)}{h}P_{j,i}(t)\Big) \end{aligned}$$

因为停留在状态 k 的时间分布是参数为 θ_k 的指数分布，所以可以利用泊松过程的性质，当 h 趋于零时，在长度为 h 的区间内离开状态 k 的极限概率是 $h\theta_k$，且多于一步转移的极限概率是 0．所以

$$\lim_{h\to 0}\frac{P_{k,i}(h)}{h} = \theta_k p_{k,i}$$

类似地，$1-P_{i,i}(h)$是在时间区间 h 内转移出现且转移不是从状态 i 返回其自身的概率，所以

$$\lim_{h\to 0}\frac{1-P_{i,i}(h)}{h} = \theta_i(1-p_{i,i})$$

现在假定可以交换极限与和式，我们强调这种交换对可数无穷空间并不总是满足的．在这个假定下，

$$\begin{aligned} \lim_{h\to 0}\Big(\sum_{k\neq i}\frac{P_{k,i}(h)}{h}P_{j,k}(t)-\frac{1-P_{i,i}(h)}{h}P_{j,i}(t)\Big) &= \sum_{k\neq i}\theta_k p_{k,i}P_{j,k}(t)-P_{j,i}(t)(\theta_i-\theta_i P_{i,i}) \\ &= \sum_k \theta_k p_{k,i}P_{j,k}(t)-\theta_i P_{j,i}(t) \end{aligned}$$

设 $t\to\infty$的极限，有

$$\lim_{t\to\infty}P'_{j,i}(t) = \lim_{t\to\infty}\sum_k \theta_k p_{k,i}P_{j,k}(t)-\theta_i P_{i,i}(t) = \sum_k \theta_k p_{k,i}\pi_k-\theta_i\pi_i$$

如果过程有平稳分布，必须有

$$\lim_{t\to\infty}P'_{j,i}(t) = 0$$

否则，$P_{j,i}(t)$不收敛于平稳值．因此在平稳分布 $\bar{\pi}$ 中，我们有以下的速度方程：

$$\pi_i\theta_i = \sum_k \pi_k\theta_k p_{k,i} \tag{8.4}$$

这个方程组有一个很好的解释．左边的表达式 $\pi_i\theta_i$ 是转移出现离开状态 i 的速度．右边的表达式 $\sum_k \pi_k\theta_k p_{k,i}$ 是转移出现进入状态 i 的速度．（一个从状态 i 返回状态 i 的转移看作是一个离开状态 i 的转移和一个进入状态 i 的转移．）在平稳分布中这些速度必须相等，所以离开状态和进入状态的转移的长期速度是相等的．这种进入和离开每个状态的速度的相等

性提供了一个求连续马尔可夫过程平稳分布的简单直观的方法．这种论述可以推广到状态集，说明类似于定理 7.9 的关于离散时间马尔可夫链的割集方程的结果对连续时间马尔可夫过程也成立．

如果所有状态停留时间的指数分布有相同的参数，即所有的 θ_i 都相等，那么方程(8.4)成为

$$\pi_i = \sum_k \pi_k p_{k,i}$$

这对应于

$$\bar{\pi} = \bar{\pi}\boldsymbol{P}$$

其中 $\boldsymbol{P}$ 是嵌入马尔可夫链的转移矩阵．我们可以有如下的结论：在这种情况下，连续时间过程的平稳分布与嵌入马尔可夫链的平稳分布是相同的．

8.6　例：马尔可夫排队论

在计算机科学的许多基本应用中都会出现排队．操作系统中的调度程序可以控制队列中的任务，直到有处理器或其他所需要的资源可以利用．在平行式或分布式程序设计时，线程可以对每次只允许访问一个线程的关键部分进行排队．在网络方面，在等待通过一个路由器时，数据包是排队的．即使在计算机系统盛行之前，排队论已有广泛的研究以掌握电话网络的工作情况，其中也有类似的调度程序问题．本节我们将分析某些最基本的排队模型，即用泊松过程作为顾客到达一个队列的随机过程模型，并用指数分布的随机变量作为要求服务时间的模型．

以后，用标准记号 $Y/Z/n$ 表示排队模型，其中 Y 表示来到的顾客流分布，Z 表示服务时间分布，n 表示服务员人数．马尔可夫或无记忆分布的标准记号是 M，所以 $M/M/n$ 表示一个排队模型，其中顾客到达按照泊松过程，有 n 个服务员，他们的服务时间是独立的相同的指数分布．其他排队模型包括有无穷多个服务人员的 $M/M/\infty$ 模型及 $M/G/1$ 模型，其中 G 表示服务时间可以是任意的一般分布．

一个队列还必须有一个确定顾客服务次序的规则．除非有其他特殊的说明，我们假定是先到先出(First In First Out，FIFO)规则，即按顾客到达的次序为他们服务．

8.6.1　均衡的 $M/M/1$ 排队

假定顾客到达是按照参数为 λ 的泊松过程，还假定由一个服务员为他们服务．为顾客服务的时间是独立的且参数为 μ 的指数分布．

设 $M(t)$ 是 t 时刻队列中的顾客人数．因为到达过程和服务时间都是无记忆分布，所以过程 $\{M(t) \mid t \geqslant 0\}$ 定义了一个连续时间的马尔可夫过程．我们考虑这个过程的平稳分布．

令

$$P_k(t) = \Pr(M(t) = k)$$

表示 t 时刻在队伍中有 k 个顾客的概率．我们利用当 h 趋于 0 时在时间区间内到达(或离开)的概率是 λh 或 μh 的事实，所以

$$\frac{\mathrm{d}P_0(t)}{\mathrm{d}t} = \lim_{h \to 0} \frac{P_0(t+h) - P_0(t)}{h} = \lim_{h \to 0} \frac{P_0(t)(1-\lambda h) + P_1(t)\mu h - P_0(t)}{h}$$

$$= -\lambda P_0(t) + \mu P_1(t) \tag{8.5}$$

且对 $k \geqslant 1$，有

$$\begin{aligned} \frac{\mathrm{d}P_k(t)}{\mathrm{d}t} &= \lim_{h \to 0} \frac{P_k(t+h) - P_k(t)}{h} \\ &= \lim_{h \to 0} \frac{P_k(t)(1-\lambda h - \mu h) + P_{k-1}(t)\lambda h + P_{k+1}(t)\mu h - P_k(t)}{h} \\ &= -(\lambda+\mu)P_k(t) + \lambda P_{k-1}(t) + \mu P_{k+1}(t) \end{aligned} \tag{8.6}$$

按均衡性有

$$\frac{\mathrm{d}P_k(t)}{\mathrm{d}t} = 0 \quad k = 0,1,2,\cdots$$

如果系统收敛于一个平稳分布[⊖]$\bar{\pi}$，那么由式(8.5)可得

$$\mu\pi_1 = \lambda\pi_0$$

用速度的语言，这个等式有一个简单的解释：按均衡性，对队列中没有顾客的状态，进入的速度为 $\mu\pi_1$，离开的速度为 $\lambda\pi_0$，这两个速度必须相等．如果将上式写成 $\pi_1 = \pi_0(\lambda/\mu)$，那么式(8.6)及简单的归纳给出

$$\pi_k = \pi_{k-1}\left(\frac{\lambda}{\mu}\right) = \pi_0\left(\frac{\lambda}{\mu}\right)^k$$

因为 $\sum_{k \geqslant 0} \pi_k = 1$，我们必须有

$$\pi_0 \sum_{k \geqslant 0} \left(\frac{\lambda}{\mu}\right)^k = 1 \tag{8.7}$$

假定 $\lambda < \mu$，由此得

$$\pi_0 = 1 - \frac{\lambda}{\mu} \quad \pi_k = \left(1 - \frac{\lambda}{\mu}\right)\left(\frac{\lambda}{\mu}\right)^k$$

如果 $\lambda > \mu$，那么式(8.7)中的和式不收敛，实际上，系统没有达到平稳分布．直观上，这是显然的：如果新顾客到达的速度大于服务完成的速度，那么系统不可能达到平稳分布．如果 $\lambda = \mu$，系统也不可能达到均衡分布，如练习 8.23 所讨论的．

为了计算处于均衡状态的系统中顾客的期望数(用 L 表示)，记

$$L = \sum_{k=0}^{\infty} k\pi_k = \frac{\lambda}{\mu}\sum_{k=1}^{\infty} k\left(1 - \frac{\lambda}{\mu}\right)\left(\frac{\lambda}{\mu}\right)^{k-1} = \frac{\lambda}{\mu}\,\frac{1}{1-\lambda/\mu} = \frac{\lambda}{\mu - \lambda}$$

其中在第三个等式中，我们用到了和是参数为 $1-\lambda/\mu$ 的几何随机变量的期望的事实．

有趣的是，我们还没有利用的事实是这样的服务规则，即得到服务的顾客是已经等待了最长时间的顾客．事实上，因为所有服务时间服从指数分布，而指数分布是无记忆的，因此所有顾客似乎等价于依据直到他们离开所需要的服务时间的分布的队列，而不考虑已经为他们服务了多长时间．这样，每当队列中至少有一个顾客时，对于为某个顾客服务的任何服务规则，我们的均衡分布等式以及系统中顾客的期望个数都成立．

下面计算在假定 FIFO 排队下，当系统处于均衡时，顾客停留在系统中的期望时间，用 W 表示．设 $L(k)$ 表示一位新顾客发现队列中有 k 个顾客的事件，可以记

⊖ 系统收敛的证明依赖于更新理论，这已超出本书的范围．

$$W = \sum_{k=0}^{\infty} \boldsymbol{E}[W \mid L(k)] \Pr(L(k))$$

因为服务时间是独立的和无记忆的，期望为 $1/\mu$. 由此

$$\boldsymbol{E}[W \mid L(k)] = (k+1)\frac{1}{\mu}$$

为计算 $\Pr(L(k))$，我们注意到如果系统处于均衡中，那么离开状态 k 的转移速度是 $\pi_k\theta_k$，其中对 $k \geqslant 1$，有 $\theta_0 = \lambda$，$\theta_k = \lambda + \mu$. 应用引理 8.5，由于一位新顾客到来而引起下一个离开状态 k 的转移概率为 λ/θ_k. 所以，顾客到达并发现在队列中已经有 k 个顾客的速度为

$$\pi_k\theta_k \frac{\lambda}{\theta_k} = \pi_k\lambda$$

因为新顾客来到系统的总速度是 λ，我们断言一个新顾客发现系统中有 k 个顾客的概率为

$$\Pr(L(k)) = \frac{\pi_k\lambda}{\lambda} = \pi_k$$

这是一个 PASTA 原则的例子，它描述了泊松到达看时间平均(Poisson Arrivals See Time Average，PASTA). 即如果有一个泊松到达的马尔可夫过程有平稳分布，且系统处于状态 k 的时间比例为 π_k，那么 π_k 也是他们到达时发现系统处于状态 k 的到达者的比例. 由于泊松过程的独立性与无记忆性，PASTA 原则经常是简化分析的有用工具. 对更一般性情况下的 PASTA 原则的证明已超出本书范围.

现在计算

$$\begin{aligned} W &= \sum_{k=0}^{\infty} \boldsymbol{E}[W \mid L(k)] \Pr(L(k)) = \sum_{k=0}^{\infty} \frac{k+1}{\mu}\pi_k = \frac{1}{\mu}\left(1 + \sum_{k=0}^{\infty} k\pi_k\right) \\ &= \frac{1}{\mu}(1+L) = \frac{1}{\mu}\left(1 + \frac{\lambda}{\mu-\lambda}\right) = \frac{1}{\mu-\lambda} = \frac{L}{\lambda} \end{aligned}$$

关系 $L = \lambda W$ 称为 Little 结果. 它不仅对 $M/M/1$ 排队成立，也对任意稳定的排队系统成立. 这个基本结果的证明也超出了本书的范围.

虽然 $M/M/1$ 排队表示一个非常简单的过程，但它对研究更复杂的过程是有用的. 例如，假定有 n 种类型的顾客进入队列，每个类型都是按泊松过程到达的，而且所有顾客都有均值为 μ 的指数分布服务时间. 因为泊松过程的组合，队列的到达过程是泊松过程，这可以用 $M/M/1$ 排队建模. 类似地，假定只有一个泊松到达过程，对每种顾客类型分开排队. 如果每个到达顾客以某个固定概率 p_i 是类型 i 的，那么泊松过程对每个顾客类型分成独立的泊松过程，因此每个类型的排队是 $M/M/1$ 排队. 例如，在一个计算机网络中如果对不同工作类型用不同的处理器，就可能出现这种类型的分解.

8.6.2　均衡的 $M/M/1/K$ 排队

一个 $M/M/1/K$ 排队是一个具有有界队列长度的 $M/M/1$ 排队. 如果一个顾客到达时队列已经有 K 个顾客，那么这位顾客就离开系统而不排队了. 有界队列长度的模型在诸如网络路由器的应用中有用，一旦数据包缓冲区满了，到达的数据包就会被删除.

系统完全类似于前一个例子. 由均衡性，我们有

$$\pi_k = \begin{cases} \pi_0 (\lambda/\mu)^k & k \leqslant K \\ 0 & k > K \end{cases}$$

和

$$\pi_0 = \frac{1}{\sum_{k=0}^{k} (\lambda/\mu)^k}$$

对任意 λ，$\mu>0$，这些等式定义了一个适当的概率分布，而且我们不再要求 $\lambda<\mu$.

8.6.3　M/M/∞排队中的顾客数

假定新用户按速度为 λ 的泊松过程连接到一个对等网络. 用户连接网络的时间长度服从参数为 μ 的指数分布. 假定在时刻 0，没有用户连接网络，设 $M(t)$为 t 时刻连接的用户数，$M(t)$的分布是什么？

我们可以将这个过程看作有无限服务员数的马尔可夫排队，一位顾客在她接入系统时开始接受服务，当服务结束时离开. 我们用两种方式分析这个过程. 第一种是用速度方程(8.4)计算过程的平稳分布. 第二种方法比较复杂，但给出更多的信息：直接计算 f 时刻系统中顾客个数的分布，然后考虑 t 趋于无穷时的极限.

为了导出过程的速度方程，我们注意到如果(在某给定时刻)系统中有 $k\geqslant 0$ 个顾客，那么下一个事件可能是 k 位现有顾客中的一位结束服务或是一位新顾客到达. 所以前一个事件的时间是 $k+1$ 个独立指数分布的随机变量的最小值，这些变量中有 k 个参数是 μ，1 个参数是 λ. 由引理 8.5，当系统中有 k 位顾客时，首个事件的时间服从参数为 $k\mu+\lambda$ 的指数分布. 而且引理表明，已知一个事件发生，那个事件是一位新顾客到达的概率是

$$p_{k,k+1} = \frac{\lambda}{\lambda + k\mu}$$

当 $k\geqslant 1$ 时，事件是一位顾客离开的概率是

$$p_{k,k-1} = \frac{k\mu}{\lambda + k\mu}$$

将这些值代入式(8.4)，得到了满足

$$\pi_0 \lambda = \pi_1 \mu$$

的平稳分布 $\bar{\pi}$. 对 $k\geqslant 1$，有

$$\pi_k (\lambda + k\mu) = \pi_{k-1}\lambda + \pi_{k+1}(k+1)\mu \tag{8.8}$$

我们将式(8.8)改写为

$$\pi_{k+1}(k+1)\mu = \pi_k(\lambda + k\mu) - \pi_{k-1}\lambda = \pi_k\lambda + \pi_k k\mu - \pi_{k-1}\lambda$$

由简单的归纳得

$$\pi_k k\mu = \pi_{k-1}\lambda$$

所以

$$\pi_{k+1} = \frac{\lambda}{\mu(k+1)}\pi_k$$

现在再次由简单的归纳得

$$\pi_k = \pi_0 \left(\frac{\lambda}{\mu}\right)^k \frac{1}{k!}$$

所以

$$1 = \sum_{k=0}^{\infty} \pi_0 \left(\frac{\lambda}{\mu}\right)^k \frac{1}{k!} = \pi_0 e^{\lambda/\mu}$$

我们有 $\pi_0 = e^{-\lambda/\mu}$，并且

$$\pi_k = \frac{e^{-\lambda/\mu}(\lambda/\mu)^k}{k!}$$

所以，均衡分布是参数为 λ/μ 的离散泊松分布.

现在我们继续第二种方法：计算 t 时刻系统中顾客人数的分布，用 $M(t)$表示，然后考虑 t 趋于无穷时 $M(t)$的极限. 记 $N(t)$是在区间$[0, t]$内连接到网络上的用户总数. 因为 $N(t)$服从泊松分布，在这个值的条件下，我们可以记作

$$\Pr(M(t) = j) = \sum_{n=0}^{\infty} \Pr(M(t) = j \mid N(t) = n) e^{-\lambda t} \frac{(\lambda t)^n}{n!} \tag{8.9}$$

如果一个用户在时刻 x 连接到网络，那么她在时刻 t 仍然连接的概率是 $e^{-\mu(t-x)}$. 由 8.4.3 节，我们知道任一用户到达时间在$[0, t]$上是均匀的，所以任一用户在时刻 t 仍然连接的概率为

$$p = \int_0^t e^{-\mu(t-x)} \frac{dx}{t} = \frac{1}{\mu t}(1 - e^{-\mu t})$$

因为事件对不同用户是独立的，对 $j \leqslant n$ 我们有

$$\Pr(M(t) = j \mid N(t) = n) = \binom{n}{j} p^j (1-p)^{n-j}$$

将此值代入式(8.9)可得

$$\Pr(M(t) = j) = \sum_{n=j}^{\infty} \binom{n}{j} p^j (1-p)^{n-j} e^{-\lambda t} \frac{(\lambda t)^n}{n!} = e^{-\lambda t} \frac{(\lambda t p)^j}{j!} \sum_{n=j}^{\infty} \frac{(\lambda t(1-p))^{n-j}}{(n-j)!}$$

$$= e^{-\lambda t} \frac{(\lambda t p)^j}{j!} \sum_{m=0}^{\infty} \frac{(\lambda t(1-p))^m}{m!} = e^{-\lambda t} \frac{(\lambda t p)^j}{j!} e^{\lambda t(1-p)} = e^{-\lambda t p} \frac{(\lambda t p)^j}{j!}$$

所以在时刻 t 的用户数服从参数为 $\lambda t p$ 的泊松分布.

因为

$$\lim_{t\to\infty} \lambda t p = \lim_{t\to\infty} \lambda t \frac{1}{\mu t}(1 - e^{-\mu t}) = \frac{\lambda}{\mu}$$

由此可知，在极限情况下，顾客人数有参数为 λ/μ 的泊松分布，这与以前的计算是相称的.

8.7 练习

8.1 设 X 和 Y 是$[0, 1]$上独立的均匀随机变量，求 $X+Y$ 的密度函数和分布函数.

8.2 设 X 和 Y 是独立的、参数为 1 的指数分布的随机变量. 求 $X+Y$ 的密度函数和分布函数.

8.3 设 X 是$[0, 1]$上的均匀随机变量，确定 $\Pr(X \leqslant 1/2 \mid 1/4 \leqslant X \leqslant 3/4)$及 $\Pr(X \leqslant 1/4 \mid (X \leqslant 1/3) \cup (X \geqslant 2/3))$.

8.4 我们同意在 12 点到 1 点之间到我们特别喜爱的三明治商店一起午餐，因为我们都很忙，谁都不能保证大家在什么时候都能到达，假定每个人到达时间是这个小时上的均匀分布. 为使谁也别等太长时

间，我们同意每个人只等另一个人恰好 15 分钟，然后离开．我们能在午餐时彼此见面的概率是多少？

8.5 我们在引理 8.3 中求出了 n 个独立的[0，1]上均匀随机变量的最小值的期望，通过直接计算它大于 $y(0\leqslant y\leqslant 1)$ 的概率而得到．请用类似的计算求 n 个随机变量中第 k 小的变量大于 y 的概率，并由此证明它的期望值是 $k/(n+1)$．

8.6 设 X_1，X_2，…，X_n 是参数为 1 的独立的指数随机变量．求 n 个随机变量中的第 k 大变量的期望值．

8.7 考虑 n 个顶点的完全图．每个边都是签名的权重，从实际区间[0，1]中随机均匀地选择．表明该图的最小生成树的预期权重至少为 $1-1/\left(1+\binom{n}{2}\right)$．当每条边被独立地赋予一个来自参数为 1 的指数分布的权时，求类似的界．

8.8 考虑 n 个顶点的完全图，每条边赋予一个独立地且均匀随机地选自实数区间[0，1]的权．我们提出以下求图中最小权哈密顿圈的贪婪方法．每一步存在一个主顶点．开始时，顶点 1 为主顶点，每一步在当前主顶点与从未成为主顶点的新顶点之间的边中，找一个最小权的边．将这条边添加到圈中，并将新的顶点设置为主顶点．经 $n-1$ 步后，我们得到了哈密顿路，并添加一条从最后一个主顶点返回顶点 1 的边构成一个哈密顿圈．用这种贪婪方法求得的哈密顿圈的期望权是多少？并求当每条边独立地赋予一个来自参数为 1 的指数分布的权时的期望．

8.9 你可能喜欢写一个模拟指数分布随机变量的程序，你的系统有一个随机数发生器，它产生来自实数区间(0，1)上的独立的均匀分布的随机数．给出一个程序，它将已知的均匀随机数变换成参数为 λ 的指数分布随机变量．

8.10 将 n 个点均匀随机地放置在周长为 1 的圆周上，这 n 个点把圆分成 n 个弧，设 $Z_i(1\leqslant Z_i\leqslant n)$ 是按某种任意次序给出的这些弧的长度．

(a) 证明所有 Z_i 以至少 $1-1/n^{c-1}$ 的概率至多为 $c\ln n/(n-1)$．

(b) 证明对充分大的 n，存在一个常数 c'，使得至少有一个 Z_i 以至少 1/2 的概率至少为 $c'\ln n$．（提示：利用二阶矩方法．）

(c) 证明所有 Z_i 至少以 $1/2n^2$ 的概率至少为 1/2．

(d) 证明对充分大的 n，存在一个常数 c' 使得至少有一个 Z_i 以至少 1/2 的概率至多为 c'/n^2（提示：利用二阶矩方法．）

(e) 解释有关下列问题的结果：X_1，X_2，…，X_{n-1} 是从实数区间[0，1]独立且均匀随机选取的值，设 Y_1，Y_2，…，Y_{n-1} 表示以升序排列的这些值，还定义 $Y_0=0$，$Y_n=1$．点 Y_i 将单位区间分成 n 段，如何理解这些段中最短的和最长的段？

8.11 桶排序是 5.2.2 节讨论过的一种简单的排序算法．

(a) 当 n 个待排序元素是从[0，1]中独立、均匀选取的随机数时，如何执行桶排序法，使得期望运行时间为 $O(n)$？

(b) 现在考虑当待排序元素不一定是在一个区间上的均匀随机数时，如何执行桶排序法．特别地，假定待排序元素是形如 $X+Y$ 的数时，其中（对每个元素）X 和 Y 都是[0，1]上独立、均匀选取的随机数．如何修改桶，使得桶排序法能具有期望运行时间 $O(n)$？如果待排序元素不是 $X+Y$ 形式，而是 $\max(X, Y)$ 形式的数呢？

8.12 设 n 个点均匀随机地放置在周长为 1 的圆周上，这 n 个点将圆周分成 n 个弧．$Z_i(1\leqslant Z_i\leqslant n)$ 是按任意次序排列的这些弧的长度，X 是至少为 $1/n$ 的 Z_i 的个数，求 $\mathbf{E}[X]$ 和 $\mathbf{Var}[X]$．

8.13 一台数码相机需要两节电池，你买了一包标号为 1～n 的 n 节电池．在开始时，你装上电池 1 和 2．每当有一节电池没电时，立即用最小标号的没有用过的电池代替没电的电池．假定每节电池用完之前使用的时间量服从均值为 μ 的指数分布，所有电池是独立的．最后，除了一节以外，所有电池都没电了．

(a) 求标号为 i 的那节电池最后还有电的概率.

(b) 求你的数码相机用这包电池能够运行的期望时间.

8.14 设 X_1，X_2，…是参数为 1 的指数随机变量.

(a) 说明 X_1+X_2 不是指数随机变量.

(b) 设 N 是参数为 p 的几何随机变量，证明 $\sum_{i=1}^{n} X_i$ 服从参数为 p 的指数分布.

8.15 (a) 设 X_1，X_2，…是独立的指数随机变量序列，每个均值都为 1. 已知正的实数 k，设 N 由

$$N = \min\left\{n: \prod_{i=1}^{n} X_i > k\right\}$$

定义，即 N 是使前 N 个 X_i 之和大于 k 的最小的数，确定 $\mathbf{E}[N]$.

(b) 设 X_1，X_2，…是区间(0，1)上的独立的均匀随机变量序列，已知正的实数 k，$0<k<1$，N 由

$$N = \min\left\{n: \prod_{i=1}^{n} X_i < k\right\}$$

定义，即 N 是使前 N 个 X_i 之积小于 k 的最小的数. 确定 $\mathbf{E}[N]$.（提示：可以利用练习 8.9.）

8.16 有 n 个任务交给 n 个处理器. 每个任务有两个阶段，每个阶段的时间由参数为 1 的指数随机变量给出. 所有任务及所有阶段的时间是独立的，如果完成了两阶段之一，我们称任务完成了一半.

(a) 导出当一个任务恰好全部完成时，有 k 个任务完成了一半的概率的表达式.

(b) 导出直到有一个任务恰好全部完成的期望时间的表达式.

(c) 解释这个问题如何同生日悖论有关.

8.17 证明定理 8.11.

8.18 用正规形式完成定理 8.13 的证明：如果 $N_1(t)$ 和 $N_2(t)$ 独立，那么对任意 t，$u>0$，$N_1(t)$ 和 $N_2(u)$ 也独立.

8.19 你正在一个公共汽车站等开往市区的汽车. 实际上，你可以乘坐 n 条不同的线路，每一条线路都有不同的行车路线. 你决定坐哪辆汽车取决于哪辆汽车先到车站. 只要你正在等车，你等第 i 路汽车的时间服从均值为 μ_i 分钟的指数分布. 一旦你坐上了第 i 路汽车，你要花 t_i 分钟到达市区.

设计一个决定算法——当一辆汽车到达时——你是坐还是不坐这辆汽车，假定你的目的是极小化到达市区的期望时间.（提示：你希望确定这样的汽车集合，只要它们到达你就上车. 共有 2^n 个可能的集合，这对一个有效算法太大了，证明你只需考虑这些集合中的一小部分.）

8.20 给定一个离散空间、连续时间的马尔可夫过程 $X(t)$，通过考虑过程访问的状态，可以导出一个离散时间的马尔可夫链 $Z(t)$，即令 $Z(0)=X(0)$，$Z(1)$是时刻 $t=0$ 后，过程 $X(t)$第一次移动到的状态，$Z(2)$是过程 $X(t)$移动到的下一个状态，等等.（如果马尔可夫过程 $X(t)$进行了一次从状态 i 到状态 i 的转移，这在关联的转移矩阵中当 $p_{i,i}\neq 0$ 时是可以发生的，那么马尔可夫链 $Z(t)$也应该进行从状态 i 到状态 i 的转移.）

(a) 假定过程 $X(t)$停留在状态 i 的时间是参数为 $\theta_i=\theta$(对所有 i 都相同)的指数分布，进一步假定过程 $X(t)$有平稳分布，证明马尔可夫链 $Z(t)$有相同的平稳分布.

(b) 给出一个例子说明，如果 θ_i 不全相等，那么 $X(t)$和 $Z(t)$的平稳分布可以不同.

8.21 Ehrenfest 模型是物理学中的一个基本模型. 在一个容器中有 n 个质点随机移动. 我们考虑容器的左一半和右一半内的质点数. 经过参数为 1 的指数分布的时间后，容器某一半中的一个质点移动到另一半，且所有质点是独立的，见图 8.6.

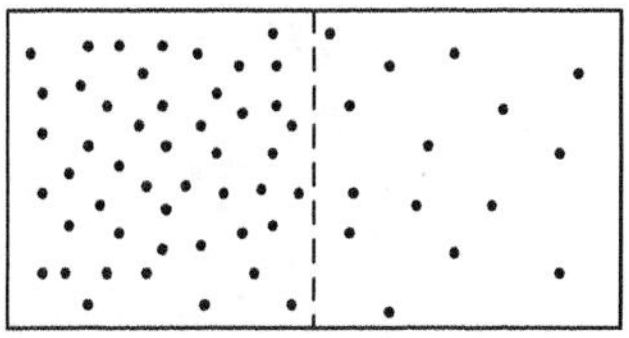

图 8.6　Ehrenfest 模型

(a) 求这个过程的平稳分布.

(b) 在平稳分布中，什么样的状态有最大的概率？对此你有什么样的解释.

8.22 在动态无线和传感器网络的分析中出现以下类型的几何随机图．我们有 n 个点均匀分布在面积为 n 的正方形 S 中．每个点都连接到正方形中的 k 个最近点．用 $G_{n,k}$ 表示这个随机图．我们证明存在常数 $c>0$，使得如果 $k=c\log n$，则概率至少为 $1-1/n$，图 $G_{n,k}$ 是连接的．对于某个常数 b，考虑使用 $n/(b\log n)$ 个面积为 $b\log n$ 的正方形进行曲面细分(用较小的正方形平铺)正方形 S；我们假设 $b\log n$ 为了方便而划分 n．

(a) 选择常数 b 和 c_1 使得每个正方形中至少有一个点，最多有 $c_1\log n$ 个点的概率充分大．

(b) 证明：当 $c\geqslant 25c_1$ 时，图是连通的概率至少为 $1-1n$．

8.23 按照练习 8.20 所描述的方法，我们可以从 $M/M/1$ 排队过程得到一个离散时间马尔可夫链．离散时间链记录了队列中的顾客人数．即使队列是空的，也允许离开事件以速度 λ 出现，这不影响排队状态，但在相应的马尔可夫链中给出了从状态 0 到状态 0 的转移．

(a) 描述这个离散时间链的可能转移，并给出它们的概率．

(b) 证明当 $\lambda<\mu$ 时，这个链的平稳分布与 $M/M/1$ 过程的平稳分布相同．

(c) 证明在 $\lambda=\mu$ 的情况下对马尔可夫链不存在有效的平稳分布．

8.24 串联排队中，顾客是按速度为 λ 的泊松过程到达一个 $M/M/1$ 队列，服务时间是独立的，且服从参数为 μ_1 的指数分布．在第一个队列完成了服务后，顾客立即到也是由一个服务员服务的第二个队列，而服务时间是独立的，服从参数为 μ_2 的指数分布．求这个系统的平稳分布．(提示：推广一个队列的平稳分布形式．)

8.25 编写一个模拟有反馈的球和箱子模型的程序．

(a) 在箱子 1 中有 51 个球，箱子 2 中有 49 个球，用 $p=2$ 开始你的模拟．运行你的程序 100 次，每次都是当一个箱子有 60% 的球时停止．平均来讲，当程序停止时，箱子里有多少个球？箱子 1 多久得到半数以上的球？

(b) 进行与(a)相同的试验，但从箱子 1 中有 52 个球而箱子 2 中有 48 个球开始．这会将你的答案改变多少？

(c) 进行与(a)相同的试验，但从箱子 1 中有 102 个球而箱子 2 中有 98 个球开始．这会将你的答案改变多少？

(d) 进行与(a)相同的试验，但现在用 $p=1.5$．这会将你的答案改变多少？

8.26 这里我们考虑研究 FIFO 排队的一种方法，采用一个不变的服务时间长度 1 及参数 $\lambda<1$ 的泊松到达．用 k 个指数分布的服务阶段代替固定的服务时间，每个阶段平均时间为 $1/k$．顾客在离开队列之前必须经过所有 k 个阶段的服务，且只要有一位顾客正在接受这 k 个阶段的服务，直到服务结束，别的顾客不能接受服务．

(a) 导出花在 k 个指数分布阶段上(每阶段的均值为 $1/k$)的总时间明显偏离 1 的概率的切尔诺夫界．

(b) 导出这种情况下定义平稳分布的方程组(提示：设 π_j 是停留在队列中接受 j 个阶段服务的极限概率．每个等待的顾客要求 k 个阶段，即要求接受在第 1 阶段和第 k 阶段之间的服务)．并不要求解这个方程组得到 π_j 的闭形式．

(c) 由这些方程用数值方法确定均衡排队中顾客的平均人数，比如 $\lambda=0.8$，$k=10$，20，30，40 及 50．讨论当 k 增加时，你的结果是否收敛，并比较到达速度为 $\lambda<1$ 且期望服务时间为 $\mu=1$ 的 $M/M/1$ 排队中顾客的期望人数．

8.27 编写一个有 n 个 $M/M/1$ FIFO 队列的银行模拟，每个队列有速度为每秒 $\lambda<1$ 的泊松到达，每个服务时间服从均值为 1 秒的指数分布．你的模拟运行 t 秒，并返回完成服务的每位顾客停留在系统中的平均时间．对 $n=100$，$t=10\,000$ 秒，$\lambda=0.5$，0.8，0.9 及 0.99 给出你的模拟结果．

编写我们现在描述的模拟的一个自然方法是保持事件的优先权队列．这样的队列存储了所有即将发生事件的时间，如下一顾客到达时间或下一顾客完成队列中服务的时间．例如，一个优先权队列可以回答如“下一个事件是什么?”这样的问题，优先权队列常常执行得更好.

当一个顾客准备去队列时，就需要计算下一顾客到达队列 k 的时间，并按优先权队列进入. 如果队列 k 是空的，到达顾客完成服务的时间应按优先权排队. 如果队列 k 不是空的，这位顾客排在队伍的末尾. 如果完成了一个顾客的服务后队列不是空的，那么应计算(在队伍最前面的)下一位顾客完成服务的时间，并放入优先权队列. 你应记录每位顾客的到达时间和完成服务的时间.

你可以找到简化这种一般方案的方法，例如，不去考虑每个队列分别的到达过程，而是基于 8.4.2 节我们所知道的将它们组合成一个到达过程. 解释你的简化.

你可能希望利用练习 8.9 来帮助为你的模拟构造指数分布的随机变量.

修改你的模拟，将均值为 1 秒的指数分布的服务时间修改为服务时间总是恰好为 1 秒. 仍旧对 $n=100$，$t=10\,000$ 秒及 $=0.5$，0.8，0.9 及 0.99，给出你的模拟结果. 以指数分布的服务时间还是不变的服务时间能更快地完成任务?

第9章　正态分布

正态(或高斯)分布在概率论和统计学中起着重要作用. 通常来说，许多真实世界的可观测量(例如高度、重量、等级和测量误差等)都可以用正态分布很好地近似. 此外，中心极限定理指出，在一般条件下大量独立随机变量的均值分布近似服从正态分布.

本章介绍一元和多元正态随机变量的基本性质，证明中心极限定理，计算正态分布参数的极大似然估计量，并证明期望最大化(EM)算法在高斯分布综合分析中的应用. ㊀

9.1　正态分布

9.1.1　标准正态分布

标准正态分布记作 $N(0, 1)$，是所有单变量和多变量正态分布的基本组成部分. 我们说随机变量 Z 来自标准正态 $N(0, 1)$，或者说 Z 是一个标准正态随机变量，是指它是实数上的连续分布，具有密度函数

$$\phi(z)=\frac{1}{\sqrt{2\pi}}\mathrm{e}^{-\frac{z^2}{2}}$$

和分布函数

$$\Phi(z)=\frac{1}{\sqrt{2\pi}}\int_{-\infty}^{z}\mathrm{e}^{-\frac{x^2}{2}}\,\mathrm{d}x$$

因为(见练习 9.1)

$$\int_{-\infty}^{\infty}\frac{1}{\sqrt{2\pi}}\mathrm{e}^{-\frac{x^2}{2}}\,\mathrm{d}x=1$$

故密度函数定义了一个适当的概率分布.

虽然分布函数 $\Phi(z)$ 对任意 z 都是有定义的，但是它没有封闭的形式表达式. 标准正态分布的实际值可以通过数值计算，如表 9.1 所示. 该分布与统计学中的误差函数关系密切，误差函数通常表示为

$$\mathrm{erf}(z)=\frac{2}{\sqrt{\pi}}\int_{0}^{z}\mathrm{e}^{-x^2}\,\mathrm{d}x$$

很容易看出它们有下列关系

$$\Phi_z=\frac{1}{2}+\frac{1}{2}\mathrm{erf}\left(\frac{z}{\sqrt{2}}\right)$$

由于标准正态随机变量 Z 的密度函数关于 $z=0$ 是对称的，因此 $\boldsymbol{E}[Z]=0$. Z 的方差可以通

㊀ 根据不同社群的惯例，我们在概率论的上下文中使用术语正态分布，在机器学习的上下文中使用术语高斯分布.

过使用分部积分得到(下面用到的分部积分中 $u=x$，$\mathrm{d}v=x\mathrm{e}^{-x^2/2}\mathrm{d}x$)：

$$\mathbf{Var}[Z]=\boldsymbol{E}[Z^2]=\frac{1}{\sqrt{2\pi}}\int_{-\infty}^{\infty}x^2\mathrm{e}^{-\frac{x^2}{2}}\mathrm{d}x=\frac{1}{\sqrt{2\pi}}\int_{-\infty}^{\infty}(x)(x\mathrm{e}^{-\frac{x^2}{2}})\mathrm{d}x$$

$$=-\frac{1}{\sqrt{2\pi}}x\mathrm{e}^{-\frac{x^2}{2}}\Big|_{-\infty}^{\infty}+\frac{1}{\sqrt{2\pi}}\int_{-\infty}^{\infty}\mathrm{e}^{-\frac{x^2}{2}}\mathrm{d}x=1$$

在最后一个等式中，第一项为 0，第二项等于 1.

9.1.2　一般单变量正态分布

单变量正态分布由两个参数 μ 和 σ 来刻画其特征，分别对应于均值和标准差，并用 $N(\mu, \sigma^2)$表示. 注意，我们使用方差而不是标准差来表示正态分布，原因之后会解释. 如前所述，我们可以说 X 是正态随机变量(具有参数 μ 和 σ)，以表示 X 是具有正态分布的随机变量.

来自 $N(\mu, \sigma^2)$的一个正态随机变量 X 的密度函数是

$$f_X(x)=\frac{1}{\sqrt{2\pi}\sigma}\mathrm{e}^{-\frac{1}{2}\left(\frac{x-\mu}{\sigma}\right)^2}$$

表 9.1　标准正态分布表. 当 $z<0$ 时，$\Phi(z)=1-\Phi(-z)$

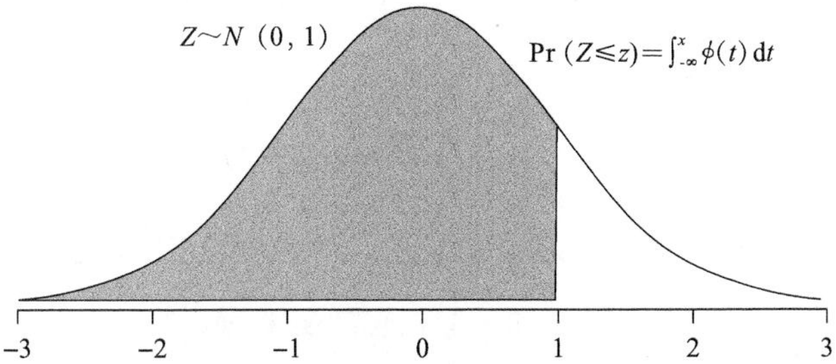

标准正态分布 $N(0, 1)$的分布函数 ϕ 的取值表

z	0.00	0.01	0.02	0.03	0.04	0.05	0.06	0.07	0.08	0.09
0.0	0.5000	0.5040	0.5080	0.5120	0.5160	0.5199	0.5239	0.5279	0.5319	0.5359
0.1	0.5398	0.5438	0.5478	0.5517	0.5557	0.5596	0.5636	0.5675	0.5714	0.5753
0.2	0.5793	0.5832	0.5871	0.5910	0.5948	0.5987	0.6026	0.6064	0.6103	0.6141
0.3	0.6179	0.6217	0.6255	0.6293	0.6331	0.6368	0.6406	0.6443	0.6480	0.6517
0.4	0.6554	0.6591	0.6628	0.6664	0.6700	0.6736	0.6772	0.6808	0.6844	0.6879
0.5	0.6915	0.6950	0.6985	0.7019	0.7054	0.7088	0.7123	0.7157	0.7190	0.7224
0.6	0.7257	0.7291	0.7324	0.7357	0.7389	0.7422	0.7454	0.7486	0.7517	0.7549
0.7	0.7580	0.7611	0.7642	0.7673	0.7704	0.7734	0.7764	0.7794	0.7823	0.7852
0.8	0.7881	0.7910	0.7939	0.7967	0.7995	0.8023	0.8051	0.8078	0.8106	0.8133
0.9	0.8159	0.8186	0.8212	0.8238	0.8264	0.8289	0.8315	0.8340	0.8365	0.8389
1.0	0.8413	0.8438	0.8461	0.8485	0.8508	0.8531	0.8554	0.8577	0.8599	0.8621
1.1	0.8643	0.8665	0.8686	0.8708	0.8729	0.8749	0.8770	0.8790	0.8810	0.8830
1.2	0.8849	0.8869	0.8888	0.8907	0.8925	0.8944	0.8962	0.8980	0.8997	0.9015
1.3	0.9032	0.9049	0.9066	0.9082	0.9099	0.9115	0.9131	0.9147	0.9162	0.9177
1.4	0.9192	0.9207	0.9222	0.9236	0.9251	0.9265	0.9279	0.9292	0.9306	0.9319
1.5	0.9332	0.9345	0.9357	0.9370	0.9382	0.9394	0.9406	0.9418	0.9429	0.9441

（续）

z	0.00	0.01	0.02	0.03	0.04	0.05	0.06	0.07	0.08	0.09
1.6	0.9452	0.9463	0.9474	0.9484	0.9495	0.9505	0.9515	0.9525	0.9535	0.9545
1.7	0.9554	0.9564	0.9573	0.9582	0.9591	0.9599	0.9608	0.9616	0.9625	0.9633
1.8	0.9641	0.9649	0.9656	0.9664	0.9671	0.9678	0.9686	0.9693	0.9699	0.9706
1.9	0.9713	0.9719	0.9726	0.9732	0.9738	0.9744	0.9750	0.9756	0.9761	0.9767
2.0	0.9772	0.9778	0.9783	0.9788	0.9793	0.9798	0.9803	0.9808	0.9812	0.9817
2.1	0.9821	0.9826	0.9830	0.9834	0.9838	0.9842	0.9846	0.9850	0.9854	0.9857
2.2	0.9861	0.9864	0.9868	0.9871	0.9875	0.9878	0.9881	0.9884	0.9887	0.9890
2.3	0.9893	0.9896	0.9898	0.9901	0.9904	0.9906	0.9909	0.9911	0.9913	0.9916
2.4	0.9918	0.9920	0.9922	0.9925	0.9927	0.9929	0.9931	0.9932	0.9934	0.9936
2.5	0.9938	0.9940	0.9941	0.9943	0.9945	0.9946	0.9948	0.9949	0.9951	0.9952
2.6	0.9953	0.9955	0.9956	0.9957	0.9959	0.9960	0.9961	0.9962	0.9963	0.9964
2.7	0.9965	0.9966	0.9967	0.9968	0.9969	0.9970	0.9971	0.9972	0.9973	0.9974
2.8	0.9974	0.9975	0.9976	0.9977	0.9977	0.9978	0.9979	0.9979	0.9980	0.9981
2.9	0.9981	0.9982	0.9982	0.9983	0.9984	0.9984	0.9985	0.9985	0.9986	0.9986
3.0	0.9987	0.9987	0.9987	0.9988	0.9988	0.9989	0.9989	0.9989	0.9990	0.9990
3.1	0.9990	0.9991	0.9991	0.9991	0.9992	0.9992	0.9992	0.9992	0.9993	0.9993

它的分布函数为

$$F_X(x)=\frac{1}{\sqrt{2\pi}\sigma}\int_{-\infty}^{x}\mathrm{e}^{-\frac{1}{2}\left(\frac{t-\mu}{\sigma}\right)^2}\mathrm{d}t$$

这些表达式推广了标准正态随机变量的相应表达式，在标准正态随机变量中，$\mu=0$ 且 $\sigma=1$.

事实上，若 X 是一个具有参数 μ 和 σ 的正态随机变量，令 $Z=\frac{X-\mu}{\sigma}$. 那么

$$\Pr(Z\leqslant z)=\Pr(X\leqslant\sigma z+\mu)=\frac{1}{\sqrt{2\pi}\sigma}\int_{-\infty}^{\sigma z+\mu}\mathrm{e}^{-\frac{1}{2}\left(\frac{t-\mu}{\sigma}\right)^2}\mathrm{d}t$$

用 $x=\frac{t-\mu}{\sigma}$，$\mathrm{d}x=\frac{\mathrm{d}t}{\sigma}$作变换，我们可以得到标准正态分布的分布函数

$$\Pr(Z\leqslant z)=\frac{1}{\sqrt{2\pi}}\int_{-\infty}^{z}\mathrm{e}^{-\frac{x^2}{2}}\mathrm{d}x=\Phi(z)$$

我们看到正态分布 X 是标准正态分布的线性变换. 也就是说，如果 X 是具有参数 μ 和 σ 的正态随机变量，那么 $Z=\frac{X-\mu}{\sigma}$是一个标准正态随机变量(具有均值 0 和方差 1)，并且类似地，如果 Z 是一个标准正态随机变量，那么 $X=\sigma Z+\mu$ 是一个具有参数 μ 和 σ 的正态随机变量. 我们已经证明了下列定理.

定理 9.1　一个随机变量具有正态分布当且仅当它是标准正态随机变量的线性变换.

由于 $N(\mu,\sigma^2)$分布的随机变量 X 与 $\sigma Z+\mu$ 具有相同的分布，因此我们得到 $\mathbf{E}[X]=\mu$ 和 $\mathbf{Var}[X]=\sigma^2$，所以 μ 和 σ 就是均值和标准差.

例子：信号监测

假设我们有一个发射机，它通过编码 $S\in\{-1,+1\}$发送比特，并且通信信道向信号

添加噪声 Y，其中 Y 是一个均值为 0 和标准差为 σ 的正态随机变量. 接收方通过符号 $R=\mathrm{sgn}(S+Y)$ 来接收信号(sgn 是符号函数，其中如果 $x>0$，则 $\mathrm{sgn}(x)=1$，如果 $x<0$，则 $\mathrm{sgn}(x)=-1$，并且根据惯例，$\mathrm{sgn}(0)=0$). 那么我们能求出解码消息与原始消息不同的概率，即 $R\neq S$ 的概率.

当 $S=1$ 时错误的概率是 $Y\leqslant-1$：

$$\Pr(Y\leqslant-1)=\Pr\left(\frac{Y-\mu}{\sigma}\leqslant\frac{-1-\mu}{\sigma}\right)=\Phi\left(-\frac{1}{\sigma}\right)$$

同样，当 $S=-1$ 时错误的概率是 $Y\geqslant1$：

$$\Pr(Y\geqslant1)=1-\Pr\left(\frac{Y-\mu}{\sigma}\leqslant\frac{1-\mu}{\sigma}\right)=1-\Phi\left(\frac{1}{\sigma}\right)$$

由正态分布在其均值周围的对称性可知 $\Phi\left(-\frac{1}{\sigma}\right)=1-\Phi\left(\frac{1}{\sigma}\right)$，故错误的总概率为 $2\left(1-\Phi\left(\frac{1}{\sigma}\right)\right)$.

我们可以用表 9.1 来计算错误概率(最多 4 个小数位). 若 $\sigma=0.5$，1，2，我们可以查表得 $\Phi(2)=0.9772$，$\Phi(1)=0.8413$，$\Phi(0.50)=0.6915$. 因此，错误概率分别为 0.0456、0.3174 和 0.6170.

9.1.3 矩母函数

接下来，我们将计算服从正态分布 $N(\mu,\sigma^2)$的随机变量 X 的矩母函数. 在下式中，令 $z=\frac{x-\mu}{\sigma}$，则 $\sigma\mathrm{d}z=\mathrm{d}x$.

$$\begin{aligned}M_X(t)=\boldsymbol{E}[\mathrm{e}^{tX}]&=\frac{1}{\sqrt{2\pi}\sigma}\int_{x=-\infty}^{\infty}\mathrm{e}^{tx}\,\mathrm{e}^{-(x-\mu)^2/(2\sigma^2)}\,\mathrm{d}x=\frac{1}{\sqrt{2\pi}\sigma}\int_{z=-\infty}^{\infty}\mathrm{e}^{t\sigma z+t\mu}\,\mathrm{e}^{-\frac{z^2}{2}}\sigma\mathrm{d}z\\&=\frac{1}{\sqrt{2\pi}}\mathrm{e}^{\mu t}\int_{z=-\infty}^{\infty}\mathrm{e}^{-\frac{(z-t\sigma)^2}{2}+\frac{(t\sigma)^2}{2}}\mathrm{d}z=\left(\mathrm{e}^{\frac{t^2\sigma^2}{2}+\mu t}\right)\frac{1}{\sqrt{2\pi}}\int_{z=-\infty}^{\infty}\mathrm{e}^{-\frac{(z-t\sigma)^2}{2}}\mathrm{d}z=\mathrm{e}^{\frac{t^2\sigma^2}{2}+\mu t}\end{aligned}$$

在最后一个等式中，我们用到了

$$\frac{1}{\sqrt{2\pi}}\int_{-\infty}^{+\infty}\mathrm{e}^{-\frac{(z-t\sigma)^2}{2}}\mathrm{d}z=1$$

注意到

$$\frac{1}{\sqrt{2\pi}}\int_{-\infty}^{x}\mathrm{e}^{-\frac{(z-t\sigma)^2}{2}}\mathrm{d}z$$

是服从正态分布的随机向量的分布函数，均值为 $t\sigma$、标准差为 1. 因此，当 x 趋于无穷大时，积分为 1.

我们可以用矩母函数来验证 9.1.2 节中关于正态分布的期望和方差的计算结果：

$$M_X'(t)=(\mu+t\sigma^2)\mathrm{e}^{\frac{t^2\sigma^2}{2}+\mu t}$$

且

$$M_X''(t)=(\mu+t\sigma^2)^2\mathrm{e}^{\frac{t^2\sigma^2}{2}+\mu t}+\sigma^2\mathrm{e}^{\frac{t^2\sigma^2}{2}+\mu t}$$

因此

$$\mathbf{E}[X]=M'(0)=\mu,\quad \mathbf{E}[X^2]=M''(0)=\mu^2+\sigma^2,\quad \mathbf{Var}[X]=\mathbf{E}[X^2]-(\mathbf{E}[X])^2=\sigma^2$$

正态分布的另一个重要性质是：正态随机变量的线性组合仍然是正态分布的.

定理 9.2 设 X、Y 是两个独立的随机变量，分别服从 $N(\mu_1, \sigma_1^2)$、$N(\mu_2, \sigma_2^2)$，则 $X+Y$ 服从正态分布 $N(\mu_1+\mu_2, \sigma_1^2+\sigma_2^2)$.

证明 因为独立随机变量之和的矩母函数是其矩母函数的乘积(定理 4.3)，所以

$$M_{X+Y}(t)=M_X(t)M_Y(t)=\mathrm{e}^{\frac{t^2\sigma_1^2}{2}+\mu_1 t}\mathrm{e}^{\frac{t^2\sigma_2^2}{2}+\mu_2 t}=\mathrm{e}^{\frac{t^2(\sigma_1^2+\sigma_2^2)}{2}+(\mu_1+\mu_2)t}$$

最右边的表达式就是一个正态随机变量的矩母函数. 定理 4.2 指出 $X+Y$ 服从对应参数的正态分布. ■

使用矩母函数，我们还可以得到正态随机变量的大偏差界.

定理 9.3 设 $X\sim N(\mu, \sigma^2)$，则

$$\Pr\left(\left|\frac{X-\mu}{\sigma}\right|\geqslant a\right)\leqslant 2\mathrm{e}^{-\frac{a^2}{2}}$$

证明 令 $Z=\frac{X-\mu}{\sigma}$，则 $Z\sim N(0, 1)$. 使用 4.2 节提到的技巧，对任意的 $t>0$，

$$\Pr(Z\geqslant a)=\Pr(\mathrm{e}^{tZ}\geqslant \mathrm{e}^{ta})\leqslant\frac{\mathbf{E}[\mathrm{e}^{tZ}]}{\mathrm{e}^{ta}}\leqslant \mathrm{e}^{\frac{t^2}{2}-ta}\leqslant \mathrm{e}^{-\frac{a^2}{2}}$$

在最后一个不等式中我们取了 $t=a$. 关于 $Z\leqslant a$ 的情形，也有类似的界. ■

*9.2 二项分布的极限

类似于正态分布的密度函数首次出现在二项式分布的 De Moivre-Laplace 近似中(大约 1738 年). De Moivre 使用它来近似硬币投掷过程中的正面数量，Laplace 将结果扩展到一系列的伯努利试验. 我们在这里引入这个结果，是因为它可以帮助我们深入了解正态分布的密度函数以及下一节中给出的中心极限定理.

定理 9.4 给定常数 p，$0<p<1$，$q=1-p$，$k=np\pm O(\sqrt{npq})$，则

$$\lim_{n\to\infty}\binom{n}{k}p^k(1-p)^{n-k}=\frac{1}{\sqrt{2\pi npq}}\mathrm{e}^{-\frac{(k-np)^2}{2npq}}$$

证明 应用斯特林公式(引理 7.3)：

$$\lim_{n\to\infty} n! = \sqrt{2\pi n}\left(\frac{n}{\mathrm{e}}\right)^n(1\pm o(1))$$

则有

$$\begin{aligned}\binom{n}{k}p^k(1-p)^{n-k}&=\frac{n!}{k!(n-k)!}p^k(1-p)^{n-k}\\&=\frac{\sqrt{2\pi n}}{\sqrt{2\pi k}\sqrt{2\pi(n-k)}}\frac{\mathrm{e}^k\mathrm{e}^{n-k}n^n}{\mathrm{e}^n k^k(n-k)^{n-k}}p^k(1-p)^{n-k}(1\pm o(1))\\&=\frac{1}{\sqrt{2\pi n\frac{k}{n}\frac{n-k}{n}}}\left(\frac{k}{np}\right)^{-k}\left(\frac{n-k}{nq}\right)^{-(n-k)}(1\pm o(1))\end{aligned}$$

对 $k=np\pm O(\sqrt{npq})$，有

$$\lim_{n\to\infty}=\frac{1}{\sqrt{2\pi n\frac{k}{n}\frac{n-k}{n}}}=\frac{1}{\sqrt{2\pi npq}}$$

令 $t=\frac{k-np}{\sqrt{npq}}=O(1)$，则 $k=np+t\sqrt{npq}$，$n-k=nq-t\sqrt{npq}$，故

$$\left(\frac{k}{np}\right)^{-k}\left(\frac{n-k}{nq}\right)^{-(n-k)}=\left[1+\frac{t\sqrt{q}}{\sqrt{np}}\right]^{-k}\left[1-\frac{t\sqrt{p}}{\sqrt{nq}}\right]^{-(n-k)}$$

使用泰勒级数展开：

$$\ln(1+x)=x-\frac{x^2}{2}+O(x^3)$$

有

$$\begin{aligned}\ln\left[\left(\frac{k}{np}\right)^{-k}\left(\frac{n-k}{nq}\right)^{-(k-n)}\right)&=\ln\left[\left[1+\frac{t\sqrt{q}}{\sqrt{np}}\right]^{-k}\left[1-\frac{t\sqrt{p}}{\sqrt{nq}}\right]^{-(n-k)}\right]\\&=-(np+t\sqrt{npq})\left[\frac{t\sqrt{q}}{\sqrt{np}}-\frac{t^2\sqrt{q}}{2np}\right]-(nq-t\sqrt{npq})\\&\quad\left[-\frac{t\sqrt{p}}{\sqrt{nq}}-\frac{t^2p}{2nq}\right]+O\left(\frac{t^3}{\sqrt{n}}\right)\\&=\left(-t\sqrt{npq}+\frac{t^2q}{2}-t^2q\right)+\left(t\sqrt{npq}+\frac{t^2p}{2}-t^2p\right)+O\left(\frac{t^3}{\sqrt{n}}\right)\\&=-\frac{t^2}{2}+O\left(\frac{t^3}{\sqrt{n}}\right)\end{aligned}$$

因此

$$\lim_{n\to\infty}\left(\frac{k}{np}\right)^{-k}\left(\frac{n-k}{nq}\right)^{-(k-n)}=\mathrm{e}^{-\frac{t^2}{2}}$$

组合我们得到的两个极限，从而得到

$$\lim_{n\to\infty}\binom{n}{k}p^k(1-p)^{(n-k)}=\frac{1}{\sqrt{2\pi npq}}\mathrm{e}^{-\frac{t^2}{2}}=\frac{1}{\sqrt{2\pi npq}}\mathrm{e}^{-\frac{(k-np)^2}{2npq}}\qquad\blacksquare$$

定理 9.4 是估计离散型随机变量的概率，离散型随机变量没有密度函数. 然而，当 $n\to\infty$时，它意味着以下估计，它是独立伯努利随机变量之和的中心极限定理的简单版本：

$$\begin{aligned}\lim_{n\to\infty}\Pr\left(a\leqslant\frac{k-np}{\sqrt{npq}}\leqslant b\right)&=\sum_{k=np-a\sqrt{npq}}^{np+b\sqrt{npq}}\frac{1}{\sqrt{2\pi npq}}\mathrm{e}^{-\frac{(k-np)^2}{2npq}}\\&\approx\int_{k=np-a\sqrt{npq}}^{np+b\sqrt{npq}}\frac{1}{\sqrt{2\pi npq}}\mathrm{e}^{-\frac{(k-np)^2}{2npq}}\mathrm{d}k\approx\frac{1}{\sqrt{2\pi}}\int_a^b\mathrm{e}^{-\frac{t^2}{2}}\mathrm{d}t\end{aligned}$$

这里我们用一个积分来近似和，并且再次使用了替换 $t=\frac{k-np}{\sqrt{npq}}$.

9.3　中心极限定理

许多统计分析的理论部分需要用到中心极限定理，中心极限定理是概率论最基本的结论之一．这个结论表明，无论每个随机变量的分布如何，在一般情况下，大量的随机变量的均值分布收敛于正态分布，这种收敛为依分布收敛．

定义 9.1　如果对于任意一个使得分布函数 F 连续的点 $a\in\mathbb{R}$，均有

$$\lim_{n\to\infty}F_n(a)=F(a)$$

那么称分布函数列 F_1，F_2，…依分布收敛于 F 分布，记为 $F_n\xrightarrow{D}F$．

依分布收敛是一个相对较弱的收敛的概念．特别地，它不能保证对于不同的 a 值，$F_n(a)$的收敛速度有一个一致的界．

在本节，我们从一个最基本的角度来证明均值和方差有限的独立同分布的随机变量序列的中心极限定理．

定理 9.5[中心极限定理]　设 X_1，…，X_n 是 n 个独立同分布的随机变量，它们的均值是 μ，方差是 σ^2．令 $\overline{X}_n=\frac{1}{n}\sum_{i=1}^{n}X_i$，那么对任意的 a 和 b，均有

$$\lim_{n\to\infty}\Pr\left(a\leqslant\frac{\overline{X}_n-\mu}{\sigma/\sqrt{n}}\leqslant b\right)\xrightarrow{D}\Phi(b)-\Phi(a)$$

即平均值 $\overline{X}_n$ 依分布收敛于一个有恰当的均值和方差的正态分布．我们对中心极限定理的证明使用了下列结果，在这里我们直接引用不加以证明了．

定理 9.6[Lévy 连续性定理]　设 Y_1，Y_2，…是一列随机变量，其中 Y_i 的分布函数为 F_i，矩母函数为 M_i．设 Y 是一个分布函数为 F、矩母函数为 M 的随机变量．如果对于所有的 t，均有 $\lim_{n\to\infty}M_n(t)=M(t)$，那么 $F_n\xrightarrow{D}F$．即对于所有使得 $F(t)$连续的 t，均有 $\lim_{n\to\infty}F_n(t)=F(t)$．

中心极限定理的证明：令 $Z_i=\frac{X_i-\mu}{\sigma}$，那么 Z_1，Z_2，…是独立同分布的随机变量序列．Z_i 的期望 $\boldsymbol{E}[Z_i]=0$，方差 $\mathbf{Var}[Z_i]=1$，且

$$\frac{\overline{X}_n-\mu}{\sigma/\sqrt{n}}=\frac{\sqrt{n}}{n}\sum_{i=1}^{n}\frac{X_i-\mu}{\sigma}=\frac{\sum_{i=1}^{n}Z_i}{\sqrt{n}}$$

为了能够应用定理 9.6，我们需要证明随机变量 $Y_n=\sum_{i=1}^{n}Z_i/\sqrt{n}$ 的矩母函数收敛于标准正态分布的矩母函数．也就是说，我们需要证明对于所有的 t，有

$$\lim_{n\to\infty}\boldsymbol{E}\left[\mathrm{e}^{t\sum_{i=1}^{n}Z_i/\sqrt{n}}\right]=\mathrm{e}^{t^2/2}$$

设 $M(t)=\boldsymbol{E}[\mathrm{e}^{tZ_i}]$是 Z_i 的矩母函数，那么 $Z_i/\sqrt{n}$的矩母函数为

$$\boldsymbol{E}[\mathrm{e}^{tZ_i/\sqrt{n}}]=M\left(\frac{t}{\sqrt{n}}\right)$$

因为 Z_i 是独立同分布的，所以

$$\mathbf{E}[\mathrm{e}^{t\sum_{i=1}^{n} Z_i/\sqrt{n}}] = \left(M\left(\frac{t}{\sqrt{n}}\right)\right)^n$$

令 $L(t)=\ln M(t)$. 因为 $M(0)=1$，可以得到 $L(0)=0$，且$L'(0)=\frac{M'(0)}{M(0)}=\mathbf{E}[Z_i]=0$. 同样也可以算得其二阶导数：

$$L''(0) = \frac{M(0)M''(0) - (M'(0))^2}{(M(0))^2} = \mathbf{E}[Z_i^2] = 1$$

我们需要证明$\left(M\left(\frac{t}{\sqrt{n}}\right)\right)^n \to \mathrm{e}^{\frac{t^2}{2}}$，或者等价地证明 $nL(t/\sqrt{n}) \to t^2/2$. 使用两次 L'Hôpital 法则，得到

$$\begin{aligned}\lim_{n\to\infty} \frac{L(t/\sqrt{n})}{n^{-1}} &= \lim_{n\to\infty} \frac{-L'(t/\sqrt{n})n^{-3/2}t}{-2n^{-2}} = \lim_{n\to\infty} \frac{L'(t/\sqrt{n})t}{2n^{-1/2}} \\ &= \lim_{n\to\infty} \frac{-L''(t/\sqrt{n})n^{-3/2}t^2}{-2n^{-3/2}} = \lim_{n\to\infty} L''(t/\sqrt{n})\frac{t^2}{2} = \frac{t^2}{2}\end{aligned}$$

■

中心极限定理在很多情况下都是成立的. 例如，在下面这种情况下，随机变量不需要同分布仍然满足中心极限定理，我们略去了证明.

定理 9.7　设 X_1，…，X_n 是 n 个独立的随机变量，它们的期望是 $E[X_i]=\mu_i$，方差是 $\mathbf{Var}[X_i]=\sigma_i^2$. 假设

1. 存在常数 M，使得 $\Pr(|X_i|<M)=1$ 对所有的 i 都成立；
2. $\lim_{n\to\infty}\sum_{i=1}^{n}\sigma_i^2 = \infty$.

那么

$$\Pr\left(a \leqslant \frac{\sum_{i=1}^{n}(X_i-\mu_i)}{\sqrt{\sum_{i=1}^{n}\sigma_i^2}} \leqslant b\right) \xrightarrow{D} \Phi(b)-\Phi(a)$$

尽管中心极限定理只满足依分布收敛，在一些更严格的条件下，我们可以得到一致收敛的结果.

定理 9.8[Berry-Esséen 定理]　设 X_1，…，X_n 是 n 个独立同分布的随机变量，它们的均值是 μ，方差是 σ^2. 记 $\rho=E[|X_i-\mu|^3]$，且 $\overline{X}_n = \frac{1}{n}\sum_{i=1}^{n}X_i$. 那么存在一个常数 C，使得对任意的 a，均有

$$\left|\Pr\left(\frac{\overline{X}_n-\mu}{\sigma/\sqrt{n}} \leqslant a\right)-\Phi(a)\right| \leqslant C\frac{\rho}{\sigma^3\sqrt{n}}$$

例：民意调查

现我们想要估计黄色党派的支持率. 让 n 个人去投票以决定他们是否支持这个党派. 设这 n 个人是相互独立的、均衡的样本. 并进一步假定 n 足够大，满足中心极限定理的正态分布的条件，可以按照正态分布来近似估计结果，那么为了保证支持者的真实比例 p 在置信度为 95%的置信区间内(误差不超过 5%)所需要的最小样本量是多少？根据定义 4.2，

一个参数的 $1-\gamma$ 置信区间是 $[\tilde{p}-\delta, \tilde{p}+\delta]$，使得

$$\Pr(p \in [\tilde{p}-\delta, \tilde{p}+\delta]) \geqslant 1-\gamma$$

如果第 i 个投票的人支持这个党派，令 $X_i=1$；否则令 $X_i=0$. 则样本中的支持率可以表示为

$$\overline{X}_n = \frac{1}{n}\sum_{i=1}^{n} X_i$$

设 $\delta=0.05$ 是我们的标准误差.

显然，$\boldsymbol{E}[\overline{X}_n]=p$ 且 $\mathbf{Var}[\overline{X}_n]=\frac{1}{n}p(1-p)$，在我们的假设条件下

$$Z_n = \frac{\overline{X}_n - \boldsymbol{E}[\overline{X}_n]}{\sqrt{\mathbf{Var}[\overline{X}_n]}} = \frac{\sqrt{n}(\overline{X}_n - p)}{\sqrt{p(1-p)}}$$

服从标准正态分布，我们需要计算出最小的 n，使得

$$\begin{aligned}\Pr(|\overline{X}_n - p| \geqslant \delta) &= \Pr\left(\frac{\sqrt{n}(\overline{X}_n - p)}{\sqrt{p(1-p)}} > \frac{\sqrt{n}\delta}{\sqrt{p(1-p)}}\right) + \Pr\left(\frac{\sqrt{n}(\overline{X}_n - p)}{\sqrt{p(1-p)}} < -\frac{\sqrt{n}\delta}{\sqrt{p(1-p)}}\right) \\ &= 2\left(1-\Phi\left(\frac{\sqrt{n}\delta}{\sqrt{p(1-p)}}\right)\right) \leqslant 0.05\end{aligned}$$

因此，我们在寻找最小的 n，使得

$$\Phi\left(\frac{\sqrt{n}\delta}{\sqrt{p(1-p)}}\right) \geqslant 0.975 = \Phi(1.96)$$

解得

$$\frac{\delta\sqrt{n}}{\sqrt{p(1-p)}} \geqslant 1.96$$

从而得到

$$n \geqslant \left(\frac{1.96\sqrt{p(1-p)}}{\delta}\right)^2$$

由结论 $p(1-p) \geqslant 1/4$，我们得到 $n \geqslant 385$.

*9.4 多维正态分布

假设我们想研究父母身高和孩子身高之间的关系. 更具体一点，考虑有至少一个女儿和一个儿子的家庭，对于每个这样的家庭，分别设母亲、父亲、第一个女儿和第一个儿子的身高为 (x_1, x_2, x_3, x_4). 我们知道这个向量中的每个分量都可以用一维正态分布来近似，但是四个变量的联合分布是什么？结果表明，对于许多自然现象，包括这一现象，联合分布很好地近似于多维正态分布.

我们在引理 9.1 中看到，单变量正态变量总是标准正态随机变量的线性变换. 同样，多变量正态分布是一些独立的标准正态随机变量的线性变换.

设 $X^{\mathrm{T}}=(X_1, X_2, \cdots, X_n)$ 表示 n 个独立的标准正态随机变量的向量(我们使用 X^{T} 的原因是 X 是列向量，下面很快就将变得明显——译者注). 又设 $\bar{x}=(x_1, x_2, \cdots, x_n)^{\mathrm{T}}$ 是一个实值向量. 定义

$$\Pr(X \leqslant \bar{x}) = \Pr(X_1 \leqslant x_1, X_2 \leqslant x_2, \cdots, X_n \leqslant x_n)$$

则 X 的联合分布函数可表示为如下，其中 $\overline{w}=\{w_1, \cdots, w_n\}^{\mathrm{T}}$：

$$\Pr(X \leqslant \overline{x}) = \prod_{i=1}^{n}\left(\frac{1}{\sqrt{2\pi}}\int_{w_i=-\infty}^{x_i} \mathrm{e}^{-\frac{w_i^2}{2}}\mathrm{d}w_i\right) = \frac{1}{(2\pi)^{n/2}}\int_{w_1=-\infty}^{x_1}\cdots\int_{w_n=-\infty}^{x_n}\mathrm{e}^{-\frac{\overline{w}^{\mathrm{T}}\overline{w}}{2}}\mathrm{d}w_1\mathrm{d}w_2\cdots\mathrm{d}w_n$$

现考虑随机向量 $Y^{\mathrm{T}}=(Y_1, \cdots, Y_m)$，它是通过随机向量 X^{T} 的线性变换得到的：

$$Y_1 = a_{11}X_1 + a_{12}X_2 + \cdots + a_{1n}X_n + \mu_1$$
$$Y_2 = a_{21}X_1 + a_{22}X_2 + \cdots + a_{2n}X_n + \mu_2$$
$$\cdots$$
$$Y_m = a_{m1}X_1 + a_{m2}X_2 + \cdots + a_{mn}X_n + \mu_m$$

设 $\boldsymbol{A}$ 表示系数矩阵(a_{ij})，记 $\overline{\mu}^{\mathrm{T}}=(\mu_1, \cdots, \mu_m)$. 则 Y 可以表示为

$$Y = \boldsymbol{A}X + \overline{\mu}$$

其中，Y_i 服从正态分布，具体说来 $Y_i \sim N\left(\mu_i, \sum_{j=1}^{n} a_{ij}^2\right)$. 可是 Y_i 之间并不独立，且

$$\mathbf{Cov}(Y_i, Y_j) = \sum_{k=1}^{n} a_{i,k}a_{j,k}$$

（这留作练习 9.3.）

Y 的协方差矩阵由下式给出

$$\boldsymbol{\Sigma} = \boldsymbol{A}\boldsymbol{A}^{\mathrm{T}} = \begin{bmatrix} \mathbf{Var}[Y_1] & \mathbf{Cov}(Y_1, Y_i) & \cdots & \mathbf{Cov}(Y_i, Y_n) \\ \mathbf{Cov}(Y_1, Y_2) & \mathbf{Var}[Y_2] & \cdots & \mathbf{Cov}(Y_2, Y_n) \\ \cdots & \cdots & \cdots & \cdots \\ \cdots & \cdots & \cdots & \cdots \\ \mathbf{Cov}(Y_m, Y_1) & \mathbf{Cov}(Y_m, Y_2) & \cdots & \mathbf{Var}[Y_m] \end{bmatrix} = \boldsymbol{E}[(Y-\overline{\mu})(Y-\overline{\mu})^{\mathrm{T}}]$$

如果 $\boldsymbol{A}$ 是满秩矩阵，那么 $X=\boldsymbol{A}^{-1}(Y-\overline{\mu})$，从而我们可以导出联合分布 Y 的分布函数

$$\Pr(Y \leqslant \overline{y}) = \Pr(Y-\overline{\mu} \leqslant \overline{y}-\overline{\mu}) = \Pr(\boldsymbol{A}X \leqslant \overline{y}-\overline{\mu})$$
$$= \Pr(X \leqslant \boldsymbol{A}^{-1}(\overline{y}-\overline{\mu})) = \frac{1}{(2\pi)^{n/2}}\int_{\overline{w}\leqslant \boldsymbol{A}^{-1}(\overline{y}-\overline{\mu})} \mathrm{e}^{-\overline{w}^{\mathrm{T}}\overline{w}}/2\mathrm{d}w_1\cdots\mathrm{d}w_n$$

用 $\overline{z}=A\,\overline{w}+\overline{\mu}$ 作替换，则我们有

$$\Pr(Y \leqslant \overline{y}) = \frac{1}{\sqrt{(2\pi)^n\,|\boldsymbol{A}\boldsymbol{A}^{\mathrm{T}}|}}\int_{-\infty}^{y_1}\cdots\int_{-\infty}^{y_n}\mathrm{e}^{-\frac{1}{2}(\overline{z}-\overline{\mu})^{\mathrm{T}}(\boldsymbol{A}^{-1})^{\mathrm{T}}(\boldsymbol{A}^{-1})(\overline{z}-\overline{\mu})}\mathrm{d}z_1\cdots\mathrm{d}z_n$$

其中，这里 $|\boldsymbol{A}\boldsymbol{A}^{\mathrm{T}}|$ 表示 $\boldsymbol{A}\boldsymbol{A}^{\mathrm{T}}$ 的行列式，一个在变量的多元变化下出现的术语.

通过 $(\boldsymbol{A}^{-1})^{\mathrm{T}}\boldsymbol{A}^{-1}=(\boldsymbol{A}^{\mathrm{T}})^{-1}\boldsymbol{A}^{-1}=(\boldsymbol{A}\boldsymbol{A}^{\mathrm{T}})^{-1}=\boldsymbol{\Sigma}^{-1}$，我们可以把 Y 的分布函数写成

$$\Pr(Y \leqslant \overline{y}) = \frac{1}{\sqrt{(2\pi)^n\,|\boldsymbol{\Sigma}|}}\int_{-\infty}^{y_1}\cdots\int_{-\infty}^{y_n}\mathrm{e}^{-\frac{1}{2}(\overline{z}-\overline{\mu})^{\mathrm{T}}\boldsymbol{\Sigma}^{-1}(\overline{z}-\overline{\mu})}\mathrm{d}z_1\cdots\mathrm{d}z_n \tag{9.1}$$

其中

$$\boldsymbol{\Sigma} = \boldsymbol{A}\boldsymbol{A}^{\mathrm{T}} = \boldsymbol{E}[(Y-\overline{\mu})(Y-\overline{\mu})^{\mathrm{T}}]$$

一般地，我们有如下定义.

定义 9.2 向量 $Y^{\mathrm{T}}=(Y_1, \cdots, Y_n)$服从多维正态分布，记为 $Y\sim N(\overline{\mu}, \boldsymbol{\Sigma})$，当且仅当存在 $n\times k$ 矩阵 $\boldsymbol{A}$，向量 $X^{\mathrm{T}}=(X_1, X_2, \cdots, X_k)$是 k 个独立标准正态随机变量组成的向量，并且向量 $\overline{\mu}^{\mathrm{T}}=(\mu_1, \cdots, \mu_n)$，使得

$$Y = \boldsymbol{A}X + \overline{\mu}$$

如果$\boldsymbol{\Sigma}=\boldsymbol{A}\boldsymbol{A}^{\mathrm{T}}=\boldsymbol{E}[(Y-\bar{\mu})(Y-\bar{\mu})^{\mathrm{T}}]$是满秩的，那么 Y 的密度函数是

$$\frac{1}{\sqrt{(2\pi)^n|\boldsymbol{\Sigma}|}}\mathrm{e}^{-\frac{1}{2}(Y-\bar{\mu})^{\mathrm{T}}\boldsymbol{\Sigma}^{-1}(Y-\bar{\mu})}$$

如果 $\boldsymbol{\Sigma}$ 不可逆，则联合分布没有密度函数. ⊖

注意，有时候不说随机变量具有多维正态分性，而是说它们具有联合正态性.

下面的推论很容易得到，需要记住的是：多维随机变量是随机变量组成的向量.

推论 9.9 相互独立的等维多维正态随机变量的线性组合仍是多维正态分布的随机变量.

仅含两个随机变量的二维正态随机变量的密度函数有一个简单的表达式. 其推导需利用两个随机变量之间的相关系数.

定义 9.3 随机变量 X 和 Y 之间的相关系数是

$$\rho_{XY}=\frac{\mathbf{Cov}(X,Y)}{\sigma_X\sigma_Y}$$

如练习 9.4 所述，相关系数总是在$[-1, 1]$之间.

如果$(X, Y)^{\mathrm{T}}$ 具有二维正态分布

$$\begin{pmatrix}X\\Y\end{pmatrix}\sim N\left(\begin{bmatrix}\mu_X\\\mu_Y\end{bmatrix},\ \begin{bmatrix}\sigma_X & \rho_{XY}\sigma_X\sigma_Y\\\rho_{XY}\sigma_X\sigma_Y & \sigma_Y\end{bmatrix}\right)$$

则对于任意$|\rho_{XY}|<1$(且 σ_X，$\sigma_Y>0$)，X 和 Y 的联合密度函数为

$$\frac{1}{2\pi\sigma_X\sigma_Y\sqrt{1-\rho_{XY}^2}}\mathrm{e}^{-\frac{1}{1-\rho_{XY}}\left(\frac{(X-\mu_X)^2}{2\sigma_X^2}+\frac{(Y-\mu_Y)^2}{2\sigma_Y^2}-\frac{\rho_{XY}(X-\mu_X)(Y-\mu_Y)}{\sigma_X\sigma_Y}\right)}\tag{9.2}$$

双变量正态分布联合密度函数的图形如图 9.1 所示.

多维正态分布的性质

下面我们引入多维正态分布的几个重要性质，其证明留作练习 9.10.

定理 9.10 假设 X 是一个 $n\times1$ 维向量，其分布为 $N(\bar{\mu}, \boldsymbol{\Sigma})$，令

$$X=\begin{pmatrix}X_1\\X_2\end{pmatrix},\quad \bar{\mu}=\begin{bmatrix}\bar{\mu}_1\\\bar{\mu}_2\end{bmatrix}$$

其中 X_1 和 X_2 分别是 $k\times1$ 和$(n-k)\times1$ 维向量，$\bar{\mu}_1$ 和 $\bar{\mu}_2$ 分别是 X_1 和 X_2 的期望向量. 进一步设

$$\boldsymbol{\Sigma}=\begin{pmatrix}\boldsymbol{\Sigma}_{11} & \boldsymbol{\Sigma}_{12}\\\boldsymbol{\Sigma}_{12} & \boldsymbol{\Sigma}_{22}\end{pmatrix}$$

其中 $\boldsymbol{\Sigma}_{11}$ 是 X_1 的 $k\times k$ 相关矩阵，$\boldsymbol{\Sigma}_{22}$ 是 X_2 的$(n-k)\times(n-k)$相关矩阵，$\boldsymbol{\Sigma}_{12}$ 是对应的$(n-k)\times k$ 矩阵，$\boldsymbol{\Sigma}_{21}$ 是对应的 $k\times(n-k)$矩阵.

(1) $X_i(i=1, 2)$的边际分布为 $N(\bar{\mu}_i, \boldsymbol{\Sigma}_{ii})$.

(2) $X_j=\bar{x}_j$ 条件下的 X_i 的条件分布是 $N(\bar{\mu}_{i|j}, \boldsymbol{\Sigma}_{i|j})$，其中

⊖ 在一些文献中，多变量正态分布的定义要求 $\boldsymbol{\Sigma}$ 是对称正定矩阵，因此它是可逆的. 但是，也有一些文献中明显地存在 $\boldsymbol{\Sigma}$ 不是可逆的情形，因此，其分布就没有密度函数.

$$\overline{\mu}_{i|j} = \overline{\mu}_i + \boldsymbol{\Sigma}_{ij}\boldsymbol{\Sigma}_{jj}^{-1}(\overline{x}_j - \overline{\mu}_j), \quad \boldsymbol{\Sigma}_{i|j} = \boldsymbol{\Sigma}_{jj} - \boldsymbol{\Sigma}_{ij}^{\mathrm{T}}\boldsymbol{\Sigma}_{ii}^{-1}\boldsymbol{\Sigma}_{ij}$$

(3) X_1 和 X_2 独立，当且仅当矩阵 $\boldsymbol{\Sigma}_{12}=0$(即 $\boldsymbol{\Sigma}_{12}$ 的所有项都是 0).

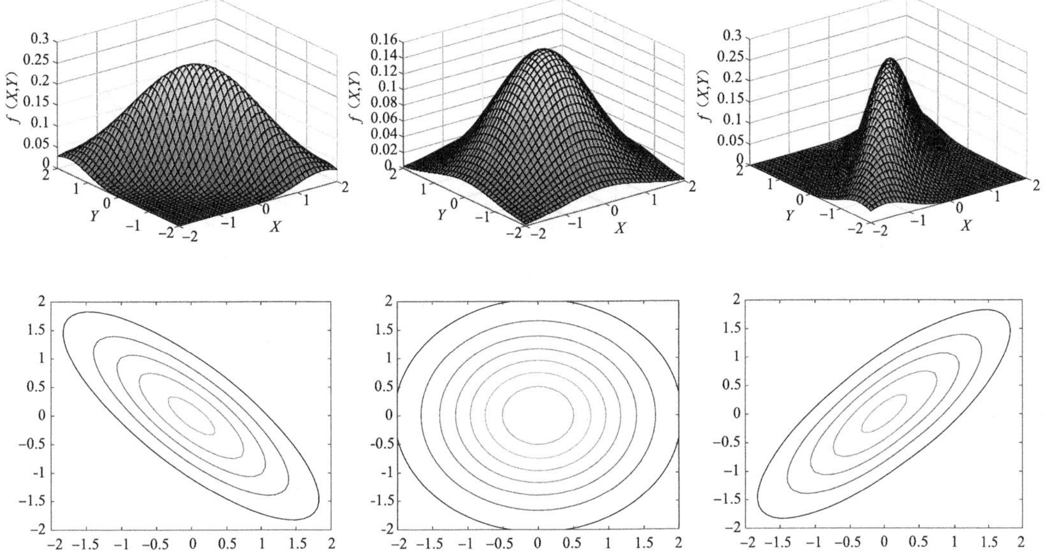

a) $\rho=-0.8$　　b) $\rho=0$　　c) $\rho=0.8$

图 9.1　双变量正态分布的密度函数 $f(X, Y)$(上)；当 $\mu_x=\mu_y=0$，$\sigma_x=\sigma_y=1$，$\rho=-0.8$，0，0.08 时，函数 $f(X, Y)$的轮廓图(下)

9.5　应用：生成正态分布的随机值

一个自然的问题是如何产生服从正态分布的随机值. 更具体地说，给定在(0，1)上均匀分布的随机值，我们能从中生成服从正态分布的随机值吗？根据前面的分析，只要能生成具有标准正态分布的随机值就足够了. 因为一旦有了标准正态分布的随机值后，这些值可以被缩放为遵循均值 μ 和方差 σ^2 的正态分布.

知道了(0，1)上服从均匀分布的随机变量 X 的随机值，要求随机变量 Z 的随机数，通常的方法是使用 Z 的分布函数 $F(Z)$ 来转换，即令 $Z=F^{-1}(X)$. 也就是说，对于 $X=x$，我们取 $Z=z$，其中 $F(z)=x$. 事实上

$$\Pr(Z \leqslant z) = \Pr(F^{-1}(X) \leqslant F^{-1}(x)) = \Pr(F(Z) \leqslant F(z)) = \Pr(X \leqslant F(z)) = F(z)$$

由于分布函数没有一个闭形式，这种方法不能方便地用于正态分布，因此我们不能直接计算 $\Phi^{-1}(X)$，尽管在计算中有各种方法以某种代价去得到 $\Phi^{-1}(X)$的近似值.

由中心极限定理建议的一种近似标准正态随机变量的简单方法是首先生成在(0，1)上相互独立的随机数 U_1，U_2，…，U_{12}，然后计算

$$X = \left(\sum_{i=1}^{12} U_i\right) - 6$$

在这种情况下，X 显然不能视为标准正态分布的；尤其，它的取值范围只能是(−6，6)中的值. 然而，这却是一个令人惊讶的良好近似，看练习 9.6 中的进一步描述. 你应该注意

到了，X 既有期望 0，也有方差 1.

可是，标准正态随机变量可以通过一些附加的数学运算，使之能用(0，1)中的随机数精确地生成．事实上，有两种有关联的方式可以做到这一点．两者都依赖于相同的方法：我们不是生成一个值，而是生成两个值．

首先，考虑两个独立的标准正态随机变量 X 和 Y 的联合分布函数(分布函数又叫累积分布函数)：

$$F(x',y') = \int_{-\infty}^{y'}\int_{-\infty}^{x'} \frac{1}{2\pi}\mathrm{e}^{-(x^2+y^2)/2}\mathrm{d}x\mathrm{d}y \tag{9.3}$$

二重积分中的 x^2+y^2 项对我们有帮助，它允许我们将问题移动到极坐标中．

我们可以认为 X 和 Y 在二维平面上组成一个点(X, Y)．然后设 $R^2=X^2+Y^2$，其中 R 是圆的半径，圆心在点(X, Y)处．又设 $\Theta=\tan^{-1}\frac{Y}{X}$是点与 x 轴的角度．因此

$$X = R\cos\Theta,\quad Y = R\sin\Theta$$

我们对式(9.3)使用变量代换；令 $x=r\cos\theta$ 和 $y=r\sin\theta$，则有

$$F(r',\theta') = \int_0^{\theta'}\int_0^{r'} \frac{1}{2\pi}\mathrm{e}^{-r^2/2}r\mathrm{d}r\mathrm{d}\theta$$

这里我们用到了在变量变化下，有 $\mathrm{d}x\mathrm{d}y=r\mathrm{d}r\mathrm{d}\theta$．用公式叙述：根据多元微积分理论，变换的雅可比矩阵为

$$\frac{\partial(x,y)}{\partial(r,\theta)} = \begin{vmatrix} \frac{\partial x}{\partial r} & \frac{\partial x}{\partial \theta} \\ \frac{\partial y}{\partial r} & \frac{\partial y}{\partial \theta} \end{vmatrix} = \begin{vmatrix} \cos\theta & -r\sin\theta \\ \sin\theta & -r\cos\theta \end{vmatrix} = r(\cos^2\theta + \sin^2\theta) = r$$

因此，当我们改变变量时，多了 r 这个附加因子．而被积函数变为

$$F(r',\theta') = \frac{\theta'}{2\pi}(1-\mathrm{e}^{-(r')^2/2})$$

注意，$F(r', \theta')=G(r')H(\theta')$，其中 $H(\theta')=\frac{\theta'}{2\pi}$，$G(r')=1-\mathrm{e}^{-(r')^2/2}$．这意味着半径 R 和由 X 和 Y 确定的角度 Θ 是独立的随机变量．

另一方面，我们可以直接生成 R 和 Θ，得到独立的标准正态随机变量 X 和 Y．从 $H(\theta')$的形式可以看出，角度 Θ 在$[0, 2\pi]$上是服从均匀分布的；因此，给定(0，1)上的均匀随机变量 U，我们可以认为 $\Theta=2\pi U$．对于 R，我们有

$$\Pr(R \geqslant r') = \mathrm{e}^{-(r')^2/2}$$

现设 V 是(0，1)上的均匀分布，则有

$$\Pr(V \geqslant v) = 1-v$$

令上面两式右边相等，我们发现 $r'=\sqrt{-2\ln(1-v)}$．因此，我们可以令 $R=\sqrt{-2\ln(1-V)}$ 以获得恰当分布的半径 R．由于 $1-V$ 和 V 都是(0，1)上的均匀分布，因此我们可以取 $R=\sqrt{-2\ln V}$.综上所述，给定两个(0，1)上均匀分布的随机变量 U 和 V，我们可以通过

$$X = \sqrt{-2\ln V}\cos(2\pi U),\quad Y = \sqrt{-2\ln V}\sin(2\pi U)$$

得到两个独立的标准正态分布的随机变量．这种方法通常称为 Box-Muller 变换法．

一个常用的改进是避免使用正弦函数和余弦函数．设 U' 和 V' 是两个独立的在(0，1)上均匀分布的随机变量，且 $U=2U'-1$ 和 $V=2V'-1$，使得 U 和 V 是在(−1，1)上服从均匀分布的相互独立的随机变量．如果 $S=U^2+V^2\geqslant 1$，我们将抛弃这些值并重新开始．否则，生成

$$X = U\sqrt{\frac{-2\ln S}{S}},\quad Y = V\sqrt{\frac{-2\ln S}{S}}$$

结果表明，X 和 Y 是独立的标准正态随机变量．将(U，V)视为 xy 平面中的点，并将 $U/\sqrt{S}$和 $V/\sqrt{S}$作为Box-Muller 变换中的 $\cos\Theta$ 和 $\sin\Theta$．注意，这里对应的 Θ 独立于 S 本身的值．而且，S 在[0，1)上是均匀分布的，由于(U，V)是在圆心为(0，0)、半径为 1 的圆上服从均匀分布，因此

$$\Pr(S\leqslant s) = \Pr(U^2+V^2\leqslant s)$$

单位圆内的随机点位于半径为 s 的圆内的概率等于小圆面积除以大圆面积，故

$$\Pr(S\leqslant s) = \Pr(U^2+V^2\leqslant s) = \frac{\pi s}{\pi} = s$$

所以 S 具有均匀分布．因此，$\sqrt{-2\ln S}$承担$\sqrt{-2\ln V}$在 Box-Muller 变换中的角色．（当 S 取值 0 时，概率为 0，从而我们可以认为 S 在(0，1)上是均匀分布的.）

9.6 最大似然点估计

正态分布通常用于对观察数据进行建模．我们得到一个数据点的样本，例如个体的高度，我们常常尝试着用正态分布去拟合这些数据．那么，我们如何能够找到并分析最合适的分布呢？这在某些方面有点类似于置信区间的问题．我们在第 4 章和本章中可以看出，当通过征询“是-否”问题获得样本时，自然估计是将样本中回答“是”的响应者的部分作为我们对整体中回答“是”的部分的估计．当关于样本独立的假设成立时，我们还可以找到一个概率来保证这个部分的占比存在于真实答案附近的某个区间内．

在本节，我们还将考虑在给定数据集的情况下为分布找到最佳参数的问题．但具体地说，我们的目标是找到参数的最佳代表值．最大似然(ML)估计值就给出了这样的值．[⊖]

定义 9.4

1．令 $P_X(x, \theta)$为一个离散型随机变量 X 的概率分布，它含有未知参数 θ．令 x_1，…，x_n 为 X 的 n 个独立观测值．则 θ 的最大似然(ML)估计值是

$$\arg\max_{\theta}\prod_{i=1}^{n} P_X(x_i, \theta)$$

2．令 $f_X(x, \theta)$为一个连续型随机变量 X 的密度函数，它含有未知参数 θ．令 x_1，…，x_n 为 X 的 n 个独立观测值．则 θ 的最大似然(ML)估计值是

⊖ 在本节，我们选择经典的统计方法，其中 ML 估计值假设没有关于参数的先验知识，并且仅取使观察数据的概率或密度最大化的值，如定义 9.4 中所述．相反，贝叶斯统计方法从可能参数选择空间的先验分布开始，并计算最大后验估计，后验估计是以观测数据为条件的参数值．当先验分布在参数范围内均匀时，两个估计量给出相同的值，在练习 9.13 中将进一步讨论这个问题．

$$\arg\max_{\theta}\prod_{i=1}^{n} f_X(x_i,\theta)$$

注意，定义 9.4 中的 θ 可以对应于单个参数(例如指数分布)或参数向量(例如正态分布的均值和方差).

先看一个简单的例子，考虑具有 k 次成功的 n 个独立同分布的伯努利试验序列. 每次成功概率 p 的最大似然估计值是多少？直观来看，它似乎应该是出现硬币翻转正面这种结果的占比. 我们可以证明这个直觉是正确的.

因为对于成功的概率为 p，出现 k 次正面的概率为

$$f(p)=\binom{n}{k}p^{k}(1-p)^{n-k}$$

因此我们需要计算下列最大值问题的解

$$\arg\max_{p} f(p)=\arg\max_{p}\binom{n}{k}p^{k}(1-p)^{n-k}$$

求 $f(p)$ 关于 p 的一阶偏导数得到

$$f'(p)=k\binom{n}{k}p^{k-1}(1-p)^{n-k}-(n-k)\binom{n}{k}p^{k}(1-p)^{n-k-1}$$

当 $p=\frac{k}{n}$ 时，$f'(p)=0$. 进一步检查表明 $\frac{k}{n}$ 提供了局部最大值，而非局部最小值. 由此得出，最大似然估计值表示试验成功的占比，与我们的直觉相匹配.

接下来，我们转向计算正态分布的期望和方差的最大似然估计值. 在连续型随机变量的情况下，似然函数取对数后通常更容易进行最大化，它也被称为对数似然函数，即 $\sum_{i=1}^{n}\ln(f_X(x_i,\theta))$. 这样做与似然函数最大化是等价的，因为

$$\arg\max_{\theta}\prod_{i=1}^{n} f_X(x_i,\theta)=\arg\max_{\theta}\sum_{i=1}^{n}\ln(f_X(x_i,\theta))$$

令 x_1，…，x_n 为 n 个期望和方差未知的正态分布的独立观测值，则它们的最大似然估计值可以表示为

$$\begin{aligned}\arg\max_{(\mu,\sigma)}\prod_{i=1}^{n}\frac{1}{\sqrt{2\pi}\sigma}\mathrm{e}^{-\frac{(x_i-\mu)^2}{2\sigma^2}}&=\arg\max_{(\mu,\sigma)}\frac{1}{(2\pi\sigma^2)^{n/2}}\mathrm{e}^{-\frac{\sum_{i=1}^{n}(x_i-\mu)^2}{2\sigma^2}}\\&=\arg\min_{(\mu,\sigma)}\left[\frac{n}{2}\log(2\pi\sigma^2)+\frac{\sum_{i=1}^{n}(x_i-\mu)^2}{2\sigma^2}\right]\end{aligned}$$

此处我们规定 $\sigma>0$.

引入记号 $M_n=\frac{1}{n}\sum_{i=1}^{n}x_i$ 和 $S_n^2=\frac{1}{n}\sum_{i=1}^{n}(x_i-M_n)^2$，我们发现

$$\begin{aligned}\sum_{i=1}^{n}(x_i-\mu)^2&=\sum_{i=1}^{n}((x_i-M_n)+(M_n-\mu))^2\\&=\sum_{i=1}^{n}(x_i-M_n)^2+n(M_n-\mu)^2+2\sum_{i=1}^{n}(x_i-M_n)(M_n-\mu)\end{aligned}$$

$$= nS_n^2 + n(M_n - \mu)^2 + 2(M_n - \mu)\sum_{i=1}^{n}(x_i - M_n)$$

$$= nS_n^2 + n(M_n - \mu)^2$$

因此我们需要计算

$$\arg\min_{(\mu,\sigma)}\left[\frac{n}{2}\log(2\pi\sigma^2) + \frac{nS_n^2}{2\sigma^2} + \frac{n(M_n - \mu)^2}{2\sigma^2}\right]$$

对任意 $\sigma>0$ 的值，当 $\mu=M_n$ 时，上述参数最小化. 因此对下式做最小化即可

$$f(\sigma) = \frac{n}{2}\log(2\pi\sigma^2) + \frac{nS_n^2}{2\sigma^2}$$

我们发现

$$f'(\sigma) = -\frac{n}{2}\frac{2\pi}{2\pi\sigma^2} + \frac{nS_n^2}{2(\sigma^2)^2} = \frac{n}{2\sigma^2}\left(\frac{S_n^2}{\sigma^2} - 1\right)$$

当 $\sigma^2 = S_n^2$ 时，上述一阶导数为 0，因此我们找到 $\mu=M_n$ 和 $\sigma^2 = S_n^2$ 是参数的最大似然估计值.

参数的估计量本身是随机变量，它是观察数据的函数. 它的期望值与它的估计值相等似乎是合理的，但情况并非总是如此.

定义 9.5 令Θ_n 为 n 个样本观测量 X_1，…，X_n 的函数，它是参数 θ 的估计量.

- 当 $\boldsymbol{E}[\Theta_n]=\theta$ 时，称Θ_n 为参数 θ 的无偏估计量.
- 当$\lim\limits_{n\to\infty}\boldsymbol{E}[\Theta_n]=\theta$ 时，称Θ_n 为参数 θ 的渐近无偏估计量.

例如，对于取自具有有限期望的任意分布的样本 X_i，估计量 $M_n = \frac{1}{n}\sum_{i=1}^{n}X_i$ 给出了期望的无偏估计，然而，我们在上边发现的正态分布方差的最大似然估计量 $S_n^2 = \frac{1}{n}\sum_{i=1}^{n}(X_i - M_n)^2$ 却不是方差的无偏估计量. 由于 X_i 是独立同分布的，所以令 $\boldsymbol{E}[X]=\boldsymbol{E}[X_i]$，并注意到，对于$i\neq j$，$\boldsymbol{E}[X_iX_j]=(\boldsymbol{E}[X])^2$，于是

$$\boldsymbol{E}[S_n^2] = \frac{1}{n}\sum_{i=1}^{n}(\boldsymbol{E}[X_i^2] - 2\boldsymbol{E}[M_nX_i] + \boldsymbol{E}[(M_n)^2]) = \boldsymbol{E}[X^2] - \boldsymbol{E}[(M_n)^2]$$

$$= \boldsymbol{E}[X^2] - \frac{1}{n^2}\left(\boldsymbol{E}\left[\sum_{i=1}^{n}X_i^2\right] + \sum_{i\neq j}\boldsymbol{E}[X_iX_j]\right) = \frac{n-1}{n}(\boldsymbol{E}[X^2] - (\boldsymbol{E}[X])^2) = \frac{n-1}{n}\sigma^2$$

因此，正态分布方差的最大似然估计量仅是渐近无偏的，然而，$\frac{n}{n-1}S_n^2$ 却是 σ^2 的无偏估计量.

实际上，在统计分析中，一般使用

$$\frac{n}{n-1}S_n^2 = \frac{1}{n-1}\sum_{i=1}^{n}(x_i - M_n)^2$$

来表示方差的估计量，因为它具有无偏性. 以上结果被称为*样本方差*，而

$$\frac{1}{n}\sum_{i=1}^{n}(x_i - M_n)^2$$

则被称为*总体方差*. 当样本包含整个总体时，总体方差就是方差的正确表达式.

9.7 应用：针对混合高斯分布的 EM 算法

设 $\overline{x}=x_1, \cdots, x_n$ 是独立且均匀随机抽取的 n 个学生身高样本，对于这些学生我们只了解他们的身高，不知道他们是男性还是女性. 设女性的身高服从正态分布 $N(\mu_1, \sigma_1)$，男性的身高服从正态分布 $N(\mu_2, \sigma_2)$. 设 γ 为女性学生占学生样本的比例，$1-\gamma$ 为男性学生占学生样本的比例；假设 γ 是一个未知的值. 我们假设学生数充分大以至于可以忽略抽样有无放回的差异；在具体操作中，我们做无放回地抽样，分析中可视为有放回抽样. 且我们在抽样时将 γ 视为一个固定的参数.

样本中每个观测的密度函数如下：

$$D(x_i,\gamma,\mu_1,\mu_2,\sigma_1,\sigma_2)=\gamma\frac{1}{\sqrt{2\pi\sigma_1^2}}\mathrm{e}^{-\frac{(x_i-\mu_1)^2}{2\sigma_1^2}}+(1-\gamma)\frac{1}{\sqrt{2\pi\sigma_2^2}}\mathrm{e}^{-\frac{(x_i-\mu_2)^2}{2\sigma_2^2}}$$

为了从样本 $\overline{x}$ 中估计出两个正态分布的参数，我们对向量$(\gamma, \mu_1, \mu_2, \sigma_1, \sigma_2)$用极大似然估计，似然函数为

$$L(\overline{x},\gamma,\mu_1,\mu_2,\sigma_1,\sigma_2)=\prod_{i=1}^{n}\left(\gamma\frac{1}{\sqrt{2\pi\sigma_1^2}}\mathrm{e}^{-\frac{(x_i-\mu_1)^2}{2\sigma_1^2}}+(1-\gamma)\frac{1}{\sqrt{2\pi\sigma_2^2}}\mathrm{e}^{-\frac{(x_i-\mu_2)^2}{2\sigma_2^2}}\right)$$

我们的目标为求解极大似然向量：

$$(\gamma^{\mathrm{ML}},\mu_1^{\mathrm{ML}},\mu_2^{\mathrm{ML}},\sigma_1^{\mathrm{ML}},\sigma_2^{\mathrm{ML}})=\arg\max_{(\gamma,\mu_1,\mu_2,\sigma_1,\sigma_2)}L(\overline{x},\gamma,\mu_1,\mu_2,\sigma_1,\sigma_2)$$

这个问题是数理统计中的一个重要任务——混合分布的参数估计的一个简单例子. 直觉上解决这个问题的困难在于每个观测服从哪个分布并不确定；如果我们知道哪些学生是男性，哪些学生是女性，我们就可以将他们分开，分别针对两个分布解决这个问题. 自然的处理方法会同时给每个观测分配分布中的一个，或者至少给出每个观测值服从每个分布的概率，同时对这些分布进行参数估计. 但这将导致两个分布相互重叠，使得决定每个数据点服从哪个分布更加困难. 凭直觉，分布之间越多重合，越难找到极大似然参数.

最大化期望(Expectation-Maximization，EM)算法是针对极大似然估计时含有无法观测的变量分布(比如，无法确定每个观测值服从混合分布中的哪一个分布)的一种简单的启发式迭代算法. 本节我们介绍并分析针对两个一维高斯分布的混合分布中参数估计的 EM 算法. 算法在多维高斯分布以及多于两个的混合分布的推广情形在练习 9.11 和练习 9.12 中讨论. EM 算法也用于很多其他情形.

EM 算法起始于对参数 μ_1，μ_2，σ_1^2，σ_2^2 的任意赋值，在下面我们将对参数赋初值有更多的描述. 每次迭代始于一个预期的极大似然步骤. 每一个预期步骤中对每一个样本点 x_i 计算其在现有参数估计值的条件下，分别由第一个分布生成的概率 $p_1(x_i)$以及由第二个分布生成的概率 $p_2(x_i)$. 其中满足 $p_2(x_i)=1-p_1(x_i)$，如果有更多分布的情形下，需要计算每一个条件分布. 这一步对每个样本点的分布进行概率分配，在接下来的极大化步骤中，基于上一步对于每个样本点的分布分配，对参数 μ_1，μ_2，σ_1^2，σ_2^2 计算求得新的极大似然估计量(见算法 9.1). 这里的极大似然方法是 9.6 节中一维高斯分布极大似然方法的推广形式.

算法 9.1　双高斯混合分布的 EM 算法

输入： n 个样本 x_1，…，x_n

输出： $(\mu_1, \mu_2, \sigma_1^2, \sigma_2^2, \gamma)$ 极大似然估计量

1. 初始化：对 μ_1，μ_2，σ_1^2，σ_2^2 任意赋值，$\gamma=1/2$.
2. 对于 $j=1$，2，令 $f(x, \mu_j, \sigma_j)=\frac{1}{\sqrt{2\pi\sigma_j^2}}\mathrm{e}^{-\frac{(x-\mu_j)^2}{2\sigma_j^2}}$.
3. 重复直至收敛(或者迭代中似然函数 $L(\overline{x}, \gamma, \mu_1, \mu_2, \sigma_1, \sigma_2)$ 值已经没有明显的提升了)：

   (a) $i=1$，…，n

   i. $p_1(x_i)=\dfrac{\gamma f(x_i, \mu_1, \sigma_1)}{\gamma f(x_i, \mu_1, \sigma_1)+(1-\gamma)f(x_i, \mu_2, \sigma_2)}$

   ii. $p_2(x_i)=1-p_1(x_i)$

   (b) $j=1$，2

   i. $\mu_i = \dfrac{\sum_{i=1}^{n} p_j(x_i)x_i}{\sum_{i=1}^{n} p_j(x_i)}$

   ii. $\sigma_j^2 = \dfrac{\sum_{i=1}^{n} p_j(x_i)(x_i-\mu_j)^2}{\sum_{i=1}^{n} p_j(x_i)}$

   (c) $\gamma = \dfrac{1}{n}\sum_{i=1}^{n} p_1(x_i)$

在操作中，初值选取会影响运行时间. 一种方法是随机地选择两个观测值分别作为 μ_1 和 μ_2 的初值，并假设全部观测来自均值为 μ_1 的同一高斯分布，计算出 σ_1^2 的估计值作为 σ_1^2 的初值(对 σ_2^2 类似地处理). $\gamma=1/2$ 是很自然的初值选择，因为每个数据点服从每一个分布的概率是相同的. 更加复杂的初始化方法当然也适用.

下面的定理说明似然函数在该算法迭代中单调不减. 所以，EM 算法永远可以达到一个局部最大值. 算法不保证找到最大似然估计(即全局最大值). 可是，在实际操作中算法可以有很好的结果.

定理 9.11　设 γ^t，μ_1^t，μ_2^t，σ_1^t，σ_2^t 是双混合高斯分布第 t 次迭代后的参数估计值，初始值为 $t=0$ 时的情形. 那么对所有 $t\geqslant 0$，有

$$L(\overline{x},\gamma^{t+1},\mu_1^{t+1},\mu_2^{t+1},\sigma_1^{t+1},\sigma_2^{t+1}) \geqslant L(\overline{x},\gamma^t,\mu_1^t,\mu_2^t,\sigma_1^t,\sigma_2^t)$$

证明　证明分为两部分. 首先我们证明，在给定 μ_1^t，μ_2^t，σ_1^t，σ_2^t 条件下，算法对 γ^{t+1} 的选择极大化了似然函数，即

$$\gamma^{t+1} = \arg\max_{r} L(\overline{x},\gamma,\mu_1^t,\mu_2^t,\sigma_1^t,\sigma_2^t)$$

特别地

$$L(\overline{x},\gamma^{t+1},\mu_1^t,\mu_2^t,\sigma_1^t,\sigma_2^t) \geqslant L(\overline{x},\gamma^t,\mu_1^t,\mu_2^t,\sigma_1^t,\sigma_2^t)$$

下一步，我们证明在给定 γ^{t+1}时，有

$$(\mu_1^{t+1},\mu_2^{t+1},\sigma_1^{t+1},\sigma_2^{t+1}) = \arg\max_{(\mu_1,\mu_2,\sigma_1,\sigma_2)} L(\overline{x},\gamma^{t+1},\mu_1,\mu_2,\sigma_1,\sigma_2)$$

所以

$$L(\overline{x},\gamma^{t+1},\mu_1^{t+1},\mu_2^{t+1},\sigma_1^{t+1},\sigma_2^{t+1}) \geqslant L(\overline{x},\gamma^{t+1},\mu_1^t,\mu_2^t,\sigma_1^t,\sigma_2^t)$$

令

$$f(x,\mu_j,\sigma_j) = \frac{1}{\sqrt{2\pi\sigma_j^2}} e^{-\frac{(x-\mu_j)^2}{2\sigma_j^2}},$$

并令

$$L(\overline{x},\gamma,\mu_1,\mu_2,\sigma_1,\sigma_2) = \prod_{i=1}^{n}(\gamma f(x_i,\mu_1,\sigma_1) + (1-\gamma)f(x_i,\mu_2,\sigma_2))$$

对似然函数关于 γ 求导，我们得到

$$\frac{\partial L}{\partial\gamma} = \sum_{i=1}^{n}\left[\prod_{j\neq i}(\gamma f(x_i,\mu_1,\sigma_1) + (1-\gamma)f(x_i,\mu_2,\sigma_2))f(x_i,\mu_1,\sigma_1) - f(x_i,\mu_2,\sigma_2)\right]$$

$$= L(\overline{x},\gamma,\mu_1,\mu_2,\sigma_1,\sigma_2)\sum_{i=1}^{n}\frac{\gamma f(x_i,\mu_1,\sigma_1) - f(x_i,\mu_2,\sigma_2)}{\gamma f(x_i,\mu_1,\sigma_1) + (1-\gamma)f(x_i,\mu_2,\sigma_2)}$$

似然函数取值不会为 0，故令导数为 0，解得

$$\sum_{i=1}^{n}\frac{f(x_i,\mu_1,\sigma_1)}{\gamma f(x_i,\mu_1,\sigma_1) + (1-\gamma)f(x_i,\mu_2,\sigma_2)} = \sum_{i=1}^{n}\frac{f(x_i,\mu_2,\sigma_2)}{\gamma f(x_i,\mu_1,\sigma_1) + (1-\gamma)f(x_i,\mu_2,\sigma_2)} = \lambda$$

现在有

$$\lambda = \gamma\lambda + (1-\gamma)\lambda = \sum_{i=1}^{n}\frac{\gamma f(x_i,\mu_1,\sigma_1)}{\gamma f(x_i,\mu_1,\sigma_1) + (1-\gamma)f(x_i,\mu_2,\sigma_2)}$$

$$+ \sum_{i=1}^{n}\frac{(1-\gamma)f(x_i,\mu_2,\sigma_2)}{\gamma f(x_i,\mu_1,\sigma_1) + (1-\gamma)f(x_i,\mu_2,\sigma_2)} = n$$

因为 $\lambda=n$，故

$$n = \sum_{i=1}^{n}\frac{f(x_i,\mu_1,\sigma_1)}{\gamma f(x_i,\mu_1,\sigma_1) + (1-\gamma)f(x_i,\mu_2,\sigma_2)}$$

因此

$$\gamma = \frac{1}{n}\sum_{i=1}^{n}\frac{\gamma f(x_i,\mu_1,\sigma_1)}{\gamma f(x_i,\mu_1,\sigma_1) + (1-\gamma)f(x_i,\mu_2,\sigma_2)} = \frac{1}{n}\sum_{i=1}^{n}p_1(x_i)$$

因此，我们证明了在每次迭代中 γ 取概率 $p_1(x_i)$的组合最大化了似然函数.

接下来我们说明

$$(\mu_1^{t+1},\mu_2^{t+1},\sigma_1^{t+1},\sigma_2^{t+1}) = \arg\max_{(\mu_1,\mu_2,\sigma_1,\sigma_2)} L(\overline{x},\gamma^{t+1},\mu_1,\mu_2,\sigma_1,\sigma_2)$$

$$= \arg\max_{(\mu_1,\mu_2,\sigma_1,\sigma_2)}\prod_{i=1}^{n}(\gamma f(x_i,\mu_1,\sigma_1) + (1-\gamma)f(x_i,\mu_2,\sigma_2))$$

对 μ_1 求导，得到

$$\frac{\partial L}{\partial\mu_1} = \sum_{i=1}^{n}\frac{2\gamma(x_i-\mu_1)}{2\sigma_1^2}f(x_i,\mu_i,\sigma_1)\prod_{j\neq i}(\gamma f(x_i,\mu_1,\sigma_1) + (1-\gamma)f(x_i,\mu_2,\sigma_2))$$

$$=-\sum_{i=1}^{n}\frac{2p_1(x_i)(x_i-\mu_1)}{2\sigma_1^2}L(\overline{x},\gamma^{t+1},\mu_1,\mu_2,\sigma_1,\sigma_2)$$

当导数为 0 时(不依赖于 μ_2，σ_1，σ_2 的选取)，我们有

$$\sum_{i=1}^{n}\frac{2p_1(x_i)(x_i-\mu_1)}{2\sigma_1^2}=0$$

或者

$$\mu_1=\frac{\sum_{i=1}^{n}p_1(x_i)x_i}{\sum_{i=1}^{n}p_1(x_i)}$$

类似的计算说明在给定 γ^{t+1} 条件下，算法中的 μ_1，μ_2，σ_1，σ_2 都分别独立地可以极大化似然函数，无论其他参数取什么值. 综上，我们得到

$$L(\overline{x},\gamma^{t+1},\mu_1^{t+1},\mu_2^{t+1},\sigma_1^{t+1},\sigma_2^{t+1})\geqslant L(\overline{x},\gamma^{t+1},\mu_1^{t},\mu_2^{t},\sigma_1^{t},\sigma_2^{t})$$

■

9.8 练习

9.1 对于任意的 μ 和 $\sigma>0$，请证明

$$\int_{-\infty}^{\infty}\frac{1}{\sqrt{2\pi\sigma}}\mathrm{e}^{-\frac{(x-\mu)^2}{2\sigma^2}}\mathrm{d}x=1$$

提示：作为引理，通过极坐标变换证明

$$\int_{-\infty}^{\infty}\int_{-\infty}^{\infty}\mathrm{e}^{-\frac{u^2+v^2}{2\sigma^2}}\mathrm{d}u\mathrm{d}v=2\pi\sigma^2$$

9.2 设 X 为标准正态随机变量. 证明：当 $n\geqslant1$ 为奇数时，$\mathbf{E}[X^n]=0$；当 $n\geqslant2$ 为偶数时，$\mathbf{E}[X^n]\geqslant1$.（提示：可以使用分步积分法从 $\mathbf{E}[X^{n-2}]$导出 $\mathbf{E}[X^n]$的表达式.）

9.3 回忆一下，在讨论多元正态分布时，有下列关系式

$$\begin{aligned}Y_1&=a_{11}X_1+a_{12}X_2+\cdots+a_{1n}X_n+\mu_1\\Y_2&=a_{21}X_1+a_{22}X_2+\cdots+a_{2n}X_n+\mu_2\\&\cdots\\Y_m&=a_{m1}X_1+a_{m2}X_2+\cdots+a_{mn}X_n+\mu_m\end{aligned}$$

现令a_{ij} 和 μ_i 为常数，且 X_i 为相互独立的标准正态随机变量. 试证明：

$$\mathbf{Cov}(Y_i,Y_j)=\sum_{k=1}^{n}a_{i,k}a_{j,k}$$

9.4 记 $|\rho_{XY}|\leqslant\frac{\mathbf{Cov}(X,\ Y)}{\sigma_X\sigma_Y}$为 X 和 Y 的相关系数.

(a) 证明：对任意两个随机变量 X 和 Y，有 $|\rho_{XY}|\leqslant1$.

(b) 证明：若 X 和 Y 相互独立，则$\rho_{XY}=0$.

(c) 请举出一个例子，使得$\rho_{XY}=0$ 成立，但 X 和 Y 不相互独立.

9.5 证明二维正态分布的式(9.1)的右侧与式(9.2)是等价的.

9.6 设

$$X=\left(\sum_{i=1}^{12}U_i\right)-6$$

其中 U_i 是独立且均匀地分布在(0，1)上. 设 Y 为服从 $N(0，1)$的随机变量. 利用计算机编程或其

他工具，找到 $\max_{z}|\Pr(X\leqslant z)-Pr(Y\leqslant z)|$ 的尽可能好的近似．并确保你的近似为上界．

9.7 编写计算机程序，生成两个在(0，1)上服从独立均匀分布的随机变量 U 和 V，用 Box-Muller 法计算

$$X=\sqrt{-2\ln V}\cos(2\pi U),\quad Y=\sqrt{-2\ln V}\sin(2\pi U)$$

的值．重复实验 100 000 次，并绘制该 200 000 个样本值分别对应的分布函数散点图．观察有多少样本值满足 $|x|\leqslant k$，$k=1，2，3，4$．你觉得结果合理吗？请解释．

9.8 编写计算机程序，生成两个在(0，1)上服从独立均匀分布的随机变量 U 和 V，重复该步骤直到找到一对满足 $S=U^2+V^2<1$ 的 U 和 V，然后计算

$$X=U\sqrt{\frac{-2\ln S}{S}},\quad Y=V\sqrt{\frac{-2\ln S}{S}}$$

重复实验 100 000 次，并绘制该 200 000 个样本值分别对应的分布函数散点图．观察有多少值满足 $|x|\leqslant k$，$k=1，2，3，4$．你觉得结果合理吗？请解释．

9.9 设 X 服从正态分布 $N(1，0.25)$，Y 服从正态分布 $N(1.5，0.4)$，X 与 Y 的相关系数为 0.4．计算以下概率：

(a) $\Pr(X+Y\geqslant 2)$

(b) $\Pr(X+Y\geqslant 3)$

(c) $\Pr(Y\leqslant X)$

(d) 当相关系数为 0.6 时，重新计算以上三种概率．

(e) 当相关系数增加时，这些概率是如何变化的？请解释原因．

9.10 请证明定理 9.10．

(a) 证明 X_1 的边际分布服从 $N(\mu_1，\boldsymbol{\Sigma}_{11})$．

(b) 使用 $f(X_1|X_2)=\dfrac{f(X_1，X_2)}{f(X_2)}$ 证明当 $X_2=\overline{x}_2$ 时 X_1 的条件分布服从 $N(\overline{\mu}_{1|2}，\boldsymbol{\Sigma}_{1|2})$，其中

$$\overline{\mu}_{1|2}=\overline{\mu}_1+\boldsymbol{\Sigma}_{12}\boldsymbol{\Sigma}_{22}^{-1}(\overline{x}_2-\overline{\mu}_2),\boldsymbol{\Sigma}_{1|2}=\boldsymbol{\Sigma}_{22}-\boldsymbol{\Sigma}_{12}^{\mathrm{T}}\boldsymbol{\Sigma}_{11}^{-1}\boldsymbol{\Sigma}_{12}$$

(对于二维分布比较容易证明，对于高维分布证明的难度较大．)

(c) 证明当 $\boldsymbol{\Sigma}_{12}=0$ 时，X_1 和 X_2 的联合密度函数可以写成 X_1 和 X_2 的边际密度函数的乘积，并证明这两个随机变量相互独立．

9.11 假设 $(x_1，y_1)，\cdots，(x_n，y_n)$ 为两变量混合正态分布的 n 个独立样本．写出计算混合分布参数的最大似然估计值的 EM 算法并分析．

9.12 假设 $x_1，\cdots，x_n$ 为三个正态分布随机变量的 n 个独立样本的混合．写出计算混合分布参数的最大似然估计值的 EM 算法并分析．

9.13 我们简要了解后验估计的最大化框架．为了方便起见，假设是离散型总体．设 $P_X(x，\theta)$ 为带有参数 θ 的离散随机变量 X 的概率函数，$x_1，\cdots，x_n$ 是 X 的 n 个独立的观察值．我们现在从以下方面来思考：参数 Θ 的值是由一些初始分布决定的，我们希望找到使

$$\Pr(\Theta=\theta|X_1=x_1,X_2=x_2,\cdots,X_n=x_n)$$

最大化的 θ，其中随机变量 X_i 与观察值 x_i 相对应，即找到使得观察值最可能出现的 θ．

(a) 讨论

$$\begin{aligned}&\Pr(\Theta=\theta|X_1=x_1,X_2=x_2,\cdots,X_n=x_n)\\&=\frac{\Pr(X_1=x_1,X_2=x_2,\cdots,X_n=x_n|\Theta=\theta)\Pr(\Theta=\theta)}{\Pr(X_1=x_1,X_2=x_2,\cdots,X_n=x_n)}\end{aligned}$$

其中 $\Pr(\Theta=\theta)$ 是初始选择为 θ 的分布．

(b) 假设 $\Pr(\Theta=\theta)$ 在可能范围内为定值．请解释为什么最大化 $\Pr(\Theta=\theta|X_1=x_1，X_2=x_2，\cdots，X_n=x_n)$ 与最大化 $\Pr(X_1=x_1，X_2=x_2，\cdots，X_n=x_n|\Theta=\theta)$ 的结果相同．

(c) 对于连续概率分布下的 X 与 Θ，请修改上述结论.

9.14 X 为标准正态随机变量，$Y=XZ$，其中 Z 是一个独立于 X 的随机变量，且取 1 时概率为 0.5，取 -1 时概率为 0.5.

(a) 证明 Y 也是标准正态随机变量.

(b) 解释为什么 X 和 Y 不独立.

(c) 提供一个反例证明 X 和 Y 不服从联合正态分布.

(d) 计算 X 和 Y 的相关系数.

9.15 标准柯西分布具有密度函数

$$f(x)=\frac{1}{\pi(1+x^2)}$$

(a) 证明标准柯西分布确实是一种概率分布.

(b) 求标准柯西分布的分布函数.

(c) 证明标准柯西分布的期望是无限的.

(d) X 和 Y 为相互独立的标准正态随机变量. 证明 X/Y 服从标准柯西分布.

第10章　熵、随机性和信息

假定我们有两枚有偏的硬币，一枚出现正面的概率是 3/4，另一枚出现正面的概率是 7/8. 每次投掷硬币哪一枚具有更大的随机性？在本章中，我们将引入熵函数作为随机性的一般度量. 特别地，我们证明从一系列投掷有偏的硬币可以提取独立的、无偏的随机比特的个数对应于这个硬币的熵. 熵在信息和通信方面也有重要的作用. 为了阐释这个作用，我们检查压缩和编码中的某些基本结果，看它们是如何与熵有关系的，我们证明的主要结果是关于二进制对称信道的香农编码定理，它是信息论领域的一个基本结果. 对香农定理的证明用到了在前几章中已经提出的几种思想，包括切尔诺夫界、马尔可夫不等式和概率方法.

10.1　熵函数

一个随机变量的熵是它的分布的函数，正如我们将要看到的，它给出了一个关于分布的随机性的度量.

定义 10.1

1. 对一个离散随机变量 X，二进制的熵由

$$H(X) = -\sum_{x} \Pr(X = x) \log_2 \Pr(X = x)$$

给出，其中求和取遍值域 X 中的所有 x 值. 等价地，可以写为

$$H(X) = \boldsymbol{E}\left[\log_2 \frac{1}{\Pr(X)}\right]$$

2. 如果一个随机变量只取两个可能结果，其中一个以概率 p 出现，那么这个随机变量的二进制熵函数为

$$H(p) = -p\log_2 p - (1-p)\log_2(1-p)$$

我们定义 $H(0) = H(1) = 0$，所以二进制熵函数在区间[0，1]上是连续的. 函数图像如图 10.1 所示.

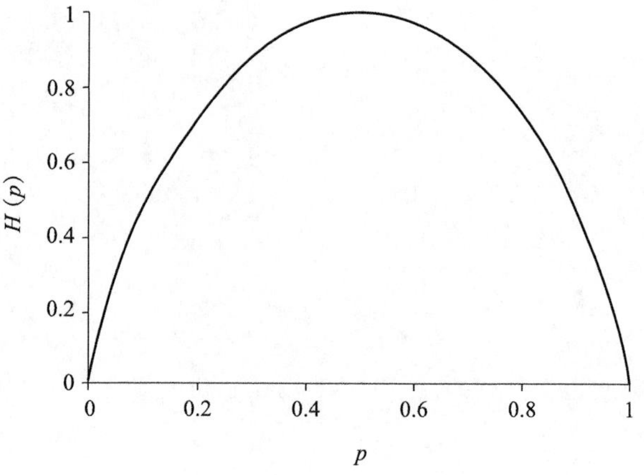

图 10.1　二进制熵函数

对于两枚有偏的硬币，以 3/4 的概率出现正面的那枚硬币的熵是

$$H\left(\frac{3}{4}\right) = -\frac{3}{4}\log_2\frac{3}{4} - \frac{1}{4}\log_2\frac{1}{4}$$

$$= 2 - \frac{3}{4}\log_2 3 \approx 0.8113$$

而以 7/8 的概率出现正面的那枚硬币的熵是

$$H\left(\frac{7}{8}\right)=-\frac{7}{8}\log_2\frac{7}{8}-\frac{1}{8}\log_2\frac{1}{8}=3-\frac{7}{8}\log_2 7\approx 0.5436$$

因此以 3/4 的概率出现正面的硬币有一个较大的熵.

对 $H(p)$求导数得

$$\frac{\mathrm{d}H(p)}{\mathrm{d}p}=-\log_2 p+\log_2(1-p)=\log_2\frac{1-p}{p}$$

我们看到，当 $p=1/2$ 时，$H(p)$达到最大，且 $H(1/2)=1$ 比特. 解释这个表述的一种方法是说：每次投掷一枚两面的硬币，得到至多为 1 比特的随机性，当硬币均匀时，可恰好得到 1 比特的随机性. 虽然这样看起来相当清楚，但并不清楚每次投掷一枚出现正面概率是 3/4 的硬币时，得到 $H(3/4)$个随机比特在 $H(3/4)=2-\frac{3}{4}\log_2 3$ 意义下是什么意思. 我们将在本章较后部分阐明这个问题.

作为另一个例子，考虑一粒标准六面体骰子，每面朝上的概率都为 1/6，熵是 $\log_2 6$. 一般地，一个有 n 个等可能结果的随机变量的熵为

$$-\sum_{i=1}^{n}\frac{1}{n}\log_2\frac{1}{n}=\log_2 n$$

因此一个八面体骰子的熵为 3 比特. 这个结果看上去很自然，如果将骰子的各面采用二进制标上 0～7，则骰子滚动的结果将给出在集合$\{0, 1\}^3$ 上均匀的 3 比特的序列，这等价于独立且均匀随机生成的 3 比特.

值得强调的是，随机变量 X 的熵不依赖于 X 可能的取值，只依赖于 X 在这些值上的概率分布. 八面体骰子的熵不依赖于骰子每面上的数是什么，只与所有八面都是等可能出现有关. X 的期望或方差不具有这种性质，但对一个随机性度量是有意义的. 为了度量骰子的随机性，我们将不关心每个面的数是多少，只关心每个面多久朝上一次.

在这章中，我们考虑独立随机变量序列的熵，比如独立投掷的硬币序列的熵. 对于这种情况，下面的引理允许我们由每个随机变量的熵来求序列的熵.

引理 10.1 设 X_1 和 X_2 为独立随机变量，$Y=(X_1, X_2)$，那么

$$H(Y)=H(X_1)+H(X_2)$$

当然，引理一般地用归纳法推广到 Y 是独立随机变量的任意有限序列的情况.

证明 下面的和式是关于 X_1 和 X_2 所有可能的取值求出的. 利用 X_1 和 X_2 的独立性，可简化表达式，从而得到下面的结果：

$$\begin{aligned}H(Y)&=-\sum_{x_1,x_2}\Pr((X_1,X_2)=(x_1,x_2))\log_2\Pr((X_1,X_2)=(x_1,x_2))\\&=-\sum_{x_1,x_2}\Pr(X_1=x_1)\Pr(X_2=x_2)\log_2(\Pr(X_1=x_1)\Pr(X_2=x_2))\\&=-\sum_{x_1,x_2}\Pr(X_1=x_1)\Pr(X_2=x_2)(\log_2\Pr(X_1=x_1)+\log_2\Pr(X_2=x_2))\\&=-\sum_{x_1}\sum_{x_2}\Pr(X_2=x_2)\Pr(X_1=x_1)\log_2\Pr(X_1=x_1)\\&\quad-\sum_{x_2}\sum_{x_1}\Pr(X_1=x_1)\Pr(X_2=x_2)\log_2\Pr(X_2=x_2)\end{aligned}$$

$$=-\left(\sum_{x_1}\Pr(X_1=x_1)\log_2\Pr(X_1=x_1)\right)\left(\sum_{x_2}\Pr(X_2=x_2)\right)$$
$$-\left(\sum_{x_2}\Pr(X_2=x_2)\log_2\Pr(X_2=x_2)\right)\left(\sum_{x_1}\Pr(X_1=x_1)\right)$$
$$=-\sum_{x_1}\Pr(X_1=x_1)\log_2\Pr(X_1=x_1)-\sum_{x_2}\Pr(X_2=x_2)\log_2\Pr(X_2=x_2)$$
$$=H(X_1)+H(X_2)$$ ■

10.2 熵和二项式系数

在说明熵的各种应用之前，我们首先介绍在纯组合理论中熵是如何自然产生的.

引理 10.2 设 nq 是$[0, n]$中的一个整数，那么

$$\frac{2^{nH(q)}}{n+1}\leqslant\binom{n}{nq}\leqslant 2^{nH(q)}$$

证明 当 $q=0$ 或 $q=1$ 时，结论显然成立，所以假定 $0<q<1$. 为了证明它的上界，注意到由二项式定理，我们有

$$\binom{n}{nq}q^{qn}(1-q)^{(1-q)n}\leqslant\sum_{k=0}^{n}\binom{n}{k}q^k(1-q)^{n-k}\leqslant(q+(1-q))^n=1$$

因此

$$\binom{n}{nq}\leqslant q^{-qn}(1-q)^{-(1-q)n}=2^{-qn\log_2 q}2^{-(1-q)n\log_2(1-q)}=2^{nH(q)}$$

对于下界，我们知道$\binom{n}{nq}q^{qn}(1-q)^{(1-q)n}$是表达式 $\sum_{k=0}^{n}\binom{n}{k}q^k(1-q)^{n-k}$ 中的一项. 我们证明它是最大的一项. 考虑两个相继项之间的差如下：

$$\binom{n}{k}q^k(1-q)^{n-k}-\binom{n}{k+1}q^{k+1}(1-q)^{n-k-1}=\binom{n}{k}q^k(1-q)^{n-k}-\left(1-\frac{n-k}{k+1}\frac{q}{1-q}\right)$$

无论何时这个差都是非负的

$$1-\frac{n-k}{k+1}\frac{q}{1-q}\geqslant 0$$

或(等价地，通过一些计算)无论何时

$$k\geqslant qn-1+q$$

因此项在 $k=qn$ 之前是递增的，而在这一点之后是递减的. 因此 $k=qn$ 给出了和式的最大项.

因此和式有 $n+1$ 项且$\binom{n}{nq}q^{qn}(1-q)^{(1-q)n}$为最大项，我们有

$$\binom{n}{nq}q^{qn}(1-q)^{(1-q)n}\geqslant\frac{1}{n+1}$$

或

$$\binom{n}{nq}\geqslant\frac{q^{-qn}(1-q)^{-(1-q)n}}{n+1}=\frac{2^{nH(q)}}{n+1}$$ ■

我们经常用到下面稍为特殊一点的推论.

推论 10.3　当 $0\leqslant q\leqslant 1/2$ 时，

$$\binom{n}{\lfloor nq \rfloor}\leqslant 2^{nH(q)} \tag{10.1}$$

类似地，当 $1/2\leqslant q\leqslant 1$ 时，

$$\binom{n}{\lceil nq \rceil}\leqslant 2^{nH(q)} \tag{10.2}$$

对于 $1/2\leqslant q\leqslant 1$，

$$\frac{2^{nH(q)}}{n+1}\leqslant \binom{n}{\lfloor nq \rfloor} \tag{10.3}$$

类似地，当 $0\leqslant q\leqslant 1/2$ 时，

$$\frac{2^{nH(q)}}{n+1}\leqslant \binom{n}{\lceil nq \rceil} \tag{10.4}$$

证明　首先证明式(10.1)，式(10.2)的证明完全类似. 当 $0\leqslant q\leqslant 1/2$ 时，

$$\binom{n}{\lfloor nq \rfloor}q^{qn}(1-q)^{(1-q)n}\leqslant \binom{n}{\lfloor nq \rfloor}q^{\lfloor nq \rfloor}(1-q)^{n-\lfloor nq \rfloor}\leqslant \sum_{k=0}^{n}\binom{n}{k}q^{k}(1-q)^{n-k}=1$$

由此，我们可以如引理 10.2 那样继续下去.

式(10.3)成立是因为当 $q\geqslant 1/2$ 时，引理 10.2 给出

$$\binom{n}{\lfloor nq \rfloor}\geqslant \frac{2^{nH(\lfloor nq \rfloor/n)}}{n+1}\geqslant \frac{2^{nH(q)}}{n+1}$$

类似推出式(10.4)成立. ■

尽管这些界是松的，但对我们来说已经足够了. 当我们考虑投掷一系列有偏的硬币时，其中硬币正面向上的概率为 $p>1/2$，组合系数与熵函数之间的关系将会在本章的证明中反复出现. 应用切尔诺夫界，我们知道对于足够大的 n，正面向上的次数几乎总是接近于 np. 因此，这个序列几乎总是 $\binom{n}{np}\approx 2^{nH(p)}$ 个序列中的一个，其中的近似关系由引理 10.2 得到的. 更进一步地说，每个这样的序列都大约以如下的概率出现：

$$p^{np}(1-p)^{n(1-p)}\approx 2^{-nH(p)}$$

因此，当我们考虑 n 次投掷有偏的硬币的结果时，基本上可以限制在以大致等概率出现的约 $2^{nH(p)}$ 个结果中.

10.3　熵：随机性的测度

解释随机变量的熵的一种方法就是将它作为，从随机变量的一个例证中可以平均地提取出多少个无偏的独立比特的测度. 我们对有偏的硬币考虑这个问题，证明对足够大的 n，可以从 n 次投掷出现正面概率为 $p>1/2$ 的硬币中，提取的期望比特数基本上是 $nH(p)$，换言之，对熵为 $H(p)$ 的硬币的每次投掷，平均地可以产生约 $H(p)$ 个独立的比特. 可以将这个结果推广到其他随机变量，但这里(且贯穿本章)我们主要关注有偏的硬币的特殊情况，以使得结论更清楚.

我们从定义开始，阐述提取随机比特的意义.

定义 10.2　令$|y|$是比特序列 y 的比特个数，一个提取函数 Ext 是指以随机变量 X 的值作为输入，以比特序列 y 作为输出，满足

$$\Pr(\text{Ext}(X)=y \mid |y|=k)=1/2^k$$

其中 $\Pr(|y|=k)>0$.

在有偏的硬币的情况，输入 X 是投掷 n 次有偏的硬币的结果，输出中的比特数不固定，而是依赖于输入. 如果提取函数输出 k 比特，可以认为这些比特是独立地且均匀随机产生的，这是因为每个 k 比特的序列都是等可能出现的. 而且，定义中也没有要求提取函数的有效计算. 在这里不考虑有效性，但在练习 10.12 中我们还是给出了一个有效的提取算法.

作为证明从有偏的硬币中提取无偏比特结论的第一步，我们考虑从一个服从均匀分布的整数随机变量中提取随机比特的问题. 例如，设 X 为均匀随机地从{0，…，7}选取的一个整数，Y 为将 X 写成二进制数时得到的 3 比特的序列. 若 $X=0$，则 $Y=000$；若$X=7$，则 $Y=111$. 容易验证每个 3 比特的序列是等可能出现的，所以将任意输入 X 与相应的输出 Y 相关联，就得到一个平凡的提取函数 Ext.

当 X 是均匀地取自{0，…，11}时，可能要稍微困难一些. 如果 $X\leqslant 7$，仍可以令 Y 是将 X 写成二进制数字时得到的 3 比特的序列. 还剩下 $X\in\{8, 9, 10, 11\}$的情况，可以将这四个可能中的每一个与不同的 2 比特序列相关联. 例如，令 Y 为将 $X-8$ 表示为二进制数字时得到的 2 比特序列. 这样，若 $X=8$，则 $Y=00$；若 $X=11$，则 $Y=11$. 完整的提取函数见图 10.2. 每个 3 比特序列都以相同的概率 1/12 出现，每个 2 比特序列也以相同的概率 1/12 出现，所以满足定义 10.2.

输入	0	1	2	3	4	5	6	7
输出	000	001	010	011	100	101	110	111

输入	0	1	2	3	4	5	6	7	8	9	10	11
输出	000	001	010	011	100	101	110	111	00	01	10	11

图 10.2　从{0，…，7}及{0，…，11}中均匀随机地选取的数的提取函数

我们将这些例子推广为下面的定理.

定理 10.4　假设一个随机变量 X 的值均匀随机地取自整数集{0，…，$m-1$}，使得 $H(X)=\log_2 m$. 那么存在 X 的一个提取函数，平均输出至少为$\lfloor \log_2 m\rfloor-1=\lfloor H(X)\rfloor-1$ 个独立无偏的比特.

证明　如果 $m>1$ 为 2 的幂，那么提取函数可以利用 $\log_2 m$ 比特，简单地输出比特表示输入 X 的二进制数字.（如果 $m=1$，则什么也不输出，或等价地，输出一个空序列.）所有的输出序列都有 $\log_2 m$ 比特，且所有的 $\log_2 m$ 比特序列都是等可能出现的，所以满足定义 10.2. 如果 m 不是 2 的幂，情况将较为复杂. 我们递归地描述提取函数.（非递归的描

述在练习 10.8 中给出.)让 $\alpha=\lfloor\log_2 m\rfloor$，如果 $X\leqslant 2^\alpha-1$，那么函数输出 X 的 α 位的二进制表示；在这种情况下，所有 α 比特的序列作为输出是等可能的. 如果 $X\geqslant 2^\alpha$，那么 $X-2^\alpha$ 是集合 $\{0,\cdots,m-2^\alpha-1\}$ 上的均匀分布，这个集合比集合 $\{0,\cdots,m\}$. 提取函数可依据变量 $X-2^\alpha$ 的提取函数递归地产生输出.

递归提取函数保持了以下性质：对每个 k，k 比特的 2^k 序列中的每一个以相等的概率作为输出. 由归纳法可知，由这种提取函数产生的无偏、独立的比特的期望个数至少为 $\lfloor\log_2 m\rfloor-1$. 当 m 为 2 的幂的情况是平凡的. 否则，由归纳法可得，输出中 Y 的比特个数满足

$$\boldsymbol{E}[Y]\geqslant\frac{2^\alpha}{m}\alpha+\frac{m-2^\alpha}{m}(\lfloor\log_2(m-2^\alpha)\rfloor-1)=\alpha-\frac{m-2^\alpha}{m}(\alpha-\lfloor\log_2(m-2^\alpha)\rfloor+1)$$

假设 $\lfloor\log_2(m-2^\alpha)\rfloor=\beta$，其中 $0\leqslant\beta\leqslant\alpha-1$，那么当 m 尽可能大，相当于 $m=2^\alpha+2^{\beta+1}-1$ 时，$(m-2^\alpha)/m$ 达到最大. 因此

$$\boldsymbol{E}[Y]\geqslant\alpha-\frac{2^{\beta+1}-1}{2^\alpha+2^{\beta+1}-1}(\alpha-\beta+1)\geqslant\alpha-\frac{1}{2^{\alpha-\beta-1}+1}(\alpha-\beta+1)\geqslant\alpha-1$$

其中，在第 2 行我们利用了 $2^\alpha+2^{\beta+1}-1\geqslant(2^{\beta+1}-1)(2^{\alpha-\beta-1}+1)$，在第 3 行我们利用了 $x/(2^{x-2}+1)\leqslant 1$ 对整数 $x\geqslant 2$ 成立.

这就完成了归纳. ■

我们将在本节主要结论的证明中用到定理 10.4.

定理 10.5　*考虑一个正面出现概率为 $p>1/2$ 的硬币，对任意的常数 $\delta>0$ 及充分大的 n：*

1. 存在一个提取函数 Ext，对一个 n 次独立投掷硬币的输入序列，平均至少有 $(1-\delta)nH(p)$ 个独立随机比特输出.

2. 对一个 n 次独立投掷硬币的输入序列，任意一个提取函数 Ext 输出的比特平均数至多为 $nH(p)$.

证明　我们从描述一个提取函数开始，从投掷 n 次有偏硬币中，提取函数平均至少产生 $(1-\delta)nH(p)$ 个随机比特. 在此之前我们已经看到，对有偏硬币情况，n 次投掷硬币的输出很可能是 $2^{nH(p)}$ 个序列中的一个，每个的出现概率约为 $2^{-nH(p)}$. 如果实际中有这种类型的均匀分布，对均匀随机选取的数便可以用刚给出的那个提取函数，平均地得到几乎 $nH(p)$ 个均匀随机比特. 但由于分布并非恰好是均匀分布，下面我们处理由此所产生的技术细节.

存在恰好 j 次正面的 $\binom{n}{j}$ 个可能的序列，且其中的每一个都以相同的概率 $p^j(1-p)^{n-j}$ 出现. 对每一个 j 值，$0\leqslant j\leqslant n$，我们将有 j 个正面的 $\binom{n}{j}$ 个序列中的每一个序列映射为集合 $\left\{0,\cdots,\binom{n}{j}-1\right\}$ 中唯一的整数. 当出现 j 个正面时，我们将这个序列映射为相应的整数 $\left\{0,\cdots,\binom{n}{j}-1\right\}$. 因此可以应用定理 10.4 为这种情况而设计的提取函数. 令 Z 为一个表示投掷出现正面次数的随机变量，B 为表示由提取函数产生的比特个数的随机变量，则

$$\boldsymbol{E}[B]=\sum_{k=0}^{n}\Pr(Z=k)\boldsymbol{E}[B\mid Z=k]$$

且由定理 10.4，

$$\boldsymbol{E}[B \mid Z=k] \geqslant \left\lfloor \log_2 \binom{n}{k} \right\rfloor - 1$$

令 $\varepsilon < \min(p-1/2,\ 1-p)$ 为一待定的常数，只考虑满足 $n(p-\varepsilon) \leqslant k \leqslant n(p+\varepsilon)$ 的 k 值，我们计算 $\boldsymbol{E}[\boldsymbol{B}]$ 的下界．对每一个这样的 $\boldsymbol{k}$，有

$$\binom{n}{k} \geqslant \binom{n}{\lfloor n(p+\varepsilon) \rfloor} \geqslant \frac{2^{nH(p+\varepsilon)}}{n+1}$$

其中最后一个不等式由推论 10.3 得到．因此

$$\begin{aligned}
\boldsymbol{E}[B] &\geqslant \sum_{k=\lfloor n(p+\varepsilon) \rfloor}^{\lceil n(p+\varepsilon) \rceil} \Pr(Z=k)\boldsymbol{E}[B \mid Z=k] \geqslant \sum_{k=\lfloor n(p-\varepsilon) \rfloor}^{\lceil n(p+\varepsilon) \rceil} \Pr(Z=k)\left(\left\lfloor \log_2 \binom{n}{k} \right\rfloor - 1\right) \\
&\geqslant \left(\log_2 \frac{2^{nH(p+\varepsilon)}}{n+1} - 2\right) \sum_{k=\lfloor n(p-\varepsilon) \rfloor}^{\lceil n(p+\varepsilon) \rceil} \Pr(Z=k) \\
&\geqslant (nH(p+\varepsilon) - \log_2(n+1) - 2)\Pr(\mid Z-np \mid \leqslant \varepsilon n)
\end{aligned}$$

现在 $\boldsymbol{E}[Z]=np$，且由式(4.6)的切尔诺夫界，可以给出 $\Pr((\mid Z-np \mid \leqslant \varepsilon n)$ 的界，即

$$\Pr(\mid Z-np \mid > \varepsilon n) \leqslant 2\mathrm{e}^{-n\varepsilon^2/3p}$$

因此

$$\boldsymbol{E}[B] \geqslant (nH(p+\varepsilon) - \log_2(n+1) - 2)(1 - 2^{-n\varepsilon^2/3p})$$

我们断言，对任意常数 $\delta > 0$，我们可以得到

$$\boldsymbol{E}[B] \geqslant (1-\delta)nH(p)$$

通过选择足够小的 ε 及足够大的 n，例如，对足够小的 ε，

$$nH(p+\varepsilon) \geqslant (1-\delta/3)nH(p)$$

当 $n > (3p/\varepsilon^2)\ln(6/\delta)$ 时，有

$$1 - 2\mathrm{e}^{-n\varepsilon^2/3p} \geqslant 1 - \delta/3$$

因此利用这些选择，

$$\boldsymbol{E}[B] \geqslant ((1-\delta/3)nH(p) - \log_2(n+1) - 2)(1-\delta/3)$$

现在只要选取足够大的 n，使得 $(\delta/3)nH(p)$ 大于 $\log_2(n+1)+2$ 就有

$$\boldsymbol{E}[B] \geqslant ((1-2\delta/3)nH(p))(1-\delta/3) \geqslant (1-\delta)nH(p)$$

这证明了存在一个提取函数，使得由投掷 n 次有偏硬币可以平均地提取 $(1-\delta)nH(p)$ 个独立均匀的比特．

下面证明不存在提取函数可以得到平均意义上比 $nH(p)$ 比特大的结果．这个证明依据下面的基本事实：如果一个输入序列 x 以概率 q 出现，那么相应的输出序列 $\mathrm{Ext}(x)$ 至多可以有 $\mid \mathrm{Ext}(x) \leqslant \log_2(1/q) \mid$ 比特．这是因为所有有 $\mid \mathrm{Ext}(x) \mid$ 比特的序列概率都至少为 q，所以

$$2^{\mid \mathrm{Ext}(x) \mid} q \leqslant 1$$

这给出了 $\mathrm{Ext}(x)$ 所需要的界．给定任意提取函数，如果 B 为表示由提取函数对输入 X 产生的比特个数的随机变量，那么

$$\boldsymbol{E}[B] = \sum_x \Pr(X=x) \mid \mathrm{Ext}(x) \mid \leqslant \sum_x \Pr(X=x) \log_2 \frac{1}{\Pr(X=x)}$$

$$= \boldsymbol{E}\left(\log_2 \frac{1}{\Pr(X)}\right) = H(X) \qquad \blacksquare$$

另外一个自然的问题就是如何由无偏的硬币产生有偏的比特，这个问题在练习 10.11 中给出了部分的解答.

10.4　压缩

解释熵值的第二种方法来自压缩．仍然假定有一枚正面出现概率为 $p>1/2$ 的硬币，投掷 n 次，记录哪一次出现正面和哪一次出现反面的轨迹．可以用一个比特表示每次投掷出的结果，0 表示出现正面，1 表示出现反面，总共用 n 比特．如果利用硬币是有偏的事实，平均来看会比较好．例如，假定 $p=3/4$，对于一对相继的投掷，用 0 表示两次都出现正面，10 表示第一次出现正面，第二次出现反面，110 表示第一次出现反面第二次出现正面，111 表示两次出现的都是反面．那么每一对投掷使用比特的平均个数为

$$1 \cdot \frac{9}{16} + 2 \cdot \frac{3}{16} + 3 \cdot \frac{3}{16} + 3 \cdot \frac{1}{16} = \frac{27}{16} < 2$$

因此，将 n 次投掷序列分成两两一对，并用所述方法表示每一对，平均来说可以利用少于标准方案的每次投掷用 1 比特．这就是一个压缩的例子．

值得强调的是，在这里所用的表示法有一个特别的性质：如果写出投掷硬币序列的表示，就可以简单地通过按由左至右的分析唯一地进行解码．例如，序列

011110

对应的是两次正面、接着两次反面、再接着一次正面及一次反面．由于没有其他投掷序列可以产生这样的输出，所以不会产生歧义．我们的表示法具有这样的性质是因为，用于表示一对投掷的比特序列不会是该表示中运用的其他比特序列的前缀．具有这种性质的表示法称为前缀码，在练习 10.15 中会有深入的讨论．

压缩仍然是一个值得考虑研究的课题．在存储或传输信息时，节省比特相当于节省资源，所以利用数据结构找到一种能减少使用比特个数的方法是值得的．

这里考虑一个压缩一系列有偏硬币投掷结果的特殊情况．对熵为 $H(p)$ 的有偏硬币，我们证明(a)投掷 n 次有偏硬币的结果可以平均近似地用 $nH(p)$ 比特表示；(b)平均近似地用 $nH(p)$ 比特表示．特别地，对投掷 n 次均匀硬币结果的任何一种表示，基本上都需要 n 比特．所以熵就是经压缩后每次投掷硬币产生的比特平均个数的一种度量．这一论证可以推广到任意离散随机变量 X，使得对 n 个独立的、与 X 有相同分布的随机变量 X_1，X_2，…，X_n 可以平均地用约为 $nH(X)$ 比特表示．在压缩的设置中，熵可以看作输入序列中信息量的度量．序列的熵越大，为了表示它所需要的比特的个数越多．

下面我们用一个定义来说明这种意义下压缩的含义．

定义 10.3　压缩函数 Com 投掷 n 次硬币的序列作为输入，给定 $\{H, T\}^n$ 中的元素，并且输出一个比特序列，使得对每一个投掷 n 次的输入序列都会产生不同的输出序列．

定义 10.3 相当弱，但是对于我们的目的已经足够了．通常，压缩函数必须满足更强的要求．例如，我们可能需要一个前缀码来简化译码．用这个较弱的定义更有利于下界的证明．还有，尽管在这里不关心压缩和解压缩过程的效率，但是存在非常有效的压缩方案，在很多情况下都是几乎最优的．在练习 10.17 中我们将考虑一个有效的压缩方案．

下面的定理阐述了有偏硬币的熵和压缩之间的关系.

定理 10.6　考虑一个出现正面概率 $p>1/2$ 的硬币. 对于任意常数 $\delta>0$，当 n 足够大时：

1. 存在一个压缩函数 Com，使得对于独立投掷 n 次硬币的输入序列，Com 输出比特的期望个数至多为 $(1+\delta)nH(p)$.

2. 对一个独立投掷 n 次硬币的输入序列，任一压缩函数输出的比特的期望个数至少为 $(1-\delta)nH(p)$.

定理 10.6 与定理 10.5 相当类似. 任一压缩函数输出的比特的期望个数的下界稍微弱一些. 事实上，可以将这个下界提高到 $nH(p)$，如果我们坚持码是一个前缀码——使得没有输出是其他任意序列的前缀——但我们不在这里证明. 为证明输出比特期望个数的上界而设计的压缩函数产生一个前缀码. 这个压缩函数的构造直观上大致与定理 10.5 相同. 我们知道，以大的概率来自 n 次投掷的结果是在大致有 np 次正面的约 $2^{nH(p)}$ 个序列中的一个. 可以用大约 $nH(p)$ 比特表示每个这样的序列，给出一个适当的压缩函数的存在性.

定理 10.6 的证明　首先证明存在如定理所保证的压缩函数. 令 $\varepsilon>0$ 为一个适当小的常数，满足 $p-\varepsilon>1/2$. 令 X 为在 n 次投掷硬币中出现正面的次数. 我们以压缩函数输出的第一个比特作为标志，如果序列中至少有 $n(p-\varepsilon)$ 个正面，就令其为 0；否则为 1. 当第一个比特是 1 时，压缩函数就采用花费大的缺省方案，即对 n 次投掷中的每一次都用 1 比特. 这样总共需要 $(n+1)$ 比特作为输出；但是由式(4.5)的切尔诺夫界，发生这种情况的概率不超过

$$\Pr(X<n(p-\varepsilon))\leqslant e^{-n\varepsilon^2/2p}$$

现在我们考虑至少出现 $n(p-\varepsilon)$ 次正面的情况. 这种形式的硬币投掷序列的个数为

$$\sum_{j=\lceil n(p-\varepsilon)\rceil}^{n}\binom{n}{j}\leqslant\sum_{j=\lceil n(p-\varepsilon)\rceil}^{n}\binom{n}{\lceil n(p-\varepsilon)\rceil}\leqslant\frac{n}{2}2^{nH(p-\varepsilon)}$$

第一个不等式成立是因为，只要 $j>n/2$，二项式的项是递减的；第二个不等式是推论 10.3 的一个结果. 对每一个这样的投掷硬币序列，压缩函数都可以指派唯一的恰有 $\lfloor nH(p-\varepsilon)+\log_2 n\rfloor$ 比特的序列去表示它，这是因为

$$2^{\lfloor nH(p-\varepsilon)+\log_2 n\rfloor}\geqslant\frac{n}{2}2^{nH(p-\varepsilon)}$$

包括标志比特，至多占用 $nH(p-\varepsilon)+\log_2 n+1$ 比特去表示出现这么多正面的投掷硬币序列.

综合这些结果，我们得到了压缩函数所需要的期望比特的个数至多为

$$e^{-n\varepsilon^2/2p}(n+1)+(1-e^{-n\varepsilon^2/2p})(nH(p-\varepsilon)+\log_2 n+1)\leqslant(1+\delta)nH(p),$$

其中通过首先选取一个足够小的 ε 再取足够大的 n，在类似于定理 10.5 的意义上，不等号成立. ■

现在证明下界. 首先，回忆投掷硬币出现 k 次正面的特殊序列的概率是 $p^k(1-p)^{n-k}$. 因为 $p>1/2$，如果序列 S_1 比另一序列 S_2 有更多的正面，则 S_1 比 S_2 更可能出现. 我们有下面的引理.

引理 10.7　如果序列 S_1 比 S_2 更有可能，那么使得输出 S_2 的比特的期望个数最小化

的压缩函数至少为像 S_1 一样长的比特序列.

证明　假定一个压缩函数指派给 S_2 的比特序列要比指派给 S_1 的比特序列短. 我们可以通过转换与 S_1 和 S_2 关联的输出序列，改善这个压缩函数输出的比特的期望个数，所以这个压缩函数不是最优的. ■

因此，对于一个最优的压缩函数，正面越多的序列给出的字符串就越短.

还可以利用下面简单的事实. 如果对 s 个硬币投掷序列中的每一个，压缩函数指派不同的比特序列来表示，那么对于 s 个输入序列，其中一个的输出比特的序列长度必至少有 $\log_2 s-1$ 比特. 这是因为至多存在 $1+2+4+\cdots+2^b=2^{b+1}-1$ 个不同的直到 b 比特的序列，所以如果 s 个投掷硬币序列中的每一个都指派一个至多为 b 比特的序列，那么必有 $2^{b+1}>s$，因此 $b>\log_2 s-1$.

固定一个适当小的 $\varepsilon>0$，数出有 $\lfloor(p+\varepsilon)n\rfloor$ 次正面的输入序列的个数. 存在 $\binom{n}{\lfloor(p+\varepsilon)n\rfloor}$ 个有 $\lfloor(p+\varepsilon)n\rfloor$ 次正面的序列，由推论 10.3，得

$$\binom{n}{\lfloor(p+\varepsilon)n\rfloor}\geqslant\frac{2^{nH(p+\varepsilon)}}{n+1}$$

因此对至少有 $\lfloor(p+\varepsilon)n\rfloor$ 次正面的投掷硬币序列中的一个，任何一个压缩函数都必须输出至少 $\log_2(2^{nH(p+\varepsilon)}/(n+1))-1=nH(p+\varepsilon)-\log_2(n+1)-1$ 比特. 所以由引理 10.7，使期望输出长度最小的压缩函数必须使用至少这么多个比特去表示任一有较少正面的序列.

由式(4.2)的切尔诺夫界，正面次数 X 满足

$$\Pr(X\geqslant\lfloor n(p+\varepsilon)\rfloor)\leqslant\Pr(X\geqslant n(p+\varepsilon-1/n))\leqslant \mathrm{e}^{-n(\varepsilon-1/n)^2/3p}\leqslant \mathrm{e}^{-n\varepsilon^2/12p}$$

只要 n 足够大(特别地，$n>2/\varepsilon$)，这样，以至少 $1-\mathrm{e}^{-n\varepsilon^2/12p}$ 的概率，我们可以得到一个正面少于 $\lfloor n(p+\varepsilon)\rfloor$ 次的输入序列，且由前面的理由可知，使期望输出长度极小化的压缩函数在这种情况下仍然必定至少输出 $nH(p+\varepsilon)-\log_2(n+1)-1$ 比特. 因此输出的比特的期望个数至少为

$$(1-\mathrm{e}^{-n\varepsilon^2/12p})(nH(p+\varepsilon)-\log_2(n+1)-1)$$

首先通过取足够小的 ε 然后取足够大 n，这可以至少是 $(1-\delta)nH(p)$.

*10.5　编码：香农定理

我们已经看到通过改变数据的表示法，压缩可以减少表示数据所要求的比特的期望个数. 编码也可以改变数据的表示. 编码增加冗余码以避免数据丢失或出错，而不是减少表示数据所要求的比特的个数.

在编码理论中，我们建立由发送器发出的信息通过一个信道传送到接收器的模型. 信道可能产生噪声，使位信号的某些值在传输过程中失真. 信道可以是有线连接、无线连接或一个存储网络. 例如，如果我将数据保存在可记录的介质并希望以后读取，那么我既是发送器也是接收器，而存储介质扮演信道的角色. 在本节中，我们关注一种特殊类型的信道.

定义 10.4　一个参数为 p 的二元对称信道的输入是一个位信号序列 x_1，x_2，…，输出是一个位信号序列 y_1，y_2，…，使得对每个 i，独立地有 $\Pr(x_i=y_i)=1-p$. 通俗地说，

发送的每个位信号以概率 p 独立地被改变为错误值.

为获得信道之外的信息，可以引入冗余以帮助避免错误的引入. 作为一个极端的例子，假设发送器希望通过二元对称信道发送单个位信号信息给接收器. 为减少出错的可能性，发送器和接收器同意重复位信号 n 次. 如果 $p<1/2$，接收器的一个自然解码方案是查到接收到的 n 个位信号，并确定接收的较频繁的值就是发送器的位信号值越大，接收器越可能确定正确的位信号；当位信号重复的次数足够多时，出错的概率可以任意地小. 在练习 10.18 中对这个例子有更深入的讨论.

研究要求的冗余量和各种型类信道上解码错误概率之间的权衡. 对二元对称信道，简单的重复位信号可能不是冗余位信号的最好用法，我们考虑更一般的编码函数.

定义 10.5　一个(k, n)编码函数 Enc：$\{0, 1\}^k \to \{0, 1\}^n$ 以 k 个位信号的序列作为输入，以 n 个位信号的序列作为输出. 一个(k, n)解码函数 Dec：$\{0, 1\}^n \to \{0, 1\}^k$ 以 n 个位信号的序列作为输入，以 k 个位信号的序列作为输出.

在编码理论中，发送器采用一条 k 位消息，并经由编码函数将它编为一组 $n \geqslant k$ 个位信号，然后通过信道发送这些位信号. 接收器检测接收到的 n 个位信号，并用解码函数试图确定原始的 k 位消息.

给定一个参数为 p、目标编码长度为 n 的二元信道，我们希望能确定 k 的最大值，使得存在具有以下性质的(k, n)编码函数和解码函数：对任意的 k 个位信号的输入序列，在发生信道失真后，接收器都能以适当大的概率从相应的 n 位编码序列中解码出正确的输入.

令 $m \in \{0, 1\}^k$ 是将要发送的消息，$\mathrm{Enc}(m)$是经信道传送的位信号序列. 令随机变量 X 表示收到的位信号序列. 我们要求对所有可能的消息 m 及一个事先选择的常数至少以概率 $1-\gamma$ 有 $\mathrm{Dec}(X)=m$. 如果没有噪声，则可以通过信道传送原始的 k 个位信号. 噪声减少了接收器从发送的每个位信号中提取的信息，所以在每组的 n 个位信号中，发送器能可靠地发送只有大约 $k=n(1-H(p))$个位信号的消息. 这个结果称为香农定理，我们将用下面的形式证明.

定理 10.8　对一个参数为 $p<1/2$ 的二元对称信道以及任意的常数 δ，$\gamma>0$，当 n 足够大时：

1. 对任意的 $k \leqslant n(1-H(p)-\delta)$，存在$(k, n)$编码函数和解码函数，使得对每一个可能的 k 位输入消息，接收器不能得到正确消息的概率至多为 γ.

2. 当 $k \geqslant n(1-H(p)+\delta)$时，对一个均匀随机选择的 k 位输入消息，不存在正确解码概率至少为 γ 的(k, n)编码函数和解码函数.

证明　当 $k \leqslant n(1-H(p)-\delta)$时，首先用概率的方法证明适当的$(k, n)$编码函数和解码函数的存在性. 最后，希望对每一个可能的输入，我们的编码函数和解码函数出错的概率至多为 γ. 从一个较弱的结果开始，当输入是从所有的 k 位输入中均匀随机地选择时，证明存在适当的编码函数.

编码函数分配给每一个 2^k 串一个 n 比特码字，且该比特码字独立且均匀随机地从所有 n 比特序列的空间中选择. 将这些码字标为 X_0，X_1，…，X_{2^k-1}. 利用一个包含了每个 k 位字符串的大型查询表，编码函数简单地输出分配给 k 位消息的码字.（你可能关心两个码字会出现相同的情况；这种概率是非常小的，并且在下面的分析中进行处理.）

为了描述解码函数，我们提供一种基于编码函数的查询表的解码算法，可以假定为接收器所拥有．解码算法利用接收器预计信道产生约 pn 个错误．因此接收器寻找与接收到的 n 位信号在$(p-\varepsilon)n$ 和$(p+\varepsilon)n$ 之间不同的码字，其中 $\varepsilon>0$ 为某个适当小的常数．如果恰有一个码字具有这种性质，那么接收器将假定这是发送的码字，并将复原相应的消息．如果具有这种性质的码字多余一个，那么解码算法失败．这里描述的解码算法需要指数时间和空间．在本章余下的部分，我们不再如此关心效率问题．

通过所有可能的 n 位序列的简单运行，可以由算法得到相应的(k, n)解码函数．每当一个序列用前述的算法适当解码时，解码函数关于那个序列的输出是设置与相应码字关联的 k 位序列．当算法失效时，对这个序列的输出可能是一个任意的 k 个位信号的序列．对失效的解码函数，以下两个事件中至少为一件必然发生：

- 信道产生的错误个数不在$(p-\varepsilon)n$ 和$(p+\varepsilon)n$ 之间．
- 当发送一个码字时，接收到的不同于某个其他码字的序列在$(p-\varepsilon)n$ 和$(p+\varepsilon)n$ 之间．

现在证明的途径是清晰的．可以用切尔诺夫界证明，以大的概率信道不会出现太多或太少的错误．在不会产生太多或太少的错误个数的条件下，问题成为以要求的概率，多大的 k 可以保证接收到的序列与在$(p-\varepsilon)n$ 和$(p+\varepsilon)n$ 之间的多个重复码字没有区别．

既然已经描述了编码函数和解码函数，下面确定分析中使用的记号．令 R 为接收到的位信号序列．对 n 位信号序列 s_1 和 s_2，记 $\Delta(s_1, s_2)$表示序列 s_1 和 s_2 之间不同位置的个数．称 $\Delta(s_1, s_2)$为这两个串之间的汉明距离，我们说序列对(s_1, s_2)有权

$$w(s_1,s_2)=p^{\Delta(s_1,s_2)}(1-p)^{n-\Delta(s_1,s_2)}$$

这个权对应于通过信道发送 s_1 时接收到 s_2 的概率．我们引进随机变量 S_0，S_1，…，S_{2^k-1} 和 W_0，W_1，…，W_{2^k-1} 的定义如下：集合 S_i 是所有接收到的解码为 X_i 的序列集合．值 W_i 由

$$W_i=\sum_{r\notin S_i}w(X_i,r)$$

给出．S_i 和 W_i 为只依赖于 X_0，X_1，…，X_{2^k-1}的随机选择的随机变量．变量 W_i 表示当发送 X_i 时，接收到的序列 R 不在 S_i 中因此解码不正确的概率．将 W_i 用如下形式表示是有益的：令 $I_{i,s}$为示性随机变量，若 $s\notin S_i$ 则为 1；其他情况为 0，可以记

$$W_i=\sum_r I_{i,r}w(X_i,r)$$

我们从界定 $\mathbf{E}[W_i]$开始，由对称性，对所有的 i，$\mathbf{E}[W_i]$都是相同的，所以我们界定 $\mathbf{E}[W_0]$．现在

$$\mathbf{E}[W_0]=\mathbf{E}\Big(\sum_r I_{0,r}w(X_0,r)\Big)=\sum_r \mathbf{E}[w(X_0,r)I_{0,r}]$$

将和式分成两部分．令 $T_1=\{s:|\Delta(X_0, s)-pn|>\varepsilon n\}$，$T_2=\{s:|\Delta(X_0, s)-pn|\leqslant\varepsilon n\}$，其中 $\varepsilon>0$ 为某个待定的常数．那么有

$$\sum_r \mathbf{E}[w(X_0,r)I_{0,r}]=\sum_{r\in T_1}\mathbf{E}[w(X_0,r)I_{0,r}]+\sum_{r\in T_2}\mathbf{E}[w(X_0,r)I_{0,r}],$$

我们界定其中的每一项．

首先界定

$$\sum_{r\in T_1}\mathbf{E}[w(X_0,r)I_{0,r}]\leqslant\sum_{r\in T_1}w(X_0,r)=\sum_{r:|\Delta(x_0,r)-pn|>\varepsilon n}p^{\Delta(X_0,r)}(1-p)^{n-\Delta(X_0,r)}$$

$$= \Pr(|\Delta(X_0, R) - np| > \varepsilon n)$$

即为了界定第一项，我们只需简单地界定由于错误个数不在$[(p-\varepsilon)n, (p+\varepsilon)n]$范围内的概率，使得接收器没有正确解码的概率以及错误个数不在这个范围内的概率．等价地，我们得到了由于假定信道引入太多或太少的错误而不能正确解码的界．这个概率是非常小的，因为由式(4.6)的切尔诺夫界，我们可以看出：

$$\Pr(|\Delta(X_0, R) - np| > \varepsilon n) \leqslant 2\mathrm{e}^{-\varepsilon^2 n/3p}$$

对任意的$\varepsilon > 0$，可以选取足够大的n，并因此使这个概率$\sum_{r \in T_1} \boldsymbol{E}[w(X_0, r) I_{0,r}]$小于$\gamma/2$.

现在求$\sum_{r \in T_2} \boldsymbol{E}[w(X_0, r) I_{0,r}]$的上界．对每个$r \in T_2$时，除非$r$与某个其他码字$X_i$在$(p-\varepsilon)n$和$(p+\varepsilon)n$之间不同，否则在接收$r$时解码算法将是成功的．因此只有当存在这样的$X_i$时，$I_{0,r}$为1，所以对任意$X_0$值和$r \in T_2$，我们有

$$\boldsymbol{E}[w(X_0, r) I_0, r] = w(X_0, r) \Pr(\text{对某个 } X_i, 1 \leqslant i \leqslant 2^k - 1, \text{使得} |\Delta(X_i, r) - pn| \leqslant \varepsilon n)$$

由此，如果对任意X_0值和$r \in T_2$，我们得到一个上界

$$\Pr(\text{for some } X_i \text{ with } 1 \leqslant i \leqslant 2^k - 1, |\Delta(X_i, r) - pn| \leqslant \varepsilon n) \leqslant \gamma/2$$

对任意X_0值和$r \in T_2$，那么

$$\sum_{r \in T_2} \boldsymbol{E}[w(X_0, r) I_0, r] \leqslant \sum_{r \in T_2} w(X_0, r) \frac{\gamma}{2} \leqslant \frac{\gamma}{2}$$

为了得到这个上界，我们回忆其他码字X_1，X_2，…，X_{2^k-1}，是独立且均匀随机选取的．因此，任何其他特殊的码字X_i，$i > 0$与任意给定的长为n的串r在$(p-\varepsilon)n$和$(p+\varepsilon)n$范围内不同的概率至多为

$$\sum_{j=\lceil n(p-\varepsilon) \rceil}^{\lfloor n(p+\varepsilon) \rfloor} \frac{\binom{n}{j}}{2^n} \leqslant n \frac{\binom{n}{\lfloor n(p+\varepsilon) \rfloor}}{2^n}$$

这里我们用n乘以它的最大项作为和的上界；当$j = \lfloor n(p+\varepsilon) \rfloor$取遍和式中所有的$j$时，只要所选的$\varepsilon$满足$p + \varepsilon < 1/2$，$\binom{n}{j}$便达到最大.

利用推论10.3，

$$\frac{\binom{n}{\lfloor n(p+\varepsilon) \rfloor}}{2^n} \leqslant \frac{2^{H(p+\varepsilon)n}}{2^n} = 2^{-n(1-H(p+\varepsilon)n)}$$

因此任意特定的X_i在位数上与串r匹配，从而引起一个解码失败的概率至多为$n2^{-n(1-H(p+\varepsilon))}$．由一致界知，当发送$X_0$时，其他$2^k - 1$个码字中的任意一个导致解码失败的概率至多为

$$n2^{-n(1-H(p+\varepsilon))}(2^k - 1) \leqslant n2^{n(H(p+\varepsilon)-H(p)-\delta)}$$

其中用到了$k \leqslant n(1 - H(p) - \delta)$的事实．通过选取足够小的$\varepsilon$，使$H(p+\varepsilon) - H(p) - \delta$为负，再选取充分大的$n$，可以使该项如所要求的那样小，特别地可使它小于$\gamma/2$.

集合T_1和T_2对应于解码算法中两种错误类型，通过对这两个集合T_1和T_2的界求和，可以得到$\boldsymbol{E}[W_0] \leqslant \gamma$.

可以对这个结果表明存在一个特殊的码，使得如果发送的 k 位消息是均匀随机选取的，那么这个码以概率 γ 失败. 利用期望的线性性和概率方法，有

$$\sum_{j=0}^{2^k-1}\boldsymbol{E}[W_j]=\boldsymbol{E}\left[\sum_{j=0}^{2^k-1}W_j\right]\leqslant 2^k\gamma$$

其中，期望是关于码字 X_0，X_1，…，X_{2^k-1}的随机选择而取的. 根据概率方法，必存在一个特殊的码字集合 x_0，x_1，…，x_{2^k-1}，使得

$$\sum_{j=0}^{2^k-1}W_j\leqslant 2^k\gamma$$

当发送的 k 位消息是均匀随机地选取时，这个码字集合错误的概率为

$$\frac{1}{2^k}\sum_{j=0}^{2^k-1}W_j\leqslant\gamma$$

这就证明了论断.

我们现在证明定理中一个更强的结论：可以选取码字，使得对每一个码字失败的概率的上界为 γ. 注意这不能由前面的分析得到，以前只是简单地证明了码字失败的平均概率的上界为 γ.

我们已经证明存在一组码字 x_0，x_1，…，x_{2^k-1}，满足

$$\sum_{j=0}^{2^k-1}W_j\leqslant 2^k\gamma$$

不失一般性，假定 x_i 是以 W_i 升序排序的. 假设消去具有最大值 W_i 的码字的一半；即消去的是在发送时发生错误有最大概率的那些码字. 我们断言对每个 x_i，$i<2^{k-1}$，必满足 $W_i\leqslant 2\gamma$. 否则得到一个矛盾

$$\sum_{j=2^{k-1}}^{2^k-1}W_j>2^{k-1}(2\gamma)=2^k\gamma$$

(利用与在 3.1 节中证明马尔可夫不等式类似的理由.)

我们可以仅用这 2^{k-1}个码字对所有的$(k-1)$比特串上建立新的编码和解码函数，现在对每个码字的错误概率同时至多为 2γ. 因此，必须证明当 $k-1\leqslant n(1-H(p)-\delta)$时，存在一个代码使得对任何发送的消息，接收器没有得到正确消息的概率至多为 2γ，因为 δ 和 γ 是任意的常数，这恰好是定理前半部分的陈述，因此定理的这一部分已经得证.

完成了定理前一半的证明后，现在转向后一半的证明：对任意的常数 δ，$\gamma>0$ 及充分大的 n，不存在满足 $k\geqslant n(1-H(p)+\delta)$的$(k, n)$编码函数和解码函数，使得对一个均匀随机选取的 k 位输入消息，正确解码的概率至少是 γ.

在给出证明之前，先考虑一些有用的直觉. 我们知道由信道产生的错误个数以大的概率在$\lceil(p-\varepsilon)n\rceil$和$\lfloor(p+\varepsilon)n\rfloor$之间，其中 $\varepsilon>0$ 为适当的常数. 假设我们试图构造解码函数，使得当错误个数在$(p-\varepsilon)n$ 和$(p+\varepsilon)n$ 之间时，每个码字都能正确地解码. 那么由这个解码函数，每个码字与

$$\sum_{k=\lceil n(p-\varepsilon)\rceil}^{\lfloor n(p+\varepsilon)\rfloor}\binom{n}{k}\geqslant\binom{n}{\lceil np\rceil}\geqslant\frac{2^{nH(p)}}{n+1}$$

个位的序列关联；最后一个不等号由推论 10.3 得到．但存在 2^k 个相异的码字，且当 n 充分大时，

$$2^k \frac{2^{nH(p)}}{n+1} \geqslant 2^{n(1-H(p)+\delta)} \frac{2^{nH(p)}}{n+1} > 2^n$$

因为只有 2^n 个可能的位序列可以被接收到，所以不可能构造一个解码函数，使得当错误个数在 $(p-\varepsilon)n$ 和 $(p+\varepsilon)n$ 之间时总能正确地解码.

我们现在需要将这个证明推广到任意的编码函数和解码函数．这个证明比较复杂，因为不能假定当发生错误的个数在 $(p-\varepsilon)n$ 和 $(p+\varepsilon)n$ 之间时，解码函数必须试图正确地解码，尽管这看起来是可以追求的最好方法.

已知任一固定的编码函数 x_0，x_1，$\cdots$，x_{2^k-1} 和任一固定的解码函数，令 z 为成功解码的概率．定义 S_i 为所有解码为 x_i 的接收到的序列集合．那么

$$z = \sum_{i=0}^{2^k-1} \sum_{s \in S_i} \Pr(x_i \text{ 被发送}) \cap (R = s) = \sum_{i=0}^{2^k-1} \sum_{s \in S_i} \Pr(x_i \text{ 被发送}) \Pr(R = s \mid x_i \text{被发送})$$

$$= \frac{1}{2^k} \sum_{i=0}^{2^k-1} \sum_{s \in S_i} \Pr(R = s \mid x_i \text{被发送}) = \frac{1}{2^k} \sum_{i=0}^{2^k-1} \sum_{s \in S_i} w(x_i, s)$$

第二行由条件概率的定义得到．第三行利用了这样的事实，即发送的消息(因此发送的码字)是从所有码字中均匀随机选取的．第四行恰好是权函数的定义.

为了界定最后一行，再次将和式 $\sum_{i=0}^{2^k-1} \sum_{s \in S_i} w(x_i, s)$ 分成两部分．令 $S_{i,1} = \{s \in S_i : |\Delta(x_i, s) - pn| > \varepsilon n\}$，$S_{i,2} = \{s \in S_i : |\Delta(x_i, s) - pn| \leqslant \varepsilon n\}$，其中 $\varepsilon > 0$ 仍为某一待定的常数．那么

$$\sum_{s \in S_i} w(x_i, s) = \sum_{s \in S_{i,1}} w(x_i, s) + \sum_{s \in S_{i,2}} w(x_i, s)$$

现在

$$\sum_{s \in S_{i,1}} w(x_i, s) \leqslant \sum_{s : |\Delta(x_i, s) - pn| > \varepsilon n} w(x_i, s)$$

这可由切尔诺夫界界定．右边的和简单地表示由信道产生的错误个数不在 $(p-\varepsilon)n$ 和 $(p+\varepsilon)n$ 之间的概率，在前面的讨论中我们知道这个概率至多为 $2e^{-\varepsilon^2 n/3p}$．这个界等价于假设即使信道产生太多或太少的错误个数，解码是成功的；因为错误过多或过少的概率都是小的，所以由这个假设仍然产生一个好的界.

为给出 $\sum_{s \in S_{i,2}} w(x_i, s)$ 的界，我们注意 $w(x_i, s)$ 关于 $\Delta(x_i, s)$ 是递减的．因此，对 $s \in S_{i,2}$，

$$w(x_i, s) \leqslant p^{(p-\varepsilon)n} (1-p)^{(1-p+\varepsilon)n} = p^{pn} (1-p)^{(1-p)n} \left(\frac{1-p}{p}\right)^{\varepsilon n} = 2^{-H(p)n} \left(\frac{1-p}{p}\right)^{\varepsilon n}$$

所以

$$\sum_{s \in S_{i,2}} w(x_i, s) = \sum_{s \in S_{i,2}} 2^{-H(p)n} \left(\frac{1-p}{p}\right)^{\varepsilon n} = 2^{-H(p)n} \left(\frac{1-p}{p}\right)^{\varepsilon n} |S_{i,2}|$$

继续可以得到

$$z=\frac{1}{2^k}\sum_{i=0}^{2^k-1}\sum_{s\in S_i}w(x_i,s)=\frac{1}{2^k}\sum_{i=0}^{2^k-1}\left[\sum_{s\in S_{i,1}}w(x_i,s)+\sum_{s\in S_{i,2}}w(x_i,s)\right]$$

$$\leqslant\frac{1}{2^k}\sum_{i=0}^{2^k-1}\left(2\mathrm{e}^{-\varepsilon^2 n/3p}+2^{-H(p)n}\left(\frac{1-p}{p}\right)^{\varepsilon n}|S_{i,2}|\right)$$

$$=2\mathrm{e}^{-\varepsilon^2 n/3p}+\frac{1}{2^k}2^{-H(p)n}\left(\frac{1-p}{p}\right)^{\varepsilon n}\sum_{i=0}^{2^k-1}|S_{i,2}|$$

$$\leqslant 2\mathrm{e}^{-\varepsilon^2 n/3p}+\frac{1}{2^k}2^{-H(p)n}\left(\frac{1-p}{p}\right)^{\varepsilon n}2^n$$

在最后一行中，我们用到了一个重要的事实，即位序列 S_i 的集合和所有 $S_{i,2}$ 都是不相交的，所以它们总数的大小至多为 2^n. 这是我们使用解码函数发挥了作用，允许建立一个有用的界.

结论为

$$z\leqslant 2\mathrm{e}^{-\varepsilon^2 n/3p}+2^{n-(1-H(p)+\delta)-H(p)n}\left(\frac{1-p}{p}\right)^{\varepsilon n}$$

$$=2\mathrm{e}^{-\varepsilon^2 n/3p}+\left(\left(\frac{1-p}{p}\right)^{\varepsilon}2^{-\delta}\right)^n$$

只要选择充分小的 ε 使

$$\left(\frac{1-p}{p}\right)^{\varepsilon}2^{-\delta}<1$$

那么当 n 充分大时，$z<\gamma$，这就证明了定理 10.8. ■

香农定理证明了在足够长的区段传输任意接近二进制对称信道容量的代码的存在性. 但是定理既没有给出明确的代码，也没有说明这样的代码可以有效地编码和解码. 在香农完成最初的工作之后，花费了几十年的时间才找到具有几乎最优性能的实际代码.

10.6　练习

10.1　(a) 令 $S=\sum_{k=1}^{10}1/k^2$. 考虑一个随机变量 X，对任意整数 $k=1, 2, \cdots, 10$，有 $\Pr(X=k)=1/Sk^2$，求 $H(X)$.

(b) 令 $S=\sum_{k=1}^{10}1/k^3$. 考虑一个随机变量 X，对任意整数 $k=1, \cdots, 10$，有 $\Pr(X=k)=1/Sk^3$，求 $H(X)$.

(c) 考虑 $S_\alpha=\sum_{k=1}^{10}1/k^\alpha$，其中 $\alpha>1$ 是常数. 考虑随机变量 X_α，对任意整数 $k=1, \cdots, 10$，有 $\Pr(X_\alpha=k)=1/S_\alpha k^\alpha$. 给出直观的说明来解释 $H(X_\alpha)$是否是关于 α 的递增或递减函数，并且说明为什么.

10.2　考虑一粒 n 面的骰子，其中第 i 面向上的概率为 p_i. 证明当每面都以相同的概率 $1/n$ 向上时，投掷骰子的熵达到最大.

10.3　(a) 反复投掷一枚均匀硬币直到第一次出现正面. 令 X 为所需的投掷次数，求 $H(X)$.

(b) 你的朋友反复投掷一枚均匀硬币，直到第一次出现正面. 你想要确定需要投掷多少次. 你可以提问一系列只回答下面形式的是或否的问题：给你的朋友一个整数集合，如果所投掷的次数在这个集合中，你的朋友回答“是”；否则回答“不是”. 给出一个策略，使得在确定所投掷的次数之前，你必须提问的问题的期望个数是 $H(X)$.

(c) 给出一个直观的解释：为什么你不能提出一个允许你的问题平均地少于 $H(X)$个的策略.

10.4 (a) 证明

$$S=\sum_{k=2}^{\infty}\frac{1}{k\ln^2 k}$$

是有限的.

(b) 考虑由下式给出的整数离散随机变量 X,

$$\Pr(X=k)=\frac{1}{Sk\ln^2 k},\quad k\geqslant 2$$

证明 $H(X)$是无界的.

10.5 假定 p 是在实区间[0, 1]上均匀随机选取的. 计算 $\mathbf{E}[H(p)]$.

10.6 条件熵 $H(Y|X)$定义为

$$H(Y|X)=\sum_{x,y}\Pr((X=x)\cap(Y=y))\log_2\Pr(Y=y|X=x)$$

如果 $Z=(X,Y)$，证明

$$H(Z)=H(X)+H(Y|X)$$

10.7 斯特林公式的一种形式为

$$\sqrt{2\pi n}\left(\frac{n}{\mathrm{e}}\right)^n<n!<\sqrt{2\pi n}\left(\frac{n}{\mathrm{e}}\right)^n\mathrm{e}^{1/(12n)}$$

利用这个公式，证明

$$\binom{n}{qn}\geqslant\frac{2^{nH(q)}}{2\sqrt{n}}$$

这是一个比引理 10.2 更紧的界.

10.8 在定理 10.5 中已经证明了可以用递归的程序，从一个均匀随机地取自$\lfloor\log_2 m\rfloor-1$ 中的数 X 中，平均提取至少为 $S=\{0,\cdots,m-1\}$个独立无偏的比特. 考虑下面的提取函数：令 $\alpha=[\log_2 m]$，并记

$$m=\beta_\alpha 2^\alpha+\beta_{\alpha-1}2^{\alpha-1}+\cdots+\beta_0 2^0$$

其中每个 β_i 是 1 或 0.

令 k 为使 β_i 等于 1 的 i 值的个数. 用下面的方法将 S 分为 k 个互不相交的子集：存在一个使每个 β_i 值等于 1 的集合，且对这个 i 集合有 2^i 个元素. S 对集合的指派可以是任意的，只要得到的集合是互不相交的. 为了得到一个提取函数，我们将有 2^i 个元素的子集中的元素按照一对一的方式映射为长度为 i 的 2^i 个二进制字符串.

证明这个映射等价于定理 10.5 中给出的递归提取程序，这两种方法对所有的 i 都以相同的概率产生 i 比特.

10.9 我们已经证明，可以从一个均匀随机地取自$\{0,\cdots,m-1\}$的数中，平均提取至少为$\lfloor\log_2 m\rfloor-1$个独立无偏的比特. 因此，如果有 k 个均匀随机地取自$\{0,\cdots,m-1\}$的数，那么可以从中平均提取至少为 $k\lfloor\log_2 m\rfloor-k$ 个独立无偏的比特. 给出一个较好的程序，使得可以从这些数中平均地提取至少为 $k\lfloor\log_2 m\rfloor-1$ 个独立无偏的比特.

10.10 假定有产生独立地投掷均匀硬币的方法.

(a) 给出一个利用恰好投掷 $\log_2 n$ 次硬币产生一个均匀地取自$\{0,1,\cdots,n-1\}$中的数的算法，其中 n 是 2 的幂.

(b) 如果 n 不是 2 的幂，证明对任意固定的 k，没有算法可以利用恰好投掷 k 次硬币产生一个均匀地取自$\{0,1,\cdots,n-1\}$中的数.

(c) 如果 n 不是 2 的幂，证明对任意固定的 k，没有算法可以利用至多为 k 次投掷产生一个均匀地

取自$\{0, 1, \cdots, n-1\}$中的数.

(d) 给出一个即使当 n 不是 2 的幂时，利用至多为 $2\lceil \log_2 n \rceil$次期望投掷，产生一个均匀地取自$\{0, 1, \cdots, n-1\}$中的数的算法.

10.11 假定有产生独立地投掷均匀硬币的方法.

(a) 利用均匀硬币给出一个模拟以概率 p 出现正面的有偏硬币投掷的算法. 算法所用的期望投掷次数必须至多为 2.（提示：将 p 写成用二进制表示的小数，并用均匀硬币产生二进制的小数数字.）

(b) 给出一个利用硬币产生一个均匀地取自$\{0, \cdots, n-1\}$中的数的算法，算法所用的期望投掷次数必须至多为$\lceil \log_2 n \rceil + 2$.

10.12 有一个提取算法 $\mathcal{A}$，它的输入是 n 次独立投掷一枚出现正面概率为 $p>1/2$ 的硬币序列 $X=x_1, x_2, \cdots, x_n$. 将序列分为$\lfloor n/2 \rfloor$对，对 $i=1, \cdots, \lfloor n/2 \rfloor$，有 $a_i=(x_{2i-1}, x_{2i})$. 依次考虑这些对，如果 $y_i=$(正，反)，那么输出一个 0；如果 $a_i=$(反，正)，那么输出一个 1；其他情况，移向下一对.

(a) 证明提取出的比特是独立无偏的.

(b) 证明提取比特的期望个数是$\lfloor n/2 \rfloor 2p(1-p) \approx np(1-p)$.

(c) 可以从序列 X 导出另一个投掷硬币的集合 $Y=y_1, y_2, \cdots$如下. 从 $j, k=1$ 开始，重复以下的运算直到 $j=\lfloor n/2 \rfloor$：如果 $a_j=$(正，正)，令 y_k 为正面，并增加 j 和 k，如果 $a_j=$(反，反)，令 y_k 为反面，并增加 j 和 k；否则增加 j. 图 10.3 给出了一个例子.

这里直观上产生了某些随机性，即 $\mathcal{A}$ 不能有效地利用，也不能重复利用. 证明关于 Y 运行 $\mathcal{A}$ 得到的比特是独立无偏的，进一步证明它们与由关于 X 运行 $\mathcal{A}$ 得到的比特独立.

X	H H T T H T H H H T H H H T T T H T T T
Y	H T H H T T
Z	H H T H T H T H T H

Y	H T H H T T	Z	H H T H T H T H T H
	H T		H
	T H H		H T T T T

图 10.3　在对输入序列 X 运行 $\mathcal{A}$ 后，可以得到进一步的序列 Y 和 Z；再对每一个 Y 和 Z 运行 $\mathcal{A}$，可以由此得到更进一步的序列等

(d) 可以由序列 X 导出第二个投掷硬币的集合 $Z=z_1, z_2, \cdots z_{\lfloor n/2 \rfloor}$如下：令 z_i 为正面，如果 $y_i=$(正,正)或(反，反)；其他情况令 z_i 为反面. 见图 10.3 的一个例子，证明关于 Z 运行 $\mathcal{A}$ 产生的比特是独立无偏的，进一步证明它们与关于 X 和 Y 运行 $\mathcal{A}$ 产生的比特独立.

(e) 在关于 Y 和 Z 运行 $\mathcal{A}$ 并导出之后，可以用相同的方法关于这些序列运行 $\mathcal{A}$，从而递归地从这些序列中的每一个进一步导出两个的序列等. 图 10.3 给出了一个例子. 当序列 X 的长度趋于无穷时，令 $A(p)$表示序列 X 中每次投掷硬币(出现正面的概率为 p)所提取的平均比特数. 证明满足递归式

$$A(p)=p(1-p)+\frac{1}{2}(p^2+q^2)A\left(\frac{p^2}{p^2+q^2}\right)+\frac{1}{2}A(p^2+(1-p^2))$$

(f) 证明熵函数 $H(p)$满足上面的关于 $A(p)$的递归式.

(g) 执行(e)中说明的递归提取过程. 对于由出现正面概率为 $p=0.7$ 的硬币产生的 1024 比特序列运行 1000 次. 给出对所有 1000 次运行所提取的投掷次数的分布，并讨论你的结果如何接近 $1024 \cdot H(0.7)$.

10.13 假定不用有偏的硬币，而是用一粒熵为 $h>0$ 的有偏的六面体骰子. 修改有偏硬币的提取函数，使得对投掷骰子序列中的每次投掷平均提取几乎 h 个随机比特. 证明提取函数是通过恰当地修改定理 10.5 而工作的.

10.14 假定不用有偏的硬币，而是用一粒熵为 $h>0$ 的有偏的六面体骰子. 修改有偏硬币的压缩函数，使得将 n 次投掷骰子序列平均地压缩为几乎 nh 比特. 证明压缩函数是通过恰当地修改定理 10.6 而工作的.

10.15 我们希望压缩一个独立同分布的随机变量序列 X_1，X_2，…，每个 X_j 取 n 个值中的一个. 将第 i 个值映射为一个 ℓ_i 比特序列的码字. 我们希望这些码字具有这样的性质：没有码字是任意其他码字的前缀.

(a) 说明当依次读取比特时，上述性质如何用于简单地解压由这个压缩算法建立的串.

(b) 证明 ℓ_i 必须满足

$$\sum_{i=1}^{n} 2^{-\ell_i} \leqslant 1$$

这就是所谓的 Kraft 不等式.

10.16 我们希望压缩一个独立同分布的随机变量序列 X_1，X_2，…. 每个 X_j 取 n 个值中的一个. 第 i 个值出现的概率为 p_i，其中 $p_1 \geqslant p_2 \geqslant \cdots \geqslant p_n$. 结果被压缩为如下. 令

$$T_i = \sum_{j=1}^{i-1} p_j$$

令第 i 个码字为 T_i 的前 $\lceil \log_2(1/p_i) \rceil$ 比特. 从一个空串开始，依次考虑 X_j，如果 X_j 取第 i 个值，则将第 i 个码字加到串的最后.

(a) 证明没有码字是任意其他码字的前缀.

(b) 令 z 是每个随机变量 X_j 附加比特的平均数. 证明

$$H(X) \leqslant z \leqslant H(X) + 1$$

10.17 算术编码是一种标准的压缩方法. 当被压缩的串是一个投掷有偏硬币的序列时，可以描述为如下. 假定有一个比特序列 $X=(X_1, X_2, \cdots, X_n)$，其中每个 X_i 相互独立的，以概率 p 为 0，以概率 $1-p$ 为 1. 序列是按词典顺序排序的，所以对 $x=(x_1, x_2, \cdots, x_n)$ 和 $y=(y_1, y_2, \cdots, y_n)$，若第一个使得 $x_i \neq y_i$ 的坐标 i 中有 $x_i=0$ 且 $y_i=1$，则说 $x<y$. 如果 z_x 是串 x 中 0 的个数，那么定义 $p(x)=p^{z_x}(1-p)^{n-z_x}$ 及 $q(x)\sum_{y<x} p(y)$.

(a) 假定按顺序给出 $X=(X_1, X_2, \cdots, X_n)$. 说明如何在 $O(n)$ 时间内计算 $q(X)$. (可以假定对实数的每种运算需要不变的时间.)

(b) 证明区间 $[q(x), q(x)+p(x))$ 是 $[0, 1)$ 上的不相交子区间.

(c) 已知(a)和(b)，序列 X 可表示为区间 $[q(X), q(X)+p(X))$ 中任意一点. 证明可在 $[q(X), q(X)+p(X))$ 中选取一个带有 $\lceil \log_2(1/p(X)) \rceil + 1$ 位的二进制的十进制数来表示 X，使任何码字都不是其他码字的前缀.

(d) 给定一个选自(c)中的码字，说明如何对它解压以确定对应的序列 $(X_1, X_2, \cdots, X_n)$.

(e) 利用切尔诺夫界，证明 $\log_2(1/p(X))$ 以大的概率接近 $nH(p)$. 因此这种方法给出一个有效的压缩方案.

10.18 Alice 要通过二元对称信道把一次投掷均匀硬币的结果发送给 Bob，每个位信号被翻转的概率为 $p<1/2$. 为了避免在传输中出错，她将正面编码为 $2k+1$ 个 0 序列，将反面编码为 $2k+1$ 个 1 序列.

(a) 考虑 $k=1$ 的情况，则正面编码为 000，反面编码为 111. 对可以收到的 8 种可能的 3 个位序列中的每一个，在 Bob 接收到那个序列的条件下，确定 Alice 投掷出一个正面的概率.

(b) Bob 通过检查 3 个位进行解码. 如果有 2 个或 3 个位是 0，Bob 决定对应的硬币投掷是一次正

面. 证明对每次投掷，这种规则使错误概率最小.

(c) 对一般的 k，如果至少有 $k+1$ 个位是 0，Bob 决定对应的硬币投掷是一次正面，证明这种规则使错误概率最小.

(d) 给出一个 Bob 出错的概率公式，使之对一般的 k 成立. 计算当 $p=0.1$ 且 k 取 1～6 时这个概率公式的值.

(e) 利用切尔诺夫界，给出(d)中计算的概率的界.

10.19 考虑下面的信道. 发送者发送集合$\{0, 1, 2, 3, 4\}$中的一个符号. 信道会产生错误. 在发送符号 k 时，接收器以 1/2 的概率接收到 $k+1 \bmod 5$，并以 1/2 的概率接收到 $k-1 \bmod 5$. 当发送多个符号时产生错误是相互独立的.

对这样的信道我们定义编码和解码函数. 一个(j, n)编码函数 Enc 将$\{0, 1, \cdots, j-1\}$中的一个数映射为$\{0, 1, 2, 3, 4\}^n$ 中的一个序列，一个(j, n)解码函数 Dec 将$\{0, 1, 2, 3, 4\}^n$ 中的序列映射回$\{0, 1, \cdots, j-1\}$中. 注意这个定义与我们用于二元对称信道的位序列有些许的不同.

存在错误概率为 0 的(1, 1)编码和解码函数. 编码函数将 0 映射为 0，将 1 映射为 1. 当发送 0 时，接收器接收到的是 1 或 4，所以解码函数将 1 和 4 映射为 0；当发送 1 时，接收器接收到的是 2 或 0，所以解码函数将 2 和 0 映射为 1. 这样保证不产生错误. 因此对每次信道的使用，至少有一个位是可以无错误地发送的.

(a) 证明存在错误概率为 0 的(5, 2)编码和解码函数. 这意味着每次使用通道时可以发送不止一位信息.

(b) 证明如果存在错误概率为 0 的(j, n)编码和解码函数，那么 $n \geqslant \log_2 j/(\log_2 5-1)$.

10.20 一个二元删除信道传输一个 n 位的序列. 每一位或者成功到达，或者不能成功到达，且以一个"?"符号替代，表示不知道那个位是 1 或 0. 失败以概率 p 独立地发生. 可以用类似于二元对称信道的方法，对二元删除信道定义(k, n)编码函数和解码函数，除非这里的解码函数 Dec：$\{0, 1, ?\}^n \to \{0, 1\}^k$ 必须能处理有"?"符号的序列.

证明对任意 $p>0$ 及任意的常数 δ，$\gamma>0$，如果 n 足够大，那么存在(k, n)编码函数和解码函数，其中 $k \leqslant n(1-p-\delta)$ 使得对每一个可能的 k 位输入消息，接收器不能获得正确消息的概率至多为 γ.

10.21 在证明香农定理时，我们使用下面的解码方法：对一个适当选择的 ε，寻找一个与接收到的位序列在$(p-\varepsilon)n$ 和$(p+\varepsilon)n$ 之间不同的码字；如果只存在一个这样的码字，解码器就会断定那个码字就是发送的码字. 相反，假定解码器寻找与接收到的序列不同的码字，其比特数最小(任意断开连接)，并得出该码字就是发送的码字. 证明对这种解码技术，如何修改香农定理的证明，以得到类似的结果.

第 11 章　蒙特卡罗方法

蒙特卡罗方法是有关通过抽样和模拟来估计值的一组工具. 蒙特卡罗技术广泛应用于物理学和工程学的几乎所有领域. 在这一章，我们首先给出常数 π 值的一个估计的简单试验，提出通过抽样估计一个值的基本思想. 用抽样进行估计经常会比这个简单例子复杂得多. 通过考虑如何适当地抽样以估计析取范式(DNF)布尔公式的满足赋值个数，来说明在设计一个有效的抽样过程中可能产生的潜在的困难.

然后我们转向一般的研究，演示从几乎均匀的抽样到组合对象的近似计数的一般的简化方法. 这致使我们考虑如何得到几乎均匀的样本，一种方法是将在本章最后一节介绍的马尔可夫链蒙特卡罗方法(MCMC).

11.1　蒙特卡罗方法

考虑估计常数值 π 的以下方法. 设(X, Y)是在平面上以原点$(0, 0)$为中心的一个 2×2 的正方形内均匀随机选取的一点，这等价于在$[-1, 1]$的均匀分布中独立地选取 X 和 Y，圆心为$(0, 0)$且半径为 1 的圆在这个正方形的内部，面积为 π. 如果令

$$Z=\begin{cases}1 & \text{如果}\ \sqrt{X^2+Y^2}\leqslant 1\\ 0 & \text{其他}\end{cases}$$

那么，因为点是从 2×2 正方形内均匀选取的，所以 $Z=1$ 的概率恰好是圆的面积与正方形面积的比，见图 11.1. 因此

$$\Pr(Z=1)=\frac{\pi}{4}$$

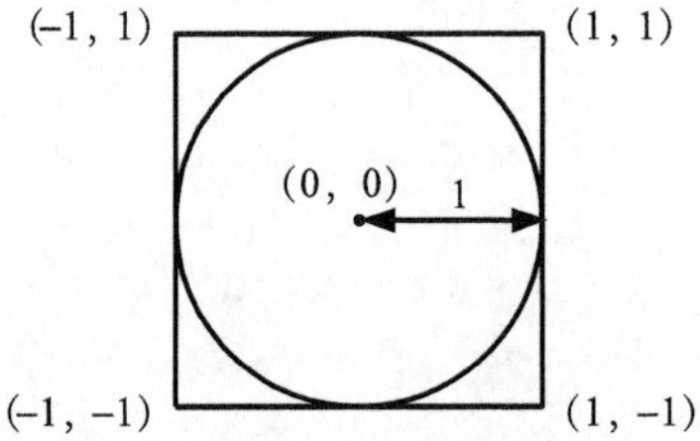

图 11.1　在正方形内均匀随机地选取一点有 $\pi/4$ 的概率落入圆内

假设进行这个试验 m 次(运行过程中 X 和 Y 是独立选取的)，Z_i 表示第 i 次试验的 Z 值. 如果 $W=\sum_{i=1}^{m} z_i$ ，那么

$$\boldsymbol{E}[W]=\boldsymbol{E}\Big(\sum_{i=1}^{m} Z_i\Big)=\sum_{i=1}^{m}\boldsymbol{E}[Z_i]=\frac{m\pi}{4}$$

因此 $W'=(4/m)W$ 是 π 的一个自然估计. 利用式(4.6)的切尔诺夫界，我们计算

$$\Pr(|W'-\pi|\geqslant\varepsilon\pi)=\Pr\left(\left|W-\frac{m\pi}{4}\right|\geqslant\frac{\varepsilon m\pi}{4}\right)$$
$$=\Pr(|W-\boldsymbol{E}[W]|\geqslant\varepsilon\boldsymbol{E}[W])\leqslant 2\mathrm{e}^{-m\pi\varepsilon^2/12}$$

因此，通过足够大的样本，以大的概率可以得到如我们希望的 π 的严格近似.

这种近似 π 的方法是我们现在描述的更一般的近似算法类中的一个例子.

定义 11.1　随机化算法给出 V 值的一个(ε, δ)近似，如果算法的输出 X 满足

$$\Pr(|X-V|\leqslant \varepsilon V)\geqslant 1-\delta$$

我们估计 π 的方法给出了一个 (ε, δ) 近似，只要 $\varepsilon<1$，并取 m 足够大，使得

$$2e^{-m\pi\varepsilon^2/12}\leqslant \delta$$

经代数计算可知，只需选取

$$m\geqslant \frac{12\ln(2/\delta)}{\pi\varepsilon^2}$$

可以推广估计 π 的方法的思想，得到抽样次数与近似质量之间的关系. 这一章将始终利用下面的切尔诺夫界的简单应用.

定理 11.1 设 $(x_1, \cdots, x_m)$ 是独立同分布示性随机变量，$\mu=\boldsymbol{E}[X_i]$. 若 $m\geqslant(3\ln(2/\delta))/\varepsilon^2\mu$，那么

$$\Pr\left(\left|\frac{1}{m}\sum_{i=1}^{m}X_i-\mu\right|\geqslant \varepsilon\mu\right)\leqslant \delta$$

即 m 个样品提供 μ 的一个 (ε, δ) 近似.

证明 留作练习 11.1.

更一般地，我们希望有一种算法，它不只是近似单个值，而是以问题的实例作为输入，给出问题的近似解的值. 这里我们考虑将输入 x 映射为值 $V(x)$ 的问题. 例如，给定一个输入图，希望知道图中独立集合的个数.

你可能要问我们为什么会满足于一个近似呢？也许我们的目的应该是一个精确的答案. 就拿 π 来说，我们不可能得到精确的答案，因为 π 是个无理数. 正像马上要看到的，求近似的另一个理由是，存在这样的问题，给出精确答案的算法的存在性就意味着 P=NP，所以不可能找到这样的算法. 但这并不排除有效的近似算法的可能性.

定义 11.2 一个问题的完全多项式随机化近似方案(FPRAS)是一个这样的随机化算法：给定一个输入 x，任意的参数 ε，δ 满足 $0<\varepsilon$，$\delta<1$，算法及时输出 $V(x)$ 的一个 (ε, δ) 近似，即多项式 $1/\varepsilon$、$\ln\delta^{-1}$ 和输入 x 的大小.

练习 11.3 考虑了一个似乎较弱但实际上是等价的 FPRAS 定义，这里回避了参数 δ.

蒙特卡罗方法本质上包括这里给出的得到 V 值的有效近似的方法. 我们要求一个有效的过程产生独立同分布的随机样本 X_1，X_2，$\cdots$，X_n，使得 $\boldsymbol{E}[X_i]=V$. 然后取足够的抽样得到 V 的 (ε, δ) 近似. 产生一个好的抽样序列往往是一个非常重要的任务，也是蒙特卡罗方法的一个重点.

蒙特卡罗方法有时也称为蒙特卡罗模拟. 举个例子，假定要估计未来某个时间一只股票的预期价格，我们可以建立一个模型，在这个模型中，股票价格 $p(Y_1, \cdots, Y_k)$ 依赖于随机变量 Y_1，Y_2，$\cdots$，Y_k. 如果能够从联合分布 Y_i 中重复产生独立的随机向量 $(y_1, y_2, \cdots, y_k)$，那么就可以重复产生独立的随机变量 X_1，X_2，$\cdots$，其中

$$X_i=p(Y_1,\cdots Y_k)$$

然后可以利用蒙特卡罗方法用 X_i 去估计未来的期望价格 $\boldsymbol{E}[p(Y_1, \cdots, Y_k)]$，即通过多次模拟 Y_i 的可能未来输出，可以估计股票价格的期望值.

11.2 应用：DNF 计数问题

作为一个要求非平凡抽样技术估计问题的例子，我们考虑析取范式(DNF)中布尔公式

满足赋值个数的计数问题．一个 DNF 公式是子句 $C_1 \vee C_2 \vee \cdots \vee C_t$ 的析取(OR)，其中每个子句是文字的合取(AND)．例如以下是一个 DNF 公式：

$$(x_1 \wedge \overline{x_2} \wedge x_3) \vee (x_2 \wedge x_4) \vee (\overline{x_1} \wedge x_3 \wedge x_4)$$

回忆 6.2.2 节的标准可满足性问题，输入公式是一个子句集合的合取(AND)，而每个子句又是文字的析取(OR)，这通常称作合取范式(CNF)．尽管确定 1 个 CNF 公式的可满足性是困难的，但确定一个 DNF 公式的可满足性却是简单的．因为对 DNF 公式的满足赋值只需满足一个子句，所以寻找一个满足赋值或证明它不是可满足的比较容易．

精确地计数一个 DNF 公式满足赋值的个数有多难呢？任给一个 CNF 公式 H，可以由德摩根定律得到公式 H 的否定及 $\overline{H}$ 的 DNF 公式，与原 CNF 公式有相同个数的变量和子句．公式 H 有满足的赋值，当且仅当存在某个不满足 $\overline{H}$ 的变量赋值．所以，H 有一个满足的赋值，当且仅当 $\overline{H}$ 的满足赋值个数严格地小于 2^n，即 n 个布尔变量可能赋值的总数．我们断言，对一个 DNF 公式满足赋值个数的计数至少像解决一个 NP 完全问题 SAT 一样困难．

存在与计数 NP 问题的解有关联的一个复杂性类，记作 #P，读作“sharp-P”．形式地，一个问题是在 #P 类中的，如果存在一个多项式时间的不确定的图灵机，使得对任意一个输入 I，接受的计算数等于与输入 I 关联的不同解的个数．计数一个 DNF 公式满足赋值的个数实际上是一个 #P 完全问题，即这个问题与这个类中的任何其他问题一样难．#P 类的其他完全问题包括计数：一个图中不同的哈密顿圈的个数以及计数一个二部图中的完美匹配个数．

不可能存在一个计算 #P 完全问题的解的精确数量的多项式时间算法，因为这样一种算法至少意味着 P＝NP．因此，对 DNF 公式满足赋值的个数，寻找一个 FPRAS 是有趣的．

11.2.1 朴素算法

我们首先试着推广曾用来近似 π 的方法，阐明为什么这种方法一般情况下是不合适的，然后说明为了解决这个问题，如何改进抽样技术．

算法 11.1 DNF 计数算法 I

输入： 一个有 n 个变量的 DNF 公式 F.

输出： $Y=c(F)$ 的一个近似.

1. $X \leftarrow 0$.
2. 对 $k=1$ 到 m：
   (a) 产生一个从所有 2^n 个可能赋值中均匀随机地选取的 n 个变量的随机赋值；
   (b) 如果随机赋值满足 F，则 $X \leftarrow X+1$.
3. 返回 $Y \leftarrow (X/m)2^n$.

设 $c(F)$ 是 DNF 公式 F 的满足赋值的个数，这里假定 $c(F)>0$，因为在运行抽样算法之前，容易检查是否有 $c(F)=0$．在 11.1 节，我们通过下面的方法来近似 π：生成均匀随机地来自 2×2 正方形中的点，并检查是否在目标(半径为 1 的圆)内．在算法 11.1 中，我

们尝试一种类似的方法：产生 n 个变量的均匀随机赋值，然后检查得到的赋值是否在公式 F 的满足赋值的目标中.

如果算法的第 k 次迭代产生一个满足赋值，令 X_k 为 1；否则为 0. 那么 $X=\sum_{k=1}^{m}X_k$，其中 X_k 是独立的 0-1 随机变量，每个以 $c(F)/2^n$ 的概率取值为 1. 因此，由期望的线性性，

$$\boldsymbol{E}[Y]=\frac{\boldsymbol{E}[X]2^n}{m}=c(F)$$

利用定理 11.1 可知，X/m 给出了 $c(F)/2^n$ 的一个(ε,δ)近似，因此当

$$m\geqslant\frac{3\cdot 2^n\ln(2/\delta)}{\varepsilon^2 c(F)}$$

时，给出了 $c(F)$的(ε,δ)近似.

如果对某个多项式 α，$c(F)\geqslant 2^n/\alpha(n)$，那么由前面的分析可知，只需抽样关于 n、$1/\varepsilon$ 和 $\ln(1/\delta)$的多项式 m 次. 但不能排除 $c(F)$比 2^n 小得多的可能性，特别是 $c(F)$可能是 n 的多项式. 因为我们的分析要求抽样次数 m 与 $2^n/c(F)$成比例，所以并不认为算法的运行时间总是关于问题大小的多项式.

这不仅仅是一种简单的分析，在练习 11.4 中给出了证明的粗略梗概. 如果满足任务数是 n 的多项式，并且在每一步都是从有 2^n 种可能赋值中均匀随机地抽样，在找到第一次满足赋值之前，那么以高概率必须抽样一个指数级次的赋值. 例如，可以断定不考虑指数级多个随机赋值，我们不可能分辨 n、n^2 和 n^3 个满足赋值的场合，因为在所有三种情况下，都以大的概率得到零个满足赋值.

这种柚样方法的问题在于满足赋值集合在所有赋值集合中不是足够稠密的，这是对我们抽样技术追加的以前没有明确提出的要求. 用定理 11.1 的话来说，我们需要足够多的抽样次数试图近似 μ 值才有效.

为了得到这个问题的 FPRAS，需要设计一个更好的抽样方案，以避免浪费那么多步在不满足公式的赋值上. 我们需要构建一个包含所有 F 的满足赋值的样本空间，而且具有下面的性质：这些赋值在样本空间中是足够稠密的，从而可以有效地抽样.

11.2.2　DNF 计数问题的完全多项式随机方案

现在我们修改抽样过程以得到一个 FPRAS. 令 $F=C_1\vee C_2\vee\cdots\vee C_t$，不失一般性，假定没有子句包含一个变量及其否定(如果存在这样的子句，它不是满足的，我们可以从公式中消去它). F 的一个满足赋值至少要满足子句 C_1，…，C_t 中的一个. 每个子句是文字的结合，所以对出现在子句中的变量只有唯一的赋值是满足子句的，所有其他变量可以取任意值. 例如，为了满足子句$(x_1\wedge\overline{x_2}\wedge x_3)$，$x_1$ 和 x_3 必须取 True，而 x_2 必须取 False.

如果子句 C_i 含有 ℓ_i 个文字，那么对恰好存在 $2^{n-\ell_i}$ 个满足 C_i 的赋值. 令 SC_i 表示满足子句 i 的赋值集合，令

$$U=\{(i,a)\mid 1\leqslant i\leqslant t \text{ 且 } a\in SC_i\}$$

注意，我们知道 U 的大小，这是因为

$$\sum_{i=1}^{t} |SC_i| = |U|$$

并且可以计算 $|SC_i|$

我们希望估计的值由下式给出：

$$c(F) = \left| \bigcup_{i=1}^{t} SC_i \right|$$

因为一个赋值可以满足不止一个子句，所以出现在多对子句 U 中，因而 $c(F) \leqslant |U|$.

为了估计 $c(F)$，定义一个 U 的大小为 $c(F)$ 的子集 S. 我们用以下方法构造这个集合：对 F 的每一个满足赋值在 U 中恰好选取具有这个赋值的一对；特别地，可以选取具有最小的子句指标数的那一对元素，即

$$S = \{(i, a) \mid 1 \leqslant i \leqslant t, a \in SC_i, a \notin SC_j, \quad j < i\}$$

算法 11.2 DNF 计数算法Ⅱ：

输入： 一个有 n 个变量的 DNF 公式 F.

输出： $Y = c(F)$ 的一个近似.

1. $X \leftarrow 0$.
2. 对 $k=1$ 到 m：
   (a) 以概率 $|SC_i| / \sum_{i=1}^{t} |SC_i|$ 均匀随机地选取一个赋值 $a \in SC_i$.
   (b) 如果 a 不在任一 SC_j 中，$j < i$，则 $X \leftarrow X + 1$.
3. 返回 $Y \leftarrow (X/m) \sum_{i=1}^{t} |SC_i|$.

因为 U 的大小已知，所以由估计比 $|S|/|U|$ 可以估计 S 的大小. 如果利用前面的方法均匀随机地从 U 中抽样，从 U 中均匀随机地选取一个对，并记录它们隔多久处于 S 中，则可以有效地估计这个比值. 因为 S 在 U 中是相对稠密的，所以可以避免在简单随机地抽样赋值时遇到过的问题. 特别地，因为每一个赋值至多可以满足 t 个不同的子句，所以 $|S|/|U| \geqslant 1/t$.

现在剩下的唯一问题是如何从 U 中均匀抽样. 假定首先选取第一个坐标 i，因为第 i 个子句有 $|SC_i|$ 个满足赋值，我们以与 $|SC_i|$ 成比例的概率选择 i. 特别地，以概率

$$\frac{|SC_i|}{\sum_{i=1}^{t} |SC_i|} = \frac{|SC_i|}{|U|}$$

选择 i. 然后可以从 SC_i 中均匀随机地抽取一个满足赋值. 这是容易做到的. 对于每个不在子句 i 中的文字，独立且均匀随机地选取一个值 Ture 或 False. 这样，我们选择对 (i, a) 的概率为

$$\begin{aligned} \Pr((i,a)\text{ 被选择}) &= \Pr(i\text{ 被选择}) \cdot \Pr(a\text{ 被选择} \mid i\text{ 被选择}) \\ &= \frac{|SC_i|}{|U|} \frac{1}{|SC_i|} = \frac{1}{|U|} \end{aligned}$$

即为一个均匀分布.

算法 11.2 执行这些步骤.

定理 11.2　当 $m=\lceil(3t/\varepsilon^2)\ln(2/\delta)\rceil$时，DNF 计数算法Ⅱ是 DNF 计数问题的一个完全多项式随机化近似方案(FPRAS).

证明　算法的第 2(a)步均匀随机地抽取 U 中的一个元素，这个元素属于 S 的概率至少是 $1/t$. 固定任意的 $\varepsilon>0$ 和 $\delta>0$，令

$$m=\left\lceil\frac{3t}{\varepsilon^2}\ln\frac{2}{\delta}\right\rceil$$

那么 m 是 t、ε 和 $ln(1/\sigma)$的多项式，每一次抽样的处理时间是 t 的多项式. 由定理 11.1，对这样的抽样次数，X/m 给出了 $c(F)/|U|$ 的(ε, δ)近似，因此 Y 给出了 $c(F)$的(ε, δ)近似. ■

11.3　从近似抽样到近似计数

DNF 公式的例子表明，在可以从一个合适的空间进行抽样与可以对那个空间中具有某个性质的目标进行计数之间存在着一种基本的联系. 在这一节，我们将介绍一般简化方法的概要来说明，如果可以对一个“自可约”组合问题进行几乎均匀地抽样得到一个解，那么就能够构造一个近似地计数那个问题解的个数的随机化算法. 我们在一个图中独立集合个数的计数问题中来演示这种方法. 在下一章，还要考虑在图中正规着色法的问题，并将此技术应用到图中.

首先需要将近似均匀抽样概念用公式表示，这里，我们以一个输入 x 及存在与这个输入关联的基础有限样本空间 $\Omega(x)$的形式给出问题的例子.

定义 11.3　设 w 是对有限样本空间 Ω 的一种抽样算法的(随机)输出，抽样算法生成 Ω 的一个 ε 均匀样本，如果对 Ω 的任意子集 S 有

$$\left|\Pr(w\in S)-\frac{|S|}{|\Omega|}\right|\leqslant\varepsilon$$

抽样算法是一个完全多项式几乎均匀抽样(FPAUS)问题，如果对已知的输入 x 和参数 $\varepsilon>0$，算法生成 $\Omega(x)$的一个 ε 均匀样本，并且以关于 $\ln\varepsilon^{-1}$和输入 x 大小的多项式时间运行.

下一章，我们介绍总变异距离的概念，它容许关于 ε 均匀样本的一个等价定义.

举一个例子，独立集合的 FPAUS 以一个图 $G=(V, E)$及参数 ε 作为输入. 样本空间是图的所有独立集合，输出是独立集合的一个 ε 均匀样本，产生这样一个样本的时间是关于图的大小和 $\ln\varepsilon^{-1}$的多项式. 事实上，可以减少到只需要关于 ε^{-1} 的多项式的运行时间，但是我们利用定义 11.3 给出的标准定义.

我们的目的是要证明，给定一个独立集合的 FPAUS，可以构造一个计数独立集合个数的 FPRAS. 假定输入 G 有 m 条边，令 e_1，…，e_m 表示这些边的一个任意次序，令 E_i 是 E 中前 i 条边的集合，令 $G_i=(V, E_i)$. 注意到 $G=G_m$，而且 G_{i-1}就是从 G_i 中除去一条边后得到的.

令 $\Omega(G_i)$表示 G_i 中独立集合的集合，那么图 G 中独立集合的个数可以表示为

$$|\Omega(G)|=\frac{|\Omega(G_m)|}{|\Omega(G_{m-1})|}\times\frac{|\Omega(G_{m-1})|}{|\Omega(G_{m-2})|}\times\frac{|\Omega(G_{m-2})|}{|\Omega(G_{m-3})|}\times\cdots\times\frac{|\Omega(G_1)|}{|\Omega(G_0)|}\times|\Omega(G_0)|$$

由于图 G_0 没有边，V 的每一个子集都是独立集合，并且 $\Omega(G_0)=2^n$. 为了估计 $|\Omega(G)|$，我们需要关于比的一个好的估计量

$$r_i = \frac{|\Omega(G_i)|}{|\Omega(G_{i-1})|}, \quad i = 1,\cdots,m$$

更严格地，我们提出比 r_i 的估计 $\widetilde{r}_i$，那么 G 中独立集合个数的估计将是

$$2^n \prod_{i=1}^{m} \widetilde{r}_i$$

而真值是

$$|\Omega(G)| = 2^n \prod_{i=1}^{m} r_i$$

为了计算估计量的误差，我们需要界定比

$$R = \prod_{i=1}^{m} \frac{\widetilde{r}_i}{r_i}$$

特别地，为了得到一个(ε, δ)近似，我们希望 $\Pr(|R-1| \leqslant \varepsilon) \geqslant 1-\delta$. 需要利用下面的引理.

引理 11.3　假设对所有的 i，$1 \leqslant i \leqslant m$，$\widetilde{r}_2$ 是 r_i 的一个$(\varepsilon/2m, \delta/m)$近似，那么

$$\Pr(|R-1| \leqslant \varepsilon) \geqslant 1-\delta$$

证明　对每个 $1 \leqslant i \leqslant m$，我们有

$$\Pr(|\widetilde{r}_i - r_i| \leqslant \frac{\varepsilon}{2m} r_i) \geqslant 1 - \frac{\delta}{m}$$

等价地

$$\Pr(|\widetilde{r}_i - r_i| > \frac{\varepsilon}{2m} r_i) < \frac{\delta}{m}$$

由一致界，对任意 i，$|\widetilde{r}_i - r_i| > (\varepsilon/2m) r_i$ 的概率至多是 δ；因此对所有 i，$|\widetilde{r}_i - r_i| \leqslant (\varepsilon/2m) r_i$ 的概率至少是 $1-\delta$. 等价地

$$1 - \frac{\varepsilon}{2m} \leqslant \frac{\widetilde{r}_i}{r_i} \leqslant 1 + \frac{\varepsilon}{2m}$$

成立的概率至少为 $1-\delta$. 当这些界对所有 i 都成立时，综合它们而得到

$$1-\varepsilon \leqslant \left|1 - \frac{\varepsilon}{2m}\right|^m \leqslant \prod_{i=1}^{m} \frac{\widetilde{r}_i}{r_i} \leqslant \left(1 + \frac{\varepsilon}{2m}\right)^m \leqslant 1+\varepsilon$$

算法 11.3　估计 r_i

输入：图 $G_{i-1} = (V, E_{i-1})$和图 $G_i = (V, E_i)$.

输出：$\widetilde{r} = r_i$ 的一个近似.

1. $X \leftarrow 0$.
2. 重复 $M = \lceil 1296 m^2 \varepsilon^{-2} \ln(2m/\delta) \rceil$次独立试验：
   (a) 从 $\Omega(G_{i-1})$中产生一个$(\varepsilon/6m)$均匀样本；
   (b) 如果这个样本也是 G_i 中的一个独立集合，令 $X \leftarrow X+1$.
3. 返回 $\widetilde{r}_i \leftarrow X/M$.

因此，我们需要得到一个 r_i 的$(\varepsilon/2m, \delta/m)$近似的方法. 我们使用蒙特卡罗算法估计每一个比率，该算法使用 FPAUS 对独立集合进行抽样. 为了估计 r_i，我们在 G_{i-1} 中抽样

独立集合，并且如算法 11.3 所描述的那样计算这些独立集合也是 G_i 中独立集合的部分. 选取程序中的常数以便于引理 11.4 的证明.

引理 11.4　当 $m\geqslant 1$ 且 $0<\varepsilon\leqslant 1$ 时，估计 r_i 的方法产生 r_i 的一个$(\varepsilon/2m,\ \delta/m)$近似.

证明　我们首先证明 r_i 不会太小，以避免 11.2.1 节中出现过的问题. 假定 G_{i-1} 和 G_i 不同于在 G_i 中但不在 G_{i-1} 中的边$\{u,\ v\}$，一个在 G_i 中的独立集合在 G_{i-1} 中也是独立集合，所以

$$\Omega(G_i)\subseteq\Omega(G_{i-1})$$

$\Omega(G_{i-1})\setminus\Omega(G_i)$中的独立集合包含 u 和 v，为了界定集合 $\Omega(G_{i-1})\setminus\Omega(G_i)$的大小，我们将每个 $I\in\Omega(G_{i-1})\setminus\Omega(G_i)$与一个独立集合 $I\setminus\{v\}\in\Omega(G_i)$相关联. 在这个映射中，一个独立集合 $I'\in\Omega(G_i)$与不多于一个独立集合 $I'\cup\{v\}\in\Omega(G_{i-1})\setminus\Omega(G_i)$关联，因此 $|\Omega(G_{i-1})\setminus\Omega(G_i)|\leqslant|\Omega(G_i)|$. 所以有

$$r_i=\frac{|\Omega(G_i)|}{|\Omega(G_{i-1})|}=\frac{|\Omega(G_i)|}{|\Omega(G_i)|+|\Omega(G_{i-1})\setminus\Omega(G_i)|}\geqslant\frac{1}{2}$$

现在考虑 M 个样品，如果第 k 个样本在 $\Omega(G_i)$中，令 $X_k=1$；否则 $X_k=0$，因为我们的样本是由$(\varepsilon/6m)$均匀抽样器生成的，由定义 11.3，每一个 X_i 必须满足

$$\left|\Pr(X_k=1)-\frac{|\Omega(G_i)|}{|\Omega(G_{i-1})|}\right|\leqslant\frac{\varepsilon}{6m}$$

因为 X_k 是示性随机变量，有

$$\left|\boldsymbol{E}[X_k]-\frac{|\Omega(G_i)|}{|\Omega(G_{i-1})|}\right|\leqslant\frac{\varepsilon}{6m}$$

进一步，由期望的线性性，

$$\left|\boldsymbol{E}\left(\frac{\sum\limits_{k=1}^{M}X_k}{M}\right)-\frac{|\Omega(G_i)|}{|\Omega(G_{i-1})|}\right|\leqslant\frac{\varepsilon}{6m}$$

因此，我们有

$$|\boldsymbol{E}[\widetilde{r}_i]-r_i|=\left|\boldsymbol{E}\left[\frac{\sum\limits_{i=k}^{M}X_k}{M}\right]-\frac{|\Omega(G_i)|}{|\Omega(G_{i-1})|}\right|\leqslant\frac{\varepsilon}{6m}$$

现在综合(a)刚刚证明的 $\boldsymbol{E}[\widetilde{r}_i]$接近 r_i 的事实和(b)当样本数量足够大时，$\widetilde{r}_i$ 接近 $\boldsymbol{E}[\widetilde{r}_i]$ 的事实，我们来完成引理的证明. 由于 $r_i\geqslant 1/2$，我们有

$$\boldsymbol{E}[\widetilde{r}_i]\geqslant r_i-\frac{\varepsilon}{6m}\geqslant\frac{1}{2}-\frac{\varepsilon}{6m}\geqslant\frac{1}{3}$$

由定理 11.1 可知，如果样品个数 M 满足

$$M\geqslant\frac{3\ln(2m/\delta)}{(\varepsilon/12m)^2(1/3)}=1296m^2\varepsilon^{-2}\ln\frac{2m}{\delta}$$

那么

$$\Pr\left(\left|\frac{r_i}{\boldsymbol{E}[\widetilde{r}_i]}-1\right|\geqslant\frac{\varepsilon}{12m}\right)=\Pr\left(|\widetilde{r}_i-\boldsymbol{E}[\widetilde{r}_i]|\geqslant\frac{\varepsilon}{12m}\boldsymbol{E}[\widetilde{r}_i]\right)\leqslant\frac{\delta}{m}$$

等价地，在概率为 $1-\delta/m$ 的情况下，

$$1-\frac{\varepsilon}{12m}\leqslant\frac{\widetilde{r}_i}{\mathbf{E}[\widetilde{r}_i]}\leqslant 1+\frac{\varepsilon}{12m} \tag{11.1}$$

当 $|\mathbf{E}[\widetilde{r}_i]-r_i|\leqslant\varepsilon/6m$ 时，我们有

$$1-\frac{\varepsilon}{6mr_i}\leqslant\frac{\mathbf{E}[\widetilde{r}_i]}{r_i}\leqslant 1+\frac{\varepsilon}{6mr_i}$$

由 $r_i\geqslant 1/2$ 得到

$$1-\frac{\varepsilon}{3m}\leqslant\frac{\mathbf{E}[\widetilde{r}_i]}{r_i}\leqslant 1+\frac{\varepsilon}{3m} \tag{11.2}$$

综合式(11.1)和式(11.2)，因此，在概率为 $1-\delta/m$ 的情况下有

$$1-\frac{\varepsilon}{2m}\leqslant\left(1-\frac{\varepsilon}{3m}\right)\left(1-\frac{\varepsilon}{12m}\right)\leqslant\frac{\widetilde{r}_i}{r_i}\leqslant\left(1+\frac{\varepsilon}{3m}\right)\left(1+\frac{\varepsilon}{12m}\right)\leqslant 1+\frac{\varepsilon}{2m}$$

这样就给出了要求的 $(\varepsilon/2m, \delta/m)$ 近似. ■

样本 M 的个数是 m、ε 和 $\ln\delta^{-1}$ 中的多项式，每个样本的时间在图的大小和 $\ln\varepsilon^{-1}$ 上是多项式. 因此，我们有以下定理.

定理 11.5 给定任意一个图中的独立集合的完全多项式几乎均匀抽样器(FPAUS)，我们可以构造一个关于这个图 G 的独立集合个数的完全多项式随机化近似方案(FPRAS).

事实上，这个定理更常用到的是下面的形式.

定理 11.6 给定任意一个最大次至多为 Δ 的图的独立集合的完全多项式几乎均匀抽样器(FPAUS)，我们可以构造一个关于最大次至多为 Δ 的图 G 中的独立集合个数的完全多项式随机化近似方案(FPRAS).

定理的这种形式源于我们前面的讨论，因为图 G_i 是初始图 G 的子图. 因此，如果从最大次至多为 Δ 的一个图开始，那么我们的 FPAUS 只需在最大次至多为 Δ 的图上工作. 在下一章，我们将看到如何对最大次为 4 的图建立一个 FPAUS.

这种技术可以用于组合计数问题的广泛领域，例如，在第 12 章，我们考虑它在求图 G 的正规着色法中的应用. 唯一的要求是可以构造问题的改进序列，从一个容易计数(在我们的例子中，指一个没有边的图中独立集合个数)的场合开始到实际计数问题结束，使得相继场合计数之间的比至多是关于问题大小的多项式.

11.4　马尔可夫链蒙特卡罗方法

蒙特卡罗方法是基于抽样的方法产生一个具有要求的概率分布的随机样本经常是困难的，例如，在前一节我们看到，如果能够产生一个来自独立集合的几乎均匀样本，就能计数一个图中独立集合的个数. 但是怎样产生一个几乎均匀样本呢?

马尔可夫链蒙特卡罗方法(MCMC)对从要求的概率分布中抽样提供了一个非常一般的方法. 其基本思想是定义一个遍历马尔可夫链，这个链的状态集合是样本空间，它的平稳分布是所要求的抽样分布. 令 X_0，X_1，…，X_n 是链的一段，马尔可夫链可以从任意一个初始状态 X_0 收敛到平稳分布，所以经过足够多的 r 步后，状态 X_r 的分布将接近于平稳分布，所以可以作为一次抽样. 类似地，重复这个过程，以 X_r 作为初始点，可以用 X_{2r} 作为一个样本等. 因此，可以把状态序列 X_r，X_{2r}，X_{3r}，…作为来自马尔可夫链平稳分布的几乎独立的样本. 这种方法的效率取决于：(a)为了保证一个适当好的样本，r 必须要有多

大；(b)马尔可夫链的每一步需要多少计算．在本节，我们着重寻找具有合适的平稳分布的有效马尔可夫链，而不考虑 r 需要多大的问题．耦合是一种确定 r 值与样本质量之间关系的方法，将在下章介绍．

最简单情况，目标是构造一个平稳分布为状态空间 Ω 上的均匀分布的马尔可夫链．第一步是设计一个移动集合，保证这个马尔可夫链下的状态空间是不可约的．我们称从状态 x(但不包括 x)经过一步到达的状态集合为 x 的邻域，记作 $N(x)$．采用如下的限制：如果 $y\in N(x)$，那么 $x\in N(y)$．一般地，$N(x)$是一个小的集合，使得执行每一次移动只是简单的计算．

我们仍然用图 $G=(V,E)$中的独立集合作为例子，状态空间是 G 的所有独立集合全体．一种自然的邻域结构比如说是状态 x 和 y，它们都是独立集合，且是相邻的，如果它们只有一个顶点不同．也就是说，y 只需增加或去掉一个顶点就可得到 x．因为所有的独立集合都能通过去除一系列顶点(或增加顶点)达到(或可被达到)空的独立集合，所以这种相邻关系保证状态空间是不可约的．

一旦建立了相邻关系，我们还需要建立转移概率．一种自然的方法是尝试执行状态空间图上的随机游动，但这可能不会导出一个均匀分布．然而由定理 7.13 可知，在随机游动的平稳分布中，一个顶点的概率与这个顶点的次成比例．在以前的讨论中，没有要求所有状态有相同个数的邻点，这等价于状态空间图中的所有顶点都有相同的次．

下面的引理表明，如果对每一个顶点给出一个适当的自圈概率来修改随机游动，那么可以得到一个均匀的平稳分布．

引理 11.7　对一个有限的状态空间 Ω 和领域结构 $\{N(X)\mid x\in\Omega\}$，令 $N=\max_{x\in\Omega}|N(x)|$．令 M 是使得 $M\geqslant N$ 成立的数．考虑一个马尔可夫链，其中

$$P_{x,y}=\begin{cases}1/M & \text{如果 } x\neq y \text{ 且 } y\in N(x)\\ 0 & \text{如果 } x\neq y \text{ 且 } y\notin N(x)\\ 1-N(x)/M & \text{如果 } x=y\end{cases}$$

如果这个链是不可约的且是非周期的，那么平稳分布是均匀分布．

证明　我们证明这个链是时间可逆的，然后应用定理 7.10．对任意的 $x\neq y$，如果 $\pi_x=\pi_y$，那么

$$\pi_x P_{x,y}=\pi_y P_{y,x}$$

这是因为 $P_{x,y}=P_{y,x}=1/M$．所以均匀分布 $\pi_x=1/|\Omega|$是平稳分布．■

现在考虑下面简单的马尔可夫链，其状态是图 $G=(V,E)$中的独立集合．

1. X_0 是 G 中的任意一个独立集合．

2. 计算 X_{i+1}：

(a) 从 V 中均匀随机地选取一个顶点 v；

(b) 如果 $v\in X_i$，那么 $X_{i+1}=X_i\setminus\{v\}$；

(c) 如果 $v\notin X_i$ 并且如果 X_i 中增加 v 后仍是独立集合，那么 $X_{i+1}=X_i\cup\{v\}$；

(d) 其他，令 $X_{i+1}=X_i$．

这个链具有这样的性质，即状态 X_i 的邻域都是独立集合，它们与 X_i 只相差一个顶点．因为每一个状态都可以到达空集，并且都可以由空集到达，所以这个链是不可约的．假设 G 至少有一条边(u,v)，那么状态$\{v\}$有一个自圈($P_{v,v}>0$)，且这个链是非周期的．进一步，当

$y \neq x$ 时，得到 $P_{x,y}=1/|V|$ 或等于 0. 所以由引理 11.7 得到平稳分布是均匀分布.

Metropolis 算法

我们已经研究了怎样构造一个具有均匀平稳分布的链，但是在某些情况下，我们可能希望从一个非均匀平稳分布的链进行抽样. Metropolis 算法提供了一种将状态空间 Ω 上任意不可约马尔可夫链变换为一个具有所要求的平稳分布的时间可逆的马尔可夫链的一般构造方法. 这个方法推广了以前用于产生均匀平稳分布链的思想：在状态中加入自圈概率以得到期望的平稳分布.

再次假定对马尔可夫链已经设计了一个不可约状态空间，现在希望在这个状态空间上构造具有平稳分布 $\pi_x=b(x)/B$ 的马尔可夫链，其中对所有的 $x\in\Omega$，有 $b(x)>0$，使得 $B=\sum_{x\in\Omega}b(x)$ 是有限的. 正如我们将在下面引理(它推广了引理 11.7)中看到的，只需知道所求概率之间的比. B 可以是未知的.

引理 11.8　对一个有限的状态空间 Ω 和邻域结构 $\{N(X)\mid x\in\Omega\}$，令 $N=\max_{x\in\Omega}|N(x)|$. M 是任意使得 $M\geqslant N$ 成立的数. 对任意的 $x\in\Omega$，令 $\pi_x>0$ 是平稳分布中状态 x 所要求的概率. 考虑一个马尔可夫链，其中

$$P_{x,y}=\begin{cases}(1/M)\min(1,\pi_y/\pi_x) & \text{如果 } x\neq y \text{ 且 } y\in N(x)\\ 0 & \text{如果 } x\neq y \text{ 且 } y\notin N(x)\\ 1-\sum\limits_{y\neq x}P_{x,y} & \text{如果 } x=y\end{cases}$$

如果这个链是不可约的且是非周期的，那么平稳分布由概率 π_x 给出.

证明　如引理 11.7 的证明，我们证明这个链是时间可逆的，并应用定理 7.10. 对任意的 $x\neq y$，如果 $\pi_x\leqslant\pi_y$，那么 $P_{x,y}=1$ 且 $P_{y,x}=\pi_x/\pi_y$，由此得到 $\pi_xP_{x,y}=\pi_yP_{y,x}$. 类似地，如果 $\pi_x>\pi_y$，那么 $P_{x,y}=\pi_y/\pi_x$ 且 $P_{y,x}=1$，由此得到 $\pi_xP_{x,y}=\pi_yP_{y,x}$. 由定理 7.10，平稳分布由 π_x 的值给出. ■

作为一个如何应用引理 11.8 的例子，我们考虑如何修改独立集合上的前述马尔可夫链. 假定现在要建立一个马尔可夫链，其中，在平稳分布中，对某个常数参数 $\lambda>0$，每一个独立集合 I 有与 $\lambda^{|I|}$ 成比例的概率，即 $\pi_x=\lambda^{|I_x|}/B$. 其中 I_x 是与状态 x 对应的独立集合且 $B=\sum_x\lambda^{|I_x|}$. 当 $\lambda=1$ 时，这是均匀分布；当 $\lambda>1$ 时，较大的独立集合有比较小的独立集合更大的概率；当 $\lambda<1$ 时，较大的独立集合有比较小的独立集合更小的概率.

现在考虑关于图 $G=(V,E)$ 中独立集合的前述马尔可夫链的下列变化：

1) X_0 是 G 中任意一个独立集合.

2) 计算 X_{i+1}：

(a) 从 V 中均匀随机地选取一个顶点 v；

(b) 如果 $v\in X_i$，以 $\min(1,1/\lambda)$ 概率取 $X_{i+1}=X_i\setminus\{v\}$；

(c) 如果 $v\notin X_i$ 并且如果 X_i 中增加 v 后仍是独立集合，以 $\min(1,\lambda)$ 概率取 $X_{i+1}=X_i\cup\{v\}$；

(d) 其他，令 $X_{i+1}=X_i$.

现在我们依据两步法. 首先建议通过选取 v 个增加或删去的顶点作一次移动，其中每

个顶点以 $1/M$ 的概率被选到，这里 $M=|V|$；然后以概率 $\min(1, \pi_y/\pi_x)$ 接受这个建议，其中 x 是当前状态，y 是马尔可夫链将要移动的建议状态. 如果链试图增加一个顶点，则 π_y/π_x 为 λ，如果链试图去掉一个顶点，则 π_y/π_x 为 $1/\lambda$. 这种两步方法是 Metropolis 算法的特点：以概率 $1/M$ 选择每一个邻点，再以概率 $\min(1, \pi_y/\pi_x)$ 接受这个点. 利用这种两步方法，我们自然地得到转移概率 $P_{x,y}$ 为

$$P_{x,y}=\frac{1}{M}\min\left(1,\frac{\pi_y}{\pi_x}\right),$$

所以可以应用引理 11.8.

重要的是，在设计这个马尔可夫链时，我们不必知道 $B=\sum_x \lambda^{|I_x|}$. 一个有 n 个顶点的图可以有指数级多个独立集合，对很多图来说直接计算是过于复杂的，我们的马尔可夫链利用比 π_y/π_x 给出了正确的平稳分布，这是相当容易处理的.

11.5 练习

11.1 证明定理 11.1.

11.2 利用蒙特卡罗技术近似 π 的另一个方法是蒲丰投针试验. 研究并解释蒲丰投针试验，进一步解释该方法如何用于得到 π 的近似值.

11.3 证明下面的变更定义与本章给出的 FPRAS 定义等价：一个问题的完全多项式随机化近似方案(FPRAS)是一种随机化算法，对给定的一个输入 x 和任意参数 $0<\varepsilon<1$，算法以关于 $1/\varepsilon$ 和输入 x 大小的多项式时间输出一个$(\varepsilon, 1/4)$近似.（提示：为了将成功概率从 3/4 逐渐提高到 $1-\delta$，考虑算法的几次独立运行的中位数. 为什么中位数比平均数好?）

11.4 假设有一类 DNF 可满足性问题的实例，每个 $\alpha(n)$满足某些多项式 α 的真实赋值，再假定用朴素抽样赋值方法，并检查它们是否满足公式. 证明，经过 $2^{n/2}$ 次抽样赋值后，对于给定的实例，即使找到一个满足赋值的概率在 n 中也是很小的.

11.5 (a) 令 $S_1, S_2, \cdots, S_m$ 是有限总体 U 的子集，已知 $|S_i|$，$1\leqslant i\leqslant m$，我们希望得到集合

$$S=\bigcup_{i=1}^{m} S_i$$

大小的一个(ε, δ)近似. 一种通用的方法是，首先从集合 S_i 中均匀随机地选取一个元素，对给定的元素 $x\in U$，还可以确定这个 $x\in S_i$ 所属集合 S_i 的个数，称这个数为 $c(x)$.

定义 p_i 为

$$p_i=\frac{|S_i|}{\sum_{j=1}^{m}|S_j|}$$

第 j 次试验由下列步骤组成：选取一个集合 S_j，其中每个集合 S_i 被选到的概率为 p_i，然后从 S_j 中均匀随机地选取一个元素 x_j. 在每次试验中的随机选取与所有其他试验是独立的. 经 t 次试验后，用

$$\left(\frac{1}{t}\sum_{j=1}^{t}\frac{1}{c(x_j)}\right)\left(\sum_{i=1}^{m}|S_i|\right)$$

估计 $|S|$. 作为 m、ε 和 δ 的一个函数，确定为得到 $|S|$ 的一个(ε, δ)近似所需要的试验次数.

(b) 解释如何利用(a)中所得的结果，得到计数 DNF 公式解的个数的另一种近似算法.

11.6 计算一个背包实例解的个数问题可以如下定义：已知容量为 $a_1, a_2, \cdots, a_n>0$ 的物品和一个整数

$b>0$，求向量$(x_1, x_2, \cdots, x_n)\in\{0,1\}^n$的个数，使得$\sum_{i=1}^{n}a_ix_i\leqslant b$．这里数$b$可以看作背包容量，$x_i$表示每个物品是否放进背包内．计数解对应于计数可以放在背包中且不超过背包容量的不同物品集合的个数．

（a）计算这个问题解的个数的朴素方法是均匀随机地重复选取向量$(x_1, x_2, \cdots, x_n)\in\{0,1\}^n$，并且返回产生有效解的抽样比例的$2^n$倍．讨论为什么一般来说这不是一个好的策略，特别是讨论当每个a_i均为1且$b=\sqrt{n}$时，此方法将是不好的．

（b）考虑向量$(x_1, x_2, \cdots, x_n)\in\{0,1\}^n$上的马尔可夫链$X_0, X_1, \cdots$．假设$X_j$是$(x_1, x_2, \cdots, x_n)$．在每一步，马尔可夫链均匀随机地选取$i\in[1,n]$．如果$x_i=1$，那么在$X_j$中令$x_i$为0得到$X_{j+1}$；如果$x_i=0$，那么在$X_j$中令$x_i$为1得到$X_{j+1}$，如果这样能满足约束条件$\sum_{i=1}^{n}a_ix_i\leqslant b$；否则令$X_{j+1}=X_j$．

证明：只要$\sum_{i=1}^{n}a_i>b$，这个马尔可夫链就有一个均匀平稳分布．证明这个链是不可约的和非周期的．

（c）证明：如果我们有一个关于背包问题的FPAUS，那么可以导出这个问题的一个FPRAS．为使问题提得更恰当，不失一般性，假定$a_1\leqslant a_2\leqslant\cdots\leqslant a_n$．令$b_0=0, b_i=\sum_{j=1}^{i}a_j$．$\Omega(b_i)$表示满足$\sum_{i=1}^{n}a_ix_i\leqslant b_i$的向量集合$(x_1, x_2, \cdots, x_n)\in\{0,1\}^n$，令$k$是满足$b_k\geqslant b$的最小整数．考虑等式

$$|\Omega(\mathrm{b})|=\frac{|\Omega(\mathrm{b})|}{|\Omega(b_{k-1})|}\times\frac{|\Omega(b_{k-1})|}{|\Omega(b_{k-2})|}\times\cdots\times\frac{|\Omega(b_1)|}{|\Omega(b_0)|}\times|\Omega(b_0)|$$

你需要证明$|\Omega(b_{i-1})|/|\Omega(b_i)|$不会太小，特别地，证明$|\Omega(b_i)|\leqslant(n+1)|\Omega(b_{i-1})|$．

11.7 Ω的ε均匀样本的另一种定义如下：一个抽样算法生成一个ε均匀样本ω，如果对所有$x\in\Omega$，

$$\frac{|\Pr(w=x)-1/|\Omega||}{1/|\Omega|}\leqslant\varepsilon$$

证明：在这种定义下的ε均匀样本产生了如定义11.3中所给出的ε均匀样本．

11.8 令$S=\sum_{i=1}^{\infty}i^{-2}=\pi^2/6$，基于正整数上的Metropolis算法设计一个马尔可夫链，使得在平稳分布$\pi_i=1/Si^2$中．链中任意一个整数$i>1$的邻域应当只是$i-1$和$i+1$，而1的邻域只是整数2．

11.9 回忆练习2.22的冒泡排序算法：假定有标号为1到n的n张卡片，卡片X的顺序可以是一个马尔可夫链的状态．令$f(X)$是将卡片按递增顺序排列所需的冒泡排列移动次数．基于Metropolis算法设计一个马尔可夫链，使得在平稳分布中，对已知常数$\lambda>0$，一个次序X的概率与$\lambda^{f(X)}$成比例．如果链的状态对应于至多互换两张卡片即可得到的次序对，则状态对是连通的．

11.10 无向图$G=(V,E)$的一个Δ着色法C是从集合$\{1, 2, \cdots, \Delta\}$中为每一个顶点指派一个代表颜色的数字．如果u和v都被指派相同的颜色，那么边(u,v)作为标号是*反常的*．令$I(C)$表示着色法C中反常边的个数，基于Metropolis算法设计一个马尔可夫链，使得在平稳分布中，对已知常数$\lambda>0$，着色法C的概率与$\lambda^{I(C)}$成比例．如果对应的着色对只在一个顶点处不同，则链中的状态对是连通的．

11.11 在11.4.1一节，我们在图的独立集合上构造了一个马尔可夫链，其中在平稳分布中，$\pi_x=\lambda^{|I_x|}/B$．这里I_x是对应于状态x的独立集合，$B=\sum_x\lambda^{|I_x|}$．用类似的方法，在排除了空集的图的独立集合上构造一个马尔可夫链，其中$\pi_x=|I_x|/B$，B是一个常数．由于这个链不含空集，所以首先应设计一个邻域结构，以保证状态空间是连通的．

11.12 Metropolis算法的推广是由Hastings提出的．假设我们在由转移矩阵$\boldsymbol{Q}$给出状态空间Ω上有一个马尔可夫链，要在这个状态空间上构造一个平稳分布为$\pi_x=b(x)/B$的马尔可夫链，其中对所有

的 $x\in\Omega$，$b(x)>0$ 且 $B=\sum_{x\in\Omega}b(x)$ 是有限的. 按如下方法定义一个新的马尔可夫链：当 $X_n=x$ 时，产生一个随机变量 Y，使得 $\Pr(Y=y)=Q_{x,y}$. 注意 Y 可以通过模拟原马尔可夫链一步生成. 令 X_{n+1} 以概率

$$\min\left(\frac{\pi_y Q_{y,x}}{\pi_x Q_{x,y}},1\right)$$

到达 Y，否则，令 X_{n+1} 到达 X_n. 证明，如果这个链是非周期的和不可约的，那么它也是时间可逆的，并且有由 π_x 给出的平稳分布.

11.13 假设有一个程序，以实区间[0, 1]上的数 x 作为输入，输出 $f(x)$ 为在范围[1, b]中取值的某个有界函数 f，我们希望估计

$$\int_{x=0}^{1} f(x)\mathrm{d}x$$

假定有一个随机数发生器，可以产生独立均匀的随机变量 X_1，X_2，…，证明

$$\sum_{i=1}^{m}\frac{f(X_i)}{m}$$

对一个适当的 m 值，给出积分的(ε,δ)近似

11.6 最小支撑树的探索作业

考虑一个有 $\binom{n}{2}$ 条边的完全无向图，每一条边有一个均匀随机地取自[0, 1]中的实数权重.

你的目的是估计这种图的最小支撑树的期望权如何作为 n 的函数增长的. 这需要执行最小支撑树算法以及生成合适的随机图的程序.（你应该检查在你的系统上使用的是哪种随机数发生器，并确定如何给它们初值，比如说用计算机时钟上的值.）

依赖于你所用的算法和你的运行，你可能发现当 n 较大时，你的程序占用了过多的内存. 为了减少 n 较大时的内存，我们建议用下面的方法. 在这个设置中，最小支撑树极其不可能利用权大于 $k(n)$ 的每条边，其中 $k(n)$ 是某个函数. 首先通过对小的 n 值反复运行程序来估计 $k(n)$，然后当 n 较大时，去掉权大于 $k(n)$ 的边. 如果你使用这种方法，必须阐明为什么用这种方法去掉边不会导致程序找到的支撑树实际上不是最小的.

对 $n=16$，32，64，128，256，512，1024，2048，4096，8192 以及更大的值，运行你的程序，如果你的程序运行得足够快. 对每一个 n 值至少重复运行你的程序 5 次，并取平均(要保证你再次设置的随机数生成器的初值是合适的). 你应该提供一个表，列出程序成功运行的 n 值的平均树大小. 随着 n 的增大，最小支撑树的平均大小发生了什么变化?

另外，你应该写一页或两页纸来更深入地讨论你的试验，这个讨论应该反映出你从这种赋值中学到了什么，可以按如下题目来写.

- 你用的是什么样的最小支撑树算法? 为什么?
- 你的算法的运行时间是多少?
- 如果选择去除一些边，你是如何确定 $k(n)$ 的，你的方法如何有效?
- 对你的结果，你可以给出一个粗略的解释吗?（随 n 增大时的极限性质可以严格地证明，但这是非常困难的；你不必试图证明任何精确的结果.）
- 关于随机数发生器，你有过什么有意义的试验吗?

*第 12 章　马尔可夫链的耦合

在第 7 章研究离散时间马尔可夫链时，我们发现遍历马尔可夫链收敛于一个平稳分布，但并没有确定它们的收敛速度有多快，而这在一些算法应用(如用马尔可夫链蒙特卡罗方法抽样)中是重要的. 本章介绍耦合的概念，这是界定马尔可夫链收敛速度的有用的方法. 我们说明在某些应用中的耦合方法，包括洗牌问题、随机游动及独立集合和顶点着色法的马尔可夫链蒙特卡罗抽样.

12.1　变异距离和混合时间

考虑下列洗 n 张牌的方法. 每一步，独立且均匀随机地选取一张牌，并将它放在这副牌的最上面. 可以将洗牌过程当作一个马尔可夫链，其中的状态即是牌的当前次序. 可以检查这个马尔可夫链是有限、不可约和非周期的，因此它有一个平稳分布.

设 x 是马尔可夫链的一个状态，令 $N(x)$是可以一步到达 x 的状态集合. 这里 $|N(x)|=n$，因为前一步的 n 个不同位置都可以是 x 中的最上面一张牌. 如果 π_y 是与平稳分布中的状态 y 关联的概率，那么对任意的状态 x 有

$$\pi_x = \frac{1}{n}\sum_{y\in N(x)}\pi_y$$

均匀分布满足这些等式，因此唯一的平稳分布是所有可能排列上的均匀分布.

我们知道当步数无限增加时，平稳分布是马尔可夫链的极限分布. 如果可以“永远”地运行链，那么在极限意义上将得到一个具有均匀分布的状态. 实际上我们只能运行链有限步. 如果希望用这种马尔可夫链去洗这副牌，在得到一副接近均匀分布的牌之前需要多少步?

为量化“接近于均匀”的意义，我们必须介绍距离度量.

定义 12.1　在可数状态空间 S 上的两个分布 D_1 和 D_2 之间的变异距离由下式给出：

$$\|D_1 - D_2\| = \frac{1}{2}\sum_{x\in S}|D_1(x) - D_2(x)|$$

图 12.1 给出了一个变异距离的图例.

变异距离定义中的因子 1/2 保证变异距离在 0 和 1 之间，还有以下另一种有用的特征.

引理 12.1　对任意 $A\subseteq S$，令 $D_i(A) = \sum_{x\in A}D_i(x)$，$i=1$，2，那么

$$\|D_1 - D_2\| = \max_{A\subseteq S}|D_1(A) - D_2(A)|$$

审视图 12.1 可以使这个引理的证明比较清楚.

证明　设 $S^+\subseteq S$ 是使 $D_1(x)\geqslant D_2(x)$成立的状态集合，$S^-\subseteq S$ 是使 $D_2(x)>D_1(x)$成立的状态集合.

显然

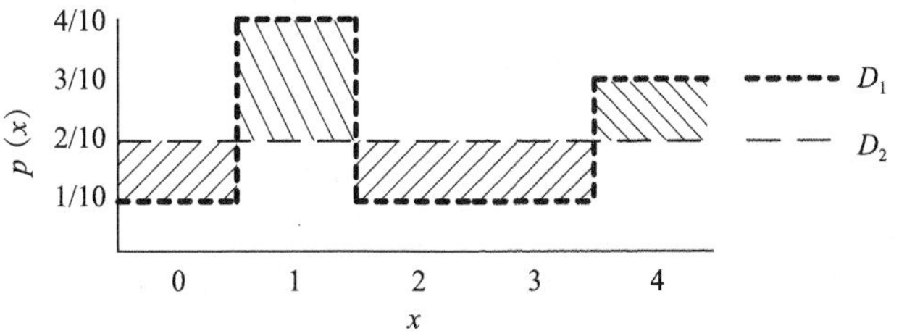

图 12.1　变异距离的例子．按向上对角线画出的阴影面积对应于使 $D_1(x)<D_2(x)$成立的 x 值，按向下对角线画出的阴影面积对应于使 $D_1(x)>D_2(x)$成立的 x 值．向上对角线阴影的总面积必定等于向下对角线阴影的总面积，而变异距离等于这两个面积之一

$$\max_{A\subseteq S} D_1(A)-D_2(A)=D_1(S^+)-D_2(S^+)$$

并且

$$\max_{A\subseteq S} D_2(A)-D_1(A)=D_2(S^-)-D_1(S^-)$$

但因为 $D_1(S)=D_2(S)=1$，我们有

$$D_1(S^+)+D_1(S^-)=D_2(S^+)+D_2(S^-)=1$$

这蕴含着

$$D_1(S^+)-D_2(S^+)=D_2(S^-)-D_1(S^-)$$

因此

$$\max_{A\subseteq S}|D_1(A)-D_2(A)|=|D_1(S^+)-D_2(S^+)|=|D_1(S^-)-D_2(S^-)|$$

最后，因为

$$|D_1(S^+)-D_2(S^+)|+|D_1(S^-)-D_2(S^-)|=\sum_{x\in S}|D_1(x)-D_2(x)|=2\|D_1-D_2\|$$

我们有

$$\max_{A\subseteq S}|D_1(A)-D_2(A)|=\|D_1-D_2\|$$

这就完成了证明．■

作为引理 12.1 的一个应用，假定运行洗牌马尔可夫链，直到链的分布与均匀分布之间的变异距离小于 ε，这是一个接近均匀分布的很强的概念，因为牌的每种排列必至多有 $1/n!+\varepsilon$ 的概率．实际上，变异距离的界给出了一个较强的陈述：对任意子集最后排列来自集合 $A\subseteq S$ 的概率至多为 $\pi(A)+\varepsilon$．例如，假定某人尝试将一张 A 放在一副牌的最上面，如果从这个分布到均匀分布的变异距离小于 ε，我们可以有把握地说 A 是一副牌的第一张牌的概率比有一副理想洗牌的概率至多大 ε.

另一个例子，假定取一副 52 张的扑克牌，并且洗所有的牌，但将黑桃 A 留在最上面．此时得到的分布 D_1 与均匀分布 D_2 之间的变异距离可由黑桃 A 在最上面的状态集合 B 来界定：

$$\|D_1-D_2\|=\max_{A\subseteq S}|D_1(A)-D_2(A)|\geqslant|D_1(B)-D_2(B)|=1-\frac{1}{52}=\frac{51}{52}$$

变异距离的定义与 ε 均匀样本(由定义 10.3 给出)的定义是一致的．一个抽样算法返回 Ω 上的 ε 均匀样本，当且仅当它的输出分布 D 与均匀分布 U 之间的变异距离满足

$$\|D-U\|\leqslant\varepsilon$$

因此，界定均匀分布与若干步后马尔可夫链的状态分布之间的变异距离，可能是证明有效的 ε 均匀抽样器存在性的有用方法，这(如在第 11 章所证明的)可能给出一个有效的近似计数算法.

现在考虑如何给出 t 步后变异距离的界. 以后假定所考虑的马尔可夫链是有合理定义的平稳分布的遍历离散空间和离散时间链，将用到下面的定义.

定义 12.2 设 $\bar{\pi}$ 是状态空间为 S 的马尔可夫链的平稳分布，p_x^t 表示从状态 x 出发经 t 步后，链的状态分布，定义

$$\Delta x(t) = \| p_x^t - \bar{\pi} \| \quad \Delta(t) = \max_{x \in S} \Delta_x(t)$$

即 $\Delta_x(t)$是平稳分布与 p_x^t 之间的变异距离，$\Delta(t)$是对所有的状态 x 这种变异距离的最大值.

还定义

$$\tau_x(\varepsilon) = \min\{t : \Delta_x(t) \leqslant \varepsilon\}; \quad \tau(\varepsilon) = \max_{x \in S} \tau_x(\varepsilon)$$

即 $\tau_x(\varepsilon)$是使得 p_x^t 与平稳分布之间的变异距离小于 ε 的第一个 t 步，$\tau(\varepsilon)$是对所有的状态 x 的最大值.

将 $\tau_x(\varepsilon)$作为 ε 的函数时，一般称为马尔可夫链的混合时间. 一个链称为快速混合的，如果 $\tau(\varepsilon)$是关于 $\log(1/\varepsilon)$及问题大小的多项式. 问题的大小与具体情况有关，在洗牌的例子中，大小就是牌的张数.

12.2　耦合

马尔可夫链的耦合是一种界定马尔可夫链混合时间的技术.

定义 12.3 状态空间为 S 的马尔可夫链 M_t 的耦合是一个在状态空间 $S \times S$ 上的马尔可夫链 $Z_t=(X_t, Y_t)$. 使得

$$\Pr(X_{t+1} = x' \mid Z_t = (x,y)) = \Pr(M_{t+1} = x' \mid M_t = x)$$
$$\Pr(Y_{t+1} = y' \mid Z_t = (x,y)) = \Pr(M_{t+1} = y' \mid M_t = y)$$

即一个耦合由同时运行的马尔可夫链 M 的两个副本组成，这两个副本不是刻板的复制，两个链不必处于相同的状态，也不必作同样的移动. 我们的意思是每个副本的表现通过它的转移概率与原马尔可夫链精确地相似. 得到耦合的一种显然方法是取马尔可夫链的两次独立运行. 如我们将要看到的，这种耦合对我们的目的并不是很有用的.

实际上，我们感兴趣的耦合是(a)能使链的两个副本有相同的状态；(b)一旦两个链处于相同的状态，两个链就需作完全一样的移动，以保持它们处于相同状态中. 当链的两个副本达到相同状态时，就称它们为耦合了. 下面的引理激发我们为什么要寻找一对耦合.

引理 12.2[耦合引理] 设 $Z_t=(X_t, Y_t)$是状态空间 S 上马尔可夫链 M 的一个耦合. 假定存在一个 T 使得对每个 x，$y \in S$，有

$$\Pr(X_T \neq Y_T \mid X_0 = x, Y_0 = y) \leqslant \varepsilon$$

那么

$$\tau(\varepsilon) \leqslant T$$

即对任意初始状态，经 T 步后链的状态分布与平稳分布之间的变异距离至多为 ε.

证明 考虑当 Y_0 是按平稳分布选取且 X_0 取任意值时的耦合. 对给定的 T 和 ε 及任意

的 $A\subseteq S$，有

$$\Pr(X_T \in A) \geqslant \Pr((X_T = Y_T) \cap (Y_T \in A)) = 1 - \Pr((X_T \neq Y_T) \cup (Y_T \notin A))$$
$$\geqslant (1 - \Pr(Y_T \notin A)) - \Pr(X_T \neq Y_T) \geqslant \Pr(Y_T \in A) - \varepsilon = \pi(A) - \varepsilon$$

这里，由并的界得第三行成立. 在第四行，用到了对任意的初始状态 X_0 和 Y_0 都有 $\Pr(X_T\neq Y_T)\leqslant\varepsilon$ 的事实，特别当 Y_0 是按平稳分布选取时也成立. 最后一行，利用了 $\Pr(Y_T\in A)=\pi(A)$，因为 Y_T 也是按平稳分布来分布的. 对集合 $S-A$ 同样可以证明 $\Pr(X_T\notin A)\geqslant\pi(S-A)-\varepsilon$ 或 $\Pr(X_T\in A)\leqslant\pi(A)+\varepsilon$.

由此

$$\max_{x,A} | p_x^{\mathrm{T}}(A) - \pi(A) | \leqslant \varepsilon$$

故由引理 12.1，经运行 T 步后的链与平稳分布的变异距离的上界为 ε. ■

12.2.1　例：洗牌

为将耦合引理有效地用于洗牌马尔可夫链，需要选取一个合适的耦合. 给定在不同状态下链的两个副本 X_t 和 Y_t，耦合的一种可能是从 1 到 n 均匀随机地选择一个位置 j，并同时将两个链中的从上面数起的第 j 张牌移动到顶端. 这是一个合适的耦合，因为每个链都可以与原洗牌的马尔可夫链一样单独行动. 尽管这个耦合是自然的，但显然不能直接应用. 因为链从不同状态出发，从最上面数起两个链的第 j 张牌通常是不一样的，将这两张不同的牌移动到顶端并不能产生处于相同状态的链的两个副本.

一个更有用的耦合是从 1 到 n 均匀随机地选择一个位置 j，然后通过移动从最上面数起的第 j 张牌到顶端由 X_t 得到 X_{t+1}，并用 C 表示这张牌的牌面. 为了从 Y_t 得到 Y_{t+1}，将牌面为 C 的牌移动到顶端. 这样的耦合仍是合适的，因为在这两个链中，一张特殊的牌移动到顶端的概率对每步都是 $1/n$. 用这种耦合，由归纳法容易看到，一旦牌 C 移动到顶端，它在链的两个副本中就永远处于相同位置. 因此只要每张牌至少有一次机会移动到了顶端，这两个副本必然成为耦合的.

现在看来洗牌马尔可夫链的耦合问题与赠券收集问题相似；为了得到直至链耦合所需的步数的界，我们简单地界定在每张牌至少被选取一次以前所必须均匀随机地选取牌的次数. 我们知道当马尔可夫链运行 $n\ln n+cn$ 步后，一张特定的牌从未被移动到顶端的概率至多为

$$\left(1-\frac{1}{n}\right)^{n\ln n+cn} \leqslant \mathrm{e}^{-(\ln n+c)} = \frac{\mathrm{e}^{-c}}{n}$$

所以(由一致界)任意一张牌从未移动到顶端(原意是没有至少一次被移到顶端，故译为从未移动到顶端——译者注)的概率至多为 e^{-c}. 因此只要经 $n\ln n+n\ln(1/\varepsilon)=n\ln(n/\varepsilon)$ 步，链没有耦合的概率至多为 ε. 由耦合引理可以断定，均匀分布与经过 $n\ln(n/\varepsilon)$ 步后链的状态分布之间的变异距离有上界 ε.

12.2.2　例：超立方体上的随机游动

回忆 4.6.1 节中由 $N=2^n$ 编号为 0 到 $N-1$ 个结点组成的 n 维超立方体(或 n 维立方体). 设 $\bar{x}=(x_1, \cdots, x_n)$ 是 x 的二进制表示. 当且仅当 $\bar{x}$ 与 $\bar{y}$ 恰有一个位上的差异时，结点 x 与 y 由一条边连接.

我们考虑定义在 n 维立方体上的以下马尔可夫链．每一步都从$[1, n]$均匀随机地选取一个坐标 i，新的状态 x'是从当前状态 x 中得到的，即通过保持除 x_i 以外 $\bar{x}$ 所有的坐标不变得到的．坐标 x_i 以 1/2 的概率设置为 0，以 1/2 的概率设置为 1．除了链以 1/2 的概率停留在同一顶点而不是移动到一个新顶点，从而消除了潜在的周期性问题以外，这个马尔可夫链恰好是超立方体上的随机游动．由此容易得到这个链的平稳分布是超立方体顶点上的均匀分布．

利用马尔可夫链的两个副本 X_t 与 Y_t 之间的显然耦合得到这个马尔可夫链的混合时间 $\tau(\varepsilon)$的界：每一步都对两个链作同样的移动．只要选取了第 i 个坐标作为马尔可夫链的一个移动，这种耦合便保证链的两个副本在第 i 个坐标上是一致的．因此当所有 n 个坐标中的每一步被至少选取一次以后，链将是耦合的．

所以可以由直到每个坐标都至少被马尔可夫链选取一次的步数的界作为混合时间的界．同洗牌链的情况一样，这又归结为赠券收集问题．由同样的论证，经 $n\ln(n\varepsilon^{-1})$步后，链没有耦合的概率小于 ε．故由耦合引理，混合时间满足

$$\tau(\varepsilon) \leqslant n\ln(n\varepsilon^{-1})$$

12.2.3 例：固定大小的独立集合

考虑这样一个马尔可夫链，其状态是图 $G=(V, E)$中大小恰为 k 的所有独立集合．因为我们限制在固定大小的独立集合上，所以需要一个与 11.4 节讨论的所有独立集合的链不同的马尔可夫链．从独立集合 X_t 均匀随机地选取一个顶点 $v\in X_t$ 及均匀随机地选取的一个顶点 $w\in V$ 形成一次移动．移动 $m(v, w, X_t)$可以如下描述：如果 $w\notin X_t$，且$(X_t-\{v\})\cup\{w\}$是一个独立集合，那么 $X_{t+1}=(X_t-\{v\})\cup\{w\}$；否则 $X_{t+1}=X_t$．设 n 是图中顶点个数，Δ 是任意顶点的最大次．这里我们证明当 $k\leqslant n/(3\Delta+3)$时，这个链迅速混合．我们把证明这个马尔可夫链是遍历的且有均匀的平稳分布的任务留作练习 12.11，并在以后论证中假定这是成立的．

考虑 $Z_t=(X_t, Y_t)$上的一个耦合．我们的耦合要求每一步在 X_t-Y_t 及 Y_t-X_t 的顶点之间有任意完美的匹配M；例如，可以将顶点标上 1 到 n 并按排列后的次序将 Y_t-X_t 的元素通过一一映射，按排列后的次序与 X_t-Y_t 的元素匹配．对我们的耦合，首先通过均匀随机地选取 $v\in X_t$，$w\in V$，选取链 X_t 的一个转移，然后执行移动 $m(v, w, X_t)$．显然链 X_t 的副本确实如定义 12.3 所要求的服从原马尔可夫链．对 Y_t 的转移，如果$v\in Y_t$，那么用同一对顶点 v 和 w 并执行移动 $m(v, w, Y_t)$；如果 $v\notin Y_t$，则执行移动$m(M(v), w, Y_t)$(其中 $M(v)$表示与 v 匹配的顶点)．链 Y_t 的副本也确实服从原马尔可夫链，因为每对顶点 $v\in Y_t$，$w\in V$ 都是以概率 $1/kn$ 选取的．

建立耦合的另一种方法如下．我们仍然均匀随机地选 $v\in X_t$ 及 $w\in V$，然后在链 X_t 中执行移动 $m(v, w, X_t)$．如果 $v\in Y_t$，在链中执行移动 $m(v, w, Y_t)$；否则均匀随机地选取一个顶点 $v'\in Y_t-X_t$，且在链 Y_t 中执行移动 $m(v', w, Y_t)$．在练习 12.10 将看到这也满足定义 12.3．

设 $d_t=|X_t-Y_t|$度量 t 步后两个独立集合之间的差异．显然 d_t 在每一步至多可以改变 1．我们证明 d_t 更可能是递减的而不是递增的，利用这个事实，对充分大的 t 建立 $d_t>0$ 的概率的上界．

假设 $d_t>0$，为使 $d_{t+1}=d_t+1$，必须在 t 时刻从 $X_t\cap Y_t$ 中选取顶点 v，且选取 w 使得

恰好在其中一个链存在转移. 所以 w 必是集合 $(X_t-Y_t)\cup(Y_t-X_t)$ 中的一个顶点或顶点的邻点，由此

$$\Pr(d_{t+1}=d_t+1\mid d_t>0)\leqslant\frac{k-d_t}{k}\,\frac{2d_t(\Delta+1)}{n}$$

类似地，为使 $d_{t+1}=d_t-1$，只需在 t 时刻有 $v\notin Y_t$ 且 w 不是集合 $X_t\cup Y_t-\{v, v'\}$ 中的顶点，也不是顶点的邻点. 注意到 $|X_t\cup Y_t|=k+d_t$. 因此

$$\Pr(d_{t+1}=d_t-1\mid d_t>0)\geqslant\frac{d_t}{k}\,\frac{n-(k+d_t-2)(\Delta+1)}{n}$$

对 $d_t>0$，我们有

$$\begin{aligned}\boldsymbol{E}[d_{t+1}\mid d_t]&=d_t+\Pr(d_{t+1}=d_t+1)-\Pr(d_{t+1}=d_t-1)\\&\leqslant d_t+\frac{k-d_t}{k}\,\frac{2d_t(\Delta+1)}{n}-\frac{d_t}{k}\,\frac{n-(k+d_t-2)(\Delta+1)}{n}\\&=d_t\left(1-\frac{n-(3k-d_t-2)(\Delta+1)}{kn}\right)\leqslant d_t\left(1-\frac{n-(3k-3)(\Delta+1)}{kn}\right)\end{aligned}$$

只要 $d_t=0$，两个链便有相同的路径，所以 $\boldsymbol{E}[d_{t+1}\mid d_t=0]=0$.

利用条件期望等式，我们有

$$\boldsymbol{E}[d_{t+1}]=\boldsymbol{E}[\boldsymbol{E}[d_{t+1}\mid d_t]]\leqslant\boldsymbol{E}[d_t]\left(1-\frac{n-(3k-3)(\Delta+1)}{kn}\right)$$

经归纳得到

$$\boldsymbol{E}[d_t]\leqslant d_0\left(1-\frac{n-(3k-3)(\Delta+1)}{kn}\right)^t$$

因为 $d_0\leqslant k$ 且 d_t 是非负整数，所以有

$$\Pr(d_t\geqslant 1)\leqslant\boldsymbol{E}[d_t]\leqslant k\left(1-\frac{n-(3k-3)(\Delta+1)}{kn}\right)^t\leqslant k\mathrm{e}^{-t(n-(3k-3)(\Delta+1))/(kn)}$$

这个结果的一个推论是每当 $k\leqslant n/(3\Delta+3)$ 时，变异距离便收敛于零，此时

$$\tau(\varepsilon)\leqslant\frac{kn\ \ln(k\varepsilon^{-1})}{n-(3k-3)(\Delta+1)}$$

这样我们发现 $\tau(\varepsilon)$ 是 n 和 $\ln(1/\varepsilon)$ 的多项式，这蕴含只要 $k\leqslant n/(3\Delta+3)$，链就迅速混合.

实际上，我们可以改进这个结果. 在练习 12.12 中，利用一个稍微复杂的耦合得到了对任意 $k\leqslant n/2(\Delta+1)$ 成立的界.

12.3 应用：变异距离是不增的

我们知道一个遍历的马尔可夫链最终收敛于它的平稳分布. 事实上，在马尔可夫链的状态与它的平稳分布之间的变异距离关于时间是不增的. 为证明这一点，我们从一个有意义的引理开始，它给出了变异距离的另一个有用的性质.

引理 12.3 给定状态空间 S 上的分布 σ_X 和 σ_Y，令 $Z=(X, Y)$ 是 $S\times S$ 上的随机变量，其中 X 服从 σ_X 分布，Y 服从 σ_Y 分布，那么

$$\Pr(X\neq Y)\geqslant\|\sigma_X-\sigma_Y\| \tag{12.1}$$

此外，存在 $Z=(X, Y)$ 的一个联合分布，其中 X 服从 σ_X 分布，Y 服从 σ_Y 分布，且此时等号成立.

仍然考察一个特殊的例子(如图 12.1 所示)有助于理解下面的证明.

证明　对每个 $s\in S$，我们有

$$\Pr(X=Y=x)\leqslant\min(\Pr(X=x),\Pr(Y=x))$$

因此

$$\Pr(X=Y)\leqslant\sum_{x\in S}\min(\Pr(X=x),\Pr(Y=x))$$

所以

$$\begin{aligned}\Pr(X\neq Y)&\geqslant 1-\sum_{x\in S}\min(\Pr(X=x),\Pr(Y=x))\\&=\sum_{x\in S}(\Pr(X=x)-\min(\Pr(X=x),\Pr(Y=x)))\end{aligned}$$

因此如果能够证明

$$\|\sigma_X-\sigma_Y\|=\sum_{x\in S}(\Pr(X=x)-\min(\Pr(X=x),\Pr(Y=x)))\tag{12.2}$$

就可以了. 但当 $\sigma_X(x)<\sigma_Y(x)$ 时，$\Pr(X=x)-\min(\Pr(X=x),\Pr(Y=x))=0$，而当 $\sigma_X(x)\geqslant\sigma_Y(x)$ 时，

$$\Pr(X=x)-\Pr(Y=x)=\sigma_X(x)-\sigma_Y(x)$$

如果用 S^+ 表示所有使 $\sigma_X(x)\geqslant\sigma_Y(x)$ 的状态集合，那么式(12.2)右边等于 $\sigma_X(S^+)-\sigma_Y(S^+)$，由引理 12.1 中的证明可知，这等于 $\|\sigma_X-\sigma_Y\|$，这给出了引理的第一部分的证明.

如果取一个联合分布，其中尽可能地有 $X=Y$，那么式(12.1)中等号成立. 特别地，记 $m(x)=\min(\Pr(X=x),\Pr(Y=x))$. 如果 $\sum_x m(x)=1$，那么 x 和 Y 有相同分布，证明已经完成. 否则，令 $Z=(X,Y)$，由

$$\Pr(X=x,Y=y)=\begin{cases}m(x) & \text{如果 } x=y\\ \dfrac{(\sigma_X(x)-m(x))(\sigma_Y(y)-m(y))}{1-\sum_z m(z)} & \text{其他}\end{cases}$$

定义. 这样选择 Z 的意思是首先尽可能地使 X、Y 匹配，其次，如果它们不能匹配，则迫使 X 和 Y 有独立的表现.

对 Z 的这种选择，有

$$\Pr(X=Y)=\sum_x m(x)=1-\|\sigma_X-\sigma_Y\|$$

剩下的只需证明对 Z 的这种选择，$\Pr(X=x)=\sigma_X(x)$；对 $\Pr(Y=y)$ 也有同样式子成立. 如果 $m(x)=\sigma_X(x)$，那么 $\Pr(X=x,Y=x)=m(x)$，且当 $x\neq y$ 时，$\Pr(X=x,Y=y)=0$，所以 $\Pr(X=x)=\sigma_X(x)$. 如果 $m(x)=\sigma_Y(x)$，那么

$$\begin{aligned}\Pr(X=x)&=\sum_y\Pr(X=x,Y=y)=m(x)+\sum_{y\neq x}\frac{(\sigma_X(x)-m(x))(\sigma_Y(y)-m(y))}{1-\sum_z m(z)}\\&=m(x)+\frac{\left(\sigma_X(x)-m(x)\right)\sum_{y\neq x}\left(\sigma_Y(y)-m(y)\right)}{1-\sum_z m(z)}\end{aligned}$$

$$= m(x) + \frac{\left(\sigma_X(x) - m(x)\right)\left(1 - \sigma_Y(x) - \left(\sum_z m(z) - m(x)\right)\right)}{1 - \sum_z m(z)}$$

$$= m(x) + (\sigma_X(x) - m(x)) = \sigma_X(x)$$

这就完成了证明. ■

回忆 $\Delta(t)=\max_x \Delta_x(t)$，其中 $\Delta_x(t)$是从状态 x 出发经 t 步后的马尔可夫链的状态分布与平稳分布之间的变异距离. 利用引理 12.3，可以证明 Δt 关于时间是非增的.

定理 12.4 对任意遍历的马尔可夫链 M_t，$\Delta(T+1)\leqslant\Delta(T)$.

证明 设 x 是任意给定的状态，y 是从平稳分布中选取的一个状态，那么

$$\Delta_x(T) = \| p_x^{\mathrm{T}} - p_y^{\mathrm{T}} \|$$

实际上，如果 X_T 服从 p_x^{T} 分布，Y_T 服从 p_y^{T} 分布，那么由引理 12.3，存在一个随机变量 $Z_T=(X_T, Y_T)$，使得 $\Pr(X_T\neq Y_T)=\Delta_x(T)$. 从这个状态 Z_T 中，考虑马尔可夫链 $Z_T=(X_T, Y_T)$到 $Z_{T+1}=(X_{T+1}, Y_{T+1})$的任意一步耦合：只要 $X_T=Y_T$，耦合就作同样的移动，使得 $X_{T+1}=Y_{T+1}$，现在 X_{T+1}服从 p_x^{T+1} 分布，Y_{T+1}服从 p_y^{T+1} 分布，这是平稳分布. 故由引理 12.3，得

$$\Delta_x(T)= \Pr(X_T \neq Y_T) \geqslant \Pr(X_{T+1} \neq Y_{T+1}) \geqslant \| p_x^{T+1} - p_y^{T+1} \| = \Delta_x(T+1)$$

由第一行得第二行成立是因为当 $X_T=Y_T$ 时一步耦合保证 $X_{T+1}=Y_{T+1}$. 由于对每个状态 x，前述关系都成立，所以结果成立. ■

12.4 几何收敛

以下的一般结果来自一个普通的耦合，可用于界定某些马尔可夫链的混合时间.

定理 12.5 设 $\boldsymbol{P}$ 是一个有限、不可约、非周期的马尔可夫链的转移矩阵，m_j 是矩阵的第 j 列的最小元素，令 $m=\sum_j m_j$，那么对所有 x 和 t，有

$$\| p_x^t - \pi \| \leqslant (1-m)^t$$

证明 如果第 j 列的最小元素为 m_j，那么链从每一个状态出发经一步到达状态 j 的概率至少为 m_j. 因此可以设计一个耦合，其中在每一步，链的两个副本至少以 m_j 的概率一起移动到状态 j. 因为这对所有 j 成立，两个链在每一步都至少以概率 m 形成耦合. 因此经 m 步后它们不能耦合的概率至多为$(1-m)^t$，由耦合引理可知定理成立. ■

如果每列都有一个零元素，此时 $m=0$，则定理 12.5 不能直接利用. 在练习 12.6 中考虑如何使它对任意有限、不可约、非周期的马尔可夫链成为有用的. 定理 12.5 说明在非常一般的条件下，随着变异距离关于步数几何地收敛，马尔可夫链很快地收敛于它们的平稳分布.

以下是一个更一般的结果. 假定对某个常数 $c<1/2$，可以得到关于 $\tau(c)$的一个上界. 例如，由耦合可能得到这样的界. 对任意的 $\varepsilon>0$，这对于用自助法求 $\tau(\varepsilon)$的界足够了.

定理 12.6 设 $\boldsymbol{P}$ 是一个有限、不可约、非周期马尔可夫链 M_t 的转移矩阵，对某个 $c<1/2$，有 $\tau(c)\leqslant T$. 那么，对这个马尔可夫链，$\tau(\varepsilon)\leqslant\lceil \ln \varepsilon/\ln(2c)\rceil T$.

证明 考虑任意两个初始状态 $X_0=x$，$Y_0=y$. 由 $\tau(c)$的定义，我们有$\| p_x^{\mathrm{T}}-\pi\|\leqslant c$ 及

$\|p_y^{\mathrm{T}}-\pi\|\leqslant c$. 由此$\|p_x^{\mathrm{T}}-p_y^{\mathrm{T}}\|\leqslant 2c$，因此由引理 12.3，存在一个随机变量 $Z_{T,x,y}=(X_T, Y_T)$，其中 X_T 服从 p_x^{T} 分布，Y_T 服从 p_y^{T} 分布，使得 $\Pr(X_T\neq Y_T)\leqslant 2c$.

现在考虑由转移矩阵 $\boldsymbol{P}^{\mathrm{T}}$ 给定的马尔可夫链 M_t'，这对应于一个它的每一步都是 M_t 的 T 步的链，对这个新链，$Z_{T,x,y}$给出了一个耦合. 即已知成对的状态(x, y)中链 M_t' 的两个副本，可以由分布 $Z_{T,x,y}$给出下一对状态，它保证两个状态不能用一步耦合的概率至多为 $2c$. 由归纳法，链 M_t' 的这个耦合经 k 步不能耦合的概率至多为$(2c)^k$. 由耦合引理，M_t' 经 k 步后在其平稳分布的变异距离 ε 之内，如果

$$(2c)^k\leqslant\varepsilon$$

由此至多经过$\lceil\ln\varepsilon/\ln(2c)\rceil$步，$M_t'$ 在其平稳分布的变异距离 ε 之内. 但 M_t' 和 M_t 有相同的平稳分布，M'_t 的每一步对应于 M_t 的 T 步，所以对马尔可夫链 M_t

$$\tau(\varepsilon)\leqslant\left\lceil\frac{\ln\varepsilon}{\ln(2c)}\right\rceil T$$

■

12.5　应用：正常着色法的近似抽样

一个图的顶点着色法是对每个顶点 v 给出取自集合 C 的一种颜色，不失一般性，可以假定这个集合为$\{1, 2, \cdots, c\}$. 在正常着色法中，每条边的两个端点用两种不同的颜色着色. 对最大次为 Δ 的任意图可按下面的程序用 $\Delta+1$ 种颜色适当地着色：选择任意的顶点次序，每次用一种颜色给顶点着色，用任何一个邻点都没有用到的一种颜色为每个顶点着色.

这里我们感兴趣的是几乎均匀随机地抽样一个图的正常着色法. 我们提出马尔可夫链蒙特卡罗(MCMC)方法产生这样一个样本，然后用耦合技术证明它能迅速混合. 用第 11 章的术语，这给出了正常着色法的一个 FPAUS. 应用从近似计数到几乎均匀抽样的一般简化方法，如定理 11.5 所示，可以利用对抽样正常着色法的 FPAUS 得到正常着色法次数的一个 FPRAS. 这种简化的细节作为练习 12.15 的一部分.

首先提出一个直接的耦合，当存在 $c>4\Delta+1$ 种颜色时，允许我们有效地近似抽样着色法，然后说明如何改进这个耦合，从而将必须的颜色种数减少到 $2\Delta+1$.

正常着色法的马尔可夫链是最简单的一种可能. 每一步都均匀随机地选取一个顶点 v，并均匀随机地选取一种颜色 ℓ. 如果新的着色是恰当的(即 v 没有一个着色为 ℓ 的邻点)，那么给顶点 v 重新着上颜色 ℓ，否则不改变链的状态. 这个有限马尔可夫链是非周期的，因为它停留在同一状态的概率不为零. 当 $c\geqslant\Delta+2$ 时，它还是不可约的. 为了说明如何从任意状态 X 可以到达任意其他一个状态 Y，考虑任意的顶点次序. 对 X 中的顶点重新着色，使得按这个次序与 Y 匹配. 如果在任一步发生冲突，这是必然要出现的，因为需要着色的顶点 v 受到另一个按这种次序排在后面的顶点 v' 的限制. 但 v' 可以重新着上某种别的不冲突的颜色，因为 $c\geqslant\Delta+2$，允许这个过程继续下去. 因此，当 $c\geqslant\Delta+2$ 时，马尔可夫链有平稳分布. 这个平稳分布是在所有正规着色法上的均匀分布，由引理 11.7 可以验证这个事实.

当有 $4\Delta+1$ 种颜色时，我们用一对链(X_t, Y_t)上的平凡耦合：对两个链的每一步都选取相同的顶点和相同的颜色.

定理 12.7　对任意一个有 n 个顶点且最大次为 Δ 的图，如果 $c\geqslant 4\Delta+1$，图着色法的

马尔可夫链的混合时间满足

$$\tau(\varepsilon) \leqslant \left\lceil \frac{nc}{c-4\Delta} \ln\left(\frac{n}{\varepsilon}\right) \right\rceil$$

证明　设 D_t 表示时刻 t 两个链中有不同颜色的顶点集合，且记 $d_t=|D_t|$. 在 $d_t>0$ 的每一步，或者 d_t 保持相同值，或者 d_t 至多增加或减少 1. 我们证明 d_t 实际上更可能是减少而不是增加；然后利用这个事实，对充分大的 t 界定 d_t 不为零的概率.

考虑在两个链中有不同颜色的任意顶点 v. 因为 v 的次至多为 Δ，所以至少有 $c-2\Delta$ 种颜色不会出现在两个链中的任意一个 v 的邻点中. 如果顶点用这 $c-2\Delta$ 种颜色之一重新着色，这将使两个链有相同的颜色，所以

$$\Pr(d_{t+1}=d_t-1 \mid d_t>0) \geqslant \frac{d_t}{n}\frac{c-2\Delta}{c}$$

现在考虑在两个链中有相同颜色的任意顶点 v. 对下一步要着不同颜色的 v，在两个链中必有某个邻点 w 着有不同颜色，此时可以尝试给 v 重新着上邻点 w 在这两个链中任意一个所具有的颜色，这样只要求一个链中的顶点 v 重新着色，而另一个链不必按这样的方法，在两个链中，着有不同颜色的每个顶点至多影响 Δ 个邻点. 因此，当 $d_t>0$ 时，有

$$\Pr(d_{t+1}=d_t+1 \mid d_t>0) \leqslant \frac{\Delta d_t}{n}\frac{2}{c}$$

我们发现

$$\begin{aligned}\boldsymbol{E}[d_{t+1} \mid d_t] &= d_t+\Pr(d_{t+1}=d_t+1)-\Pr(d_{t+1}=d_t-1) \leqslant d_t+\frac{\Delta d_t}{n}\frac{2}{c}-\frac{d_t}{n}\frac{c-2\Delta}{c} \\ &= d_t\left(1-\frac{c-4\Delta}{nc}\right)\end{aligned}$$

如果 $d_t=0$，上式也成立.

利用条件期望等式，有

$$\boldsymbol{E}[d_{t+1}] \leqslant \boldsymbol{E}[\boldsymbol{E}[d_{t+1} \mid d_t]] \leqslant \boldsymbol{E}[d_t]\left(1-\frac{c-4\Delta}{nc}\right)$$

由归纳法可得

$$\boldsymbol{E}[d_t] \leqslant d_0\left(1-\frac{c-4\Delta}{nc}\right)^t$$

因为 $d_0 \leqslant n$，且因为 d_t 是非负整数，可知

$$\Pr(d_t \geqslant 1) \leqslant \boldsymbol{E}[d_t] \leqslant n\left(1-\frac{c-4\Delta}{nc}\right)^t \leqslant n\mathrm{e}^{-t(c-4\Delta)/nc}$$

因此经 ε 步后，变异距离至多为

$$t=\left\lceil \frac{nc}{c-4\Delta} \ln\left(\frac{n}{\varepsilon}\right) \right\rceil$$

■

假设马尔可夫链的每一步可以在关于 n 的多项式时间内有效地完成，定理 12.7 给出了正常着色法的一个 FPAUS.

定理 12.7 有较大的改进余地. 例如，对 d_t 减小的概率的界定，我们用到了宽松的界 $c-2\Delta$. 如果 v 周围的某些顶点在两个链中有相同的颜色，那么减少 d_t 的颜色种数可以很大. 用稍微精巧的耦合，可以改进定理 12.7，使对任意 $c \geqslant 2\Delta+1$ 成立.

定理 12.8 给定一个最大次为 Δ 的 n 个顶点的图，如果 $c \geqslant 2\Delta+1$，图着色法马尔可夫链的混合时间满足

$$\tau(\varepsilon) \leqslant \left\lceil \frac{nc}{c-2\Delta} \ln\left(\frac{n}{\varepsilon}\right) \right\rceil$$

证明 如前，用 D_t 表示 t 时刻两个链中有不同颜色的顶点集合，$|D_t|=d_t$. 设 A_t 是 t 时刻两个链有相同颜色的顶点集合. 对 A_t 中的顶点 v，令 $d'(v)$ 是 D_t 中与 v 邻接的顶点数；类似地，对 D_t 中的顶点 w，令 $d'(w)$ 是 A_t 中与 w 邻接的顶点数. 注意

$$\sum_{v \in A_t} d'(v) = \sum_{w \in D_t} d'(w)$$

这是因为两个和都是连接 A_t 中顶点与 D_t 中顶点的边数. 用 m' 表示此和.

考虑以下耦合：如果选取顶点 $v \in D_t$ 重新着色，我们简单地在两个链中选取相同的颜色. 即当 v 在 D_t 中时，利用以前用过的相同耦合. 不管所选颜色与在链的两个副本中的任意邻点 v 上的任意颜色是否不同，顶点 v 都有相同颜色. 有 $c-2\Delta+d'(v)$ 种这样的颜色. 注意这比我们在证明定理 12.7 时用过的界要紧凑. 因此当 $d_t>0$ 时，$d_{t+1}=d_t-1$ 的概率至少为

$$\frac{1}{n}\sum_{v \in D_t} \frac{c-2\Delta+d'(v)}{c} = \frac{1}{cn}((c-2\Delta)d_t+m')$$

现在假定重新着色的顶点是 $v \in A_t$. 在这种情况下，我们稍稍改变耦合. 回忆在前面的耦合中，如果随机选取的颜色只出现在一个链的邻点上而不在另一个链的邻点，那么重新着色顶点 $v \in A_t$，使得 v 在两个链中有不同颜色. 例如：当 v 着绿色时，在一个链中的一个邻点 w 着红色，在另一个链中的邻点着蓝色，且在任一链中的其他邻点没有着红色或蓝色，那么无论将 S 着红色还是蓝色的尝试必将使 v 在一个链中要重新着色，但在另一个链中不必重新着色. 因此对增加 d_t 的颜色 v 存在两种可能的选择.

在两个链中只有与 v 相邻的一个顶点 w 有不同颜色的特殊情况下，可以改进耦合如下：当试着为第一个链中的 v 重新着上蓝色时，试着为第二个链重新着上红色；而当试着为第一个链重新着上红色时，试着为第二个链重新着上蓝色. 现在 v 或者在两个链中改变颜色，或者在两个链中保持相同. 由改变耦合，可以把两个可能增加 d_t 的坏的移动缩减为只有一个坏的移动. 图 12.2 给出了一个例子.

更一般地，如果在 v 的周围存在 $d'(v)$ 个不同颜色的顶点，那么可以将颜色配对，使得至多有 $d'(v)$ 种颜色的选择会引起 d_t 的增加，而在原耦合中则有多达 $2d'(v)$ 种选择. 具体来讲，设 $S_1(v)$ 为 v 在第一个链中但不在第二个链中的邻点的颜色集合，类似地，$S_2(v)$ 是 v 在第二个链中而不在第一个链中的邻点的颜色集合. 尽可能多地将颜色 $c_1 \in S_1(v)$ 与 $c_2 \in S_2(v)$ 配成对，使得当在一个链中选取 c_1 时，在另一个链中选取 c_2. 这样使增加 d_t 的 v 的着色法的总数至多为 $\max(|S_1(v)|, |S_2(v)|) \leqslant d'(v)$.

作为结果，当 $d_t>0$ 时，$d_{t+1}=d_t+1$ 的概率至多为

$$\frac{1}{n}\sum_{v \in A_t} \frac{d'(v)}{c} = \frac{m'}{cn}$$

所以我们得到

$$\boldsymbol{E}[d_{t+1} \mid d_t] \leqslant d_t\left(1-\frac{c-2\Delta}{nc}\right)$$

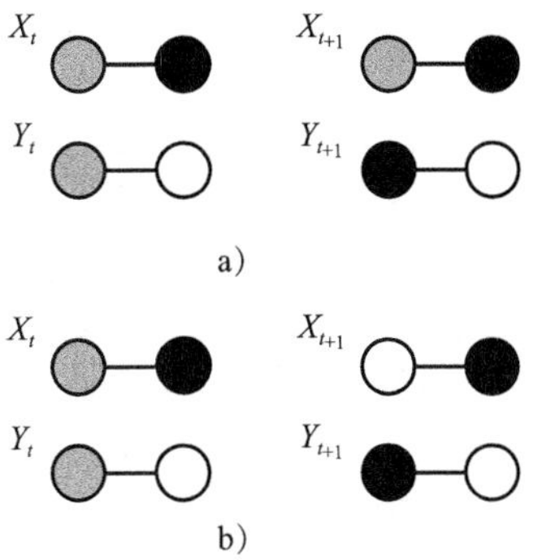

图 12.2　a)原耦合；b)改进的耦合．在原耦合 a)中，灰色顶点在两个链中有相同颜色，且在两个链中有一个不同颜色的邻点，一个是黑的，一个是白的．如果试图把灰色顶点重新着上黑色，那么在一个链中能成功移动，增加了 d_t，但在另一个链中不能．类似地，如果试图把灰色顶点重新着上白色，那么在一个链中能成功移动，但在另一个链中不能，给出了增加 d_t 的第二次移动．在改进的耦合 b)中，如果 X_t 中的灰色顶点重新着上白色，则在 Y_t 中的灰色顶点重新着上黑色，反之亦然，恰好给出增加 d_t 的一次移动

按与证明定理 12.7 中相同的理由，有

$$\Pr(d_t \geqslant 1) \leqslant \boldsymbol{E}[d_t] \leqslant n\left(1-\frac{c-2\Delta}{nc}\right)^t \leqslant n\mathrm{e}^{-t(c-2\Delta)/nc}$$

经

$$t=\left\lceil \frac{nc}{c-2\Delta}\ln\left(\frac{n}{\varepsilon}\right)\right\rceil$$

步后变异距离至多为 ε. ■

因此当 $c>2\Delta$ 时，可以用正常着色法的马尔可夫链给出一个 FPAUS.

12.6　路径耦合

在 11.3 节证明了如果可以得到次至多为 Δ 的图的独立集合的一个 FPAUS，那么就可以近似地计数这种图的独立集合个数．这里我们提出独立集合的马尔可夫链，与耦合方法一起，来证明当 $\Delta\leqslant 4$ 时，这个链给出这样一个 FPAUS. 耦合方法利用了一种称为**路径耦合**的进一步的技术．我们特别对图中抽样独立集合的马尔可夫链演示这种技术，用一个适当的定义，这种方法也可以推广到其他问题中去.

有意思的是要证明 11.4 节给出的抽样独立集合的简单的马尔可夫链(即每一步对当前的独立集合消去或试图增加一个随机顶点，并很快混合)可能是非常困难的．这里，我们代之以考虑一个不同的能简化分析的马尔可夫链．不失一般性，假定图由单连通分支组成．每一步，马尔可夫链均匀随机地选取图中一条边(u, v)．如果 X_t 是 t 时刻的独立集合，那么移动过程如下.

- 以 1/3 的概率令 $X_{t+1}=X_t-\{u, v\}$．(这个移动消去了 u 和 v，如果它们在集合中).
- 以 1/3 的概率令 $Y=(X_t-\{u\})\cup\{v\}$．如果 Y 是独立集合，那么 $X_{t+1}=Y$；否则，$X_{t+1}=X_t$(这个移动试图消去 u，如果它在独立集合中，然后增加 v).

- 以 1/3 的概率令 $Y=(X_t-\{v\})\cup\{u\}$. 如果 Y 是独立集合，那么 $X_{t+1}=Y$；否则，$X_{t+1}=X_t$(这个移动试图消去 v，如果它在集合中，然后增加 u).

容易验证，这个链有一个在所有独立集合上均匀的平稳分布. 现在用路径耦合方法给出链的混合时间的界.

路径耦合的思想是从恰在一个顶点不同的状态对(X_t, Y_t)的耦合开始的，然后将这个耦合扩展到所有状态对上的一般耦合. 在应用时，因为分析两个状态只有一点不同(这里，只是一个顶点不同)的情况要比分析所有可能的状态对常常容易得多，所以路径耦合是非常有效的.

考虑图 $G=(V, E)$. 我们称一个顶点是*坏的*，如果它是 X_t 或 Y_t 的一个元素，但不是两者的共同元素；否则，称这个顶点是*好的*. 记 $d_t=|X_t-Y_t|+|Y_t-X_t|$，所以 d_t 是坏顶点的个数. 假设 X_t 和 Y_t 恰有一个不同的顶点(即 $d_t=1$)，我们在两个状态中作相同移动的简单耦合，证明在这个耦合下，当 $d_t=1$ 时，$\mathbf{E}[d_{t+1}\mid d_t]\leqslant d_t$，或等价地，$\mathbf{E}[d_{t+1}-d_t\mid d_t=1]\leqslant 0$.

不失一般性，设 $X_t=I$ 且 $Y_t=I\cup\{x\}$. 只有当移动涉及 x 的邻点时，d_t 才可能出现变化. 所以在分析这种耦合时，我们把讨论限制在选取的随机边邻接的邻点 x 的移动上. 如果顶点 $z\neq x$ 在 t 步与 $t+1$ 步之间从好的变成坏的，令 $\delta_z=1$；类似地，如果顶点 x 在 t 步与 $t+1$ 步之间从坏的变成好的，令 $\delta_x=-1$. 由期望的线性性，有

$$\mathbf{E}[d_{t+1}-d_t\mid d_t=1]=\mathbf{E}\left[\sum_w\delta_w\mid d_t=1\right]=\sum_w\mathbf{E}[\delta_w\mid d_t=1]$$

如我们将要看到的，在和式中只需考虑这样一些 w，它们等于 x，x 的邻点或 x 邻点的邻点，因为在链的一步中，只有这些顶点可能从好顶点变为坏顶点，或可能从坏顶点变为好顶点. 我们将以这种方式说明如何平衡移动，即只要 $\Delta\leqslant 4$，$\mathbf{E}[d_{t+1}-d_t\mid d_t=1]\leqslant 0$ 就是显然的.

设 x 有 k 个邻点，y 是这些邻点中的一个. 对每个顶点 y，考虑所有选取一条与 y 相邻的移动. 以后的分析要用到限制 $\Delta\leqslant 4$，这里有如图 12.3 所示的三种情况.

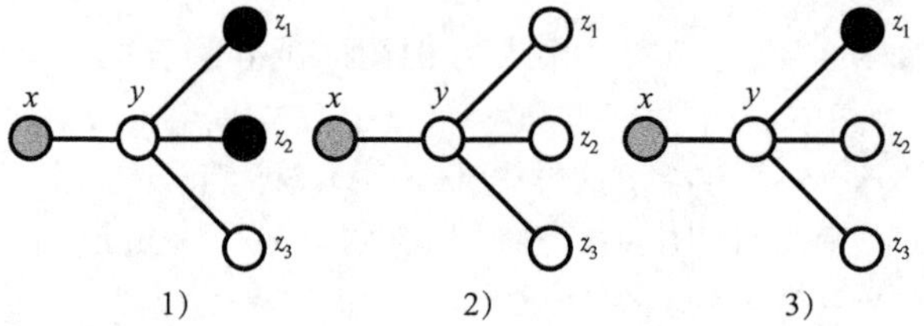

图 12.3　独立集合马尔可夫链的三种情况. 黑色顶点都在耦合的两个独立集合中，顶点 x 着灰色，表示它是耦合中一条链的独立集合的元素，但不是其他链的独立集合的元素

1)假设在独立集合 $I=X_t$ 中 y 有两个或更多个邻点，那么没有涉及 y 的移动可以增加坏顶点的个数，因此作为任意这种移动的结果，d_{t+1} 不可能大于 d_t.

2)假设在 I 中 y 没有邻点，如果选取边(y, z_i)(其中 $1\leqslant i\leqslant 3$)，且试图增加 y 而消去 z_i，则 d_t 可以增加 1. 这些移动在 X_t 上成功，但在 Y_t 上不成功，所以至多以 $3\cdot 1/3\ |E|=1/|E|$ 的概率 $\delta_y=1$，没有其他涉及 y 的移动增加 d_t.

来自 δ_y 的可能增加通过减少 δ_x 的移动相抵了. 在边(x, y)上的三个可能移动中的任

意一个都与顶点 x 匹配，使得 $\delta_x=-1$，并且没有增加其他坏顶点. 因此至少以 $1/|E|$ 的概率 $\delta_x=-1$. 我们看到在 $\sum_w \boldsymbol{E}[\delta_w | d_t=1]$ 上的所有这些移动的总的影响为

$$1 \cdot \frac{1}{|E|}-1 \cdot \frac{1}{|E|}=0$$

所以来自这种情况的移动不增加 $\boldsymbol{E}[d_{t+1}-d_t | d_t=1]$.

3)假设在 I 中 y 有一个邻点. 如果选取边(x, y)，那么两个移动可以给出 $\delta_x=-1$：消去 x 及 y 的移动，或消去 y 但增加 x 的移动. 第三种试图增加 y 而消去 x 的移动，在两个链中都不行，因为 y 有一个在 I 中的邻点. 所以至少以 $\frac{2}{3}(1/|E|)$ 的概率有 $\delta_x=-1$.

设 z 是 y 在 I 中的邻点，如果选取边(y, z)且试图增加 y 而消去 z，那么经一步，y 和 z 都可成为坏顶点. 这种移动在 X_t 上成功，但在 Y_t 上失败，因为 δ_y 和 δ_z 都等于 1，所以使得 d_t 增加 2. 没有其他移动增加 d_t. 因此在这种情况下，坏顶点个数增加的概率为 $1/3|E|$，且增加 2. 并且所有这些在 $\sum_w \boldsymbol{E}[\delta_w | d_t=1]$ 上的移动的总的影响为

$$2 \cdot \frac{1}{3|E|}-1 \cdot \frac{2}{3} \frac{1}{|E|}=0$$

所以来自这种情况的移动不增加 $\boldsymbol{E}[d_{t+1}-d_t | d_t=1]$.

情况分析说明，如果考虑涉及一个指定的邻点 y 的移动，它们是平衡的，从而每个增加 $d_{t+1}-d_t$ 的移动必与相应的减小 $d_{t+1}-d_t$ 的移动匹配. 关于所有顶点求和计算得到

$$\boldsymbol{E}[d_{t+1}-d_t | d_t=1]=\boldsymbol{E}\left[\sum_w \delta_w | d_t=1\right]=\sum_w \boldsymbol{E}[\delta_w | d_t=1] \leqslant 0$$

现在用一个适当的耦合来证明对任何状态对(X_t, Y_t)，$\boldsymbol{E}[d_{t+1} | d_t] \leqslant d_t$. 如果 $d_t=0$，陈述是平凡的，所以只需证明 $d_t=1$ 时，陈述成立即可. 如果 $d_t>1$，则产生一个状态链 $Z_0, Z_1, \cdots, Z_{d_t}$ 如下：$Z_0=X_t$，而每个相继的 Z_i 由 Z_{i-1} 通过从 X_t-Y_t 中消去一个顶点或者从 Y_t-X_t 中增加一个顶点得到. 这是能够做到的，例如，首先逐个地消去 X_t-Y_t 中所有顶点，然后再逐个地增加 Y_t-X_t 的顶点. 现在产生的耦合如下. 当在 $X_t=Z_0$ 中进行一次移动时，当 $d_t=1$ 时，耦合给出了一个关于状态 Z_1 的相应移动. 这个在 Z_1 中的移动可以类似地与状态 Z_2 中的移动耦合等，直到在 Z_{d_t-1} 中的移动产生 $Z_{d_t}=Y_t$ 的一个移动. 设 Z_i' 是从状态 Z_i 进行移动后的状态，且令

$$\Delta(Z_{i-1}', Z_i')=|Z_{i-1}'-Z_i'|+|Z_i'-Z_{i-1}'|$$

注意 $Z_0'=X_{t+1}$，$Z_{d_t}'=Y_{t+1}$. 我们已经证明了 $\boldsymbol{E}[d_{t+1}-d_t | d_t=1] \leqslant 0$，故可以得到

$$\boldsymbol{E}[\Delta(Z_{i-1}', Z_i')] \leqslant 1$$

即因为两个状态 Z_{i-1} 和 Z_i 恰有一个不同的顶点，所以经一步后它们之间不同的顶点的期望数至多为 1. 利用集合的三角不等式

$$|A-B| \leqslant |A-C|+|C-B|$$

我们得到

$$|X_{t+1}-Y_{t+1}|+|Y_{t+1}-X_{t+1}| \leqslant \sum_{i=1}^{d_t}(|Z_{i-1}'-Z_i'|+|Z_i'-Z_{i-1}'|)$$

或

$$d_{t+1} = |X_{t+1} - Y_{t+1}| + |Y_{t+1} - X_{t+1}| \leqslant \sum_{i=1}^{d_t} \Delta(Z'_{i-1}, Z'_i)$$

因此

$$\mathbf{E}[d_{t+1} \mid d_t] \leqslant \mathbf{E}\left[\sum_{i=1}^{d_t} \Delta(Z'_{i-1}, Z'_i)\right] = \sum_{i=1}^{d_t} \mathbf{E}[\Delta(Z'_{i-1}, Z'_i)] \leqslant d_t$$

在前面的例子中，可以证明形如

$$\mathbf{E}[d_{t+1} \mid d_t] \leqslant \beta d_t$$

的严格的不等式，其中 $\beta<1$，我们利用这个严格的不等式给出混合时间的界．然而，如在练习 12.7 中将看到的，对快速混合，只需一个更弱的条件 $\mathbf{E}[d_{t+1} \mid d_t] \leqslant d_t$．所以当最大次至多为 4 时，马尔可夫链给出了图中独立集合的 FPAUS．如在 11.3 节已经证明的那样，这可用于得到这个问题的 FPARS.

12.7　练习

12.1　编写一个程序，以两个正整数 n_1，n_2 及两个实数 p_1，p_2 作为输入($0 \leqslant p_1$，$p_2 \leqslant 1$)，程序的输出是二项随机变量 $B(n_1, p_1)$和 $B(n_2, p_2)$之间的变异距离，舍入到千分之一．利用程序计算以下几对分布之间的变异距离：$B(20, 0.5)$和 $B(20, 0.49)$；$B(20, 0.5)$和 $B(21, 0.5)$；$B(21, 0.5)$和 $B(21, 0.49)$.

12.2　考虑洗 n 张牌的马尔可夫链，其中每一步都是均匀随机地选取一张牌，并将它放在最上面．假设现在不是以固定的步数运行这个链，而是直到使每张牌至少有一次被移到最上面的第一步才停止运行．证明在这个停止时刻，链的状态是牌的 $n!$ 种可能排列上的均匀分布.

12.3　考虑洗 n 张牌的马尔可夫链，其中每一步都是均匀随机地选取一张牌，并将它放在最上面．证明对某个常数 $\varepsilon>0$，如果链只运行$(1-\varepsilon)n \ln n$ 步，那么变异距离为 $1-o(1)$.

12.4　(a) 考虑由转移矩阵

$$\boldsymbol{P} = \begin{bmatrix} 1/2 & 0 & 1/2 & 0 & 0 \\ 0 & 1/2 & 1/2 & 0 & 0 \\ 1/4 & 1/4 & 0 & 1/4 & 1/4 \\ 0 & 0 & 1/2 & 1/2 & 0 \\ 0 & 0 & 1/2 & 0 & 1/2 \end{bmatrix}$$

给出的马尔可夫链，说明为什么当直接接近于 $\boldsymbol{P}$ 时，定理 12.5 是没有用的．然后将定理 12.5 用于转移矩阵为 $\boldsymbol{P}^2$ 的马尔可夫链，并说明原马尔可夫链收敛于它的平稳分布的含义.

(b) 考虑由转移矩阵

$$\boldsymbol{P} = \begin{bmatrix} 1/2 & 0 & 1/2 & 0 & 0 \\ 0 & 1/2 & 1/2 & 0 & 0 \\ 1/5 & 1/5 & 1/5 & 1/5 & 1/5 \\ 0 & 0 & 1/2 & 1/2 & 0 \\ 0 & 0 & 1/2 & 0 & 1/2 \end{bmatrix}$$

给出的马尔可夫链，将定理 12.5 用于 $\boldsymbol{P}$，然后将定理 12.5 用于转移矩阵为 $\boldsymbol{P}^2$ 的马尔可夫链，说明原马尔可夫链收敛于它的平稳分布的含义．哪种应用给出更好的变异距离的界？

12.5　假设反复投掷一粒标准的六面体骰子，得到一个独立的随机变量序列 X_1，X_2，…，其中 X_i 是第 i 次投掷的结果．设

$$Y_j = \sum_{i=1}^{j} X_i \mod 10$$

是前 j 次投掷之和关于模 10 的同余．序列 Y_j 形成一个马尔可夫链．确定它的平稳分布，并确定这个链关于 $\tau(\varepsilon)$的界．(提示：一种方法是利用练习 12.4 的方法.)

12.6　定理 12.5 只在马尔可夫链的转移矩阵 $\boldsymbol{P}$ 中至少有一列存在一个非零元素时有用．证明对任意有限、非周期、不可约的马尔可夫链，存在一个时刻 T 使得 $\boldsymbol{P}^{T}$ 的每个元素都非零．说明如何将它同定理 12.5 一起使用．

12.7　在这一章反复使用的一种方法是定义一个距离函数 d_t，表示经 t 步后耦合的两个状态之间的距离，证明当 $d_t>0$ 时，存在 $\beta<1$，使得

$$\boldsymbol{E}[d_{t+1} \mid d_t] \leqslant \beta d_t$$

(a) 在这个条件下，给出用 β 和 d^* 表示的 $\tau(\varepsilon)$的上界，其中 d^* 是耦合的所有可能初始状态对的最大距离．

(b) 假定

$$\boldsymbol{E}[d_{t+1} \mid d_t] \leqslant d_t$$

假定有附加条件 d_{t+1} 是 d_t、d_t-1 或 d_t+1 之一，且 $\Pr(d_t \neq d_{t+1}) \geqslant \gamma$．给出用 ε、d^* 及 γ 表示的 $\tau(\varepsilon)$的上界．你的答案应该是关于 d^* 及 $1/\gamma$ 的多项式(提示：将 d_t 看作类似于直线上的随机游动)．

(c) 利用(a)和(b)，证明 12.5 节着色链的混合时间即使在颜色种数只为 2Δ 时，也是图中顶点数及 $\ln(1/\varepsilon)$的多项式．

(d) 推广(b)中的论证，证明 12.6 节给出的独立集合的马尔可夫链上的混合时间是图中顶点个数及 $\ln(1/\varepsilon)$的多项式．

12.8　考虑 n 个顶点的非二步连通图上的随机游动，其中每个顶点有相同的次 $d>n/2$，$d<n$．证明

$$\tau(\varepsilon) \leqslant \frac{\ln \varepsilon}{\ln(1-(2d-n)/d)}$$

12.9　考虑在圆上依次放置的 n 个点$[0, n-1]$的马尔可夫链．每一步，链以 1/2 的概率停留在当前点，或以 1/2 的概率依顺时针方向移动到下一点．求平稳分布，并证明对任意 $\varepsilon>0$，混合时间 $\tau(\varepsilon)$为 $O(n^2\ln(1/\varepsilon))$．

12.10　在 12.2.3 节，我们提出了下面的耦合 $Z_t=(X_t, Y_t)$．首先为链 $X_t(v\in X_t, w\in V)$选取一个转移．如果 $v\in Y_t$，对链 Y_t 的转移用相同的顶点 v 和 w；否则，均匀随机地选取一个顶点 $v'\in Y_t-X_t$，然后，在链 Y_t 中用 v'和 w 执行转移．证明这是满足定义 12.3 的有效耦合．

12.11　如 12.2.3 节定义的一个有 n 个结点、最大次为 Δ 的图中，对大小恰好为 $k\leqslant n/(3\Delta+3)$的所有独立集合抽样的马尔可夫链，证明这个链是遍历的，且有一个均匀的平稳分布．

12.12　我们希望改进 12.2.3 节的耦合技术以得到一个更好的界．这里的改进与用于证明定理 12.8 的方法有关．如 12.2.3 节的耦合，如果试图使 $v\in X_t-Y_t$ 移动到顶点 w，那么在另一个链中用匹配的顶点作相同的移动，但如果试图移动在两个链中的顶点 $v\in X_t\cap Y_t$，我们不再作相同的移动．

(a) 假定存在一个恰有 $d_t(\Delta+1)$个不同顶点的集合 S_1，这些顶点是 Y_t-X_t 中的顶点或顶点的邻点．类似地，假定存在一个恰有 $d_t(\Delta+1)$个不同顶点的集合 S_2，这些顶点是 Y_t-X_t 中的顶点或顶点的邻点；进一步假定 S_2 与 S_1 不相交．还假定 S_1 中的顶点以一对一的方式与 S_2 中的顶点匹配．证明这样的移动可以耦合，使得当一个链试图但不能将 v 移动到一个链的 S_1 中的顶点时，它也试图但不能将 v 移动到另一链的 S_2 中匹配的顶点．类似地，证明移动可以耦合，使得当一个链试图且成功地将 v 移动到一个链的 S_1 中的顶点时，它也试图且成功地将 v 移动到另一个链的 S_2 中匹配的顶点．证明这个耦合给出

$$\Pr(d_{t+1}=d_t+1) \leqslant \frac{k-d_t}{k}\frac{d_t(\Delta+1)}{n}$$

(b) 一般情况下，S_1 和 S_2 不必不相交或大小相等．证明此时通过将失败的移动尽可能多地配对，可以增加 d_t 的 w 的选择个数为 $\max(|S_1|, |S_2|) \leqslant d_t(\Delta+1)$．然后证明

$$\Pr(d_{t+1}=d_t+1) \leqslant \frac{k-d_t}{k}\frac{d_t(\Delta+1)}{n}$$

对所有情况都成立．

(c) 利用这个耦合得到对任意 $k \leqslant n/(2\Delta+2)$ 都成立时 $\tau(\varepsilon)$ 的一个多项式界．

12.13 考虑状态空间为 S、平稳分布为 $\bar{\pi}$ 的马尔可夫链，并回忆定义 12.2 中关于 p_x^t 和 $\Delta(t)$ 的定义．对任意的非负整数 t，设

$$\overline{\Delta}(t)=\max_{x,y\in S}\| p_x^t - p_y^t \|$$

假定马尔可夫链有一个平稳分布．

(a) 证明对任意正整数 s 和 t，有：$\overline{\Delta}(s+t) \leqslant \overline{\Delta}(s)\overline{\Delta}(t)$．

(b) 证明对任意正整数 s 和 t，有：$\Delta(s+t) \leqslant \Delta(s)\overline{\Delta}(t)$．

(c) 证明对任意正整数 t，有：

$$\Delta(t) \leqslant \overline{\Delta}(t) \leqslant 2\Delta(t)$$

12.14 考虑一副 n 张扑克牌洗牌问题的下列变化．每一步从这副牌中均匀随机地选取两张牌，然后交换它们的位置．(两次取牌有可能得到同一张牌，此时出现不交换的情况．)

(a) 证明以下是一个等价的过程：每一步从这副牌中均匀随机地选取一张牌，且从 $[1, n]$ 中均匀随机地选取一个位置，然后将位置 i 上的牌与取到的那张牌交换位置．

(b) 考虑对牌和位置的两种选取对链的两个副本来说是相同时的耦合．用 X_t 表示链的两个副本中具有不同位置的牌的张数．证明 X_t 关于时间是非增的．

(c) 证明

$$\Pr(X_{t+1} \leqslant X_t - 1 \mid X_t > 0) \geqslant \left(\frac{X_t}{n}\right)^2$$

(d) 不管两个链的初始状态，证明直到 X_t 为 0 时的期望时间是 $O(n^2)$．

12.15 修改引理 11.3 及引理 11.4 的论证来证明，如果对任意 $c \geqslant \Delta+2$，有一个正常着色法的 FPAUS，那么对这个 c 值，也有一个 FPRAS.

12.16 考虑下列简单的马尔可夫链，其状态是图 $G=(V, E)$ 中的独立集合，由 X_i 计算 X_{i+1}：

- 从 V 中均匀随机地选取一个顶点 v，并投掷一枚均匀的硬币．
- 如果正面朝上且 $v \in X_i$，那么 $X_{i+1}=X_i \setminus \{v\}$；
- 如果正面朝上且 $v \notin X_i$，那么 $X_{i+1}=X_i$；
- 如果反面朝上，$v \notin X_i$，且将 v 添到 X_i 中仍然给出一个独立集合，那么 $X_{i+1}=X_i \cup \{v\}$；
- 如果反面朝上且 $v \in X_i$，那么 $X_{i+1}=X_i$．

(a) 证明这个链的平稳分布是所有独立集合上的均匀分布．

(b) 特别地，我们在圆形图和直线图上考虑这个马尔可夫链．对有 n 个顶点的直线图，顶点标以 1 到 n 的标号，存在从 1 到 2，2 到 3，…，$n-1$ 到 n 的一条边．对 n 个顶点的圆形图也一样增加一条从 n 到 1 的边．

对这个马尔可夫链，设计一个直线图和圆形图的耦合 (X_t, Y_t)，如果 $d_t=|X_t-Y_t|+|Y_t-X_t|$ 是两个独立集合不一致的顶点个数，那么在每一步耦合至少像增加 d_t 那样尽可能地减小 d_t．

(c) 用(b)中的耦合，证明可以用这个链，得到圆形图或直线图上独立集合的一个 FPAUS. 可能要用到练习 12.7.

(d) 对直线图及圆形图的特殊情况，可以导出独立集合个数的精确公式．导出这些情况下的精确公式并证明该公式是正确的(提示：可以将结果表示成斐波那契数)．

12.17　对整数 a 和 b，一个 $a \times b$ 网格是一个图，其顶点是所有有序的整数对 (x, y)，其中 $0 \leqslant x < a$，$0 \leqslant y < b$. 图的边连接所有不同的顶点对 (x, y) 和 (x', y')，使得 $|x-x'|+|y-y'|=1$. 即每个顶点与它的上、下、左、右的邻点相连接，其中在边界上的顶点只与有关的点连接. 考虑由 10×10 网格给出的图上的下列问题.

(a) 执行一个 FPAUS 以产生一个图的 ε 均匀的正规 10 色着色法，其中 ε 是作为输入给出的. 讨论该马尔可夫链运行多少步，其初始状态是什么，以及其他有关的细节.

(b) 将 FPAUS 作为一个子程序，执行 FPRAS 产生图的正规 10 色着色法个数的 (ε, δ) 近似. 运行它得到 $(0.1, 0.001)$ 近似以检验程序代码.（注意：这可能需要相当长的运行时间.）讨论对边的选择次序，每步要求多少个样本，在整个过程中执行多少步马尔可夫链，以及其他有关细节.

12.18　在 12.2.3 节中考虑独立集合上的下列马尔可夫链：一次移动是由独立集合 X_t 经均匀随机地选取一个顶点 $v \in X_t$ 且从图中均匀随机地挑出一个顶点 w 形成的. 如果 $X_t - \{v\} + \{w\}$ 是独立集合，那么 $X_{t+1} = X_t - \{v\} + \{w\}$；否则，$X_{t+1} = X_t$，我们已经证明了当 $k \leqslant n/(2\Delta+2)$ 时，通过关于 n 和 $\ln(1/\varepsilon)$ 的多项式表示 $\tau(\varepsilon)$ 的界，这个链快速收敛于它的平稳分布. 利用路径耦合思路简化这个证明.

12.19　我们在 12.5 节考虑过着色问题的简单的马尔可夫链. 假定可以用路径耦合技术.（不必去证明这一点.）在这种情况下，可以只考虑 $d_t = 1$ 的情况. 当 $d_t = 1$ 且 $c > 2\Delta$ 时，对某个 $\beta < 1$，$\mathbf{E}[d_{t+1} \mid d_t] \leqslant \beta d_t$，给出一个比较简单的证明. 并证明当 $d_t = 1$，$c > 2\Delta$ 时，$\mathbf{E}[d_{t+1} \mid d_t] \leqslant d_t$.

第 13 章　鞅

鞅是满足某些条件的随机变量序列，它起源于诸如随机游动和赌博问题等众多应用中．本章重点介绍三种有用的与鞅有关的分析工具：鞅停时定理、瓦尔德(Wald)不等式和 Azuma-Hoeffding 不等式．鞅停时定理和瓦尔德等式是计算复合随机过程期望的重要工具．在导出与相关随机变量的函数值的切尔诺夫型尾部界时，Azuma-Hoeffding 不等式是非常有效的方法．本章主要讨论 Azuma-Hoeffding 不等式在模式匹配、球和箱子，以及随机图等问题中的应用．

13.1　鞅

定义 13.1　称随机变量序列 Z_0，Z_1，…是关于序列 X_0，X_1，…的一个鞅，如果对所有的 $n\geqslant 0$，下列条件成立：

- Z_n 是 X_0，X_1，…，X_n 的函数．
- $\boldsymbol{E}[|Z_n|]<\infty$；
- $\boldsymbol{E}[Z_{n+1}|X_0，\cdots，X_n]=Z_n$．

如果随机变量序列 Z_0，Z_1，…是关于它自身的一个鞅，则称 Z_0，Z_1，…为一个鞅．也就是说，$\boldsymbol{E}[|Z_n|]<\infty$，且 $\boldsymbol{E}[Z_{n+1}|Z_0，\cdots，Z_n]=Z_n$．

鞅可以含有有限个或可数无穷个元素．鞅序列的指标也不必从 0 开始．实际上，在许多应用中，从 1 开始更加方便．当我们说 Z_0，Z_1，…是关于 X_1，X_2，…的鞅时，可以认为 X_0 是一个常数，被省略了．

例如，考虑一个赌徒参加一系列公平的赌博，设 X_i 为赌徒在第 i 次赌博赢得的钱数(若赌徒输了，则 X_i 是负的)，Z_i 为他在第 i 局赌博结束时总的赢利．因为每次赌博都是公平的，故 $\boldsymbol{E}[X_i]=0$，且

$$\boldsymbol{E}[Z_{i+1}|X_1,X_2,\cdots,X_i]=Z_i+\boldsymbol{E}[X_{i+1}]=Z_i$$

从而 Z_1，Z_2，…，Z_n 是关于 X_1，X_2，…，X_n 的一个鞅．有意思的是，不管每次赌博的赌注是多少，即使这些赌注是依赖于前面结果的，这个序列都是一个鞅．

一个杜布(Doob)鞅是使用下列方法构造的鞅．设 X_0，X_1，…，X_n 为一个随机变量序列，Y 是一个随机变量，满足 $\boldsymbol{E}[|Y|]<\infty$(一般情况下，$Y$ 将依赖于 X_0，X_1，…，X_n)，那么

$$Z_i=\boldsymbol{E}[Y|X_0,\cdots,X_i],\quad i=0,1,\cdots,n$$

生成一个关于 X_0，X_1，…，X_n 的鞅，因为

$$\boldsymbol{E}[Z_{i+1}|X_0,\cdots,X_i]=\boldsymbol{E}[\boldsymbol{E}[Y|X_0,\cdots,X_{i+1}]|X_0,\cdots,X_i]=\boldsymbol{E}[Y|X_0,\cdots,X_i]=Z_i$$

这里，用到了 $\boldsymbol{E}[Y|X_0，X_1，\cdots，X_{i+1}]$本身是一个随机变量的事实，且由条件期望的定义 2.7 可得

$$\boldsymbol{E}[V|W]=\boldsymbol{E}[\boldsymbol{E}[V|U,W]|W]$$

在大多数应用中，我们使用杜布鞅是从初值满足 $Z_0=\boldsymbol{E}[Y]$ 开始的，这对应于 X_0 是一个与 Y 独立的平凡的随机变量. 为了理解杜布鞅的概念，假设我们希望预测随机变量 Y 的值，而 Y 的值是随机变量 X_1，…，X_n 的值的函数. 序列 Z_0，Z_1，…，Z_n 表示一个逐渐利用越来越多有关随机变量 X_1，…，X_n 的值的信息得到的 Y 值的改良估计序列. 第一个元素 Z_0 恰好是 Y 的期望. 元素 Z_i 是已知 X_1，…，X_i 值时 Y 的期望值，而且如果 Y 被 X_1，…，X_n 完全确定了，那么 $Z_n=Y$.

现在考虑杜布鞅的两个例子，它们产生于对随机图性质的评估. 设 G 是来自 $G_{n,p}$ 的随机图，以某个任意的次序标出 $m=\binom{n}{2}$ 条可能边的位置，且令

$$X_j=\begin{cases}1 & \text{如果第 } j \text{ 个边位置上有一条边}\\ 0 & \text{其他}\end{cases}$$

考虑定义在图上的任意有限值函数 F，例如，设 $F(G)$ 是 G 中最大独立集的大小. 现在令 $Z_0=\boldsymbol{E}[F(G)]$，及

$$Z_i=\boldsymbol{E}[F(G)\mid X_1,\cdots,X_i],\quad i=1,\cdots,m$$

序列 Z_0，Z_1，…，Z_n 是一个杜布鞅，$F(G)$的条件期望揭示了每条边是否在图中，一次揭示一条边. 这种揭示边的过程给出的一个鞅通常称为**边暴露鞅**.

类似地，代替每次揭示一条边，可以每次一个顶点地揭示与一个给定顶点相连的边的集合. 固定任意一个从 1 到 n 的顶点的编号，设 G_i 是由前 i 个顶点导出的 G 的子图，那么令 $Z_0=\boldsymbol{E}[F(G)]$，且

$$Z_i=\boldsymbol{E}[F(G)\mid G_1,\cdots,G_i],\quad i=1,\cdots,n$$

这给出了一个通常称为**顶点暴露鞅**的杜布鞅.

13.2　停时

回到参加了一系列公平赌博的那个赌徒上来，在上节我们看到 Z_1，…，Z_n 是一个鞅，其中 Z_i 表示赌徒在第 i 次赌博后的赢利. 如果赌徒(在开始游戏前)决定在恰好赌完 k 局后离去，那么赌徒的期望获利是多少？

引理 13.1　*如果序列 Z_0，Z_1，…，Z_n 是关于序列 X_0，X_1，…，X_n 的一个鞅，那么有*

$$\boldsymbol{E}[Z_n]=\boldsymbol{E}[Z_0]$$

证明　因为 Z_0，Z_1，…，Z_n 是关于序列 X_0，X_1，…，X_n 的一个鞅，所以有

$$Z_i=\boldsymbol{E}[Z_{i+1}\mid X_0,\cdots,X_i]$$

两边求期望且利用条件期望的定义，我们有

$$\boldsymbol{E}[Z_{i+1}]=\boldsymbol{E}[\boldsymbol{E}[Z_{i+1}\mid X_0,\cdots,X_i]]=\boldsymbol{E}[Z_i]$$

重复这个过程，得到

$$\boldsymbol{E}[Z_n]=\boldsymbol{E}[Z_0]$$ ■

这样，如果游戏次数在开始时是固定的，那么从这些赌博中获利的期望为零. 现在假设赌博次数不固定，比如赌徒可以进行随机次数的赌博，赌徒的停止赌博决策是基于已经进行过的赌博结果时，会出现一种更加复杂(而且现实)的情况. 例如，赌徒可能决定一直玩到

获利总数至少为 100 美元时．下面的概念是相当有用的．

定义 13.2　称非负整值随机变量 T 是序列$\{Z_i, i\geqslant 0\}$的停时，如果事件 $T=n$ 的概率与变量$\{Z_{n+j}|Z_1, Z_2, \cdots, Z_n, j\geqslant 1\}$（即在 $Z_1, Z_2, \cdots, Z_n$ 条件下的变量 $Z_{n+1}, Z_{n+2}, \cdots$）无关．⊖

一个停时对应于只基于到目前为止的结果决定何时停止序列的一种策略．例如，赌徒首次连续赢得 5 次赌博是一个停时，因为这可由已进行过的赌博结果而定．类似地，赌徒首次赢得至少 100 美元也可以是一个停时．令 T 为赌徒连续赢得 5 次赌博的最后时间，但这不是一个停时，因为若不知道 $Z_{n+1}, Z_{n+2}, \cdots$就不可能决定是否有 $T=n$．

为了充分利用鞅的性质，我们需要刻画关于保持性质 $\boldsymbol{E}[Z_T]=\boldsymbol{E}[Z_0]=0$ 的停时 T 的条件．就比如：如果赌博是公平的，总有 $\boldsymbol{E}[Z_T]=0$ 成立．但是考虑赌徒的停时是使 $Z_T>B$的第一个 T 的情况，其中 B 是一个大于 0 的固定常数．在这种情况下，赌徒退出赌博时的期望收益是大于 0 的．具有这种停时的尴尬问题在于停时可能不是有限的，因此赌徒可能永远也不能结束赌博．鞅停时定理表明，在一定条件下，特别是在停时是有界的或具有有界的期望时，鞅在停时处的期望值等于 $\boldsymbol{E}[Z_0]$．下面，我们描述一些特定条件下的鞅停时定理（有时称为最优停止定理），但不予证明．

定理 13.2[鞅停时定理]　如果 $Z_0, Z_1, \cdots$是关于 $X_1, X_2, \cdots$的鞅，T 是关于 $X_1, X_2, \cdots$的停时，那么要有

$$\boldsymbol{E}[Z_T]=\boldsymbol{E}[Z_0]$$

成立，只须满足下列条件之一：

- Z_i 是有界的，即存在一个常数 c，使得对任意 i，有 $|Z_i|\leqslant c$；
- T 是有界的；
- $\boldsymbol{E}[T]<\infty$，且存在一个常数 c，使得 $\boldsymbol{E}[|Z_{i+1}-Z_i||X_1, X_2, \cdots, X_i]<c$．

我们利用鞅停时定理可以推导出 7.2.1 节介绍的赌徒破产问题的一个简单的解．考虑一系列独立的公平赌博，在每一轮赌徒以 1/2 的概率赢得 1 美元，或者以 1/2 的概率输掉 1 美元．令 $Z_0=0$，X_i 表示第 i 次赌博赢得的钱数，Z_i 为第 i 次赌博后总的赢钱数．（同样，如果赌徒输了钱，那么 X_i 和 Z_i 是负的．）假设当赌徒输掉 ℓ_1 美元或赢得 ℓ_2 美元时就退出赌博．那么在输掉 ℓ_1 美元之前，赌徒赢得 ℓ_2 美元的概率是多少？

设 T 为首次赢得 ℓ_2 美元或输掉 ℓ_1 美元的时间，那么 T 是 $X_1, X_2, \cdots$的停时．序列 $Z_0, Z_1, \cdots$是一个鞅，因为 Z_i 的值显然有界，我们可以应用鞅停时定理得到

$$\boldsymbol{E}[Z_T]=0$$

设 q 为赌徒在赢得 ℓ_2 美元后退出赌博的概率，那么由

$$\boldsymbol{E}[Z_T]=\ell_2 q-\ell_1(1-q)=0$$

得到

$$q=\frac{\ell_1}{\ell_1+\ell_2}$$

与 7.2.1 节中求得的结果一致．

⊖　更正式地讲，我们定义一个滤子 $\mathcal{F}_0, \mathcal{F}_1, \cdots$，使得 Z_0 的分布完全由 $\mathcal{F}_0$ 中的事件定义，$Z_0, \cdots, Z_n$ 的联合分布完全由 $\mathcal{F}_n$ 中的事件定义．如果事件 $T=n$ 是 $\mathcal{F}_n$ 中的事件，那么它是一个停时．

例：选举定理

下面的选举定理是鞅停时定理的另一个应用．假定两个候选人参加一次选举，候选人 A 获得 a 票，候选人 B 获得 $b(b<a)$票．计票顺序是随机的，是从 $a+b$ 张选票的所有排列中均匀随机选择的．我们证明候选人 A 在计票中始终领先的概率为$(a-b)/(a+b)$．虽然这可由组合方法求得，下面我们用鞅给出一个漂亮的证明．

设 $n=a+b$ 为总选票数，S_k 为在计了 k 张选票之后，候选人 A 领先的选票数(S_k 可以为负)，那么，$S_n=a-b$．对 $0\leqslant k\leqslant n-1$，定义

$$X_k = \frac{S_{n-k}}{n-k}$$

首先证明序列 X_0，X_1，X_2，$\cdots X_{n-1}$构成一个鞅．注意到序列 X_0，X_1，X_2，$\cdots X_n$ 对应一个倒序的计数过程，X_0 是 S_n 的函数，X_{n-1}是 S_1 的函数，以此类推．考虑

$$\boldsymbol{E}[X_k \mid X_0,\cdots,X_{k-1}]$$

关于 X_0，X_1，X_2，$\cdots$，X_{k-1}的条件等价于关于 S_n，S_{n-1}，$\cdots$，S_{n-k+1}的条件，它是依次等价于计票到最后 $k-1$ 张选票时计数值的条件．

在条件 S_{n-k+1}下，计票前 $n-k+1$ 张票后，候选人 A 获得的票数是

$$\frac{n-k+1+S_{n-k+1}}{2}$$

候选人 B 获得的票数是

$$\frac{n-k+1-S_{n-k+1}}{2}$$

计票中的第 $n-k+1$ 张选票是来自这前 $n-k+1$ 张票中的一张随机选票．如果第 $n-k+1$ 张选票是给候选人 B 的，则 S_{n-k}等于 $S_{n-k+1}+1$;；如果那张选票是给候选人 A 的，则等于 $S_{n-k+1}-1$．因此，$k\geqslant 1$，

$$\begin{aligned}\boldsymbol{E}[S_{n-k} \mid S_{n-k+1}] &= (S_{n-k+1}+1)\frac{n-k+1+S_{n-k+1}}{2(n-k+1)} + (S_{n-k+1}-1)\frac{n-k+1+S_{n-k+1}}{2(n-k+1)} \\ &= S_{n-k+1}\frac{n-k}{n-k+1}\end{aligned}$$

因此，

$$\boldsymbol{E}[X_k \mid X_0,\cdots,X_{k-1}] = \boldsymbol{E}\left(\frac{S_{n-k}}{n-k} \mid S_n,\cdots,S_{n-k+1}\right) = \frac{S_{n-k+1}}{n-k+1} = X_{k-1}$$

这就证明了序列 X_0，X_1，X_2，$\cdots$，X_{n-1}是一个鞅．

定义 T 是使 $X_k=0$ 的最小的 k，如果这样 k 不存在，则定义 $T=n-1$．那么 T 是一个有界的停时，满足鞅停时定理的条件，且

$$\boldsymbol{E}[X_T] = \boldsymbol{E}[X_0] = \frac{\boldsymbol{E}[S_n]}{n} = \frac{a-b}{a+b}$$

现在考虑两种情况．

情况 1： 在整个计票过程中候选人 A 始终领先．在这种情况下，对 $0\leqslant k\leqslant n-1$，所有 S_{n-k}(因此所有的 X_k)都是正数，$T=n-1$，且

$$X_T = X_{n-1} = S_1 = 1$$

即 $S_1=1$ 成立，因为候选人 A 在计票过程中必须获得第一张选票，才能在整个计票过程中始终领先.

情况 2：候选人 A 在计票过程中不是始终领先. 在这种情况下，我们断言，对某个 $k<n-1$，有 $X_k=0$. 候选人 A 最后显然获得更多选票. 如果候选人 B 处于领先，那么一定有某个中间点 S_k(因此 X_k)等于 0. 在这种情况下，$T=k<n-1$，且 $X_T=0$.

显然有

$$\mathbf{E}[X_T]=\frac{a-b}{a+b}=1\cdot\Pr(\text{情况 }1)+0\cdot\Pr(\text{情况 }2)$$

这样情况 1 的概率，即候选人 A 在计票过程中始终领先的概率为$(a-b)/(a+b)$.

13.3　瓦尔德等式

鞅停时定理的一个重要推论是著名的瓦尔德等式. 瓦尔德等式处理独立随机变量和的期望，其中求和的随机变量的个数本身是一个随机变量.

定理 13.3[瓦尔德等式]　设 X_1，X_2，…是非负、独立且与 X 有相同分布的随机变量，T 是这个序列的一个停时. 如果 T 和 X 存在有限的期望，那么

$$\mathbf{E}\left[\sum_{i=1}^{T}X_i\right]=\mathbf{E}[T]\cdot\mathbf{E}[X]$$

事实上，瓦尔德等式在更一般的情况下也成立. 当不要求随机变量 X_1，X_2，…是非负时，有多种不同方法可以证明等式也是成立的.

证明　$i\geqslant 1$，设

$$Z_i=\sum_{j=1}^{i}(X_j-\mathbf{E}[X])$$

序列 Z_1，Z_2，…是关于 X_1，X_2，…的鞅，且 $\mathbf{E}[Z_1]=0$.

现在 $\mathbf{E}[T]<\infty$，且

$$\mathbf{E}[|Z_{i+1}-Z_i|\,|X_1,\cdots,X_i]=\mathbf{E}[|X_{i+1}-\mathbf{E}[X]|]\leqslant 2\mathbf{E}[X]$$

因此可以利用鞅停时定理计算得

$$\mathbf{E}[Z_T]=\mathbf{E}[Z_1]=0$$

因此，

$$\begin{aligned}\mathbf{E}[Z_T]&=\mathbf{E}\left[\sum_{j=1}^{T}(X_j-\mathbf{E}[X])\right]=\mathbf{E}\left[\left(\sum_{j=1}^{T}X_j\right)-T\mathbf{E}[X]\right]\\&=\mathbf{E}\left[\sum_{j=1}^{T}X_j\right]-\mathbf{E}[T]\cdot\mathbf{E}[X]=0\end{aligned}$$

证毕. ■

在独立随机变量序列的情况下，我们有一个等价的、更简单的便于应用的停时定义.

定义 13.3　设 Z_0，Z_1，…是一个独立的随机变量序列，称一个非负的整值随机变量 T 是关于这个序列的一个停时，如果事件 $T=n$ 与 Z_{n+1}，Z_{n+2}，…独立.

举一个简单例子，考虑一种赌徒首先掷一粒标准骰子的赌博. 如果掷的结果是 X，那么接着再掷 X 粒新的标准骰子，她的获利 Z 是 X 粒骰子的和. 这种赌博获利的期望是多少？

对 $1\leqslant i\leqslant X$，设 Y_i 为第二轮中第 i 粒骰子的点数，那么

$$\boldsymbol{E}[Z]=\boldsymbol{E}\left[\sum_{i=1}^{X}Y_i\right]$$

由定义 13.3 知，X 是一个停时，因此由瓦尔德等式可得

$$\boldsymbol{E}[Z]=\boldsymbol{E}[X]\cdot\boldsymbol{E}[Y_i]=\left(\frac{7}{2}\right)^2=\frac{49}{4}$$

瓦尔德等式可以从对 Las Vegas 算法的分析中得出，正如我们在 3.5 节中求中位数的随机化算法所看到的，这个算法总是给出正确答案，但是有可变的运行时间. 在 Las Vegas 算法中，我们常常反复执行某个可能返回或可能不返回正确答案的随机化子程序. 然后用某个确定性的检查子程序来确定答案是否正确. 如果正确，那么 Las Vegas 算法以正确答案结束；否则，再次运行随机化子程序. 如果 N 是直到找到正确答案的试验次数，X_i 是第 i 次试验中两个子程序的运行时间——只要 X_i 是独立且与 X 有相同的分布——瓦尔德等式给出此算法的期望运行时间为

$$\boldsymbol{E}\left[\sum_{i=1}^{N}X_i\right]=\boldsymbol{E}[N]\cdot\boldsymbol{E}[X]$$

这种方法的一个例子在练习 13.13 中给出.

作为另一个例子，考虑通过一个共享通道联结的 n 个服务器的集合. 时间被分成离散的时间段，在每一时间段，任一个需要发送数据包的服务器可以由通道进行传送. 如果在那个时间恰好只有一个数据包发送，那么传送就会成功完成. 如果有多于一个数据包发送，那么没有一个会成功(并且发送者会发现失败). 数据包保存在服务器的缓冲器中，直到它们被成功传送. 服务器服从以下简单协议：在每一时间段，如果服务器的缓冲器不是空的，那么它就以 $1/n$ 的概率试图发送缓冲器中的第一个数据包. 假设服务器的缓冲器中有一个数据包的无穷序列. 那么直到每个服务器都至少成功发送一个数据包所用的时间段的期望个数是多少？

设 N 是直到每个服务器都至少成功发送一个数据包时成功发送的数据包个数，t_i 为第 i 个成功发送的数据包的时段，从 $t_0=0$ 开始，且设 $r_i=t_i-t_{i-1}$，那么直到每个服务器都至少成功发送一个数据包的时段个数 T 由下式给出：

$$T=\sum_{i=1}^{N}r_i$$

可以验证 N 和 r_i 是独立的，且 N 的期望是限的；从而 N 是序列 $\{r_i\}$ 的停时.

在一个给定的时间段中成功发送一个数据包的概率为

$$p=\binom{n}{1}\left[\frac{1}{n}\right]\left(1-\frac{1}{n}\right)^{n-1}\approx \mathrm{e}^{-1}$$

每个 r_i 都服从参数为 p 的几何分布，因此 $\boldsymbol{E}[r_i]=1/p\approx\mathrm{e}$.

已知一个数据包在给定的时间段中成功发送，那个数据包的发送者在 n 个服务器中均匀分布，且与以前的过程无关. 利用第 2 章对赠券收集问题期望的分析，我们得到 $\boldsymbol{E}[N]=nH(n)=n\ln n+O(n)$. 现在用瓦尔德等式计算：

$$\boldsymbol{E}[T]=\boldsymbol{E}\left[\sum_{i=1}^{N}r_i\right]=\boldsymbol{E}[N]\cdot\boldsymbol{E}[r_i]=\frac{nH(n)}{p}$$

它约为 $en \ln n$.

13.4 鞅的尾部不等式

算法分析中鞅的最有用的性质也许是可以用切尔诺夫型的尾部不等式，即使在随机变量不是独立的情况下也可以. 这个领域中的主要结果是 Azuma 不等式和 Hoeffding 不等式. 它们十分相似，因此它们常常被合在一起而称为 Azuma-Hoeffding 不等式.

定理 13.4[Azuma-Hoeffding 不等式] 设 X_0，X_1，…，X_n 是一个鞅，满足

$$|X_k - X_{k-1}| \leqslant c_k$$

那么对所有 $t \geqslant 1$ 和任意 $\lambda > 0$，有

$$\Pr(|X_t - X_0| \geqslant \lambda) \leqslant 2\mathrm{e}^{-\lambda^2/\left(2\sum_{k=1}^{t} c_k^2\right)}$$

证明 按照证明切尔诺夫界(4.2 节)相同的方法进行. 首先推导出 $\boldsymbol{E}[\mathrm{e}^{\alpha(X_t - X_0)}]$的上界. 为此，定义

$$Y_i = X_i - X_{i-1}, \quad i = 1, \cdots, t$$

注意到$|Y_i| \leqslant c_i$，且因为 X_0，X_1，…是一个鞅，所以

$$\begin{aligned}\boldsymbol{E}[Y_i | X_0, X_1, \cdots, X_{i-1}] &= \boldsymbol{E}[X_i - X_{i-1} | X_0, X_1, \cdots, X_{i-1}] \\ &= \boldsymbol{E}[X_i | X_0, X_1, \cdots, X_{i-1}] - X_{i-1} = 0\end{aligned}$$

现在考虑

$$\boldsymbol{E}[\mathrm{e}^{\alpha Y_i} | X_0, X_1, \cdots, X_{i-1}]$$

记

$$Y_i = -c_i \frac{1 - Y_i/c_i}{2} + c_i \frac{1 + Y_i/c_i}{2}$$

利用 $\mathrm{e}^{\alpha Y_i}$ 的凸性，得

$$\mathrm{e}^{\alpha Y_i} \leqslant \frac{1 - Y_i/c_i}{2}\mathrm{e}^{-\alpha c_i} + \frac{1 + Y_i/c_i}{2}\mathrm{e}^{\alpha c_i} = \frac{\mathrm{e}^{\alpha c_i} + \mathrm{e}^{-\alpha c_i}}{2} + \frac{Y_i}{2c_i}(\mathrm{e}^{\alpha c_i} - \mathrm{e}^{-\alpha c_i})$$

因为 $\boldsymbol{E}[Y_i | X_0, X_1, \cdots, X_{i-1}] = 0$，我们有

$$\begin{aligned}\boldsymbol{E}[\mathrm{e}^{\alpha Y_i} | X_0, X_1, \cdots, X_{i-1}] &\leqslant \boldsymbol{E}\left(\frac{\mathrm{e}^{\alpha c_i} + \mathrm{e}^{-\alpha c_i}}{2} + \frac{Y_i}{2c_i}(\mathrm{e}^{\alpha c_i} - \mathrm{e}^{-\alpha c_i}) \,\Big|\, X_0, X_1, \cdots, X_{i-1}\right) \\ &= \frac{\mathrm{e}^{\alpha c_i} + \mathrm{e}^{-\alpha c_i}}{2} \leqslant \mathrm{e}^{(\alpha c_i)^2/2}\end{aligned}$$

其中，我们使用了 e^x 的泰勒级数展开式证得

$$\frac{\mathrm{e}^{\alpha c_i} + \mathrm{e}^{-\alpha c_i}}{2} \leqslant \mathrm{e}^{(\alpha c_i)^2/2}$$

方法与证明定理 4.7 类似. 从而

$$\begin{aligned}\boldsymbol{E}[\mathrm{e}^{\alpha(X_t - X_0)}] &= \boldsymbol{E}\left[\prod_{i=1}^{t} \mathrm{e}^{\alpha Y_i}\right] = \boldsymbol{E}\left[\prod_{i=1}^{t} \mathrm{e}^{\alpha Y_t}\right]\boldsymbol{E}[\mathrm{e}^{\alpha Y_t} | X_0, X_1, \cdots, X_{t-1}] \\ &\leqslant \boldsymbol{E}\left[\prod_{i=1}^{t-1} \mathrm{e}^{\alpha Y_i}\right]\mathrm{e}^{(\alpha c_t)^2/2} \leqslant \mathrm{e}^{\alpha^2 \sum_{k=1}^{t} c_k^2/2}\end{aligned}$$

因此，

$$\Pr(X_t - X_0 \geqslant \lambda) = \Pr(e^{\alpha(X_t - X_0)} \geqslant e^{\alpha\lambda}) \leqslant \frac{\boldsymbol{E}[e^{\alpha(X_t - X_0)}]}{e^{\alpha\lambda}} \leqslant e^{\alpha^2 \sum_{k=1}^{t} c_k^2/2 - \alpha\lambda} \leqslant e^{-\lambda^2/\left(2\sum_{k=1}^{t} c_k^2\right)}$$

其中最后一个不等式是由选取 $\alpha = \lambda / \sum_{k=1}^{t} c_k^2$ 而得到的．类似的方法给出 $\Pr(X_t - X_0 \leqslant -\lambda)$ 的界，这通过将每一处的 X_i 都换成 $-X_i$ 即可得到，从而定理得证．■

下面的推论常常更便于应用．

推论 13.5　设 X_0，X_1，…是一个鞅，使得对所有 $k \geqslant 1$，有

$$|X_k - X_{k-1}| \leqslant c$$

那么，对所有 $t \geqslant 0$ 和 $\lambda > 0$，有

$$\Pr(|X_t - X_0| \geqslant \lambda c\sqrt{t}) \leqslant 2e^{-\lambda^2/2}$$

现在给出 Azuma-Hoeffding 不等式的更一般的形式，它在我们的应用中可以得到稍紧一些的界．

定理 13.6[Azuma-Hoeffding 不等式]　设 X_0，X_1，…，X_n 是一个鞅，满足对某些常数 d_k 及可能是 X_0，X_1，…，X_{k-1} 的函数的随机变量 B_k，

$$B_k \leqslant X_k - X_{k-1} \leqslant B_k + d_k$$

那么，对所有 $t \geqslant 0$ 和任意 $\lambda > 0$，有

$$\Pr(|X_t - X_0| \geqslant \lambda) \leqslant 2e^{-2\lambda^2/\left(\sum_{k=1}^{t} d_k^2\right)}$$

这个形式的不等式推广了 $|X_k - X_{k-1}|$ 的界的要求，关键是在 $X_k - X_{k-1}$ 的下界和上界之间有一个间隙 d_k．注意：当有界 $|X_k - X_{k-1}| \leqslant c_k$ 时，这个结果与定理 13.4 是等价的，其中 $B_k = -c_k$，间隙 $d_k = 2c_k$．这个定理的证明与定理 13.4 的证明类似，留作练习 13.7．

13.5　Azuma-Hoeffding 不等式的应用

13.5.1　一般形式

在给出 Azuma-Hoeffding 不等式的某些应用之前，先介绍一个有用的技巧．我们说一个函数

$$f(\overline{X}) = f(X_1, X_2, \cdots, X_n)$$

满足界为 c 的李普希茨条件，如果对任意 i 和值 x_1，x_2，…，x_n 与 y_i 的任意集合，有

$$|f(x_1, x_2, \cdots, x_{i-1}, x_i, x_{i+1}, \cdots, x_n) - f(x_1, x_2, \cdots, x_{i-1}, y_i, x_{i+1}, \cdots, x_n)| \leqslant c$$

也就是说，任何单独一个坐标值的改变引起的函数值的改变至多为 c．

令

$$Z_0 = \boldsymbol{E}[f(X_1, X_2, \cdots, X_n)]$$

及

$$Z_k = \boldsymbol{E}[f(X_1, X_2, \cdots, X_n) \mid X_1, X_2, \cdots, X_k]$$

序列 Z_0，Z_1，…是一个杜布鞅，而且如果 X_k 是独立的随机变量，那么我们断言存在只依赖于 Z_0，Z_1，…，Z_{k-1} 的随机变量 B_k，满足 $B_k \leqslant Z_k - Z_{k-1} \leqslant B_k + c$．那么 $Z_k - Z_{k-1}$ 的上下界之间的间隙至多是 c，所以可以应用定理 13.6 的 Azuma-Hoeffding 不等式．Azuma-Hoeffding 不等式的下列变形通常称为 McDiarmid 不等式，具体如下．

定理 13.7[McDiarmid 不等式] 设 f 是 n 个自变量的函数，满足上面定义的界为 c 的李普希茨条件. X_1，X_2，…，X_n 是独立的随机变量，且(X_1，X_2，…，X_n)在 f 的定义域内，那么

$$\Pr(|f(X_1,\cdots,X_n)-\boldsymbol{E}[f(X_1,\cdots,X_n)]|\geqslant\lambda)\leqslant 2\mathrm{e}^{-2\lambda^2/(nc^2)}$$

证明 我们只对离散随机变量的情况(虽然结论在更一般的情况下成立)证明结论. 为简化记号，将 X_1，X_2，…，X_k 简记为 S_k，因此将

$$\boldsymbol{E}[f(\overline{X})\mid X_1,X_2,\cdots,X_k]$$

简记为

$$\boldsymbol{E}[f(\overline{X})\mid S_k]$$

也借用下列记号

$$f_k(\overline{X},x)=f(X_1,\cdots,X_{k-1},x,X_{k+1},\cdots,X_n)$$

即 $f_k(\overline{X}, x)$表示第 k 个坐标取值为 x 的 $f(\overline{X})$. 类似地，记

$$f_k(\overline{z},x)=f(z_1,\cdots,z_{k-1},x,z_{k+1},\cdots,z_n)$$

利用这些记号，有

$$Z_k-Z_{k-1}=\boldsymbol{E}[f(\overline{X})\mid S_k]-\boldsymbol{E}[f(\overline{X})\mid S_{k-1}]$$

从而，Z_k-Z_{k-1}的上界为

$$\sup_x\boldsymbol{E}[f(\overline{X})\mid S_{k-1},X_k=x]-\boldsymbol{E}[f(\overline{X})\mid S_{k-1}]$$

下界为

$$\inf_y\boldsymbol{E}[f(\overline{X})\mid S_{k-1},X_k=y]-\boldsymbol{E}[f(\overline{X})\mid S_{k-1}]$$

(如果处理的随机变量只取有限个数的值，可以用 max 和 min 替代 sup 和 inf.)因此，令

$$B_k=\inf_y\boldsymbol{E}[f(\overline{X})\mid S_{k-1},X_k=y]-\boldsymbol{E}[f(\overline{X})\mid S_{k-1}]$$

如果可以界定

$$\sup_x\boldsymbol{E}[f(\overline{X})\mid S_{k-1},X_k=x]-\inf_y\boldsymbol{E}[f(\overline{X})\mid S_{k-1},X_k=y]\leqslant c$$

那么我们将能适当地界定间隙 Z_k-Z_{k-1}. 现在

$$\begin{aligned}&\sup_x\boldsymbol{E}[f(\overline{X})\mid S_{k-1},X_k=x]-\inf_y\boldsymbol{E}[f(\overline{X})\mid S_{k-1},X_k=y]\\&=\sup_{x,y}\boldsymbol{E}([f(\overline{X})\mid S_{k-1},X_k=x]-\boldsymbol{E}[f(\overline{X})\mid S_{k-1},X_k=y])\\&=\sup_{x,y}\boldsymbol{E}[f_k(\overline{X},x)-f_k(\overline{X},y)\mid S_{k-1}]\end{aligned}$$

因为 X_i 是独立的，所以从 X_{k+1}到 X_n 值的任何一个特殊集合的概率不依赖于 X_1，X_2，…，X_k 的值. 因此对任何值 x，y，z_1，z_2，…，z_{k-1}，我们有

$$\boldsymbol{E}[f_k(\overline{X},x)-f_k(\overline{X},y)\mid X_1=z_1,\cdots,X_{k-1}=z_{k-1}]$$

等于

$$\sum_{z_{k+1},\cdots,z_n}\Pr((X_{k+1}=z_{k+1})\cap\cdots\cap(X_n=z_n))\cdot(f_k(\overline{z},x)-f_k(\overline{z},y))$$

但是

$$f_k(\overline{z},x)-f_k(\overline{z},y)\leqslant c$$

因此，

$$\boldsymbol{E}[f_k(\overline{X},x)-f_k(\overline{X},y)\mid S_{k-1}]\leqslant c$$

这就得到了需要的界．接下来应用定理 12.6 就证明了定理的结论．■

X_i 是独立随机变量的要求是应用这个一般构架的基本要求．找一个 X_i 不独立时的反例留作练习 13.21.

13.5.2　应用：模式匹配

在许多场景中，包括检查 DNA 结构时，一个目标是在一个字符序列中找到有意义的模式．在这里，如果字符是简单地随机生成的，短语“有意义的模式”常常是指比人们预期的更频繁地出现的串．如果一个串出现的次数集中在随机模型的期望周围，那么“有意义的”的概念是合理的．我们将用 Azuma-Hoeffding 不等式对一个简单随机模型说明集中的具体含义．

设 $X=(X_1, X_2, \cdots, X_n)$是从字母表 Σ 中独立且随机地选择的一列字符，其中 $s=|\Sigma|$．设 $B=(b_1, \cdots, b_k)$是 Σ 中的一个固定 k 个字符的串．设 F 是在随机串 X 中的固定串 B 出现的次数．显然，

$$\boldsymbol{E}[F]=(n-k+1)\left(\frac{1}{s}\right)^k$$

我们用杜布鞅和 Azuma-Hoeffding 不等式证明，如果 k 相对于 n 是较小的，那么 B 在 X 中出现的次数是高度集中在它的均值周围的．

设

$$Z_0=\boldsymbol{E}[F]$$

且对 $1\leqslant i\leqslant n$，令

$$Z_i=\boldsymbol{E}[F\mid X_1,\cdots,X_i]$$

那么序列 $Z_0, Z_1, \cdots, Z_n$ 是一个杜布鞅，而且

$$Z_n=F$$

因为串 X 中的每个字符可以包含在不多于 k 个可能的匹配中，对任意 $0\leqslant i\leqslant n$ 有

$$|Z_{i+1}-Z_i|\leqslant k$$

换句话说，X_{i+1}的值在任一方向对 F 值的影响至多为 k．这是因为 X_{i+1}包含在不多于 k 个可能的匹配中．因此，差

$$|\boldsymbol{E}[F\mid X_1,\cdots,X_{i+1}]-\boldsymbol{E}[F\mid X_1,\cdots,X_i]|=|Z_{i+1}-Z_i|$$

至多为 k．由定理 13.4 得到

$$\Pr(|F-\boldsymbol{E}[F]|\geqslant\varepsilon)\leqslant 2\mathrm{e}^{-\varepsilon^2/2nk^2}$$

或者(由推论 13.5)

$$\Pr(|F-\boldsymbol{E}[F]|\geqslant\lambda k\sqrt{n})\leqslant 2\mathrm{e}^{-\lambda^2/2}$$

应用定理 13.6 的一般形式，可以得到稍好一点的界．设 $F=f(X_1, X_2, \cdots, X_n)$，那么由以前的论证，任何单一的 X_i 值的改变可能改变 F 的值至多为 k，从而这个函数满足界为 k 的李普希茨条件．那么由定理 13.6 得到

$$\Pr(|F-\boldsymbol{E}[F]|\geqslant\varepsilon)\leqslant 2\mathrm{e}^{-2\varepsilon^2/nk^2}$$

将指数中的值改进了一个因子 4.

13.5.3 应用：球和箱子

假定独立且均匀随机地将 m 个球投掷到 n 个箱子中，设 X_i 是一个表示第 i 个球所落入的箱子的随机变量.

设 F 是投掷 m 个球后空箱子的个数，那么序列

$$Z_i = \boldsymbol{E}[F \mid X_1, \cdots, X_i]$$

是一个杜布鞅. 我们断言 $F=f(X_1, X_2, \cdots, X_m)$ 满足界为 1 的李普希茨条件. 考虑 F 是如何随着第 i 个球的放置而变化的. 如果第 i 个球落入一个只有它自己的箱子，那么改变 X_i 使得第 i 个球落入一个已经有某个其他球的箱子中将使 F 增加 1. 类似地，如果第 i 个球落入一个已有其他球的箱子中，那么改变 X_i 使得第 i 个球落入另外一个空箱子将使 F 减少 1. 在所有其他情况下，改变 X_i 使 F 处于相同的状态. 因此，由定理 13.6 的 Azuma-Hoeffding 不等式可得

$$\Pr(|F - \boldsymbol{E}[F]| \geqslant \varepsilon) \leqslant 2\mathrm{e}^{-2\varepsilon^2/m}$$

也可以应用 $|Z_{i+1} - Z_i| \leqslant 1$ 时的定理 13.4，但得到一个稍弱一点的结果，这里

$$\boldsymbol{E}[F] = n\left(1 - \frac{1}{n}\right)^m$$

但是可以在不知 $\boldsymbol{E}[F]$ 的情况下得到集中的结果.

这个结果可以通过更细心地界定 $Z_{i+1} - Z_i$ 的界之间的间隙得到改善. 这个问题的考虑留作练习 13.20.

13.5.4 应用：色数

给定 $G_{n,p}$ 中的一个随机图 G，色数 $\chi(G)$ 是为了给这个图中所有顶点着色，使得没有相邻顶点有同一种颜色，所需要的颜色种数的最小值. 我们用 13.1 节定义的顶点暴露鞅来得到 $\chi(G)$ 的集中结果.

设 G_i 是 G 的包含顶点集合 1，…，i 的随机子图，$Z_0 = \boldsymbol{E}[\chi(G)]$，并设

$$Z_i = \boldsymbol{E}[\chi(G) \mid G_1, \cdots, G_i]$$

因为一个顶点不能用多于一种新的颜色，所以 Z_i 与 Z_{i-1} 之间的间隙至多是 1，因此可以应用定理 13.6 中的 Azuma-Hoeffding 不等式的一般形式. 我们有

$$\Pr(|\chi(G) - \boldsymbol{E}[\chi(G)]| \geqslant \lambda\sqrt{n}) \leqslant 2\mathrm{e}^{-2\lambda^2}$$

这个结论即使在不知道 $\boldsymbol{E}[\chi(G)]$ 的情况下也成立.

13.6 练习

13.1 如果 Z_0，Z_1，…，Z_n 是关于 X_0，X_1，…，X_n 的一个鞅，证明：它也是关于自身的鞅.

13.2 设 X_0，X_1，…是一列随机变量，记 $S_i = \sum_{j=0}^{i} X_j$（原书为 $j=1$，有误——译者注）. 证明：如果 S_0，S_1，…是关于 X_0，X_1，…的一个鞅，则对所有 $i \neq j$，必有 $E[X_i X_j]=0$.

13.3 设 $X_0=0$，对 $j \geqslant 0$，X_{j+1} 是在实区间 $[X_j, 1]$ 上均匀选取的，证明：对 $k \geqslant 0$，序列

$$Y_k = 2^k(1 - X_k)$$

是一个鞅.

13.4　设 X_1，X_2，…是期望为 0、方差为 $\sigma^2<\infty$ 的独立同分布的随机变量，记

$$Z_n=\left(\sum_{i=1}^{n}X_i\right)^2-n\sigma^2$$

证明：Z_1，Z_2，…是一个鞅.

13.5　考虑赌徒破产问题，其中一个赌徒进行了一系列独立的赌博，或者以概率 1/2 赢一元，或者以概率 1/2 输一元. 赌博一直持续到输了 ℓ_1 元或者赢了 ℓ_2 元. 如果赌徒赢了第 n 次赌博，则 X_n 为 1，否则为-1. 记

$$Z_n=\left(\sum_{i=1}^{n}X_i\right)^2-n$$

(a) 证明 Z_1，Z_2，…是一个鞅.

(b) 设 T 是赌徒结束赌博时的停时，确定 $\mathbf{E}[Z_T]$.

(c) 计算 $\mathbf{E}[T]$.（提示：可以利用已经知道的有关赌徒赢的概率.）

13.6　考虑赌徒破产问题，现在独立的赌博是这样的，赌徒或者以概率 $p<1/2$ 赢一元，或者以概率 $1-p$ 输一元. 如同练习 13.5，赌博一直持续到输了 ℓ_1 元或者赢了 ℓ_2 元. 如果赌徒赢了第 n 次赌博，则 X_n 为 1，否则为-1，令 Z_n 是 n 次赌博后赌徒赢得的总钱数.

(a) 证明：

$$A_n=\left(\frac{1-p}{p}\right)^{Z_n}$$

是均值为 1 的鞅.

(b) 确定赌徒在输掉 ℓ_1 元之前赢 ℓ_2 元的概率.

(c) 证明：

$$B_n=Z_n-(2p-1)n$$

是均值为 0 的鞅.

(d) 设 T 是赌徒结束赌博时的停时，确定 $\mathbf{E}[Z_T]$，并利用它确定 $\mathbf{E}[T]$.（提示：可以利用已经知道的有关赌徒赢的概率.）

13.7　证明定理 13.6.（提示：利用引理 4.13.）

13.8　在装箱问题中，给定体积为 a_1，a_2，…，a_n(其中，对任意 $1\leqslant i\leqslant 1$，$0\leqslant a_i\leqslant 1$)的货物，目的是将它们装入最少个数的箱子，每个箱子能容纳任意多个体积之和不超过 1 的货物. 假定每个 a_i 是依某个(对不同的 i，可以是不同的)分布随机选取的. 设 P 是按货物的最好装箱方式所要求的箱子数，证明：

$$\Pr(|P-\mathbf{E}[P]|\geqslant\lambda)\leqslant 2e^{-2\lambda^2/n}$$

13.9　考虑有 $N=2^n$ 个结点的 n 维立方体，设 S 是立方体上顶点的非空集合，x 是从立方体的所有顶点中均匀随机选取的一个顶点，$D(x, S)$表示对所有点 $y\in S$，x 和 y 都不同的坐标的最小个数，给出关于

$$\Pr(|D(x, S)-\mathbf{E}[D(x, S)]|>\lambda)$$

的一个界.

13.10　我们在第 4 章提出了{0，1}随机变量之和的尾部界，我们可以利用鞅将这个结果推广到值域在[0，1]中的任意随机变量之和. 设 X_1，X_2，…，X_n 是独立的随机变量，满足：$\Pr(0\leqslant X_i\leqslant 1)=1$. 如果 $S_n=\sum_{i=1}^{n}X_i$，证明：

$$\Pr(|S_n-\mathbf{E}[S_n]|\geqslant\lambda)\leqslant 2e^{-2\lambda^2/n}$$

13.11　一位停车场的服务员将 n 辆汽车的 n 把钥匙搞乱了，n 辆汽车主人同时到达，服务员按照从所有

排列中均匀随机地选取的一个排列给每个车主一把钥匙．如果车主得到了他自己的汽车钥匙，就收下钥匙并离开；否则，他将钥匙退回给服务员．现在，服务员对剩下的钥匙和汽车主人重复这个过程，直到所有车主得到他们自己的汽车钥匙．

设 R 是直到所有汽车主人得到了他们自己的汽车钥匙的回合数．我们希望计算 $\boldsymbol{E}[R]$．设 X_i 是第 i 个回合中得到了自己汽车钥匙的车主个数，证明：

$$Y_i = \sum_{j=1}^{i}(X_j - \boldsymbol{E}[X_j \mid X_1,\cdots,X_{j-1}])$$

是一个鞅，并利用鞅停时定理计算 $\boldsymbol{E}[R]$．

13.12　Alice 和 Bob 在一次跳棋赛中相互比赛，其中第一个赢得 4 局的选手赢得比赛．选手是公平地比赛的，所以每个选手赢得每局游戏的概率是 1/2，且与其他局游戏独立．每局时间是在[30，60]分钟上均匀分布的整数，也与其他局独立．他们进行比赛所花费时间的期望是多少？

13.13　为将 n 个数依递增顺序排列，考虑下面极其无效的算法．首先从 n 个数中均匀随机地选取一个数，将它放在第 1 位；然后从剩下的 $n-1$ 个数中均匀随机地选取一个数，将它放在第 2 位；如果第二个数小于第一个数，重新从头开始；否则，再从剩下的 $n-2$ 个数中均匀随机地选取一个数，将它放在第 3 位等．只要算法发现放置的第 k 项小于第 $k-1$ 项，算法便从头开始．假定输入是 n 个不同的数，确定算法放置一个数的期望步数．

13.14　假定要将 n 张多米诺骨牌排成一串，一旦完成，便可以用一种令人愉快的方式击倒领头的多米诺骨牌，使它们全部倒下．在每次放置一张多米诺骨牌时，存在某种可能使得它倒下从而引起所有其他已经小心放置的多米诺骨牌全部倒下．此时，必须从第一张多米诺骨牌开始重新放置．

(a) 将每次尝试放置一张多米诺骨牌称为一次试验，每次试验成功的概率为 p，利用瓦尔德等式，求在放置准备好了以前，需要试验的期望次数，对 $n=100$ 及 $p=0.1$ 计算试验的次数．

(b) 假定代之以可以将放置分成 k 个部分，每部分大小为 n/k，用这种方式，只要完成了一部分，在进一步放置时，它就不会倒下．例如，如果有 10 个大小为 10 的部分，那么只要第一部分的 10 张多米诺骨牌成功放置，它们就不会倒下，以后一张多米诺骨牌失误会使其他部分倒，但第一部分保持准备好的状态．在这种情况下，求放置准备好了之前所需要试验的期望次数．对 $n=100$，$k=10$ 和 $p=0.1$，计算试验次数，并与(a)中的答案进行比较．

13.15　(a) 设 X_1，X_2，…是独立的指数随机变量序列，每个均值为 1．给定一个正实数 k，令 N 由

$$N = \min\left\{n: \sum_{i=1}^{n} X_i > k\right\}$$

定义，即 N 是前 N 个 X_i 之和大于 k 的最小整数．利用瓦尔德不等式确定 $\boldsymbol{E}[N]$．

设 X_1，X_2，…是区间(0，1)上独立均匀分布的随机变量序列，给定一个正实数 k，$0<k<1$．令 N 由

$$N = \min\left\{n: \prod_{i=1}^{n} X_i < k\right\}$$

定义，即 N 是前 N 个 X_i 之积小于 k 的最小整数，确定 $\boldsymbol{E}[N]$．(提示：可以参考练习 8.9.)

13.16　串 s 的*子序列*是任意由 s 删去字符而得的串．考虑两个长度为 n 的串 x 和 y，其中每个字符在每个串中是独立地以 1/2 的概率为 0，以 1/2 的概率为 1．考虑这两个串的*最长公共子序列*．

(a) 对充分大的 n，证明：最长公共子序列的期望长度大于 $c_1 n$ 而小于 $c_2 n$，其中常数 $c_1>1/2$，$c_2<1$(任意常数 c_1，c_2 都可以，作为一次挑战，可以努力去找可能找到的最好的常数 c_1，c_2)．

(b) 利用鞅不等式证明：最长公共子序列的长度高度集中在它的均值附近．

13.17　已知一个装有 r 个红球和 g 个绿球的箱子，假定无放回地从箱子中随机抽样 n 个球．提出一个合适的鞅，并用它证明样本中的红球数紧密地集中在 $nr/(r+g)$ 周围．

13.18　在第 5 章证明了在一个 Bloom 过滤器中元素为 0 的比例集中在

$$p' = \left(1 - \frac{1}{n}\right)^{km}$$

附近，其中 m 是数据项个数，k 是散列函数个数，而 n 是 Bloom 过滤器中二值数字的个数. 利用鞅不等式推导出一个类似的集中结论.

13.19 考虑来自 $G_{n,N}$ 的一个随机图，其中 $N=cn$，$c>0$ 是某个常数，令 X 是孤立顶点(即次为 0 的顶点)的期望个数.

(a) 确定 $\boldsymbol{E}[X]$.

(b) 证明：

$$\Pr(|X-\boldsymbol{E}[X]| \geqslant 2\lambda\sqrt{cn}) \leqslant 2e^{-\lambda^2/2}$$

(提示：利用以每次一条边揭示的图中边位置对应的鞅.)

13.20 对 m 个球投入 n 个箱子的问题，由 Azuma-Hoeffding 不等式改进我们的界. 设 F 是投入 m 个球后的空箱个数，X_i 是第 i 个球落入的箱子，定义 $Z_0=\boldsymbol{E}[F]$，$Z_i=\boldsymbol{E}[F \mid X_1, X_2, \cdots, X_i]$.

(a) 令 A_i 表示投放第 i 个球后的空箱子的个数，证明：在这种情况下，

$$Z_{i-1} = A_{i-1}\left(1-\frac{1}{n}\right)^{m-i+1}$$

(b) 证明：如果在投放第 i 个球时，它落入的箱子是空箱，那么

$$Z_i = (A_{i-1}-1)\left(1-\frac{1}{n}\right)^{m-i}$$

(c) 证明：如果在投放第 i 个球时，它落入的箱子不是空箱，那么

$$Z_i = A_{i-1}\left(1-\frac{1}{n}\right)^{m-i}$$

(d) 证明：定理 13.6 的 Azuma-Hoeffding 不等式适用于 $d_i=(1-1/n)^{m-i}$ 的情形.

(e) 利用(d)，证明：

$$\Pr(|F-\boldsymbol{E}[F]| \geqslant \lambda) \leqslant 2e^{-\lambda^2(2n-1)/(n^2-\boldsymbol{E}[F]^2)}$$

13.21 设 $f(X_1, X_2, \cdots, X_n)$ 满足李普希茨条件，即对任意 i 及任意值 $x_1, x_2, \cdots, x_n$ 和 y_i，有

$$|f(x_1, x_2, \cdots, x_{i-1}, x_i, x_{i+1}, \cdots, x_n) - f(x_1, x_2, \cdots, x_{i-1}, y_i, x_{i+1}, \cdots, x_n)| \leqslant c$$

令

$$Z_0 = \boldsymbol{E}[f(X_1, X_2, \cdots, X_n)]$$

及

$$Z_i = \boldsymbol{E}[f(X_1, X_2, \cdots, X_n) \mid X_1, X_2, \cdots, X_i]$$

请给出一个例子以说明如果 X_i 不是独立的，那么有可能有 $|Z_i - Z_{i-1}| > c$.

第 14 章　样本复杂度、VC 维度以及拉德马赫复杂度

抽样是一个非常有用的工具，而且是数理统计分析和机器学习的核心．使用一组有限的、通常是很小的观测值，我们尝试估计整个样本空间的性质．根据一个样本而得到的对样本空间的评价够好吗？任何严谨的样本应用都需要对问题的样本复杂度有一个了解——获得所需结果而需要的最小样本的大小．在本章中，我们重点讨论了抽样的两个样本复杂度的重要应用：范围检测和概率估计．这里的“范围”是基础空间的一个子集．我们的目标是使用一组样本来检测一个范围集或估计一个范围集的概率，其中范围集的数量非常庞大，实际上可能是无限的．对于检测，我们的意思是希望样本与范围集中的每个范围相交，而对于概率估计，我们希望样本中与范围集中每个范围相交的点的占比近似该范围的概率．

作为一个例子，考虑一个未知分布的随机变量 $\mathcal{D}$，从中任取 m 个独立观测值 x_1，…，x_m，样本值的取值范围为 $\mathbb{R}$．给定区间 $[a, b]$，如果区间的概率至少是 ε，即 $\Pr(x\in[a, b])\geqslant\varepsilon$，那么样本容量为 $m=\frac{1}{\varepsilon}\ln\frac{1}{\delta}$ 的样本与区间 $[a, b]$ 相交(或文中所说的“检测”)的概率至少是 $1-(1-\varepsilon)^m\geqslant 1-\delta$．现给定一个有 k 个区间的集合，每个区间都有至少 ε 的概率，我们可以应用一个联合分布来证明样本容量为 $m'=\frac{1}{\varepsilon}\ln\frac{k}{\delta}$ 的样本与 k 个区间中每一个相交的概率至少为 $1-k(1-\varepsilon)^{m'}\geqslant 1-\delta$．

实际上，在许多应用中，我们需要一个与每个概率至少为 ε 的区间相交的样本，并且区间数可能是无限多的．什么样本容量能保证这一点呢？我们不能使用简单的联合分布来回答这个问题，因为当 k 是无穷大时，上面的分析是没有意义的．但是，如果有许多这样的区间，它们之间可能存在显著的重叠．例如，考虑在 $[0, 1]$ 上均匀选择的样本，取 $\varepsilon=1/10$；长度至少为 1/10 的区间 $[a, b]$ 有无穷多个，但不相交的区间最多为 10 个．一个样本点可以与许多区间相交，因此一个小样本就足够了．

本章我们将证明：对任意分布 $\mathcal{D}$，容量为 $\Omega\left(\frac{1}{\varepsilon}\ln\frac{1}{\delta}\right)$ 的样本与所有概率至少为 ε 的区间相交的概率至少为 $1-\delta$．类似地，我们将证明：如果是同时估计的所有区间的概率，并且每个估计的概率有一个不超过 ε 的额外误差界，则容量为 $\Omega\left(\frac{1}{\varepsilon^2}\ln\frac{1}{\delta}\right)$ 的样本同时保证与每个区间相交的概率至少为 $1-\delta$．

上面的例子表明：当范围集是一条线上的区间集时，抽样是容易的．本章我们将引入评价范围集的样本复杂度的一般方法．我们将会看到比区间样本有较大样本复杂度的范围集的样本，甚至有无限样本复杂度的范围集样本，它们既用于检测，也用于概率估计．我们也将介绍这些理论在严谨的机器学习与数据挖掘分析中的应用．

14.1 “学习”问题

样本复杂度的研究是由统计学机器学习推动的. 为了增强我们对这些概念的理解，我们介绍二值分类问题如何被转化为检测问题或概率估计问题.

先看第一个例子：假设我们知道出版商在根据提交的手稿确定是审阅还是拒绝一本书时使用了特定的规则. 该规则是对某些布尔变量(或它们的否定)的联合；例如，可能有一个布尔变量，用于判断手稿是否超过 100 页、主题是否广受关注、作者是否具有合适的经验，等等. 作为局外人，我们可能不知道规则，所以问题是我们是否可以在有足够的例子之后推算出规则.

第二个例子：判断电子设备正常工作的温度范围. 我们在不同的温度下测试设备：一些温度太低，一些温度太高，但是在两者之间有一段温度区间，设备能正常工作. 问题是如何确定设备正常工作的适当温度范围.

这里有一个对此类问题通用的模型，我们稍后将严格定义. 对于我们想要分类的集合 U，令 $c:U\to\{-1, 1\}$是正确的未知分类. 通常 $c(x)=1$ 表示 x 是一个“正面”的样本，$c(x)=-1$ 表示 x 是一个“负面”的样本. 正确的分类也就对应于正确表示正面的样本这件事情了.

学习算法接收到了一个训练集合$(x_1, c(x_1))$，…，$(x_m, c(x_m))$，$x_i\in U$ 是符合未知分布 $\mathcal{D}$ 的，$c(x_i)$是正确的 x_i 的分类. 算法还接收到了一组 $\mathcal{C}$ 个假设，或可能的分类，以供选择. 这些假设的集合可以被称为概念类. 算法的输出是一个属于 $\mathcal{C}$ 的分类 h. 在二值分类下，每个 $h\in\mathcal{C}$ 也是一个函数 h：$U\to\{-1, 1\}$. 同样，每个假设本身也是集合的子集，符合 $h(x)=1$ 的 x. 所选择的分类的正确性根据其在分类根据分布 $\mathcal{D}$ 选择的新对象时的误差来进行评估.

在我们的第一个例子中，$\mathcal{C}$ 是布尔变量或者它们取负的子集的所有可能的并集. 这就是说，每个 $h\in\mathcal{C}$ 对应一个由变量联合给出的布尔表达式，如果布尔表达式在 x 上计算是正确的，则 $h(x)$是 1，如果计算是错误的，则为-1. 在第二个例子中，$\mathcal{C}$ 是 $\mathbb{R}$ 上所有区间的集合，所以对任意 $h\in\mathcal{C}$，$h(x)=1$ 是 x 在符合的区间里的值，否则 $h(x)$为-1.

首先假设正确的分类 c 包含在集合 $\mathcal{C}$ 中. 对任意 h，令

$$\Delta(c,h) = \{x \in U \mid c(x) \neq h(x)\}$$

是对分类 h 没有正确分类的集合的元素. 集合 $\Delta(c, h)$的概率是分布 $\mathcal{D}$ 保证一个目标在 $\Delta(c, h)$中的概率. 如果我们的训练集与每个至少具有 ε 概率的集合 $\Delta(c, h)$相交，则学习算法可以消除任何分类 h，该分类 $h\in\mathcal{C}$ 至少对来自 $\mathcal{D}$ 的输入有误差 ε. 因此，一个样本(训练集)以概率 $1-\delta$ 检测(或相交)所有集合$\{\Delta(c, h) \mid \Pr_{\mathcal{D}}(\Delta(c, h))\geqslant\varepsilon \mid h\in C\}$保证了这种算法以概率$1-\delta$ 输出一个分类，其误差的概率界为 ε.

一个更真实的情况是 $\mathcal{C}$ 中的分类没有完全正确的. 在这种情况下，我们要求算法返回一个在 $\mathcal{C}$ 中(关于 $\mathcal{D}$)的分类，其错误概率不超过 ε. 如果我们的训练集以 $\Sigma/2$ 的加性误差近似所有集合，那么学习算法有足够的信息来消除误差至少大于 ε 的任何 $h\in\mathcal{C}$.

最后，我们注意到上面两个例子之间的巨大差异. 由于在有限的变量或其补集上可能的结合的数目是有限的，所以第一个例子中可能的分类集是有限的，并且我们可以使用标

准技术(一致界和切尔诺夫界)来限定所需样本(训练集)的大小，尽管该界可能是相关性较弱的．在第二个例子中，概念类的大小是无限的，我们需要更先进的技术来获得样本复杂度的界．我们有两种评估样本复杂度的主要工具：VC 维度和拉德马赫复杂度．

14.2 VC 维度

本节先从严格的数学定义开始，我们首先使用一直线上的区间集来帮助理解它们，然后再考虑其他情形的例子．

Vapnik-Chervonenkis(VC)维度在范围空间上定义．

定义 14.1 一个范围空间是指一个集合$(X, \mathcal{R})$，其中

1. X 是有限(或无限)点集；
2. $\mathcal{R}$ 是 X 的子集族，称为范围．

例如，如果 $X=\mathbb{R}$ 是实数集，那么 $\mathcal{R}$ 可以是 $\mathbb{R}$ 中所有闭区间$[a, b]$的集族．

设集合 $S\subseteq X$，通过与一个范围 $R\in\mathcal{R}$ 相交可以得到 S 的一个子集．$\mathcal{R}$ 在 S 上的投影对应于用这种方法可以得到的所有子集的集合．

定义 14.2 设$(X, \mathcal{R})$是一个范围空间，$S\subseteq X$，定义 $\mathcal{R}$ 在 S 上的投影为

$$\mathcal{R}_S=\{R\cap S \mid R\in\mathcal{R}\}$$

例如，设 $X=\mathbb{R}$ 且 $\mathcal{R}$ 是所有闭区间的集合．考虑 $S=\{2, 4\}$．S 与区间$[0, 1]$的交为空集；S 与区间$[1, 3]$的交是$\{2\}$；S 与区间$[3, 5]$的交点是$\{4\}$；S 与区间$[1, 5]$的交点是$\{2, 4\}$．因此，在这种情况下，$\mathcal{R}$ 在 S 上的投影是 S 的所有子集的集合，实际上对于任何两个离散点组成的集合，这个结论都是对的．

现在考虑集合 $S=\{2, 4, 6\}$．容易看出 $\mathcal{R}$ 在 S 上的投影包括 S 的八个子集中的七个，但不包含$\{2, 6\}$．这是因为包含 2 和 6 的区间也必须包含 4．更一般地说，$\mathcal{R}$ 在有三个不同点的任意集合 S 上的投影将只包含 S 的八个可能子集中的七个．

我们通过考虑 X 的最大子集 S 来度量范围空间$(X, \mathcal{R})$的复杂性，使得 S 的所有子集都包含在 $\mathcal{R}$ 在 S 上的投影中．

定义 14.3 设$(X, \mathcal{R})$是一个范围空间，称集合 $S\subseteq X$ 被 $\mathcal{R}$ 散离，如果 $|\mathcal{R}_S|=2^{|S|}$；一个范围空间$(X, \mathcal{R})$的 VC 维度是被 $\mathcal{R}$ 散离的集合 $S\subseteq X$ 的最大基．如果存在一个基为无限的集合被 $\mathcal{R}$ 散离，则称范围空间$(X, \mathcal{R})$的 VC 维度是无穷大的．

我们证明了实数线上任意两个点的集合都被闭区间集族散离，但是任意三个点的集合都不能．上面的讨论也表明没有点数更多的点集会被闭区间集族所散离．因此，该范围空间的 VC 维度为 2．下面的例子表明，具有无穷多点和无穷多个范围的范围空间可以具有有限的 VC 维度．(参见图 14.1.)

定义中的一个微妙之处是，一个范围空间的维数为 d，则存在一个基为 d 的集合能被 $\mathcal{R}$ 散离．但这并不意味着所有的基为 d 的集合均能被 $\mathcal{R}$ 散离．另一方面，为了说明 VC 维度不是 $d+1$ 或者更大，需要证明基大于 d 的所有集合都不会被 $\mathcal{R}$ 散离．

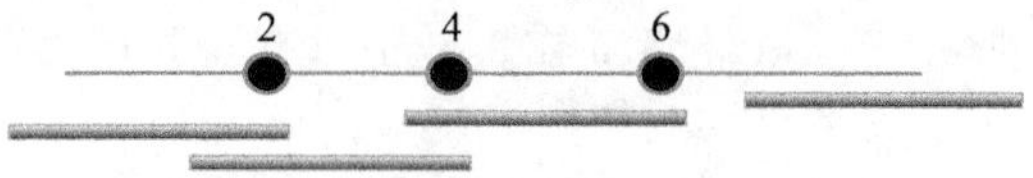

图 14.1　令 $\mathcal{R}$ 是 $\mathbb{R}$ 上所有闭区间的集合．任意两点均能被散离，但是没有区间能将$\{2, 6\}$与$\{4\}$散离．因此，$(\mathbb{R}, \mathcal{R})$的 VC 维度就是 2

14.2.1　VC 维度的其他例子

我们下面讨论 VC 维度的其他一些例子.

线性半空间

设 $X=\mathbb{R}^2$，$\mathcal{R}$ 是由平面上的线性划分定义的所有半空间的集合. 也就是说，我们考虑平面中的所有可能的直线 $ax+by=c$，$\mathcal{R}$ 是所有半空间 $ax+by\geqslant c$ 组成的集合. 在这种情况下，VC 维数至少为 3，因为不位于直线上的任意三点集都可以被散离. 另一方面，四点集却无法被散离. 要看出这一点，我们需要考虑几种情况. 首先，如果其中任意三个点位于一条线上，则它们不能被散离，因为我们不能通过任何半空间将中间点与其他两个点分开. 因此，我们可以假设没有三个点位于一条线上，这通常被称为处于"一般位置"的点. 其次，如果一个点位于由其他三个点定义的凸集之内，则没有半空间可以将该点与其他三个点分开. 最后，如果四个点定义了一个凸集合，那么就没有半空间将两个非相邻点与其他两个分开.（参见图 14.2.）

很难想象，如果 $X=R^d$，$\mathcal{R}$ 对应 d 维中的所有半空间，则 VC 维度是 $d+1$(见练习 12.7).

图 14.2　设 $\mathcal{R}$ 是由 $\mathbb{R}^2$ 上的线性划分定义的所有半空间组成的集合，任意三点可以被散离. 但是没有半空间能将图中的两个黑点与两个白点散离. 因此，($\mathbb{R}^2$，$\mathcal{R}$)的 VC 维度为 3

凸集

设 $X=\mathbb{R}^2$，$\mathcal{R}$ 是平面上所有闭凸集组成的集族. 我们将通过证明"对于每个自然数 n，必存在一个基为 n 的可以被散离的闭凸集"来证明这个范围空间具有无穷的 VC 维数. 设 $S_n=\{x_1, \cdots, x_n\}$是圆的边界上的 n 个点的集合. 任一子集 $Y\subseteq S_n(Y\neq\emptyset)$ 定义了一个凸集，该凸集不包括 $S_n\setminus Y$ 中的任何点，因此 Y 包含在 $\mathcal{R}$ 在 S_n 上的投影中. 空集也必然在投影中. 因此，对于任意数量为 n 的点，集合 S_n 被散离，因此 VC 维数是无限的.（参见图 14.3.）

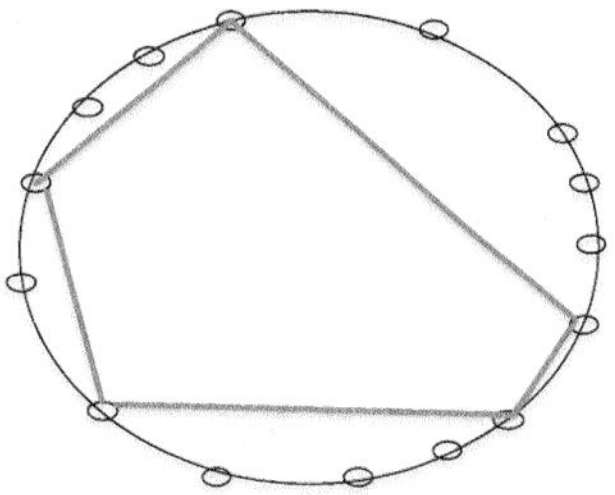

图 14.3　设 $\mathcal{R}$ 是 $\mathbb{R}^2$ 上所有闭凸集组成的集族，任何一个圆上的点集的任意子集能定义为凸集，因此，($\mathbb{R}^2$，$\mathcal{R}$)的 VC 维度为无穷大

单调的布尔集

设 y_1，y_2，…，y_n 是 n 个布尔变量，并用 MC_n 表示定义在 y_1，y_2，…，y_n 上的全体函数的集合，其中每个函数值由非负变量 y_i 的所有子集构成. 令 $X=\{0, 1\}^n$，对任意 $f\in MC_n$，设 $R_f=\{\overline{a}\in X: f(\overline{a})=1\}$是满足 f 的输入集，又记 $\mathcal{R}=\{R_f \mid f\in MC_n\}$. 考虑 n 个点的集合 $S\subseteq X$，

$$(0,1,1,\cdots,1)$$
$$(1,0,1,\cdots,1)$$
$$(1,1,0,\cdots,1)$$
$$\vdots$$
$$(1,1,1,\cdots,0)$$

则对于 S 的每个子集，必有某个 R_f，使得它等于 $S\cap R_f$. 例如，全集 S 对应的 R_f 是元素全为 1 的平凡函数，即 $f(\overline{a})=1$. 更一般地，S 中除坐标中有一个 0 外的所有点 i_1，i_2，…，i_j 的子集等于 $S\cap R_f$，R_f 满足 $f(\overline{a})=y_{i_1}\wedge y_{i_2}\wedge\cdots\wedge y_{i_j}$. 该集合能被 $\mathcal{R}$ 散离，故范围空间的 VC 维度至少为 n. 又因为 $|\mathcal{R}|=|MC_n|=2^n$，因此最多有 2^n 个形如 $S\cap R_f$ 的不同交集，故 VC 维度不能大于 n. 如果 VC 维度大于 n，则至少需要 2^{n+1}个不同的交集.

14.2.2 增长函数

VC 维度概念的组合意义在于它给出了范围空间在更小点集上投影的不同范围数的界. 特别地，当具有有限 VC 维度 $d\geqslant 2$ 的范围空间投影在一个 n 点集上时，投影中的不同范围的数量由 n 的最大次数为 d 的多项式界定.

为了证明这个性质，我们定义增长函数

$$\mathcal{G}(d,n)=\sum_{i=0}^{d}\binom{n}{i}$$

当 $n=d$ 时，有 $\mathcal{G}(d,n)=2^d$，当 $n>d\geqslant 2$，有

$$\mathcal{G}(d,n)=\sum_{i=0}^{d}\frac{n^i}{i!}\leqslant n^d$$

下列定理表明了增长函数与 VC 维度的关系.

定理 14.1[Sauer-Shelah] 设$(X,\mathcal{R})$是一个范围空间，其中$|X|=n$且 VC 维度为 d. 那么，$|\mathcal{R}|\leqslant\mathcal{G}(d,n)$.

证明 我们分别对 d 和 n 使用归纳法来证明这个定理，作为基本情况，当 $d=0$ 或 $n=0$时结论显然成立，这是因为在这两种情况下 $G(d,n)=1$，唯一可能的 $\mathcal{R}$ 是仅包含空集的集族.

现假定结论对 $d-1$ 和 $n-1$，以及 d 和 $n-1$ 都成立. 现证明结论对 n 成立. 设$|X|=n>0$. 对于某个 $x\in X$，考虑 $X\setminus\{x\}$上的两个范围空间：

$$\mathcal{R}_1=\{R\setminus\{x\}\mid R\in\mathcal{R}\}$$

和

$$\mathcal{R}_2=\{R\setminus\{x\}\mid R\cup\{x\}\in\mathcal{R}\quad 且\quad R\setminus\{x\}\in\mathcal{R}\}$$

首先注意到$|\mathcal{R}|=|\mathcal{R}_1|+|\mathcal{R}_2|$. 事实上，每个集合$R\in\mathcal{R}$ 被映射为集合$R\setminus\{x\}\in\mathcal{R}_1$. 但是如果$R\cup\{x\}$和$R\setminus\{x\}$都在 $\mathcal{R}$ 中，则两个集合被映射到相同的集合$R\setminus\{x\}\in\mathcal{R}_1$，通过该集合又属于 $\mathcal{R}_2$，我们有$|\mathcal{R}|=|\mathcal{R}_1|+|\mathcal{R}_2|$.

现$(X\setminus\{x\},\mathcal{R}_1)$是 $n-1$ 项的范围空间，其 VC 维度上界为$(X,\mathcal{R})$的 VC 维度 d. 事实上，假设 $\mathcal{R}_1$ 散离了 $X\setminus\{x\}$中元素个数为 $d+1$ 的集合 S，那么，S 也将被 $\mathcal{R}$ 散离，因为对任意 $R\in\mathcal{R}_1$，在 $\mathcal{R}$ 中必存在对应的 R'，或是 R 或是 $R\cup\{x\}$，在任何一种情况下，$\mathcal{R}$ 在 S 上的投影都包含 $S\cap R'=S\cap R$. 但是那样，$\mathcal{R}$ 就会散离集合 S，与假设$(X,\mathcal{R})$的 VC

维度为 d 矛盾.

类似地，$(X\setminus\{x\}, \mathcal{R}_2)$是 $n-1$ 项的范围空间，其 VC 维度的上界为 $d-1$. 为了看出这一点，假设 $\mathcal{R}_2$ 散离了 $X\setminus\{x\}$中元素个数为 d 的集合 S，那么考虑 $\mathcal{R}$ 中的集合 $S\cup\{x\}$. 对任意 $R\in\mathcal{R}_2$，R 和 $R\cup\{x\}$都在 $\mathcal{R}$ 中，因此可以得到 $\mathcal{R}$ 在 S 上的投影$(S\cup\{x\})\cap R=S\cap R$ 和$(S\cup\{x\})\cap(R\cup\{x\})=S\cup\{x\}$. 但是那样，$\mathcal{R}$ 会散离集合$S\cup\{x\}$，与假设$(X, \mathcal{R})$的 VC 维度为 d 矛盾.

由归纳假设，我们有

$$|\mathcal{R}|=|\mathcal{R}_1|+|\mathcal{R}_2|\leqslant \mathcal{G}(d,n-1)+\mathcal{G}(d-1,n-1)\leqslant\sum_{i=0}^{d}\binom{n-1}{i}+\sum_{i=0}^{d-1}\binom{n-1}{i}$$

$$=1+\sum_{i=0}^{d-1}\left(\binom{n-1}{i+1}+\binom{n-1}{i}\right)=\sum_{i=0}^{d}\binom{n}{i}=\mathcal{G}(d,n)$$ ■

14.2.3 VC 维度的合成界

我们有时可以将复杂范围空间的 VC 维度的上界分解为其简单成分的 VC 维度的函数.

范围空间$(X, \mathcal{R})$在集合 $Y\subseteq X$ 上的投影定义了一个范围空间$(Y, \mathcal{R}_Y)$，其中 $\mathcal{R}_Y=\{R\cap Y\mid R\in\mathcal{R}\}$. 我们有下列定理 14.1 的推论.

推论 14.2 设$(X, \mathcal{R})$是 VC 维度为 d 的范围空间. 令 $Y\subseteq X$，那么

$$|\mathcal{R}_Y|\leqslant\mathcal{G}(d, |Y|)$$

我们也需要下列技术性的引理.

引理 14.3 如果 $y\geqslant x\ln x\geqslant \mathrm{e}$，那么

$$\frac{2y}{\ln y}\geqslant x$$

证明 对于 $y=x\ln x$，我们有 $\ln y=\ln x+\ln\ln x\leqslant 2\ln x$. 因此

$$\frac{2y}{\ln y}\geqslant\frac{2x\ln x}{2\ln x}=x$$

对 $f(y)=\frac{\ln y}{2y}$求导数，我们发现当 $y\geqslant x\ln x\geqslant\mathrm{e}$ 时，$f(y)$是单调递减的，因此$\frac{2y}{\ln y}$在相同的区间内单调递增，这就证明了引理. ■

现我们能证明下列定理了.

定理 14.4 设$(X, \mathcal{R}^1)$，…，$(X, \mathcal{R}^k)$为 k 个范围空间，每个范围空间的 VC 维度最多为 d. 设 $f:(\mathcal{R}^1, \cdots, \mathcal{R}^k)\to 2^X$ 是 k 元组$(r_1, \cdots, r_k)\in(\mathcal{R}^1, \cdots, \mathcal{R}^k)$到 X 的子集的映射，并且令

$$\mathcal{R}^f=\{f(r_1,\cdots,r_k)\mid r_1\in\mathcal{R}^1,\cdots,r_k\in\mathcal{R}^k\}$$

那么，范围空间$(X, \mathcal{R}^f)$的 VC 维度是 $O(kd\ln(kd))$.

证明 设$(X, \mathcal{R}^f)$的 VC 维度至少为 t，则存在一个被 $\mathcal{R}^f$ 散离的集合 $Y\subseteq X$，使得 $t=|Y|$. 因为$(X, \mathcal{R}^i)(1\leqslant i\leqslant k)$的 VC 维数最多为 d，由推论 14.2 知，$|\mathcal{R}_Y^i|\leqslant\mathcal{G}(d, t)\leqslant t^d$. 因此，$\mathcal{R}^f$ 在 Y 上投影的子集数目的上界为

$$|\mathcal{R}_Y^f|\leqslant|\mathcal{R}_Y^1|\times\cdots\times|\mathcal{R}_Y^k|\leqslant t^{dk}$$

因为 $\mathcal{R}_Y^f$ 散离 Y，$|\mathcal{R}_Y^f|\geqslant 2^t$，因此 $t^{dk}\geqslant 2^t$. 在应用引理 14.3 时取 $y=t$ 且 $x=$

$\frac{2(dk+1)}{\ln 2}$，则对任意 $y \geqslant x \ln x$，有

$$\frac{2y}{\ln y}=\frac{2t}{\ln t}\geqslant\frac{2(dk+1)}{\ln 2}$$

从而得到

$$t \geqslant (dk+1)\log_2 t$$

所以 $2^t \geqslant t^{dk+1} > t^{kd}$. 因此，如果 $t \geqslant x \ln x$，即 t 为 $\Omega(dk \ln(dk))$，得到一个矛盾. 故 t 必为 $O(kd \ln(kd))$. ■

以下更强的结果的证明留作练习 14.10.

定理 14.5 设$(X, \mathcal{R}^1)$, …, $(X, \mathcal{R}^k)$为 k 个范围空间，每个范围空间的 VC 维度最多为 d. 设 $f:(\mathcal{R}^1, \cdots, \mathcal{R}^k)\to 2^X$ 是 k 元组$(r_1, \cdots, r_k)\in(\mathcal{R}^1, \cdots, \mathcal{R}^k)$到 X 的子集的映射，并且令

$$\mathcal{R}^f=\{f(r_1,\cdots,r_k)\mid r_1\in\mathcal{R}^1,\cdots,r_k\in\mathcal{R}^k\}$$

那么，范围空间$(X, \mathcal{R}^f)$的 VC 维度是 $O(kd \ln k)$.

由定理 14.5 得到下列推论.

推论 14.6 设$(X, \mathcal{R}^1)$和$(X, \mathcal{R}^2)$是两个范围空间，每个范围空间的 VC 维度最多为 d. 令

$$\mathcal{R}^{\cup}=\{r_1\cup r_2\mid r_1\in\mathcal{R}^1\quad 且\quad r_2\in\mathcal{R}^2\}$$

且

$$\mathcal{R}^{\cap}=\{r_1\cap r_2\mid r_1\in\mathcal{R}^1\quad 且\quad r_2\in\mathcal{R}^2\}$$

则范围空间$(X, \mathcal{R}^{\cup})$和$(X, \mathcal{R}^{\cap})$的 VC 维度是 $O(d)$.

14.2.4 ε-网和 ε-样本

VC 维度在抽样中的应用(包括本章开头提到的学习问题)可以用称为 ε-网和 ε-样本的对象来表述.

作为一个组合体，范围空间的子集 $A\subseteq X$ 的 ε-网是与范围空间中相对于 A 不是太小的所有范围相交的点的集合 $N\subseteq A$，在 ε-网中，范围包含了 A 的一个 ε-部分. 之所以称为网，是因为它“捕获”或相交了足够大的每个范围.

定义 14.4[组合定义] 设$(X, \mathcal{R})$为范围空间，$A\subseteq X$ 为 X 的有限子集. 如果 N 与每个 $R\in\mathcal{R}$ 有非空交集，且$|R\cap A|\geqslant\varepsilon|A|$，则集合$N\subseteq A$是 A 的组合 ε-网.

然而，ε-网也能按照点集 X 上的分布 $\mathcal{D}$ 来进行更一般的定义，其中 $\mathcal{D}$ 是集合 A 上的均匀分布. 对于许多算法应用来说，下面更一般形式的定义更有用. 在下文中，集合 R 的 $\Pr_{\mathcal{D}}(R)$是由分布 $\mathcal{D}$ 确定的一个点被选中属于 R 的概率.

定义 14.5 设$(X, \mathcal{R})$是一个范围空间，$\mathcal{D}$ 为 X 上的概率分布. 集合 $N\subseteq X$ 是 X 的关于 $\mathcal{D}$ 的 ε-网，如果对于任何满足$\Pr_{\mathcal{D}}(R)\geqslant\varepsilon$ 的集合 $R\in\mathcal{R}$，集合 R 包含 N 的至少一个点，即

$$\forall R\in\mathcal{R},\quad \Pr_{\mathcal{D}}(R)\geqslant\varepsilon\Rightarrow R\cap N\neq\emptyset$$

ε-样本(也称为 ε-近似)提供了比 ε-网更强的保证. 它不仅与每个适当的范围相交，而且还确保每个范围在样本中具有恰当的相对频率.

定义 14.6 设$(X, \mathcal{R})$为一个范围空间，$\mathcal{D}$为X上的概率分布，如果对所有集合$R \in \mathcal{R}$，都有

$$\left|\Pr_{\mathcal{D}}(R) - \frac{|S \cap R|}{|S|}\right| \leqslant \varepsilon$$

则称集合$S \subseteq X$是X的关于$\mathcal{D}$的ε-样本.

同样，通过将分布固定为有限集$A \subseteq X$上的均匀分布，我们则有该定义的组合版.

定义 14.7[组合定义] 设$(X, \mathcal{R})$为一个范围空间，$A \subseteq X$为X的有限子集. 如果对所有集合$R \in \mathcal{R}$，都有

$$\left|\frac{|A \cap R|}{|A|} - \frac{|N \cap R|}{|N|}\right| \leqslant \varepsilon$$

则集合$N \subseteq A$被称为A的组合ε-样本.

在以下内容中，当含义能从上下文中清楚分辨出时，我们用简洁的术语ε-网和ε-样本代替更精确的术语组合ε-网和组合ε-样本.

我们的目标是通过采样获得ε-网和ε-样本. 如果一个集合S的m个元素是从分布$\mathcal{D}$中独立选取的，我们说S是来自分布$\mathcal{D}$的容量为m的样本.

定义 14.8 一个范围空间$(X, \mathcal{R})$具有一致收敛性，如果对任意ε，$\delta > 0$，存在容量$m = m(\varepsilon, \delta)$，使得对于$X$上的每个分布$\mathcal{D}$，如果$S$是来自$\mathcal{D}$的容量为$m$的随机样本，那么，$S$是$X$的关于$\mathcal{D}$的$\varepsilon$-样本的概率至少为$1 - \delta$.

在下一节中，我们将证明一个范围空间包含ε-网或ε-样本的最小元素量可以由范围空间的 VC 维度界定，与范围空间中的点或范围的数量无关. 特别地，当且仅当 VC 维度是有限时，范围空间具有一致收敛性. 这些结果表明 VC 维度是范围空间复杂性的具体、有用的度量.

14.3 ε-网定理

作为第一步，我们使用概率方法中标准的一致界方法获得组合ε-网元素个数的上界.

定理 14.7 设$(X, \mathcal{R})$为 VC 维度$d \geqslant 2$的范围空间，$A \subseteq X$且$|A| = n$. 那么存在一个A的组合ε-网N，使其元素个数最多为$\left\lceil \frac{d \ln n}{\varepsilon} \right\rceil$.

证明 考虑范围空间$\mathcal{R}$在A上的投影，记为$\mathcal{R}'$，由定理 14.1 知，$\mathcal{R}'$的容量至多为$\mathcal{G}(d, n) \leqslant n^d$.

假设我们独立且均匀随机地抽取A的$k = \left\lceil \frac{d \ln n}{\varepsilon} \right\rceil$个点作为样本. 对于每个满足$|R \cap A| \geqslant \varepsilon |A|$的集合$R \in \mathcal{R}'$，存在相应的集合$R' \in \mathcal{R}'$. 我们的样本错过给定集合$R'$的概率是$(1-\varepsilon)^k$，并且最多有$n^d$个可能的集合$R'$需要考虑. 由一致界理论，一个样本错过至少一个$R'$的概率最多是

$$n^d (1 - \varepsilon)^k < n^d \mathrm{e}^{-d \ln n} = 1$$

又因为样本容量为$k = \left\lceil \frac{d \ln n}{\varepsilon} \right\rceil$的随机样本错过至少一个$R'$的概率是严格小于 1 的，由概率理论知：存在一个那样的样本容量的集合，使得它没有错过集合$R' \in \mathcal{R}'$，因此它是A

的一个 ε-网. ■

然而，通常我们可以得到比定理 14.7 更好的界. 我们的下一个目标是证明：只要 VC 维度是有限的，我们能以很大的概率从元素的随机样本中获得一个样本容量不依赖于 n 的 ε-网. 这看起来有点令人惊讶，因为碰到任意特殊的范围平均需要 $O(1/\varepsilon)$个点，为什么碰到所有范围反而样本容量不依赖于 n 了呢？特别地，我们发现在这种情况下，定理 14.7 的一致界太弱了，而 VC 维度提供了一种克服的方法.

定理 14.8 的证明使用了一种稍微不寻常的途径去得到 ε-网的主要结果，我们有时称之为“双重抽样”法. 该定理对更一般的 ε-网均成立，而不只是对组合 ε-网成立.

定理 14.8 设$(X, \mathcal{R})$为一个范围空间，其 VC 维度为 d，$\mathcal{D}$ 为 X 上的概率分布. 那么，对任意 $0<\delta$，$\varepsilon\leqslant 1/2$，存在

$$m = O\left(\frac{d}{\varepsilon}\ln\frac{d}{\varepsilon} + \frac{1}{\varepsilon}\ln\frac{1}{\delta}\right)$$

使得来自 $\mathcal{D}$ 的样本容量大于或等于 m 的一个随机样本是 X 的 ε-网的概率至少为 $1-\delta$.

特别地，定理 14.8 蕴含：存在一个样本容量为 $O\left(\frac{d}{\varepsilon}\ln\frac{d}{\varepsilon}\right)$的 ε-网.

证明 设 M 是 X 中按分布 $\mathcal{D}$ 独立的一组 m 元素的样本，E_1 表示 M 关于分布 $\mathcal{D}$ 不是一个 ε-网这一事件，即

$$E_1 = \{\exists R \in \mathcal{R} \mid \Pr_{\mathcal{D}}(R) \geqslant \varepsilon \quad 且 \quad |R \cap M| = 0\}$$

我们想要证明：对适当的 m，有 $\Pr(E_1)\leqslant\delta$. 注意：对任何特定的 R，由于 $\Pr_{\mathcal{D}}(R)\geqslant\varepsilon$，$|R\cap M|$的期望容量为 εm，因此，看起来 $\Pr(E_1)$很小是自然的. 然而，要给出这里这么强的界，如用定理 14.7 的一致界实在是太弱了. 我们使用一个间接的方法去给出 $\Pr(E_1)$的界.

为此，我们按照分布 $\mathcal{D}$ 选择 X 的 m 个独立样本的第二个集合 T，定义 E_2 是以下事件：满足$\Pr_{\mathcal{D}}(R)\geqslant\varepsilon$ 的某范围 R 与 M 没有交集，但是 R 与 T 有一个适当大的交集，即

$$E_2 = \{\exists R \in \mathcal{R} \mid \Pr_{\mathcal{D}}(R) \geqslant \varepsilon \quad 且 \quad |R \cap M| = 0 \text{ 且 } |R \cap T| \geqslant \varepsilon m/2\}$$

由于 T 是随机样本且$\Pr_{\mathcal{D}}(R)\geqslant\varepsilon$，事件$|R\cap T|\geqslant\varepsilon m/2$ 应该以非平凡概率发生，因此事件 E_1 和 E_2 应该具有相似的概率. 下面的引理论证了这种直觉.

引理 14.9 对 $m\geqslant 8/\varepsilon$，有

$$\Pr(E_2) \leqslant \Pr(E_1) \leqslant 2\Pr(E_2)$$

证明 由于事件 E_2 包含在事件 E_1 中，我们有 $\Pr(E_2)\leqslant\Pr(E_1)$. 对于第二个不等式，注意：如果事件 E_1 成立，则存在一些特定的 R'，使得$|R'\cap M|=0$，且$\Pr_{\mathcal{D}}(R')\geqslant\varepsilon$. 由条件概率的定义得到

$$\frac{\Pr(E_2)}{\Pr(E_1)} = \frac{\Pr(E_1 \cap E_2)}{\Pr(E_1)} = \Pr(E_2 \mid E_1) \geqslant \Pr(|T \cap R'| \geqslant \varepsilon m/2)$$

现在对于一个固定的范围 R'和随机样本 T，随机变量$|T\cap R'|$服从二项分布 $B(m, \Pr_{\mathcal{D}}(R'))$. 由于$\Pr_{\mathcal{D}}(R')\geqslant\varepsilon$，由切尔诺夫界(定理 4.5)，我们得到，当 $m\geqslant 8/\varepsilon$ 时，有

$$\Pr(|T \cap R'| < \varepsilon m/2) \leqslant e^{-\varepsilon m/8} < 1/2$$

因此

$$\frac{\Pr(E_2)}{\Pr(E_1)} = \Pr(E_2 \mid E_1) \geqslant \Pr(|T \cap R'| \geqslant \varepsilon m/2) \geqslant 1/2$$

由此得到需要的 $\Pr(E_1)\leqslant 2\Pr(E_2)$. ■

上面的引理为我们提供了一种证明 $\Pr(E_1)$很小的方法. 直觉告诉我们：M 和 T 都是容量为 m 的随机样本，对于某些 R 来说，$|M\cap R|=0$ 而 $|T\cap R|$ 很大是令人惊讶的. 如果我们考虑首先从 M 中抽样 m 个元素，然后再从 T 中抽样 m 个元素，有时运气不好会出现所有与 R 相交的样本来自第二次抽样的元素，没有一个来自第一次抽样的元素.

数学上，我们用一个较大事件 E_2' 的概率来确定 E_2 概率的上界，其中：

$$E_2' = \{\exists R \in \mathcal{R} \mid |R \cap M| = 0 \quad 且 \quad |R \cap T| \geqslant \varepsilon m/2\}$$

事件 E_2' 去除了 E_2 中的条件 $\Pr_{\mathcal{D}}(R)\geqslant\varepsilon$，从某种意义上来说，这个条件已经被关于 $|R\cap T|$ 容量的条件代替了. 现在，事件 E_2' 仅依赖于 $M\cup T$ 的元素.

引理 14.10　下列不等式成立

$$\Pr(E_1) \leqslant 2\Pr(E_2) \leqslant 2\Pr(E_2') \leqslant 2(2m)^d 2^{-\varepsilon m/2}$$

证明　由于 M 和 T 都是随机样本，可以假设我们是先抽取一个含有 $2m$ 个元素的样本，然后随机地将它们分成容量相等的样本 M 和 T.

对固定的 $R\in\mathcal{R}$，及 $k=\varepsilon m/2$，设

$$E_R = \{|R \cap M| = 0 \quad 且 \quad |R \cap T| \geqslant k\}$$

为了确定 E_R 的概率上界，我们注意到这个事件隐含 $M\cup T$ 至少包含 R 的 k 个元素，但所有这些元素是随机地分配放在 T 中的，即它共有 $M\cup T$ 的 $\binom{2m}{m}$ 种可能分法，没有 R 的元素被分入 M 的分法为 $\binom{2m-k}{m}$ 种.

因此

$$\Pr(E_R)\leqslant \Pr(|M \cap R| = 0 \mid |R \cap (M \cup T)| \geqslant k) = \frac{\binom{2m-k}{m}}{\binom{2m}{m}}$$

$$= \frac{(2m-k)!\,m!}{(2m)!\,(m-k)!} = \frac{m(m-1)\cdots(m-k+1)}{(2m)(2m-1)\cdots(2m-k+1)} \leqslant 2^{-\varepsilon m/2}$$

我们得到的 $\Pr(E_R)$的界不依赖于集合 $T\cup M$ 的选择，只依赖于对 T 和 M 元素的随机分配. 由定理 14.1，$\mathcal{R}$ 在 $M\cup T$ 上的投影不超过$(2m)^d$ 个范围. 因此

$$\Pr(E_2') \leqslant (2m)^d 2^{-\varepsilon m/2}$$ ■

为了完成定理 14.8 的证明，我们需要证明：对于

$$m \geqslant \frac{8d}{\varepsilon}\ln\frac{16d}{\varepsilon} + \frac{4}{\varepsilon}\ln\frac{2}{\delta}$$

有

$$\Pr(E_1) \leqslant 2\Pr(E_2') \leqslant 2(2m)^d 2^{-\varepsilon m/2} \leqslant \delta$$

等价地，需要证明

$$\varepsilon m/2 \geqslant \ln(2/\delta) + d\ln(2m)$$

显然 $\varepsilon m/4\geqslant\ln(2/\delta)$成立，这是因为 $m>\frac{4}{\varepsilon}\ln\frac{2}{\delta}$. 如能证明 $\varepsilon m/4\geqslant d\ln(2m)$则定理得证.

事实上，在引理 14.3 中取 $y=2m\geqslant\frac{16d}{\varepsilon}\ln\frac{16d}{\varepsilon}$和 $x=\frac{16d}{\varepsilon}$，我们有

$$\frac{4m}{\ln(2m)}\geqslant\frac{16d}{\varepsilon}$$

则有

$$\frac{\varepsilon m}{4}\geqslant d\ln(2m)$$

结论得证. ■

上面的定理给出了一个近似于紧的上界，这可由下面的定理看出(其证明留作练习 14.13).

定理 14.11　VC 维度为 d 的范围空间的随机样本，要以不小于 $1-\delta$ 的概率保证是一个 ε-网，则必须要有 $\Omega\left(\frac{d}{\varepsilon}\right)$的样本容量.

14.4　应用：PAC 学习

可能近似正确(PAC)学习模型为计算机从实例中学习提供了数学分析框架. PAC 按照提供近似正确的回答所需的示例和计算的数量来区分学习问题的复杂性，对未见过的例子，它能以很大的概率得到近似正确的回答. 本节用 PAC 学习模型来展示 VC 维度在学习理论中的应用. 值得注意的是，VC 维度技术更适用于广泛的统计机器学习领域.

下面我们介绍 PAC 学习的正式定义. 设 X 是一个集合，$\mathcal{D}$ 是定义在 X 上的概率分布. 我们将 X 分为两类，本节中所谓的设想(或分类)可以理解为子集 $C\subseteq X$，使得所有 C 中的元素都具有正分类，所有 $X\setminus C$ 中的元素都具有负分类. 或等价地，一个分类可以看成一个函数 $c(x)$，使得如果 $x\in C$，则 $C(x)=1$，如果 $x\notin C$，则 $C(x)=-1$. 我们交替地使用设想与分类这两种形式的概念，其含义是很明确的. 用设想类 $\mathcal{C}$ 表示所讨论问题的所有分类的集合.

学习算法调用函数 ORACLE，它生成一对$(x, c(x))$，其中 x 是从 X 中按照 $\mathcal{D}$ 分布抽取的，如果 $x\in C$ 则 $c(x)=1$，否则为-1，假定对 ORACLE 的连续调用是独立的. 为了便于区分，我们用 ORACLE$(C, \mathcal{D})$来表示指定的分布和分类的 ORACLE 函数. 我们也假定分类问题是可行的，即存在符合我们的输入分布的分类 $h\in\mathcal{C}$. 用数学公式表示，即

$$\exists h\in\mathcal{C},\quad 使得\Pr_{\mathcal{D}}(h(x)\neq c(x))=0$$

我们现在介绍什么叫一个设想是可学习的.

定义 14.9[PAC 学习]　如果存在一个访问函数 ORACLE$(C, \mathcal{D})$的算法 L，它满足以下性质：对于每个正确的概念 $C\in\mathcal{C}$、每个输入集 X 上的分布 $\mathcal{D}$，及每个 $0<\varepsilon$，$\delta\leqslant 1/2$，算法 L 对函数 ORACLE$(C, \mathcal{D})$的调用次数是 ε^{-1}和 δ^{-1}的多项式，算法 L 输出假定 h，使得$\Pr_{\mathcal{D}}(h(x)\neq c(x))\leqslant\varepsilon$ 的概率少为 $1-\delta$. 则称输入集 X 上的设想类 $\mathcal{C}$ 是 PAC 可学习的[⊖].

我们首先证明任何有限设想类是 PAC 可学习的.

⊖ PAC 学习主要关注学习的计算复杂度，特别地，一个设想类 $\mathcal{C}$ 是可有效 PAC 学习的，如果算法运行时间是关于 $1/\delta$、$1/\varepsilon$ 及样本大小的多项式，这样一个算法使用最多多项式级别的样本. 这里，我们仅对学习过程的样本复杂度感兴趣. 可是，我们也注意到：学习算法的计算复杂度在样本容量方面不必是多项式的.

定理 14.12　任何有限设想类 $\mathcal{C}$ 是样本为 $m=\frac{1}{\varepsilon}\left(\ln|\mathcal{C}|+\ln\frac{1}{\delta}\right)$ 的 PAC 可学习的.

证明　设 $c^*\in\mathcal{C}$ 为正确的分类. 如果 $\Pr_{\mathcal{D}}(h(x)\neq c^*(x))\geqslant\varepsilon$，则称假设 h 为“坏的”. 任何特定的 m 个随机样本是坏假设的概率的上界为 $(1-\varepsilon)^m$. 因此，现在这 m 个随机样本是坏假设的概率的上界为

$$|\mathcal{C}|\ (1-\varepsilon)^m\leqslant\delta$$

这就证明了结论. ■

我们还可以将 PAC 学习理论推广到无限设想类上去. 让我们考虑在区间 $[a,\ b]\in\mathbb{R}$ 上的学习，这里的设想类是 $\mathbb{R}$ 中所有闭区间的集合：

$$\mathcal{C}=\{[x,y]\mid x\leqslant y\}\cup\varnothing$$

请注意，我们还包含一个空区间对应的平凡设想.

设 $c^*\in\mathcal{C}$ 是要学习的设想，h 是我们的算法输出的假设. 训练集是从 $\mathbb{R}$ 上的分布 $\mathcal{D}$ 抽取的 n 个点的集合，位于区间 $[a,\ b]$ 中的每个点是正例，位于区间外的每个点是负例. 如果没有样本点是正例，那么我们的算法输出平凡假设：$h(x)=-1$ 处处成立. 如果所有样本点都是正例，那么令 c 和 d 分别是正例的最小值和最大值，我们的算法输出区间 $[c,\ d]$ 作为其假设(如果只有一个正例，算法将输出 $[c,\ c]$ 形式的区间). 如此设计，我们的算法只能在输入点 $x\in[a,\ b]$ 上产生错误，在这个区间的外面，我们的算法不会产生错误. 因为对所有点 $x\notin[a,\ b]$，总是输出 -1.

现在来确定我们的算法输出错误假设的概率. 我们首先考虑 $\Pr_{\mathcal{D}}(x\in[a,\ b])\leqslant\varepsilon$ 的情况. 因为我们的算法只能在区间 $[a,\ b]$ 中的点上输出不正确的答案，所以在这种情况下，我们的算法总是输出一个错误概率最多是 ε 的假设. 因此，不会输出一个“坏的”假设.

现在让我们考虑 $\Pr_{\mathcal{D}}(x\in[a,\ b])>\varepsilon$，在这种情况下，设 $a'\geqslant a$ 是使得 $\Pr_{\mathcal{D}}([a,\ a'])\geqslant\varepsilon/2$ 的最小值. 类似地，设 $b'\leqslant b$ 是使得 $\Pr_{\mathcal{D}}([b',\ b])\geqslant\varepsilon/2$ 的最大值. 则有 $a'\leqslant b'$，这是因为 $\Pr_{\mathcal{D}}(x\in[a,\ b])>\varepsilon$. 为简单起见，我们不妨假定 $a'<b'$，对 $a'=b'$ 的情形可做类似处理(如果 $a'=b'$，那么点 a' 被选中的概率不为零，我们可以在区间 $[a,\ a']$ 和 $[b',\ b]$ 之间分配该概率，使得每个的概率至少为 $\varepsilon/2$.)对于我们的算法要输出误差至少为 ε 的坏假设，必须是下列情况：没有样本点落入区间 $[a,\ a']$ 或区间 $[b',\ b]$，或者两个区间都没有样本点落入. 否则，我们的算法将输出一个范围 $[c,\ d]$，它覆盖 $[a',\ b']$，相应地，我们的假设在从 $\mathcal{D}$ 中选取的一个新输入上是错误的概率最多为 ε.

一个 n 个点的训练集没有来自 $[a,\ a']$ 或 $[b,\ b']$ 中的任何例子的概率上界为

$$2\left(1-\frac{\varepsilon}{2}\right)^n\leqslant 2\mathrm{e}^{-\varepsilon n/2}$$

因此，选择 $n\geqslant 2\ln(2/\delta)/\varepsilon$ 的样本就能保证选择坏假设的概率的上界为 δ，因此这个设想类是 PAC 可学习的.

虽然上面的学习区间的例子列举了一个 PAC 可学习的无限设想类，但是考虑最大和最小样本点周围的区间去处理这个问题的方法显得有点特别. 然而，这种方法背后的思想是可以推广的. 注意：输入集 X 上的设想类 $\mathcal{C}$ 定义了一个范围空间 $(X,\ \mathcal{C})$. 我们将证明 PAC 学习设想类所需的例子的数目与构造一个 ε-网所需的样本数相同，该 VC 维度等于设想类定义的列范围空间的 VC 维度.

定理 14.13　设$\mathcal{C}$是一个设想类，它定义了一个 VC 维度为 d 的范围空间，对任意 $0<\delta$，$\varepsilon\leqslant 1/2$，必存在

$$m=O\left(\frac{d}{\varepsilon}\ln\frac{d}{\varepsilon}+\frac{1}{\varepsilon}\ln\frac{1}{\delta}\right)$$

使得$\mathcal{C}$是样本为 m 的 PAC 可学习的.

证明　设 X 是输入的基本集，$c\in\mathcal{C}$是正确的分类. 对任意 $c'\in\mathcal{C}$，$c'\neq c$，记 $\Delta(c', c)=\{x\mid c(x)\neq c'(x)\}$，其中，$c(x)$和 $c'(x)$分别是 c 和 c'的标记函数. 令 $\Delta(c)=\{\Delta(c', c)\mid c'\in\mathcal{C}\}$，即 $\Delta(c)$是不符合正确分类的所有可能点的集合. 关于$\mathcal{C}$和 c 的对称差范围空间是$(X, \Delta(c))$. 接下来我们证明关于对称差范围空间的下列引理.

引理 14.14　$(X, \Delta(c))$的 VC 维度等于$(X, \mathcal{C})$的 VC 维度.

证明　对任意集合 $S\subseteq X$，记从$(X, \mathcal{C})$到 S 的投影为 $\mathcal{C}_S$，再记从$(X, \Delta(c))$到 S 的投影为 $\Delta(c)_S$. 定义一个由 $\mathcal{C}_S$ 到 $\Delta(c)_S$ 的双射，这个双射将每个元素 $c'\cap S\in\mathcal{C}_S$ 映为 $\Delta(c'\cap S, c\cap S)\in\Delta(c)_S$. 为了证明这是一个双射，我们首先考虑两个满足 $c'\cap S\neq c''\cap S$ 的元素 c'，$c''\in\mathcal{C}$，我们证明 $\Delta(c'\cap S, c\cap S)\neq\Delta(c''\cap S, c\cap S)$. 如果 $c'\cap S\neq c''\cap S$，那么存在一个元素 $y\in S$ 使得 $c'(y)\neq c''(y)$. 不失一般性，设 $c'(y)\neq c(y)$但 $c''(y)=c(y)$. 则有：$y\in\Delta(c'\cap S, c\cap S)$，但是 $y\notin\Delta(c''\cap S, c\cap S)$. 类似地，如果两个元素 c'，$c''\in\mathcal{C}$中有一个元素 $y\in S$ 使得 $\Delta(c'\cap S, c\cap S)\neq\Delta(c''\cap S, c\cap S)$，那么就会有 $y\in S$ 使得 $c'(y)\neq c''(y)$，所以 $c'\cap S\neq c''\cap S$，这就证明了映射是一个双射.

因此，对任意 $S\subseteq X$，$|\mathcal{C}_S|=|\Delta(c)_S|$，S 被$\mathcal{C}$散离当且仅当它被$\Delta(c)$散离. 因此，这两个范围空间有相同的 VC 维度.　■

因为范围空间$(X, \Delta(c))$的 VC 维度为 d，由定理 14.8 知：存在

$$m=O\left(\frac{d}{\varepsilon}\ln\frac{d}{\varepsilon}+\frac{1}{\varepsilon}\ln\frac{1}{\delta}\right)$$

使得任何样本容量大于或等于 m 的样本是范围空间的一个 ε-网的概率至少为 $1-\delta$，因此与每个集合 $\Delta(c', c)$有非空交集的概率至少为 ε. 因此，我们的训练集使算法排除任何误差概率至少为 ε 的假设的概率至少为 $1-\delta$.　■

在 14.2.1 节中我们已经看到：$\mathbb{R}$上闭区间集的 VC 维度为 2. 将定理 14.13 应用于一条直线上的一个区间的学习问题，它给出了我们在 14.4 节中看到的一个替代证明，这个范围空间可以是样本容量为 $O\left(\frac{1}{\varepsilon}\ln\frac{1}{\delta}\right)$的 PAC 可学习的.

14.5　ε-样本定理

回想一下，范围空间$(X, \mathcal{R})$的 ε-样本将所有集合 $R\in\mathcal{R}$ 的相对概率权重保持在 ε 的公差内(定义 14.6)，而一个 ε-网包括来自每个总概率至少为 ε 范围的至少一个元素. 令人惊讶的是，仅将样本容量添加另一个 $O(1/\varepsilon)$因子，就会以概率至少为 $1-\delta$ 得到一个 ε-样本. 这个结果的证明使用了与 ε-网定理的证明同样的“双重抽样”方法，尽管其论证过程更复杂一些.

定理 14.15　设$(X, \mathcal{R})$是 VC 维度为 d 的范围空间，$\mathcal{D}$是 X 上的概率分布. 对任意 $0<\varepsilon$，$\delta<1/2$，存在

$$m = O\left(\frac{d}{\varepsilon^2}\ln\frac{d}{\varepsilon} + \frac{1}{\varepsilon^2}\ln\frac{1}{\delta}\right)$$

使得来自 $\mathcal{D}$ 的容量大于或等于 m 的一个随机样本是 X 的 ε-样本的概率至少为 $1-\delta$.

证明 设 M 是从 X 中按分布 $\mathcal{D}$ 抽取的一组 m 个独立样本，E_1 是 M 是按分布 $\mathcal{D}$ 抽取的但不是 X 的 ε-样本这一事件. 即

$$E_1 = \left\{\exists R \in \mathcal{R} \,\middle|\, \left|\Pr_{\mathcal{D}}(R) - \frac{|M \cap R|}{|M|}\right| > \varepsilon\right\}$$

我们想证明对于适当的 m，有 $\Pr(E_1)\leqslant\delta$. 从 X 中按分布 $\mathcal{D}$ 选择第二组 m 个独立的样本集 T，定义 E_2 为以下事件：某个范围 R 没有被 M 很好地近似，但是被 T 恰当好地近似，即

$$E_2 = \left\{\exists R \in \mathcal{R} \,\middle|\, \left|\frac{|R \cap M|}{|M|} - \Pr_{\mathcal{D}}(R)\right| > \varepsilon \quad 且 \quad \left|\frac{|R \cap T|}{|T|} - \Pr_{\mathcal{D}}(R)\right| \leqslant \frac{\varepsilon}{2}\right\}$$

引理 14.16

$$\Pr(E_2) \leqslant \Pr(E_1) \leqslant 2\Pr(E_2)$$

证明 显然，事件 E_2 包括在事件 E_1 中，因此 $\Pr(E_2)\leqslant\Pr(E_1)$. 对于第二个不等式，我们再次使用条件概率. 如果 E_1 发生，必存在某个 R' 使得 $\left|\frac{|R'\cap M|}{|M|}-\Pr_{\mathcal{D}}(R')\right|>\varepsilon$. 因此有

$$\frac{\Pr(E_2)}{\Pr(E_1)} = \frac{\Pr(E_1 \cap E_2)}{\Pr(E_1)} = \Pr(E_2 \mid E_1) \geqslant \Pr\left(\left|\frac{R' \cap T}{|T|} - \Pr_{\mathcal{D}}(R')\right| \leqslant \frac{\varepsilon}{2}\right)$$

现固定 R' 和一个随机样本 T，随机变量 $|T\cap R'|$ 服从二项分布 $B(m,\ \Pr_{\mathcal{D}}(R'))$. 对 $m\geqslant 24/\varepsilon$，应用切尔诺夫界(定理 4.5)得

$$\Pr(\,|\,|T \cap R'| - m\Pr_{\mathcal{D}}(R)\,| > \varepsilon m/2) \leqslant 2\mathrm{e}^{-\varepsilon m/12} < 1/2$$

我们有

$$\frac{\Pr(E_2)}{\Pr(E_1)} = \Pr(E_2 \mid E_1) \geqslant \Pr\left(\left|\frac{R' \cap T}{|T|} - \Pr_{\mathcal{D}}(R')\right| \leqslant \frac{\varepsilon}{2}\right) \geqslant 1/2 \qquad \blacksquare$$

下面我们用一个更大事件 E'_2 的概率来表示事件 E_2 概率的界. 记

$$E'_2 = \left\{\exists R \in \mathcal{R} \,\middle|\, \big|\,|R \cap T| - |R \cap M|\,\big| \geqslant \frac{\varepsilon}{2}m\right\}$$

为了证明 $E_2\subseteq E'_2$，假设集合 R 满足 E_2 的条件，即

$$\big|\,|R \cap M| - m\Pr_{\mathcal{D}}(R)\,\big| \geqslant \varepsilon m$$

且

$$\big|\,|R \cap T| - m\Pr_{\mathcal{D}}(R)\,\big| \leqslant \varepsilon m/2$$

在这种情况下

$$\big|\,|R \cap M| - m\Pr_{\mathcal{D}}(R)\,\big| - \big|\,|R \cap T| - m\Pr_{\mathcal{D}}(R)\,\big| \geqslant \varepsilon m/2$$

由逆三角不等式[⊖]，得

$$\big|\,|R \cap T| - |R \cap M|\,\big| \geqslant \big|\,|R \cap M| - m\Pr_{\mathcal{D}}(R)\,\big| - \big|\,|R \cap T| - m\Pr_{\mathcal{D}}(R)\,\big| \geqslant \varepsilon m/2$$

事件 E'_2 仅依赖于 $M\cup T$.

引理 14.17

$$\Pr(E_2) \leqslant \Pr(E'_2) \leqslant (2m)^d\mathrm{e}^{-\varepsilon^2 m/8}$$

⊖ 逆三角不等式简单地表示为 $|x-y|\geqslant\big|\,|x|-|y|\,\big|$，它能由三角不等式容易地得出.

证明　由于 M 和 T 是随机样本，可以假定我们是首先选择一个由 $2m$ 个元素组成的随机样本 $Z=z_1, \cdots, z_{2m}$，然后将其随机分成两组容量均为 m 的样本．由于 Z 是随机样本，任何不依赖实际值的划分都会产生两个随机样本．我们进行下列划分，对于每对样本项 z_{2i-1} 和 z_{2i}，$i=1, \cdots, m$，我们以概率为 1/2(独立于其他选择)将 z_{2i-1} 放在 T 中，将 z_{2i} 放在 M 中，另外以概率为 1/2 将 z_{2i-1} 放在 M 中，将 z_{2i} 放在 T 中．

对一个固定的 $R\in\mathcal{R}$，用 E_R 表示事件 $\left\{\left||R\cap T|-|R\cap M|\right|\geqslant\frac{\varepsilon}{2}m\right\}$．为了得到 E_R 的概率上界，我们考虑每对 z_{2i-1} 和 z_{2i} 的不同分配对 $\left||R\cap T|-|R\cap M|\right|$ 的值的贡献．如果两项都在 R 中或者两项都不在 R 中，则这对样本的贡献是 0．如果一项在 R 中，而另一项不在 R 中，则这对样本以 $\frac{1}{2}$ 的概率贡献 1，以 $\frac{1}{2}$ 的概率贡献 -1．因为这样的样本对不超过 m 对，所以由定理 4.7 的切尔诺夫界我们得到

$$\Pr(E_R)\leqslant \mathrm{e}^{-\varepsilon^2 m/8}$$

由定理 14.1，$\mathcal{R}$ 在 Z 上的投影有不超过 $(2m)^d$ 个范围．因此，由一致界我们有

$$\Pr(E_2')\leqslant (2m)^d\mathrm{e}^{-\varepsilon^2 m/8}$$ ■

下面我们完成定理 14.15 的证明．我们将证明对

$$m\geqslant\frac{32d}{\varepsilon^2}\ln\frac{64d}{\varepsilon^2}+\frac{16}{\varepsilon^2}\ln\frac{2}{\delta}$$

有

$$\Pr(E_1)\leqslant 2\Pr(E_2')\leqslant 2\,(2m)^d\mathrm{e}^{-\varepsilon^2 m/8}\leqslant\delta$$

注意，m 的这个值满足

$$m=O\left(\frac{d}{\varepsilon^2}\ln\frac{d}{\varepsilon}+\frac{1}{\varepsilon^2}\ln\frac{1}{\delta}\right)$$

如定理的条件所述．虽然我们的表达式中有 $\ln\frac{64d}{\varepsilon^2}$，但该项是 $O\left(\ln\frac{d}{\varepsilon}\right)$ 的．等价地，我们只须证明

$$\varepsilon^2 m/8\geqslant\ln(2/\delta)+d\ln(2m)$$

即可．因为 $m>\frac{16}{\varepsilon^2}\ln\frac{2}{\delta}$，所以有 $\varepsilon^2 m/16\geqslant\ln(2/\delta)$．因此，只要证明 $\varepsilon^2 m/16\geqslant d\ln(2m)$ 即可完成定理的证明．

在引理 14.3 中取 $y=2m\geqslant\frac{64d}{\varepsilon^2}\ln\frac{64d}{\varepsilon^2}$ 且 $x=\frac{64d}{\varepsilon^2}$，则有

$$\frac{4m}{\ln(2m)}\geqslant\frac{64d}{\varepsilon^2}$$

所以

$$\frac{\varepsilon^2 m}{16}\geqslant d\ln(2m)$$

定理得证． ■

由于一个 ε-样本也是一个 ε-网，所以定理 14.11 中的 ε-网的样本复杂度的下界对于 ε-样本也成立．结合定理 14.15 的上界，则有：

定理 14.18　当且仅当一个范围空间的 VC 维度有限时，这个范围空间有一致收敛性.

14.5.1　应用：不可知学习

在 14.4 节的关于 PAC 学习的讨论中，我们假定算法有一个包含正确分类 c 的设想类 $\mathcal{C}$. 即，存在一个分类，使得对 X 中的所有项它都是正确的. 特别地，该分类与训练集中的所有例子一致. 这种假设在大多数应用中是不成立的. 首先，训练集可能存在一些错误. 其次，我们可能不知道是否有设想类能够保证包括一个正确的分类，且它又是容易表示和计算的. 在本节中，我们将对 PAC 学习的讨论扩展到设想类不一定包括一个完全正确的分类的情形，这被称为*不可实现的情况*或*不可知学习*. 由于设想类可能没有正确或接近正确的分类，因此，这种情况下算法的目标是选择一个分类 $c' \in \mathcal{C}$，使其误差不比 $\mathcal{C}$ 中任何其他分类的误差多过 ε. 形式上，我们设 c 为正确的分类(此时 c 可能不在 $\mathcal{C}$ 中). 我们要求输出分类 c'满足下列不等式：

$$\Pr_{\mathcal{D}}(c'(x) \neq c(x)) \leqslant \inf_{h \in \mathcal{C}} \Pr_{\mathcal{D}}(h(x) \neq c(x)) + \varepsilon$$

回忆一下 14.4 节，关于设想类 $\mathcal{C}$ 和正确分类 c 的对称差范围空间是$(X, \Delta(c))$. 如果训练集中的例子定义了该范围空间的一个 $\varepsilon/2$-样本，那么，该算法有足够多的例子来估计每个 $c' \in \mathcal{C}$ 的误差概率，使其全部误差不超过加性误差 $\varepsilon/2$，从而能够选择满足上述要求[⊖]的分类. 由定理 14.15 知，VC 维度为 d 的设想类的不可知学习需要 $O\left(\min\left(|X|, \frac{d}{\varepsilon^2}\ln\frac{d}{\varepsilon^2} + \frac{1}{\varepsilon^2}\ln\frac{1}{\delta}\right)\right)$个样本.

最后，我们介绍一个设想类是不可知 PAC 可学习的更一般性质.

定理 14.19　下列三个条件是等价的：

1. 区域 X 上的设想类 $\mathcal{C}$ 是不可知 PAC 可学习的.
2. 范围空间$(X, \mathcal{C})$有一致收敛性质.
3. 范围空间$(X, \mathcal{C})$有有限的 VC 维度.

14.5.2　应用：数据挖掘

数据挖掘涉及从原始数据中提取有用的信息. 在有些时候(比如在异常检测中)，人们是对罕见事件感兴趣. 发现这种罕见事件可能需要对整个数据进行全面的分析，这对计算时间和内存的需求都是巨大的. 然而，在另外一些时候，数据挖掘的目的是检测数据中的大致图形或趋势以及常被忽略的随机波动. 在这种情况下，分析适当选择的数据样本而不是整个数据集，可以以很小的成本给出极好的近似值. 这里的关键问题是选取多少样本才能得出可靠的估计. 下面举两个例子说明使用 ε-样本能够回答这个问题.

例：估算邻域密度

假设我们在平面中给出了 n 个点的一个庞大集合，我们需要搜寻这样一些点集：对于任意(x, y)和 r 的值，“以点(x, y)为中心，到最远距离为 r 的点是如何分布的?”. 企业使用此类估计来确定新商店或其他资源的位置. 例如，点(x, y)可以表示银行放置 ATM

⊖ 回忆一下，在这里我们仅仅涉及了问题的样本复杂度. 与特殊的设想类有关，计算成本可能不是特别可行的.

的可能位置，其附近的点表示客户的家庭位置．在这种情况下，估计该位置附近有多少客户将对计划有极大的帮助．

当然我们可以通过扫描所有 n 个点来回答每个搜寻．但是替代地，我们可以定义一个范围空间$(\mathbb{R}^2, \mathcal{R})$，其中 $\mathcal{R}$ 包括：对每个点$(x, y)\in\mathbb{R}^2$ 和 $r\in\mathbb{R}^+$，所有以(x, y)为中心，半径为 r 的邻域内的点集．由于平面上邻域集的 VC 维度为 3(见练习 14.6)，我们可以选一组容量为 $m=O\left(\frac{1}{\varepsilon^2}\ln\frac{1}{\varepsilon}+\frac{1}{\varepsilon^2}\ln\frac{1}{\delta}\right)$的随机样本进行搜寻，并通过扫描样本而给出所有点的快速近似答案．

生成随机样本可能需要对所有 n 个点进行初始扫描，但我们只需要执行一次．ε-样本定理保证所有搜寻结果都在正确值的 ε 范围内的概率至少为 $1-\delta$．此外，由于 ε-样本会估算所有可能的邻域，因此我们也可以将其用于其他目的，例如近似识别 k 个最密集的区域．

例：频繁项集挖掘

考虑一家超市，该超市打算根据客户所购买商品的种类为客户设计折扣．在这种情况下，超市不仅对最常被购买的物品感兴趣，而且对最常被一起购买的物品种类感兴趣．这个问题在许多背景中出现，并且通常被称为频繁项集挖掘问题．一般地，我们可以将问题描述如下：给定一组项目集 $\mathcal{I}$ 和一些交易集 $\mathcal{T}$，其中一个交易是 $\mathcal{I}$ 的一个子集．我们感兴趣的是出现在许多个交易中的项目集，其中许多交易的具体含义取决于设置，可能会用阈值来决定或按达到一定比例的交易来决定．

频繁项集挖掘是对完成效率的挑战，因为客户交易的数量通常很大，并且存储所有可能的频繁项集需要大量的内存．即使将问题限制为大小为 k 的项目集，也有$\binom{|\mathcal{I}|}{k}$个可能的交易，因此，哪怕是对于较小的 k，其交易数目也会很大．求此类问题的所有已知的精确解都需要通过多次计算且需要大量存储，候选频繁项集及每次计数结果都需存储．而另一方面，在相对较小的样本上解决问题可以以更好的效率给出有效的结果．

一个自然的目标是确保我们找到所有足够频繁的项目集并丢弃所有不频繁的项目集．在我们为频繁和不频繁的项目集设置的阈值之间可能存在一些模糊的项目集，因此可以归类为任意一类项目集．假设我们想要将频率大于 θ 的所有集合正确地归类为频繁，并且将频率小于 $\theta-\varepsilon$ 的所有集合正确地归类为不频繁；使得频率为$[\theta-\varepsilon, \theta]$之间的项目处于模糊范围内，我们需要抽样多少笔交易？

我们的目标是在 $\varepsilon/2$ 的加性误差内近似每组的真实频率．然后我们可以将频率至少为 $\theta-\varepsilon/2$的所有集合视为频繁项集，并将频率小于 $\theta-\varepsilon/2$ 的所有集合视为不频繁项集，确保我们正确地归类频率大于 θ 的集合和频率小于 $\theta-\varepsilon$ 的集合．

如果所有交易的数量最多为 ℓ，那么有 $O(|\mathcal{I}|^{\ell})$个不同的项集可能会频繁出现．应用切尔诺夫界和一致界将需要一个容量为 $\Omega\left(\frac{\theta}{\varepsilon^2}\left(\ell\ln|\mathcal{I}|+\ln\frac{1}{\delta}\right)\right)$的样本．在实践中，$\ell\ll|\mathcal{I}|$，在这种情况下，$\varepsilon$-样本可以得到明显更好的界．(虽然，严格来说，此时我们需要一个$(\varepsilon/2)$-样本．)

对于每个子集 $s\subseteq\mathcal{I}$ 用 $T(s)=\{t\in\mathcal{T}$ 且 $s\subseteq t\}$表示数据集中包含 s 的所有交易的集合．设 $\mathcal{R}=\{T(s)\mid s\subseteq\mathcal{I}\}$，考虑范围空间$(\mathcal{T}, \mathcal{R})$．我们希望通过一个参数来界定此范围空间的 VC

维度，该参数可以在数据的一次传递中进行估值(例如，当数据首次加载到系统时). 我们首先观察到 VC 维度的上界为 ℓ，即数据集中任何交易的最大数量. 实际上，数量为 q 的交易具有 2^q 个子集，因此包括不超过 2^q 个范围. 由于任何交易都不能在 2^ℓ 个范围之外，没有超过 ℓ 个交易的集合能被散离. 因此，根据定理 14.15，一个容量为

$$O\left(\frac{\ell}{\varepsilon^2}\ln\frac{\ell}{\varepsilon}+\frac{1}{\varepsilon^2}\ln\frac{1}{\delta}\right) \tag{14.1}$$

的样本能保证所有项目集都能以至少 $1-\delta$ 的概率准确地确定在其真实比例的 $\varepsilon/2$ 范围内，因此足以识别所有频繁项目集. 练习 14.12 将证明一个更好的界.

14.6　拉德马赫复杂度

拉德马赫(Rademacher)复杂度是计算样本复杂度的另一种方法，不像由 VC 维度得到的界(它们是分布独立的)，拉德马赫复杂度界与训练集分布有关，因此，对特殊的输入分布，它能得到更好的界. 进一步，从理论上讲，拉德马赫复杂度可由训练集估计，可由样本本身得到一个很强的界. 拉德马赫复杂度的另一个优点是它可以应用于任何函数的估计，而不仅仅是 0—1 类函数(很明显，它是 VC 维度推广至非二值函数的情形).

为了引入拉德马赫平均值的定义，我们从 14.1 节中使用的二值分类设置开始进行推广. 我们有一套训练集(x_1，$c(x_1)$)，…，(x_m，$c(x_m)$)，其中 $x_i\in U$，$c(x_i)\in\{-1,1\}$，以及一个可能的假设集 $h\in\mathcal{C}$，其中每个 h 是从复数 U 到$\{-1,1\}$的函数. 训练集上一个假设的*训练误差*是假设与给定分类不一致的样本的一部分. 即

$$\hat{\text{err}}(h)=\frac{1}{m}\left|\{i:h(x_i)\neq c(x_i),1\leqslant i\leqslant m\}\right|$$

现在我们利用这样一个事实：因为 $h(x_i)$和 $c(x_i)$在$\{-1,1\}$中取值，

$$\frac{1-c(x_i)h(x_i)}{2}=\begin{cases}0 & \text{如果 } c(x_i)=h(x_i)\\ 1 & \text{如果 } c(x_i)\neq h(x_i)\end{cases}$$

因此我们得到

$$\hat{\text{err}}(h)=\frac{1}{m}\sum_{i=1}^{m}\frac{1-c(x_i)h(x_i)}{2}=\frac{1}{2}-\frac{1}{2m}\sum_{i=1}^{m}c(x_i)h(x_i)$$

表达式 $\frac{1}{m}\sum_{i=1}^{m}c(x_i)h(x_i)$ 表示 c 和 h 之间的相关性；如果 c 和 h 总是一致的，则表达式的值为 1，如果它们总是不一致的，则值为-1. 最小化训练误差的假设等价于最大化相关性的假设.

现在，给定一组样本点 x_i，$1\leqslant i\leqslant m$，我们考虑可能的假设类 $\mathcal{C}$ 在所有可能的分类上与那些样本点的对齐程度. 为了考虑所有可能的分类，我们使用*拉德马赫变量*：m 个独立的随机变量，$\sigma=(\sigma_1,\cdots,\sigma_m)$，其中，$\Pr(\sigma_i=-1)=\Pr(\sigma_i=1)=1/2$. 拉德马赫变量 σ 的固定值的最佳假设是最大化下列值：

$$\frac{1}{m}\sum_{i=1}^{m}\sigma_i h(x_i)$$

其训练误差为

$$\frac{1}{2}-\max_{h\in\mathcal{C}}\frac{1}{2m}\sum_{i=1}^{m}\sigma_i h(x_i)$$

为了考虑所有可能的样本点，我们考虑对 σ 的所有可能结果的期望，或

$$\boldsymbol{E}_\sigma \max_{h\in\mathcal{C}}\frac{1}{m}\sum_{i=1}^{m}\sigma_i h(x_i) \tag{14.2}$$

该表达式直观上与我们的假设类 $\mathcal{C}$ 的表达式相符. 例如，如果 $\mathcal{C}$ 仅由单个假设 h 组成，则上述期望值为 0，因为对于任何随机选择的 σ，$h(x_i)=\sigma_i$ 的概率为 1/2. 另一方面，如果 $\mathcal{C}$ 散离集合 $\{x_1, x_2, \cdots, x_m\}$，则上述期望值为 1，因为对于每个可能随机选择的 σ，对所有的 i，有 $h(x_i)=\sigma_i$. 在这个特定的情形中，期望总是在 0 和 1 之间. 从直观上看：更大的值对应于更具表现力的假设集合.

为了更好地理解拉德马赫平均值的一般定义，我们不考虑假设集，而是考虑一个实值函数集 $\mathcal{F}$，其中函数的输入是按照具有分布 $\mathcal{D}$ 的一个概率空间定义的. 因此，对于 $f\in\mathcal{F}$ 当我们使用符号 $E[f]$时，它等价于 $E[f(Z)]$，其中 Z 是具有分布 $\mathcal{D}$ 的随机变量. 我们将期望(式(14.2))推广如下.

定义 14.10　一个函数集 $\mathcal{F}$ 关于样本 $S=\{z_1, \cdots, z_m\}$的经验拉德马赫平均值定义为：

$$\widetilde{R}_m(\mathcal{F},S)=\boldsymbol{E}_\sigma\left[\sup_{f\in\mathcal{F}}\frac{1}{m}\sum_{i=1}^{m}\sigma_i f(z_i)\right]$$

其中对拉德马赫变量 $\sigma=(\sigma_1, \cdots, \sigma_m)$的分布取期望.

注意，我们使用上确界而不是最大值，因为我们处理的是一个实值函数的集合，从技术上讲可能不存在最大值.

对一个给定的拉德马赫变量的值，$\sup_{f\in\mathcal{F}}\dfrac{1}{m}\sum_{i=1}^{m}\sigma_i f(z_i)$ 的值表示 $\mathcal{F}$ 中的所有函数与向量$(\sigma_1, \cdots, \sigma_m)$之间的最佳相关性，这推广了二值分类的相关性. 因此，经验拉德马赫平均值可以测量样本的随机分配与集合 $\mathcal{F}$ 中的某些函数之间的关联程度，这给出了如何表示集合的一种衡量. 因此，我们可互换地使用术语拉德马赫平均值和经验拉德马赫复杂度(这两个术语都在文献中使用).

现在，让我们以一种不同的方式来观察经验拉德马赫平均值. 对于相当大的数 m，随机样本 $S=(z_1, \cdots, z_m)$的平均值 $\dfrac{1}{m}\sum_{i=1}^{m}f(z_i)$ 应该给出了 $\boldsymbol{E}[f]$的良好近似. 通过乘以拉德马赫变量，表达式 $\dfrac{1}{m}\sum_{i=1}^{m}\sigma_i f(z_i)$ 相当于将样本 S 分成两个子样本，对应的 i 的值使得 $\sigma_i=-1$或 $\sigma_i=1$. 如果 S 是随机样本，那么表达式类似于两个随机子样本的平均值的差，因此期望

$$\boldsymbol{E}_\sigma\left[\frac{1}{m}\sum_{i=1}^{m}\sigma_i f(z_i)\right]$$

应该是很小的. 经验拉德马赫复杂度

$$\widetilde{R}_m(\mathcal{F},S)=\boldsymbol{E}_\sigma\left[\sup_{f\in\mathcal{F}}\frac{1}{m}\sum_{i=1}^{m}\sigma_i f(z_i)\right]$$

考虑了对 $\mathcal{F}$ 中所有函数的上确界取期望. 直观地说，如果对于容量为 m 的样本，经验拉德

马赫平均值很小，那么我们期望 m 是足够大的，以便样本能够为 $\mathcal{F}$ 中的所有函数提供良好的估计. 我们将在定理 14.20 中阐述并证明这种直觉.

为了排除对特定样本的依赖性，我们对容量为 m 的所有样本 S 按分布取期望，其中样本取自分布 $\mathcal{D}$.

定义 14.11　*$\mathcal{F}$ 的拉德马赫平均值定义为*

$$R_m(\mathcal{F})=\boldsymbol{E}_S[\widetilde{R}_m(\mathcal{F},S)]=\boldsymbol{E}_S\boldsymbol{E}_\sigma\left[\sup_{f\in\mathcal{F}}\frac{1}{m}\sum_{i=1}^{m}\sigma_i f(z_i)\right]$$

其中对 S 的期望是对取自给定分布 $\mathcal{D}$ 的容量为 m 的样本求期望.

我们同样可以互换地使用术语拉德马赫平均值和拉德马赫复杂度.

14.6.1　拉德马赫复杂度和样本错误

一个函数集 $\mathcal{F}$ 上的拉德马赫复杂度的关键性质是在使用一个样本估计任意函数 $f\in\mathcal{F}$ 的期望时，它能给出最大误差的期望的上界.

设 $\boldsymbol{E}_{\mathcal{D}}[f(z)]$是 f 关于分布 $\mathcal{D}$ 的真实期望. 使用样本 $S=\{z_1, \cdots, z_m\}$估计得到的 $\boldsymbol{E}_{\mathcal{D}}[f(z)]$是 $\frac{1}{m}\sum_{i=1}^{m}f(z_i)$. 取自 $\mathcal{D}$ 的容量为 m 的样本的平均值的最大误差的期望由下式给出

$$\boldsymbol{E}_S\left[\sup_{f\in\mathcal{F}}\left(\boldsymbol{E}_{\mathcal{D}}[f(z)]-\frac{1}{m}\sum_{i=1}^{m}f(z_i)\right)\right]$$

下面的定理以 $\mathcal{F}$ 上的拉德马赫复杂度的形式给出了这个误差期望的上界.

定理 14.20

$$\boldsymbol{E}_S\left[\sup_{f\in\mathcal{F}}\left(\boldsymbol{E}_{\mathcal{D}}[f(z)]-\frac{1}{m}\sum_{i=1}^{m}f(z_i)\right)\right]\leqslant 2R_m(\mathcal{F})$$

证明　取第二个样本 $S'=\{z'_1, \cdots, z'_m\}$，则有

$$\begin{aligned}\boldsymbol{E}_S\left[\sup_{f\in\mathcal{F}}\left(\boldsymbol{E}_{\mathcal{D}}[f(z)]-\frac{1}{m}\sum_{i=1}^{m}f(z_i)\right)\right]&=\boldsymbol{E}_S\left[\sup_{f\in\mathcal{F}}\left(\boldsymbol{E}'_S\frac{1}{m}\sum_{i=1}^{m}f(z'_i)-\frac{1}{m}\sum_{i=1}^{m}f(z_i)\right)\right]\\&\leqslant\boldsymbol{E}_{S,S'}\left[\sup_{f\in\mathcal{F}}\left(\frac{1}{m}\sum_{i=1}^{m}f(z'_i)-\frac{1}{m}\sum_{i=1}^{m}f(z_i)\right)\right]\\&=\boldsymbol{E}_{S,S',\sigma}\left[\sup_{f\in\mathcal{F}}\left(\frac{1}{m}\sum_{i=1}^{m}\sigma_i(f(z_i)-f(z'_i))\right)\right]\\&\leqslant\boldsymbol{E}_{S,\sigma}\left[\sup_{f\in\mathcal{F}}\frac{1}{m}\sum_{i=1}^{m}\sigma_i f(z_i)\right]+\boldsymbol{E}_{S',\sigma}\left[\sup_{f\in\mathcal{F}}\frac{1}{m}\sum_{i=1}^{m}\sigma_i f(z'_i)\right]\\&=2R_m(\mathcal{F})\end{aligned}$$

第一个等式成立是因为对样本 S'的期望就是 f 的期望. 第一个不等式成立是因为：关于样本 S'的期望与取上确界$\sup\limits_{f\in\mathcal{F}}$的顺序可互换，上确界是凸函数，则可用 Jensen 不等式(定理 2.4)，从而得到第一个不等式成立. 对于第二个等式我们使用了下列事实：将 $f(z_i)-f(z'_i)$乘以拉德马赫变量 σ_i 不会改变求和的期望. 如果 $\sigma_i=1$，则显然没有变化；如果 $\sigma_i=-1$，则这相当于在两个样本之间切换 z_i 和 z'_i，这当然不会改变期望. 对于第二个不等式：我们用到

σ_i 和 $-\sigma_i$ 有相同的分布，因此我们可以改变符号以简化表达式. ■

接下来，我们将证明：对有界函数，拉德马赫复杂度可由经验拉德马赫复杂度很好地近似. 估计误差可由双倍拉德马赫复杂度很好地近似，从而得到 $\mathcal{F}$ 中任何有界函数的样本估计误差的概率界.

定理 14.21 设 $\mathcal{F}$ 是一个函数集，满足：对于任意 $f\in\mathcal{F}$ 以及 f 定义域中的任意两点 x 和 y，都有 $|f(x)-f(y)|\leqslant c$，其中 c 为某个常数. 设 $R_m(\mathcal{F})$ 为拉德马赫复杂度，$\tilde{R}_m(\mathcal{F}, S)$ 为函数集 $\mathcal{F}$ 的由取自分布 $\mathcal{D}$ 的容量为 m 的随机样本 $S=\{z_1, \cdots\in z_m\}$ 决定的经验拉德马赫复杂度，则有：

(1) 对任意 $\varepsilon\in(0, 1)$

$$\Pr(|\tilde{R}_m(\mathcal{F},S)-R_m(\mathcal{F})|)\geqslant\varepsilon)\leqslant 2\mathrm{e}^{-2m\varepsilon^2/c^2}$$

(2) 对所有 $f\in\mathcal{F}$ 和 $\varepsilon\in(0, 1)$，有

$$\Pr\left(\boldsymbol{E}_{\mathcal{D}}[f(z)]-\frac{1}{m}\sum_{i=1}^{m}f(z_i)\geqslant 2\tilde{R}_m(\mathcal{F},S)+3\varepsilon\right)\leqslant 2\mathrm{e}^{-2m\varepsilon^2/c^2}$$

证明 首先证明定理的第一部分. 注意，$\tilde{R}_m(\mathcal{F}, S)$ 是 m 个随机变 z_1，…，z_m 的函数，其中一个变量的改变都将改变 $\tilde{R}_m(\mathcal{F}, S)$ 的值，但改变的值不超过 c/m. 又因为 $\boldsymbol{E}_S[\tilde{R}_m(\mathcal{F}, S)]=R_m(\mathcal{F})$，则由定理 13.7 得到：

$$\Pr(|\tilde{R}_m(\mathcal{F},S)-R_m(\mathcal{F})|\geqslant\varepsilon)\leqslant 2\mathrm{e}^{-2m\varepsilon^2/c^2}$$

为了证明第二部分，注意：$\boldsymbol{E}_{\mathcal{D}}[f(z)]-\frac{1}{m}\sum_{i=1}^{m}f(z_i)$ 是 z_1，…，z_m 的函数，其中任意变量 z_i 的改变都将使该函数改变，但改变的值不超过 c/m. 应用定理 13.7 的单边形式，我们有

$$\Pr\left(\left(\boldsymbol{E}_{\mathcal{D}}[f(z)]-\frac{1}{m}\sum_{i=1}^{m}f(z_i)\right)-\boldsymbol{E}_S\left[\boldsymbol{E}_{\mathcal{D}}[f(z)]-\frac{1}{m}\sum_{i=1}^{m}f(z_i)\right]\geqslant\varepsilon\right)\leqslant\mathrm{e}^{-2m\varepsilon^2/c^2}$$

使用定理 14.20 中的界：

$$\boldsymbol{E}_S\left[\boldsymbol{E}_{\mathcal{D}}[f(z)]-\frac{1}{m}\sum_{i=1}^{m}f(z_i)\right]\leqslant 2R_m(\mathcal{F})$$

我们得到

$$\Pr\left(\boldsymbol{E}_{\mathcal{D}}[f(z)]-\frac{1}{m}\sum_{i=1}^{m}f(z_i)\geqslant 2R_m(\mathcal{F})+\varepsilon\right)\leqslant 2\mathrm{e}^{-2m\varepsilon^2/c^2}\tag{14.3}$$

由定理的第一部分我们知道 $R_m(\mathcal{F})\leqslant\tilde{R}_m(\mathcal{F}, S)+\varepsilon$ 的概率至少为 $1-\mathrm{e}^{-2m\varepsilon^2/c^2}$. 结合式(14.3)，我们马上得到定理的第二部分：

$$\Pr\left(\boldsymbol{E}_{\mathcal{D}}[f(z)]-\frac{1}{m}\sum_{i=1}^{m}f(z_i)\geqslant 2\tilde{R}_m(\mathcal{F},S)+3\varepsilon\right)\leqslant 2\mathrm{e}^{-2m\varepsilon^2/c^2}$$ ■

14.6.2　估计拉德马赫复杂度

虽然拉德马赫复杂度原则上可以由样本求得，但是实际中通常很难计算期望的超大(甚至无限)函数集的上确界. Massart 定理提供了一个上界，它通常对于有限函数集是容易计算的.

定理 14.22[Massart 定理]　如果 $|\mathcal{F}|$ 是有限的，设 $S=\{z_1, \cdots, z_m\}$ 是一个样本，记

$$B=\max_{f\in\mathcal{F}}\left(\sum_{i=1}^{m}f^2(z_i)\right)^{\frac{1}{2}}$$

则有

$$\widetilde{R}_m(\mathcal{F},S)\leqslant\frac{B\sqrt{2\ln|\mathcal{F}|}}{m}$$

证明　对任意 $s>0$，

$$e^{sm\widetilde{R}_m(\mathcal{F},S)}=e^{s\boldsymbol{E}_\sigma\left[\sup_{f\in\mathcal{F}}\sum_{i=1}^{m}\sigma_i f(z_i)\right]}$$

其中，期望是对拉德马赫变量 $\sigma=(\sigma_1, \cdots, \sigma_m)$ 的赋值.

由 Jensen 不等式(定理 2.4)知

$$e^{s\boldsymbol{E}_\sigma\left[\sup_{f\in\mathcal{F}}\sum_{i=1}^{m}\sigma_i f(z_i)\right]}\leqslant\boldsymbol{E}_\sigma\left[e^{s\sup_{f\in\mathcal{F}}\sum_{i=1}^{m}\sigma_i f(z_i)}\right]=\boldsymbol{E}_\sigma\left[\sup_{f\in\mathcal{F}}\left(e^{\sum_{i=1}^{m}s\sigma_i f(z_i)}\right)\right]\leqslant\sum_{f\in\mathcal{F}}\boldsymbol{E}_\sigma\left[\left(e^{\sum_{i=1}^{m}s\sigma_i f(z_i)}\right)\right]$$

$$=\sum_{f\in\mathcal{F}}\boldsymbol{E}_\sigma\left[\prod_{i=1}^{m}e^{s\sigma_i f(z_i)}\right]=\sum_{f\in\mathcal{F}}\prod_{i=1}^{m}\boldsymbol{E}_\sigma\left[e^{s\sigma_i f(z_i)}\right]$$

其中，公式的第一行成立是由于 Jensen 不等式，第二行是第一行的重写. 第三行是因为上确界小于所有项的和，由于所有项都是正的，这是成立的. 第四行将指数中幂的和改写为指数的乘积，最后一行来源自样本的独立性.

因为 $\boldsymbol{E}[\sigma_i f(z_i)]=0$ 且 $-f(z_i)\leqslant\sigma_i f(z_i)\leqslant f(z_i)$，则由 Hoeffding 引理(引理 4.13)有

$$\boldsymbol{E}\left[e^{s\sigma_i f(z_i)}\right]\leqslant e^{s^2(2f(z_i))^2/8}=e^{\frac{s^2}{2}f(z_i)^2}$$

因此

$$e^{sm\widetilde{R}_m(\mathcal{F},S)}=e^{s\boldsymbol{E}\left[\sup_{f\in\mathcal{F}}\sum_{i=1}^{m}\sigma_i f(z_i)\right]}\leqslant\sum_{f\in\mathcal{F}}\prod_{i=1}^{m}e^{s^2f(z_i)^2/2}=\sum_{f\in\mathcal{F}}e^{\frac{s^2}{2}\sum_{i=1}^{m}f(z_i)^2}\leqslant|\mathcal{F}|e^{\frac{s^2B^2}{2}}$$

则对任意 $s>0$，有

$$\widetilde{R}_m(\mathcal{F},S)\leqslant\frac{1}{m}\left(\frac{\ln|\mathcal{F}|}{s}+\frac{sB^2}{2}\right)$$

设 $s=\dfrac{\sqrt{2\ln|\mathcal{F}|}}{B}$，从而得到

$$\widetilde{R}_m(\mathcal{F},S)\leqslant\frac{B\sqrt{2\ln|\mathcal{F}|}}{m}$$

■

14.6.3　应用：二值分类的不可知学习

设 $\mathcal{C}$ 是一个定义在区域 X 上的二值设想类，$\mathcal{D}$ 是 X 上的概率分布，对任意 $x\in X$，设 $c(x)$ 是 x 的正确分类. 对每个假设 $h\in\mathcal{C}$，我们定义了一个函数 $f_h(x)$ 如下：

$$f_h(x)=\begin{cases}1 & \text{如果 } h(x)=c(x)\\ -1 & \text{其他}\end{cases}$$

设 $\mathcal{F}=\{f_h\mid h\in\mathcal{C}\}$，我们的目标是寻找 $h'\in\mathcal{C}$ 使得

$$\boldsymbol{E}[f_{h'}]\geqslant\sup_{f_h\in\mathcal{F}}\boldsymbol{E}[f_h]-\varepsilon$$

的概率至少为 $1-\delta$.

设 S 是容量为 m 的样本，由定理 14.22 可以得到 $\mathcal{F}$ 关于 S 的经验拉德马赫平均值的上界. 因为 $\mathcal{F}$ 中的函数仅取 1 和 -1 两个值，故

$$B = \max_{f \in \mathcal{F}} \left(\sum_{i=1}^{m} f^2(z_i) \right)^{\frac{1}{2}} = \sqrt{m}$$

且对有限 $\mathcal{F}$

$$\tilde{R}_m(\mathcal{F}, S) \leqslant \sqrt{\frac{2 \ln |\mathcal{F}|}{m}}$$

接下来，我们用设想类 $\mathcal{C}$ 的 VC 维度来表示这个界. 每个函数 $f_h \in \mathcal{F}$ 对应一个假设 $h \in \mathcal{C}$. 设 d 为 $\mathcal{C}$ 的 VC 维度，由定理 14.1 知，范围空间 $(X, \mathcal{C})$ 在容量为 m 的样本上的投影有不超过 m^d 个不同的集合. 因此，我们需要考虑的不同函数的集合的上限为 m^d，因此

$$\tilde{R}_m(\mathcal{F}, S) \leqslant \sqrt{\frac{2d \ln m}{m}}$$

类似于 14.5.1 节中上界的讨论，上面的 $\tilde{R}_m(\mathcal{F}, S)$ 界结合定理 14.21，可以得到不可知学习样本复杂度的一个替代上界，细节留作练习 14.15. 可是，对特殊的分布，(X, C) 在训练集上的投影可能明显小得多，得到更小的拉德马赫复杂度和更小的样本复杂度.

14.7　练习

14.1　考虑范围空间 $(X, \mathcal{C})$，其中，$X=\{1, 2, \cdots, n\}$ 且 $\mathcal{C}$ 是 X 的所有数量为 k（$k<n$ 是一个固定的常数）的子集构成的集合，$\mathcal{C}$ 的 VC 维度是多少?

14.2　考虑由 $\mathbb{R}^2$ 上所有与坐标轴平行的矩形构成的范围空间 $(\mathbb{R}^2, \mathcal{C})$，即如果 $c \in \mathcal{C}$，则必有某个 $x_0<x_1$，$y_0<y_1$ 使得 $c=\{(x, y \in \mathbb{R}^2 \mid x_0 \leqslant x \leqslant x_1$ 且 $y_0 \leqslant y \leqslant y_1\}$.

(a) 证明 $(\mathbb{R}^2, \mathcal{C})$ 的 VC 维度为 4. 你应该证明有一个四点的集合能被散离，但没有更大的集合能被散离.

(b) 对 $\mathbb{R}^2$ 上所有与坐标轴平行的矩形构成的设想类，设计和分析一个 PAC 学习算法.

14.3　考虑由 $\mathbb{R}^2$ 上所有与坐标轴平行的正方形构成的范围空间 $(\mathbb{R}^2, \mathcal{C})$，求证 $(\mathbb{R}^2, \mathcal{C})$ 的 VC 维度为 3.

14.4　考虑由 $\mathbb{R}^2$ 上所有正方形构成的范围空间 $(\mathbb{R}^2, \mathcal{C})$（不必是与坐标轴平行的），求证 $(\mathbb{R}^2, \mathcal{C})$ 的 VC 维度为 5.

14.5　考虑由 $\mathbb{R}^3$ 上所有与坐标轴平行的矩形框构成的范围空间 $(\mathbb{R}^3, \mathcal{C})$，求证 $(\mathbb{R}^3, \mathcal{C})$ 的 VC 维度；你应该找能被散离的最大集合的元素数目，并证明不再有更大的集合能被散离.

14.6　证明平面上所有闭圆集合的 VC 维度为 3.

14.7　证明范围空间 $(\mathbb{R}^d, \mathcal{R})$ 的 VC 维度至少为 $d+1$，其中 $\mathcal{R}$ 是 $\mathbb{R}^d$ 中所有半空间的集合. 你需要证明：由原点 $(0, 0, \cdots, 0)$ 及 d 个单元点 $(1, 0, 0, \cdots, 0)$，$(0, 1, 0, \cdots, 0)$，$\cdots$，$(0, 0, \cdots, 1)$ 构成的集合能被 $\mathcal{R}$ 散离.

14.8　设 $S=(X, R)$ 和 $S'=(X, R')$ 是两个范围空间，求证：如果 $R' \subseteq R$，那么 S' 的 VC 维度不大于 S 的 VC 维度.

14.9　求证：对 $n \geqslant 2d$ 且 $d \geqslant 1$，增长函数满足：

$$\mathcal{G}(d, n) = \sum_{i=0}^{d} \binom{n}{i} \leqslant 2 \left(\frac{n\mathrm{e}}{d} \right)^d$$

14.10　用练习 14.9 的界改进定理 14.4 的结果. 即证明范围空间 $(X, \mathcal{R}^f)$ 的 VC 维度是 $O(kd \ln k)$.

14.11　用练习 14.9 的界改进定理 14.8 的结果. 即证明存在

$$m=O\left(\frac{d}{\varepsilon}\ln\frac{1}{\varepsilon}+\frac{1}{\varepsilon}\ln\frac{1}{\delta}\right)$$

使得来自 $\mathcal{D}$ 的、容量大于或等于 m 的随机样本以至少 $1-\delta$ 的概率获得所需的 ε-网.（提示：使用引理 14.3 取 $x=O\left(\frac{1}{\varepsilon}\right)$ 且 $y=\frac{2m}{d}$.）

14.12 (a) 改进式(14.1)的结果，求证频繁项集范围空间的 VC 维度有下列上界：该上界是使得数据集有 q 项不同交易且每项至少包含 q 个元素的最大数 q.

(b) 指出在不考虑数据的情况下，如何计算定义在(a)中的数 q 的上界.

14.13 使用下列提示证明定理 14.11：设 (X, R) 是一个 VC 维度为 d 的范围空间，$Y=\{y_1, \cdots, y_d\}\subseteq X$ 是一个被 R 散离的 d 个元素的集合. 按下列方式定义一个 R 上的概率分布 $\mathcal{D}$，$\Pr(y_1)=1-16\varepsilon$，$\Pr(y_2)=\Pr(y_3)=\cdots=\Pr(y_d)=16\varepsilon/(d-1)$，其他元素的概率全为 0. 考虑一个容量为 $m=(d-1)/(64\varepsilon)$ 的样本，求证：该样本不包括 $\{y_2, \cdots, y_d\}$ 中至少一半元素的概率至少是 $\frac{1}{2}$. 并证明输出误差至少为 ε 的概率 $\delta\geqslant\frac{1}{2}$.

14.14 给定一个函数集 $\mathcal{F}$ 及两个常数 $a, b\in\mathbb{R}$，考虑函数集

$$\mathcal{F}_{a,b}=\{af+b \mid f\in\mathcal{F}\}$$

设 $R_m()$ 和 $\tilde{R}_m()$ 分别表示拉德马赫复杂度与经验拉德马赫复杂度，求证

(a) $\tilde{R}_m(\mathcal{F}_{a,b}, S)=|a|\tilde{R}_m(\mathcal{F}, S)$.

(b) $R_m(\mathcal{F}_{a,b})=|a|R_m(\mathcal{F})$.

14.15 用定理 14.21 计算二值分类的不可知学习中样本复杂度的界. 假定设想类的 VC 维度为 d，样本容量为 m.

(a) 求一个样本容量 m_1，使得对应的函数集的经验拉德马赫复杂度至多是 $\varepsilon/4$.

(b) 用定理 14.21 求一个样本容量 m，所有函数的期望都在 ε 的误差内被估计的概率至少为 $1-\delta$.

(c) 将你求得的界与 14.5.1 节中所得的界进行比较.

第 15 章　两两独立及通用散列函数

这一章将介绍并应用一种受到限制的独立性的概念(称为每 k 个独立)，特别关注于两两独立的重要情况. 应用有限相关性能使我们减少随机化算法用到的随机性量，在某些情况下，使我们能将一个随机化算法转化为一种有效的确定性算法. 有限相关性也用于通用及强通用散列函数族的设计中，给出空间和时间有效的数据结构. 我们考虑为什么通用散列函数在实际中是有效的，并说明它们是如何导出简单完美的散列方案. 最后，将这些思想用于在数据流中找到频繁出现的对象的有效且实用的近似算法的设计，推广第 5 章介绍的 Bloom 过滤器数据结构.

15.1　两两独立

回忆第 2 章中定义的一个事件集合 E_1，E_2，…，E_n 是相互独立的，如果对任意子集 $I\subseteq[1, n]$，有

$$\Pr\Big(\bigcap_{i\in I} E_i\Big) = \prod_{i\in I}\Pr(E_i)$$

类似地，我们定义随机变量集合 X_1，X_2，…，X_n 是相互独立的，如果对任意子集 $I\subseteq[1, n]$ 及任意值 x_i，$i\in I$，有

$$\Pr\Big(\bigcap_{i\in I}(X_i = x_i)\Big) = \prod_{i\in I}\Pr(X_i = x_i)$$

相互独立常常是太强的要求而无法满足. 这里，我们考察一种在许多情况下是有用的、受到更多限制的独立性概念：每 k 个独立.

定义 15.1

1. 事件集合 E_1，E_2，…，E_n 是每 k 个独立的，如果对任意子集 $I\subseteq[1, n]$，$|I|\leqslant k$，有

$$\Pr\Big(\bigcap_{i\in I} E_i\Big) = \prod_{i\in I}\Pr(E_i)$$

2. 随机变量集合 X_1，X_2，…，X_n 是每 k 个独立的，如果对任意子集 $I\subseteq[1, n]$，$|I|\leqslant k$，及任意值 x_i，$i\in I$，有

$$\Pr\Big(\bigcap_{i\in I}(X_i = x_i)\Big) = \prod_{i\in I}\Pr(X_i = x_i)$$

3. 随机变量 X_1，X_2，…，X_n 称为两两独立的，如果它们是每 2 个独立的，即对任意一对 i，j 及任意值 a，b，有

$$\Pr((X_i = a)\cap(X_j = b)) = \Pr(X_i = a)\Pr(X_j = b)$$

15.1.1　例：两两独立的二进制数字的构造

随机二进制数字是均匀的，如果它以相同的概率取值 0 和 1. 这里，我们说明如何从 b

个独立均匀随机的二进制数字 X_1，…，X_b 中导出 $m=2^b-1$ 个均匀的两两独立的二进制数字.

依某种次序列举$\{1, 2, \cdots, b\}$的 2^b-1 个非空子集，记 S_j 为依这种次序的第 j 个子集，令

$$Y_j=\bigoplus_{i\in S_j} X_i$$

其中$\oplus$是不可兼或运算. 等价地，可以将这写成

$$Y_j=\sum_{i\in S_j} X_i \mod 2$$

引理 15.1 *Y_j 是两两独立的均匀二进制数字.*

证明 首先证明对任意非空集合 S_j，随机二进制数字

$$Y_j=\bigoplus_{i\in S_j} X_i$$

是均匀的. 利用延迟决策原理(见 1.3 节)容易证明这一点. 设 z 是 S 中最大元素，那么

$$Y_j=\left(\bigoplus_{i\in S_j-\{z\}} X_i\right)\oplus X_z$$

假定我们对所有 $i\in S_j-\{z\}$揭示 X_j 的值，那么显然，X_z 的值决定了 Y_j 的值，且 Y_j 将以相同的概率取值 0 和 1.

现在考虑任意两个变量 Y_k 和 Y_ℓ，它们对应于集合 S_k 和 S_ℓ. 设 z 是 S_ℓ 的元素，它不在 S_k 中，对任意值 c，$d\in\{0, 1\}$，考虑

$$\Pr(Y_\ell=d \mid Y_k=c)$$

再次由延迟决策原理，我们断言这个概率为 1/2. 假定对所有在$(S_k\cup S_\ell)-\{z\}$中的 i 揭示 X_i 值，即使这确定了 Y_k 的值，X_z 的值也将确定 Y_ℓ，所以关于 Y_k 值的条件不会改变 Y_ℓ 等可能地为 0 或 1. 因此

$$\Pr((Y_k=c)\cap(Y_\ell=d))=\Pr(Y_\ell=d \mid Y_k=c)\Pr(Y_k=c)=1/4$$

因为这对任意的值 c，$d\in\{0, 1\}$成立，所以我们已经证明了两两独立性. ■

15.1.2 应用：消去最大割算法的随机性

在第 6 章，我们考察了在无向图 $G=(V, E)$中寻找一个最大割的简单随机化算法：算法以 1/2 的概率将每个顶点独立地放置在割的一侧. 同这个方法生成的割的期望值为 $m/2$，其中 m 是图中边的条数. 我们还证明了(在 6.3 节)利用条件期望可以有效地消去这个算法的随机性.

这里我们提出消去这个算法随机性的另一种方法：利用两两独立性. 这为利用每 k 个独立性消去随机性的方法给出了一个例证.

假定有一个两两独立的二进制数字集 Y_1，Y_2，…，Y_n，其中 $n=|V|$是图中顶点的个数. 通过将所有 $Y_i=0$ 的顶点 i 放在割的一侧，将所有 $y_i=1$ 的顶点 i 放在割的另一侧的方法来定义割. 我们证明此时横跨割的期望边数仍然是 $m/2$，即在分析期望时不要求完全独立，只要求两两独立就足够了.

回忆 6.2.1 节的论证：将边从 1 到 m 编号，如果第 i 条边横跨割，令 $Z_i=1$；否则，令 $Z_i=0$. 那么 $Z=\sum_{i=1}^{m} Z_i$ 是横跨割的边数，且

$$\mathbf{E}[Z]=\mathbf{E}\left[\sum_{i=1}^{m}Z_i\right]=\sum_{i=1}^{m}\mathbf{E}[Z_i]$$

设 a 和 b 是与第 i 条边邻接的两个顶点，那么

$$\Pr(Z_i=1)=\Pr(Y_a\neq Y_b)=1/2$$

其中用到了 Y_a 和 Y_b 的两两独立性．因此 $\mathbf{E}[Z_i]=1/2$，且由此 $\mathbf{E}[Z]=m/2$.

现在设 n 个两两独立的二进制数字 Y_1，Y_2，…，Y_n 是按引理 15.1 中的方法，由 b 个独立的且均匀随机的二进制数字 X_1，X_2，…，X_b 生成的(这里 $b=\lceil\log_2(n+1)\rceil$)．那么对所得的割，有 $\mathbf{E}[Z]=m/2$，其中样本空间恰是最初的 b 个随机二进制数字的所有可能选择．由概率方法(特别地，由引理 6.2)，存在 b 个二进制数字的某种设置给出一个值至少为 $m/2$ 的割．为了找到这样一个割，可以尝试所有 2^b 种二进制数字的设置．因为 2^b 是 $O(n)$的，且因为对每个割，横跨边的条数容易在 $O(m)$时间内计算出来，因此可以用 $O(mn)$时间确定地找到一个至少有 $m/2$ 条横跨边的割.

虽然这种方法并没有显得如 6.3 节的消去随机性那样有效，但此方案的一个可取之处是平行化是平凡的．如果有足够多的处理器可以利用，那么可以对随机二进制数字 X_1，X_2，…，X_b 的 $\Omega(n)$种可能性的每一个指派给一个处理器，而每种可能性给出一个割．利用 $O(n)$个处理器，平行化减少一个 $\Omega(n)$因子的运行时间．事实上，利用 $O(mn)$个处理器，可以为一个有特定的随机二进制数字序列的特定边组合指派一个处理器，然后，对随机二进制数字的那种设置以不变时间来确定边是否横跨割．这样为了收集结果并找到较大的割，只需要 $O(\log n)$的时间.

15.1.3 例：构造关于一个素数模的两两独立的值

考虑给出两两独立值 Y_0，Y_1，…，Y_{p-1}的另一种构造法，这些值在$\{0, 1, \cdots, p-1\}$上是均匀的，其中 p 是素数．我们的构造法只要求两个在$\{0, 1, \cdots, p-1\}$上独立均匀的值 X_1 和 X_2，由此导出

$$Y_i=X_1+iX_2 \quad \mathrm{mod}\,p \quad i=0,\cdots,p-1$$

引理 15.2 变量 Y_0，Y_1，…，Y_{p-1}在$\{0, 1, \cdots, p-1\}$上是两两独立均匀的随机变量.

证明 利用延迟决策原理，显然每个 Y_i 在$\{0, 1, \cdots, p-1\}$上是均匀的．给定 X_2，对 X_1 的 p 个各不相同的可能值给出 Y_i 关于模 p 的 p 个各不相同的可能值，其中的每一个可能值是等可能的.

现在考虑任意两个变量 Y_i 和 Y_j．我们希望证明，对任意的 a，$b\in\{0, 1, \cdots, p-1\}$，有

$$\Pr((Y_i=a)\cap(Y_j=b))=\frac{1}{p^2}$$

这表示是两两独立的．事件 $Y_i=a$ 和 $Y_j=b$ 等价于

$$X_1+iX_2=a \quad \mathrm{mod}\,p \quad 且 \quad X_1+jX_2=b \quad \mathrm{mod}\,p$$

这是两个方程和两个未知数的方法组，恰有一个解

$$X_2=\frac{b-a}{j-i} \quad \mathrm{mod}\,p \quad 且 \quad X_1=a-\frac{i(b-a)}{j-i} \quad \mathrm{mod}\,p$$

因为 X_1 和 X_2 在$\{0, 1, \cdots, p-1\}$上是独立且均匀的，因此结果成立. ■

可以推广这个证明得到下面有用的结果：给定 $2n$ 个独立的均匀随机的二进制数字，可以构造直到 2^n 个两两独立且均匀的 n 个二进制数字串. 推广要求有限域的知识，所以我们只在这里概述结果. 设置和证明完与引理 15.2 的相同，除了代替模 p，我们在有 2^n 个元素的一个固定有限域上(比如按某个不可约的 n 次多项式取模，系数在 $GF(2)$中的所有多项式域 $GF(2^n)$)执行所有的计算. 即假定一个从 n 个二进制数字的串，也可以将它作为$\{0, 1, \cdots, 2^n-1\}$中的数，到数域元素的固定的一对一映射 f，令

$$Y_i = f^{-1}(f(X_1) + f(i) \cdot f(X_2))$$

其中 X_1 和 X_2 是在$\{0, 1, \cdots, 2^n-1\}$上独立且均匀选取的，i 取遍$\{0, 1, \cdots, 2^n-1\}$中的所有值，且在域上可以执行加法和乘法，所以 Y_i 是两两独立的.

15.2　两两独立变量的切比雪夫不等式

两两独立性比相互独立性弱得多. 例如，可以用切尔诺夫界估计独立随机变量和的尾部分布，但如果 X_i 只是两两独立，就不能直接应用切尔诺夫界. 然而，对于和的方差的方便计算，两两独立已经足够了，它允许切比雪夫不等式的一个有益应用.

定理 15.3　设 $X=\sum_{i=1}^{n} X_i$，其中 X_i 是两两独立的随机变量，那么

$$\mathbf{Var}[X] = \sum_{i=1}^{n} \mathbf{Var}[X_i]$$

证明　我们在第 3 章看到

$$\mathbf{Var}\left[\sum_{i=1}^{n} X_i\right] = \sum_{i=1}^{n} \mathbf{Var}[X_i] + 2\sum_{i<j} \mathbf{Cov}(X_i, X_j)$$

其中

$$\mathbf{Cov}(X_i, X_j) = \boldsymbol{E}[(X_i - \boldsymbol{E}[X_i])(X_j - \boldsymbol{E}[Xj])] = \boldsymbol{E}[X_iX_j] - \boldsymbol{E}[X_i]\boldsymbol{E}[X_j]$$

因为 X_1，X_2，…，X_n 两两独立，显然(与定理 3.3 中的论点相同)对任意的 $i \neq j$，我们有

$$\boldsymbol{E}[X_iX_j] - \boldsymbol{E}[X_i]\boldsymbol{E}[X_j] = 0$$

所以

$$\mathbf{Var}[X] = \sum_{i=1}^{n} \mathbf{Var}[X_i]$$ ■

将切比雪夫不等式用于两两独立变量的和得到下面的推论.

推论 15.4　设 $X=\sum_{i=1}^{n} X_i$，其中 X_i 是两两独立的随机变量，那么

$$\Pr(|X - \boldsymbol{E}[X]| \geqslant a) \leqslant \frac{\mathbf{Var}[X]}{a^2} = \frac{\sum_{i=1}^{n} \mathbf{Var}[X_i]}{a^2}$$

应用：利用少量随机二进制数字的抽样

我们通过抽样将两两独立随机变量的切比雪夫不等式用于得到一个好的近似，这比基

于切尔诺夫界的自然方法使用了较少的随机性.

假定有一个将 n 位向量映射到实数的函数 f：$\{0,1\}^n\to[0,1]$. $\overline{f}=\left(\sum_{x\in\{0,1\}^n}f(x)\right)/2^n$ 是 f 的平均值，我们希望计算 $\overline{f}$ 的一个 $1-\delta$ 置信区间，即希望找到一个区间 $[\tilde{f}-\varepsilon,\tilde{f}+\varepsilon]$，使得

$$\Pr(\overline{f}\in[\tilde{f}-\varepsilon,\tilde{f}+\varepsilon])\geqslant 1-\delta$$

作为一个具体的例子，假定有一个可积函数 g：$[0,1]\to[0,1]$，且 g 的导数存在，对某个固定的常数 C，在整个区间 $(0,1)$ 上有 $|g'(x)|\leqslant C$. 我们感兴趣的是 $\int_{x=0}^{1}g(x)\mathrm{d}x$. 可能没有直接的方法精确地计算这个积分，但通过抽样，可以得到一个好的估计. 如果 X 是 $[0,1]$ 上的均匀随机变量，那么由连续随机变量期望的定义 $\boldsymbol{E}[g(X)]=\int_{x=0}^{1}g(x)\mathrm{d}x$. 通过对多次独立抽样取平均，我们可以近似积分. 如果随机性的来源只是产生随机二进制数字而不是随机实数，那么可以用下面的方法来近似积分. 对一个二进制数字串 $x\in\{0,1\}^n$，将它看作是用二进制表示的十进制小数，就可以将 x 理解为一个实数 $\tilde{x}\in[0,1]$；例如，11 001 对应于0.110 01=25/32. 设 $f(x)$ 表示函数 g 在十进制小数 $\tilde{x}$ 处的值. 这样，对任意整数 i，$0\leqslant i\leqslant 2^n-1$，对 $y\in[i/2^n,(i+1)/2^n)$，我们有

$$f\left(\frac{i}{2^n}\right)-\frac{C}{2^n}\leqslant g(y)\leqslant f\left(\frac{i}{2^n}\right)+\frac{C}{2^n}$$

因此

$$\frac{1}{2^n}\sum_{x\in\{0,1\}^n}\left(f(x)-\frac{C}{2^n}\right)\leqslant\int_{x=0}^{1}g(x)\mathrm{d}x\leqslant\frac{1}{2^n}\sum_{x\in\{0,1\}^n}\left(f(x)+\frac{C}{2^n}\right)$$

取充分大的 n，可以保证 $\overline{f}\left(\sum_{x\in\{0,1\}^n}f(x)\right)/2^n$ 与 g 的积分相差至多一个常数 γ. 此时，$\overline{f}$ 的置信区间 $[\tilde{f}-\varepsilon,\tilde{f}+\varepsilon]$ 产生一个 g 的积分的置信区间 $[\tilde{g}-\varepsilon-\gamma,\tilde{g}+\varepsilon+\gamma]$.

可以用独立样本及切尔诺夫界求解平均值 $\overline{f}$ 的置信区间. 即假定在 $\{0,1\}^n$ 中均匀地有放回地抽样随机点，计算在所有这些点处的 f 值，并取样本的平均值，这类似于 4.2.3 节的参数估计. 定理 15.5 是下面切尔诺夫界的直接推论，利用练习 4.13 及练习 4.19 可以导出. 如果 Z_1，Z_2，…，Z_m 是独立同分布的实值随机变量(均值为 μ)，取 $[0,1]$ 中值的一个有限可能的集合之一，那么

$$\Pr\left(\left|\sum_{i=1}^{m}Z_i-m\mu\right|\geqslant\varepsilon m\right)\leqslant 2\mathrm{e}^{-2m\varepsilon^2}$$

定理 15.5　设 f：$\{0,1\}^n\to[0,1]$，$\overline{f}=\left(\sum_{x\in\{0,1\}^n}f(x)\right)/2^n$. 令 X_1，…，X_m 是从 $\{0,1\}^n$ 中独立且均匀随机地选取的. 如果 $m>\ln(2/\delta)/2\varepsilon^2$，那么

$$\Pr\left(\left|\frac{1}{m}\sum_{i=1}^{m}f(X_i)-\overline{f}\right|\geqslant\varepsilon\right)\leqslant\delta$$

虽然 m 的精确选取依赖于所用的切尔诺夫界，但一般地，为了达到要求的界，这种直接方法要求 $\Omega(\ln(1/\delta)/\varepsilon^2)$ 次抽样.

用这种方法可能产生的问题是要求使用大量的随机二进制数字. f 的每次抽样要求 n 个独立的二进制数字，所以应用定理 15.5 意味着，为了至少以 $1-\delta$ 的概率得到一个加性误差至多为 ε 的近似，至少需要 $\Omega(n\ln(1/\delta)/\varepsilon^2)$ 个独立且均匀随机的二进制数字.

当需要记录样本是如何得到时产生了一个有关的问题，即工作可能是重复的，且在以后是要验查的. 在这种情况下，也需要存储用作档案的二进制数字. 此时使用的随机二进制数字越少，存储量要求也越少.

利用较少的随机性，可以用两两独立的样本得到类似的近似. 设 X_1，…，X_m 是取自 $\{0, 1\}^n$ 中的两两独立的点，令 $Y=\left(\sum_{i=1}^{m} f(X_i)\right)/m$. 那么 $\boldsymbol{E}[Y]=\overline{f}$，且由切比雪夫不等式得到

$$\Pr(|Y-\overline{f}|\geqslant\varepsilon)\leqslant\frac{\mathbf{Var}[Y]}{\varepsilon^2}=\frac{\mathbf{Var}\left[\left(\sum_{i=1}^{m} f(X_i)\right)/m\right]}{\varepsilon^2}=\frac{\sum_{i=1}^{m}\mathbf{Var}[f(X_i)]}{m^2\varepsilon^2}$$

$$\leqslant\frac{m}{m^2\varepsilon^2}=\frac{1}{m\varepsilon^2}$$

这是因为 $\mathbf{Var}[f(X_i)]\leqslant\boldsymbol{E}[(f(X_i))^2]\leqslant 1$. 故当 $m=1/\delta\varepsilon^2$ 时，我们得到 $\Pr(|Y-\overline{f}|\geqslant\varepsilon)\leqslant\delta$. (事实上，可以证明 $\mathbf{Var}[f(X_i)]\leqslant 1/4$，从而给出一个稍好一点的界，这留作练习 15.4.)

利用两两独立的样本要求更多次抽样：$\Theta(1/\delta\varepsilon^2)$ 次抽样，当它们独立时为 $\Theta(\ln(1/\delta)/\varepsilon^2)$ 次抽样. 但是回忆 15.1.3 节，只需以 $2n$ 个均匀独立的二进制数字就可以得到 2^n 个两两独立的样品. 因此只要 $1/\delta\varepsilon^2<2^n$，$2n$ 个随机二进制数字即足够了，这比用完全独立样本要求的个数少了许多. 通常 ε 和 δ 是与 n 无关的固定常数，从使用的随机二进制数字的个数及计算花费两个方面考虑，这种类型的估计是相当有效的.

15.3 通用散列函数族

在此之前，当研究散列函数时，我们是将它们作为具有下列意义下的完全随机性来建立模型的：对任意一个项目集合 x_1，x_2，…，x_k，散列值 $h(x_1)$，$h(x_2)$，…，$h(x_k)$ 被认为在散列函数的值域上是均匀独立的. 这是我们用于分析在第 5 章中球与箱子问题的散列框架. 完全随机散列函数的假定简化了对散列理论研究的分析. 但实际上，完全随机散列函数对计算和存储都过于昂贵，所以模型并没有完全反映现实.

有两条途径常用于提供实际的散列函数. 在许多情况下，使用启发式的或为体现随机性而专门设计的函数. 虽然这些函数对某些应用可能是合适的，但一般并没有任何相关的可证实的保证，对它们的使用具有潜在的风险. 另一条途径是使用具有某些可证实的保证的散列函数. 我们放弃关于完全随机散列函数的较强的叙述，而以有效存储及计算的散列函数的较弱叙述来代替.

考虑计算上最简单的、提供了有用且可证实的保证的散列函数类之一：通用散列函数族. 这些函数在实际中有广泛应用.

定义 15.2 设 U 是一个全域，$|U|\geqslant n$，令 $V=\{0, 1, \cdots, n-1\}$. 一个从 U 到 V 的散列函数族 $\mathcal{H}$ 称为是 k 维通用的，如果对任意元素 x_1，x_2，…，x_k，及一个均匀随机地取自 $\mathcal{H}$ 中的散列函数 h，有

$$\Pr(h(x_1)=h(x_2)=\cdots=h(x_k))\leqslant\frac{1}{n^{k-1}}$$

一个从 U 到 V 的散列函数族 $\mathcal{H}$ 称为是 k 维强通用的，如果对任意元素 x_1，x_2，…，x_k，任意值 y_1，y_2，…，$y_k\in\{0, 1, \cdots, n-1\}$及一个均匀随机地取自 $\mathcal{H}$ 中的散列函数 h，有

$$\Pr((h(x_1)=y_1)\cap(h(x_2)=y_2)\cap\cdots\cap(h(x_k)=y_k))=\frac{1}{n^k}$$

我们主要对 2 维通用及 2 维强通用散列函数族感兴趣．当从一个 2 维通用散列函数族中选取一个散列函数时，任意两个元素 x_1，x_2 具有相同的散列值的概率至多为 $1/n$．在这方面，一个取自 2 维通用散列函数族的散列函数的表现如同随机散列函数一样，但对 2 维通用散列函数族，任意三个值 x_1，x_2 和 x_3 有相同散列值的概率如同 x_1，x_2 和 x_3 的散列相互独立的情形一样至多为 $1/n^2$，这是不成立的．

当是 2 维强通用散列函数族，且从这个族中选取一个散列函数时，值 $h(x_1)$和 $h(x_2)$是两两独立的，这是因为它们取任意一对特殊值的概率为 $1/n^2$．由此，取自 2 维强通用散列函数族的散列函数也称为*两两独立的散列函数*．更一般地，如果是 k 维强通用散列函数族，还是从这个族中选取一个散列函数，那么值 $h(x_1)$，$h(x_2)$，…，$h(x_k)$是每 k 个独立的．值得注意的是，一个 k 维强通用散列函数也是 k 维通用的．

为了对通用散列函数族的性质有某些了解，我们重新回到第 5 章在球与箱子框架中考虑过的问题．在 5.2 节，当 n 个项目用完全随机散列函数被散列到 n 个箱子时，以大的概率最大负荷是 $\Theta(\log n/\log\log n)$，现在考虑当用一个取自 2 维通用族的散列函数将 n 个项目散列到 n 个箱子时，关于最大负荷可以得到什么样的界．

首先考虑比较一般的情况，我们有标为 x_1，x_2，…，x_m 的 m 个项目．对 $1\leqslant i<j\leqslant m$，如果项目 x_i 和 x_j 落入同一个箱子，令 $X_{ij}=1$．设 $X=\sum_{1\leqslant i<j\leqslant m}X_{ij}$ 是项目对之间的冲突个数，由期望的线性性，有

$$\boldsymbol{E}[X]=\boldsymbol{E}\Big[\sum_{1\leqslant i<j\leqslant m}X_{ij}\Big]=\sum_{1\leqslant i<j\leqslant m}\boldsymbol{E}[X_{ij}]$$

因为散列函数取自 2 维通用散列函数族，有

$$\boldsymbol{E}[X_{ij}]=\Pr(h(x_i)=h(x_j))\leqslant\frac{1}{n}$$

因此

$$\boldsymbol{E}[X]\leqslant\binom{m}{2}\frac{1}{n}<\frac{m^2}{2n}\tag{15.1}$$

所以由马尔可夫不等式得

$$\Pr\left(X\geqslant\frac{m^2}{n}\right)\leqslant\Pr(X\geqslant 2\boldsymbol{E}[X])\leqslant\frac{1}{2}$$

如果现在假定一个箱子中的最多项目个数是 Y，那么冲突数 X 必至少为 $\binom{Y}{2}$．因此

$$\Pr\left(\binom{Y}{2}\geqslant\frac{m^2}{n}\right)\leqslant\Pr\left(X\geqslant\frac{m^2}{n}\right)\leqslant\frac{1}{2}$$

这蕴涵

$$\Pr(Y-1 \geqslant m\sqrt{2/n}) \leqslant \frac{1}{2}$$

特别在 $m=n$ 的情况下，以至少 1/2 的概率最大负荷至多为 $1+\sqrt{2n}$.

这个结果比完美随机散列函数的弱，但它对任意一个 2 维通用散列函数族成立，这是最一般的结论. 如我们将在 15.3.3 节描述的那样，这个结果对设计完美散列函数是有用的.

15.3.1　例：一个 2 维通用散列函数族

设全域 U 是集合$\{0, 1, \cdots, m-1\}$，散列函数的值域是 $V=\{0, 1, \cdots, n-1\}$，$m\geqslant n$. 考虑由选取一个素数 $p\geqslant m$ 得到的散列函数族，记

$$h_{a,b}(x) = ((ax+b) \mod p) \mod n$$

然后取族

$$\mathcal{H} = \{h_{a,b} \mid 1 \leqslant a \leqslant p-1, 0 \leqslant b \leqslant p-1\}$$

注意这里的 a 不能取值 0.

引理 15.6　$\mathcal{H}$ 是 2 维通用的.

证明　我们对在 $\mathcal{H}$ 中使来自 U 的两个不同元素 x_1 和 x_2 冲突的函数个数进行计数.

首先注意到，对任意 $x_1\neq x_2$，有

$$ax_1+b \neq ax_2+b \mod p$$

成立，因为 $ax_1+b=ax_2+b\mod p$ 蕴涵 $a(x_1-x_2)\mod p$，而这里的 a 和(x_1-x_2)是非零的模 p.

事实上，对于满足 $u\neq v$ 和 $0\leqslant u$，$v\leqslant p-1$ 的每一对(u, v)，都存在着一对值(a, b)使得 $ax_1+b=u\mod p$ 且 $ax_2+b=v\mod p$. 这个方程组有两个未知数，它的的唯一解为

$$a = \frac{v-u}{x_2-x_1} \mod p$$

$$b = u-ax_1 \mod p$$

由于每对(a, b)恰好有一个散列函数，因此在 $\mathcal{H}$ 中恰好有一个散列函数

$$ax_1+b=u \mod p \quad 且 \quad ax_2+b=v \mod p$$

因此，当 $h_{a,b}$是从 $\mathcal{H}$ 中均匀随机地选取时，为了界定 $h_{a,b}(x_1)=h_{a,b}(x_2)$的概率对$u\neq v$但 $u=v\mod n$，计数对(u, v)的个数，其中 $0\leqslant u$，$v\leqslant p-1$. 对于 u 的每一个选择，对 v 至多有$\lceil p/n\rceil-1$ 种可能的适当值，最多给出 $p(\lceil p/n\rceil-1)\leqslant p(p-1)/n$ 对. 每对对应于 $p(p-1)$个散列函数中的一个，因此

$$\Pr(h_{a,b}(x_1)=h_{a,b}(x_2)) \leqslant \frac{p(p-1)/n}{p(p-1)} = \frac{1}{n}$$

证得 $\mathcal{H}$ 是 2 维通用的. ■

15.3.2　例：强 2 维通用散列函数族

我们可以应用类似于引理 15.6 中构造 2 维散列函数族的思想来构造强 2 维散列函数族. 首先，假定对于某个素数 p，散列函数的全域 U 和值域 V 都是$\{0, 1, 2, \cdots, p-1\}$. 现在设

$$h_{a,b}(x)=(ax+b)\mod p$$

并考虑族

$$\mathcal{H}=\{h_{a,b}\mid 0\leqslant a,b\leqslant p-1\}$$

注意到，a 可以取到 0 值，这与引理 15.6 中使用的散列函数族相反.

引理 15.7　$\mathcal{H}$ 是强 2 维通用的.

证明　完全类似于引理 15.2 的证明，对于 U 中的任意两个元素 x_1 和 x_2 及 V 中的任意两个值 y_1 和 y_2，我们需要证明

$$\Pr((h_{a,b}(x_1)=y_1)\cap(h_{a,b}(x_2)=y_2))=\frac{1}{p^2}$$

在 $h_{a,b}(x_1)=y_1$ 和 $h_{a,b}(x_2)=y_2$ 的条件下，得到两个方程模 p 的两个未知解，值 a 和 b：$ax_1+b=y_1\bmod p$ 和 $ax_2+b=y_2\bmod p$. 这个具有两个方程和两个未知数的方程组只有唯一解：

$$a=\frac{y_2-y_1}{x_2-x_1}\mod p$$

$$b=y_1-ax_1\mod p$$

因此，对$(a,\ b)$以超出 p^2 的概率的一个选择导致 x_1 和 x_2 散列到 y_1 和 y_2，证明了

$$\Pr((h_{a,b}(x_1)=y_1)\cap(h_{a,b}(x_2)=y_2))=\frac{1}{p^2}$$

符合要求. ■

虽然这给出了一个强 2 维通用散列函数族，全域 U 和值域 V 的限制同样使得结果几乎是无用的；通常我们想把一个大的全域分解成一个小得多的范围. 我们可以一种自然的方式扩展这个结构，这样就可以进行更大的扩展. 令 $V=\{0,\ 1,\ 2,\ \cdots,\ p-1\}$，但是令 $U=\{0,\ 1,\ 2,\ \cdots,\ p^k-1\}$，其中 k 为整数，p 为素数. 我们可以将全域 U 中的元素 u 解释为向量 $\bar{u}=(u_0,\ u_1,\ \cdots,\ u_{k-1})$，其中，$0\leqslant u_i\leqslant p-1(0\leqslant i\leqslant k-1)$，$\sum\limits_{i=0}^{k-1}u_ip^i=u$. 事实上，这给出了 u 的元素与这种形式的向量间的一个一一映射.

对任意向量 $\bar{a}=(a_0,\ a_1,\ \cdots,\ a_k)$，其中，$0\leqslant a_i\leqslant p-1(0\leqslant i\leqslant k-1)$，对任意值 b，$0\leqslant b\leqslant p-1$，令

$$h_{\bar{a},b}(u)=\left(\sum_{i=0}^{k-1}a_iu_i+b\right)\mod p$$

考虑族

$$\mathcal{H}=\{h_{\bar{a},b}\mid 0\leqslant a_i,b\leqslant p-1,\quad 对所有\quad 0\leqslant i\leqslant k-1\}$$

引理 15.8　$\mathcal{H}$ 是强 2 维通用的.

证明　我们依照引理 15.7 的证明. 对于任意元素 u_1 和 u_2 对应向量 $\bar{u}_i=(u_{i,0},\ u_{i,1},\ \cdots,\ u_{i,k-1})$，对于 V 中的任意值 y_1 和 y_2，我们需要证明

$$\Pr((h_{\bar{a},b}(u_1)=y_1)\cap(h_{\bar{a},b}(u_2)=y_2))=\frac{1}{p^2}$$

由于 u_1 和 u_2 是不同的，所以它们必须至少在一个坐标上有所不同. 不失一般性，令 $u_{1,0}\neq u_{2,0}$. 对于任意给定的值 $a_1,\ a_2,\ \cdots,\ a_{k-1}$，条件 $h_{\bar{a},b}(u_1)=y_1$ 和 $h_{\bar{a},b}(u_2)=y_2$ 等价于

$$a_0u_{1,0}+b=\left(y_1-\sum_{j=1}^{k-1}a_ju_{1,j}\right) \mod p$$
$$a_0u_{2,0}+b=\left(y_1-\sum_{j=1}^{k-1}a_ju_{2,j}\right) \mod p$$

对于任意给定的值 a_1，a_2，…，a_{k-1}，给出了两个方程和两个未知解(即 a_0 和 b)，这(如引理 15.8)正好有唯一解. 因此，对每个 a_1，a_2，…，a_{k-1}，(a_0, b)以超出 p^2 的概率的一个选择导致 u_1 和 u_2 散列到 y_1 和 y_2，证明了

$$\Pr((h_{\bar{a},b}(u_1)=y_1)\cap(h_{\bar{a},b}(u_2)=y_2))=\frac{1}{p^2}$$

符合要求. ■

虽然我们用一个素数的算术模描述了 2 维通用和 2 维强通用散列函数族，但我们可以将这些技术推广到一般有限域上. 特别是用 n 个二进制数字序列表示的 2^n 个元素的域上. 扩展需要有限域的知识，所以我们在这里只是概略地叙述结果. 条件和证明与引理 15.8 完全相同，除了代替模 p 的在有 2^n 个元素的固定有限域上进行所有的计算. 我们假设从 n 个二进制数字的串(也可以看作$\{0, 1, 2, \cdots, 2^n-1\}$中的数字)到域元素的一个固定的一对一映射 f，令

$$h_{\bar{a},b}(u)=f^{-1}\left(\sum_{i=1}^{k-1}f(a_i)\cdot f(u_i)+f(b)\right)$$

其中 a_i 和 b 是在$\{0, 1, \cdots, 2^n-1\}$中独立且均匀随机地选取的，且在域上可以执行加法与乘法，这就给出一个值域大小为 2^n 的 2 维强通用散列函数.

15.3.3 应用：完美散列

完美散列是存储一种静态程序库的有效数据结构. 在静态程序库中，项目永久地存储在一个表中. 一旦项目被存储，表就只用于搜索运算：对一个项目的搜索给出项目在表中的位置，或返回项目不在此表中.

假定 m 个项目的集合 S，利用来自 2 维通用散列函数族，且是散列链的散列函数散列到一个有 n 个接收器的表中. 在散列链中(见 5.5.1 节)，散列到相同接收器中的项目保存在一个链表中，为查找一个项目 x 的运算次数与 x 的接收器中的项目数成比例. 我们有下面简单的界.

引理 15.9　假定 m 个元素通过利用一个均匀随机地取自 2 维通用族的散列函数 h 散列到 n 个接收器的散列链表中. 对任意元素 x，设 X 是接收器 $h(x)$中的项目数，那么

$$\boldsymbol{E}[X]\leqslant\begin{cases}m/n & 如果\quad x\notin S\\ 1+(m-1)/n & 如果\quad x\in S\end{cases}$$

证明　如果 S 的第 i 个元素(在某个任意次序下)与 x 在同一个接收器中，令 $X_i=1$，否则为 0. 因为散列函数取自 2 维通用族，因此

$$\Pr(X_i=1)\leqslant 1/n$$

所以由

$$\boldsymbol{E}[X]=\boldsymbol{E}\left[\sum_{i=1}^{m}X_i\right]=\sum_{i=2}^{m}\boldsymbol{E}[X_i]\leqslant\frac{m}{n}$$

第一个结果成立，其中为了得出 $\boldsymbol{E}[X_i]\leqslant 1$ 用到了散列函数的通用性. 类似地，如果 x 是 S 中的元素，那么(不失一般性)令它是 S 中的第一个元素，因此 $X_1=1$，有

$$\Pr(X_i=1)\leqslant 1/n$$

当 $i\neq 1$ 时，仍有

$$\boldsymbol{E}[X]=\boldsymbol{E}\left[\sum_{i=1}^{m}X_i\right]=1+\sum_{i=2}^{m}\boldsymbol{E}[X_i]\leqslant 1+\frac{m-1}{n}$$ ■

引理 15.9 说明在利用来自 2 维通用族的散列函数时，散列的平均性能是好的，因为仔细查看任意一个项目接收器的时间被一个较小的数界定. 例如，如果 $m=n$，那么当搜索 x 的散列表时，必须检查的不同于 x 的项目的期望数至多为 1. 然而，这没有给出对最坏情况的搜索时间的界. 某些接收器可能有$\sqrt{n}$个或更多的元素，而搜索这些元素中的一个要求更长的查找时间.

这激发了完美散列的思想. 给定一个集合 S，我们将构造一个散列表，以给出非常好的最坏情况的执行，特别地，完美散列要求以一个不变的运算次数去寻找散列表中的一个项目(或确定它不在表中).

首先证明完美散列，如果对散列表及一个合适的 2 维通用散列函数族有足够空间. 这是容易证明的.

引理 15.10　如果 $h\in\mathcal{H}$ 是从将全域 U 映射到$[0, n-1]$的 2 维通用散列函数族中均匀随机地选取的，那么对任意大小为 m 的集合 $S\subset U$，当 $n\geqslant m^2$ 时是完美的概率至少为 1/2.

证明　设 $s_1, s_2, \cdots, s_m$ 是 S 中的 m 个项目，如果 $h(s_i)=h(s_j)$，令 X_{ij} 为 1，否则为 0. 令 $X=\sum_{1\leqslant i<j\leqslant m}x_{ij}$. 那么如我们在式(15.1)所见到的那样，当使用 2 维通用散列函数时，冲突的期望个数是

$$\boldsymbol{E}[X]=\boldsymbol{E}\left[\sum_{1\leqslant i<j\leqslant m}X_{ij}\right]=\sum_{1\leqslant i<j\leqslant m}\boldsymbol{E}[X_{ij}]\leqslant\binom{m}{2}\frac{1}{n}<\frac{m^2}{2n}$$

由马尔可夫不等式可知

$$\Pr\left(X\geqslant\frac{m^2}{n}\right)\leqslant\Pr(X\geqslant 2\boldsymbol{E}[X])\leqslant\frac{1}{2}$$

因此，当 $n\geqslant m^2$ 时，我们以至少 1/2 的概率发现 $X<1$. 这蕴涵以至少 1/2 的概率，一个随机选取的散列函数是完美的. ■

为在 $n\geqslant m^2$ 时找到一个完美散列函数，可以简单地尝试从 2 维通用族中均匀随机地选取的散列函数，直至找到一个无冲突的为止. 这给出 Las Vegas 算法，平均至多需要两个散列函数.

我们想到不需要 $\Omega(m^2)$个接收器空间的完美散列来存储 m 个项目的集合，用两水平方案完成完美散列只需 $O(m)$个接收器. 首先利用一个来自 2 维通用族的散列函数将集合散列到有 m 个接收器的散列表，其中某些接收器有冲突. 对每一个这样的接收器，从合适的 2 维通用族中提供第二个散列函数及完全分离的第二张散列表. 如果在接收器中有 $k>1$ 个项目，那么第二张散列表用 k^2 个接收器. 在引理 15.10 中已经证明，用 k^2 个接收器可以从 2 维通用族中找到一个没有冲突的散列函数. 剩下的只需证明，利用谨慎选择的第一个散列函数，可以保证算法用到的总空间只是 $O(m)$.

定理 15.11　两水平方法给出一个利用 $O(m)$ 个接收器的 m 个项目的完美散列方案.

证明　如在引理 15.10 中证明的那样，第一阶段的冲突数 X 满足

$$\Pr\left(X \geqslant \frac{m^2}{n}\right) \leqslant \Pr(X \geqslant 2\boldsymbol{E}[X]) \leqslant \frac{1}{2}$$

当 $n=m$ 时，这表示有多于 m 个冲突的概率至多为 1/2. 利用概率方法，存在从 2 维通用散列函数族的一个选取在第一阶段给出至多 m 个冲突. 事实上，通过尝试从 2 维通用族中均匀随机地选取的散列函数的 Las Vegas 算法，可以有效地找到这样的散列函数. 所以可以假定在第一阶段已经找到了至多有 m 个冲突的散列函数.

设 c_i 是第 i 个接收器中的项目个数，那么在第 i 个接收器中的项目之间存在 $\binom{c_i}{2}$ 个冲突，所以

$$\sum_{i=1}^{m}\binom{c_i}{2} \leqslant m$$

对每个有 $c_i>1$ 的项目的接收器，我们寻找第二个利用空间 c_i^2 而没有冲突的散列函数. 对每个接收器，仍可利用 Las Vegas 算法找到这个散列函数. 所用的接收器总数有上界

$$m+\sum_{i=1}^{m}c_i^2 \leqslant m+2\sum_{i=1}^{m}\binom{c_i}{2}+\sum_{i=1}^{m}c_i \leqslant m+2m+m=4m$$

因此所用的接收器总数只是 $O(m)$. ■

15.4　应用：在数据流中寻找重量级的源-终点

路由器通过网络发送数据包. 在一天结束时，向网络管理员提出的一个自然的问题是：从源点 s 到终点 d 通过路由器发送的字节数是否大于预先确定的阈值. 我们称这样一对源-终点为*重量级的源-终点*.

在设计寻找重量级的源-终点算法时，必须记住对路由器的限制. 路由器只能有很少的内存，所以不可能保存每一个可能对子 s 和 d 的记录，因为有太多这样的对子. 路由器还必须很快地发送数据包，所以路由器对每个数据包必须只执行少量的几个计算操作. 我们提出即使对这些限制也适用的随机化数据结构. 这样的数据结构要求一个阈值 q；所有至少 q 个总字节数的源-终点对是重量级的. q 通常是每日总期望流量的某个固定的百分数，比如 1%. 在一天结束时，数据结构给出一张可能的重量级源-终点列表. 所有真的重量级源-终点(至少负责 q 字节)被列出，但某些其他对也可能出现在此列表中. 另外两个输入常数 ε 和 δ 用于控制什么样的无直接关联的对可能被列入重量级源-终点列表中. 假定 Q 表示一天时间中总的字节数，我们的数据结构保证包含少于 $q-\varepsilon Q$ 字节流量的任意一对源-终点对至多以 δ 的概率在列表中. 换言之，所有重量级源-终点在列表中，所有与重量级源-终点充分远的对至多以 δ 的概率在列表中；接近于重量级源-终点的对可能在也可能不在列表中.

这个路由器的例子是许多希望保持一个大数据流简单扼要情况的典型. 在大部分数据流模型中，大量数据依次到达小块，每个块必须在下一个块到达之前进行处理. 在网络路由器设置中，每个块一般是一个数据包. 要处理的数据量通常是相当大的，到达之间的时间是相当短的，要求算法和数据结构对每个块用少量的内存并计算.

可以利用在5.5.3节讨论过的一种变化的Bloom过滤器来解决这个问题．与那里假定用完全随机散列函数的解不同，这里只用2维通用散列函数族得到更强的可证实的界．这是重要的，因为路由器设置的效率要求只用容易计算的非常简单的散列函数，同时也想得到可证实的执行保证．

我们的数据结构称为最小计数过滤器，最小计数过滤器处理一系列形如 $X_t=(i_t, c_t)$ 的对子流 X_1，X_2，…，其中 i_t 是一个项目，$c_t>0$ 是整数计数增量．在路由器设置中，i_t 是一个包的源-终点地址对，c_t 是包中的字节数，记

$$\mathrm{Count}(i,T)=\sum_{t:i_t=i,1\leqslant t\leqslant T} c_t$$

即Count(i，T)是与项目 i 关联的直到时间 T 的总的计数．在路由器设置中，Count(i，T)是与有地址对 i 的数据包关联的直到时间 T 的字节总数．最小计数过滤器对所有项目 i 及所有时间 T，以可以跟踪重量级源-终点的方式保持Count(i，T)的一个运行近似．

一个最小计数过滤器由 m 个计数器组成，以后假定我们的计数器有足够多的位，使得不必为溢出担心．在许多实际情况中，32位计数器已经足够了，且执行也是方便的．一个最小计数过滤器利用 k 个散列函数，我们将计数器分成 k 个大小为 m/k 的相互分离的组 G_1，G_2，…，G_k．为方便起见，以后假定 m 可被 k 整除．用 $C_{a,j}$ 为计数器标号，其中 $1\leqslant a\leqslant k$，$0\leqslant j\leqslant m/k-1$，使得 $C_{a,j}$ 对应于第 a 组的第 j 个计数器，即可以将计数器看成具有2维数组的形式，每行有 m/k 个计数器，共有 k 列．散列函数将项目从全域映射到计数器，所以对 $1\leqslant a\leqslant k$，有散列函数 H_a，其中 H_a：$U\to[0, m/k-1]$．即 k 个散列函数中的每一个取全域的项目，并将它映射为一个数$[0, m/k-1]$．等价地，可以将每个散列函数看作取一个项目 i 并将它映射到计数器 $C_{a,H_a(i)}$．H_a 应是从2维通用散列族中独立且均匀随机地选取的．

利用我们的计数器保持Count(i，T)的近似踪迹．开始时，所有计数器都设置为0．为处理一对(i_t, c_t)，对每个 a，$1\leqslant a\leqslant k$，计算 $H_a(i_t)$ 及相差 c_t 的增量 $C_{a,H_a(i_t)}$．设 $C_{a,j}(T)$ 是处理从 X_1 直到 X_T 后计数器 $C_{a,j}$ 的值．我们断言：对任意项目，与那个项目关联的最小计数器是其计数的一个上界，且与那个项目关联的最小计数器以有界的概率离开不多于直到那个点处理过的所有对(i_t, c_t)的总计数的 ε 倍．特别地，有下面的定理．

定理 15.12 对全域 U 中的任意 i 及任意序列(i_1, c_1)，…，(i_T, c_T)，

$$\min_{j=H_a(i),1\leqslant a\leqslant k} C_{a,j}(T)\geqslant \mathrm{Count}(i,T)$$

进一步，以 $1-(k/m\varepsilon)^k$ 的概率对散列函数的选择，有

$$\min_{j=H_a(i),1\leqslant a\leqslant k} C_{a,j}(T)\leqslant \mathrm{Count}(i,T)+\varepsilon\sum_{t=1}^{T} c_t$$

证明 第一个界

$$\min_{j=H_a(i),1\leqslant a\leqslant k} C_{a,j}(T)\geqslant \mathrm{Count}(i,T)$$

是平凡的．当在流中看到对(i, c_t)时，每个满足 $j=H_a(i)$ 的计数器有增量 $C_{a,j}$．由此，每个这样的计数器的值在任何时间 T 至少为Count(i，T)．

对第二个界，考虑任意特殊的 i 和 T．首先考虑特殊的计数器 $C_{1,H_1(i)}$，然后利用对称性．我们知道经过前 T 对之后，这个计数器的值至少为Count(i，T)．设随机变量 Z_1 是

由于不同于 i 的项目引起的计数器的增量，设 X_t 是这样一个随机变量：当 $i_t \neq i$ 但 $H_1(i_t)=H_1(i)$时，X_t 取值为 1；否则取值为 0. 那么

$$Z_1 = \sum_{\substack{t:1\leqslant t\leqslant T, i_t\neq i\\ H_1(i_t)=H_1(i)}} c_t = \sum_{t=1}^{T} X_t c_t$$

由于 H_1 是从 2 维通用族中选取的，对任意 $i_t \neq i$，有

$$\Pr(H_1(i_t) = H_1(i)) \leqslant \frac{k}{m}$$

因此

$$\boldsymbol{E}[X_t] \leqslant \frac{k}{m}$$

由此

$$\boldsymbol{E}[Z_1] = \boldsymbol{E}\left[\sum_{t=1}^{T} X_t c_t\right] = \sum_{t=1}^{T} c_t \boldsymbol{E}[X_t] \leqslant \frac{k}{m}\sum_{t=1}^{T} c_t$$

由马尔可夫不等式，有

$$\Pr\left(Z_1 \geqslant \varepsilon \sum_{t=1}^{T} c_t\right) \leqslant \frac{k/m}{\varepsilon} = \frac{k}{m\varepsilon} \tag{15.2}$$

设 Z_2，Z_3，…，Z_k 是对应于每一个其他散列函数的随机变量，由对称性，所有 Z_i 满足式(15.2)的概率界. 此外，Z_j 是独立的，这是因为散列函数是从散列函数族中独立选取的，因此

$$\Pr\left(\min_{j=1}^{k} Z_j \geqslant \varepsilon \sum_{t=1}^{T} c_t\right) = \prod_{j=1}^{k} \Pr\left(Z_j \geqslant \varepsilon \sum_{t=1}^{T} c_t\right) \tag{15.3}$$

$$\leqslant \left(\frac{k}{m\varepsilon}\right)^k \tag{15.4}$$

■

由计算容易验证，当 $k=m\varepsilon/\mathrm{e}$ 时，$(k/m\varepsilon)^k$ 达到最小，此时

$$\left(\frac{k}{m\varepsilon}\right)^k = \mathrm{e}^{-m\varepsilon/\mathrm{e}}$$

当然，k 需要满足使 k 和 m/k 都是整数，但这不会从本质上影响概率界.

可以利用最小计数过滤器按下面的方式跟踪路由设置中的重量级源-终点. 当一对(i_T, c_T)到达时，更新最小计数过滤器. 如果与 i_T 关联的最小散列值至少是重量级源-终点的阈值 q，那么将此项目放入可能的重量级源-终点列表中. 我们不关心执行此列表的运算细节，但注意它可以编组，使得容许利用标准的平衡搜索树数据结构以它本身大小的对数时间进行更新及搜索；另外，它也可以编组成更大的数组或一个散列表.

回忆用 Q 表示一天结束时的总流量.

推论 15.13　假定利用一个有 $k=\left\lceil \ln\frac{1}{\delta}\right\rceil$个散列函数，$m=\left\lceil \ln\frac{1}{\delta}\right\rceil\cdot\left\lceil\frac{\mathrm{e}}{\varepsilon}\right\rceil$个计算器及阈值 q 的最小计数过滤器. 那么所有重量级源-终点放入列表中，而且对应于少于 $q-\varepsilon Q$ 字节的任意源-终点对以至多 δ 的概率放入列表中.

证明　因为计数关于时间是递增的，所以可简单地考虑一天结束时的情况．由定理15.12，最小计数过滤器将保证所有真的重量级源-终点放入列表中，这是因为一个真的重量级源-终点的最小计数器值至少为 q．而且由定理 15.12，对任意一对源-终点，对应于小于$q-\varepsilon Q$字节的最小计数器值达到 q 的概率至多为

$$\left(\frac{k}{m\varepsilon}\right)^k \leqslant \mathrm{e}^{-\ln(1/\delta)} = \delta$$

■

最小计数过滤器在只利用它的散列函数中的有限随机性，$O\left(\frac{1}{\varepsilon}\ln\frac{1}{\delta}\right)$个计数器以及$O\left(\ln\frac{1}{\delta}\right)$次计算来处理每个项目是非常有效的．（处理依赖于其表示的可能的重量级源-终点列表可能要求额外的计算及空间．）

在结束最小计数过滤器的讨论之前，我们描述一个简单的改进，称为*保守的更新*，虽然难以分析，但在实际中常能很好地运用．当一个对子(i_t, c_t)到达时，原最小计数过滤器对项目 i 散列到的每个计数器 $C_{a,j}$ 增加 c_t 以保证

$$\min_{j=H_a(i),1\leqslant a\leqslant k} C_{a,j}(T) \geqslant \mathrm{Count}(i,T)$$

对所有的 i 和 T 成立．事实上，不对每个计数器都增加 c_t 通常也能保证上式成立．考虑进行第$(t-1)$对以后的状态．归纳地假定，对所有 i，直到我们进行的那一点，有

$$\min_{j=H_a(i),1\leqslant a\leqslant k} C_{a,j}(t-1) \geqslant \mathrm{Count}(i,t-1)$$

那么当到达(i_t, c_t)时，我们需要对所有计数器保证

$$C_{a,j}(t) \geqslant \mathrm{Count}(i_t,t)$$

对所有的计数器，其中 $j=H_a(i_t)$，$a\leqslant 1\leqslant k$，但

$$\mathrm{Count}(i_t,t) = \mathrm{Count}(i_t,t-1) + c_t \leqslant \min_{j=H_a(i_t),1\leqslant a\leqslant k} C_{a,j}(t-1) + c_t$$

因此，可以考虑从对应的 k 个计数器得到的最小计数值 v，将 c_t 加到那个值上，并将任意小于 $v+c_t$ 的计数器增加到 $v+c_t$．图 15.1 给出了一个例子．一个计数为 3 的项到达；在到达时刻，与此项有关联的最小计数器值为 4．由此，对这个项目的计数至多为 7，所以可更新所有关联的计数器以保证它们全都至少为 7．一般地，如果所有散列的计数器 i_t 是相等的，则保守的更新等价于每个计数器只增加 c_t．当 i_t 不全相等时，保守的更新改进对某些计数器增加的较少，这将趋于减少过滤器产生的误差．

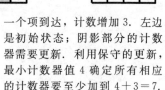

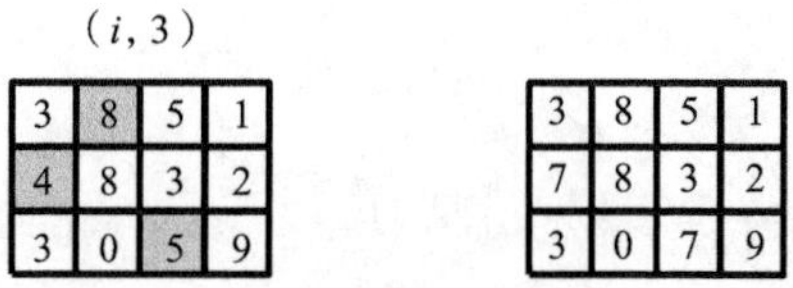

图 15.1　一个项到达，计数增加 3．左边是初始状态；阴影部分的计数器需要更新．利用保守的更新，最小计数器值 4 确定所有相应的计数器要至少加到 4＋3＝7．更新所得的状态如右图所示

15.5　练习

15.1　抛掷一枚均匀的硬币 n 次，如果第 i 次和第 j 次抛掷出现同面，那么令 X_{ij} 为 1，其中 $1\leqslant i<j\leqslant n$；否则为 0．证明 X_{ij} 两两独立，但不是独立的．

15.2　(a) 设 X、Y 是从$\{0, 1, \cdots, n\}$中独立且均匀随机地选取的数，令 Z 是它们关于模 $n+1$ 的和，证明 X、Y 及 Z 两两独立，但不是独立的．

(b) 推广这个例子给出一个随机变量的集合，它们是每 k 个独立，但不是每$(k+1)$个独立的.

15.3 对任意一个从有限集合 U 到有限集合 V 的散列函数族，证明当 h 是从那个散列函数族中随机选取时，存在一对元素 x 和 y，使

$$\Pr(h(x)=h(y))\geqslant\frac{1}{|V|}-\frac{1}{|U|}$$

这个结果应不依赖于函数 h 是如何从族中选取的.

15.4 证明对任意在值域$[0, 1]$上取值的离散随机变量 X，$\mathbf{Var}[X]\leqslant 1/4$.

15.5 假定有一个随机化算法 Test，按如下步骤检验一个串是否出现在一种语言 L 中. 给定一个输入 x，算法 Test 从集合 $S=\{0, 1, \cdots, p-1\}$(其中 p 是某个素数)中均匀地选取一个随机整数 r. 如果 x 在这种语言中，那么对 r 的至少一半的可能值，Test$(x, r)=1$. 一个使 Test$(x, r)=1$ 的 r 值称为 x 的*证据*. 如果 x 不在此语言中，那么总有 Test$(x, r)=0$.

如果对一个输入 $x\in L$，通过独立且均匀地从 S 中选取两个数 r_1 和 r_2 来运行算法 Test 两次，得到 Test(x, r_1)和 Test(x, r_2)，那么我们至少以 3/4 的概率找到证据. 证明：令 $s_i=r_1 i+r_2 \bmod p$，计算 Test(x, s_i)，$0\leqslant i\leqslant t<p$，利用相同的随机性量可以至少以 $1-1/t$ 的概率得到一个证据.

15.6 在 5.2.2 节的桶排序分析中假定 n 个元素是从值域$[0, 2^k)$中独立且均匀随机地选取的，假如代之以 n 个元素是从$[0, 2^k)$中只是两两独立地均匀选取的. 证明在这些条件下，桶排序仍然要求线性期望时间.

15.7 (a) 我们已经证明当利用从 2 维通用散列函数族中选取的散列函数将 n 个项目散列到 n 个接收器时，最大负荷以至少 1/2 的概率至多为 $\sqrt{2n}$. 推广这一论证到 k 维通用散列函数族，即求一个值，使最大负荷大于此值的概率至多为 1/2.

(b) 在引理 5.1 中已经证明在标准的球和箱子模型下，当独立且均匀随机地将 n 个球投入 n 个箱子时，最大负荷以 $1-1/n$ 的概率至多为 $3\ln(n)/\ln(\ln(n))$. 求最小的 k 值，使得从 k 维通用族中选取散列函数时，最大负荷至多为 $3\ln(n)/\ln(\ln(n))$，且概率至少为 1/2.

15.8 可以将求最大割的问题推广到求最大 k 割. 一个 k 割是将顶点分成 k 个相互分离集合的一种划分，一个 k 割的值是从 k 个集合之一横跨另一个集合的所有边的权. 在 15.1.2 节，我们考虑了所有权为 1 的 2 割，证明了如何利用 n 个两两独立的二进制数字集合消去标准随机化算法的随机性. 解释如何推广这种消去随机性方法以得到 3 割的多项式时间算法，并给出你的算法的运行时间. (提示：可能要利用在 15.3.2 节中找到的那种类型的散列函数.)

15.9 假定已知 m 个向量 $\bar{v}_1, \bar{v}_2, \cdots, \bar{v}_m\in\{0, 1\}^{\ell}$ 使得 m 个向量中的任意 k 个是关于模 2 线性独立的. 令 $\bar{v}_i=(v_{i,1}, v_{i,2}, \cdots, v_{i,\ell})$是从$\{0, 1\}^{\ell}$ 中均匀随机地选取的，令 $X_i=\sum_{j=1}^{\ell} v_{i,j}u_j \bmod 2$. 证明 X_i 是均匀的每个 k 独立的二进制数字.

15.10 我们检查 2 维通用散列函数不同于完全随机散列函数的一种特殊方法. 令 $S=\{0, 1, 2, \cdots, k\}$，考虑一个值域为$\{0, 1, 2, \cdots, p-1\}$的散列函数 h，其中 p 是比 k 大得多的某个素数. 考虑值 $h(0), h(1), \cdots, h(k)$. 如果 h 是完全随机散列函数，那么 $h(0)$小于任意其他值的概率约为 $1/(k+1)$. (最小值可能有结，所以任意 $h(i)$有唯一最小值的概率稍小于 $1/(k+1)$.)现在考虑从 15.3.2 节的族

$$\mathcal{H}=\{h_{a,b}\mid 0\leqslant a,b\leqslant p-1\}$$

中均匀选取的散列函数 h. 通过从 h 中随机选取 10 000 个散列函数并对所有 $x\in S$ 计算 $h(x)$，估计 $h(0)$小于 $h(1), \cdots, h(k)$的概率. 对 $k=32$ 及 $k=128$，利用素数 $p=5\,023\,309$ 及 $p=10\,570\,849$ 运行这个试验，你的估计是否接近 $1/(k+1)$？

15.11 在一个多重集合中，每个元素可以出现多次. 假定有两个由正整数组成的多重集合 S_1 和 S_2，我

们希望检验这两个集合是否“相同”，即如果每项在每个集合中出现相同的次数．一种检验方法是对两个集合排序，然后按所排次序进行比较．如果每个多重集合包含 n 个元素则花费 $O(n \log n)$的时间．

(a) 考虑下面的算法．将 S_1 的每个元素散列到一个有 cn 个计数器的散列表上，计数器的初值为0，第 i 个计数器每次增加一个元素的散列值为 i．利用另一个同样大小的表及同一个散列函数，对 S_2 进行同样的运算．如果对所有的 i，第一张表中的第 i 个计数器与第二张表中的第 i 个计数器是匹配的，则报告集合是相同的；否则，报告集合是不同的．

分析这种算法的运行时间及错误概率，假定散列函数是从 2 维通用族中选取的．解释这种算法如何推广为蒙特卡罗算法，并分析其运行时间与错误概率之间的权衡．

(b) 对此问题也可以设计一种 Las Vegas 算法．现在散列表中的每个元素对应于计数器的链表．每个元素占有一个散列到那个位置的元素出现次数的列表，这个列表可以依排序次序保存．仍对 S_1 创建一个散列表，对 S_2 创建一个散列表，我们检验经散列后所得到的表是否相等．

证明这种算法只需利用线性空间且只要求线性期望时间．

15.12 在 15.3.1 节证明了当 $p \geqslant n$ 时，族

$$\mathcal{H} = \{h_{a,b} \mid 1 \leqslant a \leqslant p-1, 0 \leqslant b \leqslant p-1\}$$

是 2 维通用的，其中

$$h_{a,b}(x) = ((ax+b) \mod p) \mod n$$

现在考虑散列函数

$$h_a(x) = (ax \mod p) \mod n$$

及族

$$\mathcal{H}' = \{h_a \mid 1 \leqslant a \leqslant p-1\}$$

给出一个例子说明 $\mathcal{H}'$不是 2 维通用的．然后证明 $\mathcal{H}'$在下列意义下几乎是 2 维通用的：对任意 x，$y \in \{0, 1, \cdots, p-1\}$，如果 h 是从 $\mathcal{H}'$中均匀随机选取的，那么

$$\Pr(h(x) = h(y)) \leqslant \frac{2}{n}$$

15.13 在描述最小计数过滤器时，假设数据流由形如(i_t, c_t)的对组成，其中 i_t 是一个项目，$c_t > 0$ 是整数计数增量．假定容许减少项目的计数，使得流可以包括形如(i_t, c_t)，$c_t < 0$ 的对．可以要求一个项目 i 的总计数

$$\mathrm{Count}(i, T) = \sum_{t: i_t = i, 1 \leqslant t \leqslant T} c_t$$

总是正的．

在这种情况下，解释如何修改或者利用最小计数过滤器寻找重量级源-终点．

第 16 章　幂律及相关的分布

在本章中，我们探讨在许多计算机应用程序中都会出现的一些基本概率分布，我们关注的一族分布称为幂律分布．这些分布的一个有趣特点是：与我们常见的许多分布不同，它们的方差可能非常大，甚至通过一些自然的参数选择，方差可能是无穷大的．因此，我们在概率论中常用的某些方法(例如多个随机变量之和的分布求法)可能不再适用．

幂律及相关的分布初看起来令人惊讶或不寻常，但实际上它们很自然，很容易从许多基本模型中产生，我们将在本章介绍其中的一些模型．幂律可能与我们看到的其他分布(比如高斯分布，它们在现实环境中也经常出现)形成鲜明对比，但这两种类型的分布都有它们的用途和位置．

我们先看一个最基本的例子：假设我们想要知道美国女性的平均身高，我们可以随机抽取女性样本，我们期待适当少的样本会很快地求得一个好的估计值(美国人口普查局公布有关身高分布的数据；目前，女性的平均身高在 5 英尺 4 英寸到 5 英尺 5 英寸之间(1 英尺＝0.3048 米，1 英寸＝0.0254 米)，范围取决于你正在考虑的年龄组)．因为身高处于一个狭窄的范围，当离开平均水平时，到了一定的高度人数会迅速下降，比如，很少有女性身高超过 7 英尺．再看另一个例子：假设我们想要找到一个单词在一年内在美国印刷的所有书籍中出现的平均次数．一些常见的单词(例如“the”“of”和“an”)显得非常频繁，而大多数单词最多只会出现几次．实际上，人们对文献中的词语分布已经进行了一些详细的研究，并且已经发现它们大致遵循幂律分布，我们后面将给出一些论证，解释为什么会出现这种情况．

现实中还有许多其他现象也拥有这一特性，即相应的分布并未很好地集中在其均值上，例如城市的大小、地震的强度以及家庭之间的财富分配．对于许多这样的例子，幂律分布为其分布提供了合理的模型．

16.1　幂律分布：基本定义和性质

在定义幂律分布之前，先举一个例子可能会对读者有所帮助．一个参数为 $\alpha>0$ 且最小值 $m>0$ 的*帕累托分布*满足

$$\Pr(X \geqslant x) = \left(\frac{x}{m}\right)^{-\alpha}$$

其中，最小值 m 满足 $\Pr(X \geqslant m)=1$．α 有时也被称为*尾指数*．相应地，帕累托分布的密度函数是

$$f(x) = \alpha m^{\alpha} x^{-\alpha-1}$$

让我们试着考虑这个随机变量的矩．均值 $\boldsymbol{E}(X)$ 由下式给出

$$\boldsymbol{E}[X] = \int_{x=m}^{\infty} x f(x) \mathrm{d}x = \int_{x=m}^{\infty} x(\alpha m^{\alpha} x^{-\alpha-1}) \mathrm{d}x = \alpha m^{\alpha} \int_{x=m}^{\infty} x^{-\alpha} \mathrm{d}x$$

我们已经注意到了一些不寻常：当 $\alpha \leqslant 1$ 时，均值不是有限的，因为上面表达式中的积分发散. 对于 $\alpha > 1$，我们可以完成下列计算以求出均值

$$\boldsymbol{E}[X] = \frac{\alpha m}{\alpha - 1}$$

如果我们考虑第 j 阶矩 $\boldsymbol{E}[X^j]$，我们有

$$\boldsymbol{E}[X^j] = \int_{x=m}^{\infty} x^j f(x)\mathrm{d}x = \int_{x=m}^{\infty} x^j (\alpha m^\alpha x^{-\alpha-1})\mathrm{d}x = \alpha m^\alpha \int_{x=m}^{\infty} x^{j-1-\alpha}\mathrm{d}x$$

当 $\alpha \leqslant j$ 时，第 j 阶矩不是有限的；对于 $\alpha > j$，我们有

$$\boldsymbol{E}[X^j] = \frac{\alpha m^j}{\alpha - j}$$

因此，当 $\alpha \leqslant 2$ 时，二阶矩是无穷大的. 相应地，当 $1 < \alpha \leqslant 2$ 时，方差是无穷大的；对 $\alpha \leqslant 1$，因为一阶矩和二阶矩都是无穷大的，所以方差没有定义.

更一般地说，如果存在常数 $c > 0$ 和 $\alpha > 0$，使得

$$\Pr(X \geqslant x) \sim cx^{-\alpha}$$

其中，$f(x) \sim g(x)$ 表示当 x 无限增大时，$f(x)$ 和 $g(x)$ 的比率的极限收敛于 1，则我们称一个非负随机变量 X 具有*幂律分布*. 粗略地说，幂律分布渐近地表现得像帕累托分布. 值得注意的是，该术语有时在别的场合使用略有不同. 例如，有时人们将幂律分布定义为一种帕累托分布，并将我们所谓的幂律分布称为*渐近幂律分布*. 此外，有时人们在定义中将 α 改为 $\alpha+1$（该惯例产生于密度函数，而不是补偿累积分布函数，具有参数 α）. 最后，有时人们允许比率不是收敛于 1，而是一些缓慢增长的函数.

幂率最看得见的优点是*对数-对数散点图*，在这种图中，两个轴都使用对数标度表示. 在对数-对数散点图上，通过 $\ln y = b \ln x + \ln a$ 来表示关系 $y = ax^b$，使得多项式关系化为了直线关系，其斜率依赖于指数 b（这里我们使用了自然对数作为对数-对数散点图，但我们也可以使用任何其他正数作为对数的底并仍然获得一条直线）. 因此，对于参数 $\alpha > 0$ 且 $m > 0$ 的帕累托分布，$\overline{F}(x) = \Pr(X \geqslant x)$ 的对数-对数散点图（我们称之为补偿累积分布函数）满足一条直线：

$$\ln \overline{F}(x) = -\alpha \ln x + \alpha \ln m$$

更一般地，如果 X 具有幂律分布，则其补偿累积分布函数的对数-对数图中将渐近成为一条直线. 这为由适当给定的样本确定随机变量是否具有幂律表现提供了一个简单的经验测试；虽然近乎一条直线并不能保证幂律分布，但如果结果远离直线，则不太可能是幂律分布（必须强调的是：对数-对数散点图上的“直线”测试常用于推断样本是否来自遵循幂律的分布，但是许多其他分布在对数-对数散点图上也几乎产生线性的结果，所以必须更加小心地测试幂律）. 在对数-对数图上，帕累托分布的密度函数也是一条直线：

$$\ln f(x) = (-\alpha - 1)\ln x + \alpha \ln m + \ln \alpha$$

类似地，幂律分布的密度函数将渐近地接近一条直线.

到目前为止，我们一直关注连续型幂律分布的数学定义. 但我们也可以考虑离散型的情形. 例如，参数为 $s > 1$ 的 zeta 分布是取所有正整数值，且满足

$$\Pr(X = k) = \frac{k^{-s}}{\zeta(s)}$$

的分布，其中 Riemann zeta 函数 $\zeta(s)$ 由 $\zeta(s)=\sum_{j=1}^{\infty}j^{-s}$ 给出．$\Pr(X=k)$ 与 k^{-s} 成比例的事实是幂律分布的离散化模拟．

16.2 语言中的幂律

16.2.1 Zipf 定律和其他例子

人们早就观察到，单词使用频率的分布似乎遵循幂律分布．也就是说，对于某些指数 s，语言中第 k 个最常用词的频率大致与 k^{-s} 成比例，因此，单词使用频率的分布可以由(离散)幂律分布很好地建模．用概率语言描述，即如果你从一组文本中均匀随机地选择一个单词，那么选择第 k 个最常用的单词的概率大致与 k^{-s} 成比例．相应地，随机选择的词的使用频率等级可以由 zeta 分布很好地建模．对于有几种语言的情形，s 的值接近于 1.

这个由经验观察得到的规律通常称为 Zipf 定律，因为是语言学家 George Zipf 在 20 世纪上半叶使它为人们熟知，尽管在 Zipf 之前已经有其他人注意到了这一规律．人们有时也会提及 Zipf-Mandelbrot 定律，它提供了一种推广，即语言中第 k 个最常用词的频率与某个指数 s 和某个常数 q 的函数 $(k+q)^{-s}$ 大致成比例．此外，虽然人们通常是在语言学中提及 Zipf 定律，但有时 Zipf 定律也用于其他自然事件，这些事件中一组对象的频率排序遵循幂律分布.

能否用严谨的数学语言来解释语言中的幂律行为呢？下面，我们考虑导致幂律的多种模型，它们对我们的内容展开可能是有用的(但是，我们鼓励读者对于是否存在某种特定而简单的数学模型可以对 Zipf 定律提供完整或令人信服的解释这一结论抱有怀疑.)

在继续之前，值得注意的是：历史上，幂律定律在自然科学和社会科学的各个领域中都被观察到了，而不仅仅是在语言中．也许最早提及的文献出现在 Vilfredo Pareto 的著作中，我们在帕累托分布中已经看到了他的名字．他在 1897 年前后用这种分布来描述收入的分配；一个多世纪以前，德国物理学家 Felix Auerbach 首先提出城市规模似乎遵循幂律分布，尽管 Zipf 也经常被认为是这一规律的发现者；20 世纪 20 年代的 Alfred Lotka 在研究化学家发表的文章数量时发现其分布符合幂律分布；出版频率遵循幂律这种规律通常被称为 Lotka 定律；用于测量地震震级的里氏震级是建立在 Gutenberg-Richter 定律基础上的，该定律指出地震频率与其震级之间的关系遵循幂律规律．历史记录表明，长期以来多种自然发生的幂律已经为人知晓．因此，在计算机科学和工程学的多个地方出现幂律也就不足为奇了.

16.2.2 语言优化

书籍中单词频率的幂律研究的目的在于在特定的意义下最大化语言的效率．考虑一种有 n 个单词的语言，设使用该语言的第 k 个最常用单词的成本为 C_k．例如，如果我们考虑英文文本，单词的成本可能是字母数加上空格的额外成本，这是写该单词的成本．并且写单词的成本(至少粗略地)与说该单词的成本相对应.

如果字母表 Σ 大小为 d，那么对长度为 j 的单词，我们有 d^j 个可能的单词．我们自然会将更短的字符串分配给使用更频繁的单词以降低成本．通过这样的分配，频率等级从 $1+(d^j-1)/(d-1)$ 到 $(d^{j+1}-1)/(d-1)$ 的单词有 j 个字母．作为简化，第 k 个最频繁的单词的长度近似为 $\log_d k$，因此自然成本函数满足 $C_k\sim\log_d k$．为了简单起见，在下面的内容中，我们采用 $C_k=\log_d k$.

现在假设我们有能力设计语言中的单词频率，以便最大化每个单词所获得的平均信息量与相应的平均成本之间的比率，这似乎是一个自然的目标．我们首先需要对信息的含义进行量化，这就要用到熵的概念(见第 10 章)．现在考虑根据概率分布随机选择的每个单词，并且设选择语言中第 k 个最常用单词的概率是 p_k．那么，每个单词给出的平均信息是熵 $H=-\sum_{k=1}^{n} p_k \log_2 p_k$，并且每个单词的平均成本是 $C=\sum_{k=1}^{n} p_k C_k$．现在的问题是如何选择 p_k 以使比率 $R=H/C$ 最大化，更容易的是解决使比率 $A=C/H$ 最小化的等价问题.

求导数，我们发现

$$\frac{\mathrm{d}A}{\mathrm{d}p_k}=\frac{C_k H + C\log_2(\mathrm{e}p_k)}{H^2}$$

显然，当满足下列条件时，所有导数都是 0(并且 A 实际上就最小化了)

$$p_k = 2^{-HC_k/C}/\mathrm{e} = 2^{-RC_k}/\mathrm{e}$$

取 $C_k=\log_d k$，我们发现

$$p_k = 2^{-R\log_d k}/\mathrm{e} = k^{-R\log_d 2}/\mathrm{e}$$

也就是说，不管最优值 R 最终是什么，对应的 p_k 是根据幂律分布下降的.

16.2.3　猴子随意打字

优化处理似乎是必不可少的．然而，下面的例子表明即使没有潜在的优化，也可能出现单词频率呈幂律分布的情形.

考虑下列实验：猴子在有 d 个字母和一个空格键的键盘上随机敲击．空格键被击中的概率为 q，所有其他字母都具有相同的概率 $(1-q)/d$ 被击中．空格用于分隔单词．我们考虑单词的频率分布.

显然，猴子键入每个含 j 个字母的单词的概率为

$$q_j=\left(\frac{1-q}{d}\right)^j q$$

且有含 j 个字母的单词共有 d^j 个(为方便讨论，我们允许长度为 0 的空单词)．单词越长，出现的可能性越小，因此单词的频率等级越低．特别地，频率等级从 $1+(d^j-1)/(d-1)$ 到 $(d^{j+1}-1)/(d-1)$ 的单词有 j 个字母．因此，频率等级为 $k=d^j$ 的单词其长度为 $j=\log_d k$，发生的概率为

$$p_k=\left(\frac{1-q}{d}\right)^{\log_d k} q = k^{\log(1-q)-1} q$$

对 $k\neq d^j$，像 16.2.2 节中一样，用 $\log_d k$ 作为第 k 个最频繁出现的单词的长度的似近值是合理的，此时 $p_k\approx k^{\log_d(1-q)-1}$，则幂律行为出现了㊀.

㊀ 留心的读者可能已经注意到：严格来说，上面的结果与我们定义的幂律不是非常匹配的．近似极限不趋向 1，但有常数的上、下界，因为频率不是稳定下降的，而是有离散跳的一个排列．因此，代替幂律定义中的 $\Pr(X\geqslant x)\sim cx^{-\alpha}$，我们这里有一个例子，用 $\Theta(x^{-\alpha})$ 代替 $\Pr(X\geqslant x)$．这是一个次要的问题；个别字母如何选取将导致一个更流畅的行为在频率中是小量的躁声．在一些文献中，随机变量的 $\Pr(X\geqslant x)$ 用 $\Theta(x^{-\alpha})$ 代替后，也称为幂律.

词频中的幂律，虽然它很自然地从优化中产生，但也不一定是必须有优化才有幂律．这种结果提醒人们注意：幂律分布出现在许多情况下．在下一节，我们将介绍在导出幂律分布时使用得最频繁的模型之一——偏好链接．

16.3　偏好链接

为了叙述偏好链接，我们以万维网为例．万维网由网页及从一页到另一页的定向超链接构成．万维网自然可以看作一个图，网页可看成结点，超链接对应定向边．当有新网页和链接增加到万维网时，图增长并变化．

我们的网页增长模型是非常基本的，我们的目标不是准确的精度，而是清楚地明白什么将发生．让我们从两个页面开始，它们是相互链接的，开始的排列也没有具体的区分，排列是因为方便而选择的．在每一个时间步长，一个新的页面加进来，且只有一个链接(你也可以试着去讨论有多个链接或者考虑存在一个链接的分布的情形．但是每页只有一个链接将简化我们的分析，从而使我们较快地明白我们的意图)．我们的模型中新页将链接哪一点呢？

链接偏好的思想是：新页将链接热门网页．反映在 Web 图中，新链接倾向于指向已经有多个链接的页面．我们可以通过将新页面想象成以某个概率链接页面的随机链接来建模这个问题．特别地，新页面以概率 $\gamma<1$ 指向完全均匀随机选择的页面，而以概率 $1-\gamma$ 模拟一个随机链接，此时新页面链接一个已有页面的选择是与该页面的已有链接数(入度)成比例的．需要指出的是：关于万维网的偏好链接模型是一个马尔可夫链，因为我们不关心添加新链接时已存链接是如何连接的历史，我们只关心添加时刻每一页的链接数量．

我们用一种不是非常严谨的讨论来建立这个模型．设 $X_j(t)$(或者 X_j，其含义是明确的)为系统中有 t 页时具有入度为 j 的页面数．那么，对于 $j\geqslant 1$，X_j 增加的概率正好是

$$\gamma X_{j-1}(t)/t+(1-\gamma)(j-1)X_{j-1}(t)/t$$

第一个项是新链接随机选择入度为 $j-1$ 的页面的概率，第二个项是按入度的比例选择一个新链接并选择入度为 $j-1$ 的页面的概率．同样，X_j 减少的概率是

$$\gamma X_j(t)/t+(1-\gamma)jX_j(t)/t$$

记 $X_j(t+1)-X_j(t)$ 为 $\Delta(X_j(t))$，则有

$$\boldsymbol{E}[\Delta(X_j(t))\mid X_{j-1}(t),X_j(t)]=\frac{\gamma X_{j-1}(t)}{t}+\frac{(1-\gamma)(j-1)X_{j-1}(t)}{t}-\frac{\gamma X_j(t)}{t}-\frac{(1-\gamma)jX_j(t)}{t} \tag{16.1}$$

X_0 的情况必须经过特殊处理，因为每个新页面都会引入一个入度为 0 的新顶点，故

$$\boldsymbol{E}[\Delta(X_0(t))\mid X_0(t)]=1-\frac{\gamma X_0(t)}{t} \tag{16.2}$$

虽然在我们的分析中不需要，但还是值得注意的是：对于任意值 k，向量$(X_0(t), X_1(t), \cdots, X_k(t))$也是一个马尔可夫链．

现在，随着 t 的增大，我们怀疑入度为 j 的页面将占据总页面的 c_j 部分．假设在 t 增大的极限状态下 $X_j(t)=c_j\cdot t$ 有很大的概率，c_j 的哪些值满足这个等式呢？根据这些假定，依次从 c_0 开始，我们能够解出这些 c_j．首先，$\boldsymbol{E}[\Delta(X_0(t))\mid X_0(t)=c_0]$，因为平均来说对每个新页面，$X_0$ 必须增加 c_0，才能使得 $X_0(t)$增加到 c_0t．因此，式(16.2)变为

$$c_0 = 1 - \gamma c_0$$

所以 $c_0 = \frac{1}{1+\gamma}$. 更一般地，我们发现使用式(16.1)，得

$$c_j = \gamma c_{j-1} + (1-\gamma)(j-1)c_{j-1} - \gamma c_j - (1-\gamma)jc_j \tag{16.3}$$

这给出了 c_j 的下列递推式

$$c_j = c_{j-1}\frac{(\gamma + (j-1)(1-\gamma))}{(1+\gamma+j(1-\gamma))} \tag{16.4}$$

这足以让我们找到 c_j 的显式值. 如果把注意力集中在近似方法上，我们发现对相当大的 j 来说，

$$\frac{c_j}{c_{j-1}} = 1 - \frac{2-\gamma}{1+\gamma+j(1-\gamma)} \sim 1 - \left(\frac{2-\gamma}{1-\gamma}\right)\left(\frac{1}{j}\right)$$

渐近地，要使上式成立，我们有 $c_j \sim j^{-\frac{2-\gamma}{1-\gamma}}$，这就给出了一个幂率. 为了看到这一点，我们观察到 $c_j \sim j^{-\frac{2-\gamma}{1-\gamma}}$，这意味着

$$\frac{c_j}{c_{j-1}} \sim \left(\frac{j-1}{j}\right)^{\frac{2-\gamma}{1-\gamma}} \sim 1 - \left(\frac{2-\gamma}{1-\gamma}\right)\left(\frac{1}{j}\right)$$

一个正式的版本

我们可以通过使用鞅来公式化上面的链接偏好. 我们首先表明，找到链接偏好过程入度的期望值就足够了，因为每个入度的顶点数都可以在杜布鞅的框架中讨论，从而我们可以利用 Azuma-Hoeffding 尾界；然后，我们将介绍如何计算相应的期望值.

考虑前面描述的链接偏好过程，一直到最终有 T 页为止. 为了简单起见，我们从两页开始，设这两页是互相链接的. 记 Z_i 为一个随机变量，该随机变量对应于当系统中有 i 个页面时，确定被第$(i+1)$个页面链接时所做的选择. 设 $X_{j,t}$ 是一个随机变量，对应于当有 t 个页面时，入度为 j 的页面数目. 进一步，对 $t \geqslant 2$，记 $Y_{j,t} = \boldsymbol{E}[X_{j,T} \mid Z_2, Z_3, \cdots, Z_{t-1}]$.

引理 16.1 *必有*

$$\Pr(|X_{j,T} - \boldsymbol{E}[X_{j,T}]| \geqslant \lambda) \leqslant 2\mathrm{e}^{-\lambda^2/(8T)}$$

证明 如前所述，只须证明 $Y_{j,t}$ 构成一个杜布鞅，且

$$|Y_{j,t} - Y_{j,t+1}| \leqslant 2$$

那么结果立即从定理 13.6 得到(我们可以用 $T-2$ 代替分母中的 T，因为只有 $T-2$ 个时间步长，但是 T 这个符号更容易记). 这个序列显然是一个杜布鞅，它是通过揭示每个一步的选择得到的. 为了得到差 $|Y_{j,t} - Y_{j,t+1}|$ 的界，我们指出对应于 Z_t 的选择最多会影响过程结束时入度为 j 的顶点数为 2. 特别地，如果顶点 v_1 在第 t 步被选择接收一个链接，我们会考虑如果另一个顶点 v_2 被选择将会发生什么？入度受影响的顶点只有 v_1 和 v_2. 要了解这一点，请考虑在第 t 步中分别选择 v_1 或 v_2 后对应的图 G_1 和 G_2 的变化. 如果下一步建立一个到随机顶点的链接(两个图中有相同的随机顶点，因为 Z_{t+1} 将是相同的)，除了 v_1 和 v_2 之外，每个顶点的入度保持与 G_1 和 G_2 中的一致. 同样，考虑下一步是通过模拟一个随机链接来创建一个新的链接：即对某个 ℓ，Z_{t+1} 复制创建在第 ℓ 步的链接. 如果 $\ell \neq t$，那么同样除了 v_1 和 v_2 之外，每个顶点的入度保持与 G_1 和 G_2 中的一致，因为是同一个顶点接收新的链接. 如果 $\ell = t$，则 v_1 在 G_1 中获得一个额外的链接，v_2 在 G_2 中获得一个额外的链

接；然而，这仅影响顶点 v_1 和 v_2 的入度，因此 $|Y_{j,t}-Y_{j,t+1}|$ 的上界仍然成立. ■

接下来要确定 $\boldsymbol{E}[X_{j,T}]$ 的期望，我们从 $\boldsymbol{E}[X_{0,t}]$ 开始.

引理 16.2 当 $t\geqslant 2$ 时，有

$$\frac{1}{1+\gamma}-\frac{2}{t}\leqslant\frac{\boldsymbol{E}[X_{0,t}]}{t}\leqslant\frac{1}{1+\gamma}$$

证明 根据式(16.2)、定理 2.7 和期望的线性性得到

$$\boldsymbol{E}[X_{0,t+1}]=\boldsymbol{E}[X_{0,t}]+1-\frac{\gamma\boldsymbol{E}[X_{0,t}]}{t}=1+\left(1-\frac{\gamma}{t}\right)\boldsymbol{E}[X_{0,t}] \tag{16.5}$$

因为为了方便讨论，我们是始于相互有链接的两个页面，有一个初始条件 $\boldsymbol{E}[X_{0,2}]=0$.

对于 $t\geqslant 2$，设

$$\delta(t)=\frac{1}{1+\gamma}t-\boldsymbol{E}[X_{0,t}]$$

根据式(16.5)，易得 $\delta(2)=\dfrac{2}{1+\gamma}$ 且 $\delta(3)=\dfrac{2-\gamma}{1+\gamma}$. 更一般地，

$$\delta(t+1)-\delta(t)=\boldsymbol{E}[X_{0,t}]-\boldsymbol{E}[X_{0,t+1}]+\frac{1}{1+\gamma}=-1+\frac{\gamma\boldsymbol{E}[X_{0,t}]}{t}+\frac{1}{1+\gamma}=-\frac{\gamma\delta(t)}{t}$$

由此可知，$\delta(t)$ 是 t 的减函数，但总是大于 0 的. 由于 $\delta(t)<2$，引理得证. ■

更一般地，我们有下列结论.

引理 16.3 设 c_j 是式(16.3)中给出的常数. 则对任意常数 j，当 $t\geqslant 2$ 时，存在常数 B_j，使得

$$\left|\frac{\boldsymbol{E}[X_{j,t}]}{t}-c_j\right|\leqslant\frac{B_j}{t}$$

在开始证明之前，我们分析一下它的证明思路，其想法是：如果 $\boldsymbol{E}[X_{j,t}]$ 偏离 c_jt 太远，在下一步将会有一个推力来缩小这种差异. 如果 $\boldsymbol{E}[X_{j,t}]$ 变得太大，那么在下一步中，入度为 j 的顶点更有可能获得到一个链接，而成为入度为 $j+1$ 的顶点，从而减小 $\boldsymbol{E}[X_{j,t}]$ 和 c_jt 之间的差异. 类似地，如果 $\boldsymbol{E}[X_{j,t}]$ 变得太小，那么入度为 j 的顶点获得链接的可能性就小，差异也同样减小. 复杂的是 $X_{j,t+1}$ 也依赖于 $\boldsymbol{E}[X_{j-1,t}]$，它可能也是偏离 $c_{j-1}t$ 的，因此也可能充当使 $\boldsymbol{E}[X_{j,t}]$ 偏离 c_jt 的角色. 但是，归纳起来，这些偏差都很小，因此，相比使 $\boldsymbol{E}[X_{j,t}]$ 推近 c_jt 的初始影响，可以忽略它们的影响.

证明 显然当 $j=0$ 时，结论是成立的. 我们用归纳法证明当 $j>0$ 时结论也成立，同时我们也对时间 t 进行归纳. 对 $j\geqslant 0$ 和 $t\geqslant 2$，设

$$\delta_j(t)=c_jt-\boldsymbol{E}[X_{j,t}]$$

其中，c_j 由式(16.3)给出. 从式(16.1)知，当 $j\geqslant 1$ 时，有

$$\boldsymbol{E}[X_{j,t+1}]=\boldsymbol{E}[X_{j,t}]+\frac{\gamma+(1-\gamma)(j-1)}{t}\boldsymbol{E}[X_{j-1,t}]-\frac{\gamma+(1-\gamma)j}{t}\boldsymbol{E}[X_{j,t}] \tag{16.6}$$

再由式(16.6)，我们得到：当 $j\geqslant 1$ 时，

$$\begin{aligned}\delta_j(t+1)&=c_j(t+1)-\boldsymbol{E}[X_{j,t+1}]\\&=c_jt+c_j-\boldsymbol{E}[X_{j,t}]-\frac{\gamma+(1-\gamma)(j-1)}{t}\boldsymbol{E}[X_{j-1,t}]+\frac{\gamma+(1-\gamma)j}{t}\boldsymbol{E}[X_{j,t}]\\&=c_j+\delta_j(t)-\frac{\gamma+(1-\gamma)(j-1)}{t}\boldsymbol{E}[X_{j-1,t}]+\frac{\gamma+(1-\gamma)j}{t}\boldsymbol{E}[X_{j,t}]\end{aligned}$$

$$= c_j + \delta_j(t) - \frac{\gamma + (1-\gamma)(j-1)}{t}(c_{j-1}t - \delta_{j-1}(t)) + \frac{\gamma + (1-\gamma)j}{t}(c_j t - \delta_j(t))$$

$$= \delta_j(t) + \frac{\gamma + (1-\gamma)(j-1)}{t}\delta_{j-1}(t) - \frac{\gamma + (1-\gamma)j}{t}\delta_j(t)$$

设 $|\delta_{j-1}(t)| \leqslant B_{j-1}$ 成立．对 $t \leqslant \gamma + (1-\gamma)j$，我们可以找到一个常数 B_j，使得 $|\delta_{j-1}(t)| \leqslant B_j$，因为这仅仅是换了一个记号．同时我们也假设 $B_j \geqslant B_{j-1}$；如果不是，我们可以简单地将 B_j 增加到这个值．对于 $t > \gamma + (1-\gamma)j$，上式右边的绝对值有下列界

$$\left|\left(1 - \frac{\gamma + (1-\gamma)j}{t}\right)\delta_j(t) + \frac{\gamma + (1-\gamma)(j-1)}{t}\delta_{j-1}(t)\right|$$

注意到 $\frac{\gamma + (1-\gamma)j}{t} < 1$，所以该表达式的上界为

$$\left(1 - \frac{\gamma + (1-\gamma)j}{t}\right)B_j + \frac{\gamma + (1-\gamma)(j-1)}{t}B_{j-1} \leqslant B_j$$

其中，右边 B_j 的界是由 $\frac{\gamma + (1-\gamma)j}{t} \geqslant \frac{\gamma + (1-\gamma)(j-1)}{t}$ 和 $B_j \geqslant B_{j-1}$ 推出的．

结果，我们有 $|\delta_j(t+1))| \leqslant B_j$，由归纳原理知引理成立．■

总结起来，我们已经证明了：在万维网链接偏好模型的适当初始条件下，有 j 个其他页面链接到该页面的页面比例会以很大的概率收敛到 c_j，其中 c_j 遵循 $c_j \sim j^{-\frac{2-\gamma}{1-\gamma}}$ 给出的幂律．这里，$1-\gamma$ 是一个新页面选择的链接方法是复制一个现有链接的概率．

尽管我们已经把链接偏好模型看成了一个潜在的网图，但我们的分析通常还是仅限于链接偏好模型．事实上，链接偏好的概念要比万维网早得多；1925 年，Yule 使用了类似的分析来解释植物在物种之间的分布，经验证明这符合幂律分布．Simon 在 1955 年提出了另一个关于链接偏好导出幂律的例子，虽然 Simon 为万维网产生的图提供模型还为时过早，但他提出的链接偏好模型有几个潜在的应用：文档中词频的分布、科学家发表论文数量的分布、城市人口分布、收入分布以及物种之间的分布等．

16.4　幂律在算法分析中的应用

在某些情况下，算法在设计过程中可以利用正在研究的对象具有幂律这一优势．一个典型的例子包括在一个图表中列出所有三角形或计算有多少三角形．在网络分析中，三角形的计数是非常重要的；三角形的数量与图的聚类系数相关，该系数测量图中顶点聚类在一起的趋势．例如，在社交网络中，顶点代表人，边代表友谊，三角形的闭合代表两个人与彼此的朋友成为朋友．

我们讨论一个简单无向图的特殊情形，设该图没有自循环或顶点之间的多条平行边，有 n 个顶点和 m 条边．计数和列出三角形自然可以通过检查所有可能的三个顶点在 $\Theta(n^3)$ 次内完成．计数三角形可以通过矩阵乘法更快地完成；如果 A 是图的邻接矩阵，那么 A^3 的对角线与图中三角形的数量有关．具体来说，第 i 个对角线数值等于包含第 i 个顶点的三角形的两倍．因此，可以将对角线数值的总和除以 6，以获得图中三角形的总数．因为矩阵乘法可以在 $o(n^3)$ 次内完成，所以这种方法比检查所有可能的三点更快．

对于稀疏图，我们可以做得更好．我们提供了一个算法，它可以在 $O(m^{3/2})$ 次内列出

和计数三角形. 对有不超过 $\Omega(m^{3/2})$ 个三角形在图中的情形而言，这个算法是最优的. 然后我们证明，在假设图的入度序列满足幂律分布的情况下，算法的运行次数是可以得到改善的.

引理 16.4 三角形列出算法在 $O(m^{3/2})$ 次内运行(假设 $m \geqslant n$).

证明 我们首先证明每个三角形都只列出一次. 考虑一个三角形 $\{x, y, z\}$，其中 $d^*(x)>d^*(y)>d^*(z)$. 对某个顶点 v，当我们按 d^* 值的降序到达它时，已处理了所有顶点，则我们称顶点 v 为已处理. 那么我们在顶点 y 和 z 之前已处理了顶点 x. 当处理顶点 y 时，我们将精准地输出此三角形. 因为当处理 x 时，顶点 x 被添加到 $A[y]$ 和 $A[z]$ 中，当处理 y 时，我们得到 $z \in N(y)$ 且 $d^*(z)<d^*(y)$，所以将输出此三角形. 另一方面，这将是唯一的一次输出此三角形，因为当处理顶点 x 时，y 和 z 都不在 $A[x]$ 中，并且当处理顶点 z 时，$d^*(x)$ 和 $d^*(y)$ 都比 $d^*(z)$ 更大.

为了求得运行次数的上界，我们看到计算顶点入度的运算量是 $O(m)$，而初始分类步骤为 $O(n \log n)$，它们各自为 $O(m^{3/2})$. 我们也有：对 $O(m)$ 边中的每一条，对应于“对于每个 $u \in N(v)$”这个步骤，我们最多用 $O(\sqrt{m})$ 次来计算 $A[u]$ 和 $A[v]$ 的交点. 因为 $A[u]$ 和 $A[v]$ 是顶点排序的，而顶点被添加到列表中时是按 d^* 排序的，因此交集可以在与最大列表大小成比例的次数内计算出来. 但对于任意顶点 x，$A[x]$ 仅包含入度至少与 x 入度一样大的顶点. 如果 x 的入度大于 $2\sqrt{m}$，那么 $A[x]$ 中 x 的所有邻点也将具有大于 $2\sqrt{m}$ 的入度，这将在图中产生至少 $(2\sqrt{m}^2)/2=2m$ 条边(我们除以 2 是因为每条边可能被计数两次). 这与图中只有 m 条边相矛盾. 所以，每个列表 $A[x]$ 的大小最多为 $O\sqrt{m}$，总运行次数以 $O(m^{3/2})$ 为界. ■

算法 16.1 三角列出算法

输入： 无向图 $G=(V, E)$，没有自循环，顶点之间也没有多重平行边，以邻接列表形式呈现.

输出： 图表中所有三角形的列表.

主要流程：

1. 按照从小到大的入度数对顶点进行排序；设 $d(v)$ 为 v 的入度，$N(v)$ 是 v 的邻集.
2. 设 $d^*(v)$ 为 v 在排序中的位置，可能随时打乱.
3. 创建 n 个列表的排列，其中 $A[v]$ 是 v 对应的列表. 所有列表的初值都是空的.
4. 对于每个顶点 v，按 $d^*(v)$ 的降序：
   (a) 对每个满足 $d^*(u)<d^*(v)$ 的 $u \in N(v)$：
      i. 对于每个 $w \in A[u] \cap A[v]$，输出三角形 $\{u, v, w\}$；
      ii. 将 v 添加到列表 $A[u]$ 中.

现在让我们在图中顶点的入度具有幂律分布的情形下考虑该算法. 有多种方法可以证明入度分布与幂律分布有关. 但我们可以简单地假设我们有一个图，其中入度至少为 j 的顶点数最多为 $cnj^{-\alpha}$ 就足够了，其中，c 和 α 是常数. 注意，如果入度刚好是 j 的顶点数最多为 $c_2 nj^{-\beta}$，其中，c_2 和 β 是两个常数，那么条件 $\alpha=\beta-1$ 成立. 例如，对于链接偏好模

型产生的随机图，这种假设条件以很大的概率成立.

引理 16.5　如果对于某个常数 c 和 α，入度至少为 j 的顶点数最多为 $cnj^{-\alpha}$，则三角形列出算法在 $O(mn^{1/(1+\alpha)})$ 次内运行.

当 $\alpha>1$ 时，定理 16.5 为定理 16.4 提供了一个改进的界. 注意这样的幂律图是稀疏的，所以在这种情况下 $m=O(n)$；因此，运行次数也可以表示为 $O(n^{(2+\alpha)/(1+\alpha)})$.

证明　我们重新计算 $A[u]$和 $A[v]$的交点，对于任何顶点 x，$|A[u]|\leqslant d(x)$，因为只有与 x 相邻的点属于列表 $A[x]$，并且，$A[x]$仅包含入度至少为 $d(x)$的顶点. 因此 $|A[x]|\leqslant\min(d(x), cn(d(x))^{-\alpha})$. 调整最小化中的项，我们发现 $|A[x]|\leqslant(cn)^{1/(1+\alpha)}$，证毕. ■

16.5　其他相关的分布

虽然幂律分布通常可以提供一些自然模型，但是也存在具有相似行为的其他分布，这些分布可以在某些情况下提供更好的模型. 实际上，关于什么是最佳模型，在不同情况下可能存在争议. 由于幂律分布的尾分布是一个小概率事件，模型的选择可以对这些小概率事件具有很大的依赖性，而有一个好的模型可能很重要，比如，强烈地震发生的概率究竟有多小. 在本节我们将研究一些通常被建议作为幂律分布的替代分布的分布.

16.5.1　对数正态分布

如果随机变量 $Y=\ln X$ 服从正态(或高斯)分布，则称非负随机变量 X 服从对数正态分布. 回想一下第 9 章的正态分布 Y，其密度函数为：

$$g(y)=\frac{1}{\sqrt{2\pi}\sigma}\mathrm{e}^{-(y-\mu)^2/2\sigma^2}$$

其中 μ 是均值，σ 为标准差(σ^2 是方差)，$-\infty<y<\infty$. 对数正态随机变量 X 的密度函数 $f(x)$可简单地表示为 $g(\ln x)/x$，其中 $0<x<\infty$. 分母中的 x 上升是因为

$$f(x)\mathrm{d}x=g(y)\mathrm{d}y$$

其中 $y=\ln x$，从而 $\mathrm{d}y=\mathrm{d}x/x$.

服从对数正态分布的随机变量 X 的密度函数计算得

$$f(x)=\frac{1}{\sqrt{2\pi}\sigma x}\mathrm{e}^{-(\ln x-\mu)^2/2\sigma^2}$$

从而对数正态分布的补偿累积分布函数为

$$\Pr(X\geqslant x)=\int_{z=x}^{\infty}\frac{1}{\sqrt{2\pi}\sigma z}\mathrm{e}^{-(\ln z-\mu)^2/2\sigma^2}\mathrm{d}z$$

当正态分布的 Y 具有均值 μ 和方差 σ^2 时，我们说对数正态分布的 X 有参数 μ 和 σ^2，其含义是清楚的. 对数正态分布不是对称的，其均值为 $\mathrm{e}^{\mu+\frac{1}{2}\sigma^2}$，中位数为 e^{μ}，众数为 $\mathrm{e}^{\mu-\sigma^2}$. (这些参数的证明留作练习 16.13)对数正态分布具有有限的均值和方差，这与在某些参数下可以具有无穷的均值和方差的幂律分布不同.

对数正态分布的一个有趣的性质是独立的对数正态分布的乘积仍是对数正态分布，这是因为正态分布具有以下性质：Y_1 和 Y_2 分别是均值为 μ_1、μ_2，方差为 σ_1^2、σ_2^2 的两个独立

的正态随机变量，则它们的和是均值为 $\mu_1+\mu_2$、方差为$\sigma_1^2+\sigma_2^2$的正态随机变量.

虽然它具有有限矩，但对数正态分布与幂律分布的“形状”极为相似，所谓“形状”相似，即如果 X 具有对数正态分布，那么大部分的补偿累积分布函数或 X 的密度函数的对数-对数散点图是近似线性的，当然这还取决于对应正态分布的方差. 如果方差很大，则对数-对数散点图可能是高阶近似意义下呈现线性的.

为了看到这一点，让我们先看一下密度函数的对数，它比补偿累积分布函数更容易使用：

$$\ln f(x)=-\ln x-\ln\sqrt{2\pi}\sigma-\frac{(\ln x-\mu)^2}{2\sigma^2} \tag{16.7}$$

如果 σ 很大，那么对于大范围上的 x 值，式(16.7)中的二次项将很小，因此 $\ln f(x)$在大范围内按 $\ln x$ 几乎呈线性. 回想一下检查对数-对数散点图上的线是用于检查一个分布是否是幂律分布的第一个测试(尽管是直观上的测试). 对数正态分布表明为什么线性测试通常不足以让人得出以下结论：抽样分布遵循幂律分布.

16.5.2　具有指数截断的幂律

具有指数截断的幂律是指密度函数具有下列形式的分布：

$$f(x)\sim x^{-\alpha}e^{-\lambda x}$$

其中 α，$\lambda>0$. 使用这种分布背后的想法是，类似于对数正态分布，当 λ 很小时，在大部分可能取值上，它粗略地遵循幂律分布. 但当 λ 足够大时，指数项将占主导地位. 指数截断可以模拟最终必须因资源限制而终止的幂律. 例如，财富的分配可能更符合具有指数截断的幂律分布，因为毕竟资金是存在限制的，故指数截断可能能够更好地模拟这种分布的尾部.

16.6　练习

16.1 (a) 帕累托分布在下列意义下通常被称为“尺度不变”：如果 X 是服从帕累托分布并且具有密度函数 $f(x)$的随机变量，则坐标缩放新得的随机变量的密度函数 $g(x)=f(cx)$与 $f(x)$成比例. 证明这一结论.

(b) 尺度不变性的一个含义是：如果我们以不同的单位测量随机变量，它仍然服从帕累托分布. 例如，如果我们认为财富服从帕累托分布，我们重新以百万美元为单位计量而不是美元来衡量财富，则财富仍然服从帕累托分布. 证明，在这种重新缩放(其中 $g(x)=f(cx)$)下，帕累托分布在对数-对数散点图上仍然是直线，并且仅由原图向上或向下移动.

16.2 设在若干小时内完成的项目的完成时间服从帕累托分布，参数为 $\alpha=2$ 且最小时间为 1 小时，完成项目的平均时间是多少？现在假设三小时后项目还没有完成. 如果项目在完成时间至少为 3 小时的条件下项目的完成时间仍服从上面的帕累托分布，那么项目完成的平均剩余时间是多少？它与没有条件的项目平均完成时间有区别吗？

16.3 考虑服从参数为 $\alpha>0$ 和最小值为 m 的帕累托分布的随机变量 X. 对 $x\geqslant y\geqslant m$，求条件分布

$$\Pr(X\geqslant x\mid X\geqslant y)$$

16.4 设在若干小时内完成的项目的完成时间服从帕累托分布，参数为 α 且最小时间为 1 小时. 帕累托分布有下列性质：项目没有完成的时间越长，它的期望完成时间就越长. 设 X 是项目完成的时间，我们感兴趣的是：

$$f(y)=\mathbf{E}[X-y \mid X \geqslant y]$$

求证：当 $\alpha>1$ 时，f 是增函数.

16.5 在 9.6 节中，我们讨论了最大化对数似然函数以便找到参数的最大似然估计. 假设我们有来自帕累托分布的 n 个样本 x_1，x_2，…，x_n，且已知帕累托分布的最小值为 1 但参数 α 未知.

(a) 根据参数 α 和样本值 x_1，x_2，…，x_n 确定的对数似然函数是什么？

(b) 求 α 的最大似然估计量.

16.6 幂律分布通常用诸如"20%的人口有 80%的收入"来描述. 如果假设一个帕累托分布符合这条短语，则可由其确定参数 α 的值，问 α 取什么值对应这句短语？你应该解释为什么你的结果与最小值 m 无关.

16.7 考虑整数集上的标准随机游动 X_0，X_1，X_2，…，X_n，它是从 0 点开始，并且每步从 X_i 移动到 X_i+1的概率为 1/2，每步从 X_i 到 X_i-1 的概率也为 1/2. 我们感兴趣的是首次返回 0 点的移动次数. 注意，这个次数必须是偶数. 设 f_t 表示首次返回 0 点的移动次数为 $2t$ 的概率. 设 u_t 表示第 $2t$ 步游动在 0 点的概率.

(a) 证明：$u_t=\binom{2t}{t}2^{-2t}$.

(b) 考虑概率 $\Pr(X_1>0, X_2>0, \cdots, X_{2t-1}>0 \mid X_{2t}=0)$，证明这个概率等于$\frac{1}{2t-1}$(提示：可以使用 13.2.1 节中的 Ballot 定理做).

(c) 证明：$f_t=\frac{u_t}{2t-1}$.

(d) 使用斯特林(Stirling)公式，证明 f_t 服从幂律分布.

16.8 考虑猴子随机打字试验，尝试用两个字母的字母表进行实验，这些字母以不同的概率被击中："a"以概率 q 出现，"b" 以概率 q^2 出现，空格以 $1-q-q^2$ 的概率出现(其中，q 满足 $1-q-q^2>0$.)

(a) 试写出猴子拼出的以 $q^j(1-q-q^2)$为概率的所有单词(j 为整数).

(b) 如果一个单词出现的概率为 $q^j(1-q-q^2)$，我们称之为具有伪等级 j. 证明具有伪等级 j 的单词的数量是斐波那契数的第$(j+1)$项 F_{j+1}(其中，我们规定 $F_0=0$ 和 $F_1=1$).

(c) 使用斐波那契数的下列性质：$\sum_{i=1}^{k} F_k=F_{k+2}-1$ 以及当 k 充分大且 $\phi=\frac{1+\sqrt{5}}{2}$时有 $F_k \approx \phi^k/\sqrt{5}$. 证明第 j 个最频繁单词的频率(大致)表现得像一个幂律分布，如同猴子随机试验中，每个字符有相同概率.

16.9 编写一个程序来模拟 16.2.3 节中的猴子随机打字试验. 你的模拟应考虑以下两种情形：

- 你有一个 8 个字母和空格的字母表；以 0.2 的概率选择空格，并以相等的概率选择字母.
- 你有一个 8 个字母和空格的字母表；以 0.2 的概率选择空格，并且均匀随机地选择每个字母，条件是它们的概率之和为 0.8.

对于每个情形，生成 100 万个单词，并跟踪出现的每个单词的频率. 回忆一下，空单词应该被视为一个单词，你将有少于 100 万个不同的单词要跟踪.

(a) 实际情况是，你在实验中看到的每个单词最多用 256 位(至少在大多数时间)表示. 解释为什么会这样.

(b) 在对数-对数散点图上绘制每个情形的字频分布. x 轴表示按其频率划分的字的等级，y 轴表示频率. 这两个散点图有所不同吗？

(c) 上述散点图遵循幂律吗？请说明之.

16.10 编写一个程序来模拟链接偏好过程，从四个页面连接起来作为四个顶点的循环开始，每次添加有一个外链的页面，直到有 100 万页，并用 $\gamma=0.5$ 作为均匀随机链接到页面的概率，$1-\gamma=0.5$ 作为复制现有链接的概率. 绘制入度分布的散点图，在对数-对数图上标明每个入度的顶点数目.

另绘制了一个散点图，标明累积入度分布，即在对数-对数散点图上对每个 k 值标明入度至少为 k 的顶点数目. 上述入度分布是否符合幂律分布？试说明.

16.11　编写一个程序来模拟链接偏好过程，类似于文中的热点问题，但现在从四个页面开始，每个页面指向其他三个页面，且每添加一个页面有三个外链接，直到有 100 万页面. 再次绘制入度分布和累积入度分布的散点图. 这两图与前一个问题有何不同？此时入度分布是否服从幂律分布？

16.12　推导出参数为 α 和 λ 的指数截断的幂律分布的均值和方差的表达式.（可以假设 α 是正整数.）

16.13　推导出参数为 μ 和 σ^2 的对数正态分布的均值、中位数和众数的表达式. 回忆一下，均值为 $e^{\mu+\frac{1}{2}\sigma^2}$，中位数为 e^{μ}，众数为 $e^{\mu-\sigma^2}$.

16.14　考虑 15.4 节中的最小计数过滤器. 我们证明，如果项目计数的分布服从幂律分布，则可以改善其性能的上界. 假设我们有一个 N 个项目的集合，其中第 ℓ 最频繁项目对应的总计数由下式给出：$f_\ell = c/\ell^z$，其中常数 z 大于 1 且 c 是一个给定的值（为了方便起见，你可以假定所有 f_ℓ 都是适当舍入的整数）. 如 15.4 节所述，假定我们有 k 个不相交的计数器组，每个计数器都有 m/k 个计数机. 我们使用项目散列的最小计数值 $C_{a,j}$ 作为其计数的估计值.

(a) 试证明：删除 $b \geqslant 1$ 个最频繁项目后，所有项目总数的尾部有下列界

$$\sum_{i=b+1}^{N} f_i \leqslant \frac{cb^{1-z}}{z-1} \leqslant Fb^{1-z}$$

其中 $F = \sum_{i=1}^{N} f_i$.

(b) 现在考虑一个总计数为 f_i 的元素 i，对单一的一组计数器，证明 i 与具有最大计数（除了可能本身之外）的 $m/(3k)$ 个项目的任何一个碰撞的概率最多为 1/3.

(c) 证明：在事件 ε 条件下，其中 ε 表示 i 不与具有最大计数的 $m/(3k)$ 个项目的任何一个碰撞这一事件，设 i 散列到计数器 $C_{a,j}$，则 $C_{a,j}$ 的期望计数的上界为

$$\boldsymbol{E}[C_{a,j} \mid \varepsilon] \leqslant f_i + F\frac{(m/3k)^{1-z}}{(m/k)}$$

(d) 令 $\gamma = 3\frac{(m/3k)^{1-z}}{m/k}$，求证 $C_{a,j} \leqslant f_i + \gamma F$ 发生的概率至少为 1/3.

(e) 解释为什么上述隐含着：最小计数过滤器产生一个 f_i 的不超过 $f_i + \gamma F$ 的估计的概率至少为 $1-(2/3)^k$.

(f) 假设我们想要找到计数至少为 q 的所有项目：当一个项目加入最小计数过滤器中时，如果它的最小计数至少为 q，则将其放在列表中. 证明我们可以构造一个最小计数过滤器，使其具有 $O\left(\left\lceil \ln\frac{1}{\delta}\right\rceil\right)$ 个散列函数和 $O\left(\left\lceil \ln\frac{1}{\delta}\right\rceil\left\lceil \varepsilon^{-1/z}\right\rceil\right)$ 个计数器，并且所有计数至少为 q 的项目都会被放在列表中，而任何计数小于 $q-\varepsilon F$ 的项目被放入列表的概率最多为 δ.

（注意，关于项目计数的这种偏态分布，这个结论改进了推论 15.13 的结果.）

第 17 章　平衡分配和布谷鸟散列

在这一章中，我们将研究经典球和箱范例的简单而强大的变体，其中每个球可以选择少数的箱子来放置. 我们的第一个设定通常被称为平衡分配，球一旦进入系统，必须固定地选择球的放置位置. 第二个设定被称为布谷鸟散列，在某些情况下，球在初始放置后可能移动到其他位置.

17.1　两种选择的影响力

假设我们顺序地将 n 个球放入 n 个独立且均匀随机选择的箱子里. 在第 5 章中我们研究了这些经典的球和箱问题，结果显示，在过程结束时，有极大概率任何箱子里最多的球数——最大负载为 $\Theta(\ln n/\ln\ln n)$.

在该过程的一个变体中，每个球独立且均匀随机选择有 d 个可能的目标箱，并且在放置时放在 d 个可能的位置中的最空的箱中. 最初球和箱过程对应于 $d=1$ 的情况. 令人惊讶的是，即使当 $d=2$ 时，表现也是完全不同的：当进程终止时，有极大概率最大负载为$\ln\ln n/\ln 2+O(1)$. 因此，随机分配过程的一个明显很小的变化将导致最大负载指数下降. 然后，如果每个球有三种选择，那么结果负载可能是 $O(\ln\ln\ln n)$. 考虑每个球 d 种选择的一般情况，规定 $d\geqslant 2$，有极大概率最大负载为 $\ln\ln n/\ln d+\Theta(1)$. 虽然有两个以上的选择确实减少了最大负载，但对于任何常数 d，减少量仅改变一个常数因子，所以剩余的$\Theta(\ln\ln n)$为常数 d.

上界

定理 17.1　假设 n 个球按以下方式依次放入 n 个箱中，$d\geqslant 2$ 个箱子被随机独立均匀选择(替换). 在放置时，每个球被放置在 d 个箱子中最空的那个，并且随机打破限制. 在所有球被放置之后，以 $1-o(1/n)$的概率任意箱子的最大负载至多是 $\ln\ln n/\ln d+O(1)$.

证明是相当技巧性的，所以在开始证明之前，我们简略地勾勒出要点. 为了限制最大负载，我们需要近似地为 i 个球的所有 i 值限制箱子的数量. 事实上，对于任何给定的 i，与其试图用负载精确的 i 限制箱子数量，不如用负载至少 i 限制箱子的数量. 在大多数情况下，这个论证可以通过一个简单的归纳得到. 我们希望找到数值 β_i 的序列，使得通过高概率的 β_i 得到用负载至少 i 限制的箱子数量.

假设已知在整个过程中，通过 β_i 得到的用负载至少 i 限制的箱子的数量. 让我们考虑如何为具有高概率的 β_{i+1} 确定适当的归纳边界. 将球的高度定义为比已经放置在箱中的球的数量多一倍. 也就是说，如果我们认为球是按到达顺序堆放在箱子里的，那么球的高度就是它在堆里的位置. 高度至少为 $i+1$ 的球的数量给出了具有至少 $i+1$ 个球的箱子数量的上界.

只要一个球的 d 个选择都具有至少 i 的负载，那么这个球的高度至少为 $i+1$. 如果确实总是至多有 β_i 个箱子负载至少为 i，那么每个选择产生的负载至少 i 的箱子的概率至多为 (β_i/n). 一个球至少有 $i+1$ 高度的概率最多是 $(\beta_i/n)^d$. 我们可以用切尔诺夫界来推断，有很高概率高度至少为 $i+1$ 的球的数量最多是 $2n(\beta_i/n)^d$. 也就是说，按照假设，

$$\frac{\beta_{i+1}}{n} \leqslant 2\left(\frac{\beta_i}{n}\right)^d$$

我们在分析中仔细地研究了这个递归，并且表明当 $j=\ln\ln n/\ln d+O(1)$ 时，β_i 变为 $O(\ln n)$. 在这一点上，我们在分析中必须更加小心，因为切尔诺夫界将不再足以证明，但是从中可以很容易地完成结果.

这个证明在技术上具有挑战性，主要是因为必须适当地处理条件变化. 在边界 β_{i+1} 上，我们假设对 β_i 有界，需要注意这个假设在正式论证时必须作为条件处理.

我们将使用以下符号：t 时刻的状态是指 t 个球被放置之后紧接着的系统的状态. 变量 $h(t)$ 表示第 t 个球的高度，$v_i(t)$ 和 $\mu_i(t)$ 分别表示在时刻 t 具有负载至少 i 的箱子数量和高度至少 i 的球的数量. 意义明确的情况下，v_i 指 $v_i(n)$，μ_i 指 $\mu_i(n)$. 一个显而易见但很重要的事实 $v_i(t)\leqslant\mu_i(t)$，我们在证明中经常使用这个事实，因为每个负载至少 i 个球的箱子必然至少包含一个高度至少为 i 的球.

在开始之前，我们记下两个简单的引理. 首先，我们利用服从二项分布的随机变量的特定切尔诺夫边界，很容易从方程式(4.2)推导出 $\delta=1$.

引理 17.2

$$\Pr(B(n,p)\geqslant 2np)\leqslant \mathrm{e}^{-np/3} \tag{17.1}$$

下面的引理将帮助我们在主要证明中处理相应的随机变量.

引理 17.3　令 X_1，X_2，…，X_n 是任意域中的随机变量序列，且 Y_1，Y_2，…，Y_n 是二元随机变量，满足 $Y_i=Y_i(X_1,\cdots,X_i)$. 如果

$$\Pr(Y_i=1\mid X_1,\cdots,X_{i-1})\leqslant p$$

那么

$$\Pr\left(\sum_{i=1}^{n}Y_i>k\right)\leqslant \Pr(B(n,p)>k)$$

证明　在不考虑 X_i 值的情况下，如果我们一次只考虑 Y_i，那么相比于成功概率为 p 的独立伯努利试验，每个 Y_i 都不太可能取值 1. 结论之后将通过简单的归纳证明. ■

现在开始主要的证明.

定理 17.1 的证明　在先前的证明之后，我们将构造值 β_i，使得对于所有 i，有高概率 $v_i(n)\leqslant\beta_i$. 对于 $4\leqslant i\leqslant i^*$，$i^*$ 有待确定，令 $\beta_4=n/4$ 且 $\beta_{j+1}=2\beta_i^d/n^{d-1}$. ε_i 表示事件 $v_i(n)\leqslant\beta_i$. 注意到，ε_4 以概率 1 成立；当只有 n 个球时，不超过 $n/4$ 个箱子至少有 4 个球. 现在表明，如果 ε_i 成立，那么有很高概率 ε_{i+1} 在 $4\leqslant i\leqslant i^*$ 上也成立.

在给定的范围内确定 i 的值. 设 Y_t 为二元随机变量，

$$Y_t=1 \text{ 当且仅当 } h(t)\geqslant i+1 \quad \text{且} \quad v_i(t-1)\leqslant\beta_i$$

也就是说，如果第 t 个球的高度至少为 $i+1$，则 Y_t 为 1，并且如果在时间 $t-1$，则至多有 β_i 个负载至少 i 的箱子. 只要至多有 β_i 个负载至少 i 的箱子，则 Y_t1 的要求可能看起来有点奇怪，但是，它使处理条件更容易.

具体来说，用 w_j 代表第 j 个球选择的箱子．然后

$$\Pr(Y_t = 1 \mid \omega_1, \cdots, \omega_{t-1}) \leqslant \frac{\beta_i^d}{n^d}$$

也就是说，给定前 $t-1$ 个球的选择后，Y_t 为 1 的概率由$(\beta_i/n)^d$ 限定．这是因为，为了使 Y_t 为 1，必须满足至多有 β_i 个负载至少 i 的箱子；并且当这个条件成立时，第 d 个球的可选择的 d 个箱子都负载至少 i 的概率为$(\beta_i/n)^d$．如果负载至少 i 的箱子数超过 β_i，则如果不强制 Y_t 为 0，那么就不能以这种方式限制这个条件概率．

令 $p_i=\beta_i^d/n^d$．然后，根据引理 17.3，我们可以得出结论：

$$\Pr\left(\sum_{t=1}^{n} Y_t > k\right) \leqslant \Pr(B(n,p_i) > k)$$

这与任何事件 ε_i 无关，因为我们仔细定义了 Y_t(不包括条件——只要 $v_i(t-1)\leqslant\beta_i$，则 $Y_t=1$，这个不等式不一定成立)．

在 ε_i 上，有 $\sum\limits_{t=1}^{n} Y_t = \mu_{i+1}$．因为 $v_{i+1}\leqslant\mu_{i+1}$，所以

$$\Pr(v_{i+1} > k \mid \varepsilon_i) \leqslant \Pr(\mu_{i+1} > k \mid \varepsilon_i) = \Pr\left(\sum_{t=1}^{n} Y_t > k \mid \varepsilon_i\right)$$

$$\leqslant \frac{\Pr\left(\sum\limits_{t=1}^{n} Y_t > k\right)}{\Pr(\varepsilon_i)} \leqslant \frac{\Pr(B(n,p_i) > k)}{\Pr(\varepsilon_i)}$$

利用引理 17.2 的切尔诺夫界来约束二项分布的尾部．在前面的公式中令 $k=\beta_{i+1}=2np_i$ 得到

$$\Pr(\nu_{i+1} > \beta_{i+1} \mid \varepsilon_i) \leqslant \frac{\Pr(B(n,p_i) > 2np_i)}{\Pr(\varepsilon_i)} \leqslant \frac{1}{\mathrm{e}^{p_i n/3}\Pr(\varepsilon_i)}$$

$$\Pr(\neg\, \varepsilon_{i+1} \mid \varepsilon_i) \leqslant \frac{1}{n^2 \Pr(\varepsilon_i)} \tag{17.2}$$

不管何时都有 $p_i n\geqslant 6 \ln n$.

现在用这个事实来移除条件

$$\Pr(\neg\, \varepsilon_{i+1}) = \Pr(\neg\, \varepsilon_{i+1} \mid \varepsilon_i)\Pr(\varepsilon_i) + \Pr(\neg\, \varepsilon_{i+1} \mid \neg\, \varepsilon_i)\Pr(\neg\, \varepsilon_i)$$
$$\leqslant \Pr(\neg\, \varepsilon_{i+1} \mid \varepsilon_i)\Pr(\varepsilon_i) + \Pr(\neg\, \varepsilon_i) \tag{17.3}$$

然后，由式(17.2)和式(17.3)得

$$\Pr(\neg\, \varepsilon_{i+1}) \leqslant \Pr(\neg\, \varepsilon_i) + \frac{1}{n^2} \tag{17.4}$$

只要 $p_i n\geqslant 6 \ln n$.

因此，$p_i n\geqslant 6 \ln n$ 且 ε_i 成立的概率很高的任何时候，ε_{i+1} 也是如此．最后需要两个步骤．首先，当 i 近似为 $\ln\ln n/\ln d$ 时，需要证明 $p_i n<6 \ln n$，因为这是我们对最大负载的期望界限．其次，我们必须小心地处理 $p_i n<6 \ln n$ 时的情况，因为一旦 p_i 很小，切尔诺夫界将不再足以给出合适的界限．

令 i^* 是 i 的最小值，使得 $p_i=\beta_i^d/n^d<6 \ln n/n$．现在表明 i^* 为 $\ln\ln n/\ln d+O(1)$．为了实现这一点，我们证明诱导界

$$\beta_{i+4} = \frac{n}{2^{2d^i - \sum_{j=0}^{i-1} d^j}}$$

$i=0$ 时是成立的，然后接下来归纳论证

$$\beta_{(i+1)+4} = \frac{2\beta_{i+4}^d}{n^{d-1}} = 2\frac{\left(\frac{n}{2^{2d^i - \sum_{j=0}^{i-1} d^j}}\right)^d}{n^{d-1}} = \frac{n}{2^{2d^{i+1} - \sum_{j=0}^{i} d^j}}$$

第一行是 β_i 的定义，第二行是归纳假设. 其次因为 $\beta_{i+4} \leqslant n/2^{d^i}$，所以 i^* 是 $\ln \ln n/\ln d + O(1)$. 通过归纳应用方程(17.4)发现

$$\Pr(\neg \varepsilon_{i^*}) \leqslant \frac{i^*}{n^2}$$

现在处理当 $p_i n < 6 \ln n$ 时的情况，有

$$\Pr(v_{i^*+1} > 18 \ln n \mid \varepsilon_{i^*}) \leqslant \Pr(\mu_{i^*+1} > 18 \ln n \mid \varepsilon_{i^*})$$
$$\leqslant \frac{\Pr(B(n, 6 \ln n/n) \geqslant 18 \ln n)}{\Pr(\varepsilon_{i^*})} \leqslant \frac{1}{n^2 \Pr(\varepsilon_{i^*})}$$

最后的不等再次来自切尔诺夫界. 像以前一样去除条件，得到

$$\Pr(v_{i^*+1} > 18 \ln n) \leqslant \Pr(\neg \varepsilon_{i^*}) + \frac{1}{n^2} \leqslant \frac{i^*+1}{n^2} \tag{17.5}$$

作为结束，我们注意

$$\Pr(v_{i^*+3} \geqslant 1) \leqslant \Pr(\mu_{i^*+3} \geqslant 1) \leqslant \Pr(\mu_{i^*+2} \geqslant 2)$$

并将后一个量限制如下：

$$\Pr(\mu_{i^*+2} \geqslant 2 \mid v_{i^*+1} \leqslant 18 \ln n) \leqslant \frac{\Pr(B(n, (18 \ln n/n)^d) \geqslant 2)}{\Pr(v_{i^*+1} \leqslant 18 \ln n)} \leqslant \frac{\binom{n}{2}(18 \ln n/n)^{2d}}{\Pr(v_{i^*+1} \leqslant 18 \ln n)}$$

最后的不等来自于应用原始的联合约束；有 $\binom{n}{2}$ 种选择两个球的方法，并且每种方法选择的两个球都具有至少 i^*+2 的高度的概率是 $(18 \ln n/n)^{2d}$.

像之前一样移除条件并利用式(17.5)得出

$$\Pr(v_{i^*+3} \geqslant 1) \leqslant \Pr(\mu_{i^*+2} \geqslant 2) \leqslant \Pr(\mu_{i^*+2} \geqslant 2 \mid v_{i^*+1} \leqslant 18 \ln n)\Pr(v_{i^*+1} \leqslant 18 \ln n)$$
$$+ \Pr(v_{i^*+1} > 18 \ln n) \leqslant \frac{(18 \ln n)^{2d}}{n^{2d-2}} + \frac{i^*+1}{n^2}$$

表明当 $d \geqslant 2$ 时，$\Pr(v_{i^*+3} \geqslant 1)$ 是 $o(1/n)$，并且因此有 $o(1/n)$ 的概率箱子的最大负载超过 $i^*+3 = \ln \ln n/\ln d + O(1)$. ■

随机打破限制会便于证明，但在实践中，任何打破自然限制的方式都是满足的. 例如，在练习 17.1 中我们显示了如果箱子从 1 到 n 编号，则足以支持打破较小编号的箱子的青睐.

作为一个有趣的变量，假设我们将 n 个箱子分成两个大小相同的组，一半的箱子位于左侧，另一半位于右侧. 每个球从每一半中独立且均匀随机地选择一个箱子. 然后，每个球被放置在两个箱子中最少的那个. 但现在，如果有一个约束，球只放在左半边的箱子

里. 令人惊讶的是，通过以这种方式将箱子分组和打破限制，我们可以在最大负载上获得稍好的界限：$\ln\ln n/(2\ln((1+\sqrt{5})/2))+O(1)$. 可以通过将箱子分为 d 个有序且大小相等的组来概括这种方法；在最小负载的箱子的约束情况下，序号最小的组中的箱子获得球，这种变换联系练习 17.13.

17.2 两种选择：下界

在本节中，我们通过证明相应的下界论证了定理 17.1 的结果本质上是严密的.

定理 17.4 假设 n 个球按以下方式依次放入 n 个箱子中，$d\geqslant 2$ 个箱子被独立且均匀随机选择(替换). 在放置时，每个球被放置在 d 个箱子中最空的那个，并且随机打破限制. 在所有球被放置之后，有 $1-o(1/n)$ 的概率任意箱子的最大负载至少是 $\ln\ln n/\ln d-O(1)$.

证明在理论上与上界相似，但存在一些关键差异. 与上界一样，我们希望找到值 γ_i 的序列，通过 γ_i 高概率地使负载至少 i 的箱子的数量是有下界的. 在得出上界时，我们将高度至少为 i 的球数作为高度至少为 i 的箱数的上界. 但是，我们不能在证明下界时这样做. 相反，我们找到高度恰好为 i 的球的数量的下界，然后将其用作高度至少为 i 的箱的数量的下界.

类似地，在任何时间 $t\leqslant n$，为了证明上界至少为 $v_i(t)$，我们使用在时间 n 至少有 i 个球的箱子的数量. 这在我们证明下界时是没有用的，我们需要的是 $v_i(t)$ 的下界，而不是上界，以确定第 t 个球具有高度 $i+1$ 的概率. 为了解决这个问题，我们确定了于时间 $n(1-1/2^i)$ 至少有 i 个球的箱数的下界存在且为 γ_i，以及高度为 $i+1$ 的球的数量在区间 $(n(1-1/2)^i, n(1-1/2^{i+1}))$ 波动. 这保证了在归纳中需要时，有适当的下界，正如我们在证明中阐明的.

下面陈述需要的引理，它们与证明上界时的引理类似.

引理 17.5

$$\Pr(B(n,p)\leqslant np/2)\leqslant \mathrm{e}^{-np/8} \tag{17.6}$$

引理 17.6 令 X_1，X_2，…，X_n 是任意域中的随机变量序列，且 Y_1，Y_2，…，Y_n 是二元随机变量，满足 $Y_i=Y_i(X_1, \cdots, X_i)$. 如果

$$\Pr(Y_i=1\mid X_1,\cdots,X_{i-1})\geqslant p$$

那么

$$\Pr\Big(\sum_{i=1}^{n}Y_i>k\Big)\geqslant \Pr(B(n,p)>k)$$

证明定理 17.4 设 $\mathcal{F}_i$ 是事件 $v_i(n(1-1/2^i))\geqslant\gamma_i$，其中 γ_i 由下面给出：

$$\gamma_0=n$$

$$\gamma_{i+1}=\frac{n}{2^{i+3}}\left(\frac{\gamma_i}{n}\right)^d$$

显然，$\mathcal{F}_0$ 的概率为 1. 现在归纳表明连续的 $\mathcal{F}_i$ 具有足够高的概率可获得期望的下界.

想要计算

$$\Pr(\neg\,\mathcal{F}_{i+1}\mid\mathcal{F}_i)$$

考虑到这一点，当 t 在 $R=[n(1-1/2^i), n(1-1/2^{i+1})]$ 内时，定义二元随机变量 Z_t，满足

$Z_t=1$ 当且仅当 $h(t)=i+1$ 或 $v_{i+1}(t-1)\geqslant\gamma_{i+1}$. 因此若 $v_{i+1}(t-1)\geqslant\gamma_{i+1}$，$Z_t$ 总是 1.

第 t 个球高度恰好为 $i+1$ 的概率为

$$\left(\frac{v_i(t-1)}{n}\right)^d-\left(\frac{v_{i+1}(t-1)}{n}\right)^d$$

第一项是第 t 个球可选择的所有 d 个箱子至少装载 i 个球的概率. 这对于第 t 个球高度恰好为 $i+1$ 是必要的. 但是，我们必须减去所有 d 个选择至少装载 $i+1$ 个球的概率，因为在这种情况下球的高度会比 $i+1$ 更大.

再次用 ω_j 代表第 j 个球选择的箱子，得出结论

$$\Pr(Z_t=1\mid\omega_1,\cdots,\omega_{t-1},\mathcal{F}_i)\geqslant\left(\frac{\gamma_i}{n}\right)^d-\left(\frac{\gamma_{i+1}}{n}\right)^d$$

这是因为如果 $v_{i+1}(t-1)\geqslant\gamma_{i+1}$，则 Z_t 自动变为 1；因此我们可以考虑 $v_{i+1}(t-1)\leqslant\gamma_{i+1}$ 情况下的概率. 另外，以 $\mathcal{F}_i$ 为条件，有 $v_i(t-1)\geqslant\gamma_i$.

从 γ_i 的定义可以进一步得出结论：

$$\Pr(Z_t=1\mid\omega_1,\cdots,\omega_{t-1},\mathcal{F}_i)\geqslant\left(\frac{\gamma_i}{n}\right)^d-\left(\frac{\gamma_{i+1}}{n}\right)^d\geqslant\frac{1}{2}\left(\frac{\gamma_i}{n}\right)^d$$

令 $p_i=\frac{1}{2}(\gamma_i/n)^d$.

应用引理 14.6 得到：

$$\Pr\Big(\sum_{t\in R}Z_t<k\mid\mathcal{F}_i\Big)\leqslant\Pr\Big(B\Big(\frac{n}{2^{i+1}},p_i\Big)<k\Big)$$

现在选择的 γ_i 完全满足

$$\gamma_{i+1}=\frac{1}{2}\,\frac{n}{2^{i+1}}p_i$$

由切尔诺夫界可得

$$\Pr\Big(B\Big(\frac{n}{2^{i+1}},p_i\Big)<\gamma_{i+1}\Big)\leqslant\mathrm{e}^{-np_i/(8\cdot 2^{i+1})}$$

如果 $p_in/2^{i+1}\geqslant 17\ln n$，则刚好为 $o(1/n^2)$. 设 i^* 是所有最大整数的下界. 随后证明 i^* 可以为 $\ln\ln n/\ln d-O(1)$；现在假设情况就是这样. 那么，对于 $i\leqslant i^*$，我们已经证明了这一点

$$\Pr\Big(\sum_{t\in R}Z_t<\gamma_{i+1}\mid\mathcal{F}_i\Big)\leqslant\Pr\Big(B\Big(\frac{n}{2^{i+1}},p_i\Big)<\gamma_{i+1}\Big)=o\Big(\frac{1}{n^2}\Big)$$

此外，根据定义，有 $\sum_{t\in R}Z_t<\gamma_{i+1}$，意味着$\neg\mathcal{F}_{i+1}$. 因此，对于 $i\leqslant i^*$，有

$$\Pr(\neg\mathcal{F}^{i+1}\mid\mathcal{F}_i)\leqslant\Pr\Big(\sum_{t\in R}Z_t<\gamma_{i+1}\mathcal{F}_i\Big)=o\Big(\frac{1}{n^2}\Big)$$

因此，对于足够大的 n，有

$$\begin{aligned}\Pr(\mathcal{F}_{i^*})&\geqslant\Pr(\mathcal{F}_{i^*}\mid\mathcal{F}_{i^*-1})\cdot\Pr(\mathcal{F}_{i^*-1}\mid\mathcal{F}_{i^*-2})\cdots\Pr(\mathcal{F}_1\mid\mathcal{F}_0)\cdot\Pr(\mathcal{F}_0)\\&\geqslant(1-1/n^2)^{i^*}=1-o(1/n)\end{aligned}$$

剩下的就是证明 $\ln\ln n/\ln d-O(1)$确实是 i^* 的合适选择. 当 i 为 $\ln\ln n\ln d-O(1)$时，根据递归 $\gamma_{i+1}=\gamma_i^d/(2^{i+3}n^{d-1})$，足以证明 $\gamma_i=\ln n$. 通过简单的归纳，我们发现

$$\gamma_i = \frac{n}{2^{\sum_{k=0}^{i-1}(i+2-k)d^k}}$$

给出一个非常粗略的界限

$$\gamma_i \geqslant \frac{n}{2^{10d^{i-1}}}$$

因此，寻找最大的 i，使

$$\frac{n}{2^{10d^{i-1}}} \geqslant 17 \ln n$$

对于足够大的 n，通过使用以下的不等式链，可以得到与 $\ln \ln n/\ln d-O(1)$一样大的 i：

$$\begin{aligned}
\frac{n}{2^{10d^{i-1}}} &\geqslant 17 \ln n \\
2^{10d^{i-1}} &\leqslant \frac{n}{17 \ln n} \\
10d^{i-1} &\leqslant \log_2 n - \log_2(17 \ln n) \\
d^{i-1} &\leqslant \frac{1}{20}\ln n \\
i &\leqslant \frac{\ln \ln n}{\ln d} - O(1)
\end{aligned}$$

■

17.3　两种选择影响力的应用

平衡分配范例在计算问题中有许多有趣的应用．我们在这里详细介绍两个简单的应用．在考虑这些应用时，请记住，为平衡分配范例获得的 $\ln \ln n/\ln d+O(1)$界限通常对应于实际中最多 5 的最大负载．

17.3.1　散列法

在第 5 章考虑散列时，通过假设散列函数将散列的项映射到散列表中的随机条目，将它与球和箱范例联系起来．根据这个假设，证明了(a)当 $O(n)$项被散列到具有 n 个条目的表时，表中每个单独条目的预期散列项数是 $O(1)$，以及(b)表中任何条目的最大项目数是 $\Theta(\ln n/\ln \ln n)$的概率很高．

对于大多数应用来说这些结果是令人满意的，但对于一些来说不是，因为所有项目的最坏情况查找时间的预期值是 $\Theta(\ln n/\ln \ln n)$．例如，当在路由器中存储路由表时，在散列表中查找最坏情况的时间可能是一个重要的性能标准并且 $\Theta(\ln n/\ln \ln n)$的结果太大．另一个潜在的问题是内存浪费．例如，假设我们设计了一个散列表，其中每个箱子应该装备一个固定尺寸的内存缓存行．因为最大负载比平均值大得多，所以不得不使用大量的缓存行，其中许多都是完全空白的．对于某些应用，例如路由器，这种内存浪费是不值当的．

应用平衡分配范例，我们得到一个具有 $O(1)$期望和 $O(\ln \ln n)$最大访问时间的散列方案．双向链接技术使用两个随机散列函数．两个散列函数在表中为每个项定义两个可能的条目．该项目将插到插入时最空位置．表中每个条目的项目存储在链接列表中．如果 n 个项按顺序插入大小为 n 的表中，则插入和查找时间的期望仍为 $O(1)$．(参考练习，17.3)定理 17.1 表明，在使用单个随机散列函数时，找到项目最大时间为 $O(\ln \ln n)$而不是 $\Theta(\ln n/\ln \ln n)$的概率很高．这种改进不是没有成本的．由于现在搜索项目涉及在两个箱子而不是在一个箱子中搜索，因此最大搜索时间期望的改进是以平均搜索时间大致加倍为代价的．如果可以同时搜索两个箱子，则可以减轻成本．

17.3.2　动态资源分配

假设用户或进程必须在多个相同资源之间选择联机(在网络服务器中选择使用的服务器；选择存储目录的磁盘；选择打印机等)．要查找负载最少的资源，用户可以在发出请求之前检查所有资源的负载．这个过程很昂贵，因为它需要向每个资源发送一个暂停请求．第二种方法是将任务发送到一个随机的资源．这种方法的开销很小，但如果所有用户都遵循它，那么服务器之间的负载会有很大差异．平衡分配范例表明了一种更有效的解决方案．如果每个用户对两个资源的负载进行采样并将其请求发送到负载最小的资源，那么总开销仍然很小，且 n 个资源上的负载变化要小得多．

17.4　布谷鸟散列

到目前为止，在本章中，我们已经考虑了与多选散列方案相对应的球和箱过程，其中每个球可以放置在 n 个箱子中的 d 个选项中的一个．布谷鸟散列是多选择散列的进一步变体，它使用以下思想：假设项目不仅有对它们位置的多种选择，而且即使放置了一个项目，如果需要，仍可以在稍后将它从一个位置移动到另一个．在某种程度上，这将使我们有更大的力量放置项目以平衡负载．我们可以对布谷鸟散列方案说些什么呢？

通过考虑 $d=2$ 的设定，我们开始对布谷鸟散列的调查，此时可以将项目设定为可被放置在两个可能的箱子之一中．还假设每个箱子中只能容纳一个项目，因此散列表可以保存为 m 个位置的简单数组．这样的表可以放置多少项目呢？

作为基线，考虑一下当无法移动项目时会发生什么．每个项目都会查看它的两个选项，如果第一个项目是空的则放在第一个项目中，如果第二个项目是空的且第一个项目非空则放在第二个项目中．(如果两个选项总是随机且均匀，并且都是空的，则放置项目的位置无关紧要．)

作为一项练习，可以检查在没有移动的情况下，当有 n 个箱子时，在放置新项目发现其两个选项都已经容纳另一个项目之前，只能放置 $O(n^{2/3})$个项目的概率很高．这是生日悖论的简单变体．

现在让我们考虑移动所带来的能量．如果在插入项目 x 时，两个选项中的任何一个都没有空间放置项目，那么将其中一个箱子中的项目 y 移动到另一个箱子中．如果另一个箱子是空的，那么就完成了——每个项目都有一个合适的位置．然而，另一个箱子中可能存在另一个项目 z，在这种情况下，我们可能必须移动 z，这样继续下去，直到找到一个空的箱子，或者意识到没有空的箱子可找，这是一种可能性．参见图 17.1 所示的例子．

这种方法称为布谷鸟散列，这个名字来源于布谷鸟，布谷鸟把蛋产在其他鸟的巢里，而它的幼鸟把蛋踢出去，或者把巢里的其他幼鸟踢出去．我们想了解关于布谷鸟散列的各种事情，即

- 在无法再放置一个项目之前，可以成功放置多少项目？
- 我们需要多长时间来插入一个新的项目？
- 我们怎样才能知道我们处于一个不能放置项目的情况？

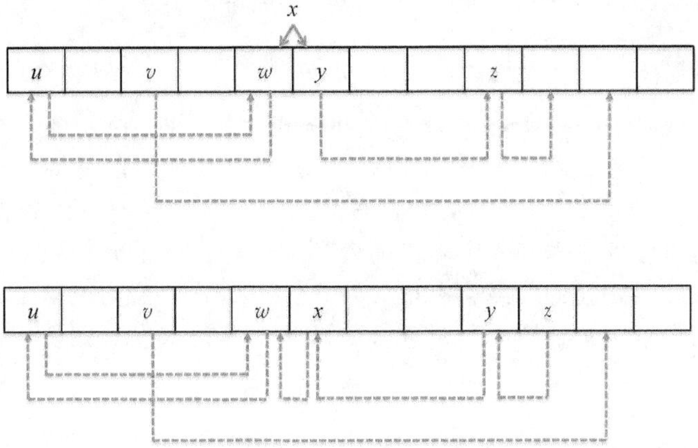

图 17.1　布谷鸟散列表的一个例子．对于每个放置的项目，有向箭头表示可以将项目移动到该位置．在初始配置(第一幅图)中，插入了项目 x，它的选择包含 w 和 y．如果 x 使 y 移动，y 使 z 移动，那么得到的配置(第二幅图)可以容纳所有项．在原始配置中，如果 x 的选择是包含 u 和 w 的位置，那么 x 就不能被成功放置

我们通过将布谷鸟散列过程与随机图过程联系起来来解决这些问题．把箱子看作顶点，被散列的项目看作边．也就是说，由于每个项目散列到两个可能的散列位置，我们可以把它看作连接这两个箱子或顶点的边，也就是它散列到这两个箱子或顶点的边．像往常一样，我们假设散列值是完全随机的．在这种情况下，生成的图可能具有平行边，即由多条边连接的结点对，当不同的项目散列到相同的两个位置(顶点)时，就会出现这种情况．当一个项目选择的两个位置(顶点)相同时，图形也可能具有自循环，即将一个顶点连接到自身的边．我们称这副图为**布谷鸟图**．通过一个具有 n 个结点和 m 条边的随机图将 m 个项目散列成 n 个条目的表建模的布谷鸟图，其中边的两个顶点分别从 n 个结点集合中独立且均匀地随机选择．

我们注意到，通过将表划分为两个大小相等的子表，并从每个子表中随机为每个项分配一个箱子可以消除自循环．在这种情况下，我们有一个随机二部图，每边有 $n/2$ 个顶点和 m 条随机边，每条边连接两个结点，一个结点从每侧均匀随机地选择．这些变化引起的差异是最小的．

布谷鸟散列表的**负载**将是 m/n，即项目的数量与位置的个数的比例．主要结果是，如果具有两个选项的布谷鸟散列表的负载小于并且远离 1/2，则放置成功的概率很高．

研究布谷鸟散列的一个关键方法是观察布谷鸟图的连通分量．回想一下，连通分量只是一组通过遍历图中的边而连接或可达的顶点的最大值．我们证明，存在常数 $\varepsilon>0$，只要 $m/n\leqslant(1-\varepsilon)/2$，布谷鸟图的最大连通分量很高概率只有顶点 $O(\log n)$，给定顶点 v 的连通分量中的期望顶点数是常数，并且很高概率所有分量都是树或者包含单个循环．(在这里，自循环被认为是一个顶点上的循环．)这些关于布谷鸟图的事实直接转化为关于布谷鸟散列问题的答案.

很明显，如果一个项目落入一个分量中，那么它就不能被放置，这个分量在放置之后将拥有比箱子更多的项目，如图 17.2 所示. 另一方面，当所有分量都是树或者只有一个循环时，每个项目都可以成功且有效地被放置. 事实上，有以下引理.

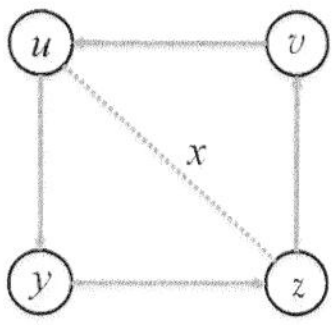

图 17.2　项目 u、v、y 和 z 都驻留在一个箱子中，但它们的选择在布谷鸟图中创建了一个循环. 添加项目 x 创建一个具有两个循环的组件(当考虑到边为无向时)，这是不可能完成的. 简单地说，如果所有的选择都落入 4 个箱中，布谷鸟散列表就不能存储 5 个项目

引理 17.7　*如果一个项目是通过布谷鸟散列来放置的，那么得到的分量是树或者只有一个循环，故放置将成功进行，并且可以按分量大小成比例的时间及时完成. 如果得到的分量有两个或多个循环，则放置失败.*

证明　如果边或项的数量超过分量中的顶点或箱子的数量，就像存在两个或更多个循环的情况一样，则无法放置项.

分析项目对位置的分配，可以将每条边(或项目)看作远离当前所在的顶点(或箱子). 由于每个箱子只能存储一个项目，因此向箱子分配项目时，每个顶点指向的边不能超过一条. 然而，请记住，当我们在分析中讨论分量的循环时，我们考虑的是未重复的边；有向边只是帮助我们跟踪项目如何移动.

很明显，只要所有分量都是树，或者只有一个循环，就可以成功地放置这些项目. 对于树，可以简单地选择一个顶点作为根，并使所有的边朝向该根. 要求只有一条边指向每个顶点，并且树的根不分配任何元素. 对于具有循环的分量，循环周围的边必须始终如一地定向，并且所有其他边必须指向循环.

布谷鸟散列将放置可以放置项目，并且每个箱子在插入期间最多被访问两次. 主要有三种情况需要考虑. 当项目或边被放置到一个连接两个现有树分量(其中一个可能只是单个顶点)时，那么结果分量仍然是树，有向边将被跟随，直到到达一个没有传出边的顶点. 当遵循有向边时，它被反转，对应于用新项替换旧项. (见图 17.3.)

当放置项使得两个可能的顶点已经位于相同的分量中时，类似于第一种情况. 对于空顶点，有唯一的路径，对应于一个不包含任何项的箱子，沿着有向边并反转，直到到达该顶点.

最后一个情况是，当要放置的项加入一个具有一个循环的分量时，该分量是一棵树. 在这种情况下，放置项目可能会导致流程跟随循环中的边，并随着循环方向发生逆转. 在循环遍历并返回到最初放置新项的结点之后，新项将被踢出，然后遵循路径到达树分量中的空位置. 很重要的一点是，虽然我们可以返回开始插入的结点一次，但我们最多遍历每条边两次，每个方向一次. 从不沿着相同的边两次回到循环中，因为边将被翻转以远离循环. (见图 17.4.)

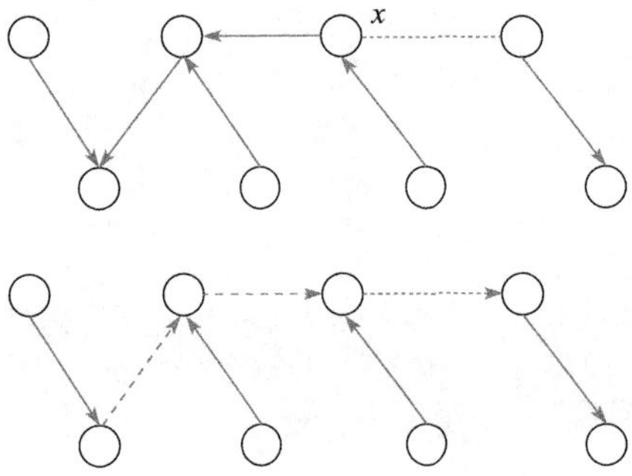

图 17.3　项目 x 插入布谷鸟图中，置于左侧(上方图像)的箱子(或顶点)中. 它把已经在那里的项踢出来，移动到图中相邻的箱子里. 对于图形来说，顶点只能有一条出边，所以另一条邻边必须反向，以此类推，直到过程结束. 在底部图像中，反向的边缘显示为虚线

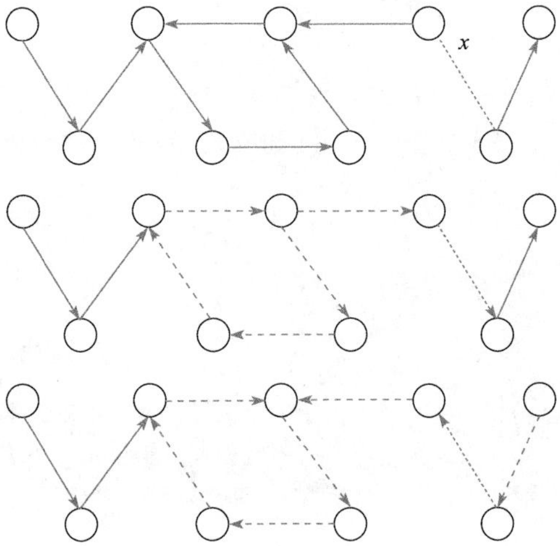

图 17.4　项目 x 插入布谷鸟图中，置于布谷鸟图中两个选项(第一幅图)的顶仓(或顶点)中. 它把已经在那里的项踢出来，移动到图中相邻的箱子里. 对于图形来说，顶点只能有一条出边，所以另一条邻边必须反向，依此类推. 在这种情况下，这个过程会循环往复，并返回到 x 所在的原始顶点(中间图). 项目 x 本身被踢出到其他位置，并且流程终止. 原始图形中至少改变一次方向的边显示为虚线；一条边最多只能改变方向两次

在每种情况下，放置时间与分量大小成比例. ■

引理 17.7 告诉我们，为了理解布谷鸟散列是如何执行的，只需要理解布谷鸟图的分量结构. 当在布谷鸟散列表中放置一个新项时，向图中添加一条新边，它落在一个现有分量中或连接两个分量. 如果以高概率表明最大分量的大小是 $O(\log n)$，那么根据引理 17.7，有高概率插入一个项所需的最大功是 $O(\log n)$. 类似地，如果显示一个分量大小的期望是常数，那么插入一个连接两个分量的新项，插入新项的时间的期望以常数为界. 当然，重要的是要记住，虽然插入新项可以采取对数个步骤，但是因为它位于两个位置之一，所以查找项总是花费恒定的时间；该特性仍然是布谷鸟散列的主要优点.

最后，当试图通过移动散列表中的其他项来放置一个项时，跟踪布谷鸟图中访问的相应顶点，使得人们判断该图是否有含两个循环的错误分量，在这种情况下，放置新项失败. 或者，因为最大分量的大小是 $O(\log n)$ 的概率很高，所以在实践中，在声明失败之前，对于一个合适的常数 c，通常最多允许 $c\log n$ 个替换项. 通过这种方法，人们不必跟踪所见的顶点，避免在放置过程中使用内存.

现在分析，对于任意常数 $\varepsilon>0$，具有 n 个结点和 $m=(1-\varepsilon)n/2$ 条边的随机散列图的连通分量结构. 基于到目前为止的分析，现在的任务是分析图中连通分量大小的最大值和期望. 证明是基于分支过程技术.

引理 17.8　对于某一常数 $\varepsilon>0$，考虑具有 n 个结点和 $m=(1-\varepsilon)n/2$ 条边的布谷鸟图.

(1) 有很高概率布谷鸟图中最大连通分量的大小为 $O(\log n)$.

(2) 布谷鸟图中的连通分量大小的期望是 $O(1)$.

证明　首先关注最大连通分量的边界. 观察到平行边和自循环不会增加连通分量的大小. 因此，假设模型中 m 条边是均匀随机选择的，且没有平行边或自循环，只能增加图中有一个大的连通分量组件的概率，这个随机图模型在 5.6 节的 $G_{n,N}$ 模型中有过介绍. 在这个例子中，边数设为 $N=m$，从 $G_{n,m}$ 中选择 m 条均匀边的图.

第二次观察将这个分析转化为相应的随机图模型 $G_{n,p}$，回忆 5.6 节，它是有 n 个结点，每个结点可能包含 $\binom{n}{2}$ 条边的与概率 p 无关的图. 对任何 k 值，有大小至少为 k 的连通分量具有单调递增性，如果图 $G(V, E)$ 具有该性质，那么任意图 $G'=(V, E')$，其中 $E\subseteq E'$ 也具有这个性质.

由于有给定大小的连通分量具有单调递增性，使用引理 5.14，特别是对于任意 $0<\varepsilon'<1$，得到如下结论：从 $G_{n,m}$ 绘制的图形具有大小至少为 k 的连通分量的概率是在从 $G_{n,p}$ 绘制的图形中有这样大小的连通分量的概率 $\mathrm{e}^{-O(m)}$ 内. 其中

$$p=(1+\varepsilon')\frac{m}{\binom{n}{2}}=\frac{(1+\varepsilon')(1-\varepsilon)}{n-1}=\frac{1-\gamma}{n-1}$$

通过选择适当小的 ε'，该公式适用于任意常数 $\gamma<\varepsilon$. 因此，问题简略为绘制的图形中连通分量的最大值来自 $G_{n,p}$，其中 $p=(1-\gamma)/n$.

固定顶点 v，从包含顶点 v 的连通分量开始进行广泛搜索. 首先，将结点 v 放入行列中并查看其邻结点，再向行列中添加任意的新顶点，依此类推. 更正式地，在添加行列中距离根 v 为 ℓ 的所有结点后，按顺序查看每个结点的邻结点，在行列中添加距离根为 $\ell+1$ 的尚未加入行列的邻结点. 当没有新邻结点添加时，该过程结束. 显然，当过程结束时，行列在包含顶点 v 的连通分量里存储了所有结点. 令 $v=v_1$，v_2，…，v_k 按它们进入行列的顺序在过程结束时成为行列结点.

设 Z_i 是查看 v_i 邻结点时添加到行列中的结点数，即 Z_i 是对满足任何 $v_j(j<i)$，不是 v_j 邻结点的 v_i 的邻结点的计数. 该分析的关键点是调节 v_1，…，v_{i-1} 的邻结点，Z_i 的分布随机地由二项分布 $B(n-1, (1-\gamma)/(n-1))$ 决定.

定义 17.1　随机变量 X 随机决定随机变量 Y，如果对于任意的 a，

$$\Pr(X\geqslant a)\geqslant \Pr(Y\geqslant a)$$

等价地

$$F_X(a)\leqslant F_Y(a)$$

其中 F_X 和 F_Y 分别是 X 和 Y 的分布函数.

为了说明这一点，首先考虑 Z_1 的分布，即结点 v 的邻结点个数. 有 $n-1$ 个其他结点与 v 连通的概率为 p. 因此，Z_1 服从分布 $B(n-1, (1-\gamma)/(n-1))$，再考虑 Z_i，$i>1$ 的分布，Z_i 是对满足任何 $v_j(j<i)$，不是 v_j 邻结点的 v_i 的邻结点的计数. 以广度优先方法过程中已经发现的结点为条件，有不超过 $n-i$ 个可能的新结点连接到 v_i，并且每个结点以概率 p 独立于其他任何边连接到 v_i. 因此，以 Z_1，…，Z_{i-1} 值为条件，Z_i 的分布随机地由

随机变量 B_i 决定，其中 B_i 服从二项分布 $B(n-1, (1-\gamma)/(n-1))$.

限制广度优先方法找到大小为 k 的分量的概率. 少于 k 个顶点则广度优先方法停止，即满足

$$\sum_{i=1}^{k-1} Z_i < k-1$$

因为在探索第一批的 $k-1$ 个顶点时，会发现少于 $k-1$ 个附加顶点，所以必须有

$$\sum_{i=1}^{k-1} Z_i \geqslant k-1$$

对于广度优先方法得到的 k 个顶点，从我们的观点来说，它们有上界的概率为

$$\Pr\left(\sum_{j=1}^{k-1} Z_i \geqslant k-1\right) \leqslant \Pr\left(\sum_{j=1}^{k-1} B_i \geqslant k-1\right)$$

$$= \Pr(B((k-1)(n-1),(1-\gamma)/(n-1)) \geqslant k-1)$$

这里利用了二项式的可加性. 现在我们应用标准切尔诺夫界(4.2). 设 S 服从二项分布 $B((k-1)(n-1), (1-\gamma)/(n-1))$，且 $\boldsymbol{E}[S]=(1-\gamma)(k-1)$. 那么

$$\Pr(S \geqslant k-1) = \Pr\left(S \geqslant \frac{\boldsymbol{E}[S]}{1-\gamma}\right) \leqslant \Pr(S \geqslant \boldsymbol{E}[S](1+\gamma)) \leqslant \mathrm{e}^{-(k-1)(1-\gamma)\gamma^2/3}$$

这里我们使用了条件 $1/(1-\gamma)>(1+\gamma)$. 设 $k \geqslant 1+\dfrac{9}{\gamma^2(1-\gamma)}\ln n$，$v_1$ 是大小至少为 k 的连通分量的一部分的概率的上界为 $1/n^3$，且通过联合约束任意顶点为大小至少为 k 的连通分量的一部分的概率，以 $1/n^2$ 为上界. 现在应用引理 5.14，可以得到结论，在具有 n 个结点和 m 条边的布谷鸟图中，当 n 足够大时，存在大小至少为 k 的连通分量的概率的上界为 $1/n^2+\mathrm{e}^{-O(m)} \leqslant 2/n^2$.

接下来，限定包含给定结点 v 的连通分量大小的期望. 首先考虑从 $G_{n,p}$ 中选择的图，其中 $p=(1-\gamma)/(n-1)$. 假设 X 是图中包含顶点 v 的分量的大小. 正如已经看到的，对于从 $G_{n,p}$ 中选择的图，可以将广度优先方法过程看作一个分支过程，其中结点 v_i 的子代的个数是 Z_i，它随机地由随机变量 B_i 决定，其中 B_i 服从二项分布 $B(n-1, (1-\gamma)/(n-1))$，并且期望值为 $1-\gamma$. 如在 2.3 节中所示，当结点子代的个数的期望以 $1-\gamma$ 为上界，分支过程大小的期望为 $1/\gamma$. 因此，在 $G_{n,p}$ 中，$\boldsymbol{E}[x] \leqslant 1/\gamma$.

从 $G_{n,m}$ 中选择图，令 Y 为该图中包含 v 的连通分量的大小. 然后，对于任何 v，

$$\boldsymbol{E}[Y] = \sum_{i=1}^{n} \Pr(Y \geqslant k) \leqslant \sum_{k=1}^{n} \Pr(X \geqslant k) + n\mathrm{e}^{-O(m)} \leqslant \frac{1}{\gamma} + n\mathrm{e}^{-O(m)} = O(1)$$

在第一个不等式中，我们应用了引理 5.14，第二个不等式中，我们使用了 $\boldsymbol{E}[X]$ 的界限.

■

接下来需要证明布谷鸟图中具有多个结点的所有连通分量都是树或具有单个循环.

引理 17.9　*考虑具有 n 个结点和 $m=(1-\varepsilon)n/2$ 条边的布谷鸟散列图. 对于任意常数 $\varepsilon>0$，有很高概率图中所有连通分量是单一顶点、树或单循环的.*

证明　对于证明，需要由树连接 k 个顶点的方法的个数的界限. 可利用以下组合事实.

引理 17.10[Cayley 公式]　*k 个顶点上的不同标记树的数量是 k^{k-2}.*

k 个顶点上的标记树指的是每个顶点被赋予从 1 到 k 的不同数字的树，并且当考虑到

被认为带有相同标记的树时，它们是同构的. 因此，在两个顶点上有一个带标记的树，它们之间有一条边——有两种标记顶点的方法，但它们是同构的. 类似地，在三个顶点上有三个带标记的树，每棵树分配 2 个顶点. 对于 Cayley 公式有很多证明；练习 17.15 给出了一种方法.

不是树或具有多个循环的连通分量必须包括树以及至少两条附加边. 设 Y_k 是一个随机变量，表示具有 k 个顶点和至少 $k+1$ 条边的分量数. 确定 $\boldsymbol{E}[Y_k]$上的边界，以约束这种分量存在的概率. 只需要关心 k 的值，其中 $k=O(\log n)$，因为已经证明了图中没有更大的连通分量.

给定一组形成组件的 k 个顶点，必须通过树连接. 假设选择了一个连接这些顶点的 $k-1$条边的树. 要求树中所有边都是图的一部分，因为允许自循环和多条边，所以每 $m=(1-\varepsilon)n/2$ 条可能的随机边是树的给定的特定边的概率为 $2/n^2$. 然后，该分量中必须有至少两条附加边，其中这两条附加边属于概率为 k^2/n^2 的分量. 最后，在分量中和不在分量中的顶点之间的所有 $k(n-k)$条边不得在图中，或者不会有大小恰好为 k 的分量. 以下表达式覆盖的分量数比真实多，因为有些相同的分量可能被计数多次.

$$\boldsymbol{E}[Y_k] \leqslant \binom{n}{k} k^{k-2} \binom{m}{k+1} \binom{k+1}{2} (k-1)! \left(\frac{2}{n^2}\right)^{k-1} \left[\frac{\binom{k}{2}}{\binom{n}{2}}\right]^2 \left(1-\frac{2k(n-k)}{n^2}\right)^{m-k-1}$$

也就是说，首先从 n 个顶点中选择 k 个顶点，然后选择其中一个 k^{k-2} 树来连接这些顶点，并且选择 m 条边的 $k+1$ 个顶点来形成这个树并添加两条附加边到分量中，因此有多个循环.

$$\begin{aligned}
\boldsymbol{E}[Y_k] &\leqslant \binom{n}{k} k^{k-2} \binom{m}{k+1} \binom{k+1}{2} (k-1)! \left(\frac{2}{n^2}\right)^{k-1} \left[\frac{\binom{k}{2}}{\binom{n}{2}}\right]^2 \left(1-\frac{2k(n-k)}{n^2}\right)^{m-k-1} \\
&\leqslant \frac{n^k m^{k+1}}{2k!} k^{k-2} \left(\frac{2}{n^2}\right)^{k-1} \left(\frac{k^2}{n^2}\right)^2 \mathrm{e}^{-2k(n-k)(m-k-1)/n^2} \\
&\leqslant \frac{1}{n}(1-\varepsilon)^{k+1} \frac{k^2\mathrm{e}^k}{8} \mathrm{e}^{-2k(n-k)(m-k-1)/n^2} \\
&\leqslant \frac{1}{n}(1-\varepsilon)^{k+1} \frac{k^2}{8} \mathrm{e}^{(kn^2-2k(n-k)(m-k-1))/n^2} \leqslant \frac{k^2}{8n}(1-\varepsilon)^k \mathrm{e}^{(kn^2-2knm)/n^2} \mathrm{e}^{4k^2/n} \\
&\leqslant \frac{k^2}{8n}(1-\varepsilon)^k \mathrm{e}^{k\varepsilon} \mathrm{e}^{4k^2/n} \\
&\leqslant \frac{k^2}{8n} \mathrm{e}^{k(\varepsilon+\ln(1-\varepsilon))} \mathrm{e}^{4k^2/n}
\end{aligned}$$

使用$\binom{n}{k}<n^k/k!$ 和 $1-x\leqslant \mathrm{e}^{-x}$得到上面等式的第二行；使用 $k^k/k! \leqslant \mathrm{e}^k$ 得到第三行. 因为根据之前的论证，可以假设 $k=O(\log n)$，当 n 足够大时，最后一行中的项 $\mathrm{e}^{4k^2/n}$以 2 为上界. 最后一行的关键项 $\varepsilon+\ln(1-\varepsilon)$是负的，使用级数展开 $\ln(1-\varepsilon)=-\sum_{i=1}^{\infty}\varepsilon^i/i$ ，当 ε 趋于

0 时，$\varepsilon+\ln(1-\varepsilon)$因此是$-\Theta(\varepsilon^2)$．最后的表达式中的项 $e^{-\Theta(k\varepsilon^2)}$随 k 几何递减．因此，对任何的 $z=O(\log n)$，$\sum_{k=1}^{z}\boldsymbol{E}[Y_k]=O(1/n)$，并且任何分量包含超过一个循环的概率是 $O(1/n)$．可以得出结论，布谷鸟散列以高概率成功放置每个项目．■

可能会想是否可以做得更好．但是，检查一个循环分量是否以概率 $\Omega(1/n)$发生也很容易；例如，两个项目都为其选择相同的箱子或三个项目选择同一对不同的箱子的概率是 $\Omega(1/n)$．我们认为，有可能会提高 17.5 节中的故障概率．

同样，人们可能会怀疑是否可以处理大于 1/2 的负载，或者 1/2 是否只是我们分析的结果．事实上，正如所描述的布谷鸟散列，1/2 是极限．对于 $m=(1+\varepsilon)/2$ 条边，布谷鸟图看起来非常不同；顶点的一个恒比加入一个大小为 $\Omega(n)$的巨大分量，并且许多顶点位于循环上．在 6.5.1 节中，已经在随机图中看到过类似的阈值行为；这里的阈值直接对应于布谷鸟散列可以处理的负载．然而，对于变化更复杂的布谷鸟散列，更高的负载是可能的，正如在 17.5 节中所描述的．

最后，将使用 Cayley 公式进行分析以限制具有两个或多个循环的分量个数的方法用于限制任意大小分量个数的期望是有价值的．这里使用的随机图模型中有一些微妙之处，但是在练习 17.15 中，将使用这种方法而不是分支过程方法来给出对 $G_{n,p}$随机图模型中的最大分量的大小是 $O(\log n)$的另一种证明．

17.5　布谷鸟散列的扩展

17.5.1　带删除的布谷鸟散列

值得注意的是，我们对布谷鸟散列的分析只依赖于相应的随机图的性质．因此，分析随机散列函数得出，即使删除了项，只要删除过程也是随机的，那么这些被删除的项并不依赖于散列函数的结果．例如，如果项目的生命周期由随机分布控制，那么只要表中总是至多有 $m<n(1-\varepsilon)/2$ 个元素，在任何特定配置上故障的概率就只有 $O(1/n)$．

事实上，我们可以展示一些更强大的东西；添加一个新元素会导致故障，概率只有 $O(1/n^2)$．这意味着在发生故障之前，可以删除和插入项目至少大约二次．为了看到这一点，如果在布谷鸟图中有 m 条随机边，就可以限制一个新项目导致引入双循环的可能性．假设新的项目在 k 个顶点上创建了一个双循环，在这里可以取 k 为 $O(\log n)$，因为在分析中不太可能忽略更大的分量．为了实现这一点，在这 k 个顶点之间必须已经存在 k 条边．有$\binom{n}{k}$种方法选择这些顶点，$\binom{m}{k}$种方法选择与边对应的项目．在为插入的项添加新边之后，$k+1$ 条边必须形成一个生成树，以及两条附加边．最后，在 k 个顶点之间，或者在 k 个顶点和其他 $n-k$ 个顶点之间，不能有其他边．与我们之前使用的分析相似，如果 ε 是新顶点导致故障的事件，有

$$
\begin{aligned}
\Pr(\varepsilon) &\leqslant \sum_k \binom{n}{k}\binom{m}{k}k^{k-2}\binom{k+1}{2}(k-1)!\left(\frac{2}{n^2}\right)^{k-1}\left(\frac{k^2}{n^2}\right)^2\times\left(1-\frac{k^2+2k(n-k)}{n^2}\right)^{m-k-1}\\
&\leqslant \sum_k \frac{k^2(k+1)}{4n^2}\frac{k^k}{k!}\left(\frac{2m}{n}\right)^k e^{-(2k(n-k)+k^2)(m-k+1)/n^2}
\end{aligned}
$$

$$\leqslant \sum_{k} \frac{k^2(k+1)}{4n^2} e^k (1-\varepsilon)^k e^{-(2k(n-k)+k^2)(m-k+1)/n^2}$$

$$\leqslant \sum_{k} \frac{k^2(k+1)}{4n^2} e^k (1-\varepsilon)^k e^{(kn^2-2knm)/n^2} e^{4k^2/n}$$

$$\leqslant \sum_{k} \frac{k^2(k+1)}{4n^2} (1-\varepsilon)^k e^{k\varepsilon} e^{4k^2/n}$$

$$\leqslant \sum_{k} \frac{k^2(k+1)}{4n^2} e^{k(\varepsilon+\ln(1-\varepsilon))} e^{4k^2/n}$$

同样，因为只需要考虑 $k=O(\log n)$，所以指数项会像 $e^{-\Theta(\varepsilon^2 k)}$ 一样增长，这使得 $\Pr(\varepsilon)=O(1/n^2)$.

当然，删除(或插入)布谷鸟散列表中的项目只需要恒定的时间.

17.5.2 处理故障

我们已经证明，将 m 个项目插入 $n>2m$ 个箱子中时，布谷鸟散列的故障概率为 $O(1/n)$. 不幸的是，这个结果很容易被证明是紧的. 作为第一步，考虑以下故障模式：发现两个箱子里的三个球有相同的选择.（为了便于计算，假设这三个球落在两个不同的箱子中，三者中没有自循环）. 具有这种性质的球的“三倍”的数量的期望是

$$\binom{m}{3}\left(1-\frac{1}{n}\right)\left(\frac{2}{n^2}\right)^2$$

这是因为有 $\binom{m}{3}$ 种选择这三个球的方式. 第一个球没有选择自循环的概率为 $\left(1-\frac{1}{n}\right)$；另外两个球选择同一对箱子的概率为 $2/n^2$. 很容易观察到，当 $m=\Omega(n)$ 时，这个期望值是 $\Omega(1/n)$. 利用二阶矩法，方差变为 3 倍的概率也为 $\Omega(1/n)$.

虽然布谷鸟散列表的故障概率是 $o(1)$，但是它是 $\Omega(1/n)$ 这一事实仍然值得关注；对于许多实际情况，这个可能是非常高的. 解决这个问题的一种方法是允许重新散列. 如果遇到一个故障点，要么是发现由于循环而无法放置一个项目，要么只是发现一个分量过大(对于合适的常数 c，组件的大小超过了 $c\log n$)，那么可以选择一个新的散列函数，并将所有项目重新映射到一个新的布谷鸟散列表中. 问题是重散列会有多大的影响.

使用新的散列函数对所有项重散列的工作量为 $O(n)$，并且需要做这件事的概率为 $O(1/n)$. 即使在成功之前必须重散列多次，也可以限制 m 个项目工作量的期望. 使用顺序表示法，可以发现操作的总数是

$$O(n)+\sum_{k=1}^{\infty} k \cdot O(n) \cdot (O(1/n))^k = O(n)$$

因此，由于重散列，每个项目的摊余工作量的期望是常数的概率很高，从而重散列 k 次或 k 次以上的概率为 $O(1/n^k)$. 但是，可以想象，在某些实际设置中，重散列可能不是一个合适的解决方案，因为系统不希望等到散列表完成重散列.

另一种通常做得很好的重洗方法是留出少量内存用于存储. 如果一个项目由于创建了一个具有多个循环的分量而无法放置，则可以将其放置在存储区中. 通常情况下，存储区是空的；但是当它不是空的时候，就需要随时检查(此外，如果项目被删除，我们应该检

查存储区中的项目是否可以放回布谷鸟散列表中)．可以预料到使用存储区应该很少，因为故障概率只有 $O(1/n)$．扩展之前的分析，得出故障情形是“几乎独立的”；j 个项目需要放入存储区的概率近似为 $O(1/n^j)$，因此，即使是非常小的存储区，例如可以容纳四个项目的存储区，也可以大大降低故障概率．可以在练习 17.17 中进一步考虑如何使用存储区．

17.5.3 更多的选择和更大的箱子

有很多方法可以改变或增强布谷鸟散列．有一种方法是使用存储区．还可以使用以下方法略微提高性能：将表拆分为两个子表，并从每个子表中为每个项目随机选择一个；插入项目时，只需将新项目放在第一个子表中，如果需要，将原有的项目踢出；最后，通过使第一个子表变得稍大来优化子表大小，因为它将可以容纳更多项目．在位置和大小方面，第一个子表都受到偏好，这种偏好带来的轻微的不对称性可能会带来小的改进，但是额外的复杂性可能在许多应用中并不值得．

然而，布谷鸟散列的更重要的变化是每箱可容纳不止一个项目，每个项目有超过两个选择．以牺牲插入和查找过程中更多的复杂性为代价，这两种方法都能显著地增加可实现的负载，并降低故障概率．

如果每个项目都有两个选择，但每个箱子可容纳 $b>1$ 个项目，那么仍然有一个随机图问题，但现在的问题是：布谷鸟散列是否能够有效地找到一个排列方向，以及至多有 b 条边从一个顶点发散．每个箱子可容纳多个项目是很自然的，例如，一个箱子可能对应一个固定容量的内存，比如缓存线，它可能对应多个项目的大小．一个问题是，当需要将一个项目放入一个满的箱子时，如何选择要从箱子中踢出的项目．自然可能性包括广度优先方法或“随机游走”式方法，在每一步中，从箱子中选择一个随机项目踢出，以便为现有项目腾出空间．

如果每个项目有 $d>2$ 个选择，但每个箱子只能容纳一个项目，那么问题涉及随机超图，而不是随机图，其中每条边是 d 个顶点的集合．当一个项目的所有选择都指向一个已经包含一个项目的箱子时，将再次面临如何选择要踢出的项目的问题．可以再次使用基于广度优先或“随机游走”的方法．进一步的变化允许不同的项目有不同的选择数量，根据某些分布，选择数量本身由项目上的散列函数确定．

当然，每个项目有两个以上的选择和每个箱子可容纳多个项目也可以组合起来．若每个项目有四个选择且每个箱子只能容纳一个项目，在不发生故障的情况下，可实现的最大负载超过 0.97 的概率很高(随着 n 变大)，远远超过两个选择的 0.5 界限．相似地，每箱最多容纳四个项目和每项有两个选择的组合允许超过 0.98 的负载．将每项多个选择与每箱可容纳多个项目组合会产生更高的负载系数．

下面的定理提供了当箱子的数量和每箱的项目数量不同时的负载阈值的形式．它的证明相当复杂，超出了本书的范围．

定理 17.11　*考虑一个带有 n 个项目，m/ℓ 个箱子的布谷鸟散列表，每个箱子最多可容纳 ℓ 个项目，每个项目有 k 个选择．当 n/m 固定不变，但 n，$m\to\infty$ 时，考虑一个体系，设 $\beta(c)$ 表示 β 的最大值，那么*

$$\frac{1}{k}\frac{\beta}{(\Pr(Po(\beta)\geqslant \ell))^{k-1}}=c$$

其中 $Po(x)$指的是均值为 x 的离散泊松随机变量．定义 $c_{k,\ell}$为满足下面条件的 c 的唯一值．

$$\frac{\beta(c)\cdot \Pr[Po(\beta(c))\geqslant \ell]}{k\cdot \Pr[Po(\beta(c))\geqslant \ell+1]}=\ell$$

以下结果适用于任意常数 $k\geqslant 3$，$\ell\geqslant 1$ 或 $k=2$，$\ell\geqslant 2$ 的情况．每个 $\varepsilon>0$，对于足够大的 n，有这样的情况：如果 $n/m<c_{k,\ell}-\varepsilon$，有一种方法可以将项目放入散列表中，这些项目遵从它们的选择，并且每个箱子的项目数被限制的概率为 $1-o(1)$．如果 $n/m>c_{k,\ell}+\varepsilon$，则无法放置遵从其选择的项目，同时每个箱子的项目数被限制的概率为 $1-o(1)$．

17.6　练习

17.1　(a) 对于定理 17.1 和定理 17.4，证明的陈述是针对随机打破限制的情况．非正式地说，如果箱子从 1 到 n 编号，并且编号较小箱子的青睐被打破，那么定理仍然成立．

(b) 非正式地说，这些定理适用于任何不了解尚未放置的球所做的箱子选择的 tie-breaking 机制．

17.2　考虑平衡分配范例的以下变体：n 个球按顺序放入 n 个箱子中，箱子的标签为 0 到 $n-1$．每个球均匀随机地选择一个箱子 i，并且球被放置在箱子 i，$i+1\bmod n$，$i+2\bmod n$，…，$i+d-1\bmod n$ 中最空的那个．当 d 为常数时，最大负载的增长正如 $\Theta(\ln n/\ln\ln n)$．也就是说，在这种情况下，平衡分配范例不会产生结果 $O(\ln\ln n)$．

17.3　解释为什么在使用双向链接时，插入项目以及在大小为 n 且有 n 个项目的散列表中搜索一个项目的时间的期望为 $O(1)$．考虑两种情况：搜索表内项目；以及搜索表外项目．

17.4　考虑平衡分配范例的以下变体：n 个球按顺序放入 n 个箱子中，每个球都有 d 种选择，从 n 个箱子中均匀随机选择．当放置球时，允许球在这 d 个箱子中移动，以尽可能地均衡它们的负载．在这种情况下，最大负载仍然至少为 $\ln\ln n/\ln d-O(1)$的概率为 $1-o(1/n)$．

17.5　假设在平衡分配设置中有 n 个箱子，但不是均匀随机选择的．这些箱子有两种类型：1/3 的箱子是 A 型，2/3 的箱子是 B 型．随机选择箱子时，每个 A 型箱子被选择的概率为 $2/n$，每个 B 型箱子被选择的概率为 $1/2n$．证明每个球有 d 个箱子选择时，任何箱子的最大负载仍然是 $\ln\ln n/\ln d+O(1)$．

17.6　考虑平衡分配范例的并行版本，有 n/k 轮，其中每轮有 k 个新球到达．每个球被放在它选择的 d 个箱子中最空的那个，其中每个箱子的负载是前一轮结束时该箱子的负载．随机打破限制．请注意，k 个新球不会影响彼此的位置．以 n、d 和 k 的函数的形式给出最大负载的上限．

17.7　我们已经证明，n 个球按顺序放入 n 个箱子中，每个球有两种选择，产生的最大负载为 $\ln\ln n/\ln 2+O(1)$的概率很高．假设不是按顺序放置球，可以访问 n 个球的所有 $2n$ 种选择，并且假设想要将每个球都放入它的其中一个选择中，同时最小化最大负载．在此设置中，我们很有可能可以获得一个恒定的最大负载．

编写程序来探索此场景．将参数 k 作为输入，并实现以下贪婪算法．在每个步骤中，球的一些子集是活动的；最初，所有球都是活动的．重复找到一个有至少一个但不超过 k 个已选择的活动球的箱子，将这些活动球分配给该箱子，然后从该组活动球中移除这些球．当没有活动球剩余或没有合适的箱子时，该过程停止．如果算法在没有剩余活动球的情况下停止，则每个箱子被分配不超过 k 个球．

尝试使用 10 000 个球和 10 000 个箱子运行该程序．至少有 4/5 次因没有活动球存在而程序终止，k 的最小值是多少？如果程序运行足够快，尝试进行更多试验．此外，请尝试使用 100 000 个球和 100 000 个箱子回答相同问题．

17.8 以下问题模拟了一个简单的分配系统，其中代理竞争资源并在面对竞争时退缩．与练习 5.12 一样，球代表代理，而箱子代表资源．

该系统是循环往复的．在每轮的第一部分中，球被独立且均匀随机地投掷到 n 个箱子中．在第二部分，每一个箱子里至少有一个球落在该轮，恰好有一个球从该轮发出．剩下的球在下一轮再次投掷．第一轮开始时有 n 个球，在每个球都被发出时结束．

(a) 证明这种方法至多需要 $\log_2\log_2 n+O(1)$ 轮的概率为 $1-o(1/n)$（提示：设 b_k 为 k 轮后剩下的球数；证明只要 b_{k+1} 足够大，对于合适的常数 c，$b_{k+1}\leqslant c(b_k)^2/n$ 的概率很高）．

(b) 假设修改系统，使得一个箱子在一轮中接受一个球，当且仅当该球是唯一一个在该轮中请求该箱子的球．再次证明这种方法至多需要 $\log_2\log_2 n+O(1)$ 轮的概率为 $1-o(1/n)$．

17.9 模拟球和箱子实验的自然方法是创建一个数组，用于存储每个箱子的负载．为了模拟将 1 000 000 个球放入 1 000 000 个箱子中，需要有 1 000 000 个计数器的数组．另一种方法是保留一个数组，在该数组的第 j 个元素中记录负载 j 的箱子数．解释如何使用标准的球-箱范例和平衡分配范例以及更少的空间来模拟将 1 000 000 个球放入 1 000 000 个箱子中．

17.10 编写一个程序来比较标准球-箱范例和平衡分配范例的性能．运行模拟将 n 个球放入 n 个箱子中，每个球有 $d=1$，2，3，4 种随机选择．尝试 $n=10\,000$，$n=100\,000$，$n=1\,000\,000$，每个实验重复至少 100 次，并根据实验计算每个 d 值对应的最大负载的期望和方差．可能用到练习 17.9的想法．

17.11 编写一个模拟展示平衡分配范例如何提高分布式队列系统的性能．考虑一个银行有 n 个 FIFO 队列，客户流到达银行服从速率为 λn 每秒的泊松分布，其中 $\lambda<1$．在进入银行时，客户选择一个服务队列，并且每个客户的服务时间服从均值为 1 秒的指数分布．比较两种情况：(i)每个客户从 n 个队列中独立且均匀随机地选择一个队列进行服务；(ii)每个客户从 n 个队列中独立且均匀随机地选择两个队列，并选择等待人数较少的队列，随机打破限制．请注意，第一个设置相当于一个银行有 n 个 $M/M/1$FIFO 队列，每个队列都服从到达率 $\lambda<1$ 每秒的泊松分布．可以参考练习 8.27 构建模拟．

该模拟应该运行 t 秒，并且返回它在系统中花费时间的平均值（所有客户都接受完服务），以及在选择的服务队列中等待的客户数量的平均值（所有客户已经到达）．请给出 $n=100$，$t=10\,000$ 秒，$\lambda=0.5$，0.8，0.9，0.99 的模拟结果．

17.12 编写一个程序来比较下述标准球-箱范例变体和平衡分配范例的性能．最初，n 个点均匀随机地放置在周长为 1 的圆的边界上．这 n 个点将圆分成 n 个弧，这些弧对应于箱子．现在将 n 个球放入箱子中，如下所示：每个球在圆的边界上均匀随机地选择 d 个点，这 d 个点对应于它们所处的弧（或等价于箱子）．球被放置在 d 个箱子中最少负载的那个，打破了最小弧的限制．

对于 $d=1$ 和 $d=2$ 的情况，运行模拟，将 n 个球放入 n 个箱子中．尝试 $n=1000$，$n=10\,000$，$n=100\,000$．每个实验重复至少 100 次，每次运行应该重新选择 n 个初始点．根据对每个 d 值的试验，给出一个图表显示最大负载为 k 的次数．

你可能会注意到某些弧比其他弧大得多，并且当 $d=1$ 时，最大负载可能相当大．而且，为了知道每个球放置在哪个箱子里，可能需要实施二分搜索或一些其他附加数据结构以快速将圆边界上的点映射到适当的箱子．

17.13 可以对本章所述的平衡分配方案进行一些小但有趣的改进．再次将 n 个球放入 n 个箱子中．我们假设 n 是偶数．将 n 个箱子分成两个大小为 $n/2$ 的组，称这两个组分别为左组和右组．对于每个球，独立地分别从左、右组中均匀随机地选择一个箱子，把球放在较空的那个箱子里，但是如果有一个限制，即总是将球放在左组的箱子里．通过这个方案，最大负载减小到 $\ln\ln n/2\ln\phi+O(1)$，其中 $\phi=(1+\sqrt{5})/2$ 是黄金比．通过常数因子改进了定理 17.1 的结果（请注意相比原始方案的两个变化：将箱子分为两组，并以一致的方式打破限制；两种变化都是获得我们所述的改进所必需的).

(a) 编写一个程序来比较原始平衡分配范例与它的变体的性能. 运行模拟将 n 个球放入 n 个箱子中，每个球有 $d=2$ 种选择. 尝试 $n=10\,000$，$n=100\,000$，$n=1\,000\,000$. 重复每个实验至少 100 次，并根据实验计算最大负载的期望和方差. 描述新变化带来的改进程度.

(b) 应用定理 17.1 来证明这个结果. 证明定理必须改变的关键思想是现在需要两个序列，β_i 和 γ_i. 与定理 17.1 类似，β_i 表示左侧负载至少为 i 的箱子数量的期望上界，而 γ_i 表示右侧负载至少为 i 的箱子数量的期望上界. 对于合适的常数 c_1 和 c_2，设

$$\beta_{i+1}=\frac{c_1\beta_i\gamma_i}{n^2}\quad 且\quad \gamma_{i+1}=\frac{c_2\beta^{i+1}\gamma_i}{n^2}$$

(只要 β_i 和 γ_i 足够大，切尔诺夫界可能适用).

现在设 F_k 是第 k 个斐波那契数. 应用归纳法证明，对于足够大的 i，合适的常数 c_3 和 c_4，$\beta_i\leqslant nc_3c_4^{F_{2i}}$，$\gamma_i\leqslant nc_3c_4^{F_{2i+1}}$. 根据定理 17.1，证明 $\ln\ln n/2\ln\phi+O(1)$上界.

(c) 通过将 n 个箱子分成 d 个有序组，从每个组中均匀随机地选择一个箱子，并且打破青睐排序第一的组的束缚，这种变化可以很容易地扩展到 $d>2$ 个选择的情况. 给出在这种情况下最大负载的适当上限，并给出支持你的结果的论据.（不需要提供完整的正式证明.）

17.14 生日悖论(见 5.1 节)表明，如果球被有序地随机扔进 n 个箱子里，那么在抛出 $\Theta(\sqrt{n})$个球之后会有一定的碰撞概率.

(a) 假设球按顺序放置，每个球有两个放置选择，球尽可能选择一个避免碰撞的箱子. 存在常数 c_1 和 c_2，使得在抛出 $c_1n^{2/3}-o(n^{2/3})$个球之后没有发生碰撞的概率至少为 1/2，并且在抛出 $c_2n^{2/3}+o(n^{2/3})$个球之后至少发生一次碰撞的概率至少为 1/2.

(b) 能使常数 c_1 和 c_2 多接近?

(c) 扩展你的分析到每个球有两个以上放置选择的情况. 具体来说，如果对于某个常数 k，每个球有 k 种选择，则存在常数 $c_{1,k}$和 $c_{2,k}$，使得在抛出 $c_{1,k}n^{1-1/k}-o(n^{1-1/k})$个球之后没有发生碰撞的概率至少为 1/2，并且在抛出 $c_{2,k}n^{1-1/k}+o(n^{1-1/k})$个球之后至少发生一次碰撞的概率至少为 1/2.

(d) 能使常数 $c_{1,k}$和 $c_{2,k}$多接近?

17.15 在对布谷鸟散列表的分析中，已经发现有很高概率最大的分量大小为 $O(\log n)$. 利用 Cayley 公式进行分析，在 $G_{n,p}$模型中给出了该结果替代证明的一部分. 考虑从 $G_{n,p}$中选择随机图 G，其中 $p=c/n$，$c<1$ 是一个常数.

(a) 对于取自 $G_{n,p}$中的随机图，其中 $p=c/n$，$c<1$ 是一个常数，设 X_k 是 k 个顶点上的树分量数的期望，k 个顶点上的一个树分量由 $k-1$ 条边连接，并且没有边连接其余 $n-k$ 个顶点. 证明

$$\boldsymbol{E}[X_k]\leqslant\binom{n}{k}k^{k-2}\left(\frac{c}{n}\right)^{k-1}\left(1-\frac{c}{n}\right)^{kn-k(k+3)/2+1}$$

(b) 证明当 $1\leqslant k\leqslant\sqrt{n}$时，

$$\boldsymbol{E}[X_k]\leqslant C\,\frac{n}{ck^2}\mathrm{e}^{(1-c+\ln c)k}$$

其中对于足够大的 n，C 为常数.

(c) 使用 $\boldsymbol{E}[X_k]$的表达式，证明

$$\frac{\boldsymbol{E}[X_{k+1}]}{\boldsymbol{E}[X_k]}\leqslant(n-k)\left(1+\frac{1}{k}\right)^{k-1}\frac{c}{n}\left(1-\frac{c}{n}\right)^{n-k-2}$$

进而

$$\frac{\boldsymbol{E}[X_{k+1}]}{\boldsymbol{E}[X_k]}\leqslant\left(1-\frac{k}{n}\right)c\,\mathrm{e}^{1-c(1-k/n)}\left(1-\frac{c}{n}\right)^{-2}$$

(d) 证明对于 $xe^{1-x}\leqslant 1$，$x>0$，有

$$\frac{\boldsymbol{E}[X_{k+1}]}{\boldsymbol{E}[X_k]}\leqslant\left(1-\frac{c}{n}\right)^{-2}$$

(e) 使用上述方法，证明 G 中存在有多于$\sqrt{n}$个顶点的树分量的概率为 $o(1/n)$，且因此 G 的树分量的最大大小为 $O(\log n)$，概率为 $1-o(1/n)$.

17.16 完成 17.5.2 节中的证明，即证标准布谷鸟散列的故障概率至少为 $\Omega(1/n)$.

17.17 编写代码以完成以下试验. 构建一个布谷鸟散列表，每个项目有两个选择，每个箱子容纳一个项目. 有一个大小为 2^{20} 的数组，在其中插入 514 000 个项目(比 2^{20} 的 49%多一点). 在发生故障之前，必须决定允许的移动次数，200 应该足够了. 如果在插入过程中发现无法插入，将该项目放在存储区中并继续插入其余项目.

进行 100 000 次试验. 多久需要一个存储区去存储一个项目？多久一个可以放入一个项目的存储区被填满？两个项目呢？

17.18 我们在这里展示了一种推导 Cayley 公式的方法. 有向根树是具有特殊根顶点的树，并且树中的所有边都被指定方向，都朝远离根的方向. 我们以两种不同的方式计算指向有向根树的有向边序列的数量，并用它来计算 $T(k)$的表达式，即 k 个顶点上不同标记树的数量.

(a) 以如下方式创建有序三元组. 首先选择一个带标记但未定向的树，然后选择一个顶点作为根，现在可以将这个树视为一个有向根树. 最后，选择$(k-1)!$ 个有向边可能序列中的一个. 可以将标记树、根顶点和边序列的选择视为有序三元组.

证明在这些有序三元组和 k 个顶点上的指向有向根树的有向边序列之间存在一一对应的关系. 解释为什么这些可以表明在 k 个顶点上指向有向根树的有向边序列数是$(k!)\cdot T(k)$.

(b) 现在假设从一个空图开始，将每个顶点视为最初的有根树(没有边)，并一次添加一个有向边. 每一步都会有一个有向边森林. 在 ℓ 步之后，森林将会有 $k-\ell$ 个根，也就是说，在 $k-1$ 条边被添加之后，将得到一个有向根树. 在每一步中，首先选择图中的任意 k 个顶点，再来选择要添加的一条边. 该顶点将位于森林中的一棵树上. 然后从另一棵树中选择一个根来连接，这条边从第一个顶点指向第二个顶点. 作为代价将从中删除其中一个根，因此每一步，根数都减少一个. 证明在指向有根树的有向边序列和以这种方式选择边的序列中存在一一对应的关系，并且证明存在 $k^{k-1}(k-1)!$ 种如上所述选择边序列的方法.

(c) 根据上述步骤推导出 $T(k)=k^{k-2}$.

17.19 考虑添加一个可以容纳单个项目的存储区带来的影响，标准布谷鸟散列有两个选择且每个箱子容纳一个项目. 在这种情况下，可以考虑两种故障方式，可能有 k 个顶点，至少 $k+2$ 条边的单一分量，或者有两个不相交的分量，一个有 k_1 个顶点，至少 k_1+1 条边，另一个是 k_2 个顶点，至少 k_2+1 条边. 通过扩展之前关于分量和边的分析，证明当使用一个可以容纳单个项目的存储区时，布谷鸟散列的故障率是 $O(1/n^2)$.

17.20 编写代码以完成以下试验. 构建一个布谷鸟散列表，每个项目有四个选择，每个箱子容纳一个项目，数组的大小为 2^{20}. 如果所有箱子都已满，随机选择一个项目踢出(如果你愿意，可以在插入的第一步后进行优化，不允许将一个项目放在最后一步刚被踢出的箱子中). 你必须在发生故障之前决定允许进行多少步，200 就足够了. 填入表，直到遇到无法被放置的项目. 记录负载或者数组中已填入部分的占比，也就是项目数除以 2^{20}. 重复试验 1000 次. 对于四种选择的情况，多少负载水平是安全的？这与定理 17.11 相比有何不同(定理 17.11 关于有效分配的存在性，而不是这种放置算法且是渐近的结果. 因此，没有必要期望试验达到定理所显示的性能)？

17.21 修改上面的代码，以便可以尝试每个项目的不同选择的数量和每个箱子容纳不同项目的数量. 对于这些参数的不同值，对于非平凡的故障概率，确定(近似)负载并与定理 17.11 进行比较.

延伸阅读

N. Alon and J. Spencer, *The Probabilistic Method,* 2nd ed. Wiley, New York, 2000.

B. Bollobás, *Random Graphs,* 2nd ed. Academic Press, Orlando, FL, 1999.

T. H. Corman, C. E. Leiserson, R. L. Rivest, and C. Stein, *Introduction to Algorithms,* 2nd ed. MIT Press / McGraw-Hill, Cambridge / New York, 2001.

T. M. Cover and J. A. Thomas, *Elements of Information Theory,* Wiley, New York, 1991.

W. Feller, *An Introduction to the Probability Theory, Vol. 1,* 3rd ed. Wiley, New York, 1968.

W. Feller, *An Introduction to the Probability Theory, Vol. 2.* Wiley, New York, 1966.

S. Karlin and H. M. Taylor, *A First Course in Stochastic Processes,* 2nd ed. Academic Press, New York, 1975.

S. Karlin and H. M. Taylor, *A Second Course in Stochastic Processes.* Academic Press, New York, 1981.

F. Leighton, *Parallel Algorithms and Architectures.* Morgan Kauffmann, San Mateo, CA, 1992.

R. Motwani and P. Raghavan, *Randomized Algorithms.* Cambridge University Press, 1995.

J. H. Spencer, *Ten Lectures on the Probabilistic Method,* 2nd ed. SIAM, Philadelphia, 1994.

S. Ross, *Stochastic Processes.* Wiley, New York, 1996.

S. Ross, *A First Course in Probability,* 6th ed., Prentice-Hall, Englewood Cliffs, NJ, 2002.

S. Ross, *Probability Models for Computer Science.* Academic Press, Orlando, FL, 2002.

R. W. Wolff, *Stochastic Modeling and the Theory of Queues.* Prentice-Hall, Englewood Cliffs, NJ, 1989.

Shai Shalev-Shwartz and Shai Ben-David, *Understanding Machine Learning: From Theory to Algorithms*, Cambridge University Press 2014.

L. Valiant, *Probably Approximately Correct*. Basic Books, 2013.

M. Kearns, U. Vazirani, *An Introduction to Computational Learning Theory*. MIT Press, 1994.

Sariel Har-Peled, *Geometric Approximation Algorithms*, AMS 2011.

Mark Jerrum, Counting, *Sampling and Integrating: Algorithms and Complexity* (Lectures in Mathematics. ETH Zürich), 2003.

推荐阅读

数学分析原理（英文版·原书第3版·典藏版）

作者：（美）Walter Rudin 书号：978-7-111-61954-3 定价：569.00元

初等数论及其应用（原书第6版）

作者：（美）Kenneth H.Rosen 书号：978-7-111-48697-8 定价：89.00元

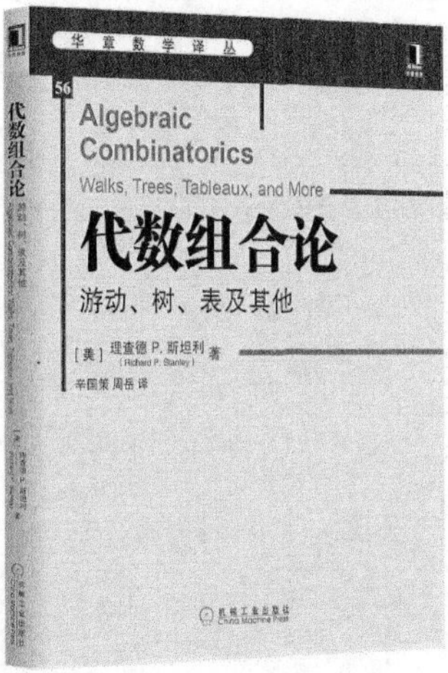

代数组合论：游动、树、表及其他

作者：（美）Richard P. Stanley 书号：978-7-111-49782-0 定价：49.00元

实分析（原书第4版）

作者：（美）H. L. Royden 等 书号：978-7-111-63084-5 定价：129.00元